《机动车船污染防治和治理》系列丛书

丛书主编　刘炳江/副主编　吴险峰　姜华

移动源环境管理实用手册

（下册）

生态环境部大气环境司
中国环境科学研究院　编

中国环境出版集团·北京

图书在版编目（CIP）数据

移动源环境管理实用手册. 下册/生态环境部大气环境司，中国环境科学研究院编. —北京：中国环境出版集团，2020.12
（《机动车船污染防治和治理》系列丛书）
ISBN 978-7-5111-4495-9

Ⅰ. ①移… Ⅱ. ①生…②中… Ⅲ. ①移动污染源—环境管理—手册 Ⅳ. ①X501-62

中国版本图书馆 CIP 数据核字（2020）第 220503 号

出 版 人 武德凯
责任编辑 张维平
责任校对 任 丽
封面设计 彭 杉

出版发行 中国环境出版集团
（100062 北京市东城区广渠门内大街 16 号）
网 址：http://www.cesp.com.cn
电子邮箱：bjgl@cesp.com.cn
联系电话：010-67112765（编辑管理部）
发行热线：010-67125803，010-67113405（传真）
印 刷 北京中科印刷有限公司
经 销 各地新华书店
版 次 2020 年 12 月第 1 版
印 次 2020 年 12 月第 1 次印刷
开 本 787×1092 1/16
印 张 39.75
字 数 905 千字
定 价 180 元

《移动源环境管理实用手册》

（下册）

编写人员

解淑霞　丁　焰　尹　航　崔明明　王军方

王英才　谷雪景　纪　亮　马　冬　赵海光

滕　琦　伊　飞　郝春晓　田　苗　王运静

前　言

大气环境保护事关人民群众根本利益，事关全面建成小康社会、经济高质量发展和美丽中国建设。2018 年 6 月 27 日国务院正式印发《打赢蓝天保卫战三年行动计划》，2018 年 12 月，生态环境部等 11 部门联合印发《柴油货车污染治理攻坚战行动计划》，部署了清洁柴油车、清洁柴油机、清洁运输和清洁油品四大行动措施。当前，我国移动源污染问题日益突出，据《第二次全国污染源普查公报》统计显示，2017 年移动源 NO_x 和 VOCs 排放量分别占污染源排放总量的 59.6%和 23.5%。各地的 $PM_{2.5}$ 源解析结果也表明，移动源对 $PM_{2.5}$ 的质量浓度贡献率在 10%～50%，已成为北京、上海、深圳、成都等大中型城市空气污染的主要来源。机动车船大都运行在城市区域的人口密集区，因此排放的污染物直接危害人体健康。

“十三五”期间，在党中央、国务院总体部署下，通过不断完善法律法规标准体系，移动源污染防控在提升新车污染防治水平、淘汰老旧机动车、综合整治非道路移动源、推进运输结构调整、加速推进车辆燃油低硫化进程等方面取得了积极进展。一是全国人大常委会 2015 年修订发布了《中华人民共和国大气污染防治法》，提出了建立机动车船环保信息公开、排放达标、环保召回等基本环境保护制度。二是 2016 年以来陆续发布了轻型车、重型车国家第六阶段及在用汽车、船舶等排放标准，机动车船污染控制技术水平进一步提高，为机动车船产业高质量发展奠定了坚实的基础。三是京津冀三地发布了移动源专项条例，《中华人民共和国大气污染防治法》提出的重点区域联防联控的统一规划、统一标准、统一监测、统一污染防治措施在京津冀区域移动源管控中得到落实。四是运输结构调整取得明显进展，2017 年开始推进运输结构调整工作后，铁路货运量逐年提高，2017—2019 年三年分别比上年上涨 7.80%、7.93%、8.08%。五是构建了覆盖机动车船全生命周期的环境管理制度体系，建立了事前信息公开、事中达标监管、事后环保召回的新车环境管理制度。构建了“天地车人”一体化的在用车监控系统，实现了机动车排放检验机构和遥感监测三级联网。持续开展新生产、在用机动车及排放检验机构监督执法检查，逐渐形成日常监管机制。虽然“十三五”以来移动源污染防治取得显著进展，但在严峻的大气污染形势面前，移动源污染防治仍面临很大压力，相对于固定源污染防治，移动源污染防治人员能力较弱，尤其是在市、县层面，能力严重不足，普遍存在认识不够、基础知识严重缺乏、污染防治体系不够完善等问题，已成为我国大气污染防治工作的薄弱环节和短板，迫切需要进一步加强指导和推进。

为配合做好移动源污染防治，尤其是落实柴油货车污染治理攻坚战任务，实现科学治污、依法治污和精准治污，切实解决环保、产业以及相关方面的实际困难，方便相关业务人员学习使用和提高业务能力，生态环境部大气环境司和中国环境科学研究院联合编制了《机动车船污染防治和治理》系列丛书。丛书涉及移动源法律法规、地方规章、规定及排放标准、污染治理基础知识等内容。

本系列丛书涉及内容多、领域广、专业性强，在编写的过程中，我们虽然力求准确阐述，但编者深知自己专业水平有限、认知高度和深度不足，错漏之处在所难免，敬请读者批评指正。

生态环境部大气环境司
中国环境科学研究院
2020 年 7 月

目　录

第四部分　地方法规

第五部分 政府规章

第四部分

地方法规

北京市

北京市大气污染防治条例

（2014年1月22日北京市第十四届人民代表大会第二次会议通过　根据2018年3月30日北京市第十五届人民代表大会常务委员会第三次会议通过的《关于修改〈北京市大气污染防治条例〉等七部地方性法规的决定》修正）

第一章　总　则

第一条　为了防治大气污染，改善本市大气环境质量，保障人体健康，推进生态文明建设，促进经济、社会可持续发展，根据有关法律、行政法规，结合本市实际情况，制定本条例。

第二条　本条例适用于本市行政区域内大气污染防治。

第三条　大气污染防治坚持以人为本、环境优先、政府主导、全民参与、科学有效、严防严治的原则。

第四条　大气污染防治应当坚持规划先行，转变经济发展方式，优化产业结构和布局，调整能源结构，综合运用法律、经济、科技、行政和宣传教育等措施。

第五条　大气污染防治，应当以降低大气中的细颗粒物浓度为重点，实施多种污染物协同控制，坚持从源头到末端全过程控制污染物排放，严格排放标准，实行污染物排放总量和浓度控制，加快削减排放总量。

第二章　共同防治

第六条　防治大气污染应当建立健全政府主导、区域联动、单位施治、全民参与、社会监督的工作机制。

第七条　市人民政府对本市的大气污染防治工作负总责，区和乡镇人民政府在各自辖区范围内承担相应责任。

第八条　市人民政府应当根据污染防治的要求，建立统一有效、分工明确的监管治理体系，并加强整体统筹协调。

环境保护行政主管部门对大气污染防治实施统一监督管理，有关部门根据各自职责对大气污染防治实施监督管理。

第九条 市、区人民政府应当将大气环境保护工作纳入国民经济和社会发展规划，保障大气污染防治工作的财政投入。

第十条 市人民政府应当完善和落实城市总体规划，控制人口规模，优化空间布局，合理配置产业和教育、医疗等公共服务资源，减少生产、生活带来的污染。

第十一条 市人民政府应当鼓励和支持大气污染防治科学技术研究，组织开展大气污染成因和防治对策分析，推广应用先进大气污染防治技术，提高大气环境保护的科学技术水平。

第十二条 各级人民政府应当采取措施推进生态治理，提高绿化覆盖率，扩大水域面积，改善大气环境质量。

第十三条 市人民政府应当根据限期达标的工作目标，制定大气环境质量达标规划和严于国家规定的大气污染控制阶段措施，可以制定严于国家标准的本市大气污染物排放和控制标准，并组织实施。

第十四条 本市禁止新建、扩建高污染工业项目。市人民政府应当定期制定或者修订禁止新建、扩建的高污染工业项目名录、高污染工业行业调整名录和高污染工艺设备淘汰名录，并向社会公布。

第十五条 市、区人民政府应当制定和推行有利于防治大气污染的经济政策，引导企业调整能源结构，促进污染企业进行技术改造与产业升级，或者转产、退出。

第十六条 市环境保护行政主管部门应当组织建立监测网络，负责统一组织开展大气环境质量监测，发布大气环境质量信息。

市环境保护行政主管部门所属环境监测机构发布空气质量日报、预报、空气重污染等专业信息。

市气象行政主管部门开展大气污染气象条件规律的研究，所属气象台站配合空气质量预报工作和生活服务指导。

第十七条 环境保护行政主管部门负责确定重点污染源单位名录，并依法向社会公开其向大气排放污染物的监督性监测数据信息。

第十八条 市环境保护行政主管部门及有关部门应当向社会公布因违反大气污染防治相关法律法规而受到相应处罚的企业及其负责人名单，并录入企业信用系统。

第十九条 环境保护行政主管部门应当鼓励和支持公众参与大气污染防治工作，聘请社会监督员，协助监督大气污染防治工作。

第二十条 市、区人民政府应当将重污染天气应对纳入突发事件应急管理体系，制定空气重污染应急预案，向上一级人民政府环境保护行政主管部门备案，并向社会公布。

在大气受到严重污染，发生或者可能发生危害人体健康和安全的紧急情况时，市人民政府应当按照规定程序，通过媒体向社会发布空气重污染的预警信息。市、区人民政府按照预警级别启动应急预案，实施相应的应急措施，包括：责令有关企业停产或者限产、限制部分机动车行驶、禁止燃放烟花爆竹、停止工地土石方作业和建筑拆除施工、停止露天烧烤、停止幼儿园和学校户外体育课等。

有关排污单位应当执行本条第二款规定的应急措施。

应急响应结束后，人民政府应当及时开展应急预案实施情况的评估，适时修改完善应急预案。

第二十一条　市人民政府应当完善污染大气环境举报制度，向社会公开举报电话、网址等，明确有关政府部门的受理范围和职责。

有关政府部门在接到举报后，应当依法及时处理，并将处理结果向举报人反馈。

举报内容经查证属实的，有关部门应当给予举报人表彰或者奖励。

第二十二条　各级人民政府应当加强大气环境保护宣传，普及大气环境保护法律法规以及科学知识，提高公众的大气环境保护意识。新闻媒体、居民委员会、村民委员会、学校及社会组织配合政府开展宣传普及，促进形成保护大气环境的社会风气。

各级人民政府对在大气污染防治方面做出显著成绩的单位和个人，给予表彰或者奖励。

第二十三条　市人民政府应当在国家区域联防联控机构领导下，加强与相关省区市的大气污染联防联控工作，建立重大污染事项通报制度，逐步实现重大监测信息和污染防治技术共享，推进区域联防联控与应急联动。

第二十四条　市人民政府应当实行大气环境质量目标责任制和考核评价制度，定期公示考核结果。对市人民政府有关部门和区人民政府及其负责人的综合考核评价，应当包含大气环境质量目标完成情况和措施落实情况。

第二十五条　市、区人民政府应当每年向本级人民代表大会报告本行政区域的大气环境质量目标和大气污染防治规划的完成情况，并向社会公布。

第二十六条　企业事业单位和其他生产经营者都有义务采取措施，防治生产建设或者其他活动对大气环境造成的污染。

第二十七条　向大气排放污染物的企业事业单位和其他生产经营者，应当遵守国家和本市规定的大气污染物排放和控制标准，并不得超过核定的重点大气污染物排放总量指标。

第二十八条　向大气排放污染物的企业事业单位和其他生产经营者，应当建立大气环境保护责任制度，明确单位负责人的责任。

第二十九条　新建、改建、扩建向大气排放污染物的建设项目，应当依法进行环境影响评价。

建设单位在编制建设项目环境影响报告书时，应当依法征求有关单位、专家和公众的意见。

第三十条　建设单位应当保证建设项目配套建设的大气污染防治设施与主体工程同

时设计、同时施工、同时投入使用。

第三十一条 向大气排放污染物的企业事业单位和其他生产经营者，应当保持大气污染防治设施的正常使用。

第三十二条 向大气排放污染物的企业事业单位和其他生产经营者，应当按照国家和本市有关规定，缴纳环境保护税。

第三十三条 向大气排放污染物的企业事业单位和其他生产经营者，应当按照国家和本市有关规定设置大气污染物排放口。

禁止通过偷排、篡改或者伪造监测数据、以逃避现场检查为目的的临时停产、非紧急情况下开启应急排放通道、不正常运行大气污染防治设施等逃避监管的方式排放大气污染物。

第三十四条 向大气排放污染物的企业事业单位和其他生产经营者，应当按照规定自行监测大气污染物排放情况，记录监测数据，并按照规定在网站或者其他对外公开场所向社会公开。监测数据的保存时间不得低于五年。

向大气排放污染物的企业事业单位和其他生产经营者，应当按照有关规定设置监测点位和采样监测平台并保持正常使用，接受环境保护行政主管部门或者其他监督管理部门的监督性监测。

第三十五条 列入本市自动监控计划的向大气排放污染物的企业事业单位和其他生产经营者，应当配备大气污染物排放自动监控设备，并纳入环境保护行政主管部门的统一监控系统。

前款规定的向大气排放污染物的企业事业单位和其他生产经营者，负责维护自动监控设备，保持稳定运行和监测数据准确。

第三十六条 可能发生大气污染事故的企业事业单位和其他生产经营者应当制定大气污染事故和突发事件的应急预案，并负责应急处置和事后恢复。

第三十七条 公民负有依法保护大气环境的义务，应当遵守大气污染防治法律法规，树立大气环境保护意识，自觉践行绿色生活方式，减少向大气排放污染物。

第三十八条 公民、法人和其他组织有权要求市、区人民政府及其环境保护等有关部门公开大气环境质量、突发大气环境事件，以及相关的行政许可、行政处罚等信息。

第三十九条 公民、法人和其他组织有权向环境保护行政主管部门或者其他有关部门，举报污染大气环境的单位和个人。

公民、法人和其他组织发现市、区人民政府及其环境保护行政主管部门或者其他有关部门不依法履行大气环境监督管理职责，可以向其上级人民政府或者监察机关举报。

第三章　重点污染物排放总量控制

第四十条 本市对重点大气污染物实行排放总量控制，逐步减少污染物排放总量。

第四十一条 全市排放总量控制的目标以及区域、重点行业和重点企业的排放总量，由市环境保护行政主管部门根据国家要求，结合本市经济社会发展水平、环境质量状况、产业结构特点、交通运行状况等提出，报市人民政府批准后实施，并每年向社会公布。

区人民政府和重点行业主管部门应当根据本市大气污染物排放总量控制要求，制定年度总量控制计划，并组织落实。

第四十二条 本市按照国家和本市有关规定对大气污染物实行排污许可证制度。

纳入排污许可证管理的排污单位，应当按照规定向市、区环境保护行政主管部门申请核发排污许可证，并按照排污许可证载明的污染物种类、排放总量指标等要求排放污染物，逐步减少污染物排放总量。

第四十三条 排污单位的重点大气污染物排放总量由环境保护行政主管部门根据本市大气污染物排放和控制标准、清洁生产水平、重点大气污染物排放总量控制要求、产业布局和结构优化等因素，按照公开、公平、公正的原则核定。

第四十四条 本市在严格控制重点大气污染物排放总量、实行排放总量削减计划的前提下，按照有利于总量减少的原则，可以进行大气污染物排污权交易试点。具体办法由市人民政府制定。

第四十五条 现有排污单位的大气污染物排放总量指标，由环境保护行政主管部门核定取得。

纳入总量控制范围的新建、改建、扩建建设项目，应当在编制或者填报环境影响评价文件前取得重点大气污染物排放总量指标，并在环境影响评价文件中说明指标来源。

涉及民生的重点工程，排放总量指标不能满足需要的，经市人民政府同意后可以调剂取得，并向社会公开。

第四十六条 环境保护行政主管部门按照减量替代、总量减少的原则，审批环境影响评价文件。

通过减量替代获得大气污染物排放总量指标的建设项目，在替代的排放量未削减完成前，不得投入生产。

第四十七条 未完成年度大气污染物排放总量控制任务的区域、行业，环境保护行政主管部门应当暂停审批该区域或行业内除民生工程以外的、排放该项污染物的建设项目环境影响评价文件；该项目的审批部门不得批准其建设。

第四章 固定污染源污染防治

第四十八条 本市按照循环经济和清洁生产的要求推动生态工业园区建设，通过合理规划工业布局，引导工业企业入驻工业园区。

新建排放大气污染物的工业项目，应当按照环保规定进入工业园区。工业园区目录由市经济信息化行政主管部门会同有关部门制定并公布。

第四十九条　本市实施燃煤消耗总量控制。

市发展改革行政主管部门应当会同有关部门制定清洁能源利用发展规划，确定燃煤总量控制目标，并规定实施步骤，逐步削减燃煤总量。

区人民政府应当按照燃煤消耗总量控制目标，制定本行政区域削减燃煤和清洁能源改造计划并组织落实。

第五十条　市人民政府划定并公布高污染燃料禁燃区，并根据空气质量改善要求，规定实施步骤，逐步扩大禁燃区范围。

在禁燃区内，禁止新建、扩建燃烧高污染燃料的设施；现有燃烧煤炭、重油、渣油等高污染燃料的设施，应当在市人民政府规定的期限内停止使用或者改用清洁能源。

第五十一条　本市禁止新建、扩建燃烧煤炭、重油、渣油的设施。

使用煤炭、重油、渣油为燃料的工业锅炉、炉窑、发电机组等设施，应当按照市人民政府规定的期限改用清洁能源。

远郊区燃煤供热设施应当在规定期限内实施清洁能源改造。

第五十二条　本市禁止新建、扩建炼油、水泥、炼焦、钢铁、有色金属冶炼、铸造、平板玻璃、陶瓷、沥青防水卷材、人造板、黏土砖等制造加工项目以及非金属矿采选等矿产资源开发项目。

列入前款和本条例第十四条规定名录的项目，市人民政府有关部门不得批准建设；列入调整和淘汰名录的行业、工艺和设备，相关企业应当在规定期限内调整退出。

依照本条第二款的规定，应当退出、关闭、搬迁的现有企业，市经济信息化行政主管部门应当事先向企业公告，听取企业意见。

第五十三条　本市禁止销售不符合标准的散煤及制品。

居民住宅生活用煤应当按照市人民政府的规定，使用符合标准的低硫优质煤。

提供饮食、洗浴、住宿等服务的单位，应当使用天然气、液化石油气、电或者以其他清洁能源为燃料。

第五十四条　市住房城乡建设、规划行政主管部门应当会同有关部门，推进既有建筑节能改造，执行新建建筑强制性节能标准，减少能源消耗和大气污染物排放。

第五十五条　市环境保护行政主管部门应当会同市质量技术监督部门，制定本市产品挥发性有机物含量限值标准。

在本市生产、销售、使用含挥发性有机物的原材料和产品的，其挥发性有机物含量应当符合本市规定的限值标准。

第五十六条　产生含挥发性有机物废气的生产和服务活动，应当在密闭空间或者设备中进行，并按照规定安装、使用污染防治设施；无法密闭的，应当采取措施减少废气排放。

加油加气站、储油储气库和使用油罐车、气罐车等的单位，应当按照国家和本市规定安装油气回收装置并保持正常使用，并每年向环境保护行政主管部门报送由检测资质机构出具的油气排放检测报告。

第五十七条　工业涂装企业应当按照本市有关规定，使用低挥发性有机物含量涂料，记录生产工艺、设施及污染控制设备的主要操作参数、运行情况，并建立记录生产原料、辅料的使用量、废弃量和去向，及其挥发性有机物含量的台账。台账的保存时间不得低于三年。

第五十八条　石油、化工及其他生产和使用有机溶剂的企业，应当采取措施对管道、设备进行日常维护、维修，减少物料泄漏，并对已经泄漏的物料及时收集处理。

第五十九条　饮食服务、服装干洗和机动车维修等项目，应当设置油烟、异味和废气处理装置等污染防治设施并保持正常使用，防止影响周边环境。

在居民住宅楼、未配套设立专用烟道的商住综合楼、商住综合楼内与居住层相邻的商业楼层内，禁止新建、改建、扩建产生油烟、异味、废气的饮食服务、服装干洗和机动车维修等项目。

第六十条　向大气排放粉尘、有毒有害气体或恶臭气体的企业事业单位和其他生产经营者，应当安装净化装置或者采取其他措施，防止污染周边环境。

第六十一条　任何单位和个人不得进行露天焚烧秸秆、树叶、枯草、垃圾、电子废物、油毡、橡胶、塑料、皮革、沥青等向大气排放污染物的行为。

任何单位和个人不得在政府划定的禁止范围内露天烧烤食品或者为露天烧烤食品提供场地。

第五章　机动车和非道路移动机械排放污染防治

第六十二条　本市根据国家大气环境质量标准和本市大气环境质量目标，对机动车实施数量调控。

本市优化道路设置和管理，减少机动车怠速和低速行驶造成的污染。

第六十三条　环境保护行政主管部门可以委托其所属的机动车排放污染监督监测机构，对机动车和非道路移动机械排放污染防治实施监督管理。

第六十四条　在本市销售机动车和非道路移动机械的生产企业，应当按照规定向市环境保护行政主管部门申报在本市销售的机动车和非道路移动机械排放污染物的数据和防治污染的有关材料。

市环境保护行政主管部门审查数据和材料后，对符合国家和本市规定排放、耗能标准的，纳入可以在本市销售的机动车车型和非道路移动机械目录。

在本市销售的机动车和非道路移动机械，应当符合国家和本市规定的排放标准并在耐久性期限内稳定达标。机动车和非道路移动机械经按照规定检测，因质量原因不能稳定达标排放的，由市环境保护行政主管部门取消其在本市的机动车车型和非道路移动机械目录。

第六十五条 符合本市新车污染物排放标准，或者经国家认可的检测机构检测确认与本市新车污染物排放标准相当的机动车，方可在本市办理注册登记或者转入手续。

第六十六条 在用机动车应当符合本市机动车排放标准，并定期进行排放污染检测；检测合格的，方可进行机动车安全技术检验，核发安全检测合格标志。

进入本市行驶的外埠车辆，应当按照本市规定，进行排放污染检测；检测合格的，方可办理机动车进京手续。

具体检测管理办法由市环境保护行政主管部门会同有关部门制定。

第六十七条 环境保护行政主管部门可以在机动车停放地，对在用机动车排放污染进行检查和检测，并可以在公安机关交通管理部门配合下，对行驶中的机动车排放污染状况进行抽测。

第六十八条 机动车排放污染定期检测，由依法通过计量认证的机动车排放检验机构承担。检验机构应当严格按照规定对机动车排放污染进行检测，并与环境保护行政主管部门联网，实现检验数据实时共享。机动车排放检验机构及其负责人对检验数据的真实性和准确性负责。

环境保护行政主管部门和认证认可监督管理部门应当对机动车排放检验机构的排放检验情况进行监督检查。

第六十九条 机动车和非道路移动机械所有者或者使用者不得拆除、闲置或者擅自更改排放污染控制装置，并保持装置正常使用。

机动车所有者或者使用者在车载排放诊断系统报警后，应当及时对机动车进行维修，确保车辆达到排放标准。

第七十条 机动车维修单位应当具备维修资质，按照技术规范对排放不达标的机动车进行维修，确保机动车排放达标。

第七十一条 市人民政府可以根据大气环境质量状况，在一定区域内采取限制机动车行驶的交通管理措施。

第七十二条 本市提倡公民绿色出行，每年开展城市无车日活动。市人民政府应当创造条件方便公众选择公共交通、自行车、步行的出行方式，减少机动车排放污染。

第七十三条 本市提倡环保驾驶。在学校、宾馆、商场、公园、办公场所、社区、医院的周边和停车场等不影响车辆正常行驶的地段，机动车驾驶员在停车三分钟以上时，应当熄灭发动机。

第七十四条 在用非道路移动机械向大气排放污染物，应当符合本市规定的排放标准。

市人民政府可以根据大气环境质量状况，划定禁止高排放非道路移动机械使用的区域。

第七十五条 本市按照国家规定对机动车实行强制报废制度。机动车排放大气污染物超过标准的，应当进行维修；经修理、调整、采用控制技术后仍不符合国家排放标准要求的，应当依法强制报废。

第七十六条　本市加快老旧公交、邮政、环卫、出租等车辆淘汰，鼓励发展小排量、低能耗和新能源车与清洁能源车，加快新能源车与清洁能源车的配套设施建设。

第七十七条　本市鼓励淘汰高排放机动车和非道路移动机械。市环境保护行政主管部门会同市财政、交通、公安、商务、质量技术监督等行政主管部门，根据本市大气环境质量状况和机动车、非道路移动机械排放污染状况，制定高排放在用机动车、非道路移动机械淘汰、治理和限制使用方案，报市人民政府批准后实施。

第七十八条　市环境保护行政主管部门会同市质量技术监督部门制定本市车用燃料标准。本市销售的车用燃料应当达到国家和本市规定的标准，并按照规定添加车用油品清净剂。

第六章　扬尘污染防治

第七十九条　进行房屋建筑、市政基础设施施工、河道整治、建筑物拆除、物料运输和堆放、园林绿化等活动，应当采取措施，防止产生扬尘污染。

第八十条　建设单位应当将防治扬尘污染的费用列入工程造价，并在工程承发包合同中明确施工单位防治扬尘污染的责任。

第八十一条　建设工程施工现场应当根据本市绿色施工的有关规定，采取下列措施：

（一）建设工程开工前，建设单位应当按照标准在施工现场周边设置围挡，施工单位应当对围挡进行维护；

（二）施工单位应当在施工现场出入口公示施工现场负责人、环保监督员、扬尘污染控制措施、举报电话等信息；

（三）施工单位应当对施工现场内主要道路和物料堆放场地进行硬化，对其他场地进行覆盖或者临时绿化，对土方集中堆放并采取覆盖或者固化措施；

（四）气象预报风速达到四级以上时，施工单位应当停止土石方作业、拆除作业及其他可能产生扬尘污染的施工作业；

（五）建设工程施工现场出口处应当设置冲洗车辆设施，按照本市规定安装视频监控系统；施工车辆经除泥、冲洗后方能驶出工地，不得带泥上路行驶；车辆清洗处应当配套设置排水、泥浆沉淀设施；

（六）建设工程施工现场道路及进出口周边一百米以内的道路不得有泥土和建筑垃圾；

（七）道路挖掘施工过程中，施工单位应当及时覆盖破损路面，并采取洒水等措施防治扬尘污染；道路挖掘施工完成后应当及时修复路面；

（八）国家和本市有关施工现场管理的其他规定。

本市将施工单位的施工现场扬尘违法行为，纳入本市施工企业市场行为信用评价系统。

第八十二条 煤炭、水泥、石灰、石膏、砂土等产生扬尘的物料应当密闭贮存；不具备密闭贮存条件的，应当在其周围设置不低于堆放物高度的围挡并有效覆盖，不得产生扬尘。

建筑土方、工程渣土、建筑垃圾应当及时运输到指定场所进行处置；在场地内堆存的，应当有效覆盖。

第八十三条 运输垃圾、渣土、砂石、土方、灰浆等散装、流体物料的，应当依法使用符合条件的车辆，安装卫星定位系统，密闭运输。

第八十四条 建筑垃圾资源化处置场、渣土消纳场、燃煤电厂贮灰场和垃圾填埋场应当实施分区作业，采取措施防治扬尘污染。

第八十五条 市城市管理行政主管部门应当会同市环境保护行政主管部门，制定道路清扫冲洗保洁标准。清扫单位应当严格执行清扫冲洗保洁标准，防治扬尘污染。

第八十六条 裸露地面应当按照下列规定进行绿化或者铺装：

（一）待开发的建设用地，建设单位负责对裸露地面进行覆盖；超过三个月的，应当进行临时绿化或铺装；

（二）市政道路及河道沿线、公共绿地的裸露地面，分别由交通、水务、园林绿化行政主管部门组织按照规划进行绿化或者铺装；

（三）其他裸露地面由使用权人或者管理单位负责进行绿化或者铺装，并采取防尘措施。

农业行政主管部门应当鼓励对裸露农田采取生物覆盖、留茬免耕等措施，防治扬尘污染。

第八十七条 本市严格控制矿产资源开采。在矿产资源开采过程中，应当采取措施防治大气污染。开采后应当进行生态修复。

第八十八条 本市施工工地禁止现场搅拌混凝土。由政府投资的建设工程以及在本市规定区域内的建设工程，禁止现场搅拌砂浆。其他建设工程在施工现场设置砂浆搅拌机的，应当配备降尘防尘装置。

本市禁止新建、扩建混凝土搅拌站；不符合环境治理规划的已建成企业，应当按照市人民政府的规定限期关闭。

第七章 法律责任

第八十九条 造成大气污染危害的，有责任排除危害，并对直接遭受损失的单位或者个人赔偿损失。

第九十条 环境保护行政主管部门和其他有关行政主管部门在大气污染防治工作中，有下列行为之一的，由监察机关责令改正，对直接负责的主管人员和其他直接责任人员依法给予行政处分；构成犯罪的，依法追究刑事责任：

（一）违法做出行政许可决定的；

（二）接到公民对污染大气环境行为的举报，不依法查处的；

（三）违反本条例规定不公开大气环境相关信息的；

（四）有滥用职权、玩忽职守的其他行为的。

第九十一条　违反本条例第二十条第三款规定，有关排污单位拒不执行市人民政府责令停产、限产决定的，市或者区环境保护行政主管部门可以查封排污设施，处一万元以上十万元以下罚款；拒不执行停止工地土石方作业、建筑拆除施工或露天烧烤的应对措施的，由城市管理综合执法部门处一万元以上十万元以下罚款。

拒不执行机动车停驶和禁止燃放烟花爆竹的应对措施的，由公安机关依据有关规定予以处罚。

第九十二条　违反本条例第二十七条规定，向大气排放污染物不符合国家或本市大气污染物排放和控制标准的，由环境保护行政主管部门责令改正或者限制生产、停业整治，处十万元以上一百万元以下罚款；情节严重的，报经有批准权的人民政府批准，责令停业、关闭；向大气排放污染物超过排放总量指标的，由环境保护行政主管部门责令停止排污，处十万元以上一百万元以下罚款。

第九十三条　违反本条例第三十条规定，需要配套建设的大气污染防治设施未建成，主体工程正式投入生产或者使用的，由环境保护行政主管部门责令限期改正，处二十万元以上一百万元以下罚款；逾期不改正的，处一百万元以上二百万元以下罚款。

第九十四条　违反本条例第三十一条规定，不正常使用大气污染防治设施的，由环境保护行政主管部门责令停止违法行为，限期改正，处五千元以上五万元以下罚款。

第九十五条　违反本条例第三十三条第一款规定，未按照规定设置大气污染物排放口的，由环境保护行政主管部门责令限期改正，处二万元以上二十万元以下罚款；拒不改正的，责令停产整治。

违反本条例第三十三条第二款规定，通过逃避监管的方式排放大气污染物的，由环境保护行政主管部门责令改正或者限制生产、停产整治，并处十万元以上一百万元以下罚款；情节严重的，报经有批准权的人民政府批准，责令停业、关闭。

第九十六条　违反本条例第三十四条第一款规定，未按照规定公布或者保存监测数据的，由环境保护行政主管部门责令限期改正，处二万元以上二十万元以下罚款；拒不改正的，责令停产整治。

违反本条例第三十四条第二款规定，未按照规定设置监测点位或者采样平台的，由环境保护行政主管部门责令限期改正；逾期不改正的，处一万元以上十万元以下罚款。

第九十七条　违反本条例第三十五条规定，未按照规定安装大气污染物排放自动监控设备，或者自动监控设备未稳定运行、数据不准确的，由环境保护行政主管部门责令限期改正，处二万元以上二十万元以下罚款；拒不改正的，责令停产整治。

第九十八条 违反本条例第四十二条规定，应当取得而未取得排污许可证排放污染物的，由环境保护行政主管部门责令停止排污，处十万元以上一百万元以下罚款；拒不停止排污的，环境保护行政主管部门可以查封排污设施。未按照排污许可证的规定排放污染物的，由环境保护行政主管部门责令限期改正，处二万元以上二十万元以下罚款。

第九十九条 违反本条例第四十六条第二款规定，在替代的排放量未削减完成前，建设项目投入生产的，由环境保护行政主管部门责令停止生产，处二万元以上二十万元以下罚款。

第一百条 违反本条例第五十条规定，在禁燃区内新建、扩建燃烧高污染燃料的设施的，或者在规定的期限届满后，继续燃用煤炭、重油、渣油等高污染燃料的，由环境保护行政主管部门没收燃用高污染燃料的设施，组织拆除燃煤供热锅炉，并处二万元以上二十万元以下罚款。

第一百零一条 违反本条例第五十一条规定，新建、扩建燃烧煤炭、重油、渣油设施或者燃用煤炭、重油、渣油的工业锅炉、炉窑、发电机组等设施未按照规定停止燃用高污染燃料的，由环境保护行政主管部门没收燃用高污染燃料的设施，组织拆除燃煤供热锅炉，并处二万元以上二十万元以下罚款。

第一百零二条 违反本条例第五十二条第一款、第二款规定的，由经济信息化行政主管部门报同级人民政府关停违法项目。

第一百零三条 违反本条例第五十三条第一款规定，销售不符合标准的散煤及制品的，由质量技术监督、工商行政管理部门按照职责责令改正，停止销售，没收原材料、产品和违法所得，并处货值金额一倍以上三倍以下的罚款。

违反本条例第五十三条第三款规定，不使用清洁能源的，由环境保护行政主管部门责令限期改正，处一万元以上十万元以下罚款。

第一百零四条 违反本条例第五十五条第二款规定，生产、销售含挥发性有机物的原材料和产品不符合本市规定标准的，由质量技术监督部门和工商行政管理部门依照有关法律法规规定予以处罚。

第一百零五条 违反本条例第五十六条第一款规定，未在密闭空间或者设备中进行产生含挥发性有机物废气的生产和服务活动或者未按规定安装并使用污染防治设施的，由环境保护行政主管部门责令改正，处二万元以上二十万元以下罚款；拒不改正的，责令停产整治。

违反本条例第五十六条第二款规定，未按照本市有关规定安装油气回收装置或者不正常使用的，由环境保护行政主管部门责令限期改正，处二万元以上二十万元以下罚款。

第一百零六条 违反本条例第五十七条规定，未按照规定使用低挥发性有机物含量涂料或者未按照要求记录、保存相关数据和信息、弄虚作假的，由环境保护行政主管部门责令改正，处二万元以上二十万元以下罚款；拒不改正的，责令停产整治。

第一百零七条 违反本条例第五十八条规定，未采取措施减少物料泄漏或者对泄漏的物料未及时收集处理的，由环境保护行政主管部门责令限期改正，处二万元以上二十万元以下罚款；拒不改正的，责令停产整治。

第一百零八条 违反本条例第五十九条第一款规定，未安装油烟净化设施、不正常使用油烟净化设施或者未采取其他油烟净化措施，超过排放标准排放油烟的，由环境保护行政主管部门责令限期改正，处五千元以上五万元以下罚款；拒不改正的，责令停业整治。

违反本条例第五十九条第二款规定，在居民住宅楼、未配套设立专用烟道的商住综合楼、商住综合楼内与居住层相邻的商业楼层内新建、改建、扩建产生油烟、异味、废气的餐饮服务、干洗、汽修等项目的，由城市管理综合执法部门责令改正；拒不改正的，予以关闭，并处一万元以上十万元以下罚款。

第一百零九条 违反本条例第六十条规定，未安装净化装置或者采取其他措施防止污染周边环境的，由环境保护行政主管部门责令限期改正，处一万元以上十万元以下罚款；拒不改正的，责令停工整治或者停业整治。

第一百一十条 违反本条例第六十一条第一款规定，露天焚烧秸秆、树叶、枯草的，由城市管理综合执法部门责令改正，可以处五百元以上二千元以下罚款；露天焚烧垃圾、电子废物、油毡、橡胶、塑料、皮革、沥青的，由城市管理综合执法部门责令改正，对单位处一万元以上十万元以下罚款，对个人处五百元以上二千元以下罚款。

违反本条例第六十一条第二款规定，在政府划定的禁止范围内露天烧烤食品或者为露天烧烤食品提供场地的，由城市管理综合执法部门责令改正，没收烧烤工具和违法所得，处五百元以上二万元以下罚款。

第一百一十一条 违反本条例第六十四条第二款规定，销售未纳入本市目录的机动车和非道路移动机械的，由市环境保护行政主管部门责令停止违法行为，没收违法所得，可以处货值金额一倍以下的罚款。

违反本条例第六十四条第三款规定，销售不符合国家或本市规定标准的机动车和非道路移动机械的，由市工商行政管理部门责令停止违法行为，没收违法所得，并处货值金额一倍以上三倍以下的罚款，没收销毁无法达到污染物排放标准的机动车、非道路移动机械；销售的机动车、非道路移动机械不符合注明的排放标准的，销售者应当负责修理、更换、退货；给购买者造成损失的，销售者应当赔偿损失。

第一百一十二条 违反本条例第六十六条第一款规定，在用机动车排放污染物超过规定排放标准的，由环境保护行政主管部门责令改正，对机动车所有者或者使用者处三百元以上三千元以下罚款；逾期未进行机动车排放污染定期检测的，由环境保护行政主管部门责令改正，每超过一个检测周期处五百元罚款。

机动车驾驶人驾驶排放检验不合格的机动车上道路行驶的，由公安机关交通管理部门依法予以处罚。

第一百一十三条 违反本条例第六十八条第一款规定，检验机构未按照规定进行检测的，由环境保护行政主管部门责令停止违法行为，限期改正，处五千元以上五万元以下罚款；情节严重的，由负责资质认定的部门取消其检验资格。

第一百一十四条 违反本条例第六十九条第一款规定，机动车和非道路移动机械所有者或者使用人拆除、闲置或者擅自更改排放污染控制装置的，由环境保护行政主管部门责令改正，处五千元以上一万元以下罚款。

违反本条例第六十九条第二款规定，机动车所有者或者使用者在车载排放诊断系统报警后，未对机动车进行维修，车辆行驶超过二百公里的，由环境保护行政主管部门处三百元罚款。

第一百一十五条 违反本条例第七十一条规定，机动车进入限制行驶区域的，由公安机关交通管理部门责令停止违法行为并依法处罚。

第一百一十六条 违反本条例第七十四条第二款规定，在禁止区域内使用高排放非道路移动机械的，由环境保护行政主管部门责令停止违法行为，处五万元以上十万元以下罚款。

第一百一十七条 违反本条例第七十八条规定，销售不符合国家或本市标准的车用燃料的，由工商行政主管部门责令停止销售，没收违法销售的产品，有违法所得的，没收违法所得，处违法销售金额一倍以上三倍以下的罚款；销售的车用油品不符合国家或本市车用油品清净性规定的，由环境保护行政主管部门责令限期改正违法行为，处一万元以上十万元以下罚款；情节严重的，由市商务行政主管部门吊销其经营资质。

第一百一十八条 违反本条例第八十条规定，未将防治扬尘污染的费用列入工程造价即开工建设的，由住房城乡建设行政主管部门责令停止施工。

第一百一十九条 违反本条例第八十一条第一款规定的，由城市管理综合执法部门责令限期改正，处一万元以上十万元以下罚款；拒不改正的，责令停工整治。

第一百二十条 违反本条例第八十二条规定的，由城市管理综合执法部门责令限期改正，处一万元以上十万元以下罚款；其中，对工业企业，由环境保护行政主管部门责令改正，处一万元以上十万元以下罚款；拒不改正的，责令停工整治或者停业整治。

第一百二十一条 违反本条例第八十三条规定的，由城市管理综合执法部门责令改正，处二千元以上二万元以下罚款；拒不改正的，车辆不得上道路行驶。

第一百二十二条 违反本条例第八十四条规定的，由城市管理综合执法部门责令限期改正，处一万元以上十万元以下罚款；拒不改正的，责令停工整治或者停业整治。

第一百二十三条 违反本条例第八十七条规定，在矿产资源开采过程中未采取措施防治扬尘污染的，由环境保护行政主管部门责令限期改正，处一万元以上十万元以下罚款；拒不改正的，责令停工整治或者停业整治。

第一百二十四条 违反本条例第八十八条第一款规定的，由住房城乡建设行政主管部门责令限期改正，处二万元以上二十万元以下罚款；逾期未改正的，责令停工整顿。

违反本条例第八十八条第二款规定，新建、扩建混凝土搅拌站的，由市住房城乡建设行政主管部门责令关闭；不符合环境治理规划的已建成企业在规定期限内未关闭的，由市住房城乡建设行政主管部门关闭，处五万元以上二十万元以下罚款。

第一百二十五条 违反本条例规定，排放大气污染物，造成严重污染，构成犯罪的，依法追究刑事责任。

环境保护行政主管部门与公安机关应当建立健全大气污染案件行政执法和刑事司法衔接机制，完善案件移送、线索通报等制度。

第八章 附 则

第一百二十六条 本条例自2014年3月1日起施行。2000年12月8日北京市第十一届人民代表大会常务委员会第二十三次会议通过的《北京市实施〈中华人民共和国大气污染防治法〉办法》同时废止。

北京市机动车和非道路移动机械排放污染防治条例

（2020 年 1 月 17 日北京市第十五届人民代表大会第三次会议通过）

第一章 总 则

第一条 为了防治机动车和非道路移动机械排放污染，保护和改善大气环境，保障公众健康，推进生态文明建设，促进经济社会可持续发展，根据《中华人民共和国环境保护法》《中华人民共和国大气污染防治法》等法律、行政法规，结合本市实际，制定本条例。

第二条 本条例适用于本市行政区域内机动车和非道路移动机械排放大气污染物的防治。

第三条 机动车和非道路移动机械排放污染防治坚持源头防范、标本兼治，综合治理、突出重点，区域协同、共同防治的原则。

本市推进智慧交通、绿色交通建设，优化道路设置和运输结构，严格执行大气污染防治标准，推广新能源的机动车和非道路移动机械应用，加强机动车和非道路移动机械排放污染防治。

第四条 市、区人民政府应当将机动车和非道路移动机械排放污染防治工作纳入大气污染防治规划，加强领导，实施目标考核，建立健全工作协调机制。

第五条 市、区生态环境部门对机动车和非道路移动机械排放污染防治工作实施统一监督管理。

发展改革、公安机关交通管理、市场监督管理、交通、经济和信息化、科学技术、城市管理、商务、住房和城乡建设、农业农村、园林绿化、水务等部门，按照各自职责做好机动车和非道路移动机械排放污染防治相关工作。

第六条 市生态环境部门应当会同经济和信息化、公安机关交通管理、交通、市场监督管理、住房和城乡建设等部门，依托市大数据管理平台建立机动车和非道路移动机械排放污染防治数据信息传输系统及动态共享数据库。

机动车和非道路移动机械排放污染防治的数据信息包括机动车登记注册，非道路移动机械登记，道路交通流量流速，在京使用的外埠机动车，机动车排放定期检验和监督抽测，机动车排放达标维修治理，燃料、氮氧化物还原剂和车用油品清净剂管理等。

第二章　预防和控制

第七条　本市采取财政、税收、政府采购、通行便利等措施，推动新能源配套基础设施建设，推广使用节能环保型、新能源机动车和非道路移动机械。新能源机动车通行便利的具体规定，由市交通、公安机关交通管理和生态环境部门共同制定。

本市鼓励用于保障城市运行的车辆、大型场站内的非道路移动机械使用新能源，采取措施逐步淘汰高排放机动车和非道路移动机械。

第八条　市发展改革部门应当引导树立城市绿色发展理念，统筹本市能源发展的相关政策，发展新能源，逐步削减化石燃料消耗。

第九条　市交通部门应当会同有关部门和单位调整优化运输结构，统筹推进多式联运运输网络建设，协调利用现有铁路运输资源，推动重点工业企业、物流园区和产业园区等优先采用铁路运输大宗货物，建立城市绿色货运体系。

第十条　在本市销售的机动车和非道路移动机械的发动机、污染控制装置、车载排放诊断系统、远程排放管理车载终端等设备和装置应当符合相关环保标准。

在本市销售的重型柴油车、重型燃气车和非道路移动机械应当按照相关环保标准安装远程排放管理车载终端。

第十一条　在本市注册登记的重型柴油车、重型燃气车和在用的非道路移动机械，以及长期在本市行政区域内行驶的外埠重型柴油车、重型燃气车，应当按照规定安装远程排放管理车载终端，并与市生态环境部门联网。具体规定由市生态环境部门会同有关部门制定。

生产企业及零部件厂商应当配合开展在用重型柴油车、重型燃气车和非道路移动机械安装远程排放管理车载终端。

第十二条　本市在用机动车和非道路移动机械的所有人、驾驶人或者使用人，应当确保装载的污染控制装置、车载排放诊断系统、远程排放管理车载终端等设备和装置的正常使用。

任何单位和个人不得干扰远程排放管理系统的功能；不得擅自删除、修改远程排放管理系统中存储、处理、传输的数据。

第十三条　市生态环境部门通过远程排放管理系统发现在本市注册登记的同一型号机动车或者非道路移动机械，有百分之三十以上的车载排放诊断系统不符合相关标准的，应当通知生产企业限期查找原因，排除故障。生产企业应当将有关情况报送市生态环境部门。

第十四条　本市推广使用优质的机动车、非道路移动机械用燃料。在本市生产、销售或者使用的燃料应当符合相关标准，运输企业和非道路移动机械使用单位应当使用符合标准的燃料。

市场监督管理部门负责对影响机动车和非道路移动机械排放大气污染物的燃料、氮氧化物还原剂和车用油品清净剂等有关产品的质量进行监督检查。

第三章　使用、检验和维护

第十五条　在本市行政区域内道路上行驶的机动车或者使用的非道路移动机械应当符合相关排放标准。

生态环境部门通过遥感监测、远程排放管理系统、摄影摄像取证等发现上道路行驶的机动车不符合相关排放标准，应当及时将相关证据移送公安机关交通管理部门，由公安机关交通管理部门根据交通技术监控设备记录依法处理。

第十六条　机动车所有人或者驾驶人应当对上道路行驶且排放检验不合格的机动车进行维修并复检。机动车排放检验机构应当对复检合格的机动车出具检验报告。

外埠车辆在本市有不符合相关排放标准记录的，应当经复检合格后，方可进入本市行政区域内的道路行驶。

第十七条　城市公交、道路运输、环卫、邮政、快递、出租车等企业事业单位和其他生产经营者，应当建立机动车排放污染防治责任制度，确保本单位车辆符合相关排放标准。

第十八条　出租汽车、租赁汽车、驾校教练汽车以及从事运输经营的轻型汽油车辆的行驶里程超过标准规定的环保耐久性里程的，应当更换尾气净化装置。

交通部门对前款规定的不符合相关排放标准的机动车在复检合格前不予办理营运相关手续。

第十九条　机动车排放检验机构对具备远程排放管理功能的重型柴油车、重型燃气车进行定期检验时，应当检查远程排放管理车载终端的联网情况，远程排放管理车载终端无法联网或者不正常运行的，机动车排放定期检验时不予通过检验。

第二十条　机动车排放检验机构应当遵守以下规定：

（一）保证检验设备正常运行；

（二）有与其检验活动相适应的检验人员，保证其基本条件和技术能力持续符合资质认定条件和要求；

（三）与生态环境部门联网，实时上传排放检验数据、视频等相关信息，保证联网设备正常运行；

（四）严格按照机动车排放检验标准和规范进行检验；

（五）如实填写检验信息，按照规定记录机动车及其所有人的相关信息，提供准确的机动车排放污染物检验报告；

（六）建立机动车排放检验档案，按照相关环保标准规定的期限对排放检验的数据信息进行保存；

（七）不得擅自终止检验活动。

第二十一条　本市对机动车排放检验机构实行累积记分管理制度。市场监督管理、生态环境、公安机关交通管理部门按照职责分工，对机动车排放检验机构的违法行为及其他不符合规范的行为进行累积记分。具体办法由市市场监督管理、生态环境、公安机关交通管理部门共同制定。

机动车排放检验机构在一个记分周期内超过规定的记分值的，由市场监督管理部门暂停检验业务并责令整改；整改期间，机动车排放检验机构不得向社会出具具有证明作用的检验数据和检验结果。

第二十二条　市场监督管理部门对机动车排放检验机构实行计量认证管理，按照相关标准对机动车排放检验设备进行检定。

机动车排放检验机构应当建立检验质量管理制度，使用经依法检定合格并符合相关标准的检验设备，确保检验数据和检验结果真实准确、客观公正。

机动车排放检验设备供应厂商应当提供符合标准的检验设备及其配套程序。

第二十三条　市生态环境、交通、公安机关交通管理部门应当共享机动车排放检验、排放达标维修、维修复检等数据信息。

市交通部门应当向社会公布在本市依法备案的机动车维修经营者目录，并制定机动车排放达标维修服务规范。

第二十四条　机动车维修经营者应当遵守以下规定：

（一）严格按照机动车排放污染防治的要求和有关技术规范、标准进行维修，使维修后的机动车达到规定的排放标准，并提供相应的维修服务质量保证；

（二）与交通部门联网，实时传输维修车辆的机动车号牌、车辆识别代号、排放达标维修项目等信息，如实记录机动车排放达标维修情况；

（三）建立完整的维修档案，实行档案电子化管理。

第二十五条　本市实施非道路移动机械信息编码登记制度，在本市使用的非道路移动机械应当进行基本信息、污染控制技术信息、排放检验信息等信息编码登记。

市生态环境部门应当按照国家和本市要求建立本市非道路移动机械信息管理平台，会同有关部门制定本市非道路移动机械登记管理规定。住房和城乡建设、农业农村、园林绿化、水务、交通、经济和信息化等部门应当组织、督促本行业使用的非道路移动机械在信息管理平台上进行信息编码登记。

建设单位应当在招标文件或者合同中明确要求施工单位使用在本市进行信息编码登记且符合排放标准的非道路移动机械。

第二十六条　施工单位对进出工程施工现场的非道路移动机械，应当在非道路移动机械信息管理平台上进行记录。

第二十七条　生态环境部门应当逐步通过电子标签、电子围栏、远程排放管理系统等对非道路移动机械的大气污染物排放状况进行监督管理。

第二十八条 市、区生态环境部门可以在机动车和非道路移动机械停放地、维修地、使用地，对在用机动车和非道路移动机械的大气污染物排放状况进行监督检查。

公安机关交通管理部门对上道路行驶的机动车进行监督检查时，生态环境部门对被检查车辆开展大气污染物排放检测并出具检测结果。

被检查者应当如实反映情况，提供必要的检查资料。实施检查的部门、机构及其工作人员应当依法为被检查者保守商业秘密和个人隐私。

第四章 区域协同

第二十九条 市人民政府应当与天津市、河北省及周边地区建立机动车和非道路移动机械排放污染联合防治协调机制，按照统一规划、统一标准、统一监测、统一防治措施的要求，开展联合防治，落实大气污染防治目标责任。

第三十条 本市与天津市、河北省共同建立京津冀机动车超标排放信息共享平台，对机动车超标排放进行协同监管。

第三十一条 本市与天津市、河北省建立新车抽检抽查协同机制，对新生产、销售的机动车和非道路移动机械的大气污染物排放状况进行监督检查。

第三十二条 本市与天津市、河北省共同实行非道路移动机械使用登记管理制度，使用统一登记管理系统，按照相关要求加强非道路移动机械使用监管。

第三十三条 市生态环境部门应当与天津市、河北省及周边地区的相关部门加强机动车和非道路移动机械排放污染防治工作协作，通过区域会商、信息共享、联合执法、重污染天气应对、科研合作等方式，提高区域大气污染防治水平。

第五章 法律责任

第三十四条 违反本条例第十条第一款规定，在本市销售的机动车和非道路移动机械的发动机、污染控制装置、车载排放诊断系统、远程排放管理车载终端等设备和装置不符合相关环保标准的，由市生态环境部门责令生产企业改正，没收违法所得，并处机动车和非道路移动机械货值金额一倍以上三倍以下罚款。

第三十五条 违反本条例第十一条第一款规定，在本市注册登记的重型柴油车、重型燃气车和在用的非道路移动机械未按照规定安装远程排放管理车载终端的，由生态环境部门责令改正，对机动车所有人或者驾驶人处每辆车一万元罚款；对非道路移动机械使用人处每台非道路移动机械一万元罚款。

第三十六条 违反本条例第十二条第一款规定的，由生态环境部门责令改正，处五千元以上一万元以下罚款。

违反本条例第十二条第二款规定的，由市生态环境部门责令改正，处每辆车或者每台非道路移动机械一万元罚款。

第三十七条　违反本条例第十四条第一款规定，运输企业和非道路移动机械使用单位使用不符合标准的燃料的，由市场监督管理部门责令改正，没收不符合标准的燃料，并处燃料货值金额一倍以上三倍以下罚款。

第三十八条　违反本条例第十五条第一款规定，驾驶排放检验不合格的机动车上道路行驶的，由公安机关交通管理部门依法予以处罚，并责令在十个工作日内对机动车进行维修并复检。

违反本条例第十六条第一款规定，逾期未按照规定进行维修并复检合格，又驾驶机动车上道路行驶的，由公安机关交通管理部门对机动车所有人或者驾驶人处三千元以上五千元以下罚款，可以暂扣机动车行驶证；经维修复检合格的，及时发还机动车行驶证。

第三十九条　违反本条例第十七条规定，城市公交、道路运输、环卫、邮政、快递、出租车等企业事业单位和其他生产经营者有下列情形之一的，生态环境部门对其直接负责的主管人员和其他直接责任人员分别处一万元以上五万元以下罚款：

（一）本单位注册车辆二十辆以上，在一个自然年内经排放检验不合格的车辆数量超过注册车辆数量百分之十的；

（二）同一辆车因不符合排放标准在一个自然年内受到罚款处罚五次以上的。

第四十条　违反本条例第十八条第一款规定的，由交通部门对机动车所有人处每辆车一万元罚款。

第四十一条　违反本条例第二十条第一项、第二项规定的，由市场监督管理部门责令改正，处五万元以上二十万元以下罚款；违反第三项至第七项规定的，由生态环境部门责令停止违法行为，限期改正，处五万元以上十万元以下罚款；情节严重的，由市场监督管理部门取消其检验资格。

第四十二条　违反本条例第二十一条第二款规定，整改期间擅自向社会出具检验数据和检验结果，或者逾期未改正、改正后仍不符合要求的，由市场监督管理部门取消其检验资格。

第四十三条　违反本条例第二十二条第三款规定，机动车排放检验设备供应厂商提供的检验设备及其配套程序不符合标准的，由市场监督管理部门责令改正，暂停该设备所在检测线的运行，停止该设备在本市的销售，处货值金额一倍以上三倍以下罚款。

第四十四条　违反本条例第二十四条第一项、第二项规定的，由交通部门责令改正，处一万元以上十万元以下罚款；情节严重的，责令停业整顿。

第四十五条　违反本条例第二十五条第一款规定，在本市使用的非道路移动机械未经信息编码登记或者未如实登记信息的，由生态环境部门责令改正，处每台非道路移动机械五千元罚款。

违反本条例第二十五条第三款规定，建设单位或者施工单位未落实有关规定，使用未经信息编码登记或者不符合排放标准的非道路移动机械的，由市住房和城乡建设部门记入信用信息记录。

第四十六条 违反本条例第二十八条规定，在监督检查中，当事人以拒绝执法人员进入现场或者拖延、围堵、滞留执法人员等方式阻挠监督检查的，由生态环境部门或者其他负有监督管理职责的部门责令改正，处二万元以上二十万元以下罚款；构成违反治安管理行为的，由公安机关依法予以处罚。

第四十七条 执法机关应当将当事人违反机动车和非道路移动机械排放污染防治有关法律、法规，受到行政处罚或者行政强制的情况共享到本市公共信用信息平台。行政机关根据本市关于公共信用信息管理规定可以对当事人采取惩戒措施。

第四十八条 当事人违反机动车和非道路移动机械排放污染防治有关法律、法规，受到责令改正或者罚款处罚后，拒不履行处理决定并在法定期限内不申请行政复议或者提起行政诉讼的，执法机关可以依法申请人民法院强制执行。

第四十九条 机动车和非道路移动机械所有人、驾驶人或者使用人违法排放大气污染物，破坏生态环境，损害社会公共利益的，法律规定的机关和有关组织可以依法对当事人提起民事公益诉讼。

第六章 附 则

第五十条 本条例所称机动车是指以动力装置驱动或者牵引，上道路行驶的供人员乘用或者用于运送物品以及进行工程专项作业的轮式车辆。

本条例所称非道路移动机械是指装配有发动机的移动机械和可运输工业设备，包括工程机械、农业机械、材料装卸机械、机场地勤设备等。

第五十一条 本条例自 2020 年 5 月 1 日起施行。

天津市

天津市大气污染防治条例

（2015年1月30日天津市第十六届人民代表大会第三次会议通过　根据2017年12月22日天津市第十六届人民代表大会常务委员会第四十次会议《关于修改部分地方性法规的决定》第一次修正　根据2018年9月29日天津市第十七届人民代表大会常务委员会第五次会议《关于修改部分地方性法规的决定》第二次修正）

第一章　总　则

第一条　为了防治大气污染，保护和改善生活环境和生态环境，保障公众健康，促进经济和社会的可持续发展，根据《中华人民共和国大气污染防治法》等有关法律、法规，结合本市实际情况，制定本条例。

第二条　大气污染防治应当以实现良好的大气环境质量为目标，坚持保护优先、预防为主、综合治理、公众参与、损害担责的原则。

第三条　市人民政府对本市的大气环境质量负责。区人民政府对本行政区域的大气环境质量负责。

市和区人民政府应当将大气环境保护工作纳入国民经济和社会发展规划和计划，以大气污染物排放总量为约束，合理规划城市布局，加强生态建设，转变经济发展方式，优化产业结构和布局，促进清洁生产，使大气环境质量达到规定标准，保护和改善大气环境。

乡镇人民政府、街道办事处应当履行大气污染防治的监督管理职责，保护和改善大气环境。

第四条　市和区人民政府应当加大对大气污染防治的财政投入，提高资金使用效益。

鼓励和引导社会资本进入大气污染防治领域，引导金融机构增加对大气污染防治项目的信贷支持。

第五条　环境保护行政主管部门对本行政区域大气污染防治工作实施统一监督管理。

发展改革、工业和信息化、建设、市场监管、交通运输、农村工作、商务、市容园林、公安、国土房管、规划、水务、海事等有关行政主管部门，在各自职责范围内对大气污染防治实施监督管理。

第六条　鼓励和支持大气污染防治科学技术研究，推广、应用先进的大气污染防治技术；鼓励和支持开发、利用太阳能、风能、地热能、浅层地温能等清洁能源；鼓励和支持煤炭清洁利用技术的开发和推广。

市环境保护行政主管部门应当加强大气环境容量、污染成因、治理技术和防治政策等研究，适时提出有针对性的对策措施。

第七条 本市实施大气污染防治网格化精细管理，实行大气环境质量目标责任制和考核评价制度，将大气环境质量目标完成情况和措施落实情况作为对市人民政府有关部门和区人民政府及其负责人的考核内容，考核结果定期向社会公布。

第八条 对保护和改善大气环境作出显著成绩的单位和个人，由市和区人民政府给予奖励。

第九条 市和区人民政府应当定期向本级人民代表大会常务委员会报告大气污染防治工作情况，并接受监督。

第二章 大气污染共同防治

第十条 市环境保护行政主管部门应当会同有关部门按照国家大气污染防治的要求和本市实际情况，组织编制大气污染防治规划，纳入全市环境保护规划，报市人民政府批准后公布实施。

区人民政府应当根据本区域大气环境状况和大气污染防治要求，制定大气环境治理措施和阶段性达标方案。

第十一条 市人民政府对国家大气环境质量标准和污染物排放标准中未作规定的项目，可以制定本市地方标准；对国家大气污染物排放标准中已作规定的项目，可以制定严于国家标准的地方标准，并报国务院环境保护主管部门备案。

第十二条 本市实行大气污染物排放浓度控制和重点大气污染物排放总量控制相结合的管理制度。

向大气排放污染物的，其污染物排放浓度不得超过国家和本市规定的排放标准；排放重点大气污染物的，不得超过总量控制指标。

第十三条 市发展改革行政主管部门应当会同有关部门，严格执行国家有关产业结构调整的规定和准入标准，禁止新建、扩建高污染工业项目。

市工业和信息化行政主管部门应当会同有关部门，严格执行国家有关淘汰落后产品、工艺、设备的规定。

第十四条 新建排放重点大气污染物的工业项目，应当按照有利于减排、资源循环利用和集中治理的原则，集中安排在工业园区建设。

第十五条 市环境保护行政主管部门负责大气环境质量和大气污染源的统一监督监测，建立和完善大气环境质量监测网络，发布大气环境质量预报、日报，实时发布大气环境质量数据，定期发布大气环境质量状况公报。

市气象部门、市环境保护行政主管部门共同做好大气环境质量预报和重污染天气预报工作。

第十六条　向大气排放污染物的企业事业单位，应当建立大气污染防治和污染物排放管理责任制度，明确单位负责人和相关人员的责任。

第十七条　新建、改建、扩建向大气排放污染物的建设项目，应当依法进行环境影响评价，其中排放重点大气污染物的项目应当取得重点大气污染物排放指标。未依法进行环境影响评价的建设项目，不得开工建设。

第十八条　建设单位应当将建设项目配套建设的大气污染防治设施与主体工程同时设计、同时施工、同时投入使用；大气污染防治设施未经验收合格的，主体工程不得投入生产或者使用。

第十九条　大气污染防治设施应当保持正常使用。

拆除或者停用大气污染防治设施的，应当提前十日向所在地的区环境保护行政主管部门申报，说明拆除或者停用理由。对经采取其他措施污染物排放能够达到规定要求的，区环境保护行政主管部门应当在接到申报后十日内予以批准。

第二十条　向大气排放污染物的企业事业单位和其他生产经营者，应当按照国家和本市有关规定设置大气污染物排放口和应急排放通道。

禁止通过偷排、篡改或者伪造监测数据、以逃避现场检查为目的的临时停产、非紧急情况下开启排放旁路、不正常运行大气污染防治设施等逃避监管的方式，排放大气污染物。

第二十一条　向大气排放污染物的单位，应当履行下列义务：

（一）按照规定对本单位排污情况自行监测，不具备监测能力的，应当委托环境监测机构或者有资质的社会检测机构进行监测。

（二）建立监测数据档案，原始监测记录应当至少保存三年。

（三）按照规定设置和使用监测点位和采样平台。

（四）配合环境保护行政主管部门开展监督性监测。

（五）按规定向社会公开监测数据等。

第二十二条　根据环境容量、排污单位排放污染物种类、数量和浓度等因素，国家和本市环境保护行政主管部门确定的大气污染物重点排污单位，应当安装与环境保护行政主管部门联网的大气污染源在线自动监测设施，并保持正常运行、监测数据准确。

市环境保护行政主管部门应当向社会公布重点排污单位名录。

大气污染源在线自动监测的有效数据，可以作为环境保护行政主管部门环境执法和管理的依据。

第二十三条　环境保护行政主管部门和其他负有环境保护监督管理职责的部门，应当将依法查处排污单位的违法行为及处罚结果及时向社会公布，并记入市场主体信用信息公示系统。

第二十四条 向大气排放污染物的企业应当如实公开排放大气污染物种类和数量、大气污染防治设施的建设和运行情况等环境保护信息，接受公众监督。

第二十五条 公民、法人和其他组织对大气污染违法行为有权进行举报。对查证属实的，给予奖励。奖励办法由市人民政府规定。

公民、法人和其他组织发现市和区人民政府及其环境保护行政主管部门或者其他有关部门不依法履行大气环境相关监督管理职责的，可以向其上级机关或者监察机关举报。

接受举报的机关应当对举报人的相关信息予以保密，保护举报人的合法权益。

第二十六条 公民、法人和其他组织有依法保护大气环境的义务。提倡公众绿色出行，优先选择公共交通、自行车、步行的出行方式，鼓励使用清洁能源机动车，减少机动车排放污染。

第三章 重点大气污染物总量控制

第二十七条 本市实施重点大气污染物排放总量控制。市环境保护行政主管部门根据国家核定的重点大气污染物排放总量和本市大气环境质量状况及经济社会发展水平，拟订重点大气污染物排放总量控制计划，报市人民政府批准后，由市环境保护行政主管部门组织实施。

区环境保护行政主管部门依据重点大气污染物排放总量控制计划核定的指标，根据实际情况，拟订本行政区域重点大气污染物排放总量控制实施方案，经区人民政府批准后组织实施，并报市环境保护行政主管部门备案。

第二十八条 对超过重点大气污染物排放总量控制指标的地区，市和区环境保护行政主管部门应当暂停该地区审批新增该重点大气污染物排放总量的建设项目环境影响评价文件。

第二十九条 重点大气污染物排放单位的污染物排放总量，由环境保护行政主管部门根据重点大气污染物排放总量控制计划和排放标准，按照公开、公平、公正的原则予以核定。

第三十条 本市在严格控制重点大气污染物排放总量、实行排放总量削减计划的前提下，按照有利于总量减少的原则，可以进行大气污染物排污权交易。具体办法由市人民政府制定。

第三十一条 本市对大气污染物实行排污许可证制度。

纳入排污许可证管理的向大气排放污染物的单位，应当按照规定向环境保护行政主管部门申请核发排污许可证，并按照排污许可证载明的污染物种类、排放总量指标等要求排放污染物，逐步减少污染物排放总量。

第四章 高污染燃料污染防治

第三十二条 市和区人民政府应当采取措施，改善能源结构，推广清洁能源的生产和使用。

第三十三条　市人民政府划定、公布高污染燃料禁燃区，并根据大气环境质量状况，逐步扩大禁燃区范围。

在高污染燃料禁燃区内，新建、改建、扩建项目禁止使用煤和重油、渣油、石油焦等高污染燃料。

第三十四条　高污染燃料禁燃区内已建的燃煤电厂和企业事业单位及其他生产经营者使用高污染燃料的锅炉、窑炉，应当按照市或者区人民政府规定的期限改用天然气等清洁能源、并网或者拆除，国家另有规定的除外。

第三十五条　本市实施燃煤消费总量控制。市发展改革行政主管部门应当会同相关部门编制本市清洁能源发展规划，确定燃煤消费总量控制目标，制定燃煤消费总量控制方案并组织实施，逐步削减燃煤消费总量。

区人民政府应当按照燃煤消费总量控制目标和控制方案制定本行政区域清洁能源改造计划并组织实施。

第三十六条　禁止销售和使用不符合国家和本市规定标准的燃煤及其制品。商务、市场监管行政主管部门对销售环节实施监督管理；环境保护行政主管部门对使用环节实施监督管理。

第三十七条　市商务行政主管部门应当根据本市城乡规划，按照大气污染防治要求，制定经营性煤炭堆场和民用煤配送网点的布局和总量控制计划。

煤炭经营企业应当将煤炭集中存放到经营性煤炭堆场。

外环线以内不得设置经营性煤炭堆场。

第五章　机动车、船舶排气污染防治

第三十八条　市人民政府应当制定公共交通优先发展规划，健全和完善公共交通系统，提高公共交通出行比例。

第三十九条　在本市销售、行驶的机动车尾气排放应当符合本市排放标准。

不符合本市尾气排放标准的机动车，公安交管部门不予办理机动车登记。

第四十条　机动车所有者或者使用者应当正常使用机动车，不得拆除、停用、擅自改装排气污染防治设施。

第四十一条　在本市销售、使用的非道路移动机械，应当符合国家和本市规定的污染物排放标准。

农村工作、建设等行政主管部门应当配合环境保护行政主管部门，按照各自职责，加强农业机械、施工工程机械等非道路移动机械排放污染物的监督和管理。

第四十二条　机动车维修单位进行与机动车尾气排放有关的维修和保养应当符合国家和本市有关技术规范。维修保养后的机动车应当达到规定的尾气排放标准。

交通运输行政主管部门应当加强对机动车维修单位的监督管理。

第四十三条 本市实行机动车尾气定期检验制度。在用机动车的所有者应当按照国家和本市的规定将机动车送至检验机构，对其尾气进行定期检验；未经检验或者检验不合格的，不得上路行驶。

第四十四条 在学校、宾馆、商场、公园、办公场所、社区、医院、旅游景点的周边和停车场等不影响车辆正常行驶的地段，燃油机动车驾驶人停车三分钟以上的，应当熄灭发动机。

第四十五条 环境保护行政主管部门可以在机动车停放地对在用机动车的污染物排放状况进行监督抽测。

环境保护行政主管部门可以对在道路上行驶的机动车的污染物排放状况进行遥感监测。遥感监测取得的数据无争议的，可以作为环境执法的依据；有争议的，当事人可以申请采取其他监测方式进行复测。

第四十六条 鼓励提前淘汰高污染排放机动车和非道路移动机械。市环境保护行政主管部门会同市财政、交通运输、公安、商务、市场监管等行政主管部门，根据大气环境质量状况和机动车、非道路移动机械排放污染状况，制定高污染排放在用机动车、非道路移动机械治理方案，报市人民政府批准后实施。

第四十七条 本市按照国家规定对运营机动车实行强制报废制度。达到国家规定使用年限的运营机动车，应当依法强制报废。

第四十八条 在本市销售和使用的船舶应当符合国家和本市大气污染物排放标准。

船舶的所有者或者使用者应当正常使用船舶，不得拆除、擅自改装排放污染控制装置。

推进靠泊船舶采用岸基供电方式，提倡船舶在泊位停靠期间使用岸电。现有码头应当逐步实施岸基供电设施改造。新建码头应当规划、设计和建设岸基供电设施。

市交通运输行政主管部门和海事部门应当按照各自职责，加强对船舶排放大气污染物的监督和管理。

第四十九条 在本市销售的机动车、非道路移动机械和船舶用燃料应当符合国家和本市规定的质量标准。

市场监管行政主管部门应当加强对加油站燃油质量的监督检查。

第六章 挥发性有机物、废气、粉尘和恶臭污染防治

第五十条 市环境保护行政主管部门应当会同市市场监管行政主管部门制定涂料等产品挥发性有机物含量限值标准。

生产、销售、使用含挥发性有机物的原料和产品，其挥发性有机物含量限值应当符合国家和本市标准。

第五十一条 鼓励生产、销售、使用低挥发性有机物或者无挥发性有机物的原料和产品。

市市场监管行政主管部门应当会同市环境保护行政主管部门指导相关行业协会定期公布低挥发性有机物含量的产品目录。

第五十二条　产生含挥发性有机物废气的生产经营活动，应当在密闭空间或者设备中进行，并按照规定安装、使用污染防治设施；无法密闭的，应当采取措施减少废气排放。

第五十三条　石油、化工及其他生产和使用挥发性有机溶剂的企业，应当采取泄漏检测与修复技术，对管道、设备进行日常检测、修复，采取措施减少挥发性有机物泄漏。

第五十四条　加油加气站、储油储气库和使用油、气罐车的单位，应当按照有关规定安装、使用油气回收装置，每年向环境保护行政主管部门报送油气排放检测报告。

第五十五条　工业涂装企业应当建立台账，记录原料、辅料的挥发性有机物含量、使用量、废弃量和去向。台账的保存时间不得少于三年。

第五十六条　饮食服务、服装干洗、机动车维修等经营单位，应当按照环境保护行政主管部门的规定，安装使用油烟、异味和废气等污染物的净化处理设施，定期对净化处理设施进行清洗维护，排放的污染物不得超过规定的排放标准，不得影响周边环境和居民正常生活。

禁止在居民住宅楼、未配套设立专用烟道的商住综合楼、商住综合楼与居住层相邻的商业楼层内新建、改建、扩建产生油烟、异味、废气的饮食服务项目。

第五十七条　禁止任何单位和个人在人口集中地区和居民住宅区内新建、改建和扩建产生有毒有害气体、恶臭气体的生产经营场所。

禁止任何单位和个人在人口集中地区和其他需要特殊保护的区域内贮存、加工、制造或者使用产生恶臭气体的物质。

第五十八条　工业企业向大气排放有毒有害气体、恶臭气体和粉尘物质的，应当采取车间密闭方式并安装、使用集中收集处理等排放设施，防止生产过程中的泄漏。

第五十九条　禁止露天焚烧沥青、油毡、橡胶、塑料、皮革、垃圾以及其他产生有毒有害气体、恶臭气体和烟尘的物质。

禁止露天焚烧落叶、秸秆、枯草等产生烟尘污染的物质。

禁止在区人民政府划定区域外的公共场所露天烧烤食品。

第六十条　单位和个人燃放烟花爆竹，应当遵守国家和本市的有关规定。

第七章　扬尘污染防治

第六十一条　建设工程、房屋拆除工程、市政道路工程、水务工程、园林绿化工程等施工现场，施工单位应当按照有关规定，采取设置围挡、苫盖、道路硬化、喷淋、冲洗等措施防治扬尘污染。

第六十二条　施工工地禁止进行现场混凝土搅拌。在施工现场设置砂浆搅拌机的，应当配备降尘防尘装置。

第六十三条 煤炭、煤矸石、煤渣、煤灰、矿粉、砂石、灰土等易产生扬尘的散体物料堆场，应当密闭贮存；不能密闭的，应当按照规定设置严密围挡或者防风抑尘网，并采取有效覆盖措施防止扬尘。装卸物料应当采取密闭或者喷淋等方式控制扬尘排放。

第六十四条 运输企业运输工程渣土、矿粉、砂石、灰浆、建筑垃圾等散装、流体物料的，应当采用专用车辆密闭运输，并按照指定的时间、区域和路线行驶。

第六十五条 在道路、广场、公园和其他公共场所进行清扫保洁作业，应当严格执行清扫保洁作业有关标准，防止扬尘污染。

城市主要道路清洁应当采取低尘作业方式，提高道路机械化清扫率和再生水冲洗率。

第八章 重污染预警与应急

第六十六条 本市建立重污染天气预警机制。市人民政府应当制定重污染天气应急预案，并向社会公布。

市人民政府有关部门和区人民政府应当制定重污染天气应急实施方案。

出现重污染天气时，市人民政府应当及时发布预警信息，启动应急预案，采取应急措施。

第六十七条 发生突发大气污染事故可能影响公众健康和环境安全时，市和区人民政府应当及时发布预警信息，采取应急措施。

应急处置工作结束后，市或者区人民政府应当立即组织评估环境影响和损失，并及时将评估结果向社会公布。

第六十八条 有发生大气污染事故可能性的企业事业单位和其他生产经营者，应当按照国家和本市有关规定制定应急预案，报环境保护行政主管部门和有关部门备案。

企业事业单位和其他生产经营者发生大气污染事故时，应当启动应急预案，立即报告所在区人民政府及其环境保护行政主管部门。

第九章 区域大气污染防治协作

第六十九条 本市与北京市、河北省及周边地区建立大气污染防治协调合作机制，定期协商区域内大气污染防治重大事项。

第七十条 市人民政府应当根据本市和北京市、河北省及周边地区大气污染防治需要，加快淘汰高污染排放车辆。

第七十一条 市人民政府应当会同北京市、河北省及周边地区人民政府，建立重污染天气应急联动机制，及时通报预警和应急响应的有关信息，并可根据需要，商请有关省市人民政府采取相应的应对措施。

第七十二条 市环境保护等行政主管部门应当与北京市、河北省及周边地区有关部门建立沟通协调机制，对在省市边界建设可能对相邻省市大气环境产生影响的重大项目，及时通报有关信息。

第七十三条　市环境保护行政主管部门应当加强与北京市、河北省及周边地区的大气污染防治科研合作，组织开展区域大气污染成因、溯源和防治政策、标准、措施等重大问题的联合科研，推动节能减排、污染排放、产业准入和淘汰等方面环境标准的统一。

第十章　法律责任

第七十四条　违反本条例规定，排放大气污染物超过标准的，由环境保护行政主管部门责令限期改正，并处十万元以上一百万元以下罚款；情节严重的，报经有批准权的人民政府批准，责令停业、关闭。

排放重点大气污染物超过排污许可证核定排放总量指标的，由环境保护行政主管部门责令停止排放污染物，处十万元以上一百万元以下罚款，并将超过排放总量指标的部分在核定下一年度排放总量指标时扣除；拒不停止排放污染物的，环境保护行政主管部门可以责令其采取限制生产、停产整治等措施；情节严重的，报经有批准权的人民政府批准，责令停业、关闭。

第七十五条　违反本条例规定，环境影响评价文件未经批准或者备案，擅自开工建设的，由环境保护行政主管部门依照环境影响评价有关法律予以处罚。

第七十六条　违反本条例规定，建设项目的大气污染防治设施未建成或者未经验收合格，主体工程投入生产或者使用的，由环境保护行政主管部门依照建设项目环境保护有关法律、行政法规予以处罚。

第七十七条　违反本条例规定，有下列行为之一的，由环境保护行政主管部门责令停止违法行为，限期改正，并处二万元以上二十万元以下罚款：

（一）拒绝环境保护行政主管部门现场检查或者在被检查时弄虚作假的。

（二）未按照规定安装、使用大气污染防治设施，或者未经环境保护行政主管部门批准，擅自拆除、停用大气污染防治设施的。

第七十八条　违反本条例规定，通过偷排、篡改或者伪造监测数据、以逃避现场检查为目的的临时停产、非紧急情况下开启排放旁路、不正常运行大气污染防治设施等逃避监管的方式排放大气污染物的，由环境保护行政主管部门责令限期改正，并处十万元以上一百万元以下罚款；情节严重的，报经有批准权的人民政府批准，责令停业、关闭。

第七十九条　违反本条例规定，有下列行为之一的，由环境保护行政主管部门责令限期改正，处二万元以上二十万元以下罚款，拒不改正的，责令停产整治：

（一）未按照规定对所排放的大气污染物进行监测或者未保存原始监测记录的。

（二）不安装使用与环境保护行政主管部门联网的大气污染源在线自动监测设施的。

第八十条　违反本条例规定，向大气排放污染物的企业未按照规定公开环境保护相关信息的，由环境保护行政主管部门责令限期改正，处一万元以上十万元以下罚款。

第八十一条　违反本条例规定，未依法取得排污许可证排放大气污染物的，由环境保护行政主管部门责令停止排放，并处十万元以上一百万元以下罚款；拒不停止排放的，报经有批准权的人民政府批准，责令停业、关闭。

第八十二条 违反本条例对高污染燃料管理规定的，按照以下规定予以处罚：

（一）未按照市或者区人民政府规定的期限改用清洁能源的，由环境保护行政主管部门报区人民政府，责令限期拆除。

（二）销售不符合国家和本市规定标准的燃煤及其制品的，由市场监管行政主管部门责令改正，没收原材料、产品和违法所得，并处货值金额一倍以上三倍以下罚款。

（三）使用不符合国家和本市规定标准的燃煤及其制品的，由环境保护行政主管部门责令限期改正，对单位处货值金额一倍以上三倍以下罚款。

第八十三条 违反本条例机动车污染防治规定的，按照以下规定予以处罚：

（一）不正常使用机动车排气污染防治设施，或者拆除、改装排气污染防治设施的，由环境保护行政主管部门责令停止违法行为，并处一千元以上五千元以下罚款。

（二）机动车超标排放污染物（含机动车排放黑烟）的，由环境保护行政主管部门处二百元以上二千元以下罚款。

第八十四条 违反本条例挥发性有机物污染防治规定，有下列行为之一的，由环境保护行政主管部门责令停止违法行为，限期改正，并处二万元以上二十万元以下罚款；拒不改正的，责令停产整治：

（一）产生含挥发性有机物废气的生产经营活动，未在密闭空间、设备中进行，或者未按照规定安装、使用污染防治设施的。

（二）加油加气站、储油储气库和使用油、气罐车的单位，未按照有关规定安装、使用油气回收装置的。

（三）工业涂装企业未按照规定建立和保存台账的。

第八十五条 违反本条例规定，饮食服务、服装干洗、机动车维修等经营单位有下列行为之一的，由环境保护行政主管部门责令限期改正，拒不改正的，责令停产整治，按照以下规定处罚：

（一）饮食服务经营单位未按照有关规定安装、使用油烟净化设施，超标排放油烟的，处五千元以上五万元以下罚款。

（二）服装干洗和机动车维修经营单位未按照有关规定设置异味和废气处理装置等污染防治设施并保持正常使用，影响周边环境的，处二千元以上二万元以下罚款。

第八十六条 违反本条例规定，未采取污染防治措施，向大气排放有毒有害气体、恶臭气体的，由环境保护行政主管部门或者其他依法行使监督管理权的部门责令改正，并处一万元以上十万元以下罚款，拒不改正的，责令停工整治或者停业整治。

第八十七条 违反本条例规定，有下列行为之一的，由城市管理综合行政执法机关责令改正，按照以下规定处罚：

（一）露天焚烧沥青、油毡、橡胶、塑料、皮革、垃圾等产生有毒有害物质的，对单位处一万元以上十万元以下罚款，对个人可以处五百元以上二千元以下罚款。

（二）露天焚烧落叶、秸秆、枯草等产生烟尘污染的物质的，可以处五百元以上二千元以下罚款。

（三）在区人民政府划定区域外的公共场所露天烧烤食品或者为露天烧烤食品提供场地的，责令改正，没收烧烤工具和违法所得，并处五百元以上二万元以下罚款。

（四）在居民住宅楼、未配套设立专用烟道的商住综合楼、商住综合楼内与居住层相邻的商业楼层内新建、改建、扩建产生油烟、异味、废气的餐饮服务项目的，责令改正；拒不改正的，予以关闭，并处一万元以上十万元以下罚款。

第八十八条 违反本条例规定，未实施扬尘污染防治措施，造成扬尘污染的，由有关部门责令限期改正，并按照以下规定予以处罚：

（一）施工现场未采取设置围挡、苫盖、道路硬化、喷淋、冲洗等防治扬尘污染措施，或者未使用专用车辆密闭运输散装、流体物料的，由建设、交通运输、水务行政主管部门按照各自职责，处一万元以上十万元以下罚款，拒不改正的，责令停工整治。

（二）在施工工地进行现场混凝土搅拌，或者在施工现场设置砂浆搅拌机未配备降尘防尘装置的，由建设、交通运输、水务行政主管部门按照各自职责，处一万元以上五万元以下罚款。

（三）存放煤炭、煤矸石、煤渣、煤灰、矿粉、砂石、灰土等易产生扬尘的散体物料堆场，未采取密闭贮存、设置围挡或者防风抑尘网等有效措施防止扬尘的，或者装卸物料未采取密闭或者喷淋等方式的，由环境保护行政主管部门处一万元以上十万元以下罚款，拒不改正的，责令停工整治或者停业整治。

（四）运输散装、流体物料撒漏造成扬尘污染的，由城市管理综合行政执法机关按照本市市容环境有关规定处罚。

第八十九条 违反本条例规定，造成一般或者较大大气污染事故的，由环境保护行政主管部门按照污染事故造成的直接损失的一倍以上三倍以下处以罚款；造成重大或者特大大气污染事故的，由环境保护行政主管部门按照污染事故造成的直接损失的三倍以上五倍以下处以罚款。对直接负责的主管人员和其他直接责任人员可以处上一年度从本企业事业单位取得收入百分之五十以下的罚款。

第九十条 违反本条例规定，拒不执行停产或者限产、停止工地土石方作业或者建筑物拆除施工等重污染天气应急措施的，由负有相应环境保护监督管理职责的部门处一万元以上十万元以下罚款。拒不执行机动车管控措施的，由公安机关依照有关规定予以处罚。

第九十一条 违反本条例规定，企业事业单位和其他生产经营者有下列行为之一，受到罚款处罚，被责令改正，拒不改正的，依法作出处罚决定的行政主管部门可以自责令改正之日的次日起，按照原处罚数额按日连续处罚：

（一）超过污染物排放标准或者超过重点大气污染物排放总量控制指标，排放大气污染物的。

（二）通过偷排、篡改或者伪造监测数据等逃避监管的方式，排放大气污染物的。

（三）未依法取得排污许可证排放大气污染物的。

（四）施工现场未采取设置围挡、苫盖、道路硬化、喷淋、冲洗等防治扬尘污染措施，或者未使用专用车辆密闭运输散装、流体物料的。

（五）在施工工地现场混凝土搅拌砂浆的。

（六）存放煤炭、煤矸石、煤渣、煤灰、矿粉、砂石、灰土等易产生扬尘的散体物料堆场，未采取密闭贮存、设置围挡或者防风抑尘网等有效措施防止扬尘的，或者装卸物料未采取密闭或者喷淋等方式的。

第九十二条 对处以按日连续处罚的企业事业单位和其他生产经营者，自决定按日连续处罚之日起七日内，由环境保护行政主管部门或者作出行政处罚决定的行政主管部门约谈其主要负责人，并向社会公开约谈情况、整改措施及结果。

第九十三条 违反本条例规定，企业事业单位和其他生产经营者有下列行为之一，尚不构成犯罪的，除按照有关法律、法规规定予以处罚外，由环境保护行政主管部门移送公安机关，对其直接负责的主管人员和其他直接责任人员，由公安机关依照法律规定处以拘留：

（一）建设项目未依法进行环境影响评价，被责令停止建设，拒不执行的。

（二）违反法律规定，未取得排污许可证排放污染物，被责令停止排污，拒不执行的。

（三）通过偷排、篡改或者伪造监测数据等逃避监管的方式，排放大气污染物的。

第九十四条 环境保护行政主管部门和其他负有大气环境保护监督管理职责的部门在大气污染防治工作中，有下列行为之一的，由任免机关或者监察机关按照管理权限，对直接负责的主管人员和其他直接责任人员依法给予行政处分；构成犯罪的，依法追究刑事责任：

（一）违法作出行政许可决定的。

（二）接到对污染大气环境行为的举报或者其他部门移送违法案件，不依法查处或者泄露举报人信息的。

（三）违反规定不公开大气环境相关信息的。

（四）有滥用职权、玩忽职守、徇私舞弊的其他行为的。

第十一章　附则

第九十五条 本条例所称高污染燃料，是指原（散）煤、煤矸石、粉煤、煤泥、燃料油（重油和渣油）、石油焦、各种可燃废物等；燃料中污染物含量超过国家相关限值的固硫蜂窝型煤、轻柴油、煤油和人工煤气。

本条例所称非道路移动机械，是指不在道路上行驶的以汽油或者柴油为燃料的施工工程机械、农业机械等机械，如拖拉机、打桩机、发电机等。

第九十六条 本条例规定的行政处罚，由市人民政府负有大气污染防治行政执法职责的部门根据公平公正、过罚相当的原则，制定行政处罚自由裁量基准，并向社会公布。

第九十七条 本条例自2015年3月1日起施行。2002年7月18日天津市第十三届人民代表大会常务委员会第三十四次会议通过、2004年11月12日天津市第十四届人民代表大会常务委员会第十五次会议修正的《天津市大气污染防治条例》同时废止。

天津市机动车和非道路移动机械排放污染防治条例

（2020 年 1 月 18 日天津市第十七届人民代表大会第三次会议通过）

第一章 总 则

第一条 为了防治机动车和非道路移动机械排放污染，保护和改善大气环境，保障公众健康，推进生态文明建设，促进经济社会可持续发展，根据《中华人民共和国环境保护法》《中华人民共和国大气污染防治法》等法律、行政法规，结合本市实际，制定本条例。

第二条 本条例适用于本市行政区域内机动车和非道路移动机械排放大气污染物的防治。

第三条 机动车和非道路移动机械排放污染防治坚持源头防范、标本兼治，综合治理、突出重点，区域协同、共同防治的原则。

本市推进智慧交通、绿色交通建设，优化道路设置和运输结构，严格执行大气污染防治标准，加强机动车和非道路移动机械排放污染防治。

第四条 市和区人民政府应当将机动车和非道路移动机械排放污染防治工作纳入生态环境保护规划和大气污染防治目标考核，加强领导，建立健全工作协调机制。

第五条 生态环境主管部门对本行政区域内的机动车和非道路移动机械排放污染防治工作实施统一监督管理。

发展改革、工业和信息化、公安、住房城乡建设、城市管理、交通运输、水务、农业农村、商务、市场监管等有关部门，在各自职责范围内做好机动车和非道路移动机械排放污染防治监督管理工作。

第六条 市生态环境主管部门会同发展改革、交通运输、市场监管等有关部门，依托市政务数据共享平台建立包含基础数据、排放检验、监督抽测、超标处罚、维修治理等信息在内的机动车和非道路移动机械排放污染防治信息系统，实现资源整合、信息共享、实时更新。

第七条 市和区人民政府应当加强机动车和非道路移动机械排放污染防治宣传教育，支持新闻媒体等开展相关公益宣传。

鼓励公众优先选择公共交通、自行车、步行等环保、低碳出行方式，减少机动车排放污染。

第八条　鼓励单位和个人对违反本条例的违法行为向生态环境等有关部门进行举报，查证属实的，生态环境等有关部门应当按照规定给予奖励。

接受举报的部门应当对举报人的相关信息予以保密，保护举报人的合法权益。

第二章　预防和控制

第九条　本市落实国家规定的税收优惠政策，采取财政、政府采购、通行便利等措施，推广应用节能环保型、新能源机动车和非道路移动机械。积极推进新能源机动车配套基础设施规划建设。

鼓励、支持用于保障城市运行的车辆、大型场站内的非道路移动机械使用新能源，逐步淘汰高排放、高能耗的机动车和非道路移动机械。

第十条　本市统筹能源发展相关政策，引导树立绿色发展理念，推进发展清洁能源和新能源，逐步减少化石能源的消耗。

第十一条　市人民政府根据重污染天气应急预案，可以采取限制部分机动车行驶、限制部分非道路移动机械使用等应急措施，明确限制行驶、使用的区域和时段，并及时向社会公布。

第十二条　市人民政府根据大气环境质量状况，划定并公布禁止使用高排放非道路移动机械的区域。

在禁止使用高排放非道路移动机械的区域内，鼓励优先使用节能环保型和新能源非道路移动机械。

倡导燃油工程机械安装精准定位系统和实时排放监控装置，并与生态环境主管部门联网。

第十三条　本市根据城市规划合理控制燃油机动车保有量，采取措施优先发展城市公共交通，健全和完善公共交通系统；加强并改善城市交通管理，保障人行道和非机动车道的连续、畅通。

第十四条　本市优化道路规划和建设，加强交通精细化管理，改善道路交通状况，减少机动车怠速和低速行驶造成的污染。

调整优化交通运输结构，发展多式联运，提升高速公路使用效率，鼓励海铁联运，推进货运铁路建设，提高铁路运输比例；优化港口集疏运作业，提升港口陆桥运输服务能力。

第十五条　市生态环境主管部门通过现场检查、抽样检测等方式，加强对新生产、销售机动车和非道路移动机械大气污染物排放状况的监督检查。工业和信息化、市场监管等有关部门应当予以配合。

鼓励和支持生产企业和科研单位积极研发节能、减排新技术，生产节能环保型、新能源或者符合国家标准的低排放机动车和非道路移动机械。

第十六条　公安机关交通管理部门对不符合本市排放标准的机动车，不予办理机动车注册登记和转入业务。

生态环境主管部门指导监督排放检验机构开展柴油车注册登记前的环保信息公开情况核实、排放污染物检测、环保信息随车清单核查、污染控制装置和车载排放诊断系统检查等。

第十七条 机动车所有人或者使用人应当正常使用机动车的污染控制装置和车载排放诊断系统，不得拆除、停用或者擅自改装污染控制装置，排放大气污染物超标或者车载排放诊断系统报警的，应当及时维修。

非道路移动机械所有人或者使用人应当正常使用非道路移动机械的污染控制装置，不得拆除、停用或者擅自改装污染控制装置，排放大气污染物超标的，应当及时维修。

在用柴油车的所有人或者使用人向污染控制装置添加车用氮氧化物还原剂等的，应当符合有关标准和要求。

第十八条 重型柴油车、重型燃气车应当按照国家和本市有关规定安装远程排放管理车载终端并与生态环境主管部门联网。

重型柴油车、重型燃气车的所有人或者使用人不得干扰远程排放管理车载终端的功能；不得删除、修改远程排放管理车载终端中存储、处理、传输的数据。

第十九条 本市推广使用优质的机动车、非道路移动机械用燃料。在本市生产、销售或者使用的燃料应当符合相关标准。

市场监管部门负责对影响机动车和非道路移动机械排放大气污染物的燃料、氮氧化物还原剂等有关产品的质量进行监督检查。

第二十条 在学校、宾馆、商场、公园、办公场所、社区、医院、旅游景点的周边和停车场等不影响车辆正常行驶的地段，燃油机动车驾驶人停车三分钟以上的，应当熄灭发动机。

第三章 使用、检验和维护

第二十一条 在用机动车和非道路移动机械排放大气污染物不得超过国家和本市规定的标准。

第二十二条 在不影响道路正常通行的情况下，生态环境主管部门可以采取现场检测、在线监控、摄像拍照、遥感监测、车载排放诊断系统检查等方式，对在道路上行驶的机动车大气污染物排放状况进行监督抽测，公安机关交通管理部门应当予以配合。

生态环境主管部门可以在机动车集中停放地等对在用机动车的大气污染物排放状况进行监督抽测。

生态环境主管部门会同住房城乡建设、城市管理、交通运输、水务、农业农村等有关部门对非道路移动机械的大气污染物排放状况进行监督检查，经检查排放不合格的，不得使用。

第二十三条　重点用车单位应当建立机动车排放污染防治责任制度，确保本单位车辆符合相关排放标准。市生态环境主管部门会同有关部门确定重点用车单位名录并向社会公布。

第二十四条　在用机动车所有人或者使用人应当按照国家和本市规定，将机动车送至排放检验机构进行定期检验，检验周期与机动车安全技术检验周期一致。经检验合格的，方可上道路行驶。未经检验或者检验不合格的，公安机关交通管理部门不予核发安全技术检验合格标志。

第二十五条　重型柴油车、重型燃气车进行定期检验，其远程排放管理车载终端无法与生态环境主管部门联网或者不能正常运行的，机动车排放检验机构不予检验通过。

第二十六条　在用机动车定期检验不合格或者监督抽测不合格的，应当及时维修并按照要求进行复检。

外埠车辆在本市有不符合相关排放标准记录的，应当经复检合格后，方可进入本市行政区域内的道路行驶。

第二十七条　行使监督管理职权的部门及其工作人员不得干涉机动车所有人或者使用人选择排放检验机构和维修单位，不得推销或者指定排放污染治理的产品，不得参与或者变相参与排放检验经营和维修经营。

第二十八条　机动车排放检验机构应当依法取得资质，接受生态环境、市场监管等部门的监督管理，并遵守下列规定：

（一）使用经依法检定合格的排放检验仪器设备、计量器具，配备符合国家规定要求的专业检验技术人员；

（二）公开检验程序、检验方法、排放限值等；

（三）按照国家及本市确定的检验方法、技术规范和排放标准进行排放检验，出具排放检验报告，机动车排放检验机构及其负责人对检验数据的真实性和准确性负责；

（四）与生态环境主管部门联网，并实时传输排放检验数据、视频监控数据及其他与排放检验相关的管理数据和资料；

（五）建立机动车排放检验档案，按照相关规定期限保存纸质档案、电子档案和历史检验视频；

（六）建立完备的质量管理体系，并保证有效执行。

排放检验机构及其工作人员不得以任何方式直接或者间接从事机动车排放污染治理维修业务。

第二十九条　本市对机动车排放检验机构实行累积记分管理。生态环境、市场监管、公安机关交通管理部门按照职责分工，对机动车排放检验机构的违法行为及其他不符合规范的行为进行累积记分。具体办法由市生态环境、市市场监管、市公安机关交通管理部门共同制定。

机动车排放检验机构在一个记分周期内超过规定的记分值的，由生态环境、市场监管、公安机关交通管理部门加强抽查检查，联合约谈机动车排放检验机构负责人，并向社会公开约谈情况。

第三十条 市交通运输部门应当向社会公布已在本市依法备案的机动车维修单位目录，并制定机动车排放达标维修服务规范。

第三十一条 从事机动车发动机、机动车污染控制装置维修的单位应当遵守下列规定：

（一）严格按照机动车排放污染防治的要求和有关技术规范、标准进行维修，使维修后的机动车达到规定的排放标准，并提供相应的维修服务质量保证；

（二）与交通运输部门联网，实时传输维修车辆的机动车号牌、车辆识别代号、排放达标维修项目等信息，记录并备份维修情况；

（三）建立完整的维修档案，并实行档案电子化管理。

禁止机动车所有人以临时更换机动车污染控制装置等弄虚作假的方式通过机动车排放检验。禁止机动车维修单位提供该类维修服务。禁止破坏机动车车载排放诊断系统。

第三十二条 市人民政府可以根据大气环境质量状况，采取经济补偿等措施鼓励提前淘汰高排放机动车。

鼓励对具备深度治理条件的柴油车加装或者更换符合要求的污染控制装置，并安装远程排放车载管理终端。

第三十三条 本市实行非道路移动机械使用登记管理制度。在本市使用的非道路移动机械经检测合格后应当进行信息编码登记。市生态环境主管部门建立非道路移动机械信息管理平台，会同有关部门制定本市非道路移动机械使用登记管理规定。

住房城乡建设、城市管理、交通运输、水务、农业农村等部门应当督促所有人或者使用人对使用的非道路移动机械在信息管理平台上进行信息编码登记。

生态环境主管部门对已登记的非道路移动机械核发管理标识并注明排放检测结果，所有人或者使用人应当将管理标识粘贴于非道路移动机械显著位置。

建设单位应当要求施工单位使用已在本市进行信息编码登记且符合排放标准的非道路移动机械。

第三十四条 非道路移动机械进出工程施工现场的，施工单位应当在非道路移动机械信息管理平台上进行记录。

生态环境主管部门逐步通过电子标签、电子围栏、远程排放管理车载终端等对非道路移动机械的大气污染物排放状况进行监督管理。

第四章 区域协同

第三十五条 市人民政府应当与北京市、河北省和周边地区人民政府建立机动车和非道路移动机械排放污染联合防治协调机制，促进京津冀及其周边地区统一规划、统一标准、统一监测、统一防治措施，开展联合防治，落实大气污染防治目标责任。

第三十六条　市人民政府应当与北京市、河北省人民政府共同建立机动车和非道路移动机械排放检验数据共享机制，将执行标准、排放监测、违法情况等信息共享，推动建立京津冀排放超标车辆信息平台，实现对排放超标车辆的协同监管。

第三十七条　本市与北京市、河北省探索建立新车抽检抽查协同机制，可以协同对新生产、销售机动车和非道路移动机械大气污染物排放状况进行监督检查。

第三十八条　本市与北京市、河北省共同实行非道路移动机械使用登记管理制度，使用统一登记管理系统，按照相关要求加强非道路移动机械监督管理。

第三十九条　本市生态环境等部门应当与北京市、河北省和周边地区的相关部门加强机动车和非道路移动机械排放污染防治合作，通过区域会商、信息共享、联合执法、重污染天气应对、科研合作等方式，提高区域机动车和非道路移动机械排放污染防治水平。

第五章　法律责任

第四十条　生态环境主管部门和其他负有监督管理职责的部门在机动车和非道路移动机械排放污染防治工作中，有滥用职权、玩忽职守、徇私舞弊行为的，对直接负责的主管人员和其他直接责任人员依法给予处分；构成犯罪的，依法追究刑事责任。

第四十一条　违反本条例规定，机动车所有人或者使用人拆除、停用或者擅自改装污染控制装置的，由生态环境主管部门责令改正，处五千元的罚款。

第四十二条　违反本条例规定，重型柴油车、重型燃气车未按照国家和本市有关规定安装远程排放管理车载终端的，由生态环境主管部门责令改正，处每辆车五千元的罚款。

违反本条例规定，干扰远程排放管理车载终端的功能或者删除、修改远程排放管理车载终端中存储、处理、传输的数据的，由市生态环境主管部门责令改正，处每辆车五千元的罚款。

第四十三条　违反本条例规定，生产、销售不符合国家和本市标准的机动车和非道路移动机械用燃料的，由市场监管部门按照职责责令改正，没收原材料、产品和违法所得，并处货值金额一倍以上三倍以下的罚款。

第四十四条　违反本条例规定，机动车驾驶人驾驶排放检验不合格的机动车上道路行驶的，由公安机关交通管理部门依法予以处罚。

第四十五条　违反本条例规定，重点用车单位有下列情形之一的，由生态环境主管部门责令改正，处一万元以上五万元以下的罚款，并约谈该单位的主要负责人，约谈情况向社会公开：

（一）本单位注册车辆二十辆以上，在一个自然年内经排放检验不合格的车辆数量超过注册车辆数量百分之十的；

（二）同一辆车因不符合排放标准在一个自然年内受到罚款处罚五次以上的。

第四十六条 违反本条例规定，机动车排放检验机构有下列行为之一的，按照以下规定处理：

（一）伪造机动车排放检验结果或者出具虚假排放检验报告的，由生态环境主管部门没收违法所得，处十万元以上五十万元以下的罚款；情节严重的，由市场监管部门取消其检验资格；

（二）未按照规定公开检验程序、检验方法、排放限值等内容的，由生态环境主管部门责令改正，处一千元以上五千元以下的罚款；

（三）未按照国家及本市确定的检验方法、技术规范和排放标准进行排放检验的，由生态环境主管部门责令改正，处十万元以上二十万元以下的罚款；

（四）未与生态环境主管部门联网，或者未向生态环境主管部门实时传输排放检验数据、视频监控数据及其他与排放检验相关的管理数据和资料的，由生态环境主管部门责令改正，处二万元以上五万元以下的罚款；

（五）未建立机动车排放检验档案，或者未按照相关规定期限保存排放检验报告纸质档案、电子档案和历史检验视频的，由生态环境主管部门责令改正，处五千元以上二万元以下的罚款；

（六）排放检验机构及其人员直接或者间接从事机动车排放污染治理维修业务的，由生态环境主管部门责令改正，没收违法所得，并处二万元以上五万元以下的罚款。

第四十七条 违反本条例规定，从事机动车发动机、机动车污染控制装置维修的单位未向交通运输部门联网传输机动车排放维修治理信息的，由交通运输部门责令限期改正；逾期不改正的，处一万元以上十万元以下的罚款。

第四十八条 违反本条例规定，以临时更换机动车污染控制装置等弄虚作假的方式通过机动车排放检验或者破坏机动车车载排放诊断系统的，由生态环境主管部门责令改正，对机动车所有人处五千元的罚款；对机动车维修单位处每辆车五千元的罚款。

第四十九条 违反本条例规定，除应急抢险作业外，有下列行为之一的，由生态环境等主管部门按照职责责令改正，对非道路移动机械的所有人或者使用人予以处罚：

（一）使用排放不合格的非道路移动机械的，处每台五千元的罚款；

（二）拆除、停用或者擅自改装污染控制装置的，处每台五千元的罚款。

第五十条 违反本条例规定，在禁止使用高排放非道路移动机械区域使用高排放非道路移动机械的，由生态环境主管部门责令停止使用，处五万元以上二十万元以下的罚款。

第五十一条 发展改革、生态环境、交通运输、市场监管等部门应当将机动车排放检验机构、维修单位在排放检验、维修中的违法行为及行政处罚结果，纳入信用信息共享平台和市场主体信用信息公示系统，依法实施联合惩戒。

第五十二条 违反本条例规定的行为，法律或者行政法规已有行政处罚规定的，从其规定；构成犯罪的，依法追究刑事责任。

第六章　附　则

第五十三条　本条例所称机动车，是指以动力装置驱动或者牵引，上道路行驶的供人员乘用或者用于运送物品以及进行工程专项作业的轮式车辆。

本条例所称非道路移动机械，是指装配发动机的移动机械和可运输工业设备，包括工程机械、农业机械、材料装卸机械、机场地勤设备等。

第五十四条　本条例自 2020 年 5 月 1 日起施行。

上海市大气污染防治条例

（2014 年 7 月 25 日上海市第十四届人民代表大会常务委员会第十四次会议通过　根据 2017 年 12 月 28 日上海市第十四届人民代表大会常务委员会第四十二次会议《关于修改本市部分地方性法规的决定》第一次修正　根据 2018 年 12 月 20 日上海市第十五届人民代表大会常务委员会第八次会议《关于修改〈上海市大气污染防治条例〉的决定》第二次修正）

第一章　总　则

第一条　为防治大气污染，改善本市大气环境质量，保障公众健康，推进生态文明建设，促进经济社会可持续发展，根据《中华人民共和国环境保护法》《中华人民共和国大气污染防治法》，结合本市实际情况，制定本条例。

第二条　条例适用于本市行政区域内大气污染防治。

第三条　防治大气污染是全社会的共同责任。

本市大气污染防治工作遵循以人为本、预防为主、防治结合、共同治理、区域联动、损害担责的原则。

第四条　本市各级人民政府应当加强对大气环境保护工作的领导，将大气环境保护工作纳入国民经济和社会发展计划，合理规划、调整城乡发展和产业布局，保证环境保护资金投入，采取大气污染防治有效措施，加大生态建设和治理力度，保护和改善大气环境。

第五条　市生态环境行政主管部门对本市大气污染防治实施统一监督管理，并负责本条例的组织实施。区生态环境行政主管部门对本辖区内大气污染防治实施具体监督管理。

市和区发展改革、经济信息化、规划资源管理部门、交通行政管理部门负责能源结构调整、产业结构调整、产业布局优化和交通运输结构调整工作。

市和区公安、交通、市场监督管理、建设以及海事等行政管理部门根据各自职责，对机动车船、非道路移动机械污染大气实施监督管理。

市和区建设、绿化市容、交通、房屋等行政管理部门根据各自职责，对扬尘污染大气实施监督管理。

市和区财政、农业、教育、卫生健康、城管执法、气象等部门在各自职责范围内协同实施本条例。

第六条　乡、镇人民政府和街道办事处可以在区生态环境部门的指导下，对管辖范围内的餐饮、汽修、五金加工、干洗等为社区配套服务单位的大气污染防治工作进行协调。

对因前款规定的单位排放大气污染物引发的纠纷，当事人可以向乡、镇人民政府或者街道办事处申请调解。

第七条　本市实行大气环境保护目标责任制和考核评价制度。市和区人民政府应当将大气环境保护目标和任务的完成情况作为对本级有关部门和下一级人民政府及其负责人考核的内容。考核结果应当作为政府和各有关部门绩效考核的重要内容，并向社会公布。

第八条　向大气排放污染物的单位和个人，应当加强内部管理，健全环境管理制度，采用先进的生产工艺和治理技术，防止和减少大气环境污染；造成大气环境污染的，应当依法承担法律责任。

第九条　本市鼓励和支持大气环境保护相关产业的发展，鼓励社会资本投入大气污染防治领域。

第十条　本市鼓励开展大气污染防治方面的科学技术研究以及国际、区域合作和交流，鼓励清洁能源的开发利用，推广先进的清洁能源技术和大气污染防治技术。

第十一条　本市倡导文明、节约、绿色的消费方式和生活方式。

企事业单位、社会组织和个人应当遵守大气污染防治法律、法规，履行保护大气环境的义务，参与大气环境保护工作。

各级人民政府及其有关部门应当加强宣传，普及大气环境保护的科学知识，营造保护大气环境的良好风气。教育行政管理部门应当逐步推进环境教育，将大气环境保护知识纳入学校教育内容，培养青少年的大气环境保护意识。

第十二条　在本市行政区域内的任何单位和个人有权对污染大气环境的行为，以及生态环境部门和其他有关行政管理部门及其工作人员不依法履行职责的行为进行举报。

市生态环境部门应当公布全市统一的举报电话，及时处理举报。举报线索经查证属实的，生态环境部门应当按照有关规定对举报人给予奖励。

本市新闻媒体应当开展大气环境保护法律、法规和大气环境保护科学知识的宣传，对违法行为进行舆论监督。

第十三条　市或者区人民政府对在防治大气污染、保护和改善大气环境方面成绩显著的单位和个人，应当给予表彰、奖励。

第二章　大气污染防治的监督管理

第十四条　市生态环境部门应当会同有关部门，组织编制本市大气污染防治规划，报市人民政府批准后组织实施。

市人民政府应当制定大气环境质量达标规划和阶段目标，采取严格的大气污染控制措施，保证本市在规定期限内达到国家规定的大气环境质量标准。

第十五条 本市按照国家规定划定大气环境质量功能区。市生态环境部门应当按照城市总体规划、环境保护规划目标和大气环境质量功能区的要求，提出本市大气污染重点整治地区及其整治目标、职责分工和限期达标计划的方案，报市人民政府批准后实施。

第十六条 本市实行大气污染物排放浓度控制和重点大气污染物排放总量控制相结合的管理制度。

向大气排放污染物的，其污染物排放浓度不得超过国家和本市规定的排放标准。

本市按照国务院规定的具体办法，对重点大气污染物排放实施总量控制。重点大气污染物名录由市生态环境部门根据国家要求和本市实际情况拟订，报市人民政府批准后公布。

第十七条 市生态环境部门应当根据国家核定的本市不同时期重点大气污染物排放总量和大气环境容量及社会经济发展水平，拟订本市不同时期重点大气污染物总量控制计划，报市人民政府批准后组织实施。

区生态环境部门根据本市重点大气污染物总量控制计划，结合本辖区实际情况，拟订本辖区重点大气污染物总量控制实施计划，经区人民政府批准后组织实施，并报市生态环境部门备案。

第十八条 排放工业废气或者国家规定名录中所列有毒有害大气污染物的企事业单位、集中供热设施的燃煤热源生产运营单位以及其他依法实行排污许可管理的单位，应当按照国家和本市的规定，向市或者区生态环境部门申请并取得重点大气污染物排污许可证（以下简称排污许可证）；无排污许可证的，不得排放重点大气污染物。

向大气排放污染物的，应当符合大气污染物排放标准，遵守重点大气污染物排放总量控制要求。新建、扩建、改建排放重点大气污染物的项目，应当按照规定取得重点大气污染物排放总量指标，然后办理建设项目环境保护审批手续。需要申领排污许可证的建设项目，应当按照规定在投入生产前取得排污许可证。

申请排污许可证的条件，由市生态环境部门根据国家有关法律、行政法规的规定另行制定。

第十九条 本市鼓励开展重点大气污染物排放总量指标交易。市生态环境部门会同相关行政管理部门探索建立本市重点大气污染物排放总量指标交易制度，完善交易规则。

第二十条 市发展改革、经济信息化、生态环境、财政等行政管理部门可以研究制定相关政策，对因无排污许可证排放重点大气污染物、超过标准排放重点大气污染物，以及排放重点大气污染物超过核定排放总量指标等严重违法行为受到处罚的单位，在其改正违法行为之前，向其征收阶段性差别电价。

供电企业依照前款规定征收差别电价电费的，差别部分电费应当单独立账管理，上缴市级财政。

第二十一条 本市严格控制严重污染大气的产业发展。

市经济信息化行政管理部门会同市发展改革等相关行政管理部门制定本市产业结构调整指导目录时，应当根据本市大气环境质量状况，将严重污染大气的产业列入淘汰类目录。

市经济信息化、发展改革、规划资源管理部门和生态环境等有关部门应当逐步优化产业布局，将排放大气污染物的产业项目安排在城乡规划确定的工业园区内。工业园区管理机构应当完善相关环境基础设施，减少大气污染物排放。

第二十二条　乡、镇或者工业园区有下列情形之一的，生态环境部门可以暂停审批该区域内产生大气污染物的建设项目的环境影响评价文件：

（一）大气污染物排放量超过总量控制指标的；

（二）未按时完成淘汰高污染行业、工艺和设备任务的；

（三）未按时完成大气污染治理任务的；

（四）配套的环境基础设施不完备的；

（五）市人民政府规定的其他情形。

企业集团有前款第一项、第二项、第三项情形之一的，生态环境部门可以暂停审批该企业集团产生大气污染物的建设项目的环境影响评价文件。

第二十三条　市经济信息化行政管理部门应当会同市发展改革、生态环境等相关行政管理部门根据大气污染物排放标准，结合城市功能定位，定期制定和调整本市工业领域行业、工艺和设备淘汰名录，报市人民政府批准后公布实施。

列入前款名录范围的行业、工艺或者设备，应当在规定的期限内予以调整或者淘汰。

第二十四条　向大气排放污染物的单位，其大气污染物处理设施必须保持正常使用。

大气污染物处理设施因维修、故障等原因不能正常使用的，排污单位应当采取限产停产等措施，确保其大气污染物排放达到规定的标准，并立即向区生态环境部门报告。

第二十五条　鼓励排污单位和个人委托具有相应能力的第三方机构运营其污染治理设施或者实施污染治理。没有相应能力运营污染治理设施或实施污染治理的单位和个人，应当委托具有相应能力的第三方机构实施治理。排污单位和个人应当将委托第三方机构实施污染治理的情况向生态环境部门备案。

接受委托的第三方机构，应当遵守环境保护法律、法规和相关技术规范的要求。

第二十六条　各单位应当加强对生产设施和污染物处理设施的保养、检修，采取措施防止大气污染事故的发生。

排放或者可能泄漏有毒有害气体和含有放射性物质的气体或者气溶胶，可能造成大气污染事故的单位，必须按照有关规定制订应急预案，并报生态环境部门、民防部门以及其他有关部门备案。接受备案的部门，应当加强对备案单位的检查和技术指导。

发生突发大气污染事故的，有关单位应当立即启动应急预案，采取有效措施，防止污染危害扩大，并及时向生态环境部门报告。在危害或者可能危害人体健康和安全的紧急情况下，市或者区人民政府应当及时向当地居民公告，采取强制性应急措施，包括责令有关排污单位停止排放污染物，封闭部分道路，疏散受到或者可能受到污染危害的人员。

第二十七条 市生态环境部门应当会同市气象等相关部门根据大气环境质量状况，拟订本市环境空气质量重污染天气应急预案，报市人民政府批准后实施。

第二十八条 在易出现重污染天气的秋冬季，本市钢铁、建材、焦化、铸造、电解铝、化工等高排放行业相关企业应当合理安排生产计划，强化大气污染防治措施。市经济信息化行政管理部门应当会同市生态环境部门加强指导。

第二十九条 本市建立重污染天气分级预警和响应机制。

出现重污染天气时，市人民政府应当及时启动应急预案。根据不同的污染预警等级，向社会发布预警信息，并采取相应的响应措施。

根据应急预案的规定，生态环境、卫生健康、教育等有关部门应当通过新闻媒体及时发布公众健康提示及建议，提醒公众减少户外活动、降低室外工作强度等；生态环境、经济信息化、建设、交通、绿化市容、公安等有关部门应当采取暂停或限制排污单位生产、停止易产生扬尘的作业活动、限制机动车行驶、禁止燃放烟花爆竹等应急措施，并向社会公告，相关单位和个人应当服从和配合。

第三十条 市生态环境、气象部门应当建立大气环境信息和气象信息共享、预测预报会商等相关工作机制，并联合发布空气质量预报信息。

第三十一条 市和区生态环境部门负责本市大气环境质量的监测和对大气污染源的监督监测，建立和完善大气环境监测网络。

市生态环境部门统一发布本市大气环境质量信息。区生态环境部门应当按照规范发布本辖区内的大气环境质量信息。

第三十二条 生态环境部门确定的排放大气污染物重点排污单位，必须配置、使用大气污染物排放在线监测设备，并由生态环境部门纳入统一的监测网络。

在线监测设备作为环境污染治理设施的组成部分，应当保持正常运行。

在线监测取得的数据可以作为环境执法和管理的依据。

第三十三条 单位有下列情形之一的，应当按照生态环境部门的要求，通过新闻媒体定期公布排放大气污染物的名称、排放方式、排放总量、排放浓度、超标排放情况，以及防治污染设施的建设和运行情况等单位环境信息：

（一） 列入大气污染物排放重点排污单位名录的；

（二） 重点大气污染物排放量超过总量控制指标的；

（三） 大气污染物超标排放的；

（四） 国家和本市规定的其他情形。

生态环境部门应当依法公布重点排污单位名录及相关监督监测信息。

第三十四条 市和区生态环境部门应当将企事业单位和其他生产经营者的大气环境

违法信息纳入本市企业征信信息系统，定期向社会公布违法者名单。

第三章　防治能源消耗产生的污染

第三十五条　市和区人民政府应当采取措施，合理控制能源消费总量，逐步削减煤炭消费总量，改进能源结构，推广清洁能源的生产和使用。

市发展改革行政管理部门应当会同市相关行政管理部门，拟订本市煤炭消费总量削减目标和控制措施，报市人民政府批准后实施。区人民政府应当按照本市煤炭消费总量削减目标制定本行政区域的具体措施并组织实施。

第三十六条　市发展改革行政管理部门应当会同有关部门推进本市清洁能源建设，制定促进清洁能源发展、能源结构调整的相关政策。

除燃煤电厂外，本市禁止新建、扩建燃用煤、重油、渣油、石油焦等高污染燃料（以下统称高污染燃料）的设施；燃煤电厂的建设按照国家和本市有关规定执行。

除电站锅炉、钢铁冶炼窑炉外，现有燃用高污染燃料的设施应当在规定的期限内改用天然气、液化石油气、电或者其他清洁能源。市经济信息化行政管理部门应当会同有关部门制定具体推进计划。

尚未实施清洁能源替代的燃用高污染燃料的设施，必须配套建设脱硫、脱硝、除尘装置或者采取其他措施，控制二氧化硫、氮氧化物和烟尘等污染物排放量；燃料应当符合国家和本市规定的有关强制性标准和要求。

第三十七条　新建燃用天然气等清洁能源的锅炉、窑炉，应当采用低氮燃烧等氮氧化物控制措施。已建燃用天然气等清洁能源的锅炉、窑炉，应当在规定的期限内采用低氮燃烧的技术改造措施。

禁止锅炉、窑炉、单位使用的或者经营性的炉灶等设施排放明显可见的黑烟。

第四章　防治机动车船排放污染

第三十八条　任何单位和个人不得制造、销售或者进口污染物排放超过规定排放标准的机动车和非道路移动机械。

生态环境部门应当会同市场监督管理部门加强对本市制造、销售的机动车和非道路移动机械污染物排放标准符合性的监督检查。

海关依法对进口机动车和非道路移动机械排气污染实施检验和监督。

第三十九条　在本市行驶的机动车船向大气排放污染物，不得超过国家和本市规定的排放标准。

污染物排放超过国家和本市规定的排放标准的机动车，公安交通管理部门不予核发牌证。污染物排放超过规定排放标准的机动船，有关行政管理部门不予注册登记。

本市在用机动车应当按照机动车安全技术检验周期，在接受安全技术检测的同时接受排气污染定期检测。经检测合格的，方可上路行驶。

在用机动车未经机动车排气污染定期检测，或者经检测排放的污染物超过国家和本市规定的排放标准的，公安交通管理部门不予核发安全检验合格标志。

在本市行驶的机动车船不得排放明显可见的黑烟。

第四十条 机动车尾气处理装置应当保持正常使用。尾气排放车载诊断系统报警或者尾气处理装置保质期届满的，车主应当及时送修、更换，确保车辆达到排放标准。

第四十一条 在本市使用的非道路移动机械向大气排放污染物，不得超过国家和本市规定的排放标准。

市人民政府可以根据大气环境质量状况，划定并公布禁止使用高排放非道路移动机械的区域。禁止使用高排放非道路移动机械的区域，由市生态环境部门会同相关部门提出方案，报市人民政府批准后公布。

非道路移动机械的所有者应当向区生态环境部门申报非道路移动机械的种类、数量、使用场所等情况，领取识别标志，并将识别标志粘贴于显著位置。非道路移动机械申报及管理信息纳入市生态环境部门信息平台。非道路移动机械具体管理办法由市生态环境部门另行制定。

在本市使用的非道路移动机械不得排放明显可见的黑烟。

第四十二条 机动车维修单位，应当按照防治大气污染的要求和国家有关技术规范进行维修，使在用机动车达到规定的污染物排放标准。

机动车二级维护、发动机总成大修、整车大修的经营单位，应当按照规定配备排气污染物检测仪器设备。

机动车经过二级维护、发动机总成大修、整车大修及其他影响整车污染物排放的维修，污染物排放超过规定排放标准的，不得交付使用。

机动车经过前款所列项目维修后，在规定的维修质量保证期内正常使用时，其污染物排放超过规定排放标准的，机动车维修单位应当负责维修，使其达到规定的排放标准。

交通行政管理部门应当加强对机动车维修单位的监督管理。

第四十三条 机动车排放检验机构应当依法通过计量认证，使用经依法检定合格的排放检验设备，并与生态环境部门联网，实现检验数据实时共享。机动车排放检验机构及其负责人对检验数据的真实性和准确性负责。

机动车排放检验机构必须按照国家和本市规定的检验方法和技术规范进行检验，如实提供检验报告。

生态环境、市场监督管理部门应当对机动车排放检验机构的排放检验情况进行监督检查。

第四十四条 公安交通管理部门、海事部门可以会同生态环境部门对在道路上行驶的机动车和在通航水域内行驶的机动船的污染物排放状况进行监督抽测。遥感监测取得的数据，可以作为环境执法的依据。

生态环境部门可以在机动车集中停放地、维修地对在用机动车的污染物排放状况进行监督抽测。

在用机动车车主或者驾驶人员以及在航机动船经营人员或者船员应当配合公安交通、海事和生态环境部门的监督抽测，不得拒绝、阻挠。

第四十五条　本市根据大气治理需要，对高污染机动车实施区域限行措施。高污染机动车的范围、限行区域和限行时间，由市交通行政管理部门会同市生态环境、公安交通管理部门提出方案，报市人民政府批准后公布。

高污染的道路运输车辆不得在本市从事道路运输经营。

第四十六条　污染物排放超过规定标准的在用机动车无法修复的，应当及时向公安交通管理部门办理机动车报废手续，并不得上路行驶。

第四十七条　本市交通、海洋以及海事、渔政等有监督管理权的部门，应当加强对机动船污染物排放的监督检查。

污染物排放超过规定标准的在用机动船，由有监督管理权的部门责令限期维修。

市交通行政管理部门应当会同有关部门推进建设码头岸基供电设施和低硫油供应设施。

第四十八条　市市场监督管理部门可以根据实际情况，会同有关部门制定严于国家标准的车船、非道路移动机械用燃料地方质量标准。

本市生产、进口、销售的机动车船、非道路移动机械用燃料必须符合国家和本市规定的质量标准。

本市自备燃料用于车船、非道路移动机械的单位，其使用的燃料必须符合国家和本市规定的质量标准。

市场监督、生态环境、海事部门应当按照职责分工加强对本市燃油质量的监督检查，并定期发布检查结果。

第四十九条　市和区人民政府应当优先发展公共交通，倡导和鼓励公众使用公共交通、自行车等方式出行。

国家机关、事业单位、大型企业以及公交、环卫等行业应当率先推广使用新能源和清洁能源机动车。

第五章　防治废气、尘和恶臭污染

第五十条　本市鼓励生产、使用低挥发性有机物含量的原料和产品。

市市场监督管理部门应当会同市生态环境部门指导相关行业协会定期公布低挥发性有机物含量产品和高挥发性有机物含量产品的目录。

列入高挥发性有机物含量产品目录的产品，应当在其包装或者说明中予以标注。

第五十一条 本市医院、学校及幼托机构等环境敏感区域内禁止使用高挥发性有机物含量的产品。

本市在化工、表面涂装、包装印刷等重点行业逐步推进低挥发性有机物含量产品的使用。

使用财政资金的单位应当优先采购低挥发性有机物含量的产品。

第五十二条 市生态环境部门应当会同市市场监督管理等部门，制定本市重点行业挥发性有机物排放标准、技术规范。相关单位应当按照挥发性有机物排放标准、技术规范的规定，制定操作规程，组织生产管理。

原油成品油码头、原油成品油运输船舶、储油储气库、加油加气站、油罐车、气罐车、服装干洗行业等应当配备挥发性有机物回收装置并保持正常使用。

产生含挥发性有机物废气的生产经营活动，应当在密闭空间或者设备中进行，设置废气收集和处理系统，并保持其正常使用；造船等无法在密闭空间进行的生产经营活动，应当采取有效措施，减少挥发性有机物排放。

石油化工及其他使用有机溶剂的企业应当按照生态环境部门的规定建立泄漏检测与修复制度，发生泄漏的应当及时修复。

石油化工、化工等排放挥发性有机物的企业在计划维修、检修过程中，应当按照生态环境部门的规定，对生产装置系统的停运、倒空、清洗等环节实施挥发性有机物排放控制。

第五十三条 废弃物焚烧炉必须按照国家和本市规定的标准进行建设，经依法验收合格后，方可投入使用。

废弃物焚烧炉的运行，应当严格遵守操作规程，防止产生二次污染，其排放的大气污染物不得超过规定的排放标准和排放总量指标。

第五十四条 本市禁止露天焚烧秸秆、枯枝落叶等产生烟尘的物质，以及沥青、油毡、橡胶、塑料、垃圾、皮革等产生有毒有害、恶臭或强烈异味气体的物质。

乡、镇人民政府和街道办事处应当对区域内违反前款规定的行为进行巡查和监督。

市发展改革、经济信息化、农业、生态环境、财政等有关部门应当制定相关政策，鼓励和引导农业生产方式转变和秸秆高效综合利用，区人民政府应当予以推进落实。

第五十五条 建设单位应当将防治扬尘污染的费用列入工程造价，并在施工承包合同中明确施工单位扬尘污染防治责任。

施工单位应当按照施工技术规范中扬尘污染防治的要求文明施工，控制扬尘污染。符合市建设行政管理部门规定条件的建设工程，施工单位应当按照规定安装扬尘在线监测设施，扬尘在线监测设施的安装和运行费用列入工程概算。

第五十六条 装卸、运输易产生扬尘污染的物料的车辆，应当采用密闭化措施。运输单位和个人应当加强对车辆机械密闭装置的维护，确保设备正常使用，运输途中的物料不得沿途泄漏、散落或者飞扬。

装卸、运输易产生扬尘污染的物料的船舶应当采取覆盖措施。

第五十七条 堆放易产生扬尘污染的物料的港口、码头、堆场、混凝土搅拌站和露天仓库等场所应当采取围挡、遮盖、密闭和其他防治扬尘污染的措施，并符合下列防尘要求：

（一）地面进行硬化处理；

（二）采用混凝土围墙或者天棚储库，库内配备喷淋或者其他抑尘措施；

（三）采用输送设备作业的，应当在落料、卸料处配备吸尘、喷淋等防尘设施，并保持防尘设施的正常使用；

（四）在出口处设置车辆清洗的专用场地，配备运输车辆冲洗保洁设施；

（五）划分料区和道路界限，及时清除散落的物料，保持道路整洁，并及时清洗。

第五十八条 道路、广场和其他公共场所进行保洁作业的单位和个人，应当按照保洁作业技术规范中的扬尘污染防治要求作业。

第五十九条 植物栽种和养护作业应当符合绿化建设和养护技术规范中的扬尘污染防治要求。

第六十条 下列范围内裸露土地应当依本条规定进行覆盖、绿化或者铺装：

（一）单位范围内的裸露土地，由所在单位进行绿化或者铺装；

（二）暂时不能开工的建设用地，建设单位应当对裸露地面进行覆盖；闲置三个月以上的建设用地，由建设单位进行绿化或者铺装；

（三）市政道路、河道沿线、公共绿地以及其他公共用地的裸露土地，分别由交通、水务、绿化以及其他行政管理部门组织进行绿化或者铺装。

第六十一条 禁止在人口集中地区和其他依法需要特殊保护的区域内，贮存、加工、制造或者使用产生强烈异味、恶臭气体的物质。

第六十二条 饮食服务业的经营者应当按照市生态环境部门的规定安装和使用油烟净化和异味处理设施以及在线监控设施，并保持正常运行，排放的油烟、烟尘等污染物不得超过规定的标准。

饮食服务业的经营者应当定期对油烟净化和异味处理装置进行清洗维护并保存记录，防止油烟和异味对附近居民的居住环境造成污染。生态环境部门应当对饮食服务经营场所的油烟和异味排放状况进行监督检查。

在本市城镇范围的居民住宅楼内，不得新建饮食服务经营场所。规划配套建设的饮食服务经营场所，应当在建筑结构上设计专用烟道等污染防治措施，保证油烟排放口设置高度及与周围居民住宅楼等建筑物距离控制符合环保要求。

在前款规定范围内新建的饮食服务经营场所，应当使用清洁能源。已建的饮食服务经营场所应当按照市人民政府规定的限期改用清洁能源。

第六十三条 产生粉尘、废气的作业活动具备收集或者消除、减少污染物排放条件的，作业单位和个人应当按照规定采取相应的防治措施，不得无组织排放。

第六十四条 本市根据实际需要逐步扩大烟花爆竹的禁止燃放区域，严格限制燃放时间。

第六章 长三角区域大气污染防治协作

第六十五条 市人民政府应当根据国家有关规定，与长三角区域相关省建立大气污染防治协调合作机制，定期协商区域内大气污染防治重大事项。

生态环境、发展改革、经济信息化、规划资源管理、建设、交通、公安交通、气象、海事等相关部门应当与周边省、市、县（区）相关部门建立沟通协调机制，采取措施，优化长三角区域产业结构和规划布局，促进清洁能源替代，统筹区域交通发展，强化大气环境信息共享及污染预警应急联动，协调跨界污染纠纷，实现区域经济、社会、环境协调发展。

第六十六条 本市有关部门在制定本条例第二十一条、第二十三条规定的产业结构调整指导目录和淘汰名录时，应当统筹考虑与长三角区域相关省的协调性。

第六十七条 市人民政府应当会同长三角区域相关省，及时组织实施机动车国家排放标准。

市人民政府应当会同长三角区域相关省，根据长三角区域大气污染防治需要，研究制定区域统一的货运汽车和长途客车更新淘汰标准，并采取车辆限行等措施，加快淘汰高污染车辆。

第六十八条 市交通行政管理部门应当与国家海事部门、长三角区域相关省有关部门加强协作，在本市逐步推进进入上海港的船舶使用低硫油，靠泊船舶采用岸基供电。

第六十九条 市人民政府应当会同长三角区域相关省，建立长三角区域重污染天气应急联动机制，及时通报预警和应急响应的有关信息，并可根据需要商请相关省、市采取相应的应对措施。

第七十条 市生态环境等行政管理部门应当与长三角区域相关省有关部门建立沟通协调机制，对在省、市边界建设可能对相邻省、市大气环境产生影响的重大项目，及时通报有关信息。

第七十一条 市人民政府应当会同长三角区域相关省，在防治机动车污染、禁止秸秆露天焚烧等领域，探索区域大气污染联动执法。

第七十二条 市人民政府应当与长三角区域相关省协商，将下列环境信息纳入长三角区域共享：

（一）大气污染源信息；

（二）大气环境质量监测信息；

（三）气象信息；

（四）机动车排气污染检测信息；

（五）企业环境征信信息；

（六）可能造成跨界大气影响的污染事故信息；

（七）各方协商确定的其他信息。

第七十三条　市生态环境部门应当加强与长三角相关省的大气污染防治科研合作，组织开展区域大气污染成因、溯源和防治政策、标准、措施等重大问题的联合科研，推动节能减排、污染排放、产业准入和淘汰等方面环境标准的统一。

第七章　法律责任

第七十四条　违反本条例规定的行为，法律和行政法规已有处罚规定的，从其规定。

第七十五条　生态环境部门和其他有关行政管理部门应当依法履行监督管理职责，有下列违法行为的，由所在单位或者上级主管部门对直接负责的主管人员和其他直接责任人员，依法给予行政处分；构成犯罪的，依法追究刑事责任：

（一）对应当予以受理的事项不予受理的；

（二）对应当予以查处的违法行为不予查处，致使公共利益受到严重损害的；

（三）滥用职权、徇私舞弊的；

（四）违反本条例规定，查封、扣押企事业单位和其他生产经营者的设施、设备的。

第七十六条　违反本条例第十八条规定，无排污许可证排放重点大气污染物或者排放重点大气污染物超过排放总量指标的，由市或者区生态环境部门责令改正或者限制生产、停产整治，并处十万元以上一百万元以下罚款；情节严重的，由市或者区生态环境部门报请同级人民政府责令停业、关闭。

第七十七条　违反本条例第二十三条第二款规定，列入淘汰名录的行业、工艺或者设备逾期未调整或者淘汰的，相关企业由市或者区经济信息化行政管理部门报请同级人民政府责令停业、关闭。

第七十八条　违反本条例第二十四条第一款规定，大气污染物处理设施未保持正常使用的，由市或者区生态环境部门责令改正或者限制生产、停产整治，处十万元以上一百万元以下罚款；情节严重的，报经有批准权的人民政府批准，责令停业、关闭。

违反本条例第二十四条第二款规定，大气污染物处理设施因维修、故障等原因不能正常使用，未按照规定及时报告的，由市或者区生态环境部门责令改正或者限制生产、停产整治，处一万元以上五万元以下罚款。

第七十九条　违反本条例第二十五条第二款规定，接受委托的第三方机构，未按照法律、法规和相关技术规范的要求实施污染治理，或者在实施污染治理中弄虚作假的，由市或者区生态环境部门和其他负有环境保护监督管理职责的部门责令停业整顿，处十万元以上五十万元以下罚款，并对其主要负责人处一万元以上十万元以下罚款。对造成的环境污染和生态破坏负有责任的，除依照有关法律、法规规定予以处罚外，还应当与造成环境污染和生态破坏的其他责任者承担连带责任。

第八十条 违反本条例第二十六条第二款规定，未制订应急预案的，由市或者区生态环境部门责令改正；对拒不制订应急预案的单位，可以处二千元以上一万元以下罚款，并可以建议有关部门对直接负责的主管人员和其他直接责任人员给予行政处分。

第八十一条 有关单位违反本条例第二十九条第三款规定，拒不执行暂停或限制生产措施的，由市或者区生态环境部门处二万元以上二十万元以下罚款；拒不执行扬尘管控措施的，由建设、交通、房屋等有关行政管理部门或城管执法部门依据各自职责处一万元以上十万元以下罚款；拒不执行机动车管控、禁止燃放烟花爆竹措施的，由公安机关依照有关规定予以处罚。

第八十二条 违反本条例第三十二条第一款、第二款规定，未按照规定配置、使用大气污染物排放在线监测设备或者拒绝纳入统一监测网络，或者未保持在线监测设备正常运行的，由市或者区生态环境部门责令改正，处二万元以上二十万元以下罚款；拒不改正的，责令停产整治。

第八十三条 违反本条例第三十三条第一款规定，未按照规定公布单位环境信息的，由市或者区生态环境部门责令公开，处二万元以上二十万元以下罚款。

第八十四条 违反本条例第三十六条第三款、第六十二条第四款规定，在市人民政府规定的期限届满后继续使用高污染燃料的，由市或区生态环境部门责令拆除或者没收燃用高污染燃料的设施，处二万元以上二十万元以下罚款。

违反本条例第三十六条第四款规定，使用燃料不符合国家和本市规定的有关强制性标准和要求的，由市或者区生态环境部门责令改正，处货值金额一倍以上三倍以下罚款。

第八十五条 违反本条例第三十七条第二款规定，锅炉、窑炉以及单位使用的或者经营性的炉灶等设施排放明显可见黑烟的，由市或者区生态环境部门责令改正，可以处五千元以上五万元以下罚款。

第八十六条 违反本条例第三十九条第一款、第五款规定，在本市行驶的机动车向大气排放污染物超过规定的排放标准或者排放明显可见黑烟的，由公安交通管理部门暂扣车辆行驶证，责令维修，可以处二百元以上二千元以下罚款；维修后经有资质的检测单位检测符合排放标准的，发还车辆行驶证。

违反本条例第三十九条第一款、第五款规定，在本市行驶的机动船向大气排放污染物超过规定的排放标准或者排放明显可见黑烟的，由海事部门责令改正，可以处一千元以上一万元以下罚款；情节严重的，处一万元以上五万元以下罚款。

第八十七条 违反本条例第四十条规定，尾气排放车载诊断系统报警后，未及时送修的，轻型车行驶超过二百公里行驶里程、重型车行驶超过二十四小时行驶时间的，由生态环境部门责令改正，并处三百元罚款。擅自拆除机动车尾气处理装置的，由生态环境部门责令改正，并处三百元罚款。

第八十八条　违反本条例第四十一条第一款、第四款规定，在本市使用的非道路移动机械向大气排放污染物超过规定排放标准或者排放明显可见黑烟的，由市或者区生态环境部门责令改正，处五千元罚款。

违反本条例第四十一条第二款、第三款规定，在禁止使用高排放非道路移动机械的区域使用高排放非道路移动机械，或者非道路移动机械未按照要求粘贴识别标志的，由市或者区生态环境部门责令改正，处每台一千元罚款。

第八十九条　违反本条例第四十二条第三款规定，将维修后污染物排放仍超过规定排放标准的机动车交付使用的，由交通行政管理部门依照有关法律、法规处理。

第九十条　违反本条例第四十三条第二款规定，机动车排放检验机构不按规定的检验方法和技术规范进行检验，伪造机动车排放检验结果或者出具虚假排放检验报告的，由市或者区生态环境部门没收违法所得，处十万元以上五十万元以下罚款；情节严重的，由负责资质认定的部门取消其检验资格。

第九十一条　违反本条例第四十四条第三款规定，在用机动车车主或者驾驶人员，以及在航机动船经营人员或者船员拒绝、阻挠公安交通、海事或者生态环境部门对机动车和机动船排气污染监督抽测的，由公安交通、海事或者生态环境部门依照有关法律、法规处理。

第九十二条　违反本条例第四十五条第二款规定，高污染的道路运输车辆在本市从事道路运输经营的，由交通行政管理部门责令改正，可以处二百元以上二千元以下罚款。

第九十三条　违反本条例第四十六条规定，污染物排放超过规定标准无法修复的在用机动车上路行驶的，公安交通管理部门应当依照有关规定予以收缴、强制报废，并对机动车驾驶人依法予以处罚。

第九十四条　违反本条例第四十八条第二款规定，在本市生产、销售不符合规定标准的机动车船、非道路移动机械用燃料的，由市场监督管理部门按照职责责令改正，没收原材料、产品和违法所得，并处货值金额一倍以上三倍以下的罚款。进口不符合规定标准的机动车船和非道路移动机械用燃料的，由海关责令改正，没收原材料、产品和违法所得，并处货值金额一倍以上三倍以下的罚款；构成走私的，由海关依法处罚。

违反本条例第四十八条第三款规定，自备的燃料不符合规定标准的，由生态环境部门、海事部门按照职责分工责令改正，处一万元以上十万元以下罚款。

第九十五条　违反本条例第五十二条第一款、第五款规定，单位违反挥发性有机物排放标准、技术规范进行运行管理的，由市或者区生态环境部门责令改正，可以处五千元以上五万元以下罚款。

违反本条例第五十二条第二款、第三款、第四款规定，未配备或者未正常使用挥发性有机物回收装置，或者未在密闭空间或者设备中进行产生含挥发性有机物废气的生产经营活动，或者未设置废气收集和处理系统，或者发生泄漏未按照规定及时修复的，由生态环境部门责令改正，处二万元以上二十万元以下罚款；拒不改正的，责令停产整治。

第九十六条 违反本条例第五十三条第二款规定，废弃物焚烧炉排放大气污染物超过规定的排放标准或排放总量指标的，由市或者区生态环境部门责令改正或者限制生产、停产整治，处十万元以上一百万元以下罚款；情节严重的，报经有批准权的人民政府批准，责令停业、关闭。

第九十七条 违反本条例第五十四条第一款规定，露天焚烧秸秆、枯枝落叶等产生烟尘的物质的，由生态环境部门责令改正，可以处五百元以上二千元以下罚款；露天焚烧沥青、油毡、橡胶、塑料、垃圾、皮革等产生有毒有害、恶臭或强烈异味气体物质的，由生态环境部门责令改正，对单位处一万元以上十万元以下罚款，对个人处五百元以上二千元以下罚款。

第九十八条 违反本条例第五十五条第二款规定，施工单位未采取有效防尘措施的，由工程有关行政管理部门责令改正，处一万元以上十万元以下罚款。

违反本条例第五十六条第一款规定，运输车辆未采用密闭化措施，或者在运输过程中物料泄漏、散落、飞扬的，由公安交通管理部门或者绿化市容行政管理部门依照有关法律、法规处理。

违反本条例第五十六条第二款规定，船舶未采取覆盖措施的，由海事部门责令改正，处一万元以上十万元以下罚款。

违反本条例第五十七条规定，港口、码头及其堆场未采取有效扬尘防治措施的，由交通行政管理部门责令改正，处一万元以上十万元以下罚款；露天仓库和其他堆场未采取有效扬尘防治措施的，由生态环境部门责令改正，处一万元以上十万元以下罚款；混凝土搅拌站未采取有效扬尘防治措施的，由建设行政管理部门责令改正，处一万元以上十万元以下罚款。

违反本条例第五十八条、第五十九条规定，未按照规范进行清扫保洁作业，以及未按照规范进行植物栽种和养护作业的，由绿化市容行政管理部门责令改正，处一千元以上一万元以下罚款。

违反本条例第六十条第一项规定，单位未按照规定进行绿化或者铺装的，由生态环境部门责令改正，处一千元以上一万元以下罚款。

违反本条例第六十条第二项规定，建设单位未按照规定进行覆盖、绿化或者铺装的，由建设行政管理部门责令改正，处一万元以上十万元以下罚款；拒不改正的，责令停工整治。

有本条第一款至第四款规定的情形，拒不改正的，由有关行政管理部门责令停工整治或者停业整治；有本条第五款、第六款规定的情形，致使大气环境受到污染，情节严重的，由有关行政管理部门处一万元以上五万元以下罚款。

第九十九条 违反本条例第六十一条规定，在人口集中地区和其他需要特殊保护的区域内，贮存、加工、制造或者使用产生强烈异味、恶臭气体的物质，造成周围环境污染的，由市或者区生态环境部门责令改正，对单位处一万元以上十万元以下罚款，对个人处五百元以上二千元以下罚款。

违反本条例第六十二条第一款、第二款规定，饮食服务业的经营者未按照规定安装油烟净化和异味处理设施或在线监控设施、未保持设施正常运行或者未定期对油烟净化或异味处理设施进行清洗维护并保存记录的，由市或者区生态环境部门责令改正，处五千元以上五万元以下罚款；拒不改正的，责令停业整治。

第一百条 违反本条例第六十三条规定，作业单位和个人无组织排放粉尘或者废气的，由市或者区生态环境部门责令改正；拒不改正的，处五千元以上五万元以下罚款。

第一百零一条 为排放大气污染物的单位和个人提供生产经营场所的出租人，应当配合生态环境部门对出租场所内违反本条例规定行为的执法检查，提供承租人的有关信息。出租人拒不配合的，由生态环境部门处二千元以上二万元以下罚款。

第一百零二条 企事业单位和其他生产经营者违反本条例，除第二十九条、第三十三条、第六十二条规定的情形外，受到罚款处罚，被责令改正，拒不改正的，依法作出处罚决定的行政机关可以自责令改正之日的次日起，按照原处罚数额按日连续处罚。

第一百零三条 市或者区人民政府对排污单位作出责令停业、关闭决定的，以及市或者区生态环境部门对排污单位作出责令停产整治决定的，供电单位应当予以配合，停止对排污单位供电。

第一百零四条 排污单位违反本条例规定发生环境污染事故，或者违反本条例第十六条第二款、第十八条第一款和第二款、第二十九条第三款规定的，除对单位进行处罚外，生态环境等有关部门还可以对单位主要负责人和直接责任人员处上一年度从本单位取得收入百分之五十以下的罚款；收入难以认定的，处一万元以上十万元以下的罚款。

第一百零五条 企事业单位和其他生产经营者违法排放大气污染物，造成或者可能造成严重污染的，生态环境部门可以查封、扣押造成污染物排放的设施、设备。

第一百零六条 违反本条例规定，排放大气污染物，构成犯罪的，依法追究刑事责任。

生态环境部门与公安机关应当建立健全大气污染案件行政执法和刑事司法的衔接机制。

第一百零七条 因污染大气环境造成损害的，应当依照《中华人民共和国侵权责任法》的有关规定承担侵权责任。

对污染大气环境，损害社会公共利益的行为，符合国家法律规定的社会组织可以依法向人民法院提起诉讼。

第一百零八条 当事人对生态环境部门和其他有关行政管理部门的具体行政行为不服的，可以依照《中华人民共和国行政复议法》或者《中华人民共和国行政诉讼法》的规定，申请行政复议或者提起行政诉讼。

当事人对具体行政行为逾期不申请复议，不提起诉讼，又不履行的，作出具体行政行为的行政管理部门可以申请人民法院强制执行，或者依法强制执行。

第八章 附 则

第一百零九条 本条例自 2014 年 10 月 1 日起施行。2001 年 7 月 13 日上海市第十一届人民代表大会常务委员会第二十九次会议通过的《上海市实施〈中华人民共和国大气污染防治法〉办法》同时废止。

重庆市

重庆市大气污染防治条例

（2017年3月29日重庆市第四届人民代表大会常务委员会第三十五次会议通过　根据2018年7月26日重庆市第五届人民代表大会常务委员会第四次会议《关于修改〈重庆市城市房地产开发经营管理条例〉等二十五件地方性法规的决定》修正）

第一章　总　则

第一条　为保护和改善环境，防治大气污染，保障公众健康，推进生态文明建设，促进经济社会可持续发展，根据《中华人民共和国大气污染防治法》等法律、行政法规，结合本市实际，制定本条例。

第二条　本条例适用于本市行政区域内的大气污染防治及其监督管理活动。

第三条　大气污染防治，应当以改善大气环境质量为目标，遵循以人为本、预防为主、源头治理、规划先行、综合施策、损害担责的原则。

第四条　各级人民政府对本行政区域的大气环境质量负责，建立政府主导、部门监管、企业尽责、公众参与的大气污染防治机制，控制或者逐步削减大气污染物的排放量，保障大气环境质量达到规定的标准并逐步改善。

市、区县（自治县）人民政府应当将大气环境保护工作纳入国民经济和社会发展规划，加大对大气污染防治的财政投入，转变经济发展方式，加强对大气污染的综合防治，推行重点区域大气污染联防联控和预警预控，对颗粒物、二氧化硫、氮氧化物、挥发性有机物等大气污染物实施协同控制。

乡镇人民政府和街道办事处在区县（自治县）环境保护、市政、农业等主管部门的指导下，对其管辖范围内露天焚烧、垃圾堆放、餐饮活动、机动车维修、五金加工等可能造成大气污染的活动实施日常监督管理。

第五条　本市实行以大气环境质量改善为核心的大气污染防治目标责任制和考核评价制度。

市、区县（自治县）人民政府应当将大气环境质量改善目标、大气污染防治重点任务完成情况，纳入对本级人民政府负有监督管理职责的部门及其负责人和下级人民政府及其负责人的年度考核内容，作为对其年度考核评价的重要依据。考核结果应当向社会公开。

第六条 市、区县（自治县）环境保护主管部门对本行政区域的大气污染防治实施统一监督管理，其他有关部门在各自职责范围内对大气污染防治工作进行监督管理。

第七条 市、区县（自治县）人民政府应当鼓励和支持大气环境保护科学技术研究，开展大气污染成因、治理技术和防治对策等研究，促进科技成果转化，推广应用先进适用的大气污染防治技术和装备。鼓励和引导社会资本参与大气污染防治。

第八条 公民应当增强大气环境保护意识，采取文明、低碳、节俭的生活方式，自觉履行大气环境保护义务。

第二章 监督管理

第九条 市人民政府根据大气环境质量标准和本市经济、技术条件，可以制定大气污染物排放标准。

制定大气污染物排放标准，应当组织专家进行审查和论证，并征求有关部门、行业协会、企业事业单位和公众等方面的意见。

第十条 未达到国家大气环境质量标准的，市、区县（自治县）人民政府应当及时编制限期达标规划并向社会公开，采取措施限期达标。

编制大气环境质量限期达标规划，应当征求有关行业协会、企业事业单位、专家和公众等方面的意见，并根据大气污染防治的要求和经济、技术条件适时进行评估、修订。

第十一条 市、区县（自治县）环境保护主管部门应当按照城乡规划、环境保护规划、大气环境质量限期达标规划的目标和要求，制定大气污染防治工作年度实施方案，报本级人民政府批准后实施。

第十二条 市、区县（自治县）人民政府及其规划编制部门在编制城乡规划等规划时，应当充分考虑本市自然地貌形态、气象条件，科学规划通风廊道的空间结构和总体布局，以及建筑物密度、高度，保持城市通风廊道畅通。

第十三条 新建、改建、扩建项目，排放二氧化硫、氮氧化物、挥发性有机物等重点大气污染物的，应当在报请环境保护主管部门审批建设项目环境影响评价文件前，取得重点大气污染物排放总量指标，并在环境影响评价文件中说明指标来源。

环境保护主管部门按照减量替代、总量减少的原则，对大气环境质量超标的区县（自治县）的建设项目环境影响评价文件进行审批。

第十四条 区县（自治县）、乡镇有下列情形之一的，环境保护主管部门应当暂停审批该区域内新增重点大气污染物的建设项目的环境影响评价文件：

（一）未按时完成大气环境质量改善目标的；

（二）超过重点大气污染物排放总量控制指标的；

（三）未按时完成大气污染防治重点任务的；

（四）法律法规规定的其他情形。

工业园区、企业有前款第二项、第三项情形之一的，环境保护主管部门应当暂停审批该园区或者该企业新增重点大气污染物的建设项目的环境影响评价文件。

第十五条　向大气排放污染物的企业事业单位和其他生产经营者，应当建立大气环境保护责任制度，明确单位负责人和相关人员的责任。有关责任人在履行本单位岗位职责的同时，应当履行大气污染防治相关职责。

第十六条　向大气排放污染物的企业事业单位和其他生产经营者，应当按照国家和本市有关规定执行排污申报和排污许可制度，设置大气污染物排放口，并保持大气污染防治设施的正常使用。

禁止通过偷排、漏排或者篡改、伪造监测数据、以逃避现场检查为目的的临时停产、非紧急情况下开启应急排放通道、擅自拆除或者不正常运行大气污染防治设施等逃避监管的方式排放大气污染物。

因发生或者可能发生生产安全事故等紧急情况，需要通过应急排放通道排放大气污染物的，企业事业单位和其他生产经营者应当立即向环境保护主管部门报告，并采取必要措施，减轻或者消除危害。

第十七条　向大气排放污染物的企业事业单位和其他生产经营者，应当按照国家和本市有关规定设置大气污染物监测点位和采样平台，并接受环境保护主管部门或者其他负有环境保护监督管理职责的部门的监督管理。

向大气排放污染物的重点排污单位，应当配备大气污染物排放自动监测监控设备，保证其正常运行，并按照有关规定开展自行监测或者委托有资质的第三方监测机构监测大气污染物排放情况，通过网站或者其他便于公众知晓的方式定期向社会公开。监测数据的保存时间不得低于三年。

第十八条　环境保护主管部门和其他负有环境保护监督管理职责的部门，有权对企业事业单位和其他生产经营者的大气污染防治情况进行监督检查。被检查者应当配合，不得拒绝、阻挠和拖延。

监督检查可以采取采样、监测、摄影、摄像、文字记录和查阅、复制有关资料等方式。现场检查监测、在线监测、遥感监测等结果，可以作为实施环境保护监督管理的依据。

第十九条　公民、法人和其他组织可以通过公开举报电话等方式向环境保护主管部门或者其他负有环境保护监督管理职责的部门对大气污染违法行为进行举报。

环境保护主管部门或者其他负有环境保护监督管理职责的部门接到大气污染违法行为举报后，应当按照规定进行登记、核实并处理。对不属于本部门职责权限范围的举报，应当及时转有关单位办理。对实名举报的，环境保护主管部门等承办单位应当在规定时限内办结后，将办理结果在三个工作日内反馈举报人。

环境保护主管部门或者其他负有环境保护监督管理职责的部门对下列实名举报，并且查证属实的，应当将处理结果依法向社会公开，并对举报人给予奖励：

（一）排放黑烟或者其他明显可视污染物的机动车上路行驶的；

（二）未使用密闭运输车辆运输煤炭、水泥、垃圾、渣土、砂石、泥浆等易撒漏扬散物质的；

（三）违法焚烧秸秆、树叶、枯草、垃圾、沥青、橡胶、塑料、皮革以及其他产生有毒有害烟尘和恶臭气体的物质的；

（四）其他大气污染违法行为。

第二十条 企业事业单位和其他生产经营者，有下列行为之一，造成或者可能造成严重污染的，或者有关证据可能灭失或者被隐匿的，环境保护主管部门和其他负有环境监督管理职责的部门可以依法对有关设施、设备、物品进行查封、扣押：

（一）在高污染燃料禁燃区燃用高污染燃料的；

（二）违反规定排放含重金属、持久性有机污染物等有毒有害大气污染物的；

（三）未按照规定执行重污染天气应急减排措施排放大气污染物的；

（四）法律法规禁止的其他行为。

第二十一条 市、区县（自治县）环境保护主管部门按照规定每年确定本行政区域大气重点排污单位名录并通过政府网站、报刊等方式向社会公布。

列入名录的大气重点排污单位应当按照规定及时主动公开以下信息：

（一）基础信息，包括单位名称、统一社会信用代码、法定代表人、生产地址、联系方式，以及生产经营和管理服务的主要内容、产品及规模；

（二）排污信息，包括主要大气污染物及特征污染物的名称、排放方式、排放口数量和分布情况、排放浓度和总量、超标情况，以及执行的污染物排放标准、核定的排放总量；

（三）管理信息，包括建设项目环境影响评价及其他环境保护行政许可情况、大气污染防治设施的建设和运行情况、突发大气环境污染事件应急预案、重污染天气应急专项实施方案；

（四）其他应当公开的环境信息。

第二十二条 市环境保护主管部门应当建立大气环境质量和大气污染源监测网络，组织开展大气环境质量和大气污染源监测，及时发布大气环境质量相关信息，每月公布区县（自治县）大气环境质量排名。

市环境保护主管部门会同市气象主管机构开展大气污染气象研究，共同做好大气环境质量预测预报工作和生活服务指导。

第二十三条 市、区县（自治县）人民政府应当将重污染天气应对纳入突发事件应急管理体系，加强重污染天气动态监测系统建设，制定重污染天气应急预案，并向社会公布，明确政府及其部门、企业事业单位、公众在启动预警期间的责任。

第二十四条 环境保护主管部门会同气象主管机构等有关部门建立重污染天气监测预警机制。可能发生重污染天气的，应当及时向本级人民政府报告。

市、区县（自治县）人民政府依据重污染天气预报信息，进行综合研判，确定预警等级并及时发出预警。其他任何单位和个人不得擅自向社会发布重污染天气预报预警信息。

第二十五条　市、区县（自治县）人民政府应当依据重污染天气的预警等级，及时启动应急预案，根据应急需要可以采取减少燃煤使用、责令有关企业停产或者限产、停止工地土石方作业和建筑施工、限制部分机动车行驶、停止露天烧烤、禁止燃放烟花爆竹、增加人工降雨等应急措施，告知公众采取健康防护措施。有关企业事业单位和其他生产经营者应当按照规定落实应急措施。

第二十六条　有发生大气污染事故可能性的企业事业单位和其他生产经营者应当按照规定编制突发环境事件应急预案，报当地环境保护主管部门和有关部门备案。在发生或者可能发生大气污染突发环境事件时，应当立即启动应急预案，采取处理措施，防止污染扩大，及时通报可能受到大气污染危害的单位和居民，并向当地环境保护主管部门报告。

第二十七条　市、区县（自治县）人民政府应当建立大气污染防治联席会议、督察督办等制度，协调解决大气污染防治工作中的重要问题。

第二十八条　市人民政府在国家重点区域联防联控工作机构的指导下，逐步建立本市与周边地区大气污染防治协调合作机制、信息共享和预警应急机制、重污染天气协作联动机制，定期协商区域内大气污染防治重大事项。

第三章　工业及能源污染防治

第二十九条　市、区县（自治县）人民政府应当采取措施，调整能源结构，推广清洁能源的生产使用和资源循环利用，控制大气污染物排放。

市人民政府发布产业禁投清单，控制高污染、高耗能行业新增产能，压缩过剩产能，淘汰落后产能。新建排放大气污染物的工业项目，除必须单独布局以外，应当按照相关规定进入相应工业园区。

市人民政府划定大气污染防治重点控制区域和一般控制区域。在重点控制区域内禁止新建和扩建燃煤火电、化工、水泥、采（碎）石场、烧结砖瓦窑以及燃煤锅炉等项目；在一般控制区域限制投资建设大气污染严重的项目。

第三十条　市、区县（自治县）人民政府推广使用天然气、页岩气、液化石油气、电、太阳能、风能等清洁能源。电力调度应当优先安排清洁能源发电上网，逐步减少煤炭等化石燃料使用量。

钢铁、火电、水泥、化工、石化、有色金属冶炼等重点行业应当按照规定开展强制性清洁生产审核，减少污染物的产生。

第三十一条　市、区县（自治县）人民政府及其相关部门应当对燃煤火电企业超低排放改造、烧结砖瓦窑关闭、燃煤锅炉清洁能源改造、污染企业环保搬迁等予以鼓励和支持。

第三十二条　市、区县（自治县）人民政府应当在城市建成区和其他需要保护的区域划定高污染燃料禁燃区。

在划定的高污染燃料禁燃区内，禁止销售和使用原煤、煤矸石、重油、渣油、石油焦、木柴、秸秆等国家和本市规定的高污染燃料。现有使用高污染燃料的设施应当限期淘汰或者改用天然气、页岩气、液化石油气、电、风能等清洁能源。

第三十三条　本市实施燃煤消耗总量控制。市发展改革主管部门应当会同有关部门确定本市燃煤消耗总量控制目标，报市人民政府批准实施，逐步削减煤炭消耗量。区县（自治县）人民政府应当按照燃煤消耗总量控制目标，制定本行政区域削减计划并组织实施。

本市鼓励煤炭清洁利用，提高煤炭洗选比例。新建煤矿应当同步建设配套的煤炭洗选设施，使煤炭质量达到规定标准；已建成的所采煤炭属于高硫分、高灰分的煤矿，应当限期建成配套的煤炭洗选设施。

禁止进口、销售、燃用不符合质量标准要求的煤炭。

第三十四条　在生产、运输、储存过程中，可能产生二氧化硫、氮氧化物、烟尘、粉尘、恶臭气体，以及含重金属、持久性有机污染物等大气污染物的企业事业单位和其他生产经营者，应当遵守下列规定，采取配置相关污染防治设施等措施予以控制，达到国家和本市规定的大气排放标准，防止污染周边环境：

（一）火电、水泥工业企业以及燃煤锅炉使用单位应当按照规定配套建设脱硫、脱硝、除尘等污染防治设施，采用先进的大气污染物协同控制技术和装备；

（二）有机化工、制药、电子设备制造、包装印刷、家具制造及其他产生含挥发性有机物废气的生产和服务活动，应当在密闭空间或者设备中进行，并按照规定安装、使用污染防治设施，保持正常运行；无法密闭的，应当采取措施减少废气排放。

（三）工业涂装企业和涉及喷涂作业的机动车维修服务企业，应当按照规定安装、使用污染防治设施，使用低挥发性有机物含量的原辅材料，或者进行工艺改造，并对原辅材料储运、加工生产、废弃物处置等环节实施全过程控制。

（四）石油、化工及其他生产和使用有机溶剂的企业，应当采取措施对管道、设备进行日常维护、维修，减少物料的泄漏，对生产装置系统的停运、倒空、清洗等环节实施挥发性有机物排放控制；物料已经泄漏的，应当及时收集处理。

（五）储油储气库、加油加气站和油罐车、气罐车等，应当开展油气回收治理，按照国家有关规定安装油气回收装置并保持正常使用，每年向环境保护主管部门报送油气排放检测报告。

（六）其他向大气排放粉尘、恶臭气体，以及含重金属、持久性有机污染物等有毒有害气体的工业企业，应当按照规定配套安装净化装置或者采取其他措施减少污染物排放。

前款第一项规定的燃煤锅炉使用单位，对不能达标排放的燃煤锅炉，应当按照规定限期改用天然气、页岩气、电等清洁能源。前款第三项规定的企业，应当建立与挥发性有机物排放有关的台账，台账的保存时间不得低于三年。新建、扩建和改建前款第二项规定的排放挥发性有机物的企业，应当使用低毒、低挥发性有机物含量的涂料。

第三十五条　任何单位和个人不得生产、销售和使用不符合质量标准或者要求的含挥发性有机物的原材料和产品。

质量技术监督、工商行政管理等部门按照各自职责对本市生产、销售含挥发性有机物的涂料、油墨、有机溶剂等进行质量监督。

第四章　机动车船污染防治

第三十六条　经济信息、交通、商务、公安、城乡建设、环境保护、工商行政管理、质量技术监督、农业、水利等部门根据各自职责，对机动车船和非道路移动机械排放污染防治实施监督管理。

环境保护主管部门所属的机动车排气污染防治管理机构依照相关规定，承担机动车、非道路移动机械排放污染防治监督管理的具体工作。

第三十七条　任何单位和个人不得制造、销售或者进口大气污染物排放超过国家和本市规定标准的机动车、非道路移动机械。

市环境保护主管部门可以通过现场检查、抽样检测等方式，对本市新生产、销售的机动车、非道路移动机械大气污染物排放标准执行情况进行监督检查。经济信息、质量技术监督、工商行政管理等有关部门在各自的职责范围内对生产、销售的机动车、非道路移动机械的大气污染物排放标准执行情况进行监督检查。出入境检验检疫主管部门依法对进口机动车、非道路移动机械排气污染实施检验和监督。

公安机关交通管理部门应当依据国家新生产机动车型的公告对新注册登记机动车的排放情况进行核实，达不到国家和本市排放标准的机动车不予注册登记。

第三十八条　机动车排放检验机构应当通过资质认定，使用经依法检定合格的机动车排放检验设备，按照国家和本市规定及机动车排放检验标准要求，对机动车进行排放检验，并与环境保护主管部门联网，将排放检验数据和电子检验报告上传环境保护主管部门，出具由环境保护主管部门统一编码的排放检验报告，同时将合格的电子检验报告上传公安机关交通管理部门。

机动车排放检验机构及其负责人对检验数据的真实性和准确性负责，不得弄虚作假。

机动车排放检验机构不得擅自终止检验活动，不得经营或者参与经营机动车维修业务。

第三十九条　在用机动车不得超过国家和本市规定的污染物排放标准，不得排放黑烟或者其他明显可视污染物。在用机动车所有人应当按照国家和本市有关规定，定期将其机动车交由机动车排放检验机构进行检验。无定期排放检验合格报告的机动车，公安机关交通管理部门不予核发安全技术检验合格标志。

在不影响正常通行的情况下，环境保护主管部门可以通过现场检测、遥感监测等方式对在道路上行驶的机动车的大气污染物排放状况进行监督检查，公安机关交通管理部门应当予以配合。

第四十条 外地机动车转入本市办理登记前，应当符合本市机动车同类车型注册登记执行的排放标准，未达到同类车型注册登记执行的排放标准的，公安机关交通管理部门不予办理转移登记手续。

第四十一条 交通主管部门应当加强对机动车维修经营者的监督管理。机动车维修经营者进行与机动车排放有关的维修和保养应当符合有关技术规范，维修保养后的机动车应当达到规定的排放标准，在规定的维修质量保证期内正常使用时，其污染物排放超过规定排放标准的，机动车维修单位应当负责维修，使其达到规定的排放标准。

机动车所有者或者使用者应当正常使用机动车，不得拆除、停用、擅自改装排气污染防治设施。禁止机动车所有人以临时更换机动车污染控制装置等弄虚作假的方式通过机动车排放检验，禁止机动车维修单位提供该类维修服务。

第四十二条 本市按照国家规定对高排放机动车实行强制报废制度。机动车达到国家规定的使用年限，或者经修理、调整、采用控制技术后仍不符合国家排放标准要求，或者在检验有效期届满后连续三个检验周期内未能取得安全技术检验合格标志的，应当依法强制报废。

第四十三条 本市生产、销售的机动车船、非道路移动机械燃料应当达到国家或者本市规定的标准。燃料销售者应当在其经营场所明示其所销售燃料的质量指标。

质量技术监督、工商行政管理部门按照职责对生产、销售环节燃料质量开展抽检等监督工作，并向社会公布抽检结果。

禁止向汽车和摩托车销售普通柴油或者其他非机动车用燃料；禁止向非道路移动机械、内河和江海直达船舶销售渣油或者重油。鼓励大气污染防治重点区域提前执行更严的车用汽油、车用柴油国家标准。

第四十四条 市、区县（自治县）人民政府根据大气环境质量状况，可以对高排放机动车采取限制区域、限制时间行驶的交通管制措施；划定并公布禁止使用高排放非道路移动机械的区域。

高排放非道路移动机械的认定标准由市环境保护主管部门会同有关部门制定。

第四十五条 在用机动车应当保持污染控制装置的正常使用，未加装污染控制装置或者污染控制装置不符合要求，不能达标排放的，应当加装或者更换符合要求的污染控制装置。

公共交通营运车辆应当采取措施，定期更换符合要求的机动车污染控制装置。

鼓励在用柴油车通过安装颗粒物捕集等净化装置减少大气污染物排放。

第四十六条 环境保护主管部门应当将机动车排放定期检验、道路抽检或者遥感监测发现的排放不达标的重点车型纳入机动车重点监控名单，公安、交通等部门按照各自职责进行监督管理。

第四十七条　在本市生产、销售和使用的船舶应当符合国家和本市大气污染物排放标准，不得使用不符合标准或者要求的船舶用燃料，不得擅自拆除、改装排气污染控制装置。

新建码头应当建设岸基供电设施；现有码头应当逐步实施岸基供电设施改造。机动船舶靠港后应当优先使用岸电。

第四十八条　在用非道路移动机械排放大气污染物不得超过国家和本市规定的标准，不得使用不符合国家标准的燃料。

在用非道路移动机械未安装污染控制装置或者污染控制装置不符合要求，不能达标排放的，应当加装或者更换符合要求的污染控制装置。使用非道路移动机械的，应当向环境保护主管部门报送非道路移动机械种类、数量、作业时段、排放标准等信息。

环境保护主管部门应当对非道路移动机械的大气污染物排放状况进行监督检查，排放不合格的，不得使用。

第四十九条　鼓励发展节能环保型和新能源机动车船，加快充电设施等相关配套设施建设。

新注册的出租车、公交车应当使用天然气、页岩气、液化石油气、电等清洁能源，鼓励使用纯电动车辆。

第五章　扬尘污染防治

第五十条　市环境保护、城乡建设、交通、公安、国土房管、市政、水利、园林绿化等部门制定和完善扬尘控制技术规范，建立完善扬尘污染信息共享机制。

区县（自治县）相关部门应当根据本级人民政府确定的职责对扬尘污染防治实施监督管理，督促施工单位、项目业主落实扬尘污染控制措施。

第五十一条　在本市进行工程建设、建（构）筑物拆除、土地整治、绿化建设等施工活动，应当采取措施，防治扬尘污染。

建设单位应当将防治扬尘污染的费用列入工程造价，并在工程承发包合同中明确施工单位控制扬尘污染的责任。

第五十二条　施工单位应当按照规定向环境保护主管部门进行扬尘排污申报，并将扬尘污染防治实施方案在开工前报负有监督管理职责的主管部门备案。

施工单位应当在施工工地出入口的显著位置公示扬尘污染控制措施、施工现场负责人、扬尘防治责任人、扬尘监督管理主管部门及监督举报电话等信息。

第五十三条　施工单位应当遵守以下规定防治扬尘污染：

（一）按照技术规范设置围墙或者硬质围挡封闭施工，硬化进出口及场内道路并采取冲洗、洒水等措施控制扬尘。

（二）设置车辆冲洗设施及配套的沉沙井和截水沟，对驶出工地的车辆进行冲洗。

（三）对露天堆放河沙、石粉、水泥、灰浆、灰膏等易扬撒的物料以及48小时内不能清运的建筑垃圾，设置不低于堆放物高度的密闭围栏并对堆放物品予以覆盖。

（四）产生大量泥浆的施工，应当配备相应的泥浆池、泥浆沟，防止泥浆外流。施工作业时产生的废浆，应当用密闭罐车外运。

（五）禁止从3米以上高处抛撒建筑垃圾或者易扬撒的物料。

（六）对开挖、爆破、拆除、切割等施工作业面（点）进行封闭施工或者采取洒水、喷淋等控尘降尘措施。

（七）房屋建设施工应当随建筑物墙体上升，同步设置高于作业面且符合安全要求的密目式安全网。

（八）建筑垃圾应当在申请项目竣工验收前清除。

市、区县（自治县）相关部门按照职责要求对建设工程施工扬尘污染实施监督管理，将扬尘污染防治情况纳入建筑施工企业诚信综合评价，并纳入资质等级、项目招投标管理。

对扬尘污染防治负有监督管理职责的相关部门，应当对现场检查过程中发现的扬尘污染违法行为，依法进行查处。环境保护主管部门可以对施工活动进行现场监督检查，并可以对监督检查中发现的扬尘污染违法行为进行查处，同时抄告相关行政主管部门。

第五十四条 市市政主管部门应当按照有关规定制定道路清扫冲洗保洁标准。

市、区县（自治县）市政主管部门应当制定道路清扫保洁规程，扩大机械化清扫作业比例，提高道路清扫作业频次，保障道路冲洗和清扫作业机具及作业人员。

新建、改建、扩建或者大修城市道路，应当采用具有吸尘降尘功能的材料铺设路面；连接城市道路的路口应当进行硬化或者铺装。

第五十五条 市、区县（自治县）市政主管部门应当在主要路段建设车辆冲洗设施。进入城市建成区的货运车辆及客运车辆，应当保持车辆清洁，明显带泥、带尘的车辆应当按照要求进行冲洗后方可进入城市区域。

第五十六条 市政工程建设以及维护施工需要开挖的，应当分片或者分段开挖，并采取封闭施工或者洒水、喷淋等扬尘污染防治措施。废料和弃土应当于当日清运，并做到清扫保洁；当日不能清运完毕的，应当设置硬质围挡进行遮盖或者覆盖。

第五十七条 园林绿化工程建设施工，除遵守本条例第五十一条规定外，还应当遵守以下规定：

（一）待用泥土或者种植后当天不能清运的余土以及两日内未种植的树穴，应当予以覆盖或者遮盖；

（二）对行道树池进行绿化或者覆盖；

（三）绿化带、花台的种植泥土不得高于绿化带、花台边沿。

第五十八条 运输煤炭、水泥、垃圾、渣土、砂石、泥浆等易撒漏扬散物质的，应当使用符合国家和本市有关技术规定的密闭运输车辆，并安装卫星定位系统，按照规定的时间、区域和线路行驶。

市政、交通主管部门应当按照各自职责对相关运输车辆扬尘控制情况实施监督检查，公安机关交通管理部门应当予以协助。

第五十九条　建筑垃圾、砂石、渣土、河沙等易产生扬尘的露天堆场、仓库，应当按规定设置密闭围挡并覆盖、配备吸尘喷淋设施，硬化地面、冲洗车辆，保持堆场及进出口道路清洁。

消纳场、填埋场应当按照规划设立，并按规定设置硬质密闭围挡、车辆清洗、沉沙井等扬尘污染防治设施，硬化出口及场内道路，按要求进行洒水或者冲洗，对非作业区应当进行绿化或者铺设防尘网。

易产生扬尘污染的煤场、石灰石料场等露天工业堆场应当设置规范的防风抑尘网、洒水喷淋等抑尘设施；煤炭、石灰石、灰渣等堆场进出口应当采取遮挡或者封闭等扬尘污染防治措施。

第六十条　未开工或者停工的建设用地，由土地使用权人负责对裸露地面进行覆盖或者简易绿化；超过三个月仍未开工或者恢复建设的，应当进行绿化、铺装或者遮盖。

适宜绿化的裸露地，责任人应当在园林绿化主管部门规定的期限内绿化；不适宜绿化的，应当进行铺装或者遮盖。裸露地在机关、企业事业等单位的，该单位为责任人；裸露地在居民小区内的，开发建设单位或者该小区物业管理单位为责任人；裸露地在道路两侧、河道两岸等公共区域的，该道路、河道管理者为责任人。

第六十一条　矿产资源开采过程中，应当在矿山开采现场以及堆场配套建设、使用控制扬尘和粉尘等污染治理设施，确保达标排放，并按规定进行生态修复。

在本市划定的禁止采（碎）石区域内，不得从事采（碎）石生产；限制采（碎）石区域内，不得扩大采（碎）石场生产规模。

第六十二条　大气污染重点控制区内建筑面积 1 000 米^{2}以上或者混凝土用量 500 米^{3}以上的房屋建筑和市政基础设施工程，禁止现场搅拌混凝土。

大气污染重点控制区应当按照规划要求限制新建、改建、扩建混凝土搅拌站。不符合环保要求的建成企业，应当按照市、区县（自治县）人民政府的规定限期关闭；对临时建设的，应当在其许可到期时自行关闭。现有混凝土搅拌站应当按照要求落实储存、生产、运输等环节的扬尘污染防治措施，并按照要求清洗混凝土搅拌、原料运输车辆。

第六章　其他污染防治

第六十三条　排放油烟、异味、废气的餐饮服务业、加工服务业、服装干洗业、机动车维修业等经营者应当使用清洁能源，安装油烟、废气等净化设施并保持正常使用，或者采取其他污染防治措施，使大气污染物达标排放，并建立清洗、维护台账，防止对附近居民的正常生活环境造成污染。

禁止在下列地点新建、改建、扩建产生油烟、异味、废气的餐饮服务、加工服务、服装干洗、机动车维修等项目：

（一）居民住宅楼；

（二）未配套设立专用烟道的商住综合楼；

（三）商住综合楼内与居住层相邻的商业楼层。

第六十四条 任何单位和个人不得在市、区县（自治县）人民政府禁止的区域内露天烧烤食品或者为露天烧烤食品提供场地。露天烧烤食品，不得使用高污染燃料。

第六十五条 任何单位和个人不得在本市城市建成区、人口集中区域和其他依法需要特殊保护的区域内焚烧树枝树叶、枯草、垃圾、电子废物、油毡、沥青、橡胶、塑料、皮革以及其他产生有毒有害烟尘和恶臭气体的物质。

第六十六条 禁止在人口集中地区、机场周围、交通干线附近以及市人民政府划定的其他禁止区域内露天焚烧秸秆等农业废弃物。

农业主管部门应当指导农业生产经营者科学处置秸秆、落叶等产生烟尘污染的物质，鼓励农业生产经营者和有关企业采用先进或者适用技术，对秸秆、落叶、杂草进行综合利用，开发利用沼气等生物质能源。

第六十七条 禁止生产、销售和燃放未达到质量标准的烟花爆竹，鼓励研发和生产环保型烟花爆竹。任何单位和个人不得在当地人民政府禁止的时段和区域内燃放烟花爆竹。

第七章 法律责任

第六十八条 违反本条例规定，企业事业单位和其他生产经营者有下列行为之一，受到罚款处罚，被责令改正，拒不改正的，依法作出处罚决定的行政机关可以自责令改正之日的次日起，按照原处罚数额按日连续处罚：

（一）未依法取得排污许可证排放大气污染物的；

（二）超过国家或者本市大气污染物排放标准或者超过重点大气污染物排放总量控制指标排放大气污染物的；

（三）通过偷排、漏排或者篡改、伪造监测数据、以逃避现场检查为目的的临时停产、非紧急情况下开启应急排放通道、擅自拆除或者不正常运行大气污染防治设施等逃避监管的方式排放大气污染物的；

（四）建设施工或者贮存易产生扬尘的物料未采取有效措施防治扬尘污染的。

有前款第一项、第二项、第三项行为之一，情节严重的，报经有批准权的人民政府批准，责令停业、关闭。

第六十九条 违反本条例规定，未对大气排放情况进行申报或者变更申报的，由环境保护主管部门责令改正，处五千元以上五万元以下罚款。

未按照规定设置大气污染物排放口的，由环境保护主管部门责令改正，处二万元以上二十万元以下罚款；拒不改正的，责令停产整治。

因发生或者可能发生生产安全事故等紧急情况，通过应急排放通道排放大气污染物，未按照规定向环境保护主管部门如实报告，并且未采取必要措施减轻或者消除危害的，由环境保护主管部门责令改正，处一万元以上五万元以下罚款。

第七十条　违反本条例规定，未按照规定设置监测点位或者采样平台的，由环境保护主管部门责令限期改正；逾期不改正的，处一万元以上五万元以下罚款。

违反本条例规定，重点排污单位未按照规定公布或者保存监测数据的，由环境保护主管部门责令改正，处二万元以上二十万元以下罚款；拒不改正的，责令停产整治。

第七十一条　违反本条例规定，重点排污单位不公开或者不如实公开环境信息的，由环境保护主管部门责令公开，处二万元以上三万元以下罚款，并予以公告。

第七十二条　违反本条例规定，有关企业事业单位和其他生产经营者不按规定落实应急减排措施的，由环境保护主管部门处五万元以上五十万元以下罚款；土石方作业、建筑施工单位拒不执行的，由对其扬尘污染防治负有监督管理职责的部门处一万元以上十万元以下罚款。

第七十三条　违反本条例规定，未按照要求制定突发环境事件应急预案的，由环境保护主管部门责令改正，拒不改正的，可以处一万元以上十万元以下罚款。

造成一般或者较大大气污染事故的，由环境保护主管部门按照污染事故造成的直接损失的一倍以上三倍以下处以罚款；造成重大或者特大大气污染事故的，由环境保护主管部门按照污染事故造成的直接损失的三倍以上五倍以下处以罚款。对直接负责的主管人员和其他直接责任人员可以处上一年度从本企业事业单位取得收入百分之五十以下的罚款。

第七十四条　违反本条例规定，燃用高污染燃料的，由环境保护主管部门责令停止使用、拆除设施，对企业事业单位和其他生产经营者处二万元以上二十万元以下罚款，并可以对个人处二百元以上二千元以下罚款。

第七十五条　违反本条例规定，新建开采高硫分、高灰分煤炭的煤矿，未同步建设配套煤炭洗选设施的，由能源主管部门责令改正，处十万元以上一百万元以下罚款；拒不改正的，报经有批准权的人民政府批准，责令停业、关闭。

第七十六条　违反本条例规定，有下列情形之一的，由环境保护主管部门责令改正，处二万元以上二十万元以下罚款；拒不改正的，责令停产整治：

（一）有机化工、制药、电子设备制造、包装印刷、家具制造及其他产生含挥发性有机物废气的生产和服务活动，未在密闭空间或者设备中进行，未按照规定安装、使用污染防治设施，或者未采取减少废气排放措施的。

（二）工业涂装企业和涉及喷涂作业的机动车维修服务企业，未按照规定安装、使用污染防治设施，或者未使用低挥发性有机物含量的原辅材料，或者未建立、保存台账的。

（三）石油、化工及其他生产和使用有机溶剂的企业，未采取措施对管道、设备进行日常维护、维修，减少物料泄漏或者对泄漏物料未及时收集处理，或者未对生产装置系统的停运、倒空、清洗等环节实施挥发性有机物排放控制的。

（四）储油储气库、加油加气站和油罐车、气罐车等，未按照国家有关规定安装并正常使用油气回收装置的。

（五）其他依法应当安装净化装置或者采取其他措施防止污染周边环境，而未安装或者采取其他措施的。

第七十七条 违反本条例规定，有下列行为之一的，由质量技术监督、工商行政管理等部门按照职责责令改正，没收原材料、产品和违法所得，并处货值金额一倍以上三倍以下的罚款：

（一）在划定的高污染燃料禁燃区内销售高污染燃料。

（二）生产、销售不符合标准的机动车船、非道路移动机械用燃料。

（三）销售不符合质量标准的煤炭、石油焦。

（四）生产、销售挥发性有机物含量不符合质量标准或者要求的原材料和产品。

（五）向汽车和摩托车销售普通柴油或者其他非机动车用燃料；向非道路移动机械、内河和江海直达船舶销售渣油或者重油。

销售车用燃料未明示燃料质量指标的，由工商行政管理部门责令改正，处五百元以上二千元以下罚款。

第七十八条 违反本条例规定，生产超过污染物排放标准的机动车、非道路移动机械的，由市环境保护主管部门责令改正，没收违法所得，并处货值金额一倍以上三倍以下的罚款；拒不改正的，责令停产整治。

销售、进口超过污染物排放标准的机动车、非道路移动机械的，由工商行政管理、出入境检验检疫部门按照职责没收违法所得，并可以处货值金额一倍以上三倍以下的罚款。

销售的机动车、非道路移动机械不符合污染物排放标准要求的或者机动车排气净化装置已超过规定的使用年限或者里程的，销售者应当负责修理、更换、退货；给购买者造成损失的，销售者应当赔偿损失。

第七十九条 机动车排放检验机构违反本条例规定，采取下列行为之一，伪造机动车排放检验结果或者出具虚假排放检验报告的，由环境保护主管部门对机动车排放检验机构没收违法所得，并处十万元以上五十万元以下罚款，对其主要负责人处一万元以上十万元以下罚款。情节严重的，由负责资质认定的部门取消其检验资格。

（一）机动车检验插入采样探头不符合标准规范要求；

（二）用其他机动车代替应检机动车检验；

（三）机动车未检验就出具检验报告；

（四）为检验不合格的机动车出具合格检验报告；

（五）利用计算机软件等手段篡改或伪造检验数据和结果；

（六）违反法律、法规及标准规范要求的其他行为。

机动车排放检验机构违反本条例规定，擅自终止检验活动，或者经营、参与经营机动车维修业务的，由环境保护主管部门责令限期改正，可以处三千元以上三万元以下罚款。

第八十条　违反本条例规定，在用机动车排放污染物超过国家和本市排放标准、排放黑烟或者其他明显可视污染物的，由环境保护主管部门责令限期改正，由公安机关交通管理部门对机动车所有人或者驾驶人暂扣机动车行驶证，处以警告或者一百元以上二百元以下罚款。

在用重型柴油车未按照规定加装或者更换污染控制装置的，由环境保护主管部门按照职责责令改正，处五千元的罚款。其他在用机动车未按照规定加装或者更换符合要求的机动车污染控制装置并保持正常使用的，由公安机关交通管理部门责令限期改正，并处三百元罚款。

第八十一条　违反本条例规定，机动车进入禁止或者限制行驶区域城市道路行驶的，由公安机关交通管理部门依法进行处罚。进入禁止或者限制行驶区域高速公路行驶的，由交通行政执法机构按照规定处罚。

第八十二条　违反本条例规定，在用机动船排放超过国家和本市大气污染物排放标准的，由海事管理机构、渔业主管部门按照职责责令改正，处一千元以上一万元以下罚款，情节严重的，处一万元以上十万元以下罚款；使用不符合标准或者要求的燃料的，处一万元以上十万元以下罚款；未按照规定配置或者拆除、擅自改装排放控制装置的，处一万元以上十万元以下罚款。

第八十三条　违反本条例规定，非道路移动机械向大气排放污染物超过规定排放标准的，由环境保护主管部门责令停止使用或者限期维修，处五百元以上五千元以下罚款。

违反本条例规定，在禁止使用高排放非道路移动机械的区域使用高排放非道路移动机械的，由环境保护主管部门责令停止使用，处五千元罚款。

第八十四条　违反本条例规定，施工单位未在施工工地出入口的显著位置公示有关信息的，由对本工程负有监督管理职责的主管部门责令改正，处二千元以上一万元以下罚款。

违反本条例规定，施工单位未落实相关扬尘污染防治措施的，由相关主管部门按照各自职责责令改正，对单位处一万元以上十万元以下罚款，对单位主要责任人处五千元以上五万元以下罚款；拒不改正的，责令停工整治。

环境保护主管部门在现场监督检查中，发现施工单位未落实扬尘污染防治措施的，可以按照前款规定予以处罚。

第八十五条　违反本条例规定，车辆车身明显带泥、带尘进入城市建成区行驶的，由市政主管部门责令改正；拒不改正的，处一百元以上二百元以下罚款。

第八十六条　违反本条例规定，未落实物料密闭运输扬尘污染防治要求，或者未按照规定的时间、区域和线路行驶的，由市政、交通主管部门责令改正，对机动车所有人或者驾驶人处二千元以上二万元以下罚款；拒不改正的，不得上路行驶。未落实物料密闭运输扬尘污染防治要求进入高速公路行驶的，由市高速公路执法机构按照规定进行处罚。

第八十七条 违反本条例规定，露天堆场、仓库、消纳场、填埋场未采取措施防治扬尘污染的，由环境保护主管部门或者其他负有环境保护监督管理职责的部门责令改正，处一万元以上十万元以下罚款；逾期未改正的，责令停业整治或者停工整治。

第八十八条 违反本条例规定，在矿产资源开采过程中未采取措施防治扬尘污染的，由环境保护主管部门责令改正，处一万元以上十万元以下罚款；逾期未改正的，责令停业整治。

违反本条例规定，在本市划定的禁止区域从事采（碎）石生产或者在限制区域扩大生产规模的，由环境保护主管部门责令关闭，限期恢复植被，处一万元以上十万元以下罚款；逾期未恢复，经催告仍不恢复的，环境保护主管部门可以依法委托代履行，费用由违法行为人承担。

第八十九条 违反本条例规定，现场搅拌混凝土的，由城乡建设主管部门责令改正，处五千元以上二万元以下罚款；逾期未改正的，责令停工整顿。

违反本条例规定，现有混凝土搅拌站未采取扬尘污染防治措施或者扬尘污染防治措施达不到环境保护控尘要求的，由环境保护主管部门责令改正，处二万元以上二十万元以下罚款；拒不改正的，责令停产整治。

第九十条 违反本条例规定，排放油烟、异味、废气的餐饮服务业、加工服务业、服装干洗业、机动车维修业等经营者未安装油烟、废气等净化设施，不正常使用净化设施或者未采取其他净化措施，超过排放标准排放大气污染物的，由环境保护主管部门责令改正，处五千元以上五万元以下罚款；拒不改正的，责令停业整治。

在居民住宅楼、未配套设立专用烟道的商住综合楼、商住综合楼内与居住层相邻的商业楼层内新建、改建、扩建产生油烟、异味、废气的餐饮服务、加工服务、服装干洗和机动车维修等项目的，由环境保护主管部门责令改正；拒不改正的，予以关闭，并处一万元以上十万元以下罚款。

在当地人民政府禁止的区域内露天烧烤食品或者为露天烧烤食品提供场地的，由市政主管部门责令改正，没收烧烤工具和违法所得，并处五百元以上二万元以下罚款。

第九十一条 违反本条例规定，在本市城市建成区、人口集中区域露天焚烧树叶、枯草、垃圾的，由市政主管部门责令改正，可以处五百元以上二千元以下罚款；露天焚烧电子废物、油毡、沥青、橡胶、塑料、皮革以及其他产生有毒有害烟尘和恶臭气体的物质的，由环境保护主管部门责令改正，对企业事业单位处一万元以上十万元以下罚款，对个人处五百元以上二千元以下罚款。

在人口集中地区、机场周围、交通干线附近以及市人民政府划定的其他禁止区域内露天焚烧秸秆的，由农业主管部门责令改正，并可以处五百元以上二千元以下罚款。

第九十二条　各级人民政府、环境保护主管部门或者其他负有环境保护监督管理职责的部门及其工作人员、企业事业单位中由国家机关任命的人员违反本条例规定，不履行法定职责、玩忽职守、滥用职权、徇私舞弊的，依法给予处分；构成犯罪的，依法追究刑事责任。

第九十三条　企业事业单位和其他生产经营者，因排放大气污染物造成严重环境污染或者危害后果的，除按照本条例接受处罚外，依法承担相应的民事赔偿责任；构成犯罪的，依法追究刑事责任。

第八章　附　则

第九十四条　本条例所称专用烟道，是指供餐饮服务、加工服务、服装干洗和机动车维修等项目排放油烟、废气、异味的专用通道。

第九十五条　市、区县（自治县）环境保护主管部门行使的行政处罚权，分别由市、区县（自治县）环境执法机构实施。

第九十六条　市人民政府对负有环境保护监督管理职责的部门分工另有规定的，从其规定。

第九十七条　本条例自 2017 年 6 月 1 日起施行。

河北省

河北省大气污染防治条例

（2016年1月13日河北省第十二届人民代表大会第四次会议通过）

第一章 总 则

第一条 为保护和改善环境，防治大气污染，保障公众健康，推进生态文明建设，促进经济社会可持续发展，根据《中华人民共和国大气污染防治法》等有关法律法规的规定，结合本省实际，制定本条例。

第二条 本条例适用于本省行政区域内的大气污染防治。

第三条 防治大气污染，应当以改善大气环境质量为目标，遵循源头治理、规划先行，突出重点、防治结合，政府主导、公众参与的原则。

第四条 各级人民政府对本行政区域内的大气环境质量负责。

县级以上人民政府应当将大气污染防治工作纳入国民经济和社会发展规划，合理规划城镇布局和工业发展布局，优化产业结构和能源结构，加强生态建设，改善大气环境质量。

第五条 县级以上人民政府环境保护主管部门对本行政区域内的大气污染防治实施统一监督管理。

县级以上人民政府其他有关部门在各自职责范围内对大气污染防治实施监督管理：

（一）县级以上人民政府发展和改革、工业和信息化部门负责煤炭消费总量控制，优化产业和能源结构以及布局调整，组织推动工业企业技术改造和升级、落后产能淘汰计划实施，加大清洁能源利用，发展循环经济，制定和完善大气环境保护等相关政策；

（二）县级以上人民政府公安、交通运输、商务等部门对机动车以及非道路移动机械、油气回收治理等实施监督管理；

（三）县级以上人民政府住房和城乡建设、国土资源、交通运输、城市管理、工业和信息化等部门对建筑扬尘、矿山扬尘、道路扬尘、企业料堆场等实施监督管理；

（四）县级以上人民政府城市管理、公安、工商、食品监督、农业等部门对餐饮服务、露天烧烤、原煤散烧、秸秆禁烧等实施监督管理；

（五）县级以上人民政府农业、林业、畜牧等部门对农业生产、畜禽养殖造成的大气污染等实施监督管理；

（六）县级以上人民政府交通运输、渔业部门、海事机构对船舶大气污染物排放实施监督管理。

乡（镇）人民政府和街道办事处在县（市、区）人民政府的指导下，根据本地区的实际，组织开展大气污染防治工作。

第六条　企业事业单位和其他生产经营者应当遵守法律法规的规定，健全环境保护管理制度，落实岗位责任制，如实向社会公开环境信息，自觉接受环境保护主管部门和其他负有大气环境保护监督管理职责的部门监督管理。加强清洁生产管理，采取有效措施，防止和减少大气污染，对所造成的损害依法承担责任。

公民应当增强大气环境保护意识，采取低碳、节俭、绿色的生活方式，自觉履行大气环境保护责任。

第七条　本省实行大气环境质量目标责任制和考核评价制度。省人民政府制定考核奖惩办法，对各设区的市、县（市、区）大气环境质量改善目标、大气污染防治重点任务完成情况实施考核。考核结果应当向社会公开。

第八条　县级以上人民政府应当加大对大气污染防治的财政投入，加强大气污染防治资金的监督管理，提高资金使用效益。

各级人民政府对开展技术改造、能源替代的企业事业单位和其他生产经营者应当给予扶持和帮助。

鼓励和支持社会资本参与大气污染防治，引导金融机构增加对大气污染防治项目的信贷支持。

第九条　省、设区的市人民政府应当鼓励和支持大气污染防治科学技术研究，开展对大气污染来源及其变化趋势的分析，编制大气污染物源排放清单，推广和应用先进的防治技术，发挥科学技术在大气污染防治中的支撑作用。

县级以上人民政府有关部门应当引导、服务企业事业单位和其他生产经营者，增强大气环境保护意识，采取有效措施，防止和减少大气污染。

第十条　各级人民政府对在防治大气污染、保护和改善大气环境方面成绩显著的单位和个人给予奖励。

机关、社会团体、学校、新闻媒体、基层群众性自治组织等，应当加强大气环境保护宣传和教育，普及大气污染防治法律法规和科学知识，提高公众的大气环境保护意识，推动公众参与大气环境保护。

第二章　大气污染防治的规划和标准

第十一条　未达到国家大气环境质量标准的设区的市人民政府应当按照国家和本省大气污染防治目标要求和区域大气环境质量状况，制定大气环境质量限期达标规划和大气污染防治年度实施计划，并采取严格的大气污染控制措施，按期达到规定的大气环境质量标准。

达到国家大气环境质量标准的设区的市人民政府应当按照国家和本省要求，制定大气环境质量持续改善措施。

大气环境质量达标规划和大气污染防治年度实施计划以及实施效果应当向社会公开，并适时进行评估、修订。

第十二条 省人民政府可以对国家大气环境质量标准和污染物排放标准中未作规定的，制定本省地方标准；对国家大气污染物排放标准中已作规定的，可以制定严于国家标准的地方标准，并报国务院环境保护主管部门备案。

省人民政府根据大气环境质量标准、主体功能区划和经济技术条件，合理确定本省重点产业发展布局、结构和规模，制定并完善大气环境功能区划。

第十三条 省人民政府应当组织有关部门或者委托专业机构，对大气环境状况进行调查、评价，建立大气环境承载能力监测预警机制。

第十四条 县级以上人民政府应当统筹考虑区域环境资源承载能力，合理确定重点产业和能源结构，制定和推行有利于大气污染防治的经济政策，促进污染企业进行技术改造与产业升级。

县级以上人民政府应当优化产业布局，逐步将钢铁、水泥、平板玻璃、化学合成制药、有色金属冶炼、化工等重污染企业搬出城市建成区和生态红线控制区。在完成落实技术改造措施和达到排放污染防治标准要求后，迁入工业园区。

第十五条 本省实行重点大气污染物排放总量控制制度，逐步削减重点大气污染物排放总量。

省人民政府结合经济社会发展水平、环境质量状况、产业结构，将重点大气污染物排放总量控制指标，分解落实到设区的市、县（市）人民政府。设区的市、县（市）人民政府按照公开、公平、公正的原则，将重点大气污染物排放总量控制指标分解落实到排污单位。排污单位不得超过总量控制指标排放大气污染物。

第十六条 本省在严格控制重点大气污染物排放总量、实行排放总量削减计划的前提下，按照有利于总量减少的原则，逐步推行重点大气污染物排污权和碳排放权交易。

第十七条 本省实行大气污染物排污许可管理制度。向大气排放工业废气或者有毒有害大气污染物的企业事业单位、集中供热设施的燃煤热源生产运营单位，以及其他依法实行排污许可管理的单位，应当依法取得排污许可证。禁止无排污许可证或者不按照排污许可证的规定排放大气污染物。

向大气排放污染物的排污单位，应当按照国家和本省规定，设置大气污染物排放口及其标志。除因发生或者可能发生安全生产事故或者突发环境事件需要通过应急排放通道排放大气污染物外，禁止通过其他排放通道排放大气污染物。

第十八条 向大气排放污染物的重点排污单位，应当按照国家和本省有关规定安装使用大气污染物排放自动监测设备，并与环境保护主管部门的监控设备联网，保证监测设备正常运行并依法公开排放信息。

重点排污单位不得破坏、损毁或者擅自拆除、闲置大气污染物排放自动监测设备，不得篡改、伪造监测数据。

第十九条 鼓励和支持社会资本投入大气环境治理领域，推行大气污染第三方治理，提高治理专业化水平和治理效果。

排污单位承担大气污染治理的主体责任，可以委托具有相应资质的第三方，代其运营大气污染防治设施或者实施大气污染治理。接受委托的第三方，应当遵守环境保护法律法规和相关技术标准以及排污企业委托要求，承担约定的污染治理责任。

第二十条 对超过国家或者本省重点大气污染物排放总量控制指标、未完成国家或者本省确定的大气环境质量目标的地区，省人民政府环境保护主管部门应当暂停审批新增重点大气污染物排放总量的建设项目环境影响评价文件。

第二十一条 县级以上人民政府应当科学编制并严格实施城市规划，建立有利于大气污染物扩散的城市和区域空间格局，设置和预留区域生态过渡带和生态保护区。

县级以上人民政府应当按照主体功能区划合理规划工业园区的布局。新建产生大气污染物的工业项目，应当严格环境准入，按照有利于减少大气污染物排放、资源循环利用和集中治理的原则，集中安排在工业园区建设。

第三章 大气污染防治措施

第一节 燃煤和其他能源污染防治

第二十二条 省人民政府发展和改革部门应当会同有关部门，根据经济社会发展需求以及区域环境资源承载能力等条件，制定区域煤炭消费总量控制规划和削减目标，逐步降低煤炭在一次能源消费中的比重，重点削减工业用煤和民用煤使用量，实现煤炭消费负增长。

设区的市和县（市、区）人民政府应当根据区域煤炭消费总量控制规划和削减目标，制定本级的区域煤炭消费总量控制计划并组织实施。

第二十三条 设区的市人民政府应当根据大气环境质量改善要求，将不低于城市建成区面积百分之八十的范围划定为高污染燃料禁燃区。县（市、区）人民政府可以根据实际情况划定高污染燃料禁燃区范围。

禁燃区内不得新建燃烧煤炭、重油、渣油等高污染燃料的设施；现有燃烧高污染燃料的设施，应当限期改用清洁能源；未改用清洁能源替代的高污染燃料设施，应当配套建设先进工艺的脱硫、脱硝、除尘装置或者采取其他措施，控制二氧化硫、氮氧化物和烟尘等排放；仍未达到大气污染物排放标准的，应当停止使用。

禁燃区内禁止原煤散烧。

第二十四条 各级人民政府应当加强煤炭质量管理，禁止生产、进口、运输、销售和使用不符合标准的煤炭，鼓励燃用优质煤炭。

煤炭使用单位应当采用先进洁净煤技术，提高煤炭利用效率，降低大气污染物排放。

第二十五条 县级以上人民政府应当限期淘汰不符合国家规定规模的燃煤锅炉，加快改造燃煤锅炉和燃煤工业窑炉，推广使用清洁燃料。

禁止燃煤锅炉、燃煤工业窑炉、单位使用或者经营性的炉灶等设施排放明显可见黑烟。

第二十六条 县级以上人民政府应当统筹规划城市建设，发展热电联产和集中供热。

新建项目禁止配套建设自备燃煤电站。除热电联产外，禁止审批新建燃煤发电项目，现有多台燃煤机组装机容量合计达到国家规定要求的，可以按照煤炭等量替代的原则建设为大容量燃煤机组。

具备稳定热源的集中供热区域和联片采暖区域内的热力用户，应当使用集中供应的热源，不得建设分散的燃煤供热设施，原有分散的中小型燃煤供热设施应当限期拆除。

推广集中供热计量收费，提高供热效率，降低能源消耗。

第二十七条 各级人民政府应当采取以下措施，加强农村燃煤污染治理：

（一）推广使用民用清洁燃烧炉具，加快淘汰低效直燃式高污染炉具，严禁生产、销售、使用不符合环保要求的炉具；

（二）加强洁净型煤、优质煤炭的推广使用，实现农村地区洁净型煤配送网点建设全覆盖，严禁使用高硫分和劣质煤炭；

（三）推广太阳能、电能、燃气、沼气、地热等使用，加强农作物秸秆能源化，推进农村清洁能源的替代和开发利用。

第二节 工业污染防治

第二十八条 省人民政府工业和信息化部门会同省发展和改革、环境保护、质量监督等部门，按照国家淘汰落后生产工艺设备和产品指导目录，提出本省淘汰落后生产工艺、设备和产品目录，报省人民政府批准后实施。

企业事业单位和其他生产经营者应当在规定期限内，淘汰列入前款名录的生产工艺、设备和产品。

第二十九条 根据国家产业政策，严格控制新建、改建、扩建钢铁、水泥、平板玻璃、化学合成制药、有色金属冶炼、化工等工业项目。

现有大气重污染工业项目应当按照国家和本省有关规定开展清洁生产审核。

第三十条 对产能严重过剩行业、大气重污染企业，实行阶梯排污收费、差别信贷、差别水价、惩罚性电价。

第三十一条 在生产经营过程中产生有毒有害大气污染物的，排污单位应当安装收集净化装置或者采取其他措施，达到国家和本省规定的排放标准。

禁止直接排放有毒有害大气污染物。

第三十二条　用于工业生产的锅炉应当达到国家和本省规定的锅炉大气污染物排放标准，并标明燃料要求和大气污染物排放控制指标。

第三十三条　产生含挥发性有机物废气的生产和服务活动，应当在密闭空间或者设备中进行，并按照规定安装、使用污染防治设施；无法密闭的，应当采取措施减少废气排放。

禁止在人口集中地区从事露天喷漆、喷涂、喷砂、制作玻璃钢以及其他散发有毒有害气体的作业。

第三十四条　工业生产、垃圾填埋或者其他活动产生的可燃性气体应当回收利用，不具备回收利用条件的，应当采取污染防治措施。

可燃性气体回收利用装置不能正常作业的，应当及时修复或者更新。在回收利用装置不能正常作业期间确需排放可燃性气体的，应当将排放的可燃性气体充分燃烧或者采取其他控制措施，并向所在地人民政府环境保护主管部门报告，按照要求限期修复或者更新。

第三十五条　工业涂装企业应当使用低挥发性有机物含量的涂料，并建立台账，记录生产原料、辅料的使用量、废弃量、去向以及挥发性有机物含量。台账保存期限不得少于三年。

石油、化工、制药、印刷等产生挥发性有机物的工业企业，在生产过程中应当采取收集、处理等措施，确保达标排放。

第三十六条　石油、化工以及其他生产和使用有机溶剂的单位，应当建立泄漏检测与修复制度，对管道、设备进行日常维护、维修，及时收集处理泄漏物料。

新建储油库、储气库、加油加气站以及新登记油罐车、气罐车，应当按照国家标准配套安装油气回收系统并正常使用；已建储油库、储气库、加油加气站以及在用油罐车、气罐车，应当按照国家规定的标准和期限完成油气回收综合治理。

第三节　扬尘污染防治

第三十七条　从事各类工程建设等施工活动以及物料运输、堆放和其他产生扬尘污染物的建设单位和施工单位，应当向所在地人民政府负责监督管理扬尘污染防治的主管部门备案，并采取措施防止产生扬尘污染。

第三十八条　建设单位应当将施工扬尘污染防治费用纳入工程预算，并在施工合同中明确施工单位扬尘污染防治责任，施工单位应当制定具体施工扬尘污染防治方案并负责实施。

建设单位和施工单位应当遵守下列规定：

（一）开工前，在施工现场周边设置围挡并进行维护；暂未开工的建设用地，对裸露地面进行覆盖；超过三个月未开工的，应当采取临时绿化等防尘措施；

（二）在施工现场出入口公示施工现场负责人、环保监督员、扬尘污染控制措施、举报电话等信息；

（三）在施工现场出口处设置车辆冲洗设施并配套设置排水、泥浆沉淀设施，施工车辆不得带泥上路行驶，施工现场道路以及出口周边的道路不得存留建筑垃圾和泥土；

（四）施工现场出入口、主要道路、加工区等采取硬化处理措施；

（五）在施工工地内堆放水泥、灰土、砂石等易产生扬尘污染的物料，以及工地堆存的建筑垃圾、工程渣土、建筑土方应当采取遮盖、密闭或者其他抑尘措施；

（六）装卸和运输渣土、砂石、建筑垃圾等易产生扬尘污染物料的，应当采取完全密闭措施；

（七）出现重污染天气状况时，施工单位应当停止土石方作业、拆除工程以及其他可能产生扬尘污染的施工建设行为。

第三十九条 矿产资源开采、加工企业应当采用减尘工艺、技术和设备，采取洒水喷淋、运输道路硬化等抑尘措施，落实矿山生态恢复有关规定。

第四十条 企业料堆场应当按照有关规定进行封闭，不能封闭的应当安装防尘设施或者采取其他抑尘措施。装卸易产生扬尘的物料时，应当采取密闭或者喷淋等抑尘措施。

垃圾填埋场、建筑垃圾以及渣土消纳场，应当按照相关标准和要求采取抑尘措施。

第四十一条 城镇道路应当使用低尘机械化湿式清扫作业方式，进行降尘或者冲洗；采用人工方式清扫的，应当符合作业规范，减少扬尘。

运输渣土、砂石、建筑垃圾等易产生扬尘污染物料的车辆应当密闭，物料不得沿途散落或者飞扬，并按照规定路线行驶。

第四十二条 各级人民政府应当积极推动对裸露农田和农村荒地的治理，防治扬尘污染。

县级以上人民政府住房和城乡建设、城市管理、水利等部门按照职责分别对市政河道以及河道沿线、公共用地的裸露地面以及其他城镇裸露地面，进行绿化或者透水铺装，减轻扬尘污染。

第四节 机动车船和非道路移动机械污染防治

第四十三条 在用机动车船和非道路移动机械污染物排放，执行国家和本省规定的阶段性机动车船和非道路移动机械污染物排放标准。

第四十四条 新购置机动车应当符合本省污染物排放标准，或者经国家认可的检测机构检测确认达到本省新购置机动车污染物排放标准，方可在本省办理注册登记或者转入手续。

第四十五条 在用机动车应当按照国家和本省有关规定定期进行机动车污染物排放检验，经检验合格方可上道路行驶。未经检验合格的，公安机关交通管理部门不得核发安全技术检验合格标志。

县级以上人民政府环境保护主管部门可以在机动车集中停放地、维修地对在用机动车的大气污染物排放状况进行监督抽测，机动车集中停放地、维修地管理部门应当予以配合。

县级以上人民政府环境保护主管部门对在道路上行驶的机动车的污染物排放状况，在不影响正常通行的情况下可以通过遥感监测等手段进行监督抽测，公安机关交通管理部门应当予以配合。

第四十六条 机动车和非道路移动机械所有者或者使用者，被告知排放大气污染物超过标准的，应当及时进行维修，经检验合格后方可使用。

第四十七条 设区的市人民政府应当优化城市功能和布局，实施公共交通优先发展规划，合理控制燃油机动车保有量，推广新能源机动车，建设相应的充电站（桩）、加气站等基础设施，新建居民住宅小区停车位应当建设相应的充电设施；鼓励和支持公共交通、出租车、环境卫生、邮政、快递等行业用车和公务用车率先使用新能源机动车。

县级以上人民政府应当加强城市步行和自行车交通系统建设，引导公众绿色、低碳出行。

县级以上人民政府有关部门应当制定高排放在用机动车、非道路移动机械治理方案并组织实施。鼓励高排放机动车和非道路移动机械提前报废。

第四十八条 本省严格执行在用机动车检验方法和排放限值，配套供应合格的车用燃油，推动区域机动车排放污染监管协同。

禁止生产、进口、销售、使用不符合国家标准和京津冀区域使用要求的车用燃料。

第四十九条 船舶向大气排放污染物，应当符合有关排放标准，遵守排放控制区要求。

船舶靠港后应当优先使用岸电。新建码头应当规划、设计和建设岸基供电设施；已建成的码头应当逐步实施岸基供电设施改造。

第五节 其他污染防治

第五十条 禁止露天焚烧秸秆、落叶、枯草等产生烟尘污染的物质，以及电子废弃物、油毡、橡胶、塑料、皮革、沥青、垃圾等产生有毒有害、恶臭或者强烈异味气体的物质。

第五十一条 向大气排放汞、铅、铬、镉、类金属砷等污染物的企业事业单位和其他生产经营者，应当依照国家和本省相关标准要求，采取有效措施，减少污染物排放。

第五十二条 向大气排放二噁英等持久性有机污染物或者从事废弃物焚烧活动的企业事业单位和其他生产经营者，应当采取减少大气污染物排放的技术和工艺，安装废气收集净化装置，确保大气污染物排放达到标准要求。

第五十三条 任何单位和个人不得在所在地人民政府划定的禁止区域内露天烧烤食品。

禁止在下列场所新建、改建、扩建排放油烟的饮食服务项目：

（一）居民住宅楼等非商用建筑；

（二）未设立配套规划专用烟道的商住综合楼；

（三）商住综合楼内与居住层相邻的楼层。

排放油烟的餐饮服务和经营场所，应当按照要求安装并正常使用油烟净化设施，确保油烟达标排放。

第五十四条 县级以上人民政府园林绿化部门应当采用高效、低毒、低残留农药防治园林病虫害，并合理安排施药时间。

县级以上人民政府农业主管部门应当指导农业生产经营者科学合理施用农药、化肥等，降低大气污染物排放量。

从事畜禽养殖、屠宰生产经营活动的单位和个人，应当采取有效措施，防止周边环境受到污染。学校、医院、居民区等人口集中区域，禁止设置畜禽养殖场、屠宰场。

第五十五条 设区的市人民政府根据实际需要规定烟花爆竹禁售、禁放或者限售、限放的区域和时间，逐步扩大烟花爆竹的禁止燃放区域，严格限制燃放时间、品种，减少烟花爆竹燃放污染。

各级人民政府应当引导公民采取文明低碳方式举办婚庆、庆典和祭祀活动，减少燃放烟花爆竹和祭祀烧纸产生的污染。

第四章　重污染天气应对

第五十六条 县级以上人民政府应当建立重污染天气监测预警和应急处置机制，编制重污染天气应急预案，向上一级人民政府环境保护主管部门备案，并向社会公布。

大气污染物排放重点企业应当根据重污染天气应急预案编制重污染天气应急响应操作方案。

第五十七条 省、设区的市人民政府环境保护主管部门应当会同气象等有关部门建立重污染天气预警和会商机制，提高大气环境质量预报和监测水平。可能发生重污染天气的，应当及时向所在地人民政府报告。

设区的市人民政府统一发布预警信息，其他任何单位和个人不得擅自向社会发布。

第五十八条 县级以上人民政府应当依据重污染天气的预警级别，按照规定程序，及时启动应急预案，通过媒体向社会发布重污染天气预警信息，实施下列应急响应措施：

（一）责令有关企业停产或者限产、限排；

（二）规定限制部分机动车行驶的区域和时段；

（三）禁止燃放烟花爆竹；

（四）停止或者限制建设工地易产生扬尘的施工作业；

（五）禁止露天烧烤；

（六）国家和本省规定的其他应急响应措施。

企业事业单位和其他生产经营者、公民应当配合政府及其有关部门采取的重污染天气应急响应措施。

第五十九条　预警信息发布后，设区的市人民政府及其有关部门应当通过电视、广播、网络、短信等告知公众采取健康防护措施。根据重污染天气应急响应级别，可以减免公众乘坐公共交通工具费用，有关单位应当停止举办露天群体性活动；幼儿园和中小学校应当减少或者停止户外活动，必要时可以停课。

第六十条　县级以上人民政府应当编制突发大气污染事件应急预案，在突发可能影响公众健康和环境安全大气污染事件时，采取应急措施。

企业事业单位应当按照国家有关规定制定大气污染突发环境事件应急预案，报所在地人民政府环境保护主管部门和有关部门备案。在发生或者可能发生大气污染突发环境事件时，企业事业单位应当立即采取措施控制污染扩大，及时向可能受到危害的单位和居民通报，并向所在地人民政府环境保护主管部门和有关部门报告。

所在地人民政府环境保护主管部门应当及时对突发环境事件产生的大气污染物进行监测，并向社会公布监测信息。

第五章　重点区域联合防治

第六十一条　省人民政府应当与北京市、天津市以及其他相邻省、自治区人民政府建立大气污染防治协调机制，定期协商大气污染防治重大事项，按照统一规划、统一标准、统一监测、统一防治措施的要求，开展大气污染联合防治，落实大气污染防治目标责任。

省人民政府有关部门在实施产业转移的承接与合作时，应当严格执行国家和本省有关产业结构调整规定和准入标准，统筹考虑与北京市、天津市以及其他相邻省、自治区大气污染防治的协调。

有关设区的市人民政府对北京市、天津市大气污染防治项目专项资金应当专款专用，不得截留、挪用。

第六十二条　省人民政府环境保护主管部门应当与北京市、天津市以及其他相邻省、自治区人民政府环境保护主管部门建立大气污染预警联动应急响应机制，统一重污染天气预警分级标准，加强区域预警联动和监测信息共享，开展联合执法、环评会商，促进大气污染防治联防联控，通报可能造成跨界大气影响的重大污染事故，协调跨界大气污染纠纷。

第六十三条　省人民政府有关部门应当加强与北京市、天津市以及其他相邻省、自治区人民政府有关部门的大气污染防治科研合作，组织开展区域大气污染成因、溯源和防治政策、标准、措施等重大问题的联合科研，提高区域大气污染防治水平。

第六十四条　省人民政府环境保护主管部门会同有关设区的市人民政府，制定重点区域大气污染防治规划，明确协同控制目标，提出重点防治任务和措施，促进区域大气环境质量改善。

第六章　监督检查

第六十五条　县级以上人民政府每年在向本级人民代表大会或者其常务委员会报告环境质量状况和环境保护目标完成情况时，应当报告大气环境质量限期达标规划执行情况，依法接受监督，并向社会公开。

县级以上人民代表大会常务委员会应当采取执法检查、质询、询问、代表视察等方式，加强大气污染防治监督。

第六十六条　县级以上人民政府及其环境保护主管部门应当监督检查下级人民政府及其有关部门履行大气污染防治职责情况，并进行综合考核，考核结果及时向社会公开。

第六十七条　省人民政府环境保护主管部门会同有关部门，对超过重点大气污染物排放总量控制指标或者未完成大气环境质量改善目标的地区，约谈当地人民政府的主要负责人。约谈情况应当向社会公开。

第六十八条　实行生态环境损害责任终身追究制，对在落实大气环境保护监督管理责任过程中不履职、不当履职、违法履职，导致产生严重后果和恶劣影响的责任单位和责任人依法依规进行责任追究。

第六十九条　县级以上人民政府环境保护主管部门和其他有关部门有权对管辖范围内的排污单位进行现场检查。被检查单位应当如实反映情况。

县级以上人民政府环境保护主管部门和其他有关部门对违反法律法规规定排放大气污染物，造成或者可能造成严重大气污染，或者有关证据可能灭失或者被隐匿的，可以对企业事业单位和其他生产经营者的有关设施、设备、物品依法采取查封、扣押等行政强制措施。

第七十条　县级以上人民政府环境保护主管部门和其他有关部门应当加强执法队伍建设，开展业务能力培训。政府部门之间应当加强联合执法和重点大气污染环境违法案件的督察工作，提高执法水平。

县级以上人民政府环境保护主管部门和其他有关部门应当加强大气污染防治信息化建设，逐步完善环境监测、污染源监控、监督管理信息系统，实现大气污染防治监督和管理的信息共享。

第七十一条　县级以上人民政府环境保护主管部门应当发布本行政区域环境大气质量实时监测数据，依法公开重点污染源大气污染物排放监测结果、突发大气污染环境事件等信息。

大气污染物重点排污单位应当依法向社会如实公开自动监测数据等有关环境信息，接受公众监督。

第七十二条　县级以上人民政府环境保护主管部门和其他有关部门应当对环境监测、环境评估和从事环境监测设备以及防治设施维护、运营的单位加强监督管理。

环境监测、环境评估以及从事环境监测设备和防治设施维护、运营的单位依法独立开展工作，不受任何单位和个人干涉。

环境监测、环境评估以及从事环境监测设备和防治设施维护、运营的单位对相应的监测结果、评估结论、设施运营状况负责，并承担法律责任。

第七十三条　县级以上人民政府应当建立大气污染防治不良记录制度，将违反大气污染防治法律法规，并拒不改正的企业事业单位和其他生产经营者列入不良记录名单，向社会公布。

当事人对被列入不良记录名单有异议的，有权依法提起行政复议或者行政诉讼。

当事人履行相关义务或者改正违法行为的，经县级以上人民政府确认，应当将其从不良记录名单中删除。

第七十四条　县级以上人民政府环境保护主管部门或者其他负有大气环境保护监督管理职责的部门应当公布举报电话、电子邮箱等，方便公民、法人和其他组织举报。

接到举报的部门应当及时处理。举报线索经查证属实的，有关部门应当按照规定对举报人给予奖励。

县级以上人民政府环境保护主管部门或者其他负有大气环境保护监督管理职责的部门应当对举报人的相关信息予以保密，维护举报人的合法权益。

第七十五条　对破坏大气环境，损害社会公共利益的行为，法律规定的机关和社会组织，可以依照法律法规的有关规定提起公益诉讼。

第七十六条　县级以上人民政府环境保护等部门应当加强与人民法院、人民检察院、公安机关的配合，健全大气污染案件行政执法和刑事司法衔接机制，完善联席会议、信息共享、案情通报、案件移送制度。

第七章　法律责任

第七十七条　各级人民政府、县级以上人民政府环境保护主管部门和其他负有大气环境保护监督管理职责的部门有下列行为之一的，由其上级主管部门或者监察机关责令改正，对直接负责的主管人员和其他直接责任人员依法给予处分；构成犯罪的，依法追究刑事责任：

（一）违反法律法规、主体功能区定位、生态环境保护规划等盲目决策，致使大气环境遭受破坏的；

（二）在职责范围内对严重大气污染事件处置不力导致严重后果的；

（三）违反规定核发排污许可证的；

（四）应当依法公开大气环境信息而未公开的；

（五）篡改、伪造或者指使篡改、伪造监测数据的；

（六）对环境违法行为进行包庇的；

（七）截留、挪用大气污染防治专项资金的；

（八）对举报不及时查处或者泄露举报人相关信息的；

（九）应当移送公安机关立案侦查的大气污染案件不移送的；

（十）其他滥用职权、玩忽职守、徇私舞弊的。

县级以上人民政府主要负责人任期内，区域大气环境质量持续恶化的，应当追究行政责任；造成生态环境严重破坏的，应当引咎辞职或者由其主管部门责令辞职。

第七十八条 违反本条例规定，有下列行为之一的，由县级以上人民政府环境保护主管部门责令停止排污或者限制生产、停产整治，并处十万元以上三十万元以下罚款；情节较重的，并处三十万元以上一百万元以下罚款；情节严重的，报经有批准权的人民政府批准，责令停业、关闭。受到罚款处罚，被责令改正，拒不改正的，可以自责令改正之日的次日起，按照原处罚数额按日连续处罚：

（一）未依法取得排污许可证排放大气污染物的；

（二）超过大气污染物排放标准或者超过重点大气污染物排放总量控制指标排放大气污染物的；

（三）通过偷排、偷放等逃避监管的方式排放大气污染物的。

第七十九条 违反本条例规定，有下列行为之一的，由县级以上人民政府环境保护主管部门责令限期改正，处二万元以上五万元以下罚款；情节较重的，处五万元以上十万元以下罚款；情节严重的，处十万元以上二十万元以下罚款；拒不改正的，责令停产整治：

（一）破坏、损毁或者擅自拆除、闲置大气污染物排放自动监测设备的；

（二）未按照规定安装大气污染物排放自动监测、监控等设备或者未按照规定与环境保护主管部门的监控设备联网，并保证监测设备正常运行的；

（三）重点排污单位自动监测数据不公开或者篡改、伪造数据的；

（四）未按照规定设置大气污染物排放口的。

第八十条 违反本条例规定，有下列行为之一的，由县级以上人民政府质量监督、工商等部门按照职责责令改正，没收原材料、产品和违法所得，并处货值金额一倍以上三倍以下的罚款：

（一）销售未达到质量标准煤炭的；

（二）生产、销售挥发性有机物含量不符合质量标准或者要求的原材料和产品的；

（三）生产、销售不符合质量标准和要求的机动车和非道路移动机械用燃料的；

（四）在禁燃区内销售高污染燃料的。

第八十一条 违反本条例规定，单位燃用不符合质量标准的煤炭的，由县级以上人民政府环境保护主管部门责令改正，处货值金额一倍以上三倍以下的罚款。

第八十二条 违反本条例规定，生产、销售不符合环保要求民用燃烧炉具的，由县级以上人民政府质量监督、工商等部门根据各自职责责令改正，处货值金额一倍以上三倍以下的罚款。

第八十三条　违反本条例规定，有下列行为之一的，由县级以上人民政府环境保护主管部门责令改正，处二万元以上五万元以下罚款；情节较重的，处五万元以上十万元以下罚款；情节严重的，处十万元以上二十万元以下罚款；拒不改正的，责令停产整治或者报经有批准权的人民政府批准，责令停业、关闭：

（一）产生含挥发性有机物废气的生产和服务活动，未在密闭空间或者设备中进行，未按照规定安装、使用污染防治设施，或者未采取减少废气排放措施的；

（二）在人口集中地区从事露天喷漆、喷涂、喷砂、制作玻璃钢以及其他散发有毒有害气体作业的；

（三）工业生产、垃圾填埋或者其他活动中产生的可燃性气体未回收利用，不具备回收利用条件未进行防治污染处理，或者可燃性气体回收利用装置不能正常作业，未及时修复或者更新的；

（四）工业涂装企业未使用低挥发性有机物含量涂料或者未建立、保存台账的；

（五）石油、化工以及其他生产和使用有机溶剂的企业，未采取措施对管道、设备进行日常维护、维修，减少物料泄漏或者对泄漏的物料未及时收集处理的；

（六）储油库、储气库、加油加气站和油罐车、气罐车等，未按照国家有关规定安装并正常使用油气回收装置的。

第八十四条　违反本条例规定，企业事业单位和其他生产经营者有下列行为之一的，由县级以上人民政府住房和城乡建设、交通运输、国土资源、工业和信息化、城市管理、水利、环境保护等部门根据各自职责责令改正，处一万元以上三万元以下罚款；情节较重的，处三万元以上十万元以下罚款；拒不改正的，责令其停工整治。受到罚款处罚，被责令改正，拒不改正的，可以自责令改正之日的次日起，按照原处罚数额按日连续处罚：

（一）各类工程建设、矿产资源开采和加工等未采取有效措施防治扬尘污染的；

（二）企业料堆场未采取有效措施防治扬尘污染的。

第八十五条　违反本条例规定，运输渣土、砂石、建筑垃圾等易产生扬尘污染物料车辆，未采取密闭或者其他措施防止物料遗撒的，由县级以上地方人民政府确定的监督管理部门责令改正，处二千元以上五千元以下罚款；情节严重的，处五千元以上二万元以下罚款；拒不改正的，不得上道路行驶。

第八十六条　违反本条例规定，机动车驾驶人驾驶排放检验不合格的机动车上道路行驶的，由公安机关交通管理部门依法予以处罚。

第八十七条　违反本条例规定，露天焚烧秸秆、落叶、枯草等产生烟尘污染的物质，在禁止燃放区域或者重污染天气应急响应时燃放烟花爆竹，或者在人口集中地区对树木、花草喷洒剧毒、高毒农药的，由县级以上人民政府确定的监督管理部门责令改正，并可以处五百元以上二千元以下罚款。

第八十八条 违反本条例规定，在当地人民政府划定的禁止区域内露天烧烤食品的，由设区的市、县（市、区）人民政府确定的主管部门责令改正，没收烧烤工具和违法所得，并处五百元以上一千五百元以下罚款；情节较重的，并处一千五百元以上五千元以下罚款；情节严重的，处五千元以上二万元以下罚款。

第八十九条 违反本条例规定，在人口集中地区和其他依法需要特殊保护的区域内，露天焚烧沥青、油毡、橡胶、塑料、皮革、垃圾以及其他产生有毒有害烟尘和恶臭气体的物质的，由县级人民政府确定的监督管理部门责令改正，对单位处一万元以上三万元以下罚款；情节严重的，处三万元以上十万元以下罚款。对个人处五百元以上二千元以下罚款。

第九十条 违反本条例规定，在居民住宅楼等非商用建筑、未设立配套规划专用烟道的商住综合楼、商住综合楼内与居住层相邻的楼层内新建、改建、扩建排放油烟的饮食服务项目的，由设区的市、县（市、区）人民政府确定的主管部门责令改正；拒不改正的，予以关闭，并处一万元以上三万元以下罚款，情节严重的，处三万元以上十万元以下罚款。

第九十一条 违反本条例规定，因排放大气污染物造成损害的，应当依照《中华人民共和国侵权责任法》的有关规定承担侵权责任。构成犯罪的，依法追究刑事责任。

第八章　附　则

第九十二条 省人民政府根据需要制定本条例实施细则。

第九十三条 本条例自 2016 年 3 月 1 日起施行。1996 年 11 月 3 日河北省第八届人民代表大会常务委员会第二十三次会议通过的《河北省大气污染防治条例》同时废止。

河北省机动车和非道路移动机械排放污染防治条例

（2020 年 1 月 11 日河北省第十三届人民代表大会第三次会议通过）

第一章　总　则

第一条　为了防治机动车和非道路移动机械排放污染，保护和改善大气环境，保障公众健康，推进生态文明建设，促进经济社会可持续发展，根据《中华人民共和国环境保护法》《中华人民共和国大气污染防治法》等法律、行政法规，结合本省实际，制定本条例。

第二条　本条例适用于本省行政区域内机动车和非道路移动机械排放大气污染物的防治。

第三条　机动车和非道路移动机械排放污染防治坚持源头防范、标本兼治、综合治理、突出重点、区域协同、共同防治的原则。

本省统筹油、路、车治理。推进油气质量升级，加强燃料及附属品管理，实施油气回收治理；推进智慧交通、绿色交通建设，优化道路设置和运输结构；建立健全机动车和非道路移动机械排放污染防治监管机制，推广新能源机动车和非道路移动机械应用。

第四条　县级以上人民政府应当加强对机动车和非道路移动机械排放污染防治工作的领导，将其纳入生态环境保护规划和大气污染防治目标考核，建立健全工作协调机制，加大财政投入，提高机动车和非道路移动机械排放污染防治监督管理能力。

第五条　县级以上人民政府生态环境主管部门对本行政区域内机动车和非道路移动机械排放污染防治工作实施统一监督管理。

县级以上人民政府公安、交通运输、市场监督管理、商务、住房城乡建设、水利、工业和信息化、农业农村、城市管理、发展改革等部门，应当在各自的职责范围内做好机动车和非道路移动机械排放污染防治工作。

第六条　县级以上人民政府生态环境主管部门会同公安、交通运输、市场监督管理、商务、住房城乡建设、水利、工业和信息化、农业农村、城市管理、发展改革等部门，依托政务数据共享平台建立包含基础数据、定期排放检验、监督抽测、超标处罚、维修治理等信息在内的机动车和非道路移动机械排放污染防治信息系统，实现资源整合、信息共享、实时更新。

第七条　县级以上人民政府应当将机动车和非道路移动机械排放污染防治法律法规

和科学知识纳入日常宣传教育；鼓励和支持新闻媒体、社会组织等单位开展相关公益宣传。

倡导公众绿色、低碳出行，优先选择公共交通、自行车、步行等出行方式，鼓励使用节能环保型、新能源机动车，减少机动车排放污染。

第八条 鼓励单位和个人对违反本条例的违法行为向生态环境、交通运输等有关部门进行举报。查证属实的，生态环境、交通运输等有关部门应当按照规定给予奖励，并对举报人信息予以保密。

第二章 预防和控制

第九条 县级以上人民政府应当落实国家规定的税收优惠政策，采取财政、政府采购、通行便利等措施，推动新能源配套基础设施建设，推广应用节能环保型、新能源的机动车和非道路移动机械。

鼓励用于保障城市运行的车辆、大型场站内的非道路移动机械使用新能源，逐步淘汰高排放机动车和非道路移动机械。

第十条 省发展改革部门应当树立绿色发展理念，统筹本省能源发展相关政策，推进发展清洁能源和新能源，减少化石能源的消耗。

第十一条 城市人民政府根据大气环境质量状况，可以划定禁止使用高排放非道路移动机械的区域，并及时公布。

在禁止使用高排放非道路移动机械区域内，鼓励优先使用节能环保型、新能源的非道路移动机械。

鼓励工程机械安装精准定位系统和实时排放监控装置，并与生态环境主管部门联网。

第十二条 县级以上人民政府应当采取措施优先发展公共交通，健全和完善公共交通系统，提高公共交通出行比例；加强并改善交通管理，保障人行道和非机动车道的连续、畅通。

第十三条 县级以上人民政府应当优化道路规划，改善道路交通状况，减少机动车怠速和低速行驶造成的污染。

县级以上人民政府可以根据大气环境质量状况，制定重型柴油车绕行方案，划定绕行路线，并向社会公布。

县级以上人民政府应当调整优化交通运输结构，发展多式联运，提升高速公路使用效率，推进货运铁路建设，鼓励和支持利用铁路运输资源，推动重点工业企业、物流园区和产业园区等大宗货物运输优先采用铁路货物运输方式，鼓励海铁联运，提升港口运输服务能力。

第十四条 机动车、非道路移动机械生产企业应当对新生产的机动车和非道路移动机械进行排放检验。经检验合格的，方可出厂销售。检验信息应当向社会公开。

生态环境主管部门可以通过现场检查、抽样检测等方式，加强对新生产、销售的机动车和非道路移动机械大气污染物排放状况的监督检查。工业和信息化、市场监督管理等有关部门应当予以配合。

生产、销售机动车和非道路移动机械的企业应当配合现场检查、抽样检测等工作。

鼓励和支持生产企业和科研单位积极研发节能、减排新技术，生产节能环保型、新能源或者符合国家标准的低排放机动车和非道路移动机械。

在本省生产、销售的重型柴油车、重型燃气车应当按照规定安装远程排放管理车载终端，并与生态环境主管部门联网。

第十五条　公安机关交通管理部门在办理机动车注册登记和转入业务时，对不符合本省执行的国家机动车排放标准的，不予办理登记、转入手续。

生态环境主管部门指导监督排放检验机构开展柴油车注册登记前的环保信息公开情况核实、排放污染物检测、环保信息随车清单核查、污染控制装置、车载诊断系统和远程排放管理车载终端检查等。

第十六条　在用机动车和非道路移动机械所有人或者使用人应当保证污染控制装置和车载诊断系统处于正常工作状态，不得擅自拆除、闲置、改装污染控制装置；排放大气污染物超标或者车载诊断系统报警后应当及时维修。

在用重型柴油车、非道路移动机械未安装污染控制装置或者污染控制装置不符合要求，不能达标排放的，应当加装或者更换符合要求的污染控制装置。

任何单位和个人不得擅自干扰远程排放管理车载终端的功能；不得删除、修改远程排放管理车载终端中存储、处理、传输的数据。

所有人或者使用人向在用柴油车污染控制装置添加车用氮氧化物还原剂的，应当符合有关标准和要求。

第十七条　在本省生产、销售的机动车和非道路移动机械用燃料应当符合相关标准，机动车和非道路移动机械所有人或者使用人应当使用符合标准的燃料。鼓励推广使用优质的机动车和非道路移动机械用燃料。

市场监督管理部门负责对影响机动车和非道路移动机械气体排放的燃料、氮氧化物还原剂、油品清净剂等有关产品的质量进行监督检查，并定期公布检查结果。

县级以上人民政府及其市场监督管理、发展改革、商务、生态环境、公安、交通运输等相关部门应当建立联防联控工作机制，依法取缔非法加油站（点）、非法油罐车、非法炼油厂。

第十八条　储油储气库、加油加气站应当按照国家有关规定安装油气回收在线监控设备并保持正常使用，向生态环境主管部门传输油气回收在线监控数据。

第十九条　倡导环保驾驶，鼓励机动车使用人在不影响通行且需停车三分钟以上的情况下熄灭发动机。

第三章 使用、检验和维护

第二十条 机动车和非道路移动机械不得超过标准排放大气污染物。

第二十一条 在不影响道路正常通行的情况下，生态环境主管部门可以会同公安机关交通管理等部门通过现场检测、在线监控、摄像拍照、遥感监测、车载诊断系统检查等方式对在道路上行驶的机动车大气污染物排放状况进行监督抽测。

鼓励生产企业和科研单位开展遥感监测等相关技术研发，加强机动车污染排放大数据分析应用，提高监督抽测科技水平。

生态环境主管部门可以在机动车集中停放地、维修地对在用机动车的大气污染物排放状况进行监督抽测。监督抽测不合格的，当场向机动车所有人或者使用人出具维修复检催告单。机动车所有人或者使用人收到维修复检催告单十个工作日内，应当自行选择有资质的维修单位维修，直至复检合格，并将复检结果报送生态环境主管部门。监督抽测应当快捷、便民，当场明示抽测结果，不得收取费用。

生态环境主管部门应当会同交通运输、住房城乡建设、水利、城市管理、农业农村等有关部门对非道路移动机械的大气污染物排放状况进行监督检查，排放不合格的，不得使用。

生态环境主管部门应当定期公布抽测不合格车辆信息。

第二十二条 生态环境主管部门应当确定重点用车单位名录并向社会公布。

重点用车单位应当按照规定建立重型柴油车污染防治责任制度和环保达标保障体系，确保本单位车辆符合相关排放标准，鼓励使用清洁能源和新能源车。重点用车单位主要负责人对本单位重型柴油车排放污染防治工作全面负责。

生态环境主管部门应当将重点用车单位重型柴油车环保达标情况纳入生态环境信用管理。

第二十三条 客运经营者、货运经营者应当加强对车辆的维护和检测，确保车辆符合国家规定的技术标准；不得使用报废的、擅自改装的和其他不符合国家规定的车辆从事道路运输经营。

第二十四条 在用机动车所有人或者使用人应当按照国家和本省规定对机动车进行定期排放检验，检验周期与机动车安全技术检验周期一致。经检验合格的，方可上道路行驶。未经检验或者检验不合格的，公安机关交通管理部门不予核发安全技术检验合格标志。

第二十五条 在用机动车定期检验不合格或者监督抽测不合格应当及时维修，并按照要求进行复检。机动车排放检验机构应当对复检合格的机动车出具检验报告。

在用机动车经维修或者采用污染控制技术后，大气污染物排放仍不符合国家在用机动车排放标准的，应当强制报废。

外埠车辆在本省有不符合相关排放标准记录的，应当经复检合格后，方可进入本省行政区域内的道路行驶。

第二十六条　依法行使监督管理职权的部门及其工作人员不得干涉机动车所有人或者使用人选择排放检验机构和维修单位，不得推销或者指定使用排放污染治理的产品，不得参与或者变相参与排放检验经营和维修经营。

第二十七条　机动车排放检验机构应当依法取得资质，接受生态环境、市场监督管理等部门的监督管理，并遵守下列规定：

（一）使用经依法检定合格的排放检验设备、计量器具，配备符合国家规定要求的专业检验技术人员；

（二）公开检验程序、检验方法、排放限值、收费标准和监督投诉电话；

（三）按照国家及本省规定的检验方法、技术规范和排放标准进行排放检验，出具由生态环境主管部门统一编码的排放检验报告，不得出具虚假排放检验报告；

（四）与生态环境主管部门联网，实时上传排放检验数据、视频监控数据及其他相关管理数据和资料；

（五）建立排放检验档案，按照相关规定期限保存纸质档案、电子档案和历史检验视频；

（六）法律、法规、技术规范规定的其他要求。

排放检验机构及其工作人员不得以任何方式直接或者间接从事机动车排放污染治理维修业务。

第二十八条　生态环境主管部门和市场监督管理部门应当按照职责通过现场检查、网络监控等方式对机动车排放检验机构排放检验行为的准确性进行监督检查，并将监督检查情况向社会公布。

第二十九条　生态环境主管部门和交通运输主管部门应当共享机动车排放检验、排放达标维修、维修复检等数据信息。

交通运输主管部门应当将机动车排放污染防治纳入对车辆营运、机动车维修的监督管理内容。

省交通运输主管部门应当向社会公布具有机动车排放维修治理能力且实现联网监管的维修单位名录。

第三十条　机动车维修单位应当遵守下列规定：

（一）严格按照机动车排放污染防治的要求和有关技术规范、标准进行维修，使维修后的机动车达到规定的排放标准，并提供相应的维修服务质量保证；

（二）与交通运输主管部门联网，实时传输维修车辆的机动车号牌、车辆识别代号、排放达标维修项目等信息，记录并备份维修情况；

（三）建立完整的维修档案，实行档案电子化管理。

机动车所有人不得以临时更换机动车污染控制装置等弄虚作假的方式通过机动车排放检验。机动车维修单位不得提供该类维修服务。禁止破坏机动车车载排放诊断系统。机动车维修单位不得使用假冒伪劣配件维修机动车，不得承修已报废的机动车，不得擅自改装机动车。

第三十一条 县级以上人民政府及其有关部门应当采取经济补偿等鼓励措施，逐步推进重型柴油车提前淘汰。

鼓励对具备治理条件的重型柴油车加装或者更换符合要求的污染控制装置，并安装远程排放管理车载终端等。

第三十二条 本省实施非道路移动机械使用登记管理制度。非道路移动机械应当检测合格后进行信息编码登记。生态环境主管部门建立非道路移动机械信息管理平台，会同有关部门制定本省非道路移动机械使用登记管理规定。

交通运输、住房城乡建设、水利、城市管理等部门应当督促所有人或者使用人对使用的非道路移动机械在信息管理平台上进行信息编码登记。

第三十三条 建设单位应当要求施工单位使用在本省进行信息编码登记且符合排放标准的非道路移动机械。

非道路移动机械进出施工现场的，施工单位应当在非道路移动机械信息管理平台上进行记录。

生态环境主管部门应当逐步通过电子标签、电子围栏、实时排放监控装置等手段对非道路移动机械的大气污染物排放状况进行监督管理。

第四章 区域协同

第三十四条 省人民政府应当推动与北京市、天津市建立机动车和非道路移动机械排放污染联合防治协调机制，按照统一规划、统一标准、统一监测、统一防治措施要求开展联合防治，落实大气污染防治目标责任。

第三十五条 本省与北京市、天津市共同建立机动车和非道路移动机械排放检验数据共享机制，将执行标准、排放监测、违法情况等信息共享，推动建立京津冀排放超标车辆信息平台，实现对排放超标车辆的协同监管。

第三十六条 本省与北京市、天津市探索建立新车抽检抽查协同机制，可以协同对新生产、销售的机动车和非道路移动机械大气污染物排放状况进行监督检查。

第三十七条 本省与北京市、天津市共同实行非道路移动机械使用登记管理制度，建立和使用统一登记管理系统，按照相关要求加强非道路移动机械监督管理。

第三十八条 省人民政府生态环境等部门应当与北京市、天津市相关部门加强机动车和非道路移动机械排放污染防治合作，通过区域会商、信息共享、联合执法、重污染天气应对、科研合作等方式，提高区域机动车和非道路移动机械排放污染防治水平。

第五章 法律责任

第三十九条 生态环境主管部门和其他负有监督管理职责的部门及其工作人员违反

本条例规定，滥用职权、玩忽职守、徇私舞弊、弄虚作假的，依法给予处分。

第四十条　违反本条例规定，在本省生产、销售的重型柴油车、重型燃气车未按照规定安装远程排放管理车载终端的，由生态环境主管部门责令改正，处每辆车五千元的罚款。

第四十一条　违反本条例规定，客运经营者、货运经营者擅自改装已取得车辆营运证的车辆的，由县级以上道路运输管理机构责令改正，处五千元以上二万元以下的罚款。

第四十二条　违反本条例规定，在用机动车所有人或者使用人擅自拆除、闲置、改装污染控制装置的，由生态环境主管部门责令改正，处五千元的罚款。

违反本条例规定，在用重型柴油车未按照规定加装、更换污染控制装置的，由生态环境主管部门责令改正，处五千元的罚款。

违反本条例规定，擅自干扰远程排放管理车载终端的功能或者删除、修改远程排放管理车载终端中存储、处理、传输的数据的，由生态环境主管部门责令改正，处每辆车五千元的罚款。

第四十三条　违反本条例规定，生产、销售不符合标准的机动车和非道路移动机械用燃料的，由市场监督管理部门按照职责责令改正，没收原材料、产品和违法所得，并处货值金额一倍以上二倍以下的罚款。

第四十四条　违反本条例规定，机动车驾驶人驾驶排放检验不合格的机动车上道路行驶的，由公安机关交通管理部门依法予以处罚。

第四十五条　违反本条例规定，重点用车单位未按照有关规定建立重型柴油车污染防治责任制度和环保达标保障体系的，由生态环境主管部门责令限期改正，并约谈该单位的主要负责人，约谈情况向社会公开；逾期不改正的，将该重点用车单位列为生态环境信用黑名单。

违反本条例规定，重点用车单位有下列情形之一的，由生态环境主管部门责令改正，处一万元以上三万元以下的罚款；情节严重的，处三万元以上五万元以下的罚款：

（一）本单位注册车辆二十辆以上，在一个自然年内经排放检验不合格的车辆数量超过注册车辆数量百分之十的；

（二）本单位注册的同一辆车因不符合排放标准在一个自然年内受到罚款处罚五次以上的。

第四十六条　违反本条例规定，机动车排放检验机构有下列行为之一的，由生态环境主管部门责令改正，按照下列规定处罚：

（一）未按照规定公开检验程序、检验方法、排放限值等内容的，处一千元以上五千元以下的罚款；

（二）未建立机动车排放检验档案，或者未保存纸质档案、电子档案和历史检验视频的，处五千元以上二万元以下的罚款；

（三）未与生态环境主管部门联网，或者未向生态环境主管部门实时上传排放检验数据、视频监控数据及其他相关管理数据和资料的，处二万元以上五万元以下的罚款；

（四）未按照国家及本省规定的排放检验方法、技术规范和排放标准进行排放检验的，处十万元以上二十万元以下的罚款。

违反本条例规定，机动车排放检验机构出具虚假排放检验报告的，由生态环境主管部门没收违法所得，并处十万元以上五十万元以下的罚款；情节严重的，由市场监督管理部门取消其检验资格。

违反本条例规定，排放检验机构及其工作人员直接或者间接从事机动车排放污染治理维修业务的，由生态环境主管部门责令改正，没收违法所得，并处二万元以上五万元以下的罚款。

第四十七条 违反本条例规定，机动车维修单位未与交通运输主管部门联网的，或者未报送车辆排放维修治理信息的，由交通运输主管部门责令限期改正；逾期不改正的，处一万元以上五万元以下的罚款。

第四十八条 违反本条例规定，以临时更换机动车污染控制装置等弄虚作假的方式通过机动车排放检验或者破坏机动车车载排放诊断系统的，由生态环境主管部门责令改正，对机动车所有人处五千元的罚款；对机动车维修单位处每辆车五千元的罚款。

违反本条例规定，机动车维修单位使用假冒伪劣配件维修机动车，承修已报废的机动车或者擅自改装机动车的，依照《中华人民共和国道路运输条例》予以处罚。

第四十九条 违反本条例规定，使用排放不合格的非道路移动机械，或者非道路移动机械未按照规定加装、更换污染控制装置的，或者擅自拆除、闲置、改装非道路移动机械污染控制装置的，由生态环境等主管部门按照职责责令改正，处五千元的罚款。

违反本条例规定，在禁止使用高排放非道路移动机械区域使用高排放非道路移动机械的，由城市人民政府生态环境主管部门处五万元以上十万元以下的罚款。

第五十条 生态环境、市场监督管理、公安、交通运输等有关部门应当将排放检验机构、维修单位的相关违法行为以及行政处罚结果，纳入社会信用信息平台，依法实施联合惩戒。

第五十一条 违反本条例规定，构成犯罪的，依法追究刑事责任。

第六章　附　则

第五十二条 本条例所称机动车，是指以动力装置驱动或者牵引，上道路行驶的供人员乘用或者用于运送物品以及进行工程专项作业的轮式车辆。

本条例所称非道路移动机械，是指装配有发动机的移动机械和可运输工业设备。

第五十三条 本条例自 2020 年 5 月 1 日起施行。

石家庄市大气污染防治条例

（2016年12月2日河北省第十二届人民代表大会常务委员会第二十四次会议通过）

第一章　总　则

第一条　为防治大气污染，改善大气环境质量，保障公众健康，推进生态文明建设，促进经济和社会全面可持续发展，根据《中华人民共和国大气污染防治法》等法律法规，结合本市实际，制定本条例。

第二条　本条例适用于本市行政区域内大气污染的防治及其监督管理。

第三条　防治大气污染，应当坚持源头治理、规划先行，突出重点、防治结合，政府主导、公众参与，强化监管、损害担责的原则。

第四条　市、县级人民政府对本行政区域大气环境质量负总责。

市、县级人民政府环境保护主管部门对本行政区域内的大气污染防治实施统一监督管理。

市、县级人民政府有关部门在各自职责范围内对大气污染防治实施监督管理：

（一）市、县级人民政府发展和改革、工业和信息化部门负责煤炭消费总量控制，优化产业和能源结构以及布局调整，组织推动工业企业技术改造和升级、落后产能淘汰计划实施，压减过剩产能，实施清洁生产，加大清洁能源利用，发展循环经济，制定和完善相关政策措施；

（二）市、县级人民政府公安、交通运输、商务、质监、工商等部门对机动车以及非道路移动机械、油气回收治理、油品质量等实施监督管理；

（三）市、县级人民政府住房和城乡建设、国土资源、交通运输、城市管理、工业和信息化、环境保护等部门对建筑扬尘、矿山扬尘、道路扬尘、企业料堆场等实施监督管理；

（四）市、县级人民政府城市管理、公安、工商、食品监督、农业、安监等部门对餐饮服务、露天烧烤、原煤散烧、秸秆禁烧、销售、燃放烟花爆竹等实施监督管理；

（五）市、县级人民政府农业、林业、畜牧等部门对农业生产、畜禽养殖造成的大气污染等实施监督管理。

乡（镇）人民政府和街道办事处在县级人民政府的领导下，根据本地区的实际，组织开展大气污染防治工作。

第五条 市、县级人民政府应当将大气污染防治工作纳入国民经济和社会发展规划，加大对大气污染防治的财政投入，采取压煤、抑尘、控车、迁企、减排、增绿等综合措施，控制或者削减大气污染物的排放量，逐步改善大气环境质量。

第六条 达到国家大气环境质量标准的市、县级人民政府应当按照国家和省、市要求，制定大气环境质量持续改善措施。

未达到国家大气环境质量标准的市、县级人民政府应当按照国家、省、市大气污染防治目标要求，制定大气环境质量限期达标规划和大气污染防治年度实施计划，采取严格的大气污染控制措施，按期达到规定的大气环境质量标准。

大气环境质量达标规划和大气污染防治年度实施计划以及实施效果应当向同级人民代表大会及其常务委员会报告，并向社会公开。

第七条 上级人民政府应当监督检查下级人民政府及其有关机构履行大气污染防治职责情况，并根据工作任务目标进行考核，考核结果及时向社会公开；下级人民政府及其有关部门应当根据工作任务目标和责任分工，细化分解落实责任。

第八条 鼓励和支持大气污染防治以及相关综合利用的科学技术研究，推广先进的大气污染防治技术，普及大气污染防治科学知识。提高公众的大气环境保护意识，推动公众参与大气环境保护。

鼓励倡导公民采取低碳、节俭的生活方式，自觉履行大气环境保护义务。

市、县级人民政府应当对在防治大气污染、保护和改善大气环境质量方面成绩显著的单位和个人给予奖励。

第九条 市、县级人民政府应当大力开展植树造林活动，鼓励全民植绿增绿，提高绿化覆盖率。

第十条 企业事业单位和其他生产经营者应当采取有效措施，防止、减少大气污染，对所造成的损害依法承担责任。

任何单位和个人有责任和义务保护大气环境，可以向政府有关部门提出意见和建议，有权举报污染大气环境的行为。

第二章 监督管理

第十一条 市人民政府应当结合经济社会发展水平、环境质量状况、产业结构，制定全市削减重点大气污染物排放总量控制指标计划。

县级人民政府应当按照公平、公正、公开的原则，将重点大气污染物排放总量控制指标分解落实到有关排污单位，排污单位不得超过总量控制指标排放大气污染物。

环境保护主管部门在重点大气污染物排放总量控制指标范围内，按照国家和省、市规定进行重点大气污染物排放指标有偿使用和交易。

第十二条 实行排污许可管理的排污单位，应当依法取得排污许可证，未取得排污许可可证的不得排放大气污染物。

第十三条 新建、改建、扩建排放大气污染物的建设项目，应当依法进行环境影响评价，其中排放重点大气污染物的项目应当取得重点大气污染物排放指标。未依法进行环境影响评价的建设项目，不得开工建设。

第十四条 企业事业单位和其他生产经营者向大气排放污染物的，应当按照国家和省、市有关规定设置并规范使用有明显标志的大气污染物排放口、永久性监测点位和采样监测平台，对其所排放的大气污染物自行监测，保存原始监测记录，并配合环境保护主管部门或者其他监督管理部门开展监督性监测。

第十五条 企业事业单位和其他生产经营者向大气排放污染物的，浓度不得超过国家和省、市规定的排放标准，重点大气污染物排放总量不得超过总量控制指标。

第十六条 企业事业单位应当按照国家和省、市有关规定和标准规范的要求开展突发大气环境事件风险评估，完善突发大气环境事件风险防控措施，排查治理大气环境安全隐患，制定突发大气环境事件应急预案并备案、演练。

第十七条 向大气排放污染物的重点排污单位，应当按照有关规定安装使用大气污染物排放自动监测设备，并与环境保护主管部门的监控设备联网，保证监测设备正常运行，依法公开排放信息。

排污单位不得破坏、损毁或者擅自拆除、闲置大气污染物排放自动监测设备，不得篡改、伪造监测数据。

第十八条 重点排污单位应当按有关规定公开环境信息，并在单位门口等显著位置设置电子显示屏，公开实时污染物排放种类、浓度、数量、环保设施运行情况等信息，接受公众监督。

第十九条 大气污染防治按照属地管理、分级负责、全面覆盖、责任到人的原则，实行网格化监管，建立和完善网格化的大气环境保护监管机制。

第二十条 市、县级人民政府环境保护主管部门，负责对辖区内排污单位进行现场检查，被检查单位应当如实反映情况，提供必要资料。检查部门应当为被检查单位保守商业秘密。

第三章 防治措施

第一节 燃煤和其他能源污染防治

第二十一条 市人民政府发展和改革部门应当会同有关部门制定区域煤炭消费总量控制规划和削减目标，重点削减工业用煤和民用煤使用量，逐步降低煤炭在一次能源消费中的比重，实现煤炭消费负增长。

县级人民政府应当根据区域煤炭消费总量控制规划和削减目标，制定本行政区域煤炭消费总量控制计划并组织实施。

第二十二条 市人民政府应当根据国家、省有关规定依法划定并逐步扩大高污染燃料禁燃区的范围。县级人民政府可以根据实际情况划定高污染燃料禁燃区。

禁燃区内的企业事业单位和其他生产经营者禁止新建、改建、扩建燃用高污染燃料的设施。现有燃烧高污染燃料的设施应当限期拆除或改用天然气、液化石油气、管道煤气、电或其他清洁能源。

禁燃区内禁止原煤散烧。

第二十三条 市、县级人民政府应当根据有关规定，禁止生产、进口、销售和燃用不符合质量标准的煤炭及其制品。

第二十四条 市、县级人民政府应当限期淘汰不符合国家规定规模的燃煤锅炉，加快改造燃煤锅炉和燃煤工业窑炉，推广使用清洁燃料。

禁止燃煤锅炉、燃煤工业窑炉、单位使用或者经营性的炉灶等设施违规排放。

第二十五条 市、县级人民政府应当统筹规划城乡建设，发展热电联产和集中供热，逐步提高集中供热率，降低能源消耗。

市、县级人民政府应当根据城乡规划，建设符合环境保护要求的集中煤炭交易市场、型煤加工厂和配送中心，加强农村燃煤污染治理。

第二十六条 县级人民政府有关部门依法取缔违法的洗煤厂和经营性储煤（配煤）场及散煤销售摊点。

在市人民政府授权部门划定的区域内，依法取缔所有经营性储煤（配煤）场及散煤销售摊点。

第二十七条 城市建成区及市、县级人民政府划定的其他区域内，从事餐饮服务的企业及其他生产经营者、建筑工地等食堂炉灶，应当使用液化石油气、天然气、电或者其他清洁能源。

第二节　机动车和非道路移动机械污染防治

第二十八条 机动车污染防治实行污染物排放总量控制制度，淘汰高污染物排放机动车。

第二十九条 市、县级人民政府应当将机动车排放污染防治纳入本行政区域大气污染防治规划、交通运输规划和城乡规划，制定机动车排放污染防治的政策措施，加大机动车排放污染防治投入，加强机动车排放污染监督管理。

第三十条 市、县级人民政府应当加快发展、推广应用节能环保型和新能源汽车，完善配套基础设施建设。

第三十一条 本市行政区域内生产、进口、销售或者转入的机动车应当达到本市行政区域执行的机动车排放标准，车型符合国家机动车排放型式核准目录。

第三十二条 在用机动车应当按照有关规定定期进行机动车污染物排放检验，未经检验合格的，公安交通管理部门不得核发安全技术检验合格标志，机动车不得上路行驶。

第三十三条 环境保护主管部门可以会同公安交通管理部门在不影响正常通行的情况下，可以通过遥感监测等技术手段，对机动车排放状况进行监督抽测。

第三十四条 机动车所有人和管理人应当加强机动车的维护和保养，确保在用机动车发动机及污染控制装置保持正常的技术状态，符合机动车污染物排放标准。

任何单位和个人不得擅自拆除或者改装、闲置机动车污染控制装置。

第三十五条 机动车环保检测机构应当按照规定的环保检测方法、技术规范进行检测，出具检测报告，建立机动车环保检测档案，保存检测信息和有关技术资料，并向环境保护主管部门实时传送检测数据、视频监控等相关信息。

第三十六条 生产、销售机动车和非道路移动机械用的燃料应当符合国家和省、市规定的标准。

第三十七条 市、县级人民政府应当优化道路建设和管理，改善道路交通状况，加强行人、自行车交通系统建设，保障和改善城市道路的自行车行驶和行人步行条件。

市、县级人民政府根据国民经济发展状况，逐步提高公共交通在城市客运当中的分担率和运输能力，改善公共交通出行的便利性和舒适性。

市人民政府应当建立和完善公共自行车服务体系。

第三十八条 提倡公民选择公共交通、自行车、步行等低碳、环保出行方式，减少机动车排放污染。

第三节 扬尘污染防治

第三十九条 市、县级人民政府应当采取严格的抑尘措施，防治扬尘污染。

从事房屋建筑、市政基础设施建设、矿山开采及加工、河道整治、建筑物拆除、物料运输和堆放、园林绿化等易产生扬尘污染的活动，应当采取措施，防止扬尘污染。

第四十条 裸露地面应当由下列单位或个人采取绿化、硬化或者透水铺装等方法防治扬尘污染：

（一）国有土地由使用人或管理人负责；

（二）没有使用人或管理人的国有土地，由市、县级人民政府确定的部门负责；

（三）城市建成区和市、县级人民政府划定区域内的集体土地，由所有人、使用人负责。

第四十一条 对易产生扬尘的物料堆场应当采取有效抑尘措施。

贮存煤炭、煤渣、煤灰、水泥、石灰、石膏、砂土等易产生扬尘的物料应当密闭；不具备密闭贮存条件的，应当按照有关规定和标准设置围挡并有效覆盖，不得产生扬尘污染。

建筑土方、工程渣土、建筑垃圾应当及时运输到指定场所进行处置；在场地内堆存的，应当有效覆盖。

第四十二条 市、县级人民政府有关部门应当按照职责分工对交通道路采取以下抑尘措施：

（一）对道路工地实施围挡，产生扬尘的物料全面覆盖，做到文明清洁施工；

（二）及时修补破损道路，减轻因路面颠簸造成的物料抛撒和地面扬尘污染；

（三）科学绿化、硬化公共道路两侧、路肩和中间分隔带，减少风蚀和水蚀；

（四）对公共道路实施高效清洁的清扫作业，及时清运道路积土、垃圾和其他遗撒物，并按照规定科学洒水降尘。

所有人、使用人或管理人应当对运输易产生扬尘污染物料的车辆采取封闭或者其他防护措施，防止遗撒或泄漏。

第四十三条 储煤场应当采取以下措施，防止扬尘污染：

（一）依法取得环保手续，制定环保工作制度，配备固定环保工作人员；

（二）采取防渗漏、防流失、防扬尘等措施，设置符合要求的挡风抑尘墙（网），并采取喷淋、苫盖等抑尘措施；位于环境敏感区的重点行业应当实现封闭仓储；

（三）实现地面硬化，建有雨水收集池，保持场地清洁；

（四）出入口设置固定的车辆冲洗设施，建有冲洗水沉淀池；

（五）筛分、破碎设备应当安装高效除尘器。

第四十四条 建设单位和施工单位应当按照有关规定对施工工地采取抑尘措施，防止扬尘污染。

第四节 工业及其他污染防治

第四十五条 市、县级人民政府应当合理规划工业发展布局，调整优化产业结构和能源结构，实施污染企业搬迁、升级改造，逐步减少大气污染物排放。

第四十六条 严格控制新建、改建、扩建钢铁、建材、石化、化工等行业中的大气重污染工业项目。

新建、改建、扩建的大气重污染工业项目，应当配套建设和使用除尘、脱硫、脱硝等减排装置，或者采取其他控制大气污染物排放的措施。

现有大气重污染工业项目，应当按照国家和省有关规定进行升级改造，开展强制性清洁生产审核，实施清洁生产。

第四十七条 鼓励使用挥发性有机物含量低的原材料和产品，减少挥发性有机物排放。

第四十八条 产生含挥发性有机物废气的生产和服务活动，应当在密闭空间或者设备中进行，并设置废气收集处理系统；无法密闭的，应当采取措施减少废气排放。

第四十九条 石油、化工、印刷、汽车维修喷涂等排放挥发性有机物的企业应当记录原辅材料的挥发性有机物含量、使用量、废弃量，记录生产设施以及污染控制设备的主要操作参数、运行情况和保养维护等事项，作为污染物排放核算和环境信息公开的依据。相关原始记录应按规定保存。

第五十条 储油（气）库、加油（气）站及油（气）罐车应当安装油气回收设施，并保证油气回收设施正常运行。

第五十一条 石油、化工以及其他生产和使用有机溶剂的单位，应当采取措施对管道、设备进行定期检测及日常维护、维修，减少物料泄漏，对泄漏物料应当及时收集处理。

第五十二条 生产经营活动中易产生恶臭气体的企业事业单位和其他生产经营者，应当科学选址，设置合理的防护距离，并安装净化装置或者采取其他措施，防止排放恶臭气体。

第五十三条 排污单位向大气排放粉尘的，应当达到国家和地方排放标准。

严格限制向大气排放含有毒物质的废气和粉尘；确需排放的，须经净化处理，达到国家和地方排放标准。

第五十四条 禁止露天焚烧农作物秸秆、落叶、枯草等产生烟尘污染的物质，以及电子废弃物、沥青、油毡、橡胶、塑料、皮革、垃圾以及其他产生有毒、有害烟尘或恶臭气体的物质。

建设施工需要露天加热沥青的，应当使用带有废气处理装置的密闭加热设备。

第五十五条 禁止烘干、晾晒畜禽粪便。

禁止在人口密集区、旅游景区、机场周围和其他可能对公共场所产生恶臭影响的范围内建设畜禽养殖场或养殖小区。

在禁止范围以外建设畜禽养殖场或养殖小区，应符合所在县级畜牧业发展规划，其环境影响评价文件经有审批权的环境保护主管部门批准，并采取污染防治措施。

第五十六条 任何单位和个人不得在所在地人民政府划定的禁止区域内露天烧烤食品。

第五十七条 禁止在居民住宅楼等非商用建筑、未设立配套规划专用烟道的商住综合楼、商住综合楼内与居住层相邻的楼层内新建、改建、扩建排放油烟的餐饮服务项目。

排放油烟的餐饮服务和经营场所，应当按照要求安装并正常使用油烟净化设施，确保油烟达标排放，防止对附近居民的正常生活环境造成污染。

第五十八条 市、县级人民政府根据实际需要规定烟花爆竹禁售、禁放或者限售、限放的区域和时间，严格限制燃放时间、品种，减少烟花爆竹燃放污染。

鼓励和倡导公民采取文明低碳方式举办婚庆、庆典和祭祀活动，减少大气环境污染。

第四章 重污染天气应对

第五十九条 市、县级人民政府应当将重污染天气应对纳入政府应急管理体系，科学合理编制、完善重污染天气应急预案。

大气污染物排放重点企业应当根据市、县级人民政府制定的重污染天气应急预案，制定重污染天气应急响应操作方案，并按规定备案。

第六十条 市、县级人民政府应当建立重污染天气监测预警和应急响应体系。

环境保护主管部门应当会同气象等有关部门建立重污染天气预警和会商机制，开展大气环境质量监测和预报。

重污染天气预警信息由市、县级人民政府统一发布，其他任何单位和个人不得擅自发布。

第六十一条 市、县级人民政府启动重污染天气应急预案后，大气污染物排放重点企业应当及时启动重污染天气应急响应操作方案。

第六十二条 市、县级人民政府应当依据重污染天气的预警等级，根据应急需要采取责令有关企业停产或者限产、限制部分机动车行驶、禁止露天烧烤、停止工地土石方作业和建筑物拆除施工、停止幼儿园和学校组织的户外活动、组织开展人工影响天气作业等应急措施。

重污染天气应急响应结束后，市、县级人民政府应当及时对应急预案实施情况进行评估。

第五章　法律责任

第六十三条 市、县级人民政府环境保护主管部门和其他负有大气环境保护监督管理职责的部门有下列行为之一的，由其上级主管部门或者监察机关责令改正，对直接负责的主管人员和其他直接责任人员依法给予处分；构成犯罪的，依法追究刑事责任：

（一）违反法律法规、主体功能区定位、生态环境保护规划等盲目决策，致使大气环境遭受破坏的；

（二）在职责范围内对严重大气污染事件处置不力导致严重后果的；

（三）违反规定核发排污许可证的；

（四）应当依法公开大气环境信息而未公开的；

（五）篡改、伪造或者指使篡改、伪造监测数据的；

（六）对环境违法行为进行包庇的；

（七）截留、挪用大气污染防治专项资金的；

（八）对举报不及时查处或者泄露举报人相关信息的；

（九）应当移送公安机关立案侦查的大气污染案件不移送的；

（十）其他滥用职权、玩忽职守、徇私舞弊的。

县级人民政府主要负责人任期内，区域大气环境质量持续恶化的，应当追究行政责任；造成生态环境严重破坏的，应当引咎辞职或者由其主管部门责令辞职。

第六十四条 违反本条例规定，有下列行为之一的，由市、县级人民政府环境保护主管部门责令停止排污或者限制生产、停产整治，并处十万元以上三十万元以下的罚款；情节较重的，并处三十万元以上一百万元以下的罚款；情节严重的，报经有批准权的人民政府批准，责令停业、关闭。受到罚款处罚，被责令改正，拒不执行的，依法作出处罚决定的行政机关可以自责令改正之日的次日起，按照原处罚数额按日连续处罚。

（一）未依法取得排污许可证排放大气污染物的；

（二）超过大气污染物排放标准或者超过重点大气污染物排放总量控制指标排放大气污染物的。

第六十五条　违反本条例规定，有下列行为之一的，由县级以上人民政府环境保护主管部门责令限期改正，处二万元以上五万元以下的罚款；情节较重的，处五万元以上十万元以下的罚款；情节严重的，处十万元以上二十万元以下的罚款；拒不改正的，责令停产整治：

（一）未按照规定安装大气污染物排放自动监测、监控等设备或者未按照规定与环境保护主管部门的监控设备联网，并保证监测设备正常运行的；

（二）破坏、损毁或者擅自拆除、闲置大气污染物排放自动监测设备的；

（三）重点排污单位不公开或者不如实公开自动监测数据的；

（四）篡改、伪造监测数据的；

（五）未按照规定设置大气污染物排放口的。

第六十六条　违反本条例规定，重点排污单位未按要求设置电子显示屏，如实公开环境信息的，由市、县级人民政府环境保护主管部门责令改正，并处以一万元以上三万元以下的罚款。

第六十七条　违反本条例规定，企业事业单位有下列行为之一的，由市、县级环境保护主管部门责令改正，可以处一万元以上三万元以下的罚款：

（一）未按规定开展突发环境事件风险评估工作，确定风险等级的；

（二）未按规定将突发环境事件应急预案备案的。

第六十八条　违反本条例规定，以拒绝进入现场等方式拒不接受环境保护主管部门及其委托的环境监察机构或者其他负有大气环境保护监督管理职责的部门的监督检查，或者在接受监督检查时弄虚作假的，由市、县级人民政府环境保护主管部门或者其他负有大气环境保护监督管理职责的部门责令改正，处二万元以上六万元以下的罚款；情节较重的，处六万元以上二十万元以下的罚款；构成违反治安管理行为的，由公安机关依法予以处罚。

第六十九条　违反本条例规定，在禁燃区内新建、改建、扩建燃用高污染燃料的设施，或者未按照规定停止燃用高污染燃料的，由市、县级人民政府环境保护主管部门没收燃用高污染燃料的设施，并处二万元以上六万元以下的罚款；情节较重的，并处六万元以上二十万元以下的罚款。

第七十条　违反本条例规定，生产、进口、销售不符合国家和省、市规定质量标准的煤炭及其制品的，由市、县级人民政府质量监督、出入境检验检疫机构和工商行政管理部门按照职责责令改正，没收原材料、产品和违法所得，并处货值金额一倍以上三倍以下的罚款。

单位燃用不符合国家和省、市规定标准的煤炭及其制品的，由县级以上环境保护主管部门责令改正，处货值金额一倍以上三倍以下的罚款。

第七十一条 违反本条例规定，在城市建成区及市、县级人民政府划定的其他区域内，从事餐饮服务的企业及其他生产经营者、建筑工地等食堂炉灶未使用清洁能源的，由市、县级人民政府确定的监督管理部门责令停止使用，并处一万元以上三万元以下的罚款。

第七十二条 违反本条例规定，伪造机动车、非道路移动机械排放检验结果或者出具虚假排放检验报告的，由市、县级环境保护主管部门没收违法所得，并处十万元以上三十万元以下的罚款；情节较重的，并处三十万元以上五十万元以下的罚款；情节严重的，由负责资质认定的部门取消其检验资格。

违反本条例规定，未按规定建立机动车环保检测档案，保存检测信息和有关技术资料，或者未向环境保护主管部门实时传送检测数据、视频监控等相关资料的，由市、县级环境保护主管部门责令改正，并处一万元以上三万元以下的罚款；拒不改正的，依法作出处罚决定的行政机关可以自责令改正之日的次日起，按照原处罚数额按日连续处罚。

第七十三条 违反本条例规定，企业事业单位和其他生产经营者有下列行为之一的，由市、县级人民政府确定的监督管理部门根据各自职责责令改正，处一万元以上三万元以下的罚款；情节较重的，处三万元以上十万元以下的罚款；拒不改正的，责令其停工整治。受到罚款处罚，被责令改正，拒不改正的，可以自责令改正之日的次日起，按照原处罚数额按日连续处罚：

（一）从事房屋建筑、市政基础设施建设、矿山开采及加工、河道整治、建筑物拆除、物料运输和堆放、园林绿化等易产生扬尘污染的活动，未采取有效措施防治扬尘污染的；

（二）易产生扬尘污染的物料堆场未采取有效措施防治扬尘污染的。

第七十四条 违反本条例规定，国有土地的使用人或管理人和集体土地的所有人或使用人，未对裸露地面依法采取扬尘防治措施的，由市、县级人民政府确定的监督管理部门根据各自职责责令改正，处一万元以上三万元以下的罚款；情节较重的，处三万元以上十万元以下的罚款；拒不改正的，责令其停工整治。

第七十五条 违反本条例规定，运输易产生扬尘污染物料的车辆，未采取密闭或其他防护措施的，由市、县级人民政府确定的监督管理部门责令改正，处二千元以上五千元以下的罚款；情节严重的，处五千元以上二万元以下的罚款；拒不改正的，车辆不得上道路行驶。

第七十六条 违反本条例规定，有下列行为之一的，由县级以上人民政府环境保护主管部门责令改正，处二万元以上五万元以下罚款；情节较重的，处五万元以上十万元以下的罚款；情节严重的，处十万元以上二十万元以下的罚款；拒不改正的，责令停产整治或者报经有批准权的人民政府批准，责令停业、关闭：

（一）产生含挥发性有机物废气的生产和服务活动，未在密闭空间或者设备中进行，未设置废气收集处理系统；无法密闭的，未采取措施减少废气排放的；

（二）排放挥发性有机物，未记录、保存相关排放信息和生产信息的；

（三）储油（气）库、加油（气）站及油（气）罐车未按规定安装并正常使用油气回收设施的；

（四）石油、化工以及其他生产和使用有机溶剂的企业，未采取措施对管道、设备进行日常维护、维修，减少物料泄漏或者对泄漏的物料未及时收集处理的。

第七十七条　违反本条例规定，企业事业单位和其他生产经营者未采取措施防止排放恶臭气体的，由市、县级环境保护主管部门责令限期改正，处一万元以上三万元以下的罚款；情节严重的，处三万元以上十万元以下的罚款；拒不改正的责令停工整治或者停业整治。

第七十八条　违反本条例规定，露天焚烧秸秆、落叶、枯草等产生烟尘污染的物质，在禁止燃放区域燃放烟花爆竹的，由市、县级以上人民政府确定的监督管理部门责令改正，并处五百元以上二千元以下的罚款。

第七十九条　违反本条例规定，烘干、晾晒畜禽粪便的，由环境保护主管部门责令停止生产或关闭，并处五千元以上二万元以下的罚款。

第八十条　违反本条例规定，在禁止区域内露天烧烤食品的，由市、县级城市管理部门责令改正，没收烧烤工具和违法所得，并处五百元以上一千五百元以下的罚款；情节较重的，并处一千五百元以上五千元以下的罚款；情节严重的，处五千元以上二万元以下的罚款。

第八十一条　违反本条例规定，在居民住宅楼等非商用建筑、未设立配套规划专用烟道的商住综合楼、商住综合楼内与居住层相邻的楼层内新建、改建、扩建排放油烟的餐饮服务项目的，由市、县级人民政府确定的监督管理部门责令改正；拒不改正的，予以关闭，并处一万元以上三万元以下的罚款；情节严重的，处三万元以上十万元以下的罚款。

第八十二条　违反本条例规定，未按照规定启动重污染天气应急预案的企业，由市、县级环境保护主管部门责令立即改正，处一万元以上三万元以下的罚款。

第六章　附　则

第八十三条　石家庄市人民政府确定的开发区（园区）管委会有关大气污染防治的职责参照本条例执行。

第八十四条　本条例所称城市建成区是指城市行政区内实际已成片开发建设、市政公用设施和公共设施基本具备的地区。

第八十五条　本条例所称非道路移动机械，是指装配有发动机的移动机械和可运输工业设备。

第八十六条　环境敏感区是指依法设立的各级各类自然、文化保护地，以及对建设项目的某类污染因子或者生态影响因子特别敏感的区域。

第八十七条　本条例自2017年1月1日起施行。2000年11月27日河北省第九届人民代表大会常务委员会第十八次会议批准的《石家庄市大气污染防治条例》同时废止。

辽宁省大气污染防治条例

（2017 年 5 月 25 日辽宁省第十二届人民代表大会常务委员会第三十四次会议通过）

第一章 总 则

第一条 为了保护和改善大气环境，防治大气污染，保障公众健康，推进生态文明建设，促进经济社会可持续发展，根据《中华人民共和国大气污染防治法》等有关法律、法规，结合本省实际，制定本条例。

第二条 本条例适用于本省行政区域内大气污染防治及其监督管理活动。

第三条 防治大气污染，应当以改善大气环境质量为目标，遵循源头治理、规划先行、防治结合、综合整治、公众参与、协同控制和损害担责的原则。

第四条 省、市、县（含县级市、区，下同）人民政府应当对本行政区域内的环境质量负责，制定实施大气污染防治规划，将大气污染防治工作纳入国民经济和社会发展规划，采取措施控制或者减少大气污染物的排放量，使大气环境质量达到国家和省规定标准并逐步改善。

第五条 省、市、县人民政府环境保护主管部门依法对大气污染防治实施统一监督管理。

发展改革、工业信息化、住房城乡建设、国土资源、财政、公安、交通、农业、林业、工商、质监、气象等有关部门，按照法律、法规的规定和本级人民政府确定的职责，对大气污染防治工作实施监督管理。

乡（镇）人民政府和街道办事处协助有关部门组织开展大气污染防治工作。

第六条 大气污染防治实行目标考核评价制度。

省人民政府对市、县大气环境质量改善目标、大气污染防治重点任务完成情况实施考核，考核办法由省人民政府制定，考核结果应当向社会公开。

第七条 省、市、县人民政府应当加大对大气污染防治的财政投入，加强资金监督管理，提高资金使用效益。

省、市、县人民政府应当鼓励和支持大气污染防治先进技术研究、应用及大气污染物回收综合利用，对技术改造、能源替代给予政策和资金支持。

省、市、县人民政府应当鼓励和支持社会资本参与大气污染防治，引导金融机构增加对大气污染防治项目的信贷支持。

第八条　省、市、县人民政府应当根据本行政区域环境资源承载能力，合理确定重点产业和能源结构，制定利于大气污染防治的经济政策，促进排污企业技术改造升级，推进循环经济和清洁生产，提高绿化率和森林覆盖率，推行绿色交通、绿色建筑，减少大气污染物的产生和排放。

第九条　企业事业单位和其他生产经营者应当履行防治大气污染的法定义务，执行国家和省规定的大气污染物排放和控制标准，采取措施防治生产经营或者其他活动对大气环境造成的污染。

公民应当自觉践行文明、节约、低碳的消费方式和生活习惯，减少排放大气污染物，共同改善大气环境质量。

新闻媒体应当开展大气环境保护法律、法规和科学知识的宣传，加强政策解读和舆论引导，及时公开报道群众反映强烈、社会影响恶劣的大气污染问题。

第二章　监督管理

第十条　省人民政府可以根据国家大气环境质量标准和污染物排放标准，结合本省大气环境质量目标及经济、技术条件，制定严于国家标准的地方大气环境质量标准和污染物排放标准。

对国家大气环境质量标准和污染物排放标准中未作规定的项目，可以制定地方标准。

省人民政府应当定期组织有关部门、行业协会、专家对按照前款规定制定的标准执行情况进行评估，并根据评估结果适时修订。

评估、修订时，应当征求公众意见并将评估情况和修订后的标准及时向社会公布。

第十一条　省人民政府可以组织建立大气污染联防联控机制，划定大气污染防治重点区域，落实区域联动防治措施，并向社会公布。

重点区域内的有关市人民政府应当定期召开联席会议，研究解决大气污染防治重大事项，推动节能减排、产业准入、落后产能淘汰和重污染天气应对的协调协作，开展大气污染联合防治。

第十二条　未达到国家大气环境质量标准城市的人民政府应当依法及时编制大气环境质量限期达标规划并组织实施。

编制限期达标规划，应当对本行政区域环境质量及其影响因素进行分析，确定分阶段大气环境质量改善目标，明确相应责任主体、工作重点和保障措施。

限期达标规划应当向社会公开，并报省人民政府环境保护主管部门备案。

第十三条　企业事业单位和其他生产经营者建设对大气环境有影响的项目，应当依法进行环境影响评价。

建设项目的环境影响评价报告书或者报告表未经法律规定的审批部门审查或者审查后未予批准的，建设单位不得开工建设。

第十四条 市、县人民政府应当按照主体功能区划合理规划工业园区的布局。

新建产生大气污染物的工业项目，应当符合大气污染物排放标准，按照利于减少大气污染物排放、资源循环利用和集中治理的原则，集中安排在工业园区。

第十五条 实行大气污染物排污许可管理制度。

向大气排放工业废气或者国家有毒有害大气污染物名录中大气污染物的企业事业单位、集中供热设施的燃煤热源生产运营单位，以及其他依法实行排污许可管理的排污单位，应当按照国家有关规定取得排污许可证，并按照排污许可证的规定排放大气污染物。

向大气排放污染物的单位，应当按照国家和省有关规定，设置大气污染物排放口及其标志。

第十六条 实行重点大气污染物排放总量控制制度。

省人民政府按照国务院下达的总量控制目标，在综合考虑环境容量等因素的基础上，将省重点大气污染物排放总量控制指标分解落实到市、县人民政府。

市、县人民政府根据本行政区域重点大气污染物排放总量控制指标的要求，将重点大气污染物排放总量控制指标分解落实到排污单位。

除国家确定削减和控制排放总量的重点大气污染物外，省人民政府可以根据大气环境质量状况和大气污染防治工作的需要，确定本省实行总量削减和控制的其他重点大气污染物。

第十七条 排污单位的重点大气污染物排放总量控制指标，由环境保护主管部门根据本行政区域重点大气污染物总量控制指标、排污单位现有排放量和改善大气环境质量的目标核定。

排污单位不得超过环境保护主管部门核定的重点大气污染物总量控制指标排放大气污染物。

第十八条 在严格控制并逐步削减重点大气污染物排放总量的前提下，按照有利于总量减少的原则，根据国家有关规定可以实行重点大气污染物排污权交易。

第十九条 环境保护主管部门负责组织建设与管理本行政区域大气环境质量和大气污染源监测网，按照国家有关监测和评价规范，对大气环境质量和大气污染源实施监测，并统一发布本行政区域大气环境质量状况信息。

第二十条 企业事业单位和其他生产经营者应当按照国家有关规定和监测规范，自行或者委托有资质的监测机构对其排放的工业废气和国家有毒有害大气污染物名录中的大气污染物实施监测。

原始监测记录保存期限不得少于三年。

重点排污单位应当按照国家和省有关规定，安装使用大气污染物排放自动监测设备，并与环境保护主管部门的监控设备联网，保证监测设备正常运行并依法公开排放信息，对监测数据的真实性、准确性负责。

重点排污单位不得侵占、损毁、干扰或者擅自移动、改变大气环境质量监测设施和大气污染物排放自动监测设备。

环境保护主管部门应当对自动监测设备运行情况进行随机抽查。

重点排污单位名录由省、市环境保护主管部门按照国家有关规定确定，并向社会公布。

第二十一条　重点排污单位自动监测设备的计量器具属于强制检定范围的，按照国家和省有关规定进行计量检定；不属于强制检定范围的，重点排污单位可以委托有资质的计量检定机构进行计量检定。

经计量检定合格并正常运行的自动监测设备监测的数据可以作为行政执法的依据。

第二十二条　市、县人民政府应当依法对严重污染大气环境的工艺、设备和产品实行淘汰制度。

第二十三条　省环境保护主管部门应当加强大气环境管理信息化建设，建立健全本省的环境空气质量、重点大气污染源监控、综合执法、应急管理、信息发布等为一体的大气环境保护工作数据管理平台，实现部门数据信息交换共享，为全省大气环境保护工作提供信息保障。

环境保护主管部门应当建立、完善环境信用管理数据库和环境守信激励、失信惩戒机制，并纳入统一的社会信用体系建设。

第二十四条　环境保护主管部门和其他负有监督管理职责的部门应当鼓励全社会积极参与大气污染防治工作，公布统一的举报电话、电子信箱等，保证举报渠道畅通。

接到举报的，应当及时按照有关规定处理，对举报人的相关信息予以保密，并给予奖励。

第二十五条　省人民政府应当建立和完善大气环境保护督察制度，及时公开督察情况，强化责任追究，实现督察常态化。

对重大的大气环境违法案件或者突出的大气污染问题，查处不力或者社会反映强烈的，省环境保护主管部门应当按照有关规定重点督办，并向社会公开督办情况。

第二十六条　对排放大气污染物损害社会公共利益的行为，符合法律规定的机关和社会组织可以向人民法院提起环境公益诉讼。

政府有关部门应当依法对环境公益诉讼提起人查阅、复制相关资料等提供便利。

第三章　防治措施

第一节　燃煤和其他能源污染防治

第二十七条　省、市、县人民政府应当逐步调整能源结构，实行煤炭消费总量控制制度。

省发展改革部门应当会同省环境保护等有关部门，根据经济社会发展需求以及环境资源承载能力，制定区域煤炭消费总量控制目标，推进煤炭清洁高效利用，鼓励煤改电、煤改气，逐步降低煤炭在一次能源消费中的比重。

市、县人民政府应当根据区域煤炭消费总量控制目标，制定本地区煤炭消费总量控制计划并组织实施。

第二十八条 城市人民政府可以划定并公布高污染燃料禁燃区范围，并报省环境保护主管部门备案。

高污染燃料禁燃区面积，应当达到国家和省规定的标准。

已划定的高污染燃料禁燃区，应当根据国家有关规定和城市建成区的发展不断扩大划定范围。

第二十九条 省、市人民政府应当制定推进清洁供热实施方案，按照企业为主、政府推动、居民可承受的原则，发展天然气、电等清洁能源供热，逐步降低燃煤供热比重。

市人民政府应当依据城市总体规划组织编制供热专项规划或者热电发展规划，鼓励大型热电联产项目建设，推进热电联产和集中供热。

第三十条 市、县人民政府应当按照国家和省有关规定制定锅炉整治计划，限期淘汰、拆除燃煤小锅炉、分散燃煤锅炉和不能达标排放的其他燃煤锅炉。

市、县建成区新建、扩建和改建单台燃煤锅炉的规模，应当符合国家和省有关规定。

第三十一条 市、县人民政府应当采取下列措施加强民用散煤污染治理：

（一）推广使用洁净型煤、优质煤炭，限制销售、使用高灰分、高硫分散煤；

（二）推广使用民用清洁燃烧炉具，淘汰低效直燃式高污染炉具；

（三）推广使用太阳能、风能、电能、燃气、沼气、地热能等清洁能源；

（四）加强农作物秸秆、沼气等生物质能综合利用，推进农村清洁能源的替代和开发利用；

（五）推广使用新型外墙保温节能材料，推进既有建筑节能改造和老旧供热管网改造。

第二节 工业污染防治

第三十二条 发展改革、工业信息化、环境保护等有关部门应当落实国家高能耗、高污染和资源性行业准入条件规定，严格控制煤炭、钢铁、水泥、电解铝、平板玻璃等重点产能过剩行业新增项目。

对现有钢铁、水泥、化工、石化、有色金属冶炼等重点行业项目，按照国家和省有关规定开展清洁生产审核。

第三十三条 禁止直接排放有毒有害大气污染物。

在生产经营过程中产生有毒有害大气污染物的工业企业，应当采取安装收集净化装置等防治措施，并保证环保设备正常运行，达到国家和省规定的大气污染物排放标准。

第三十四条　石化、重点有机化工等工业企业应当建立泄漏检测与修复制度，对管道、设备等进行日常检修、维护，及时收集处理泄漏物料。

新建储油库、储气库、加油加气站以及新登记油罐车、气罐车，应当按照国家规定的标准配套安装油气回收系统并保证正常使用；已建储油库、储气库、加油加气站以及在用油罐车、气罐车，应当按照国家规定的标准和期限完成油气回收综合治理。

第三十五条　下列产生含挥发性有机物废气的生产和服务活动，应当使用低挥发性有机物含量的原料，在密闭空间或者设备中进行，并按照规定安装、使用污染防治设施；无法密闭的，应当采取措施减少废气排放：

（一）石化、煤化工等含挥发性有机物原料的生产；

（二）燃油、溶剂的储存、运输和销售；

（三）涂料、油墨、胶黏剂、农药等以挥发性有机物为原料的生产；

（四）涂装、印刷、黏合、工业清洗等含挥发性有机物的产品使用；

（五）其他产生含挥发性有机物废气的生产和服务活动。

第三节　机动车船等污染防治

第三十六条　城市人民政府应当优化城市功能和路网布局，推广智能交通管理，优先发展公共交通事业，规划建设城市轨道交通和慢行交通系统，可以采取错峰上下班、互联网租赁自行车等方式，倡导绿色、低碳出行。

第三十七条　省、市人民政府应当采取下列措施减少机动车排气污染：

（一）提升车用燃油质量；

（二）推广使用节能环保型、新能源机动车；

（三）逐步淘汰高油耗、高排放机动车；

（四）其他减少机动车排气污染的措施。

第三十八条　环境保护主管部门可以在机动车集中停放地、维修地对在用机动车的大气污染物排放状况进行监督抽测；在不影响正常通行的情况下，可以通过遥感监测等技术手段对在道路上行驶的机动车的大气污染物排放状况进行监督抽测；对监督抽测不合格的车辆，环境保护主管部门应当通知车主予以改正并复检，公安机关交通管理部门应当予以配合。

第三十九条　机动船舶和非道路移动机械排放的大气污染物，应当符合国家规定的排放标准。

鼓励、支持节能环保型机动船舶和非道路移动机械的推广使用，逐步淘汰高油耗、高排放的机动船舶和非道路移动机械。

第四十条　机动船舶在港区水域内使用垃圾焚烧炉或者进行清舱、驱气、油漆等作业，应当依法报经海事管理机构批准后实施。

禁止载运危险货物的机动船舶在城市航道、通航密集区、渡区、船闸、大型桥梁周围等内河水域进行清舱或者驱气作业。

禁止机动船舶在内河水域焚烧船舶垃圾。

第四节　扬尘污染防治

第四十一条　建设单位与施工单位签订施工合同，应当明确施工单位扬尘污染防治责任，将扬尘污染防治费用列入工程预算。

从事房屋建筑、市政基础设施建设、建筑物拆除、河道整治等活动产生扬尘污染的，施工单位应当按照规定将作业时间、作业地点、排放扬尘污染物的种类及其防治措施等，向所在地负责监督管理扬尘污染防治的主管部门备案，并制定扬尘污染防治实施方案，保证扬尘排放达到国家和省规定的标准。

第四十二条　建筑工程施工应当遵守下列防尘规定：

（一）施工工地出入口应当公示施工扬尘防治措施、负责人、投诉举报电话等信息；

（二）施工工地周围应当按照有关规定设置连续、密闭的围挡；

（三）施工工地地面、车行道路应当进行硬化等降尘处理；

（四）易产生扬尘的土方工程等施工时，应当采取洒水等抑尘措施；

（五）建筑垃圾、工程渣土等在48小时内未能清运的，应当在施工工地内设置临时堆放场并采取围挡、遮盖等防尘措施；

（六）运输车辆在除泥、冲洗干净后方可驶出施工工地，不得使用空气压缩机等易产生扬尘的设备清理车辆、设备和物料的尘埃；

（七）需使用混凝土的，应当使用预拌混凝土或者进行密闭搅拌并采取相应的扬尘防治措施，禁止现场露天搅拌；

（八）闲置三个月以上的施工工地，应当对其裸露泥地进行临时绿化、铺装或者遮盖；

（九）对工程材料、砂石、土方等易产生扬尘的物料应当密闭处理。

在施工工地内堆放的，应当采取覆盖防尘网或者防尘布，定期采取喷洒粉尘抑制剂、洒水等措施；

（十）在建筑物、构筑物上运送散装物料、建筑垃圾和渣土的，应当采用密闭方式清运，禁止高空抛掷、扬撒。

第四十三条　道路与管线施工，除遵守本条例第四十二条的规定外，还应当遵守下列防尘规定：

（一）施工机械在挖土、装土、堆土、路面切割、破碎等作业时，应当采取洒水等措施；

（二）对已回填后的沟槽，应当采取洒水、覆盖等措施；

（三）使用风钻挖掘地面或者清扫施工现场时，应当向地面洒水。

第四十四条 绿化建设和养护作业应当遵守下列防尘规定：

（一）在大风、霾等扬尘污染天气预警期间，应当停止平整土地、换土、原土过筛等作业；

（二）行道树栽植时，所挖树穴在48小时内不能栽植的，对树穴和栽种土应当采取覆盖等防尘措施。

行道树栽植后，应当当天完成余土及其他物料清运；不能完成清运的，应当进行遮盖；

（三）三千平方米以上的成片绿化建设作业，应当在绿化用地周围设置不低于1.8米的硬质密闭围挡，在施工工地内设置车辆清洗设施以及配套的排水、泥浆沉淀设施；运输车辆应当在除泥、冲洗干净后方可驶出施工工地。

第四十五条 矿产资源开采、加工企业应当按照国家和省有关规定，实施矿山生态环境保护与恢复治理，采用抑尘工艺、技术和设备，控制粉尘排放和扬尘污染。

第四十六条 矿山、码头、填埋场和消纳场应当实行分区作业，堆放易产生扬尘物料的，应当遵守下列防尘规定：

（一）场坪、路面应当进行硬化处理，并保持路面整洁；

（二）周边应当配备高于堆存物料的围挡、防风抑尘网等设施，大型堆场应当配置车辆清洗专用设施；

（三）对物料应当采取相应的覆盖、喷淋等防风抑尘措施；

（四）露天装卸物料应当采取洒水、喷淋等抑尘措施，密闭输送物料应当在装卸处配备吸尘、喷淋等设施。

第四十七条 道路保洁作业应当遵守下列防尘规定：

（一）城市主要道路、广场、停车场和其他公共场所，推行清洁动力机械化清扫等低尘作业方式；

（二）采用人工方式清扫道路的，应当符合市容环境卫生作业规范；

（三）路面破损的，应当采取防尘措施，及时修复；

（四）下水管道的清疏污泥应当在当日清运，不得在道路上堆积。

第五节 农业和其他污染防治

第四十八条 农业、林业等部门应当制定农药、化肥减量计划和措施，推广缓控释肥等技术，指导农业生产经营者科学合理施用农药、化肥等农业投入品，减少氨、挥发性有机物等大气污染物的排放。

第四十九条 省人民政府应当根据实际情况，划定禁烧区域和时段，禁止露天焚烧秸秆、落叶等产生烟尘污染的物质，并向社会公布。

市、县人民政府可以根据实际情况，确定禁止或者限制燃放烟花爆竹的时段、区域和种类，减少烟花爆竹燃放产生的大气污染物。

第五十条 市、县人民政府应当制定秸秆综合利用和禁止露天焚烧方案，组织建立秸秆收集、贮存、运输和综合利用服务体系，采用财政补贴等措施支持农村集体经济组织、农民专业合作经济组织、企业等，推进秸秆肥料化、能源化、饲料化、基料化和工业原料化等综合利用。

乡（镇）人民政府、街道办事处应当按照上级人民政府的要求，制定并落实禁止露天焚烧秸秆的具体措施。

居民委员会、村民委员会应当加强对居民、村民的宣传教育工作，对违法露天焚烧秸秆的行为予以制止，并报告所在地乡（镇）人民政府、街道办事处。

第五十一条 市人民政府应当根据大气污染防治的需要划定区域，禁止在区域内露天烧烤食品或者为露天烧烤食品提供场地。

在禁止区域外露天烧烤的餐饮业经营者，应当采取油烟净化措施。

排放油烟的餐饮服务业经营者和单位食堂应当安装油烟净化设施并保持正常运行，将油烟通过专用烟道达标排放，不得将油烟通过私挖地沟、下水管道等方式排放，防止对附近居民的生活环境造成污染。

第五十二条 向大气排放恶臭气体的排污单位以及垃圾处置场、污水处理厂，应当科学选址，按照规定设置合理的防护距离，安装净化装置或者采取其他措施减少恶臭气体排放。

城市排水单位应当定期对排水管网进行清理，防止产生、散发恶臭气体。

第四章 重污染天气应对

第五十三条 省、市环境保护主管部门应当会同气象等有关部门，建立重污染天气监测预警机制和会商机制，对大气环境质量进行预报。

可能发生重污染天气的，应当及时向本级人民政府报告。

省、市人民政府依据重污染天气预报信息，确定预警等级，并及时发出预警。

任何单位和个人不得擅自向社会发布重污染天气预报预警信息。

第五十四条 省、市、县人民政府应当将重污染天气应对纳入突发事件应急管理体系。

省、市人民政府以及可能发生重污染天气的县人民政府，应当制定重污染天气应急预案，并定期组织应急演练，对实施情况开展评估，向上一级环境保护主管部门备案，并向社会公布。

第五十五条 省、市、县人民政府应当依据重污染天气的预警等级，及时启动应急预案，并根据需要可以采取下列相应的应急措施：

（一）责令有关企业停产或者限产、限排；

（二）规定限制部分机动车行驶的区域和时段；

（三）禁止燃放烟花爆竹；

（四）禁止露天焚烧秸秆、落叶；

（五）停止工地土石方作业和建筑物拆除施工；

（六）停止露天烧烤；

（七）停止幼儿园和学校组织的户外活动；

（八）组织开展人工影响天气作业等应急措施；

（九）国家和省规定的其他应急措施。

有关企业事业单位应当根据重污染天气应急预案的要求编制重污染天气应急响应操作方案，并按照规定执行相应的应急措施。

第五十六条　在发生或者可能发生大气污染突发环境事件时，有关企业事业单位应当立即采取措施控制污染扩大，依法及时向可能受到危害的单位和公民通报，并向所在地环境保护主管部门和其他有关部门报告。

所在地环境保护主管部门应当及时对突发环境事件产生的大气污染物进行监测，并向社会公布监测信息。

第五章　法律责任

第五十七条　违反本条例规定，有下列情形之一的，由环境保护主管部门责令限期改正，并按照下列规定予以罚款；逾期不改正的，责令停产整治：

（一）未按照规定对所排放的工业废气和国家有毒有害大气污染物名录中大气污染物实施监测并保存原始监测记录的，处二万元罚款；情节严重的，处十万元罚款；

（二）未按照规定与环境保护主管部门的监控设备联网，并保证监测设备正常运行的，处二万元罚款；情节严重的，处十万元罚款；

（三）重点排污单位自动监测数据不公开或者不如实公开的，处五万元罚款；情节严重的，处二十万元罚款；

（四）未按照规定安装、使用大气污染物排放自动监测设备，处十万元罚款；情节严重的，处二十万元罚款；

（五）侵占、损毁、干扰或者擅自移动、改变大气环境质量监测设施和大气污染物排放自动监测设备的，处十万元罚款；情节严重的，处二十万元罚款；

（六）未按照规定设置大气污染物排放口及其标志的，处五万元罚款；情节严重的，处二十万元罚款。

第五十八条　违反本条例规定，产生含有挥发性有机物废气的生产和服务活动，未按照规定在密闭空间或者设备中进行并安装、使用污染防治设施的，或者无法密闭而未采取措施减少废气排放的，由环境保护主管部门责令限期改正，处二万元罚款；情节较重的，处十万元罚款；情节严重的，处二十万元罚款；逾期不改正的，责令停产整治。

第五十九条 违反本条例规定，建筑工程施工、道路与管线施工、绿化建设和养护作业未采取相应防尘措施的，由住房城乡建设等主管部门责令限期改正，处一万元罚款；情节较重的，处五万元罚款；情节严重的，处十万元罚款；逾期不改正的，责令停工整治。

第六十条 违反本条例规定，矿山、码头、填埋场和消纳场堆放易产生扬尘物料，未采取有效防尘措施的，由环境保护等主管部门责令限期改正，处一万元罚款；情节较重的，处五万元罚款；情节严重的，处十万元罚款；逾期不改正的，责令停工整治。

第六十一条 违反本条例规定，在禁止区域外露天烧烤的餐饮业经营者未采取油烟净化措施的，由县以上人民政府确定的监督管理部门责令限期改正，没收烧烤工具和违法所得，处五千元罚款；情节严重的，处二万元罚款；逾期不改正的，责令停业整治。

第六十二条 违反本条例规定，餐饮服务业经营者和单位食堂将油烟排入私挖地沟、下水管道的，由县以上人民政府确定的监督管理部门责令限期改正，处二万元罚款；情节严重的，处五万元罚款；逾期不改正的，责令停业整治。

第六十三条 违反本条例规定，企业事业单位未按照要求编制重污染天气应急响应操作方案的，由环境保护主管部门或者其他负有监督管理职责的部门责令限期改正；逾期不改正的，处五千元罚款；情节严重的，处一万元罚款，并追究责任。

第六十四条 各级人民政府、环境保护主管部门和其他负有监督管理职责的部门，有下列情形之一的，由上级主管机关或者监察机关责令改正，对直接负责的主管人员和其他直接责任人员依法给予行政处分：

（一）未按照规定制定、实施大气环境质量限期达标规划的；

（二）未依法审批建设项目环境影响评价文件的；

（三）违反规定核发排污许可证的；

（四）应当依法公开大气环境信息而未公开的；

（五）对大气环境违法行为包庇的；

（六）对重大大气环境违法案件或者突出的大气污染问题查处不力，导致严重后果的；

（七）对举报不及时处理或者泄露举报人相关信息的；

（八）应当移送公安机关立案侦查的大气污染案件不移送的；

（九）其他滥用职权、玩忽职守、徇私舞弊的。

第六十五条 违反本条例规定的其他行为，法律、法规已有处罚规定的，从其规定。违法行为涉嫌构成犯罪，依法需要追究刑事责任的，应当移送司法机关。

第六章 附 则

第六十六条 省人民政府及其有关部门应当根据《中华人民共和国大气污染防治法》和本条例规定，制定具体落实措施和行政处罚裁量标准。

第六十七条 本条例自 2017 年 8 月 1 日起施行。

辽宁省机动车污染防治条例

（2013 年 9 月 27 日辽宁省第十二届人大常务委员会第四次会议通过　根据 2017 年 7 月 27 日辽宁省第十二届人大常务委员会第三十五次会议《关于修改〈辽宁省机动车污染防治条例〉等部分地方性法规的决定》修正）

第一章　总　则

第一条　为了防治机动车污染，保护和改善大气环境，保障人体健康，促进社会、经济、环境的协调发展，根据《中华人民共和国大气污染防治法》等法律、法规，结合本省实际，制定本条例。

第二条　本条例所称机动车，是指以燃油、燃气为动力能源或者辅助动力能源的各种车辆，但铁路机车和拖拉机除外。

本条例所称机动车污染，是指机动车排放的污染物对大气环境所造成的污染。

第三条　本省行政区域内机动车污染的防治，适用本条例。

第四条　省、市、县（含县级市、区，下同）人民政府应当将机动车污染防治工作纳入本行政区域环保规划和环保目标责任制。加快建立完善机动车污染防治监督管理体系和工作协调机制，督促有关部门做好机动车污染防治监督管理工作，保护和改善大气环境质量。

第五条　省、市、县环境保护行政主管部门（以下简称环保部门），对本行政区域内机动车污染防治实施统一监督管理。

公安、交通、质量技术监督、经济和信息化、工商行政管理、物价等部门在各自职责范围内，对机动车污染防治实施监督管理。

第六条　机动车排放污染物应当执行规定的排放标准。

省人民政府依据国家有关规定，可以决定对本省新购机动车执行严于国家规定的现阶段机动车排放标准；对在用机动车执行分阶段排放标准，并定期向社会公告。

第七条　省、市、县人民政府应当加强机动车使用天然气、电力等清洁能源的研究和推广工作，制定政策和措施，鼓励使用节能环保机动车。

第八条　市、县人民政府应当在城乡规划、交通建设等方面体现机动车污染防治的要求，优先发展绿色交通，改善道路通行条件，鼓励公众选择对环境无污染的出行方式，控制机动车污染物排放总量。

市人民政府应当根据城乡规划和机动车污染物排放总量情况，合理控制本行政区域的机动车保有量。

第二章　预防与控制

第九条　省人民政府应当编制规划，市、县人民政府根据省人民政府规划制定具体政策和措施，扶持城市公共交通采用清洁能源。新增和更新的城市公交车应当使用天然气、电力等清洁能源，出租车应当使用双燃料等清洁能源。在用的城市公交车、出租车应当按照省人民政府规划逐步使用天然气、双燃料等清洁能源。

市人民政府应当加快建设机动车天然气加气站、充换电站。

第十条　禁止生产、进口或者销售污染物排放超过规定排放标准的机动车。

对污染物排放未达到本省执行的国家标准的机动车，公安机关交通管理部门不予办理注册登记和转入登记手续。

第十一条　生产、进口、销售的车用燃油、燃气应当符合国家标准。

销售车用燃料的单位应当在显著位置明示质量标准。

质量技术监督、工商行政管理等部门应当加强对车用燃油、燃气质量的监督检查。

第十二条　市人民政府可以根据本行政区域大气环境质量状况和机动车污染物排放程度，划定禁止或者限制机动车行驶的区域、时段和车型，设置显著警示标志，向社会公告。

第十三条　从事公共客运、道路运输经营的单位以及大型厂矿，应当建立机动车维修保养制度，将机动车污染物排放指标纳入车辆技术管理和维修项目，并按照规定向所在地环保部门申报登记机动车污染物排放状况，具体办法由省人民政府制定。

第十四条　机动车所有人和使用人应当保持机动车污染物排放控制装置的正常运行，不得擅自拆除或者改装机动车污染控制装置。

环保部门应当加强改装机动车污染物排放管理，严禁改装机动车污染物超标排放。

第三章　检验与治理

第十五条　对机动车按照有关规定进行环保定期检验。

机动车环保定期检验周期应当与安全技术检验同步。环保定期检验的方法与技术规范，由省环保部门结合空气质量状况和机动车污染防治等情况，按照国家或者省在用机动车排放标准确定，并向社会公布实施。

新购的清洁能源汽车和列入国家环保达标车型公告的新购轻型汽油车，办理注册登记时免予环保检验。

第十六条　机动车环保检验机构应当依法通过计量认证，使用经依法检定合格的机动车排放检验设备，按照国务院环境保护主管部门制定的规范，对机动车进行排放检验，并与环境保护主管部门联网，实现检验数据实时共享。

机动车所有人和使用人可以按照规定自行选择机动车环保检验机构进行环保检验。

第十七条　机动车环保检验机构应当遵守下列规定：

（一）按照规定的检验方法、技术规范和排放标准进行检验，出具真实、准确的检验报告；

（二）检验设备应当按照国家有关规定，经法定计量检定机构周期检定合格；

（三）向环保部门实时传送检验数据；

（四）执行省价格行政主管部门核定的机动车污染物排放检验收费标准；

（五）建立机动车污染物排放检验档案；

（六）法律、法规规定的其他事项。

机动车环保检验机构应当公开检验资质、制度、程序、方法，以及污染物排放限值、收费标准、监督投诉电话等，接受社会监督。

第十八条　对机动车实行环保检验合格标志管理制度。环保检验合格标志按照国家规定分为绿色环保检验合格标志和黄色环保检验合格标志。环保检验合格标志的具体管理办法按照国家和省有关规定执行。

经环保检验达不到排放标准的机动车，应当在规定的期限内维修并进行复检；经复检达到排放标准的，核发相应的环保检验合格标志。

环保检验合格标志由省环保部门统一印制。禁止转让、转借、伪造、变造机动车环保检验合格标志。核发机动车环保检验合格标志不得收取费用。

第十九条　机动车所有人或者使用人对机动车环保检验机构的检验结果有异议的，可以在接到检验结果通知书之日起五个工作日内，向所在地市、县环保部门申请复检；市、县环保部门应当自接到复检申请之日起七个工作日内组织复检。

第二十条　机动车经检验不符合在用机动车排放标准的，环保部门不予核发环保检验合格标志，不得上路行驶。

对未取得环保检验合格标志的机动车，公安机关交通管理部门不予核发机动车安全技术检验合格标志；交通运输行政主管部门不予办理营运机动车定期审验合格手续。

第二十一条　机动车环保检验不符合排放标准，经修理和调整或者采用控制技术后，仍无法达到排放标准的，依照有关规定予以强制报废。

市、县人民政府应当组织有关部门加强报废机动车管理，禁止报废机动车进入市场交易。

第二十二条　市人民政府应当按照有关规定，根据机动车污染防治的需要，采取经济鼓励、限制行驶等措施加快更新淘汰具有黄色环保检验合格标志的机动车。

第二十三条　市人民政府可以根据当地实际情况对机动车环保检验合格标志实行智

能化管理，并可以在城市出入口和主要交通干道设置机动车环保检验合格标志自动检验系统。

第四章　监督管理

第二十四条　环保部门应当与公安、交通等部门建立和完善机动车污染防治监督管理信息系统，建立机动车污染监管平台，并定期向社会公布机动车污染防治情况。

第二十五条　环保部门可以采取技术手段对高排放机动车进行监督抽测。实施监督抽测不得收取费用。

第二十六条　环保部门及其他有关部门应当建立机动车污染投诉和有奖举报制度，公布举报电话和电子信箱，接受举报和投诉。受理举报和投诉后，应当依法调查处理，并将处理结果告知举报人或者投诉人。

环保部门可以聘请社会监督员，协助开展机动车污染监督工作。

第五章　法律责任

第二十七条　违反本条例规定，生产、进口、销售不符合规定标准的机动车和车用燃油、燃气的，由质量技术监督部门、工商行政管理部门依照有关法律、法规规定予以处罚。

第二十八条　违反本条例规定，机动车违反交通管制，进入污染防治限行区域的，由公安机关交通管理部门处二百元罚款。

第二十九条　违反本条例规定，公共客运、道路运输经营单位以及大型厂矿拒绝申报登记机动车污染物排放状况的，由环保部门责令限期改正，逾期不改正的，处二万元罚款。

第三十条　违反本条例规定，机动车所有人或者使用人擅自拆除或者改装机动车污染物排放控制装置，造成装置失效的，由环保部门责令限期改正，处五千元罚款。

第三十一条　违反本条例规定，机动车经环保部门监督抽测达不到排放标准的，由环保部门责令限期维修、复检；逾期不复检的，由环保部门处三百元罚款；复检达不到排放标准的，由环保部门撤销相应的环保检验合格标志。

第三十二条　违反本条例规定，未取得计量认证从事机动车环保检验的，由质量技术监督部门依法予以处罚。

违反本条例规定，机动车环保检验机构伪造排放检验结果或者出具虚假排放检验报告的，由环保部门没收违法所得，并处十万元以上五十万元以下罚款；情节严重的，由质量技术监督部门取消其检验资格。

第三十三条　环境保护、公安、交通、质量技术监督、经济和信息化、工商等行政管理部门及其工作人员，在机动车污染防治监督管理工作中，有下列行为之一的，由其上级行政机关或者监察机关责令改正，对直接负责的主管人员和其他直接责任人员依法给予处分；构成犯罪的，依法追究刑事责任：

（一）不按照规定办理机动车登记的；

（二）不按照规定核发机动车环保检验合格标志的；

（三）对机动车环保检验机构及其检验行为，不履行监督管理职责的；

（四）对未取得环保检验合格标志的机动车核发安全技术检验合格标志或者对未取得环保检验合格标志的营运机动车办理定期审验合格手续的；

（五）违反规定要求机动车所有人和使用人到指定的检验机构进行环保检验的；

（六）对生产、进口、销售不符合规定标准的机动车和车用燃油、燃气的行为不依法查处的；

（七）其他滥用职权、玩忽职守、徇私舞弊的行为。

第六章　附　则

第三十四条　本条例自2013年12月1日起施行。

吉林省大气污染防治条例

（2016年5月27日吉林省第十二届人民代表大会常务委员会第二十七次会议通过）

第一章 总 则

第一条 为保护和改善大气环境，防治大气污染，保障公众健康，促进生态文明建设，依据《中华人民共和国环境保护法》《中华人民共和国大气污染防治法》等有关法律法规，结合本省实际，制定本条例。

第二条 本条例适用于本省行政区域内的大气污染防治。

第三条 大气污染防治坚持以人为本、预防为主、防治结合、综合治理、损害担责的原则；建立政府监管、排污者施治、公众参与、联防联控的防治机制。

第四条 县级以上人民政府应当对本行政区域的大气环境质量负责，制定规划，采取措施，控制或者逐步削减大气污染物的排放量，使大气环境质量达到规定标准并逐步改善。

企业事业单位和其他生产经营者应当建立大气环境保护责任制度，承担大气污染防治责任，明确单位负责人和相关人员的责任。

第五条 县级以上人民政府应当鼓励和支持大气污染防治科学技术研发，加强大气污染监测预报预警能力建设，推广资源利用率高、污染物排放量少的清洁生产工艺技术和先进适用的大气污染防治装备。

第六条 县级以上人民政府应当加强大气环境保护宣传教育，鼓励、支持、引导社会各界积极参与保护大气环境，形成全社会保护大气环境的氛围。

第二章 排污者责任

第七条 排放工业废气或者国家公布的名录中所列的有毒有害大气污染物的企业事业单位、集中供热设施的燃煤热源生产运营单位及其他依法实施排污许可管理的单位，应当取得排污许可证，并按照排污许可证要求排放污染物。

第八条 企业事业单位和其他生产经营者不得新建、扩建高污染工业项目，不得使用严重污染大气环境的工艺和设备。

第九条 重点排污单位应当按照法律法规和监测规范的要求，确定监测点位和设置采样监测平台，并对其所排放的大气污染物进行自行监测或者委托有环境监测资质的单位监测。原始监测记录至少保存三年。

重点排污单位，应当按照规定安装大气污染物排放自动监测设备，与环境保护主管部门的监控平台联网，并保证监测设备正常运行和数据传输。

第十条　企业事业单位和其他生产经营者不得进口、销售和燃用未达到质量标准或者要求的煤炭。

单位存放煤炭、煤矸石、煤渣、煤灰等物料，应当采取防燃、防尘等措施，防止大气污染。

城市高污染燃料禁燃区范围内的单位和个人应当在规定的期限内停止燃用高污染燃料，改用电、天然气、液化石油气、页岩气或者其他清洁能源。

第十一条　设区的市建成区禁止新建每小时二十蒸吨以下燃煤锅炉，在规定的期限内淘汰每小时十蒸吨以下燃煤锅炉；县（市）建成区禁止新建每小时十蒸吨以下燃煤锅炉。在燃气管网和集中供热管网覆盖的地区，不得新建、改建和扩建燃烧煤炭、重油、渣油等燃料的供热设施。原有分散的中小型燃煤供热锅炉应当按计划拆除。

集中供热管网未覆盖的地区，排污单位应当选用高效节能环保型锅炉或者进行高效除尘改造，并使用新能源、优质煤炭和洁净型煤。

第十二条　燃煤电厂和其他燃煤单位应当采用清洁生产工艺，配套建设除尘、脱硫、脱硝等装置，或者采取技术改造等其他控制大气污染物排放的措施。

第十三条　机动车（船）、非道路移动机械不得超过标准向大气排放污染物。

任何单位和个人不得生产、进口或者销售超过大气污染物排放标准的机动车（船）、非道路移动机械。

第十四条　企业事业单位和其他生产经营者生产、进口、销售机动车（船）和非道路移动机械使用的燃料，应当符合燃料标准。

第十五条　机动车应当定期进行环保检验。经检验合格的，方可上道路行驶。

第十六条　施工单位应当承担施工扬尘的污染防治责任，制定扬尘污染防治方案，并向所在地负责监督管理扬尘污染防治的主管部门备案。

施工场地应当设置硬质围挡，采取覆盖、分段作业、择时施工、洒水抑尘、冲洗地面、车辆清洗等有效防尘降尘措施。运输车辆冲洗干净后方可驶出作业场所。需爆破拆除作业的，应当在爆破拆除作业区外围洒水喷湿。

位于设区的市环境敏感区的施工场地，应当安装在线监测设施。在线监测设施的安装和运行费用列入工程概算。

施工单位应当在施工场地公示扬尘污染防治措施、负责人、扬尘监督管理主管部门等有关信息。

第十七条　钢铁、火电、建材等企业和建设工地的物料堆放场所应当按照要求进行地面硬化，并采取密闭、围挡、遮盖、喷淋、绿化、设置防风抑尘网等措施。物料装卸可以密闭作业的，应当密闭作业。大型煤场、物料堆放场所应当建立密闭料仓和传送装置。

第十八条 暂时不能开工的建设用地，建设单位应当对裸露地面进行覆盖；超过三个月的，应当进行绿化、铺装或者遮盖。

市政道路、河道沿线、公共绿地的裸露土地，分别由有关主管部门组织进行绿化或者铺装。

其他裸露地面由使用权人或者管理单位负责进行绿化或者铺装。

第十九条 运输煤炭、垃圾、渣土、砂石、土方、水泥、灰浆等散装、流体物料的车辆应当采取密闭或者其他措施防止物料遗撒造成扬尘污染，并按照规定路线行驶。

装卸物料应当采取密闭或者喷淋等方式防治扬尘污染。

第二十条 矿山开采应当做到边开采、边修复，防止扬尘污染。废石、废渣、泥土等应当有专门存放场地，并采取施工便道硬化、围挡、设置防尘网或者防尘布等防尘措施。

第二十一条 在生产经营过程中产生有毒有害大气污染物的，排污单位应当安装收集净化装置或者采取其他措施，达到国家和地方的排放标准。禁止直接排放有毒有害大气污染物。

运输、装卸、贮存可能散发有毒有害大气污染物的物料，应当采取密闭措施或者其他防护措施。

第二十二条 生产、进口、销售、使用含挥发性有机物的原材料和产品的，挥发性有机物含量应当符合质量标准或者要求。

石化、有机化工、电子、装备制造、表面涂装、包装印刷、机动车（船）维修、服装干洗等产生含挥发性有机物废气的生产和服务活动，应当在密闭空间或者设备中进行，并按照规定安装、使用污染防治设施。无法密闭的，应当采取措施减少废气排放。

加油加气站、储油储气库和油罐车、气罐车等，应当按照国家有关规定安装油气回收装置并保持正常使用。

石油、化工及其他使用有机溶剂的化工企业，应当对管道、设备、贮罐进行日常维护、维修，减少物料泄漏，建立泄漏检测、修复制度，及时收集处理泄漏物料。

工业涂装企业应当使用低挥发性有机物涂料，并建立台账，记录生产原料、辅料的使用量、废弃量、去向以及挥发性有机物含量，记录生产工艺、设施及污染控制设备的主要操作参数和运行情况等。台账的保存时间不得少于三年。

第二十三条 本省行政区域内禁止下列行为：

（一）露天焚烧沥青、油毡、废油、橡胶、塑料、皮革、垃圾等产生有毒有害气体的物料；

（二）违规燃放烟花爆竹；

（三）在人口集中地区未密闭或者未使用烟气处理装置加热沥青。

第二十四条　农业生产经营者应当改进施肥方式，科学合理施用化肥并按照国家有关规定使用农药，减少氨、挥发性有机物等大气污染物的排放。

第二十五条　在县级以上人民政府划定的区域内，禁止露天焚烧秸秆、落叶等产生烟尘污染的物质。

第二十六条　禁止在居民住宅楼、未配套设立专用烟道的商住综合楼以及商住综合楼内与居住层相邻的商业楼层内新建、改建、扩建产生油烟、异味、废气的餐饮服务项目。

饮食服务业经营者应当遵守下列规定：

（一）使用天然气、液化石油气、电或者其他清洁能源；

（二）按照规范设置餐饮业专用烟道；

（三）设置油烟净化装置，定期进行清洗维护，并保证其正常运行，实现达标排放；

（四）油烟不得排入地下管网；

（五）不得在当地人民政府禁止的区域内露天烧烤。

第三章　监督管理

第二十七条　县级以上人民政府应当加强对大气污染防治工作的领导，将大气污染防治工作纳入国民经济和社会发展规划，加大财政投入；建立目标责任制，建立和完善大气污染防治工作目标责任考核制度，并将考核结果向社会公布。省人民政府应当建立对市、州、县（市）人民政府大气污染防治工作例行督查制度。

第二十八条　省人民政府应当定期制定或者修订禁止新建、扩建的高污染工业项目名录、高污染工业行业调整名录和高污染工艺设备淘汰名录，并向社会公布。

县级以上人民政府应当组织制定现有高污染工业项目调整退出计划，并组织实施。

第二十九条　县级以上人民政府应当根据大气环境承载能力，科学合理规划城市空间布局，控制建筑物的密度、高度，预留城市通风廊道。合理规划产业布局，调整产业结构，严格环境准入，逐步改善本行政区域的大气环境质量。

在城市建成区内新建、改建、扩建钢铁、石油、化工、水泥、焦化、平板玻璃、金属冶炼等严重污染大气的产业项目应当安排在城乡规划确定的工业园区内；已建成的重污染企业应当按照规划布局，进入工业园区。

第三十条　对重点大气污染物排放实行总量控制，逐步削减大气污染物排放总量。省人民政府应当按照国家下达的总量控制目标或者大气环境质量改善的需要，将重点大气污染物排放总量控制指标分解到设区的市、州、县（市）人民政府。

第三十一条　城市人民政府应当划定并逐步扩展高污染燃料禁燃区，并报省人民政府环境保护主管部门。

第三十二条　设区的市和县（市）人民政府在城镇规划区，应当优先发展热电联产和集中供热，鼓励使用清洁燃料。

在化工、造纸、印染、制革、制药等产业集聚区，通过集中建设热源厂逐步淘汰分散燃煤锅炉。

第三十三条 县级以上人民政府应当重点发展城市公共交通，合理设置公共交通路线，扩大公共交通网点，完善公共交通基础设施，优化道路设置，保障人行道和非机动车道的连续、畅通，提高公共交通出行比例。引导公众绿色、低碳出行。

县级以上人民政府应当采取财政、税收、政府采购等措施，推广应用节能环保型和新能源机动车。

第三十四条 县级以上人民政府应当将重污染天气应急响应纳入突发事件应急管理体系，制定和完善重污染天气应急预案，报上一级人民政府环境保护主管部门备案，并向社会公布。

县级以上人民政府按照预警级别实施相应的应对措施，可以责令有关企业停产或者限产、停止工地土石方作业和建筑拆除施工等强制性应急措施，并引导公众做好防护。

第三十五条 省人民政府应当建立重点区域大气污染联防联控机制，统筹协调重点区域内的大气污染防治工作。划定大气污染防治重点区域，制定重点区域大气污染联合防治行动计划，明确控制目标，组织有关部门开展联合执法、跨区域执法、交叉执法，促进重点区域大气环境质量的改善。

第三十六条 县级人民政府负责本辖区秸秆焚烧大气污染防治监督管理工作。

乡、镇人民政府负责落实秸秆焚烧大气污染防治工作。

第三十七条 省人民政府制定各部门大气环境保护职责，县级以上人民政府应当明确有关部门大气污染防治职责。

县级以上人民政府环境保护主管部门对大气污染防治实施统一监督管理，负责大气污染防治工作的组织协调和指导监督。其他有关部门根据各自职责对大气污染防治实施监督管理。

发展和改革、能源管理部门应当组织制定生态环境建设规划，推进大气污染防治重点项目建设；提出清洁能源替代方案，推广指导企业使用清洁燃料，组织实施燃煤总量控制。

环境保护、质量技术监督、工业和信息化管理部门应当制定燃煤、燃油等燃料质量标准，与国家和地方大气污染物排放标准相互衔接，同步实施。

工业和信息化管理部门应当制定并发布工业（电力行业除外）淘汰落后产能计划，组织企业实施淘汰落后产能。

住房和城乡建设、环境保护等管理部门应当对建筑扬尘、道路扬尘、燃煤锅炉等大气污染防治实施监督管理。

公安、交通运输、住房和城乡建设、环境保护管理部门应当对机动车（船）及非道路移动机械等大气污染防治实施监督管理。

城市综合管理、食品药品监督、环境保护等管理部门应当对露天烧烤、餐饮服务业等大气污染防治实施监督管理。

发展和改革、农业、畜牧、能源等管理部门应当实施秸秆综合利用，环境保护、林业、公安、农业、畜牧等管理部门应当对秸秆禁烧实施监督管理。

质量技术监督、工商、海关等管理部门应当对生产、进口、销售燃料实施监督管理。

公安、城市综合管理、民政等管理部门应当对燃放烟花爆竹、焚烧祭品等实施监督管理。

环境保护主管部门应当会同气象管理部门建立重污染天气监测预警会商机制，进行大气环境质量预报预警。

环境保护、金融等管理部门应当对排放大气污染物的重点企业实施环境信用评价，并将评价结果纳入社会诚信体系建设内容，作为专项资金投放、绿色信贷等重要依据。

监察、审计等管理部门应当依法监督政府各部门大气污染防治损害责任的追究及专项资金的审计监管。

其他部门的大气污染防治职责由县级以上人民政府确定。

第三十八条　县级以上人民政府环境保护主管部门会同有关部门，编制本行政区域的大气污染防治规划，报同级人民政府批准并公布实施。

大气污染防治规划应当与主体功能区规划、土地利用总体规划和城乡规划等相衔接。

第三十九条　县级以上人民政府环境保护主管部门核定本行政区重点大气污染物总量控制指标，拟定本行政区重点大气污染物总量控制计划，报同级人民政府批准后组织实施。

县级以上人民政府环境保护主管部门，按照大气主要污染物总量控制要求和大气污染物排放标准等，核算现有单位重点大气污染物排放总量指标，并以排污许可证的形式加以确认。

第四十条　县级以上人民政府环境保护主管部门负责组织建设与管理本行政区域大气环境质量和大气污染源监测网，建立监测体系和监控平台，按照国家有关监测和评价规范的要求，对大气环境质量和大气污染物排放实施监测，并统一发布。

第四十一条　县级以上人民政府环境保护主管部门鼓励排污单位按照相关规定，采用环境绩效合同服务等方式，按合同约定支付费用，委托第三方治理企业进行大气污染治理。

第四十二条　在严格控制重点大气污染物排放总量的前提下，按照有利于总量减少的原则，根据国家有关规定，可以实行重点大气污染物排污权交易。

第四十三条　有下列情形之一的，省人民政府环境保护主管部门应当会同有关部门约谈当地人民政府的主要负责人，并可以暂停审批该地区新增重点大气污染物排放总量建设项目的环境影响评价文件，约谈情况应当向社会公布：

（一）大气污染物排放量超过总量控制指标的；

（二）未按时完成大气环境质量改善目标污染治理任务的；

（三）未按时完成淘汰高污染行业、工艺和设备任务的；

（四）发生重大环境事故，造成重大影响的；

（五）未完成环境保护绩效考核或者环境保护例行督察目标任务执行不力的；

（六）省人民政府规定的其他情形。

第四十四条 县级人民政府及其农业等有关部门应当鼓励和支持采用先进适用技术，对秸秆、落叶等进行肥料化、饲料化、能源化、工业原料化、食用菌基料化等综合利用，加大对秸秆还田、收集一体化农业机械的财政补贴力度。

县级人民政府应当组织建立秸秆收集、贮存、运输和综合利用服务体系，采用财政补贴等措施支持农村集体经济组织、农民专业合作经济组织、企业等开展秸秆收集、贮存、运输和综合利用服务。

第四十五条 县级以上人民政府应当每年向本级人民代表大会或者其常务委员会报告大气环境质量状况和目标完成情况，并向社会公开。

第四章 信息公开和公众参与

第四十六条 县级以上人民政府环境保护主管部门及其监管部门，应当依法公开本行政区域内大气环境质量状况、突发环境事件以及环境行政许可、行政处罚、排污费的征收和使用情况等信息。

县级以上人民政府环境保护主管部门根据国家有关规定确定信息公开的重点排污单位名录。

第四十七条 公民、法人和其他组织可以向环境保护主管部门及有关部门申请获取大气环境质量信息，环境保护主管部门及有关部门应当依法提供。

第四十八条 县级以上人民政府环境保护主管部门应当建立本行政区统一举报平台，公布举报电话、电子邮箱等联系方式，及时处理举报；为举报人保密，举报线索经查证属实的，应当按照有关规定对举报人给予奖励。

第四十九条 公众意见较大或者可能对大气环境有重大影响的建设项目，应当组织听证会，听取利害关系人和社会公众的意见，听证结果作为审批环境影响评价文件的重要依据。

对可能造成严重大气环境影响的重大行政决策，作出决策的人民政府或者有关部门应当通过论证会、听证会等方式，事先听取社会公众的意见。

第五十条 对于污染大气环境，损害社会公共利益的行为，检察机关和符合法律规定的社会公益组织可以向人民法院提起诉讼。

第五章 法律责任

第五十一条 违反本条例第七条规定，未取得排污许可证排放大气污染物的，由县级以上人民政府环境保护主管部门责令停止排污或者限制生产、停产整治，并处十万元以上一百万元以下的罚款；情节严重的，报有批准权的人民政府批准，责令停业、关闭。

第五十二条　违反本条例第八条规定，企业事业单位和其他生产经营者新建、扩建高污染工业项目，或者使用严重污染大气环境的工艺和设备的，由县级以上人民政府确定的监督管理部门责令改正，没收违法所得；拒不改正的，报有批准权的人民政府批准，责令停业、关闭。

第五十三条　违反本条例第九条规定，有下列行为之一的，由县级以上人民政府环境保护主管部门责令改正，处两万元以上二十万元以下的罚款；拒不改正的，责令停产整治：

（一）未按照规定对所排放的大气污染物进行监测并保存原始监测记录的；

（二）未按照规定安装大气污染物排放自行监测、自动监测设备或者未按照规定与环境保护主管部门的监控平台联网，不能保证监测设备正常运行和数据传输的。

第五十四条　有下列行为之一的，由县级以上人民政府质量技术监督、工商、出入境检验检疫机构、海关等管理部门按照各自职责责令改正，没收原材料、产品和违法所得，并处货值金额一倍以上三倍以下的罚款：

（一）违反本条例第十条第一款规定，进口、销售和燃用未达到质量标准或者要求的煤炭；

（二）违反本条例第十四条第一款规定，生产、进口、销售不符合标准的机动车（船）、非道路移动机械使用的燃料；

（三）违反本条例第二十二条第一款规定，生产、进口、销售原材料和产品的挥发性有机物含量不符合质量标准或者要求的。

第五十五条　违反本条例第十条第二款规定，单位存放煤炭、煤矸石、煤渣、煤灰等物料，未采取防燃、防尘等措施的，由县级以上人民政府环境保护等主管部门按照职责责令改正，处一万元以上十万元以下的罚款；拒不改正的，责令停工整治或者停业整治。

违反本条例第十条第三款规定，在规定的期限届满后，继续燃用高污染燃料的，由县级以上人民政府环境保护主管部门责令限期拆除或者没收相关设施，没收违法所得，并处两万元以上二十万元以下的罚款。

第五十六条　违反本条例第十一条规定，在设区的市建成区新建每小时二十蒸吨以下燃煤锅炉，或者在县（市）建成区新建每小时十蒸吨以下燃煤锅炉；在燃气管网和集中供热管网覆盖的地区内，新建、改建和扩建燃烧煤炭、重油、渣油等燃料的供热设施的，由县级以上人民政府环境保护主管部门责令限期拆除或者没收相关设施，没收违法所得，并处两万元以上二十万元以下的罚款。

第五十七条　违反本条例第十三条第一款规定，使用的非道路移动机械向大气排放污染物超过规定排放标准的，由县级以上人民政府环境保护等主管部门责令改正，并处五千元的罚款。

违反本条例第十三条第二款规定，生产超过污染物排放标准的机动车（船）、非道路移动机械的，由省人民政府环境保护主管部门责令改正，没收违法所得，并处货值金额一倍以上三倍以下的罚款，没收销毁无法达到污染物排放标准的机动车（船）、非道路移动机械；进口、销售超过大气污染物排放标准的机动车（船）、非道路移动机械的，由县级以上人民政府工商行政管理部门、出入境检验检疫机构按照职责没收违法所得，并处货值金额一倍以上三倍以下的罚款，没收销毁无法达到污染物排放标准的机动车（船）、非道路移动机械。

第五十八条 违反本条例第十五条规定，机动车驾驶人违反规定驾驶排放检验不合格的机动车上道路行驶的，由公安机关交通管理部门依法予以处罚。

第五十九条 有下列行为之一的，由住房和城乡建设等主管部门根据职责责令限期改正，可以处一万元以上十万元以下的罚款；拒不改正的，责令停工整治：

（一）违反本条例第十六条规定，未制定扬尘污染防治方案，或者未按照规定进行扬尘污染防治，或者未按照规定在设区的市环境敏感区的施工场地内安装扬尘在线监测设施，或者未按照规定在施工场地公示扬尘污染防治措施、负责人和扬尘监督管理主管部门等有关信息的；

（二）违反本条例第十七条规定，物料堆放场未按照规定进行扬尘污染防治的；

（三）违反本条例第十八条规定，未按照规定对裸露土地进行扬尘污染防治的。

第六十条 违反本条例第十九条第一款规定，运输煤炭、垃圾、渣土、砂石、土方、水泥、灰浆等散装、流体物料的车辆，未采取密闭或者其他措施防止物料遗撒，或者在运输过程中泄漏、散落、飞扬的，由县级以上人民政府确定的监督管理部门责令改正，并处两千元以上两万元以下的罚款。

违反本条例第十九条第二款规定，装卸物料未采取密闭或者喷淋等方式防治扬尘污染的，由县级以上人民政府环境保护等主管部门按照职责责令改正，处一万元以上十万元以下的罚款；拒不改正的，责令停工整治或者停业整治。

第六十一条 违反本条例第二十条规定，在矿山开采过程中未采取防治扬尘污染措施的，由县级以上人民政府环境保护主管部门责令限期改正，并处两万元以上二十万元以下的罚款；逾期未改正的，责令停工整治或者停业整治。

第六十二条 违反本条例第二十一条规定，向大气直接排放有毒有害大气污染物，或者运输、装卸、贮存可能散发有毒有害大气污染物的物料未采取密闭措施或者其他防护措施的，由县级以上人民政府环境保护主管部门或者县级以上人民政府确定的其他监督管理部门责令改正，对单位处一万元以上十万元以下的罚款，对个人处五百元以上两千元以下的罚款。

第六十三条 违反本条例第二十二条第二款规定，未在密闭空间或者设备中进行产生含挥发性有机物废气的生产和服务活动的，或者未按照规定安装、使用污染防治设施的，由县级以上人民政府环境保护主管部门责令改正，处两万元以上二十万元以下的罚款；拒不改正的，责令停产整治。违反本条例第二十二条第三款规定，加油加气站、储油储气库未按照规定安装油气回收装置，或者不正常使用油气回收装置，或者擅自拆除、闲置、更改油气回收装置的，由县级以上人民政府环境保护主管部门责令限期改正，并对加油加气站、储油储气库所有者或者经营者处两万元以上十万元以下的罚款；油罐车、气罐车未按照规定配套安装油气回收装置，或者不正常使用油气回收装置，或者擅自拆除、闲置、更改油气回收装置的，由县级以上人民政府环境保护主管部门责令限期改正，对油罐车、气罐车所有者或者经营者处两万元以上二十万元以下的罚款。

违反本条例第二十二条第四款规定，石油、化工及其他使用有机溶剂的化工企业未建立泄漏检测与修复制度的，由县级以上人民政府环境保护主管部门责令限期改正；逾期不改正的，处两万元以下的罚款；未采取措施对管道、设备、贮罐进行日常维护、维修，或者未采取措施减少物料泄漏，或者对泄漏的物料未及时收集处理的，由县级以上人民政府环境保护主管部门责令限期改正，处两万元以上二十万元以下的罚款。

违反本条例第二十二条第五款规定，工业涂装企业未按照规定使用低挥发性有机物涂料的，由县级以上人民政府环境保护主管部门责令改正，处两万元以上二十万元以下的罚款；未按照要求建立台账，或者未按照规定内容记录相关数据和信息，或者台账保存时间少于三年的，由县级以上人民政府环境保护主管部门责令改正，处两万元以上二十万元以下的罚款。

第六十四条　违反本条例第二十三条第一项规定，露天焚烧沥青、油毡、废油、橡胶、塑料、皮革、垃圾等产生有毒有害气体的物料的；违反本条例第二十三条第三项规定，在人口集中地区未密闭或者未使用烟气处理装置加热沥青的，由县级以上人民政府环境保护主管部门或者县级以上人民政府确定的其他监督管理部门责令改正，对单位处一万元以上十万元以下的罚款，对个人处五百元以上两千元以下的罚款。

违反本条例第二十三条第二项规定，违规燃放烟花爆竹的，由县级以上人民政府公安部门或者县级以上人民政府确定的监督管理部门责令停止燃放烟花爆竹，并处一百元以上五百元以下的罚款；违反治安管理行为的，依法给予治安管理处罚。

第六十五条　违反本条例第二十五条规定，在县级以上人民政府划定的区域内露天焚烧秸秆和落叶等产生烟灰污染的物质的，由县级以上人民政府确定的监督管理部门责令改正，处五百元以上两千元以下的罚款。

第六十六条　违反本条例第二十六条第一款规定，在居民住宅楼、未配套设立专用烟道的商住综合楼以及商住综合楼内与居住层相邻的商业楼层内新建、改建、扩建产生油烟、异味、废气的餐饮服务项目的，由县级以上人民政府确定的监督管理部门责令改正；拒不改正的，予以关闭，并处两万元以上二十万元以下的罚款。

违反本条例第二十六条第二款规定，饮食服务业经营者未按照规范设置餐饮业专用烟道，或者未设置油烟净化装置，或者未正常使用油烟净化装置，或者油烟排入地下管网的，由县级以上人民政府确定的监督管理部门责令改正，可以处五千元以上五万元以下的罚款；拒不改正的，责令停业整治。

违反本条例第二十六条第二款规定，饮食服务业经营者在当地人民政府禁止的区域内露天烧烤的，由县级以上人民政府确定的监督管理部门责令改正，没收烧烤工具和违法所得，处五百元以上两万元以下的罚款。

第六十七条 违反本条例第三十四条第二款规定，排污单位拒不执行县级以上人民政府责令停产或者限产、停止工地土石方作业和建筑拆除施工等强制性应急措施的，由县级以上人民政府环境保护、住房和城乡建设、城市综合管理部门依据各自职责处一万元以上十万元以下的罚款。

第六十八条 违反本条例规定，企业事业单位和其他生产经营者有下列行为之一的，受到罚款处罚，被责令改正，拒不改正的，依法作出处罚决定的行政机关可以自责令改正之日的次日起，按照原处罚数额按日连续处罚：

（一）未依法取得排污许可证的；

（二）超过污染物排放标准排放大气污染物，或者超过重点大气污染物排放总量控制指标排放的；

（三）通过逃避监管的方式向大气排放污染物的；

（四）建筑施工或者贮存易产生扬尘的物料未采取有效措施防治扬尘污染的。

第六十九条 上级人民政府及其环境保护主管部门应当加强对下级人民政府及其有关部门环境保护工作的监督。发现有关工作人员有违法行为，依法应当给予行政处分的，应当向其任免机关或者监察机关提出行政处分建议。

有关环境保护主管部门依法应当给予行政处罚而不给予行政处罚的，上级人民政府环境保护主管部门可以直接作出行政处罚的决定。

第六章 附 则

第七十条 本条例自2016年7月1日起施行。

黑龙江省

黑龙江省大气污染防治条例

（2017 年 1 月 20 日黑龙江省第十二届人民代表大会第六次会议通过　根据 2018 年 12 月 27 日黑龙江省第十三届人民代表大会常务委员会第八次会议《黑龙江省人民代表大会常务委员会关于修改〈黑龙江省大气污染防治条例〉的决定》修正）

第一章　总　则

第一条　为了保护和改善环境，防治大气污染，保障公众健康，推进生态文明建设，促进经济社会可持续发展，根据《中华人民共和国环境保护法》《中华人民共和国大气污染防治法》和有关法律、行政法规，结合本省实际，制定本条例。

第二条　本省行政区域内大气污染防治及其监督管理活动，适用本条例。

第三条　防治大气污染，应当以改善大气环境质量为目标，坚持源头治理、规划先行、防治结合、突出重点的原则。

第四条　各级人民政府对本行政区域的大气环境质量负责。

县级以上人民政府应当将大气污染防治工作纳入国民经济和社会发展规划，转变经济发展方式，优化产业结构和布局，推广利用清洁能源，促进清洁生产，合理规划城市布局，使大气环境质量达到规定标准。

乡（镇）人民政府应当在县级人民政府的领导下，根据本地区实际，组织开展大气污染防治工作。

第五条　县级以上生态环境主管部门对本行政区域的大气污染防治实施统一监督管理。

县级以上其他有关行政主管部门在各自职责范围内重点履行以下大气污染防治监督管理职责：

（一）发展和改革部门负责优化能源结构，发展循环经济，推进新增集中供热热源以及热网工程、秸秆综合利用、节能等产业发展和项目建设；

（二）工业和信息化部门负责工业节能降耗，淘汰落后产能，推进工业锅炉升级改造和清洁生产；

（三）公安机关交通管理部门负责对高排放机动车限行和淘汰实施监督管理；

（四）住房和城乡建设部门负责对房屋建筑、市政基础设施建设等施工工地扬尘污染防治实施监督管理，并会同发展和改革部门推进集中供热；

（五）市场监督管理部门负责对商品煤、车用成品油、高污染燃料禁燃区内高污染燃料的生产、加工和销售实施监督管理；

（六）煤炭管理部门负责组织、会同有关部门对煤炭质量实施监督管理；

（七）农业行政主管部门负责对农业污染防治和推进秸秆综合利用工作。

其他大气污染防治的监督管理，由相关部门依照有关法律、法规、规章和县级以上人民政府确定的职责分工实施。

县级以上负有大气环境保护监督管理职责的部门应当严格依法履行职责、协同配合，加强对排放大气污染物活动的日常监督管理，及时制止并依法处理污染大气环境的违法行为。

第六条 企业事业单位和其他生产经营者应当采取有效措施，防止和减少大气污染，对所造成的损害依法承担责任。

公民应当增强大气环境保护意识，采取低碳、节俭的生活方式，履行大气环境保护义务。

第七条 各级人民政府对执行严于国家和省规定的大气污染物排放和控制标准，主动开展技术改造、设备更新、能源替代的企业事业单位和其他生产经营者给予扶持或者奖励。

鼓励和支持社会资本参与大气污染防治。

第八条 各级人民政府应当支持大气污染防治科学技术研究，推广先进适用的大气污染防治技术和装备，促进科技成果转化，发挥科学技术在大气污染防治中的支撑作用。

各级人民政府以及有关部门应当宣传、普及大气污染防治科学知识，推动公众、社会组织参与大气环境保护。

第九条 本省实行大气环境质量目标责任制和考核评价制度。省人民政府负责制定考核办法，对设区的市级人民政府（含行政公署，下同）和县级人民政府大气环境质量改善目标、大气污染防治重点任务完成情况逐级实施考核。考核结果应当向社会公开。

第二章 监督管理

第十条 企业事业单位和其他生产经营者建设对大气环境有影响的项目，应当依法进行环境影响评价、公开环境影响评价文件；向大气排放污染物的，应当符合大气污染物排放标准，遵守重点大气污染物排放总量控制要求。

第十一条 向大气排放污染物的企业事业单位和其他生产经营者，应当配套建设大气污染防治设施。

配套建设的大气污染防治设施，应当与主体工程同时设计、同时施工、同时投产使用，不得擅自拆除或者闲置。

第十二条 本省按照国家规定实行大气污染物排污许可管理制度。

实行排污许可管理的企业事业单位和其他生产经营者，应当按照排污许可证的要求排放大气污染物；未取得排污许可证的，不得排放大气污染物。

第十三条 本省实行重点大气污染物排放总量控制制度。

省人民政府应当按照国务院下达的总量控制目标，控制或者削减本行政区域的重点大气污染物排放总量。

县级以上人民政府在控制重点大气污染物排放总量、实行排放总量削减计划的前提下，根据国家和省有关规定，按照有利于总量减少的原则，可以在重点大气污染物排放总量控制指标范围内，推行重点大气污染物排污权交易。

第十四条 省生态环境主管部门对超过国家重点大气污染物排放总量控制指标或者未完成国家下达的大气环境质量改善目标的地区，应当暂停审批该地区新增重点大气污染物排放总量的建设项目环境影响评价文件。

第十五条 有下列情形之一的，省生态环境主管部门应当会同有关部门约谈所在地设区的市级人民政府或者县级人民政府主要负责人，约谈情况应当向社会公开：

（一）大气环境质量恶化的；

（二）大气环境质量未达到改善目标的；

（三）发生重大、特大环境事故，造成重大影响的；

（四）未开展或者未完成环境保护目标责任考核的；

（五）省人民政府规定的其他情形。

第十六条 未达到国家大气环境质量标准的城市人民政府，应当按照国家和省大气污染防治目标要求和区域大气环境质量状况，制定大气环境质量限期达标规划，并采取措施，按照规定的期限达到大气环境质量标准。

第十七条 县级以上生态环境主管部门负责组织建设与管理本行政区域大气环境质量和大气污染源监测网，设置大气环境质量监测站（点），开展大气环境质量和大气污染源监测，统一发布本行政区域大气环境质量状况信息。

大气环境质量监测站（点）的设置应当符合有关监测技术规范要求。有关部门、大气环境质量监测站（点）周边单位和居民应当为大气环境质量监测站（点）的设置、建设和运行提供必要条件。大气环境质量监测站（点）位置应当向社会公开。

禁止侵占、损毁或者擅自移动、改变大气环境质量监测站（点）。调整大气环境质量监测站（点）位置的，所在地生态环境主管部门应当报设置大气环境质量监测站（点）的生态环境主管部门批准。

第十八条 设区的市级人民政府和县级人民政府应当研究分析本行政区域大气污染来源及其变化趋势，编制大气污染物源排放清单，并向社会公布。

第十九条 县级以上生态环境主管部门和其他负有大气环境保护监督管理职责的部

门，应当依法公开下列信息，为公众参与和监督大气环境保护提供便利：

（一）大气环境质量信息；

（二）重点大气污染物排放控制和削减情况；

（三）污染源监督性监测情况；

（四）监督检查商品煤、车用成品油、高污染燃料禁燃区内高污染燃料的生产、加工、销售和使用等情况；

（五）与大气环境保护相关的行政许可和行政处罚等信息；

（六）突发大气污染环境事件以及应对情况；

（七）其他依法应当公开的环境信息。

第二十条 设区的市级生态环境主管部门应当根据本行政区域的大气环境承载力、重点大气污染物排放总量控制指标的要求，以及企业事业单位和其他生产经营者排放大气污染物的种类、数量和浓度等因素，商有关部门确定重点排污单位名录，并向社会公布。

第二十一条 重点排污单位应当自重点排污单位名录公布之日起九十日内，通过其网站、企业事业单位环境信息公开平台或者所在地报刊等便于公众知晓的方式公开下列信息：

（一）基础信息，包括单位名称、统一社会信用代码、法定代表人姓名、生产地址、联系方式，以及生产经营与管理服务的主要内容、产品和规模；

（二）排污信息，包括主要污染物和特征污染物的名称、排放方式、排放口数量和分布情况、排放浓度和总量、超标排放情况，以及执行的污染物排放标准、核定的排放总量；

（三）污染防治设施的建设和运行情况；

（四）建设项目环境影响评价以及其他环境保护行政许可情况；

（五）突发环境事件应急预案；

（六）其他依法应当公开的环境信息。

列入国家重点监控企业名单的重点排污单位还应当公开其环境自行监测方案。

重点排污单位公开的信息有变化的，应当自信息变化之日起 30 日内予以公开。

第二十二条 重点排污单位应当按照法律、法规和监测规范的要求，确定监测点位和设置采样监测平台，并对其排放的大气污染物进行自行监测或者委托有环境监测资质的单位监测。原始监测记录至少保存 3 年。

重点排污单位应当安装、使用大气污染物排放自动监测设备，与生态环境主管部门的监控设备联网，保证监测设备正常运行并依法公开排放信息。

第二十三条 本省推行大气污染第三方治理，提高治理专业化水平和治理效果。

企业事业单位和其他生产经营者可以委托第三方治理企业代其运营大气污染防治设施或者实施大气污染治理，并对治理结果承担法律责任。接受委托的第三方治理企业应当遵守环境保护法律、法规、规章和相关技术标准以及委托要求，承担约定的污染治理责任，不得弄虚作假，并接受县级以上生态环境主管部门的监督管理和公众监督。

新成立或者变更法定代表人的第三方治理企业，其法定代表人不得由社会诚信档案已有失信记录的企业法定代表人担任。

第二十四条　任何单位和个人有权对污染大气环境的行为，向县级以上生态环境主管部门或者其他负有大气环境保护监督管理职责的部门举报、投诉。

县级以上生态环境主管部门和其他负有大气环境保护监督管理职责的部门，应当公布举报、投诉方式。举报、投诉的违法行为属于本部门职责范围的，应当及时核实、处理，并答复实名举报、投诉人；不属于本部门职责范围的，应当及时移交有权处理的部门，并告知实名举报、投诉人。

县级以上人民政府可以公布统一的举报、投诉方式。

接到举报的部门应当为举报人保密，举报内容经查证属实的，对举报人给予奖励。

第二十五条　县级以上生态环境主管部门和其他负有大气环境保护监督管理职责的部门，应当建立大气环境违法行为通报制度，在有关媒体上公布企业事业单位和其他生产经营者及其主要负责人的重大违法行为和处理情况，并将大气环境违法信息记入社会诚信档案，及时通过省信用信息共享交换平台等向社会公布。

第二十六条　省生态环境主管部门应当加强大气环境管理信息化建设，建立健全环境空气质量、重点大气污染源监控、综合执法、应急管理、信息发布、数据中心等为一体的省大气环境大数据管理平台，实现各级各部门数据交换、联通与共享。

第二十七条　县级以上生态环境主管部门和其他负有大气环境保护监督管理职责的部门，应当加强与人民法院、人民检察院、公安机关的配合，健全大气污染案件行政执法和刑事司法衔接机制，完善联席会议、信息共享、案情通报和案件移送等制度。

第二十八条　企业事业单位和其他生产经营者违反法律、法规规定排放大气污染物，造成或者可能造成严重大气污染，或者有关证据可能灭失或者被隐匿的，县级以上生态环境主管部门和其他负有大气环境保护监督管理职责的部门，可以对有关设施、设备、物品采取查封、扣押等行政强制措施。

第三章　大气污染防治措施

第一节　燃煤污染防治

第二十九条　各级人民政府应当调整能源结构，推广清洁能源的生产和使用，制定并组织实施煤炭消费总量控制规划，减少煤炭生产、使用、转化过程中的大气污染物排放。

第三十条　本省推行煤炭洗选加工，降低煤炭的硫分和灰分。生产煤炭的硫分和灰分含量应当达到规定标准。

鼓励煤矿采用煤与煤层气共采技术，提高煤层气抽采利用率。从事煤层气开采利用的，煤层气排放应当符合有关标准规范。

第三十一条 禁止生产、加工、储运、销售、进口和燃用不符合国家规定质量标准的商品煤，煤炭管理部门负责组织、会同有关部门实施监督管理，具体分工按照省人民政府有关规定执行。

第三十二条 燃煤电厂、燃煤供热锅炉以及其他燃煤单位，应当采用清洁生产工艺，配套建设除尘、脱硫、脱硝等装置或者采用技术改造等措施，减少大气污染物的产生和排放，排放的大气污染物应当达到规定标准。

第三十三条 设区的市级城市建成区内，禁止新建额定蒸发量低于每小时 20 吨或者额定功率低于 14 兆瓦的燃煤锅炉；已经建成的额定蒸发量每小时 10 吨以下或者额定功率 7 兆瓦以下的燃煤锅炉，应当在国家规定的期限内淘汰。国家对新建和淘汰燃煤锅炉另有规定的，从其规定。

设区的市级人民政府可以制定高于前款规定的标准。

县级以上人民政府应当向社会公布燃煤锅炉计划淘汰名单和时限，并合理控制城市建成区外规划区内额定蒸发量每小时 10 吨以下或者额定功率 7 兆瓦以下燃煤锅炉的建设和使用。工业和信息化、供热行政主管、生态环境主管部门分别负责工业锅炉、供热锅炉、商业经营锅炉淘汰的具体工作。

第三十四条 禁止新建设计用煤不符合国家规定商品煤质量标准的锅炉；已经建成的，应当按照国家和省有关规定进行技术改造。

第三十五条 设区的市级人民政府和县级人民政府应当积极推进棚户区改造，推行热电联产和区域锅炉等集中供热方式，逐步提高集中供热比例，制定计划将应当淘汰的分散燃煤锅炉供热区域纳入集中供热管网覆盖范围，并负责组织实施。

在集中供热管网未覆盖的区域，推广使用高效节能环保型锅炉或者进行锅炉高效除尘改造，或者使用新能源、清洁能源供热。

第三十六条 各级人民政府应当加强民用散煤管理，设区的市级人民政府可以制定具体的奖励或者补贴政策，推广供应和使用优质煤炭、洁净型煤和节能环保型炉灶。

第二节　工业污染防治

第三十七条 县级以上人民政府应当发展工业循环经济，调整、优化产业结构，推进清洁生产，鼓励产业集聚发展，按照主体功能区划合理规划工业园区的布局，引导工业企业入驻工业园区。

鼓励工业园区集中建设生产用热热源以及热网，逐步淘汰分散锅炉。

第三十八条 企业事业单位和其他生产经营者应当在规定期限内，淘汰列入国家综合性产业政策目录的严重污染大气环境的工艺、设备和产品。

第三十九条 生产、进口、销售和使用含挥发性有机物的原材料和产品的，其挥发性有机物含量应当符合质量标准或者要求。

鼓励生产、进口、销售和使用无挥发性有机物或者含低毒、低挥发性有机物的原材料和产品。

第四十条　下列产生含挥发性有机物废气的活动，应当按照国家规定在密闭空间或者设备中进行，并按照规定安装、使用污染防治设施；无法密闭的，应当采取措施减少废气排放：

（一）煤炭加工与转化、石油化工生产；

（二）燃油、溶剂的储存、运输和销售；

（三）涂料、油墨、胶黏剂、农药等以挥发性有机物为原材料的生产；

（四）涂装、印刷、黏合和工业清洗；

（五）其他产生含挥发性有机物废气的活动。

第四十一条　石油化工等工业企业应当采取泄漏检测与修复技术，对管道、设备进行日常检测、修复，及时收集处理泄漏物料。

垃圾填埋活动产生的可燃性气体应当回收利用，不具备回收利用条件的，应当进行污染防治处理。普遍推行垃圾分类制度。垃圾焚烧设施的运营单位，应当按照国家规定，采取有效措施，实现达标排放。

第三节　农业污染防治

第四十二条　各级人民政府应当推进转变农业发展方式，调整农业结构，发展农业循环经济，加大对废弃物综合处理的支持力度，加强对农业生产经营活动排放大气污染物的控制。

第四十三条　县级以上农业行政主管部门应当推广农业清洁生产技术，指导农业生产经营者科学合理使用农药、化肥和除草剂等农业投入品，减少排放氨、挥发性有机物等大气污染物。

第四十四条　各级人民政府应当制定鼓励和支持政策，推广秸秆肥料化、饲料化、能源化、原料化、基料化等综合利用，组织建立秸秆收集、贮存、运输和综合利用服务体系，采用财政补贴等措施支持农村集体经济组织、农民专业合作经济组织、企业等开展秸秆收集、贮存、运输和综合利用服务。

县级以上发展和改革部门应当推进秸秆综合利用产业发展和项目建设。

县级以上农业行政主管部门具体负责推广采用粉碎还田、造肥还田和过腹还田等方式进行秸秆还田工作，并推广使用秸秆还田新技术。

第四十五条　县级人民政府应当按照规定提出划定禁止露天焚烧秸秆区域的初步意见，经设区的市级人民政府确认，报省人民政府批准后向社会公布，并在禁止露天焚烧秸秆区域边界设立明显警示标志。在省人民政府批准的禁止露天焚烧秸秆区域内，禁止露天焚烧秸秆。

设区的市级、县级、乡（镇）人民政府对辖区内秸秆禁烧工作负总责，政府主要负责人是第一责任人，分管负责人是具体责任人，建立和完善秸秆禁烧工作责任制，逐级签订禁烧责任状，明确单位和个人的具体责任。县级以上生态环境主管部门具体负责秸秆禁烧工作。

第四十六条 畜禽养殖场、养殖小区应当及时对畜禽粪便和尸体等进行收集、贮存、清运和无害化处理，根据养殖规模和污染防治需要，建设相应的恶臭气体和其他大气污染物防治设施，并按照规定标准排放大气污染物。

县级人民政府应当加强对畜禽养殖废弃物综合利用和无害化处理的宣传，在农村建设畜禽粪便和尸体无害化集中处理设施，引导规模以下畜禽养殖者集中处置养殖废弃物，防止排放恶臭气体。乡（镇）人民政府应当加强对规模以下畜禽养殖活动的监督管理。

第四节 机动车污染防治

第四十七条 城市人民政府应当加强和改善城市交通管理，优先发展公共交通，优化路网结构，在主次干路规划、建设非机动车道和人行道，引导公众低碳、环保出行。

第四十八条 设区的市级人民政府应当推广符合国家标准的节能与新能源汽车，规划建设相应的充电站（桩）、加气站等基础设施，鼓励和支持公共交通、出租车、市容环境卫生、邮政、快递、机场通勤等行业用车和公务用车使用节能与新能源汽车。

第四十九条 公安机关交通管理部门对不符合注册登记地执行的排放标准的机动车，不得办理注册登记。

第五十条 在用机动车排放的大气污染物应当符合所在地执行的排放标准。

机动车在行驶过程中不得排放黑烟等明显可视大气污染物。

行驶过程中排放黑烟等明显可视大气污染物的拖拉机不得驶入城市道路。

第五十一条 达到国家强制报废标准的在用机动车，应当按照国家有关规定进行登记、拆解、销毁等处理，并由公安机关交通管理部门依法办理注销登记。

设区的市级人民政府和县级人民政府可以划定限制或者禁止高排放机动车通行的时间和区域。高排放机动车应当按照规定的时间和区域上道路行驶。

设区的市级人民政府和县级人民政府可以采取经济补偿等措施淘汰高排放机动车。公安机关交通管理部门具体负责高排放机动车淘汰工作。

第五十二条 在机动车进行安全技术检验前，应当进行排放检验。未经排放检验或者检验不合格的，公安机关交通管理部门不得核发安全技术检验合格标志。

机动车排放检验周期应当与安全技术检验周期一致。国家另有规定的，从其规定。

第五十三条 禁止生产、进口和销售不符合国家现行阶段标准的车用成品油。

价格主管部门应当及时确定并公布油品质量升级后的车用成品油价格。

车用成品油生产和加工企业应当通过其网站、省信用信息共享交换平台等便于公众知晓的方式，公示其生产和加工车用成品油的产品名称、生产企业、牌号、产品标准和检验合格证明等信息。

车用成品油零售经营者应当在经营场所公示销售车用成品油的产品名称、生产企业、牌号、价格、产品标准和检验合格证明等信息。

第五节　扬尘和其他污染防治

第五十四条　各级人民政府应当科学合理扩大绿地、水面、湿地和地面铺装面积，规划、组织建设建筑垃圾和工程渣土处置场，防治扬尘污染。

县级以上有关行政主管部门应当按照下列规定履行扬尘污染防治职责：

（一）住房和城乡建设部门负责对房屋建筑、市政基础设施建设等施工工地扬尘污染防治实施监督管理；

（二）市容环境卫生行政主管部门负责对城市公共区域道路清扫、园林绿化等领域扬尘污染防治实施监督管理；

（三）生态环境主管部门负责对企业物料堆场扬尘污染防治实施监督管理；

（四）煤炭管理部门负责对煤炭矿山的扬尘污染防治实施监督管理；

（五）应急管理部门负责对非煤矿山扬尘污染防治实施监督管理；

（六）县级以上人民政府确定的监督管理部门负责对运输煤炭、垃圾、渣土、砂石、土方、灰浆等散装、流体物料车辆扬尘污染防治实施监督管理。

第五十五条　建设单位应当将防治扬尘污染的费用列入工程造价，并在施工承包合同中明确施工单位的扬尘污染防治责任。房屋建筑、市政基础设施建设等施工单位应当制定、实施包括重污染天气应对措施在内的施工扬尘污染防治实施方案，并遵守下列规定：

（一）在施工工地设置硬质围挡，并负责维护；

（二）在施工工地公示扬尘污染防治措施、负责人、扬尘监督管理主管部门等信息；

（三）在施工工地出口设置车辆冲洗设施，车辆不得带泥上路，施工工地通道以及出入口周边的道路不得存放建筑垃圾；

（四）施工工地出入口、主要通道、加工区等采取硬化处理措施；

（五）对施工工地内堆存的建筑土方、工程渣土、建筑垃圾，采取密闭式防尘网遮盖；

（六）在施工工地建筑结构脚手架外侧设置有效抑尘的密闭式防尘网；

（七）采取封闭方式及时清运建筑垃圾；

（八）有效防尘、降尘的其他措施。

第五十六条　在道路、广场、停车场和其他公共场所进行清扫保洁作业的单位和个人，应当执行清扫保洁作业有关标准，防治扬尘污染。市容环境卫生行政主管部门应当及时巡查，对清扫不达标的，按照有关规定予以处理。

运输煤炭、垃圾、渣土、砂石、土方、灰浆等散装、流体物料的车辆，应当采取密闭或者其他措施防止物料遗撒、泄漏，并按照规定的路线和时间行驶。

第五十七条 暂时不能开工的建设用地，建设单位应当对裸露地面进行覆盖；超过三个月的，应当进行绿化、铺装或者遮盖。

除建设用地以外的其他裸露地面，使用权人或者管理单位应当进行绿化、铺装或者遮盖。

第五十八条 矿山企业应当按照设计和开发利用方案作业，设置废石、废渣、泥土等专门存放地，并采取围挡、硬化施工道路、洒水降尘、设置防风抑尘网或者防尘布等防尘、降尘措施。开采后应当及时进行生态修复，防治扬尘污染。

第五十九条 排放油烟的餐饮服务业经营者应当安装油烟净化设施并保持正常使用，或者采取其他油烟净化措施，达标排放油烟，并防止对附近居民的正常生活环境造成污染。

禁止在居民住宅楼、未配套设立专用烟道的商住综合楼以及商住综合楼内与居住层相邻的商业楼层内新建、改建、扩建产生油烟、异味、废气的餐饮服务项目。

任何单位和个人不得在所在地人民政府禁止的区域内露天烧烤食品或者为露天烧烤食品提供场地。

第六十条 各级人民政府应当引导公民文明、绿色祭祀。县级以上人民政府确定的监督管理部门应当对祭祀活动加强监督管理，确定焚烧祭祀品的时间和地点，并在确定的时间和地点设置焚烧祭祀品容器。

焚烧祭祀品的，应当在焚烧祭祀品容器内焚烧，减少焚烧产生的大气污染物。

县级以上人民政府可以划定禁止燃放烟花爆竹的时段和区域。

第四章　重点区域大气污染防治

第六十一条 省生态环境主管部门根据主体功能区划、区域大气环境质量状况和大气污染传输扩散规律，划定省大气污染防治重点区域（以下简称重点区域），报省人民政府批准。省人民政府应当统筹协调重点区域内的大气污染防治工作。

重点区域外设区的市级人民政府可以根据大气污染防治需要，决定在其行政区域内执行重点区域大气污染防治措施。

第六十二条 重点区域内设区的市级人民政府和县级人民政府应当建立联合防治协调机制，开展区域合作。

第六十三条 重点区域内设区的市级人民政府和县级人民政府，应当制定煤炭消费总量控制和煤质种类结构控制方案，优化煤炭消耗种类结构，减少煤炭使用总量，推广使用清洁能源，逐步实施煤改气、煤改电。

提供洗浴、住宿等服务的单位，应当使用清洁能源，鼓励使用工业余热等热源和集中配送的热水，并实施节能改造。

第六十四条　在重点区域和重污染天气集中出现的采暖季节，县级以上人民政府应当组织推行错峰生产。

在错峰生产期间，重点排污单位、大型建设工程和产能过剩行业企业应当对生产经营活动进行调整，减少或者停止排放大气污染物的生产、作业。

第六十五条　重点区域内设区的市级人民政府应当根据城乡规划，合理制定符合大气污染防治要求的经营性煤炭堆场和民用煤配送网点的布局规划，并按照规划组织建设经营性煤炭堆场。

在重点区域城市建成区内堆放煤炭的煤炭经营者应当将煤炭集中存放到经营性煤炭堆场。

第六十六条　城市人民政府和重点区域内县人民政府可以划定并公布高污染燃料禁燃区，并根据大气环境质量改善要求，逐步扩大高污染燃料禁燃区范围。高污染燃料的目录按照国家规定执行。

在高污染燃料禁燃区内，禁止销售、燃用高污染燃料；禁止新建、扩建燃用高污染燃料的设施，已经建成的，应当在城市人民政府和重点区域内县人民政府规定的期限内改用清洁能源。改用前，尚未实施清洁能源替代的燃用高污染燃料的设施，应当配套建设脱硫、脱硝、除尘装置或者采取其他措施，控制二氧化硫、氮氧化物和烟尘等污染物排放量。燃料应当符合国家和省规定的有关强制性标准和要求。燃用高污染燃料的设施应当达标排放。

第六十七条　重点区域内城市建成区及其周边的重污染企业，应当有计划地逐步搬迁、改造或者转型退出。

第六十八条　重点区域内使用额定蒸发量每小时20吨以上或者额定功率14兆瓦以上的燃煤锅炉，或者大气污染物排放量与其相当的窑炉的企业事业单位和其他生产经营者，应当配置经计量检定合格的大气污染物排放自动监测设备，实时监测大气污染物排放情况，并通过其网站、企业事业单位环境信息公开平台或者所在地报刊等便于公众知晓的方式如实公开自动监测数据。

第六十九条　重点区域内运输煤炭、垃圾、渣土、砂石、土方、灰浆等散装、流体物料的车辆应当安装卫星定位装置，接入所在地城市管理公共平台，并保持正常运行，但途经重点区域的运输车辆除外。

第五章　重污染天气应对

第七十条　省、设区的市级生态环境主管部门应当会同同级气象主管机构等有关部门建立重污染天气监测预警、会商和信息通报等机制，完善重污染天气预测预报体系。

第七十一条　省人民政府、设区的市级人民政府和可能发生重污染天气的县级人民政府，应当制定重污染天气应急预案，报上一级生态环境主管部门备案，向社会公布，并根据实际需要和情势变化适时修订。

重点排污单位应当根据所在地重污染天气应急预案，编制本单位重污染天气应急响应操作方案。

第七十二条 省人民政府和设区的市级人民政府负责重污染天气预警的发布、调整和解除，其他任何单位和个人不得擅自向社会发布。

预警信息发布后，县级以上人民政府及其有关部门应当通过电视、广播、网络、短信等途径告知公众采取健康防护措施，指导公众出行和调整其他相关社会活动。

第七十三条 县级以上人民政府应当根据重污染天气的预警等级，及时启动重污染天气应急预案，根据应急需要可以采取下列应急措施，相关单位和个人应当配合：

（一）责令有关企业停产、限产或者错峰生产；

（二）限制部分机动车行驶；

（三）禁止燃放烟花爆竹；

（四）停止施工工地土石方作业和建筑物拆除施工；

（五）停止露天烧烤；

（六）停止幼儿园和学校组织的户外活动，必要时可以停课；

（七）组织开展人工影响天气作业；

（八）组织行政机关、事业单位错时上下班，必要时可以放假；

（九）其他应急措施。

重点区域内设区的市级人民政府应当制定更高标准的预警预报要求和应急措施；对不利气象条件和环境质量急剧恶化，可能发生长时间、高浓度重污染天气的，提前预警并进入应急状态，减少大气污染物的累积。

第六章　法律责任

第七十四条 违反大气污染防治规定的行为，有关法律、法规已有法律责任规定的，从其规定。

第七十五条 各级人民政府、县级以上生态环境主管部门和其他负有大气环境保护监督管理职责的部门及其工作人员有下列情形之一的，对直接负责的主管人员和其他直接责任人员依照有关法律、行政法规和相关规定追究行政责任：

（一）违反法律法规、主体功能区定位、生态环境保护规划等盲目决策，致使大气环境遭受破坏的；

（二）在职责范围内对严重大气污染事件处置不力导致严重后果的；

（三）对不符合行政许可条件准予行政许可的；

（四）应当依法公开大气环境信息而未公开的；

（五）篡改、伪造或者指使篡改、伪造监测数据的；

（六）截留、挪用大气污染防治专项资金的；

（七）对秸秆禁烧工作责任落实不力的；

（八）发现违法行为未依法及时纠正和查处的；

（九）包庇违法行为的；

（十）对举报、投诉不及时查处或者泄露举报人相关信息的；

（十一）应当移送公安机关立案侦查的大气污染案件而不移送的；

（十二）对移送立案侦查的案件应当接收而不接收的；

（十三）其他滥用职权、玩忽职守、徇私舞弊的行为。

县级以上人民政府主要负责人在任期内，区域大气环境质量持续恶化的，应当追究其行政责任。

第七十六条　重点排污单位违反本条例规定，有下列行为之一的，由县级以上生态环境主管部门责令改正，并处一万元以上三万元以下的罚款：

（一）不按照本条例规定的内容公开信息的；

（二）不按照本条例规定的方式公开信息的；

（三）不按照本条例规定的时限公开信息的；

（四）公开的信息不真实、弄虚作假的。

重点排污单位不公开或者不如实公开监测数据的，由县级以上生态环境主管部门责令改正，并处二万元以上二十万元以下的罚款；拒不改正的，责令停产整治。

重点区域内使用额定蒸发量每小时20吨以上或者额定功率十四兆瓦以上的燃煤锅炉，或者大气污染物排放量与其相当的窑炉的企业事业单位和其他生产经营者，属于非重点排污单位的，未按照本条例规定公开或者如实公开自动监测数据，由县级以上生态环境主管部门责令改正，并处一万元以上三万元以下的罚款。

有前三款规定行为之一，受到罚款处罚，被责令改正而拒不改正的，依法作出处罚决定的县级以上生态环境主管部门可以自责令改正之日的次日起，按照原处罚数额按日连续处罚。

第七十七条　重点排污单位违反本条例规定，有下列行为之一的，由县级以上生态环境主管部门责令改正，并处二万元以上五万元以下的罚款；拒不改正的，责令停产整治：

（一）未确定监测点位或者设置采样监测平台的；

（二）原始监测记录未保存三年的。

第七十八条　受委托第三方治理企业未按照环境保护法律、法规、规章和相关技术标准运营大气污染防治设施、实施大气污染治理，或者在运营大气污染防治设施、实施大气污染治理中弄虚作假的，由县级以上生态环境主管部门责令改正，并处二万元以上十万元以下的罚款。

第七十九条　违反本条例规定，有下列行为之一的，由县级以上市场监督管理部门责令改正，没收原材料、产品和违法所得，并处货值金额一倍以上三倍以下的罚款：

（一）生产、加工、销售不符合国家规定质量标准的商品煤的；

（二）生产、销售不符合国家现行阶段标准的车用成品油的；

（三）在禁燃区内销售高污染燃料的。

违反本条例规定，车用成品油零售经营者未在经营场所公示销售车用成品油的产品名称、生产企业、牌号、产品标准或者检验合格证明等信息的，由县级以上市场监督管理部门责令改正，并处二千元以上一万元以下的罚款。

第八十条 违反本条例规定，单位燃用不符合国家规定质量标准的商品煤的，由县级以上生态环境主管部门责令改正，并处货值金额一倍以上三倍以下的罚款。

第八十一条 违反本条例规定，有下列行为之一的，由县级以上工业和信息化、供热行政主管、生态环境主管部门按照职责责令限期拆除，并可以处二万元以上十万元以下的罚款：

（一）新建额定蒸发量低于每小时20吨或者额定功率低于十四兆瓦的燃煤锅炉的；

（二）未在规定期限内淘汰已经建成的额定蒸发量每小时10吨以下或者额定功率七兆瓦以下的燃煤锅炉的；

（三）新建设计用煤不符合国家规定商品煤质量标准的锅炉的；

（四）未按照国家或者省有关规定对设计用煤不符合国家规定商品煤质量标准的燃煤锅炉进行技术改造的。

在城市集中供热管网覆盖地区新建、扩建分散燃煤供热锅炉，或者未按照规定拆除已经建成的不能达标排放的燃煤供热锅炉的，由县级以上生态环境主管部门依法处理。

第八十二条 违反本条例规定，产生含挥发性有机物废气的活动，未按照规定采取污染防治措施的，由县级以上生态环境主管部门责令改正，并处二万元以上二十万元以下的罚款；拒不改正的，责令停产整治。

第八十三条 违反本条例规定，在禁止露天焚烧秸秆的区域内露天焚烧秸秆的，由县级以上生态环境主管部门责令改正，并可以处五百元以上二千元以下的罚款；引起火灾，造成严重后果的，由公安机关依法予以拘留；构成犯罪的，依法追究刑事责任。

第八十四条 违反本条例规定，行驶的机动车向大气排放污染物超过规定的排放标准，或者排放黑烟等明显可视大气污染物的，由公安机关交通管理部门暂扣车辆行驶证，责令维修，并处二百元的罚款；维修后经有资质的检测单位检测符合排放标准的，发还车辆行驶证。

违反本条例规定，行驶过程中排放黑烟等明显可视大气污染物的拖拉机驶入城市道路的，由公安机关交通管理部门责令改正，并处二百元的罚款。

第八十五条 违反本条例规定，高排放机动车在限制或者禁止通行时间、区域上道路行驶的，由公安机关交通管理部门责令改正，并处一百元的罚款。

第八十六条 违反本条例规定，施工单位有下列行为之一的，由县级以上住房和城乡建设部门责令改正，并处罚款；拒不改正的，责令停工整治：

（一）违反本条例规定，未在施工工地设置硬质围挡并负责维护，或者未在施工工地出入口、主要通道、加工区等采取硬化处理措施，或者未对施工工地内堆存的建筑土方、工程渣土、建筑垃圾采取密闭式防尘网遮盖，或者未在施工工地建筑结构脚手架外侧设置有效抑尘密闭式防尘网的，处二万元以上十万元以下的罚款；

（二）违反本条例规定，未在施工工地公示扬尘污染防治措施、负责人、扬尘监督管理主管部门等信息，或者未在施工工地出口设置车辆冲洗设施，或者在施工工地通道以及出入口周边的道路存放建筑垃圾，或者未采取封闭方式及时清运建筑垃圾的，处一万元以上五万元以下的罚款。

第八十七条 违反本条例规定，驶出施工现场的车辆污染道路的，由县级以上市容环境卫生行政主管部门责令恢复原状，并按每辆车处五百元以上一千元以下的罚款。

第八十八条 违反本条例规定，重点区域内的煤炭经营者未将煤炭集中存放到经营性煤炭堆场的，由县级以上煤炭管理部门责令改正，对单位并处一万元以上三万元以下的罚款，对个人并处五百元以上二千元以下的罚款。

第八十九条 违反本条例规定，在重点区域的高污染燃料禁燃区内新建、扩建燃用高污染燃料的设施，或者未按照规定停止燃用高污染燃料的，由县级以上生态环境主管部门没收燃用高污染燃料的设施，并处二万元以上十万元以下的罚款。

第九十条 违反本条例规定，重点区域内运输煤炭、垃圾、渣土、砂石、土方、灰浆等散装、流体物料的车辆，未安装卫星定位装置、未接入所在地城市管理公共平台，或者不保持卫星定位装置正常运行的，由县级以上人民政府确定的监督管理部门责令改正，并对车辆所有者处每辆车三千元的罚款。

第九十一条 为排放大气污染物的单位和个人提供生产经营场所的出租人，应当配合生态环境主管部门对出租场所内违反本条例规定行为的执法检查，提供承租人的有关信息。出租人拒不配合或者拒不提供承租人信息的，由县级以上生态环境主管部门处二千元以上二万元以下的罚款。

第九十二条 排污单位违反规定发生环境污染事故、无排污许可证排放大气污染物、超过标准排放大气污染物，或者排放重点大气污染物超过核定排放总量控制指标的，除对单位进行处罚外，县级以上生态环境等有关主管部门还可以对单位主要负责人和直接责任人员处一万元以上十万元以下的罚款。

第九十三条 按照本条例规定实施行政处罚的部门应当制定行政处罚裁量标准，并在本条例施行之日起六个月内报本级人民代表大会常务委员会备案。

第九十四条 对生态环境主管部门和其他负有大气环境保护监督管理职责部门的行政行为不服的，行政行为的相对人以及其他与行政行为有利害关系的公民、法人和其他组织，可以依法申请行政复议或者提起行政诉讼。

县级以上生态环境等有关主管部门就其作出的责令停产整治或者停工整治决定申请强制执行，人民法院经依法审查裁定准予执行，而被执行人拒不执行的，人民法院可以向被执行人的水、电等供应单位发出协助执行通知书，供应单位应当予以协助。

第九十五条 违反大气污染防治法律、法规规定，排放大气污染物造成严重污染的，依照《中华人民共和国大气污染防治法》第一百二十七条的规定，追究刑事责任。

第七章 附 则

第九十六条 本条例下列用语的含义：

（一）高排放机动车，是指污染控制水平低、排放浓度高，按照国家和省规定鼓励提前报废或者限制使用的机动车。

（二）重点大气污染物，是指按照国家或者省规定的重点控制的直接从污染源排放的一次气态污染物，或者由一次气态污染物在大气中互相作用经化学反应或者光化学反应形成的与一次气态污染物的物理、化学性质完全不同的二次气态污染物。

第九十七条 设区的市级人民政府和县级人民政府应当自本条例施行之日起三十日内，根据《中华人民共和国大气污染防治法》和本条例规定的大气污染防治工作事项，确定具体负责的监督管理部门，并向社会公布。

第九十八条 本条例自 2017 年 5 月 1 日起施行。

哈尔滨市机动车排气污染防治条例

（2010年5月21日哈尔滨市第十三届人民代表大会常务委员会第二十三次会议通过　2010年8月13日黑龙江省第十一届人民代表大会常务委员会第十八次会议批准　根据2016年8月24日哈尔滨市第十四届人民代表大会常务委员会第三十四次会议通过　2016年10月21日黑龙江省第十二届人民代表大会常务委员会第二十九次会议批准的《哈尔滨市机动车排气污染防治条例（修正案）》第一次修正　2019年10月30日哈尔滨市第十五届人民代表大会常务委员会第二十六次会议通过　2019年12月18日黑龙江省第十三届人民代表大会常务委员会第十五次会议批准的《关于修改〈哈尔滨市机动车排气污染防治条例〉的决定》第二次修正）

第一条　为了防治机动车排气污染，保护和改善大气环境，保障公众健康，促进经济和社会的可持续发展，根据《中华人民共和国大气污染防治法》等法律、法规，结合本市实际，制定本条例。

第二条　本市行政区域内的机动车排气污染防治适用本条例。

本条例所称机动车，是指由内燃机驱动的机动车辆，但铁路机车和拖拉机除外。

本条例所称机动车排气污染，是指由机动车排气管、曲轴箱、燃油系统排放或者蒸发的污染物所造成的污染。

第三条　机动车排气污染防治工作坚持预防为主、防治结合、损害担责、公众参与的原则。

第四条　市生态环境行政主管部门对机动车排气污染防治工作实施统一监督管理。

公安、交通运输、市场监督管理等有关管理部门按照各自职责，负责机动车排气污染防治的相关工作。

第五条　任何单位和个人有权对机动车排气污染大气环境的行为向市生态环境行政主管部门举报。对提供违法行为属实、证据确凿的，市生态环境行政主管部门应当对举报人予以奖励。具体奖励办法由市生态环境行政主管部门会同市财政等相关部门制定。

市生态环境行政主管部门应当向社会公布举报电话，及时处理并反馈处理结果。

第六条　市人民政府应当制定相应的政策，鼓励和推广机动车排气污染防治先进技术的科学研究和开发应用，鼓励和推广使用节能环保型和新能源机动车，鼓励淘汰用于公共服务的高排放机动车，促进其他高排放机动车提前淘汰。

市人民政府应当将节能环保型和新能源机动车纳入政府采购名录，逐步扩大对节能环保型和新能源机动车的政府采购规模和使用范围，并采取措施推进和完善节能环保型和新能源机动车配套设施建设。

第七条 机动车向大气排放污染物不得超过本市执行的排放标准。

第八条 鼓励未达到国家现行排放标准的老旧机动车提前报废。具体办法由市人民政府制定。

第九条 初次注册登记的机动车，符合本市执行的机动车污染物排放标准的，免予排气污染物检验；不符合上述标准的，公安机关交通管理部门不予办理注册登记。

第十条 外地转入的机动车应当符合国家在用机动车大气污染物排放标准，在机动车排放检验有效期内，由具有相应资质的机动车排放检验机构进行检验。对未经检验或者检验不合格的，公安机关交通管理部门不予办理转移登记。但国家要求淘汰的机动车禁止转入。

第十一条 在用的机动车应当按照国家和省有关规定，由具有相应资质的机动车排放检验机构定期对其进行排放检验。

机动车排放检验机构应当按照规定的污染物排放标准、检验方法和技术规范进行机动车排气污染检验，将检验数据和电子检验报告上传市生态环境行政主管部门，出具由市生态环境行政主管部门统一编码的排放检验报告，并转送机动车安全技术检验机构。

机动车安全技术检验机构对排放检验合格的，将报告拍照后，通过机动车安全技术检验监督管理系统上传公安机关交通管理部门。

未经排放检验或者检验不合格的，机动车安全技术检验机构不得出具安全技术检验合格证明，公安机关交通管理部门不得核发安全技术检验合格标志。

第十二条 机动车排放检验机构及其负责人应当对出具的机动车排气污染物检验数据真实性和准确性负责，不得伪造机动车排放检验结果或者出具虚假的排放检验报告。

第十三条 机动车排放检验机构应当遵守下列规定：

（一）与市生态环境行政主管部门联网，实现检验数据和电子检验报告实时共享，并按照国家规定保存检验信息和有关技术资料；

（二）接受市生态环境行政主管部门的远程监控，保证监控设备的正常、有效运转，不得遮挡或者擅自调整监控设备位置，不得损坏或者擅自删除视频录像资料；

（三）不得经营或者参与经营机动车排气污染维修业务；

（四）公示计量认证资质证书、检验方法、排放限值标准、收费标准、检验流程、检验过程及结果和监督投诉电话，接受社会监督。

第十四条 市生态环境行政主管部门可以在机动车集中停放地、维修地对在用机动车的排气污染进行监督抽检；在不影响机动车正常通行的前提下，可以采用遥感等方法对道路上行驶的机动车排气污染进行抽检。

市生态环境行政主管部门应当对行驶的机动车排气污染进行巡查，对排放黑烟等明显可见污染物的机动车实施影像拍摄，并告知机动车所有者。机动车所有者应当在被告知之日起五个工作日内到机动车排放检验机构接受检验。

市生态环境行政主管部门应当与公安机关交通管理部门建立机动车排气污染监督检查工作协作机制，对行驶中排放黑烟等明显可见污染物的机动车排气污染进行监督抽检，公安机关交通管理部门应当予以配合。

第十五条　对监督检验排气污染物超过本市执行的排放标准的机动车，由市生态环境行政主管部门责令机动车所有者限期维修治理；维修治理后，到机动车排放检验机构复检。

第十六条　机动车所有者应当保证机动车排气污染物净化装置的正常使用，不得擅自拆除、闲置。

第十七条　违反本条例规定，有下列行为之一的，由市生态环境行政主管部门责令改正，并按照下列规定予以处罚：

（一）对已告知排放黑烟等明显可见污染物的机动车所有者未在限定期限内到机动车排放检验机构接受检验的，处以五百元罚款；

（二）排气污染物超过本市执行标准的机动车未经复检上路行驶的，处以三百元罚款；

（三）擅自拆除或者闲置机动车排气污染物净化装置的，处以一千元罚款。

第十八条　违反本条例规定，机动车排放检验机构有下列行为之一的，由市生态环境行政主管部门按照下列规定予以处罚：

（一）未接受市生态环境行政主管部门的远程监控，或者未保证监控设备的正常、有效运转，或者遮挡、擅自调整监控设备位置，或者损坏、擅自删除视频录像资料的，责令改正，处以两万元以上五万元以下罚款；逾期未改正的，停业整治，并处以五万元以上十万元以下罚款；

（二）经营或者参与经营机动车排气污染维修业务的，责令改正，并处以二万元罚款；逾期未改正的，停业整治，并处以五万元罚款；

（三）未公示计量认证资质证书、检验方法、排放限值标准、收费标准、检验流程、检验过程及结果和监督投诉电话信息的，责令改正；逾期未改正的，处以一万元罚款。

第十九条　从事机动车排气污染监督的有关行政管理部门有下列行为之一的，由有权机关对直接负责的主管人员和其他直接责任人员依法给予处分：

（一）不按照规定对排放检验报告进行统一编码的；

（二）对机动车排放检验机构不履行监督管理职责的；

（三）要求机动车所有者到指定的机动车排放检验机构进行定期检验的；

（四）推销或者指定使用机动车排气污染治理的产品，参与或者变相参与机动车排气污染物检验经营的；

（五）其他不履行法定职责、滥用职权、徇私舞弊的行为。

第二十条　法律、法规对机动车排气污染防治已有规定的，从其规定。

第二十一条　本条例自2010年11月1日起施行。

内蒙古自治区大气污染防治条例

（2018 年 12 月 6 日内蒙古自治区第十三届人民代表大会常务委员会第十次会议通过）

第一章　总　则

第一条　为了保护和改善大气环境，防治大气污染，保障公众健康，推进生态文明建设，促进经济社会可持续发展，根据《中华人民共和国环境保护法》《中华人民共和国大气污染防治法》和国家有关法律、法规，结合自治区实际，制定本条例。

第二条　本条例适用于自治区行政区域内大气污染防治工作。上位法已经作出规定的，从其规定。

第三条　防治大气污染，应当以改善大气环境质量为目标，遵循规划先行、源头治理、预防为主、防治结合、政府主导、公众参与、损害担责的原则。

第四条　旗县级以上人民政府应当将大气污染防治工作纳入国民经济和社会发展规划，转变经济发展方式，调整优化产业结构、能源结构、运输结构、用地结构，改造提升传统产业，大力发展新兴产业，推动新旧动能转换。

第五条　自治区发展现代能源经济，坚持煤、电、油、气、风、光等多种能源综合利用，构建安全、绿色、集约、循环、高效的清洁能源供应体系，保护和改善大气环境。

第六条　旗县级以上人民政府应当加大对大气污染防治的财政投入，对开展技术改造、清洁能源替代的企业事业单位和其他生产经营者给予税费减免、资金补助和财政贴息等政策优惠。

第七条　实行重点大气污染物排放总量和大气环境质量控制制度。

自治区人民政府结合经济社会发展水平、环境质量状况、产业结构，将重点大气污染物排放总量控制指标和环境空气质量约束性目标，分解落实到盟行政公署、设区的市人民政府。

第八条　实行大气环境保护目标责任制和考核评价制度。

旗县级以上人民政府应当将本行政区域内大气环境质量改善目标、大气污染防治重点任务完成情况纳入政府绩效考核，考核结果应当向社会公开。

第九条　旗县级以上人民政府生态环境主管部门对大气污染防治实施统一监督管理，

其他有关部门在各自职责范围内对大气污染防治实施监督管理。

第十条　自治区人民政府生态环境主管部门应当建立、完善环境信用管理数据库和环境守信激励、失信惩戒机制，并纳入统一的社会信用体系。

旗县级以上人民政府生态环境主管部门和其他负有大气污染防治监督管理职责的部门，应当依法公开大气环境质量、大气环境监测数据、突发大气环境事件以及大气环境行政许可、行政处罚情况等信息。

第十一条　开展空气质量中长期趋势预测工作，完善重污染天气的区域联合预警机制，及时发布重污染天气预报信息，实现预报信息全区共享、联网发布。

盟行政公署、设区的市人民政府统一发布大范围重污染天气预警信息，各相关城市按预警等级启动应急响应措施，根据应急需要可以采取责令有关企业停产或者限产、限制部分机动车行驶、停止工地土石方作业和建筑物拆除施工、停止幼儿园和学校组织的户外活动、组织开展人工影响天气作业等应急措施。

第十二条　自治区人民政府生态环境主管部门根据主体功能区划、区域大气环境质量状况和大气污染传输扩散规律，划定自治区的大气污染防治重点区域，统筹协调重点区域内的大气污染联防联控工作。

第十三条　任何单位和个人都有保护大气环境的权利和义务，有权对污染大气环境的行为和大气污染监督管理部门及其工作人员不依法履行职责的行为进行检举和控告。

第二章　工业污染防治

第十四条　加大区域产业布局调整，加快企业技术升级改造，推进工业污染源达标排放，大力发展循环经济。

推进城市建成区企业退出城区、进入工业园区。盟行政公署、设区的市人民政府应当制定计划，对位于城市建成区范围内的钢铁、石油、化工、有色金属、冶金、水泥、制药等高耗能、高排放企业限期完成搬迁或者改造。

第十五条　排污单位应当采用能源和原材料利用效率高、污染物排放量少的清洁生产技术、工艺和设备，减少大气污染物的产生和排放。

鼓励排污单位优先采用同行业先进技术，提高生产标准和要求，实现大气污染物超低标准排放。

第十六条　在生产过程中排放粉尘、硫化物和氮氧化物的排污单位，应当配套建设除尘、脱硫、脱硝等装置，或者采取技术改造等其他控制大气污染物排放的措施。

第十七条　排放工业废气或者有毒有害大气污染物的排污单位应当按照国家有关规定和监测规范自行或者委托有资质的监测机构监测大气污染物排放情况，记录、保存监测数据，确保监测数据真实、可靠，并通过网站或者其他便于公众知晓的方式向社会公开。监测数据的保存时间不得低于五年。

第十八条 向大气排放污染物的排污单位，应当按照国家规定，设置大气污染物排放口及其标志。

第十九条 旗县级以上人民政府应当严格控制新建、改建、扩建排放恶臭的工业类建设项目。已建化工、生物发酵等排放恶臭污染物的单位，应当在生态环境主管部门规定的期限内采用先进的技术、工艺和设备，减少恶臭污染物排放，达到国家标准。

第二十条 严格执行国家及自治区产业结构调整指导目录，生产经营者应当在规定期限内，淘汰列入目录的生产工艺、设备和产品。

生产者、进口者、销售者或者使用者应当在规定期限内停止生产、进口、销售或者使用列入前款规定目录中的设备和产品；工艺的采用者应当在规定期限内停止采用列入前款规定目录中的工艺。

被淘汰的设备和产品，不得转让给他人使用。

第二十一条 自治区人民政府应当对排放大气污染物中含有氟化物的重点排污单位实施氟化物排放总量、排放浓度限值双控制度。

第二十二条 旗县级以上人民政府应当公布本行政区域内重污染天气期间停产、限产、限排生产企业清单，企业应当将应急减排措施，落实到各工艺环节、具体生产线和责任人。

重污染天气预警期间，对钢铁、焦化、有色金属、煤炭和矿石等涉及大宗原材料及产品运输的重点用车企业，实施分时段运输。

第三章 燃煤污染防治

第二十三条 各级人民政府应当采取措施，优化煤炭使用方式，推动煤炭清洁生产和高效利用，逐步降低煤炭在一次能源消费中的比重，减少煤炭生产、运输、使用、转化过程中的大气污染物排放。

第二十四条 露天煤矿应当硬化运输道路，采掘作业应当采取雾炮洒水等防尘措施，对坑上、坑下传送皮带应当加设防尘罩，采取封闭措施破碎煤炭。

第二十五条 旗县级以上人民政府采取有利于煤炭清洁利用、能源转化的经济、技术措施，鼓励煤层气、煤矸石、粉煤灰、炉渣资源的综合利用。

旗县级以上人民政府应当加强煤矸石和煤田自燃治理，负责无主着火点灭火工作。

第二十六条 运输煤炭的车辆应当采取密闭或者其他措施防止物料遗撒造成煤尘污染，并按照规定路线行驶。装卸煤炭应当采取密闭或者喷淋等方式防治煤尘污染。

第二十七条 贮存煤炭、煤矸石、煤渣、煤灰等易产生煤尘的物料应当密闭；不能密闭的，应当设置不低于堆放物高度的严密围挡，并采取有效覆盖措施防治煤尘污染。

第二十八条 燃煤单位应当采用清洁生产工艺，配套建设除尘、脱硫、脱硝等装置，或者采取技术改造等其他控制大气污染物排放的措施，实现达标排放。燃煤电厂应当实现超低排放。

第二十九条　旗县级以上人民政府可以划定并公布高污染燃料禁燃区，并根据大气环境质量改善要求，逐步扩大高污染燃料禁燃区范围。

在禁燃区内，禁止销售、燃用高污染燃料。禁止新建、扩建燃用高污染燃料的设施；已建成的，应当在旗县级以上人民政府规定的期限内改用天然气、液化石油气、电或者其他清洁能源。

第三十条　各级人民政府应当加强民用散煤管理，对煤炭销售和使用实行网格化管理，实施源头治理、动态监管、分类整治。

第三十一条　禁止销售不符合民用散煤质量标准的煤炭。

各级人民政府应当加强对煤炭销售网点和散煤运输的监督检查，依法取缔劣质煤炭销售网点，查处散煤违规运输和直送行为。

第四章　机动车污染防治

第三十二条　旗县级以上人民政府应当发展公共交通，提高公共交通出行分担率，加强城市步行和自行车交通系统建设，引导公众绿色、低碳出行。

第三十三条　自治区推广新能源机动车，加快充电站（桩）、加气站等基础设施建设，旗县级以上人民政府可以从财政、税收、政府采购等方面给予支持。

第三十四条　旗县级以上人民政府生态环境主管部门在不影响机动车正常通行的情况下，可以通过遥感监测等技术手段对在道路上行驶的机动车的大气污染物排放状况进行监督抽测，公安机关交通管理部门予以配合。

第三十五条　在用机动车排放的大气污染物应当符合所在地执行的排放标准。

在用机动车排放大气污染物超过标准的，应当进行维修；经过维修或者采用污染控制技术后，大气污染物排放仍然不符合国家在用机动车排放标准的，应当强制报废。

第三十六条　自治区人民政府应当制定货物运输结构调整专项规划，加快煤炭、火电、钢铁等重点企业铁路专用线建设，提高铁路运输比例。

第三十七条　旗县级以上人民政府应当对柴油货车超标准排放进行综合治理。

在用柴油车未安装污染控制装置或者污染控制装置不符合要求，不能达标排放的，应当加装或者更换符合要求的污染控制装置。

第五章　扬尘污染防治

第三十八条　建设单位与施工单位签订施工合同，应当明确施工单位扬尘污染防治责任，将扬尘污染防治费用列入工程预算。

从事房屋建筑、市政基础设施建设、建筑物拆除、河道整治等活动产生扬尘污染的，施工单位应当按照规定将作业时间、作业地点、排放扬尘污染物的种类及其防治措施等，向所在地负责监督管理扬尘污染防治的主管部门备案。

第三十九条 建筑工程施工应当遵守下列防尘规定：

（一）施工工地周围应当按照有关规定设置连续、密闭的围挡；

（二）施工工地地面、车行道路应当进行硬化等降尘处理；

（三）易产生扬尘的土方工程等施工时，应当采取洒水等抑尘措施；

（四）建筑垃圾、工程渣土等在48小时内未能清运的，应当在施工工地内设置临时堆放场并采取遮盖等防尘措施；

（五）运输车辆在除泥、冲洗干净后方可驶出施工工地；

（六）需使用混凝土的，应当使用预拌混凝土或者进行密闭搅拌并采取相应的扬尘防治措施，禁止现场露天搅拌；

（七）施工工地内堆放的粉状物料堆场采取封闭措施，其他工程材料、砂石、土方等易产生扬尘的物料，应当采取覆盖防尘网或者防尘布等措施。

第四十条 道路与管线施工，除遵守本条例第三十九条的规定外，还应当遵守下列防尘规定：

（一）施工机械在挖土、装土、堆土、路面切割、破碎等作业时，应当采取洒水等措施；

（二）对已回填后的沟槽，应当采取夯实、洒水、覆盖等措施；

（三）使用风钻挖掘地面或者清扫施工现场时，应当向地面洒水。

第四十一条 道路保洁作业应当遵守下列防尘规定：

（一）城市主要道路、广场、停车场和其他公共场所，推行清洁动力机械化清扫等低尘作业方式；

（二）采用人工方式清扫道路的，应当符合市容环境卫生作业规范；

（三）路面破损的，应当采取防尘措施，及时修复；

（四）下水管道的清疏污泥应当在当日清运，不得在道路上堆积。

第四十二条 城镇行道树施工和养护作业应当遵守下列防尘规定：

（一）行道树栽植时，所挖树穴不能及时栽植的，对树穴和栽种土应当采取覆盖等防尘措施；

（二）行道树栽植后，应当当天完成余土及其他物料清运；不能完成清运的，应当进行遮盖；

（三）行道树下的裸露泥土，应当进行绿化或者铺装透水材料；

（四）在大风、霾等扬尘污染天气预警期间，应当停止平整土地、换土、原土过筛等作业。

第六章 供热污染防治

第四十三条 旗县级以上人民政府应当统筹规划城市建设，优先发展以热电联产为主的集中供热，推进使用风能、太阳能、生物质能、天然气、地热等清洁能源替代分散燃煤供热。

第四十四条 旗县级以上人民政府应当推进城中村、棚户区改造，将应当淘汰的分散燃煤锅炉供热区域纳入集中供热管网覆盖范围，逐步提高集中供热比例。

第四十五条 在燃气管网和集中供热管网覆盖的区域，不得新建、改建、扩建分散燃烧煤炭、重油、渣油的集中供热设施；已建成的不能达标排放的集中供热设施应当在规定的期限内拆除。

第四十六条 在集中供热管网未覆盖的区域，推广使用新能源、清洁能源供热，或者使用高效节能环保型锅炉和对原有锅炉进行技术升级改造。

第四十七条 各级人民政府应当采取措施，推进城乡接合部、农村牧区清洁取暖工作，将农村牧区炊事、养殖、大棚用能与清洁取暖相结合，充分利用生物质、沼气、太阳能、罐装天然气、电等多种清洁能源供暖。加大煤改气、煤改电和生物质能源替代等项目建设的财政补贴力度，逐步减少煤炭的使用量，减少大气污染物的排放。

第四十八条 各级人民政府应当建立和完善洁净煤生产配送体系和营销网络，推广和使用优质煤炭、洁净型煤和节能环保型炉具，并保障供应。

第七章 秸秆焚烧污染防治

第四十九条 从事农业生产经营的组织和个人应当妥善处理农作物秸秆，禁止露天焚烧农作物秸秆。

第五十条 各级人民政府及其有关部门应当鼓励和支持采用先进适用技术，对秸秆进行肥料化、饲料化、能源化、工业原料化、食用菌基料化等综合利用，加大对秸秆还田、收集一体化农业机械的财政补贴力度。

第五十一条 旗县级人民政府应当组织建立秸秆收集、贮存、运输和综合利用服务体系，采用财政补贴等措施支持农村牧区集体经济组织、农民专业合作经济组织、企业等开展秸秆收集、贮存、运输和综合利用服务。

第五十二条 各级人民政府及其有关部门应当加强禁止露天焚烧农作物秸秆的宣传教育，广播、电视、报刊、网络等媒体应当发挥舆论引导和监督作用，组织开展禁止露天焚烧农作物秸秆的公益宣传活动。

第五十三条 旗县级人民政府应当在春耕和秋收阶段组织生态环境、农业等部门及乡镇人民政府，对禁止露天焚烧农作物秸秆工作进行检查，加强监督管理。

第五十四条 嘎查村民委员会应当建立监管责任制，将禁止露天焚烧农作物秸秆纳入村规民约，对嘎查村实行网格化管理，及时发现、报告和处置秸秆焚烧违法行为。

第八章　沙尘污染防治

第五十五条　各级人民政府应当推进山水林田湖草的生态保护和修复，加强植树种草，增加绿地和水域面积，预防和治理土地沙化，保护和改善大气环境质量。

第五十六条　各级人民政府应当落实禁牧休牧和草畜平衡制度，加快推进基本草原划定和保护工作，加大退牧还草力度，实行草原生态保护补助奖励政策。对已经退化、沙化的草原，应当限期治理。

第五十七条　治理沙化土地应当坚持政府、企业和个人共同参与原则，推进政府政策性支持、企业产业化投资、农牧民市场化参与、技术持续化创新的沙漠治理方式。

第五十八条　各级人民政府应当根据沙化土地所处的地理位置、土地类型、植被状况、气候和水资源状况、土地沙化程度等自然条件及其所发挥的生态、经济功能，对沙化土地实行分类保护、综合治理和合理利用。

第五十九条　治理沙化土地应当坚持生物措施与工程措施相结合，因地制宜地采取退耕还林、退牧还草、封沙育林育草、建设防护林、小流域综合治理以及合理调配生态用水等措施，恢复和增加植被。

第六十条　各级人民政府应当在有效治理沙化土地的基础上，大力发展沙区特色产业，调整沙区产业结构，发展太阳能、风能和沼气等生物质能源，减轻沙区生活对植被资源的依赖。

第九章　其他污染防治

第六十一条　实施绿色矿山建设。新设立矿山执行绿色矿山建设标准，已建生产矿山应当限期达到绿色矿山建设标准。

对开采过的露天矿山，应当根据矿山的实际情况，及时采取边坡修复、土壤改良、植物配植等措施，进行生态复绿工作。

第六十二条　加大农业源氨的排放控制力度，逐步减少化肥农药使用量，增加有机肥使用量。强化畜禽粪污无害化处理，综合利用。

第六十三条　禁止露天焚烧沥青、油毡、橡胶、塑料、皮革、垃圾以及其他产生有毒有害烟尘和恶臭气体的物质；确需焚烧处理的，应当采用专用焚烧装置。

第六十四条　排放油烟的餐饮服务业经营者应当安装油烟净化设施并保持正常使用，或者采取其他油烟净化措施，使油烟达标排放，并防止对附近居民的正常生活环境造成污染。

禁止在居民住宅楼、未配套设立专用烟道的商住综合楼以及商住综合楼内与居住层相邻的商业楼层内新建、改建、扩建产生油烟、异味、废气的餐饮服务项目。

第六十五条 任何单位和个人不得在当地人民政府禁止的区域内露天烧烤食品或者为露天烧烤食品提供场地。

第六十六条 禁止生产、销售和燃放不符合质量标准的烟花爆竹。任何单位和个人不得在当地人民政府禁止的时段和区域内燃放烟花爆竹。

第六十七条 鼓励和倡导文明、绿色、生态祭祀。

第十章 法律责任

第六十八条 违反本条例规定，未按规定设置大气污染物排放口标志的，由旗县级以上人民政府生态环境主管部门责令改正，并处5000元以上1万元以下的罚款。

第六十九条 违反本条例规定，已建化工、生物发酵等排放恶臭污染物的单位，在规定的期限内未达到国家标准的，由旗县级以上人民政府生态环境主管部门责令改正，并处1万元以上10万元以下的罚款；拒不改正的，责令停业整治或者关闭。

第七十条 违反本条例规定，氟化物超过排放总量和排放浓度限值控制指标排放大气污染物的，由旗县级以上人民政府生态环境主管部门责令改正或者限制生产、停产整治，并处10万元以上100万元以下的罚款；情节严重的，报经有批准权的人民政府批准，责令停业整治或者关闭。

第七十一条 违反本条例规定，企业拒不执行停产、限产、限排、分时段运输等重污染天气应急措施的，由旗县级以上人民政府确定的监督管理部门处1万元以上10万元以下的罚款。

第七十二条 违反本条例规定，建筑工程施工、道路与管线施工、城镇行道树施工和养护作业未采取相应防尘措施的，由旗县级人民政府住房和城乡建设主管部门或者其他主管部门责令限期改正，并处1万元罚款；情节较重的，并处5万元罚款；情节严重的，并处10万元罚款；逾期未改正的，责令停工整治。

第七十三条 各级人民政府、旗县级以上人民政府生态环境主管部门和其他负有大气环境保护监督管理职责的部门及其工作人员滥用职权、玩忽职守、徇私舞弊、弄虚作假的，依法给予处分；构成犯罪的，依法追究刑事责任。

第十一章 附 则

第七十四条 本条例自2019年3月1日起施行。

河南省大气污染防治条例

（2017 年 12 月 1 日河南省第十二届人民代表大会常务委员会第三十二次会议通过）

第一章 总 则

第一条 为了保护和改善大气环境，防治大气污染，保障公众健康，推进生态文明建设，促进经济社会绿色可持续发展，根据《中华人民共和国环境保护法》《中华人民共和国大气污染防治法》等法律、法规规定，结合本省实际，制定本条例。

第二条 本条例适用于本省行政区域内的大气污染防治及其监督管理。

第三条 大气污染防治应当以改善大气环境质量为目标，坚持政府主导、全民共治，源头防治、规划先行，保护优先、损害担责的原则。

第四条 各级人民政府应当对本行政区域内的大气环境质量负责。

县级以上人民政府应当加强对大气污染防治工作的领导，将大气污染防治工作纳入国民经济和社会发展规划、城乡规划，优化产业结构和布局，调整能源结构，推行清洁能源利用，减少煤炭消耗，逐步削减大气污染物的排放量，建立健全大气污染防治协调机制，督促有关部门依法履行监督管理职责。

乡镇人民政府和街道办事处在县（市、区）人民政府领导及其有关部门的指导下，根据本辖区的实际，组织开展大气污染防治工作。

第五条 大气污染防治实行目标责任制和考核评价制度。省人民政府制定考核奖惩办法，对各省辖市大气环境改善目标、大气污染防治重点任务完成情况实施考核。考核结果应当向社会公开，并作为对省人民政府有关部门和省辖市人民政府及其负责人考核评价的内容。

第六条 县级以上人民政府环境保护主管部门对大气污染防治实施统一监督管理，并与有关部门按照下列规定，履行大气污染防治监督管理职责：

（一）环境保护主管部门负责工业大气污染防治的监督管理；发展改革主管部门负责煤炭消费总量控制、能源结构调整、产业结构调整和优化布局及相关监督管理工作；工业和信息化主管部门负责组织推动工业企业技术改造和升级、落后产能淘汰及相关监督管理工作。

（二）住房城乡建设主管部门负责房屋建筑工地、市政基础设施建设工地扬尘的监督管理。交通运输主管部门负责公路、水路施工和公路运输扬尘的监督管理以及港口码头贮存物料和作业扬尘的监督管理。住房城乡建设、房屋征收部门在各自职责范围内负责建筑物拆除施工扬尘的监督管理。住房城乡建设、城市管理部门负责城区内建筑垃圾和工程渣土处置、城市道路保洁、城市道路扬尘污染防治的监督管理。国土资源主管部门负责未利用土地开发、土地整治和耕地开发等扬尘的监督管理。水利主管部门负责水利工程施工扬尘、城市河道施工扬尘的监督管理。园林绿化主管部门负责园林绿化工程施工扬尘的监督管理。

（三）质量技术监督、环境保护主管部门在各自职责范围内负责对锅炉生产、进口、销售和使用环节执行环境保护标准或者要求的情况进行监督管理。

（四）环境保护主管部门会同商务部门负责油气回收治理，会同公安机关交通管理部门对机动车大气污染防治实施监督管理，会同交通运输、住房城乡建设、农业、水利等部门对非道路移动机械的大气污染防治实施监督管理。交通运输主管部门负责运输船舶大气污染防治的监督管理，渔业主管部门负责渔业船舶大气污染防治的监督管理。

（五）农业主管部门负责组织秸秆禁烧、农业生产活动大气污染防治及农业废弃物综合利用的监督管理。

（六）环境保护主管部门负责服装干洗、机动车维修行业排放异味、废气的监督管理。城市管理部门负责城市建成区内餐饮服务经营活动排放油烟，露天焚烧落叶、树枝、枯草，露天烧烤，焚烧电子废弃物、沥青、油毡、橡胶、塑料、皮革、垃圾以及其他产生有毒有害烟尘和恶臭气体的物质的监督管理。

（七）其他大气污染防治的监督管理，依照有关法律、法规和省政府关于环境保护工作的职责分工，由有关部门在各自职责范围内实施。

第七条　县级以上人民政府应当加大对大气污染防治的财政投入，加强大气污染防治资金的监督管理，提高资金使用效益。

各级人民政府对开展技术改造、清洁能源替代的企业事业单位和其他生产经营者应当给予扶持。

鼓励和支持社会资本参与大气污染防治，引导金融机构增加对大气污染防治项目的信贷支持，推行大气污染第三方治理，提高治理专业化水平和治理效果。

第八条　县级以上人民政府应当鼓励和支持大气污染防治科学技术研究，开展对大气污染来源及其变化趋势的分析，编制大气污染物源排放清单，推广和应用先进的防治技术，发挥科学技术在大气污染防治中的支撑作用。

第九条　各级人民政府应当加强大气环境保护宣传，对在防治大气污染、保护和改善大气环境方面取得显著成绩的单位和个人给予奖励。

第十条　机关、企事业单位、社会团体、学校、新闻媒体、基层群众自治组织等，应当加强大气环境保护教育，普及大气污染防治法律、法规和科学知识，提高公众的大气环境保护意识，推动公众参与大气环境保护。

公民应当增强大气环境保护意识，依法自觉履行大气环境保护义务。提倡绿色、低碳、节俭的生活和消费方式，减少排放大气污染物，共同改善大气环境质量。

第二章　大气污染防治的监督管理

第十一条　省人民政府对国家大气环境质量标准和大气污染物排放标准中未作规定的项目，可以制定本省地方标准；对国家大气环境质量标准和大气污染物排放标准中已作规定的项目，可以制定严于国家标准的地方标准，并报国务院环境保护主管部门备案。

第十二条　省人民政府根据大气环境质量标准、主体功能区划和经济技术条件，合理确定本省重点产业发展布局、结构和规模，制定并完善大气环境功能区划。

第十三条　未达到国家大气环境质量标准的省辖市、县（市、区）人民政府应当按照国家和本省大气污染防治目标要求和区域大气环境质量状况，制定大气环境质量限期达标规划和大气污染防治年度实施计划，并采取严格的大气污染控制措施，按期达到规定的大气环境质量标准。

达到国家大气环境质量标准的省辖市、县（市、区）人民政府应当按照国家和本省要求，制定大气环境质量持续改善措施。

大气环境质量达标规划和大气污染防治年度实施计划以及实施效果应当向社会公开，并适时进行评估、修订。

第十四条　省人民政府应当根据大气污染防治的需要，确定削减和控制重点大气污染物的种类和排放总量，将重点大气污染物排放总量控制指标逐级分解到省辖市、县（市、区）人民政府。省辖市、县（市、区）人民政府应当按照科学合理、公正公开原则，将重点大气污染物排放总量控制指标落实到排污单位。

第十五条　省人民政府环境保护主管部门应当建立大气环境调查、监测制度，完善大气环境质量和污染源监测体系、网络，组织开展大气环境质量状况和大气污染物排放情况监测，监测结果作为排污总量指标核定、建设项目环保审批等环境管理的重要依据，并向社会公开。

县级以上人民政府应当加强大气污染防治监测、预警能力建设，协调有关部门做好监测站点选址工作。大气环境监测站点的设置应当符合有关监测技术规范要求，保障监测数据合法有效。

县级以上人民政府环境保护主管部门和其他有关部门应当加强大气污染防治信息化建设，逐步完善环境监测、污染源监控、监督管理信息系统，实现大气污染防治监督和管理的信息共享。

第十六条　实行大气污染物排污许可管理制度。

向大气排放工业废气或者排放国家规定的有毒有害大气污染物的企业事业单位、集中供热设施的燃煤热源生产运营单位，以及其他依法实行排污许可管理的单位，应当依法取得排污许可证。禁止无排污许可证或者违反排污许可证的规定排放大气污染物。

向大气排放污染物的排污单位，应当按照国家和本省规定，设置大气污染物排放口及其标志。禁止非紧急情况下开启应急排放通道。

第十七条　企业事业单位和其他生产经营者建设对大气环境有影响的项目，应当依法进行环境影响评价、公开环境影响评价文件，并将二氧化硫、氟氧化物、挥发性有机物和气态重金属污染物排放是否符合总量控制要求作为建设项目环境影响评价的重要内容。

第十八条　排放工业废气或者有毒有害大气污染物的企业事业单位和其他生产经营者应当按照国家有关规定和监测规范开展自行监测。不具备监测能力的排污单位，应当委托有资质的监测机构进行监测。接受委托的监测机构，应当遵守环境保护法律、法规和相关技术规范的要求。监测数据应当按照规定的时间如实报送环境保护主管部门，并依法向社会公开。监测数据保存的时间不得少于三年。

重点排污单位和使用每小时二十蒸吨以上燃煤锅炉或者大气污染物排放量与其相当的窑炉的单位，应当安装、使用自动监测设备，并对自动监测数据的真实性和准确性负责。自动监测设备应当与环境保护主管部门统一监控系统联网。

按照监测规范要求获取的大气污染物排放有效自动监测数据作为核定污染物排放种类、数量的依据。

第十九条　重点排污单位应当按照规定向社会公布以下信息：

（一）基础信息，包括单位名称、统一社会信用代码、法定代表人、生产地址、联系方式，以及生产经营和管理服务的主要内容、产品及规模；

（二）排污信息，包括主要大气污染物及特征污染物的名称、排污方式、排放口数量和分布情况，排放浓度和总量、超标情况，以及执行的污染物排放标准、核定的排放总量；

（三）管理信息，包括建设项目环境影响评价及其他环境保护行政许可情况、大气污染防治设施的建设和运行情况、突发大气环境污染事件应急预案、重污染天气应急专项实施方案；

（四）其他应当公开的环境信息。

第二十条　环境监测、环境评估以及从事环境监测设备和防治设施维护、运营的单位应当对监测结果、评估结论、设施运营状况负责，并承担相应法律责任。县级以上人民政府环境保护主管部门和其他有关部门应当对其加强监督管理。

第二十一条　实行空气质量生态补偿制度和绿色环保调度制度。具体办法按照省人民政府的相关规定执行。

第二十二条　实行大气环境保护督察制度。省人民政府按照有关规定对省人民政府有关部门和省辖市人民政府履行大气环境保护职责的情况进行督察。督察结果作为对省人民政府有关部门和各省辖市人民政府及其负责人落实大气污染防治目标责任制考核评价的重要依据；造成生态环境损害的，按照有关规定实施生态环境损害责任追究。

第二十三条 对未完成国家和省下达的大气环境质量改善目标或者超过国家和省重点大气污染物排放总量控制指标的地方，省人民政府环境保护主管部门应当会同有关部门约谈该地方人民政府主要负责人，并暂停审批该地方新增重点大气污染物排放总量的建设项目环境影响评价文件，直至该地方完成整改。

约谈可以邀请媒体及相关公众代表列席。约谈针对的主要问题、整改措施及要求等情况应当在省人民政府门户网站和省级主要媒体公布。

第二十四条 对重大大气环境违法行为或者突出的大气污染问题，省或者省辖市人民政府应当挂牌督办，责成所在地政府限期查处、整改，挂牌督办情况应当向社会公开。对查处整改不力的，依法追究相关责任。

第二十五条 环境保护主管部门和其他负有大气环境保护监督管理职责的部门应当公布举报电话、网址等，建立健全大气污染举报处理机制。

公民、法人和其他组织有权举报污染大气环境违法行为。环境保护主管部门和其他负有大气环境保护监督管理职责的部门接到举报后，应当按照规定进行登记、核实并处理。对实名举报的，相关部门应当反馈处理结果。

接受举报的部门应当为举报人保密，举报内容经查证属实的，应当按照有关规定给予举报人奖励。

第二十六条 县级以上人民政府应当建立和完善环保信用评价制度，将环境污染行为纳入公共信用信息平台，定期向社会公布。

第二十七条 县级以上人民政府应当合理规划城镇布局，在城市总体规划中预留大气流动风道，因地制宜扩大绿地、水面、湿地面积。

第三章 大气污染防治措施

第一节 燃煤和其他能源污染防治

第二十八条 实行煤炭消费总量控制制度。

省人民政府根据经济社会发展需求、区域环境资源承载能力以及国家下达的煤炭消费总量控制目标等条件，制定全省煤炭消费总量控制规划和削减目标。

省人民政府发展改革主管部门应当会同工业和信息化、环境保护等主管部门组织实施煤炭消费减量替代，逐步降低煤炭在一次能源消费中的比重，重点削减工业用煤和民用煤使用量。

省辖市和县（市、区）人民政府应当根据全省煤炭消费总量控制规划和削减目标，制定本级的区域煤炭消费总量控制方案并组织实施。

第二十九条　各级人民政府应当加强煤炭质量管理，鼓励燃用优质煤炭，禁止进口、销售和燃用不符合质量标准的煤炭。

煤炭生产加工企业应当加强煤炭洗选设施建设与改造，提高煤炭洗选比例，推进煤炭清洁利用。

煤炭燃用单位应当采用先进洁净煤燃烧技术，提高煤炭利用效率，降低大气污染物排放。

第三十条　县级以上人民政府应当按照国家和本省规定要求，制定本行政区域锅炉整治计划，淘汰、拆除每小时十蒸吨以下的燃烧煤炭、重油、渣油以及直接燃用生物质的锅炉。超过每小时十蒸吨以上的锅炉污染物排放应当符合国家和本省规定的污染物排放标准。

在省辖市城市建成区内，禁止新建每小时 20 蒸吨以下的燃烧煤炭、重油、渣油以及直接燃用生物质的锅炉，其他地区禁止新建每小时 10 蒸吨以下的燃烧煤炭、重油、渣油以及直接燃用生物质的锅炉。

第三十一条　县级以上人民政府应当统筹规划城市建设，发展以热电联产为主的集中供热系统，合理开发利用地热资源。

除热电联产外，严格控制新建燃煤发电项目。具备稳定热源的集中供热区域和联片采暖区域内的热力用户，应当使用集中供应的热源，不得新建分散的燃煤供热设施，原有分散的中小型燃煤供热设施应当限期拆除。

第三十二条　各级人民政府应当采取措施，加强民用散煤使用管理，逐步减少煤炭使用量。加强电代煤、气代煤、清洁能源等项目建设，对符合条件的项目予以支持。

第三十三条　省辖市、县（市）人民政府划定并公布高污染燃料禁燃区，根据大气环境质量改善要求，逐步扩大高污染燃料禁燃区范围。

在禁燃区内，禁止销售、燃用高污染燃料；禁止新建、扩建燃用高污染燃料的设施，已建成的，应当在省辖市、县（市）人民政府规定的期限内改用天然气、页岩气、液化石油气、电或者其他清洁能源。

第二节　工业以及相关污染防治

第三十四条　实行大气重污染工业项目清洁生产审核制度。

对钢铁、石油、化工、煤炭、电力、有色金属、水泥、平板玻璃、建筑陶瓷等重点行业依法实施清洁生产审核，支持采用先进清洁生产技术、工艺和装备。

第三十五条　县级以上人民政府应当严格控制新建、扩建钢铁冶炼、水泥、有色金属冶炼、平板玻璃、化工、建筑陶瓷等行业的高排放、高污染项目。

城市建成区内人口密集区、环境脆弱敏感区周边的钢铁冶炼、化工、有色金属冶炼、水泥、平板玻璃、建筑陶瓷等行业中的高排放、高污染项目，应当限期搬迁、升级改造或者转型、退出。

鼓励大气重污染企业投保环境污染责任保险。

第三十六条 排污单位应当加强大气污染物排放精细化管理，对不经过大气污染物排放口集中排放的大气污染物，应当采取密闭、封闭、集中收集、覆盖、吸附、分解等处理措施，严格控制生产过程以及内部物料堆存、传输、装卸等环节产生的粉尘和气态污染物的排放。

第三十七条 石化、重点有机化工等企业应当建立泄漏检测与修复体系，对管道、设备等进行日常检修、维护，及时收集处理泄漏物料，加强生产、输送、进出料、干燥以及采样等易泄漏环节的密闭性和安全性，对无组织排放的挥发性有机物废气应当进行收集和有效处理，对有组织排放的挥发性有机物废气应当进行回收利用或者进行催化燃烧、热力焚烧，提高有机废气净化效率。

鼓励工业企业改进生产工艺，使用低挥发性有机物含量的原材料生产，减少挥发性有机物排放。

第三十八条 向大气排放恶臭气体的排污单位以及垃圾处置场、污水处理厂，应当按照规定设置合理的防护距离，安装净化装置或者采取其他措施，有效防止恶臭气体排放。

在居民住宅区等人口密集区域和医院、学校、幼儿园、养老院等其他需要特殊保护的区域及其周边，不得新建、改建和扩建石化、焦化、制药、油漆、塑料、橡胶、造纸、饲料等易产生恶臭气体的生产项目或者从事其他产生恶臭气体的生产经营活动。已建成的，应当逐步搬迁或者升级改造。

第三十九条 向大气排放持久性有机污染物的企业事业单位和其他生产经营者以及废弃物焚烧设施运营单位，应当按照国家有关规定，采取有利于减少污染物排放的技术方法和工艺，配备有效的净化装置并保持正常运行，实现达标排放。

第四十条 企业事业单位和其他生产经营者应当严格执行国家有关消耗臭氧层物质的生产、销售、使用和进出口管理规定，建立科学有效的回收利用和安全处置制度，不得随意排放、抛洒或者丢弃。

第三节 机动车船以及非道路移动机械污染防治

第四十一条 在本省销售、办理注册登记的机动车、非道路移动机械应当符合本省执行的机动车污染物排放标准。

省环境保护主管部门应当依法加强对新生产、销售机动车和非道路移动机械大气污染物排放状况的监督检查，工业、质监、工商等有关部门予以配合。

第四十二条 在用机动车应当按照国家和本省有关规定定期进行机动车污染物排放检验，经检验合格方可上道路行驶。未经检验合格的，公安机关交通管理部门不得核发安全技术检验合格标志。

县级以上人民政府环境保护主管部门对在道路上行驶的机动车污染物排放状况，在不影响正常通行的情况下可以通过遥感监测等手段进行监督抽测，公安机关交通管理部门应当予以配合。

第四十三条　在用重型柴油车、非道路移动机械向大气排放污染物，应当符合国家和本省规定的排放标准。

在用重型柴油车、非道路移动机械未安装污染控制装置或者污染控制装置不符合要求，不能达标排放的，应当加装或者更换符合要求的污染控制装置。

环境保护主管部门应当会同交通运输、住房城乡建设、农业、水利等有关部门对非道路移动机械的大气污染物排放状况进行监督检查，排放不合格的，不得使用。

城市人民政府可以根据大气环境质量状况，划定并公布禁止使用高排放非道路移动机械的区域。

第四十四条　在本省生产、销售和使用的船舶，应当符合国家和本省大气污染物排放标准，不得使用不符合标准或者要求的船舶用燃料，不得擅自拆除、改装排气污染控制装置。

第四十五条　机动车所有者或者使用者被有关部门或者机构告知排放大气污染物超过标准的，应当及时对机动车进行维修，经检验合格后方可使用。对经维修或者采用污染控制技术后，大气污染物排放仍不符合国家在用机动车排放标准的机动车，应当强制报废。

县级以上人民政府有关部门应当制定高排放在用机动车船、非道路移动机械治理方案并组织实施。鼓励高排放机动车船和非道路移动机械提前报废。

第四十六条　县级以上人民政府应当优化城市功能和布局，合理控制燃油机动车保有量，推广新能源机动车，规划建设相应的充电站（桩）、加气站等基础设施。

鼓励新建居民住宅小区停车位建设相应的充电设施。公务用车和公共交通、出租车、环境卫生、邮政、快递等行业用车应当率先使用新能源机动车。

县级以上人民政府应当优先发展城市公共交通，加强城市步行和自行车交通系统建设，引导公众绿色、低碳出行。

第四十七条　严格执行在用机动车检验和排放限值规定，配套供应合格的车用燃油，推动区域机动车排放污染协同监管。

禁止生产、进口、销售、使用不符合国家标准和本省使用要求的机动车船、非道路移动机械用燃料。

禁止向汽车和摩托车销售普通柴油以及其他非机动车用燃料，禁止向非道路移动机械、内河和江海直达船舶销售渣油和重油。

第四节　扬尘污染防治

第四十八条　建设单位应当将防治扬尘污染的费用列入工程造价，作为不可竞争费用纳入工程建设成本，并在施工承包合同中明确施工单位扬尘污染防治责任。施工单位应当制定具体的施工扬尘污染防治实施方案。

从事房屋建筑、市政基础设施建设、水利工程施工、道路建设工程施工、园林绿化施工以及建（构）筑物拆除等施工单位应当向所在地县级人民政府住房城乡建设、城市管理、水利、交通运输或者房屋征收等负责监督管理扬尘污染防治的主管部门备案。

第四十九条 房屋建筑、拆迁改造、市政基础设施施工、城市规划区内水利工程施工和道路建设工程施工及园林绿化施工等可能产生扬尘污染活动的施工现场，应当采取下列措施：

（一）建设项目开工前，在施工现场周边设置硬质围挡并进行维护；暂未开工的建设用地，对裸露地面进行覆盖；超过三个月未开工的，应当采取绿化、铺装或者遮盖等防尘措施；

（二）在施工现场出入口公示施工现场负责人、环保监督员、扬尘污染控制措施、举报电话等信息；

（三）在施工现场出口处设置车辆冲洗设施并配套设置排水、泥浆沉淀设施，施工车辆不得带泥上路行驶，施工现场道路以及出口周边的道路不得存留建筑垃圾和泥土；

（四）施工现场出入口、主要道路、加工区等采取硬化处理措施，确因生态和耕种等原因不能硬化的，应当采取其他有效措施进行抑尘；

（五）对在施工工地内堆放的水泥、灰土、砂石等易产生扬尘污染的物料，以及工地堆存的建筑垃圾、工程渣土、建筑土方应当采取遮盖、密闭或者其他抑尘措施；

（六）规模以上施工工地应当安装在线监测和视频监控，并与当地行业主管部门联网；

（七）其他应当采取的防尘措施。

第五十条 工程监理单位应当将扬尘污染防治纳入工程监理细则，对发现的扬尘污染行为，应当要求施工单位立即改正；对不立即整改的，及时报告建设单位及有关主管部门。

第五十一条 矿产资源开采、加工企业应当采用减尘工艺、技术和设备，采取洒水喷淋、运输道路硬化等抑尘措施，落实矿山地质环境恢复治理有关规定。

第五十二条 贮存煤炭、煤矸石、煤渣、煤灰、水泥、石灰、石膏、砂土等易产生扬尘的物料堆场应当密闭；不能密闭的，应当依法采取相应的围挡、覆盖、喷淋等抑尘措施。

露天装卸物料应当采取密闭或者喷淋等抑尘措施；输送的物料应当在装料、卸料处配备吸尘、喷淋等防尘设施。

垃圾填埋场、建筑垃圾以及渣土消纳场，应当按照相关标准和要求采取抑尘措施。

第五十三条 城市人民政府应当加强道路、广场、停车场和其他公共场所的清扫保洁管理，推行清洁动力机械化清扫等低尘作业方式，防治扬尘污染。采用人工方式清扫的，应当符合作业规范，减少扬尘。

运输煤炭、垃圾、渣土、砂石、土方、灰浆等散装、流体物料的车辆应当采取密闭或者其他措施，防止物料散落或者飞扬，并按照规定路线、时段行驶。

第五节　农业和其他污染防治

第五十四条　县级以上人民政府应当组织建立秸秆收集、贮存、运输和综合利用服务体系，采取财政补贴、技术指导等措施，支持农村集体经济组织、农民专业合作经济组织、企业等开展秸秆收集、贮存、运输和综合利用服务。

县级以上人民政府及其发展改革、农业等主管部门应当制定鼓励政策，推进秸秆肥料化、饲料化、能源化、工业原料化和食用菌基料化开发，逐步实现秸秆综合利用。禁止露天焚烧秸秆。

第五十五条　县级以上人民政府及其农业、林业等主管部门应当制定农药、化肥减量计划和措施，积极推广缓控释肥等技术，指导农业生产经营者科学合理施用农药、化肥等农业投入品，降低大气污染物排放量，防止农业面源污染。

农业生产经营者应当改进施肥方式，科学合理施用化肥，并按照国家和省有关规定施用农药，减少氨、挥发性有机物等大气污染物的排放。

县级以上人民政府园林绿化主管部门应当采用高效、低毒、低残留农药防治园林病虫害，并合理安排施药时间。

第五十六条　从事畜禽养殖、屠宰生产经营活动的单位和个人，应当及时对污水、畜禽粪便尸体进行收集、贮存、清运和无害化处理，防止产生恶臭气体。禁止在居民住宅区等人口密集区域和医院、学校、幼儿园、养老院等其他需要特殊保护的区域内建设畜禽养殖场、屠宰场。

第五十七条　禁止露天焚烧落叶、树枝、枯草等产生烟尘污染的物质，以及非法焚烧电子废弃物、油毡、橡胶、塑料、皮革、沥青、垃圾等产生有毒有害、恶臭或者强烈异味气体的物质。

第五十八条　向大气排放汞、铅、铬、镉、类金属砷等污染物的企业事业单位和其他生产经营者，应当依照国家和本省相关标准要求，采取有效措施，减少污染物排放。

第五十九条　任何单位和个人不得在所在地人民政府划定的禁止区域内露天烧烤食品。在划定的特定场地内设置的露天烧烤饮食摊点，应当推广使用环保餐饮灶具，不得使用高污染燃料。

禁止在下列场所新建、改建、扩建排放油烟的餐饮服务项目：

（一）居民住宅楼等非商用建筑；

（二）未设立配套规划专用烟道的商住综合楼；

（三）商住综合楼内与居住层相邻的楼层。

排放油烟的餐饮服务和经营场所，应当按照要求安装并正常使用油烟净化设施，确保油烟达标排放。

第六十条 工商、质监、住房城乡建设等主管部门应当根据各自职责，加强对建筑材料、装饰装修材料、家具等生产、销售、使用的监督管理，防止挥发性有机溶剂等有害物质的污染。

第六十一条 城市人民政府应当加强对销售和燃放烟花爆竹的管理，根据实际需要规定烟花爆竹禁售、禁放或者限售、限放的区域和时段，减少烟花爆竹燃放污染。任何单位和个人不得在城市人民政府禁止的区域和时段内燃放烟花爆竹。

第四章 重污染天气应对和重点区域大气污染联合防治

第六十二条 省、省辖市人民政府环境保护主管部门、气象主管机构应当建立重污染天气监测预警和会商机制，对大气环境质量和重污染天气进行预测预报。

省、省辖市人民政府根据重污染天气预测预报信息，确定重污染天气预警响应等级，适时发出预警并组织实施相应响应措施。

省、省辖市人民政府依据重污染天气预报信息统一发布预警信息，其他任何单位和个人不得擅自向社会发布。

第六十三条 县级以上人民政府应当制定重污染天气应急预案，向社会公布并向上一级人民政府环境保护主管部门备案。

县级以上人民政府应当根据重污染天气预警等级，及时启动应急预案，根据应急需要采取责令有关企业停产或者限产、限制部分机动车行驶、停止工地土石方作业和建筑物拆除施工、停止幼儿园和学校组织的户外活动或者放假、组织开展人工影响天气作业等应急措施。

第六十四条 省人民政府有关部门在实施产业转移的承接与合作时，应当严格执行国家和本省有关产业结构调整规定和准入标准，统筹考虑与京津冀以及其他相邻省大气污染防治的协调。

第六十五条 省人民政府环境保护主管部门应当加强与相邻省人民政府环境保护主管部门的协调联动，加强区域预警联动和监测信息共享，开展联合执法、环评会商，促进大气污染防治联防联控。

第六十六条 省人民政府有关部门应当加强与其他相邻省人民政府有关部门的大气污染防治科研合作，组织开展区域大气污染成因、溯源和防治政策、标准、措施等重大问题的联合科研，提高区域大气污染防治水平。

第六十七条 省人民政府应当组织建立大气污染联防联控机制，划定大气污染防治重点区域，落实区域联动防治措施。

重点区域内的省辖市人民政府应当定期召开联席会议，研究解决大气污染防治重大事项，推动节能减排、产业准入、落后产能淘汰和重污染天气应对的协调协作，开展大气污染联合防治。

第六十八条　省人民政府环境保护主管部门会同有关省辖市人民政府，制定重点区域大气污染防治规划，明确协同控制目标，提出重点防治任务和措施，促进区域大气环境质量改善。

第五章　法律责任

第六十九条　违反本条例第十八条第一款、第二款规定，排放工业废气或者有毒有害大气污染物的企业事业单位和其他生产经营者、重点排污单位、使用每小时 20 蒸吨以上燃煤锅炉或者大气污染物排放量与其相当的窑炉的单位，有下列行为之一的，由县级以上人民政府环境保护主管部门责令限期改正，处二万元以上十万元以下罚款；情节严重的，处十万元以上二十万元以下罚款；拒不改正的，责令停产整治：

（一）未按照规定安装、使用大气污染物排放自动监测设备或者未按照规定与环境保护主管部门监控设备联网，并保证监测设备正常运行的；

（二）来按照规定开展大气污染物监测，并保存原始监测记录的；

（三）不公开或者不如实公开自动监测数据信息的。

违反本条例第十八条第一款规定，接受委托的监测机构未按照环境保护法律、法规和相关技术规范的要求进行监测的，由县级以上人民政府环境保护主管部门责令改正，处二万元以上十万元以下罚款。

第七十条　违反本条例第十九条规定，重点排污单位未按照规定公开环境信息的，由县级以上人民政府环境保护主管部门责令改正，处二万元以上五万元以下罚款。

第七十一条　违反本条例第三十条第二款规定，在省辖市城市建成区内新建每小时 20 蒸吨以下的燃烧煤炭、重油、渣油以及直接燃用生物质的锅炉，在其他地区新建每小时 10 蒸吨以下的燃烧煤炭、重油、渣油以及直接燃用生物质的锅炉的，由县级以上人民政府环境保护主管部门报同级人民政府责令限期拆除，处二万元以上十万元以下罚款；情节严重的，处十万元以上二十万元以下罚款。

第七十二条　有下列行为之一的，由县级以上人民政府环境保护主管部门责令改正，处二万元以上二十万元以下罚款；拒不改正的，责令停产整治：

（一）违反本条例第三十六条规定，排污单位未按照规定对不经过大气污染物排放口集中排放的大气污染物采取必要的污染防治措施的；

（二）违反本条例第三十七条规定，石化、重点有机化工等企业对无组织排放挥发性有机物废气未进行收集和有效处理，对有组织排放挥发性有机物废气未进行回收利用或者催化燃烧、热力焚烧的；

（三）违反本条例第三十八条第二款规定，在人口密集区域和其他需要特殊保护的区域及其周边，新建、改建和扩建石化、焦化、制药、油漆、塑料、橡胶、造纸、饲料等生产项目的。

第七十三条 有下列行为之一的，由县级以上人民政府环境保护主管部门或者其他负有监督管理职责的部门责令改正，处二万元以上十万元以下罚款；拒不改正的，责令停工整治或者停业整治：

（一）违反本条例第三十八条第一款规定，向大气排放恶臭气体的排污单位以及垃圾处置场、污水处理厂，未按照规定设置合理防护距离，未安装净化装置或者采取其他措施有效防止恶臭气体排放的；

（二）违反本条例第三十八条第二款规定，在人口密集区和其他需要特殊保护的区域及其周边从事产生恶臭气体的生产经营活动的；

（三）违反本条例第三十九条规定，向大气排放持久性有机污染物的企业事业单位和其他生产经营者以及废弃物焚烧设施运营单位，未按照规定采取有利于减少污染物排放的技术方法和工艺，配备净化装置并保持正常运行的；

（四）违反本条例第四十条规定，未建立科学有效的回收利用和安全处置制度，随意排放、抛洒或者丢弃消耗臭氧层物质的。

第七十四条 违反本条例第四十三条第二款规定，使用排放不合格的非道路移动机械，或者在用重型柴油车、非道路移动机械未按照规定加装、更换污染控制装置的，由县级以上人民政府环境保护主管部门或者其他负有大气环境保护监督管理职责的部门按照职责责令改正，处五千元罚款。

违反本条例第四十三条第四款规定，在禁止使用高排放非道路移动机械的区域使用高排放非道路移动机械的，由城市人民政府环境保护主管部门或者其他负有大气环境保护监督管理职责的部门责令停止使用，处五千元以上二万元以下罚款。

第七十五条 违反本条例第四十八条第一款规定，建设单位未将防治扬尘污染的费用列入工程造价的，由住房城乡建设、交通运输、水利等扬尘监督管理部门按照职责分工限期改正；拒不改正的，责令停工整治。

第七十六条 违反本条例第四十九条规定，房屋建筑、拆迁改造、市政基础设施施工、城市规划区内水利工程施工和道路建设工程施工及园林绿化施工等可能产生扬尘污染活动的施工现场未按照规定采取扬尘防治措施的，由县级以上人民政府住房城乡建设主管部门或者其他负有监督管理职责的部门责令改正，处二万元以上十万元以下罚款；拒不改正的，责令停工整治，依法作出处罚决定的部门可以自责令改正之日的次日起，按照原处罚数额按日连续处罚。

第七十七条 违反本条例第五十条规定，建设工程监理单位未将扬尘污染防治纳入工程监理细则；对发现的扬尘污染行为，未及时要求施工单位改正，并报告建设单位及有关主管部门的，由住房城乡建设、交通运输、水利等扬尘监督管理部门按照职责分工，责令限期改正，处一万元以上五万元以下罚款；情节严重的，处五万元以上十万元以下罚款。

第七十八条 违反本条例第五十一条规定，矿产资源开采和加工企业未按照规定采取抑尘措施和落实矿山地质环境恢复治理有关规定的，由县级以上人民政府环境保护主管部门、国土资源主管部门依法按照各自职责责令改正，处二万元以上十万元以下罚款；拒不改正的，责令停产整治。

第七十九条　违反本条例第五十二条规定，有下列情形之一的，由县级以上人民政府环境保护主管部门或者其他负有大气环境保护监督管理职责的部门责令限期改正，处一万元以上五万元以下罚款；造成严重后果的，处五万元以上十万元以下罚款，并责令停业整治：

（一）未密闭煤炭、煤矸石、煤渣、煤灰、水泥、石灰、石膏、砂土等易产生扬尘的物料的；

（二）对不能密闭的易产生扬尘的物料，未依法采取相应的围挡、覆盖、喷淋等抑尘措施的；

（三）露天装卸物料未采取密闭或者喷淋等抑尘措施，输送的物料未在装料、卸料处配备吸尘、喷淋等防尘设施的；

（四）垃圾填埋场、建筑垃圾以及渣土消纳场，未按照相关标准和要求采取抑尘措施的。

第八十条　违反本条例第五十四条第二款规定，露天焚烧秸秆的，由县级以上人民政府农业主管部门责令改正，并可以处五百元以上二千元以下罚款。

第八十一条　违反本条例第五十七规定，露天焚烧落叶、树枝、枯草等产生烟尘污染的物质的，由县级以上人民政府确定的监督管理部门责令改正，并可以处五百元以上二千元以下罚款。

非法焚烧电子废弃物、油毡、橡胶、塑料、皮革、沥青、垃圾等产生有毒有害、恶臭或者强烈异味气体的物质的，由县级以上人民政府确定的监督管理部门责令改正，对单位处二万元以上十万元以下罚款，对个人处五百元以上二千元以下罚款。

第八十二条　违反本条例第六十一条规定，在城市人民政府禁止的区域和时段内燃放烟花爆竹的，由县级以上人民政府确定的监督管理部门对个人处五百元以上一千元以下罚款；对单位处一千元以上五千元以下罚款。

第八十三条　各级人民政府、县级以上人民政府环境保护主管部门和其他负有大气环境保护监督管理职责的部门及其工作人员有下列行为之一的，由其上级主管部门或者监察机关责令改正，依法给予处分：

（一）对挂牌督办的重大大气环境违法案件和突出大气污染问题处置不力，造成严重社会影响的；

（二）违法审批环境影响评价文件和核发排污许可证的；

（三）应当依法公开大气环境信息而未公开的；

（四）篡改、伪造或者指使篡改、伪造监测数据的；

（五）截留、挪用大气污染防治专项资金的；

（六）未依法履行大气污染防治监督管理职责的；

（七）未依法查处大气污染违法行为的；

（八）其他滥用职权、玩忽职守、徇私舞弊的行为。

第八十四条 违反本条例规定，造成损害的，依法承担赔偿责任；构成犯罪的，依法追究刑事责任。

对污染大气环境损害社会公共利益的行为，符合法律规定条件的机关或者社会组织可以向人民法院提起诉讼。

第六章 附则

第八十五条 《中华人民共和国大气污染防治法》有规定本条例未作规定的事项，依照《中华人民共和国大气污染防治法》有关规定执行。

第八十六条 本条例中下列用语的含义：

（一）高污染燃料，是指原（散）煤、煤矸石、粉煤、煤泥、污泥、燃料油（重油和渣油）、各种可燃废物、直接燃用的生物质燃料（树木、秸秆、锯末、稻壳、蔗渣等）以及污染物含量超过国家规定限值的固硫型煤、轻柴油、煤油和人工煤气。

（二）非道路移动机械，是指装配有发动机的移动机械和可运输工业设备，包括工业钻探设备、工程机械、农业机械、林业机械、渔业机械、材料装卸机械、叉车、雪犁装备、机场地勤设备、空气压缩机、发电机组、水泵等。

（三）挥发性有机物，是指特定条件下具有挥发性的有机化合物的统称，主要包括非甲烷总烃（烷烃、烯烃、炔烃、芳香烃）、含氧有机化合物（醛、酮、醇、醚等）、卤代烃、含氮化合物、含硫化合物等。

（四）持久性有机污染物，是指通过各种环境介质（大气、水、生物体等）能够长距离迁移并长期存在于环境，具有长期残留性、生物蓄积性、半挥发性和高毒性，对人类健康和环境具有严重危害的天然或人工合成的有机污染物质。

第八十七条 本条例自 2018 年 3 月 1 日起施行。

许昌市机动车和非道路移动机械排气污染防治条例

（2019年12月27日许昌市第七届人民代表大会常务委员会第二十四次会议通过 河南省第十三届人民代表大会常务委员会第十七次会议于2020年3月31日批准）

第一条 为了防治机动车和非道路移动机械排气污染，保护和改善大气环境，保障公众健康，推进生态文明建设，促进经济社会高质量发展，根据《中华人民共和国大气污染防治法》《河南省大气污染防治条例》等法律、法规，结合本市实际，制定本条例。

第二条 本市行政区域内的机动车和非道路移动机械排气污染防治，适用本条例。

本条例未作规定的，适用有关法律、法规的规定。

第三条 本条例所称机动车，是指以动力装置驱动或者牵引，上道路行驶的供人员乘用或者用于运送物品以及进行工程专项作业的轮式车辆。

本条例所称非道路移动机械，是指装配有发动机的移动机械和可运输工业设备，主要包括挖掘机、起重机、推土机、装载机、压路机、摊铺机、平地机、叉车、桩工机械、堆高机、发电机组等机械类型。

第四条 机动车和非道路移动机械排气污染防治坚持政府主导、部门协同、公众参与、预防为主、防治结合、损害担责的原则。

第五条 市、县（市、区）人民政府应当将机动车和非道路移动机械排气污染防治纳入环境保护规划，制定相关措施，保障经费投入，健全工作协调机制。

乡镇人民政府和街道办事处在县（市、区）人民政府的领导及其有关部门的指导下，根据本辖区实际，组织开展机动车和非道路移动机械排气污染防治工作。

第六条 生态环境主管部门对机动车和非道路移动机械排气污染防治实施统一监督管理。

公安、交通运输、市场监督管理、发展改革、财政、工业和信息化、自然资源和规划、住房城乡建设、水利、商务、城市管理、教育、大数据管理等有关部门按照各自职责，共同做好机动车和非道路移动机械排气污染防治的监督管理及相关工作。

第七条 市人民政府应当建立和完善全市机动车和非道路移动机械排气污染防治数据信息综合管理系统，实现机动车和非道路移动机械基本信息、排放污染物信息、排放检验信息、维修治理信息、监管执法信息等信息互通及资源共享。

第八条 生态环境主管部门应当会同市场监督管理部门建立联合检查机制，通过监督抽查、计量检定、网络监控等方式，对机动车排放检验机构排放检验行为的公正性、准确性进行监督管理。

生态环境主管部门应当会同公安、交通运输部门完善排放检验信息核查机制，通过排放检验信息联网实现数据共享。

第九条 交通运输部门应当将机动车排气污染防治纳入车辆营运、机动车维修的监督管理，加强对机动车维修单位排气污染维修活动的监督管理，并定期向社会公布辖区内备案的维修单位的相关信息。

第十条 市场监督管理部门对本市销售的机动车、非道路移动机械，以及机动车、非道路移动机械用燃料、发动机油、氮氧化物还原剂、燃料和润滑油添加剂、其他添加剂的产品质量，依法采取监督抽查等方式进行监督管理。

第十一条 公民、法人和其他组织有权向生态环境主管部门或者其他有关部门投诉、举报机动车和非道路移动机械排气污染违法行为。

生态环境主管部门和其他有关部门应当公布投诉举报电话、电子邮箱、网址等。接受投诉、举报的部门应当及时调查、处理和反馈，并对投诉举报人的相关信息予以保密。投诉、举报内容经查证属实的，应当按照有关规定给予投诉举报人奖励。

第十二条 市、县（市、区）人民政府及其有关部门应当加强机动车和非道路移动机械排气污染防治法律、法规和有关知识的宣传教育工作。

新闻媒体应当开展相关公益宣传，倡导绿色出行方式，提高公众环境保护和污染防治意识，加强对机动车和非道路移动机械排气污染违法行为的舆论监督。

第十三条 市、县（市、区）人民政府应当采取以下措施，保障城市道路畅通，减少机动车排气污染：

（一）加强城市道路及其配套设施的建设和管理，优化城市路网结构，实现人行道、非机动车道、机动车道的连续、畅通；

（二）优先发展城市公共交通，完善城市公共交通规划，丰富公共交通出行方式，优化公共交通线路、站点及设施设置，提高市民公共交通出行比例；

（三）恶劣天气和机动车通行的高峰时段，在易拥堵路段、路口增加警力，及时疏导交通；

（四）中小学校、幼儿园错时上学、放学，引导家长按时、有序接送学生或者安排校车集中接送学生；

（五）利用广播电台、微信公众号等方式及时发布城市道路拥堵信息，提醒市民及时绕行；

（六）其他有利于绿色出行及道路交通畅通有序的措施。

第十四条 鼓励和支持机动车、非道路移动机械排气污染防治先进技术的科学研究和开发应用；鼓励和支持生产、销售、使用新能源机动车和非道路移动机械，规划建设充电站（桩）等配套基础设施。

第十五条 本市销售、在用的机动车、非道路移动机械的大气污染物排放，应当符合国家和本省规定的机动车、非道路移动机械相应排放标准，不得超过标准排放大气污染物。

市、县（市）人民政府可以根据大气环境质量状况，对高排放非道路移动机械划定并公布禁止使用的区域。

第十六条 市生态环境主管部门应当会同有关部门，对在本市使用的非道路移动机械进行编码登记和环保标牌管理。

第十七条 生态环境主管部门应当会同交通运输、住房城乡建设、水利、城市管理等有关部门，通过监督抽测和采用电子标签、电子围栏、排气监控等技术手段，对本市在用的非道路移动机械大气污染物排放状况和高排放非道路移动机械禁用区域进行监督管理。

负有非道路移动机械排气污染防治监督管理职责的部门，应当各负其责，督促本行业内使用非道路移动机械的有关单位或者个人，使用符合国家和本省规定排放标准的非道路移动机械。

第十八条 在本市销售的机动车和非道路移动机械用燃料、发动机油、氮氧化物还原剂、燃料和润滑油添加剂以及其他添加剂，应当符合国家标准和本省规定。

第十九条 机动车所有人应当加强对机动车的维护保养，保持车载排放诊断系统和污染控制装置的正常运行，不得破坏车载排放诊断系统，不得拆除、闲置污染控制装置。

第二十条 机动车和非道路移动机械应当按照国家和本省有关规定，进行排放检验，接受监督抽测。

机动车排放检验周期与机动车安全技术检验周期一致，免于安全检验上线检测的车辆不进行排放检验。未经检验合格的，公安机关交通管理部门不予核发安全技术检验合格标志。

在不影响道路正常通行的情况下，生态环境主管部门可以通过遥感监测、监控抓拍等技术手段，对在道路上行驶的机动车的大气污染物排放状况进行监督抽测，公安机关交通管理部门应当予以配合。

生态环境主管部门可以在非道路移动机械停放地、维修地、作业地，对非道路移动机械的大气污染物排放状况进行监督抽测，相关行业主管部门应当予以配合。

生态环境主管部门及有关部门进行监督抽测不得收取任何费用。

第二十一条 机动车排放检验机构应当遵守下列规定：

（一）在工作场所的显著位置，公示检验程序、检验结果、检验视频、检验方法、排放限值标准、收费标准、监督投诉电话等有关事项；

（二）使用经依法检定合格的排放检验设备；

（三）与生态环境主管部门联网，并实时上传完整的检验数据、电子检验报告、视频监控数据及其他管理数据、资料，检验数据和检验报告应当真实、准确；

（四）法律、法规规定的其他事项。

第二十二条　机动车排放检验，不得有以下行为：

（一）伪造、篡改排放检验结果或者出具虚假排放检验报告；

（二）临时加装或者更换污染控制装置；

（三）用其他机动车替代检验；

（四）减少被测气体的摄入量，或者稀释被测气体的浓度；

（五）故意造成远程监控设备失真、失效；

（六）其他弄虚作假、人为干扰正常排放检验的。

第二十三条　在用机动车排放大气污染物超过标准的，应当进行维修；经维修或者采用污染控制技术后，大气污染物排放仍不符合国家在用机动车排放标准的，应当强制报废。其所有人应当将机动车交售给报废机动车回收拆解企业，由报废机动车回收拆解企业按照国家有关规定进行登记、拆解、销毁等处理。

维修单位应当按照大气污染防治的要求和国家有关技术规范，对排放检验不合格的在用机动车进行维修，使其达到规定的排放标准，并在质量保证期和承诺的质量保证期内依法承担维修质量保证责任。

第二十四条　违反本条例第十五条第一款规定，使用排放不合格的非道路移动机械，由生态环境主管部门或者其他负有非道路移动机械监督管理职责的部门按照职责责令改正，处5000元的罚款。

第二十五条　违反本条例第十九条规定，破坏车载排放诊断系统或者拆除、闲置污染控制装置的，由生态环境主管部门责令改正，对机动车所有人处5000元的罚款。

第二十六条　违反本条例第二十二条规定，排放检验机构以弄虚作假方式进行排放检验的，由生态环境主管部门没收违法所得，并处10万元以上50万元以下的罚款；情节严重的，由负责资质认定的部门取消检验资格。

机动车所有人、维修单位以弄虚作假等方式通过排放检验的，由生态环境主管部门责令改正，对机动车所有人处5000元的罚款；对机动车维修单位处每辆机动车5000元的罚款。

第二十七条　企业事业单位和其他生产经营者有第二十四条、第二十五条规定的违法行为，受到罚款处罚，被责令改正，拒不改正的，依法作出处罚决定的行政机关可以自责令改正之日的次日起，按照原处罚数额按日连续处罚。

第二十八条　生态环境主管部门、其他负有机动车和非道路移动机械排气污染防治监督管理职责的部门及其工作人员，有下列行为之一，由其上级主管部门或者监察机关责令改正，对直接负责的主管人员和其他直接责任人员依法给予处分；构成犯罪的，依法追究刑事责任：

（一）对排放检验机构不按照规范进行排放检验，未依法采取监督管理措施的；

（二）对维修单位不按照有关技术规范进行维修，未依法采取监督管理措施的；

（三）对不符合法定条件的机动车发放安全技术检验合格标志的；

（四）对非道路移动机械未依法进行监督管理的；

（五）其他滥用职权、玩忽职守、徇私舞弊的行为。

第二十九条　违反本条例规定，法律、法规已有法律责任规定的，从其规定。

第三十条　本条例自 2020 年 6 月 1 日起施行。

湖北省

湖北省大气污染防治条例

（2018 年 11 月 19 日湖北省第十三届人民代表大会常务委员会第六次会议修订通过）

第一章 总 则

第一条 为了保护和改善环境，防治大气污染，保障公众健康，推进生态文明建设，促进经济社会可持续发展，根据《中华人民共和国环境保护法》《中华人民共和国大气污染防治法》等法律，结合本省实际，制定本条例。

第二条 本条例适用于本省行政区域内大气污染防治及其监督管理。

第三条 大气污染防治应当以改善大气环境质量为目标，坚持预防为主、防治结合、综合治理、损害担责的原则。

第四条 各级人民政府对本行政区域的大气环境质量负责。

县级以上人民政府应当将大气污染防治工作纳入国民经济和社会发展规划，转变经济发展方式，调整优化产业结构和布局，加大政策支持和财政投入，采取措施控制、削减大气污染物的排放量，使大气环境质量达到规定标准并逐步改善。

乡镇人民政府、街道办事处应当根据法律法规规定和上级人民政府的要求，开展大气污染防治工作。

村（居）民委员会在乡镇人民政府、街道办事处的指导下协助做好大气污染防治工作。

第五条 县级以上人民政府生态环境主管部门对大气污染防治实施统一监督管理，履行下列职责：

（一）贯彻实施有关大气污染防治的法律法规、政策措施；

（二）依法拟定地方大气环境质量标准和大气污染物排放标准；

（三）依法编制大气环境质量限期达标规划；

（四）组织开展大气环境质量和大气污染源监测、预警；

（五）组织实施重点大气污染物排放总量控制；

（六）组织开展大气环境质量改善目标、大气污染防治重点任务完成情况考核工作；

（七）依法开展大气污染防治执法；

（八）法律、法规规定的其他职责。

第六条 县级以上人民政府其他有关部门按照下列规定和职责对大气污染防治实施监督管理：

（一）发展改革、经济和信息化、国有资产监督管理等主管部门负责能源结构调整、产业结构调整和产业布局优化及工业污染防治监督管理；

（二）公安、交通运输、住房城乡建设、农业农村、水利等主管部门对机动车船以及工程机械、农业机械等非道路移动机械污染防治实施监督管理；

（三）住房城乡建设、自然资源、交通运输、水利、城市管理等主管部门对建筑扬尘、矿山扬尘、道路扬尘、物料堆场扬尘等污染防治实施监督管理；

（四）农业农村、林业等主管部门对农业、林业生产活动大气污染防治和废弃物综合利用等实施监督管理；

（五）城市管理、公安、市场监督管理、农业农村等主管部门对原煤散烧、餐饮服务、露天焚烧、露天烧烤等污染防治实施监督管理。

县级以上人民政府有关部门的大气污染防治职责清单由本级人民政府依法制定。

第七条 大气污染防治实行目标责任制与考核评价制。

县级以上人民政府应当对大气环境质量改善目标、大气污染防治重点任务完成情况实施考核，将目标和重点任务完成情况纳入对本级人民政府有关部门及其负责人和下级人民政府及其负责人年度考核评价内容，并将考核评价结果向社会公开。

第八条 建立健全大气环境生态补偿制度。

省人民政府应当加大对环境空气质量达到国家和本省规定标准、环境空气质量不断改善地区的财政转移支付力度；鼓励省内区域间采用资金支持、对口协作等方式进行大气环境生态补偿。具体办法由省人民政府制定。

第九条 县级以上人民政府及其生态环境、科技等主管部门应当加强对大气污染来源、成因、变化趋势及治理技术的研究，推广大气污染防治新技术、新材料、新工艺，提升大气污染防治科学技术水平。

第十条 企业事业单位和其他生产经营者应当履行大气环境保护主体责任，建立大气环境保护责任制度，采取源头预防、过程控制、末端治理等有效措施，防止、减少大气污染。

单位和个人应当增强大气环境保护意识，采取绿色、低碳、节俭的生产和生活方式，自觉履行大气环境保护义务。

第十一条 县级以上人民政府及其有关部门和新闻媒体、学校应当加强大气环境保护宣传，普及大气污染防治法律法规和科学知识，提高全社会的生态文明意识。

对在大气污染防治工作中做出突出贡献的单位和个人给予表彰和奖励。

第十二条 县级以上人民政府应当每年向本级人民代表大会或者其常务委员会报告大气污染防治工作和大气环境质量状况、大气环境质量改善目标完成情况，依法接受监督。

县级以上人民代表大会常务委员会应当定期开展对大气污染防治法律法规实施情况的检查，依法加强监督。

第二章　大气污染防治的监督管理

第十三条　县级以上人民政府应当建立统一高效、分工明确的大气污染防治监督管理体系和工作协调机制，加强执法队伍建设，提高监督管理能力。

第十四条　省人民政府根据国家大气环境质量标准、大气污染物排放标准，结合本省大气环境质量状况和经济、技术条件，制定严于国家标准的地方标准或者对国家标准中未作规定的项目制定地方标准。

第十五条　排放工业废气或者国家有毒有害大气污染物名录中的大气污染物的企业事业单位、集中供热设施的燃煤热源生产运营单位以及其他依法实行排污许可管理的单位，应当向所在地生态环境主管部门申请核发排污许可证，并按照排污许可证载明的污染物种类、排放标准、排放总量控制指标以及其他要求排放大气污染物。

禁止无排污许可证或者不按照排污许可证的规定排放大气污染物。

第十六条　实行重点大气污染物排放总量控制制度，逐步削减重点大气污染物排放总量。

除国家确定实行排放总量控制的重点大气污染物外，省人民政府可以根据本省大气环境质量状况和大气污染防治工作需要，确定本省实行排放总量控制的重点大气污染物。

省人民政府应当根据国家有关规定，结合主体功能区规划，将重点大气污染物排放总量控制指标逐级分解到县级人民政府。县级以上人民政府应当按照科学合理、公正公开原则将重点大气污染物排放总量控制指标分解到排污单位。

排污单位应当严格执行依法分解到本单位的重点大气污染物排放总量控制指标。

第十七条　本省在削减重点大气污染物排放总量的前提下，按照优化配置环境资源的原则，推行重点大气污染物排污权交易。

第十八条　对超过重点大气污染物排放总量控制指标或者未完成大气环境质量改善目标的地区，上级人民政府应当约谈下级人民政府主要负责人，督促其限期整改，并向社会公开约谈情况；生态环境主管部门应当暂停审批该地区新增重点大气污染物排放总量的建设项目环境影响评价文件。

第十九条　县级以上人民政府生态环境主管部门负责组织建设、管理本行政区域大气环境质量和污染源监测网，对大气环境质量和大气污染物排放状况实施监测，并统一发布本行政区域大气环境质量状况信息。

第二十条　企业事业单位和其他生产经营者应当按照国家有关规定和监测规范，自行或者委托具有法定资格的第三方机构对其排放的工业废气和国家有毒有害大气污染物名录中的大气污染物实施监测。原始监测记录保存期限不得少于 3 年。

重点排污单位应当按照国家和本省有关规定，安装使用大气污染物排放自动监测设备，与生态环境主管部门的监控设备联网，保证监测设备正常运行，对自动监测数据的真实性、准确性负责。重点排污单位名录由省、市级人民政府生态环境主管部门会同有关部门依法确定，并向社会公布。

禁止侵占、损毁、干扰或者擅自移动、改变大气环境质量监测设施和大气污染物排放自动监测设备；禁止违反环境监测技术规范，篡改、伪造或者指使篡改、伪造大气环境质量和大气污染物排放监测数据。

第二十一条　企业事业单位和其他生产经营者违反法律法规规定排放大气污染物，造成或者可能造成严重大气污染，或者有关证据可能灭失、被隐匿的，县级以上人民政府生态环境主管部门和其他负有大气环境保护监督管理职责的部门，可以对有关设施、设备、物品采取查封、扣押等行政强制措施。

第二十二条　对重大大气污染案件或者重大大气污染事故，省人民政府生态环境主管部门应当实行挂牌督办，并向社会公布挂牌督办情况。

第二十三条　县级以上人民政府及其生态环境主管部门和其他负有大气环境保护监督管理职责的部门，应当加强与监察委员会、人民法院、人民检察院、公安机关的配合，建立大气污染案件行政执法和刑事司法衔接机制，健全联席会议、信息共享、案情通报和案件移送等制度。

第二十四条　省人民政府生态环境主管部门应当加强大气环境管理信息化建设，建立健全大气环境质量、大气污染源监测、应急管理、联合执法等为一体的省大气环境大数据管理平台，促进各级各部门数据信息开放共享。

第二十五条　县级以上人民政府应当充分考虑本地自然地貌形态、气象条件，科学编制并严格实施城市规划，设置、预留区域生态过渡带、生态保护区和城市风道，建立有利于大气污染物扩散的城市空间格局。

第三章　大气污染防治措施

第一节　能源消耗污染防治

第二十六条　省人民政府应当根据环境资源承载能力和大气环境质量改善目标，调整能源结构，推广清洁能源的生产和使用，提高清洁能源供应保障能力，探索推行用能权交易制度，逐步减少化石能源消耗，构建清洁低碳高效能源体系。

第二十七条　省人民政府应当制定全省煤炭消费总量控制规划和削减目标，对煤炭消费实行总量控制。

省人民政府发展改革主管部门应当会同生态环境、经济和信息化等有关部门，拟定煤炭消费总量控制目标，推动清洁能源替代煤炭，加大非化石能源利用强度，逐步降低煤炭在一次能源消费中的比重。

市、县级人民政府应当按照煤炭消费总量控制目标，制定煤炭消费总量控制计划并组织实施。

新增煤炭消费项目应当按照规定采取优化能源结构、淘汰落后产能等削减煤炭消费存量措施，实施煤炭消费减量替代。

第二十八条 县级以上人民政府能源主管部门应当会同生态环境、市场监督管理、应急管理等主管部门制定商品煤质量管理办法，建立健全煤炭质量管理制度。

县级以上人民政府煤炭管理部门应当会同市场监督管理主管部门及其他有关部门指导和监督煤炭加工、储运、销售、燃用企业制定煤炭质量内部管理制度，并采取抽样检测等方式对煤炭质量进行监督检查，发现煤炭质量不符合标准的，应当及时处理。

在本省行政区域销售、燃用的煤炭，应当符合国家和本省煤炭质量标准。

第二十九条 禁止新建不符合国家和本省产业政策以及大气污染防治要求的燃煤发电项目。

燃煤发电机组大气污染物排放应当执行国家超低排放限值要求。已建燃煤发电机组应当进行改造，限期达到国家超低排放限值要求。

省人民政府能源主管部门应当按照国家规定，优先调度超低排放燃煤发电机组以及使用清洁能源发电机组发电上网。

第三十条 县级以上人民政府市场监督管理主管部门应当会同生态环境主管部门建立并动态更新本行政区域各类锅炉台账。

县级以上人民政府应当组织制定锅炉整治计划，对各类锅炉按照国家和本省大气污染物排放标准进行整治；鼓励和支持锅炉使用单位采用先进工艺、技术和产品，对已建锅炉进行超低排放改造。

新建燃煤锅炉应当采用清洁生产工艺，配套建设除尘、脱硫、脱硝等装置，或者采取技术改造等其他控制大气污染物排放措施，排放大气污染物应当达到国家特别排放限值要求。

禁止新建国家和本省规定规模以下的燃煤锅炉。已经建成的，应当依法限期淘汰或者改造。

第三十一条 鼓励和支持城市建成区、工业园区实行热电联产和集中供热。在集中供热管网覆盖区域，禁止新建、改建、扩建分散燃煤供热锅炉；集中供热管网覆盖前已建成的分散燃煤供热锅炉，应当限期拆除。

第三十二条 县级以上人民政府应当采取下列措施加强民用散煤污染治理：

（一）制定民用散煤管理以及防治民用散煤污染的奖励、补助政策；

（二）禁止销售不符合民用散煤质量标准的煤炭；

（三）在城市建成区推行划定民用散煤禁燃区；

（四）推广使用洁净型煤、优质煤炭；

（五）推广使用民用清洁燃烧炉具，淘汰低效高污染排放炉具；

（六）推广使用清洁能源替代民用散煤；

（七）推广使用节能材料，推进建筑节能。

第三十三条 县级以上人民政府应当划定、公布高污染燃料禁燃区，并根据大气环境质量改善目标逐步扩大范围。

高污染燃料禁燃区禁止销售、燃用高污染燃料；禁止新建、扩建燃用高污染燃料的设施；已经建成的，应当在县级以上人民政府规定的期限内停止使用或者改用清洁能源。

第二节 工业污染防治

第三十四条 县级以上人民政府应当根据本行政区域大气环境承载力、重点大气污染物排放总量控制指标，结合排污单位排放大气污染物的种类、数量和浓度等因素，合理确定产业布局，禁止引进高污染、高环境风险项目。

鼓励和支持工业企业采取改进设计、使用清洁能源和原料、采用先进工艺技术与设备等措施，促进清洁生产，综合治理废水、废气、废渣，从源头削减污染。

第三十五条 省人民政府应当制定并及时修订高污染行业退出目录和高污染工艺、设备、产品淘汰目录，并向社会公布。

禁止新建、改建、扩建列入高污染行业退出目录的工业项目，已建项目应当在规定期限内调整退出。

禁止生产、进口、销售、使用列入淘汰目录的设备和产品，禁止采用列入淘汰目录的工艺。

第三十六条 县级以上人民政府应当组织制定并实施目录内工业项目调整退出计划，支持高污染项目实施技术改造或者自愿关闭、搬迁、转产，并在财政、价格、土地、信贷、政府采购等方面给予优惠、补助或者奖励。具体办法由省人民政府制定。

第三十七条 新建化工、印染、制药、涂装等工业项目，除统筹规划、单独布局的外，应当按照产业类别进入工业园区。

工业园区应当合理科学选址，按照规定安装大气环境质量监测监控系统，对园区内大气环境质量和污染物排放情况进行实时监控、及时预警，对排放的大气污染物进行综合治理。

第三十八条 在生产过程中排放粉尘、硫化物、氮氧化物、挥发性有机物等大气污染物的工业企业，应当采用清洁生产工艺，配套建设除尘、脱硫、脱硝、废气收集处理等大气污染防治设施，或者采取技术改造等其他控制大气污染物排放措施，达到国家和本省排放标准。

大气污染防治设施因维修、故障等原因不能正常使用的，排污单位应当及时报告所在地县级以上人民政府生态环境主管部门，并采取限产停产等措施，确保其大气污染物排放达到标准。

第三十九条 省人民政府应当制定化工、印染、制药、涂装、合成革、包装印刷、家具制造等行业的挥发性有机物排放地方标准及大气污染防治技术规范和操作规程。

产生含挥发性有机物废气的生产和服务活动，应当在密闭空间或者设备中进行，并按照规定安装、使用大气污染防治设施；无法密闭的，应当采取措施减少废气排放。

第四十条 省人民政府应当组织生态环境、市场监督管理主管部门制定产品挥发性有机物含量限值标准。生产、进口、销售、使用含挥发性有机物的原材料和产品，其挥发性有机物含量应当符合国家和本省规定的限值标准。

省人民政府生态环境主管部门应当定期公布化工、印染、涂装、包装印刷、家具制造等行业的低挥发性有机物含量产品目录。

政府采购应当优先选择低挥发性有机物含量产品目录内的产品。

鼓励幼儿园、学校、医院、商场、宾馆、车站、机场等人员密集场所使用低挥发性有机物含量产品目录内的产品。

第四十一条 储油储气库、加油加气站、原油成品油码头、原油成品油运输船舶和油罐车、气罐车等，应当按照本省规定和标准配套安装油气回收装置，并保持正常使用。

第三节 机动车船等污染防治

第四十二条 省人民政府应当科学规划，优化调整货物运输结构，发展多式联运，提高铁路和水路运输比例，推动油品质量升级，构建绿色交通体系。

县级以上人民政府应当建立机动车船、非道路移动机械排放污染防治工作协调机制，组织制定防治规划，采取提高控制标准、限期治理和更新淘汰等防治措施，加强机动车船、非道路移动机械用燃料管理，鼓励发展清洁能源汽车、船舶，减少机动车船、非道路移动机械排放污染。

第四十三条 县级以上人民政府应当优化城市功能和布局规划，推广智能交通管理，实施公交优先战略，引导公众绿色、低碳出行。

县级以上人民政府应当采取措施，加快充电桩、加气站、岸电设施等配套基础设施建设，减少机动车船污染物排放。

公务、公交、出租、环卫、邮政、通勤、轻型物流配送等用车应当优先选用清洁能源汽车。

第四十四条 在本省生产、进口、销售、使用机动车船和非道路移动机械排放大气污染物，应当符合本省执行的污染物排放标准。

在本省行驶的机动车船不得排放明显可见黑烟。

禁止生产、进口、销售、使用未达到排放标准的机动车船、非道路移动机械用燃料；禁止向汽车和摩托车销售普通柴油以及其他非机动车用燃料；禁止向非道路移动机械、内河和江海直达船舶销售渣油和重油。

省、市级人民政府可以根据大气污染防治需要，在本行政区域执行更严格的机动车船、非道路移动机械用燃料标准。

第四十五条 在用机动车船应当依法进行排放检验。

机动车排放检验机构应当履行下列义务：

（一）公开检验资质、检验制度、检验程序、检验方法、污染物排放限值、收费标准、监督投诉电话；

（二）按照技术规范进行检验，出具真实、准确的检验报告；

（三）按照规定保存检验数据、视频；

（四）不得要求机动车到指定的场所进行排放污染维修、保养；

（五）法律、法规规定的其他义务。

船舶检验机构在对船舶进行检验时，应当按照规定对船舶发动机及有关设备进行排放检验。经排放检验合格的船舶，方可投入运营；经排放检验不合格的船舶，应当暂停运营，对船舶进行维修或者加装污染控制装置。

县级以上人民政府生态环境、交通运输和市场监督管理主管部门应当对机动车排放检验机构和船舶检验机构的排放检验情况进行监督检查。

第四十六条 县级以上人民政府生态环境、交通运输主管部门可以在机动车船集中停放地、维修地对在用机动车船的污染物排放状况进行监督抽测。

县级以上人民政府生态环境主管部门可以会同公安、交通运输主管部门，在不影响正常通行的情况下，通过遥感监测等技术手段对在道路上行驶的机动车和在通航水域内航行船舶的污染物排放情况进行监督抽测。

通过遥感监测等技术手段取得的数据可以作为有关部门执法的依据。

第四十七条 市、县级人民政府可以根据大气环境质量状况和机动车排放污染程度，确定禁止高排放机动车行驶的区域、时段，设置禁止行驶标志和高排放机动车自动识别系统；划定禁止使用高排放非道路移动机械的区域。

采取前款规定的管理措施的，应当公开征求公众意见，并在实施30日之前向社会公布。

高排放机动车、非道路移动机械目录由市人民政府制定。

不得在禁止使用高排放非道路移动机械的区域使用高排放非道路移动机械。

第四十八条 省人民政府交通运输主管部门可以划定船舶大气污染物排放控制区。进入控制区的船舶应当符合本省规定的控制区大气污染物排放标准和燃料标准。

新建港口、码头应当规划、设计和建设岸基供电设施；已建成的港口、码头应当限期实施岸基供电设施改造。船舶靠港后应当优先使用岸电。

县级以上人民政府应当推动建立船舶使用岸电的供受电机制和激励机制，保障电力供应，完善电价优惠政策。

推行船舶在内河航道过闸智能化调度，提高船舶通航效率，减少船舶大气污染物排放。

第四十九条 对在本省使用的非道路移动机械，实行备案登记和排放标志管理制度。具体办法由省人民政府制定。

县级以上人民政府生态环境主管部门应当会同交通运输、住房城乡建设、农业农村、水利等主管部门，加强对非道路移动机械排放污染防治的监督管理，可以在非道路移动机械集中停放地、维修地、施工工地等场地开展监督抽测。

第四节 扬尘污染防治

第五十条 市、县级人民政府应当制定扬尘污染防治方案，明确扬尘污染防治目标、措施和责任主体。

第五十一条 建设单位应当将防治扬尘污染的费用作为不可竞争费用列入工程造价，专项用于扬尘污染防治，并在施工承包合同中明确施工单位扬尘污染防治责任。施工单位应当制定扬尘污染防治实施方案，建设单位应当监督方案的实施。

从事易产生扬尘污染的房屋、市政基础设施、水利工程、公路等项目建设和建（构）筑物拆除、物料运输堆放、园林绿化等活动，施工单位应当依法向住房城乡建设、水利、交通运输等相应的扬尘污染防治监督管理部门备案，并采取措施防止、减少扬尘污染。

第五十二条 施工单位应当遵守下列防尘规定：

（一）在施工现场周边按照要求设置围挡并进行维护；

（二）在建造、拆除房屋或者其他建（构）筑物等施工现场配备防风抑尘设备，采取持续加压喷淋等措施，需要爆破作业的，应当在爆破作业区外围洒水抑尘；

（三）在施工现场出入口、主要道路、加工区等采取硬化处理措施，在施工现场出入口设置车辆冲洗设施，施工车辆不得带泥上路行驶，运输建筑垃圾和工程渣土的车辆应当采取密闭或者其他措施；

（四）在施工工地内堆放水泥、灰土、砂石等易产生扬尘污染的物料，以及堆存建筑垃圾、工程渣土、建筑土方，应当采取遮盖、密闭或者其他抑尘措施；

（五）及时将建筑垃圾、工程渣土、建筑土方等运输到指定场所进行处置，不得随意倾倒；

（六）按照规定在施工工地安装扬尘在线监测设施；

（七）禁止在城市建成区内的施工工地现场搅拌砂浆；

（八）法律、法规规定的其他措施。

施工单位应当在施工现场出入口公示施工现场负责人、环保监督员、扬尘污染防治措施、举报电话等信息。

第五十三条 贮存煤炭、煤矸石、煤渣、煤灰、水泥、石灰、石膏、砂土等易产生扬尘污染的物料堆场应当密闭；不能密闭的，应当科学设置高于堆放物高度的严密围挡，并采取相应的覆盖、喷淋等防风抑尘措施和相关安全措施。大型堆场应当配置车辆冲洗专用设施。

装卸前款规定的物料应当密闭进行或者在易产生扬尘的工序配备吸尘、喷淋等防尘设施。

第五十四条　市、县级人民政府应当科学规划、建设垃圾消纳场，组织开展垃圾无害化处置和综合利用。

运输垃圾、渣土、砂石、土方、灰浆等散装、流体物料的车辆，应当密闭运输或者采取其他措施防止物料遗撒，安装电子定位装置，并按照规定的路线和时间行驶。

第五十五条　县级以上人民政府可以根据扬尘污染防治的需要，依法划定禁止从事矿产勘探、开采和加工的区域，并向社会公布。

从事易产生扬尘污染的矿产勘探、开采和加工活动的单位和个人，应当采用先进工艺、设置除尘设施，防止、减少扬尘污染。

第五十六条　探矿权人、采矿权人应当及时整修被损坏的道路和露天采矿场的边坡、断面，恢复植被，并按照规定处置矿产勘探、开采废弃物，整治和修复矿山及其周边自然生态环境。

第五十七条　对市政河道以及河道沿线、公共用地的裸露地面以及其他城镇裸露地面，有关部门应当按照规划组织实施绿化或者透水铺装等防尘措施，防止、减少扬尘污染。

第五十八条　城市道路保洁作业应当遵守下列防尘规定：

（一）在城市主要道路和其他有条件的地方推广使用清洁动力机械化清扫等低尘作业方式；

（二）城市生活垃圾、建筑余土、下水道的清疏污泥应当及时清运，不得在道路上堆积；

（三）合理安排城市道路的洒水频次和时段。

车站、机场、码头、停车场、体育场馆、公园、城市广场以及专用道路等露天公共场所的管理单位，应当制定保洁计划并明确责任人，定期清扫，防止、减少扬尘污染。

第五十九条　县级以上人民政府应当编制实施农村人居环境整治行动方案，加强农村生活垃圾治理、农村道路养护和抑尘管理，实施乡村绿化行动，防止、减少扬尘污染。

乡镇人民政府、村民委员会应当建立道路扬尘管理制度，对其管养道路采取清扫、洒水等除尘措施，防止、减少扬尘污染。

第六十条　县级以上人民政府应当鼓励和支持发展装配式建筑，提高装配式建筑比例和规模化程度，推进建筑全装修交付。

第五节　其他污染防治

第六十一条　县级以上人民政府及农业农村、林业等主管部门应当制定农药、化肥减量计划和措施，推广使用有机肥、高效低毒低残留农药和缓控释肥技术，推进农业生产、农产品加工、畜禽养殖等废弃物的无害化处置和综合利用，推进农业、林业绿色可持续发展，减少大气污染物排放。

第六十二条 禁止露天焚烧农作物秸秆。

县级以上人民政府应当按照疏堵结合的原则，编制秸秆综合利用规划，制定、落实财政、土地、信贷、保险、政府采购等政策扶持措施，统筹推进秸秆综合利用和秸秆露天禁烧工作。

县级以上人民政府生态环境主管部门应当建立健全禁止露天焚烧农作物秸秆监管和考核机制，利用遥感监测等技术手段进行监督抽测。

第六十三条 禁止露天焚烧沥青、油毡、橡胶、塑料、皮革、垃圾以及其他产生有毒有害烟尘和恶臭气体的物质。

禁止在城市建成区和县级以上人民政府划定的其他区域露天焚烧落叶、树枝、枯草。

任何单位和个人不得在当地人民政府禁止的区域内露天烧烤食品或者为露天烧烤食品提供场地。

第六十四条 省人民政府应当根据大气环境质量状况和污染防治的需要制定恶臭污染物排放地方标准。

在生产经营活动中产生恶臭气体的化工、制药、制革、生物发酵、饲料加工等企业以及垃圾处理厂、垃圾中转站、污水处理厂，应当科学选址，设置防护距离并安装净化装置或者采取其他措施，减少恶臭气体排放，防止对周边环境产生不良影响。

禁止在居民住宅区等人员密集区域或者幼儿园、学校、医院、养老院、办公区等场所及其周边，从事产生恶臭气体的生产经营活动。

第六十五条 排放油烟、异味、废气的餐饮服务业、服装干洗业、机动车维修业等经营者应当安装油烟、废气等净化设施，保持正常使用，并建立清洗、维护台账，使大气污染物达标排放。

禁止在下列地点新建、扩建产生油烟、异味、废气的餐饮服务、服装干洗、机动车维修等项目：

（一）居民住宅楼；

（二）未配套设立专用烟道的商住综合楼；

（三）商住综合楼内与居住层相邻的商业楼层。

第六十六条 幼儿园、学校、医院、商场、宾馆、酒店、电影院、体育场馆等公共场所和新建全装修商品房、出租房、办公场所等建筑物的经营者、管理者应当确保建筑物室内空气质量符合国家和本省标准。具体办法由省人民政府制定。

前款规定的公共场所和建筑物交付使用前应当经第三方专业检测机构对室内空气中甲醛、苯等挥发性有机物进行检测，检测不合格的，不得交付使用。

县级以上人民政府卫生健康主管部门应当会同住房城乡建设、商务、教育、生态环境、文化旅游、体育、市场监督管理等有关部门做好对本条第一款规定公共场所和建筑物的室内空气质量监督管理工作。

第六十七条 县级以上人民政府应当加强对销售和燃放烟花爆竹的管理，根据实际确定烟花爆竹禁售、禁放或者限售、限放的区域和时段，防止、减少烟花爆竹燃放污染。

单位和个人应当采取文明低碳方式举办庆典、婚礼和祭祀活动，减少燃放烟花爆竹和祭祀活动产生的污染。

第四章 区域大气污染联合防治和重污染天气应对

第六十八条 省人民政府应当与周边省（市）建立大气污染联合防治机制，推进区域合作，定期协商解决区域大气污染防治重大事项，落实大气污染防治目标责任。

省人民政府应当组织开展或者参与区域防治政策、标准、措施等重大问题的联合研究，推动区域各省（市）在节能减排、产业准入和淘汰以及机动车船大气污染物排放标准、检验方法、燃油标准等方面环境政策、标准、措施的统一。

第六十九条 省人民政府有关部门应当与周边省（市）相关部门加强沟通协调，共享大气污染防治信息，建立预警联动应急响应机制，组织实施环评会商、联合执法、预警应急等大气污染防治措施。

第七十条 省人民政府根据主体功能区规划、区域大气环境质量状况和大气污染传输扩散规律，可以划定本省的大气污染防治重点区域并予以公布。省人民政府生态环境主管部门制定重点区域大气污染联合防治方案，统筹协调重点区域大气污染防治工作。

重点区域的市、县级人民政府应当组织实施联合防治方案，采取更严格的大气污染防治措施，促进区域大气环境质量达标、改善。

第七十一条 省、市级人民政府生态环境主管部门应当会同气象等有关部门，建立重污染天气预警研判机制，开展大气环境质量预报；可能发生重污染天气时，应当及时向本级人民政府报告。

省、市级人民政府根据重污染天气预报信息，进行综合研判，确定预警等级，并及时发出重污染天气预警，告知公众防护措施，指导公众出行和调整其他相关社会活动。

县级以上人民政府应当将重污染天气应对纳入突发事件应急管理体系，依法制定应急预案，向上一级人民政府生态环境主管部门备案，并向社会公布。

纳入重污染天气应急响应的排污单位应当按照县级以上人民政府的应急预案，制定应急响应操作方案；重点排污单位应当按照县级以上人民政府要求执行重污染天气停产、限产或者错峰生产应急措施。

第七十二条 在重污染天气时段和区域，县级以上人民政府应当依据重污染天气的预警等级，及时启动应急预案，根据需要可以采取下列应急措施：

（一）责令重点排污单位停产、限产或者错峰生产；

（二）限制燃油机动车船行驶和非道路移动机械使用；

（三）责令停止工地土石方作业和建（构）筑物拆除施工；

（四）禁止燃放烟花爆竹、露天烧烤；

（五）停止幼儿园和学校户外体育活动；

（六）停止组织露天体育比赛活动及其他露天举办的群体性活动；

（七）组织开展人工影响天气作业；

（八）法律、法规规定的其他措施。

第七十三条 可能发生造成大气污染突发环境事件的企业事业单位应当依法编制应急预案，报所在地生态环境主管部门备案。在发生大气污染突发环境事件时，有关企业事业单位应当立即启动应急预案，采取处理措施，防止污染扩大，及时通报可能受到大气污染危害的单位和居民，并向所在地生态环境主管部门报告。

第五章 信息公开和公众参与

第七十四条 县级以上人民政府生态环境主管部门和其他负有大气环境保护监督管理职责的部门，应当建立大气污染防治信息公开制度，拓宽公众参与途径，为公众参与和监督大气污染防治工作提供便利。

第七十五条 县级以上人民政府生态环境主管部门和其他负有大气环境保护监督管理职责的部门应当通过便于公众知晓的方式，及时公开下列信息：

（一）实时大气环境质量；

（二）污染源监督监测情况；

（三）重点大气污染物的种类、排放控制和削减情况；

（四）大气环境行政许可、行政处罚等情况；

（五）造成大气污染的突发环境事件及应对情况；

（六）其他依法应当公开的大气环境信息。

第七十六条 重点排污单位应当通过便于公众知晓的方式，如实向社会公开排放主要大气污染物的名称、排放方式、排放浓度、排放量和执行的排放标准、核定的排放总量，以及大气污染防治设施的建设和运行情况等信息，主动接受社会监督。

第七十七条 县级以上人民政府生态环境主管部门和其他负有大气环境保护监督管理职责的部门，应当定期通报大气环境违法行为，并将企业事业单位和其他生产经营者及其主要负责人的大气环境违法信息纳入省社会信用信息平台。

第七十八条 单位和个人可以对大气污染防治工作提出意见和建议。

除依法需要保密的情形外，规划编制、项目审批、环境影响评价等与公众环境权益密切相关的事项，应当通过听证会、论证会、座谈会等形式向可能受影响的公众说明情况，充分征求意见。征求意见情况应当作为决策的参考依据。

第七十九条　县级以上人民政府生态环境主管部门应当鼓励和支持公众参与大气污染防治工作，聘请社会监督员，协助监督大气污染防治工作。

县级以上人民政府应当采取措施，鼓励和支持群众性自治组织、社会团体以及环境保护志愿者开展志愿服务活动，依法参与大气污染防治工作，保护大气环境。

第八十条　鼓励和支持社会资本投入大气环境保护，推行大气污染第三方防治，由排污者委托专业市场主体进行大气污染防治，提高大气污染防治专业化水平。

第八十一条　县级以上人民政府生态环境主管部门应当完善大气污染防治举报工作机制，公布举报电话、网络平台、电子邮箱、信箱等，方便公众举报。

县级以上人民政府生态环境主管部门接到举报，属于本部门职责的，应当受理并及时核实、处理；不属于本部门职责的，应当及时移交有权处理的部门处理并告知举报人。

对举报人的相关信息应当予以保密并在规定时限内反馈处理结果等情况；查证属实的，对举报人给予奖励。

第六章　法律责任

第八十二条　违反本条例，法律、法规有规定的，从其规定。

第八十三条　违反本条例第二十条第三款规定，有下列情形之一的，由生态环境主管部门责令改正，处2万元以上20万元以下罚款；拒不改正的，责令停产整治：

（一）侵占、损毁、干扰或者擅自移动、改变大气环境质量监测设施和大气污染物排放自动监测设备的；

（二）违反环境监测技术规范，篡改、伪造或者指使篡改、伪造大气环境质量和大气污染物排放监测数据的。

第八十四条　违反本条例第二十九条第二款规定，燃煤发电机组大气污染物排放未执行国家超低排放限值要求的，由生态环境主管部门责令改正或者限制生产、停产整治，处20万元以上100万元以下罚款；情节严重的，报经有批准权的人民政府批准，责令停业、关闭。

第八十五条　违反本条例第三十条第四款规定，新建国家和本省规定规模以下燃煤锅炉的，由生态环境主管部门报本级人民政府批准后拆除，处2万元以上10万元以下罚款；情节严重的，处10万元以上20万元以下罚款。

第八十六条　违反本条例第四十四条第一款、第二款，按照下列规定予以处罚：

（一）在用机动车排放明显可见黑烟的，由公安机关交通管理部门暂扣车辆行驶证，责令限期维修，可以处200元以上1000元以下罚款；维修后并经排放检验合格的，发还车辆行驶证；

（二）在用机动船舶不符合规定标准排放大气污染物或者排放明显可见黑烟的，由交通运输主管部门责令限期维修，可以处5000元以上5万元以下罚款。

第八十七条 违反本条例第四十七条第四款规定，在禁止使用高排放非道路移动机械的区域使用高排放非道路移动机械的，由生态环境主管部门责令改正，可以处 5000 元以上 2 万元以下罚款。

第八十八条 违反本条例第五十二条、第五十三条规定，有下列情形之一的，由住房城乡建设等主管部门按照职责责令改正，处 1 万元以上 5 万元以下罚款；拒不改正的，责令停工整治：

（一）未在施工现场出入口设置车辆冲洗设施的；

（二）未按照规定在施工工地安装扬尘在线监测设施的；

（三）在城市建成区内的施工工地现场搅拌砂浆的；

（四）大型堆场未配置车辆冲洗专用设施的。

第八十九条 违反本条例第五十六条规定，探矿权人、采矿权人未按照规定处置矿产勘探、开采废弃物，或者未整治、修复矿山及其周边自然生态环境的，由自然资源主管部门责令改正；拒不改正的，处 5 万元以上 10 万元以下罚款，五年内不受理其新的探矿权、采矿权申请。

第九十条 违反本条例第六十四条第三款规定，从事产生恶臭气体的生产经营活动的，由生态环境主管部门或者其他负有大气环境保护监督管理职责的部门责令改正，处 1 万元以上 10 万元以下罚款；拒不改正的，责令停产整治或者停业整治；情节严重的，报经有批准权的人民政府批准，责令关闭。

第九十一条 违反本条例第七十一条第四款规定，重点排污单位拒不执行重污染天气停产、限产或者错峰生产应急措施决定的，由生态环境主管部门责令改正，处 2 万元以上 10 万元以下罚款。

第九十二条 违反本条例，除第八十六条、第八十七条、第八十九条规定的情形外，企业事业单位和其他生产经营者受到罚款处罚，被责令改正，拒不改正的，依法作出处罚决定的行政机关可以自责令改正之日的次日起，按照原处罚数额按日连续处罚。

第九十三条 排污单位拒不履行县级以上人民政府及其有关部门依法作出的责令停产停业整治或者关闭决定，继续违法生产、营业的，县级以上人民政府可以作出停止或者限制向排污单位供水、供电、供气的决定，有关单位应当予以配合。

第九十四条 国家机关及其工作人员在大气污染防治监督管理工作中，有下列情形之一的，责令改正，对直接负责的主管人员和其他直接责任人员依法给予处分；构成犯罪的，依法追究刑事责任：

（一）未依法实施行政处罚、行政许可的；

（二）发现或者接到举报未及时查处大气污染违法行为的；

（三）违法查封、扣押排污单位的设施、设备、物品的；

（四）未依法发布大气环境质量信息或者发布虚假的大气环境质量信息的；

（五）篡改、伪造或者指使篡改、伪造监测数据的；

（六）未依法发布重污染天气预警，采取应急措施的；

（七）未依法履行大气污染防治监管职责或者履行监管职责不力，造成大气污染事故的；

（八）其他滥用职权、玩忽职守、徇私舞弊的行为。

第七章 附 则

第九十五条 本条例自 2019 年 6 月 1 日起施行。

湖南省

湖南省大气污染防治条例

第一章 总 则

第一条 根据《中华人民共和国环境保护法》《中华人民共和国大气污染防治法》，结合本省实际，制定本条例。

第二条 县级以上人民政府应当对本行政区域内大气环境质量负责，将大气污染防治工作纳入国民经济和社会发展规划，合理规划城镇布局和工业发展布局，优化产业结构和能源结构，加大对大气污染防治的财政投入，建立大气污染防治责任考核机制，加强环境执法队伍建设，提高环境监督管理能力，改善大气环境质量。

乡镇人民政府、街道办事处应当按照上级人民政府的工作安排，根据本地区的实际，组织开展大气污染防治工作。

第三条 县级以上人民政府环境保护主管部门对大气污染防治实施统一监督管理。

县级以上人民政府发展和改革、经济和信息化、公安、财政、国土资源、农业、林业、住房和城乡建设、交通运输、商务、质量技术监督、气象等主管部门在各自职责范围内对大气污染防治实施监督管理。

第四条 村（居）民委员会应当协助做好大气污染防治相关工作，发现大气污染违法行为应当予以劝阻，并及时报告乡镇人民政府、街道办事处或者县级人民政府环境保护主管部门。

第五条 企业和其他生产经营者应当保障必要的环境保护投入，采用有效的大气污染防治技术，防止、减少生产经营对大气造成的污染，并依法承担相关责任。

其他单位和个人应当采取有效措施，防止、减少工作、生活等活动对大气造成的污染，共同改善大气环境质量。

第六条 县级以上人民政府应当组织环境保护、经济和信息化、住房和城乡建设等主管部门加强大气环境保护宣传，普及大气环境保护知识，提高公众的大气环境保护意识。

县级以上人民政府教育主管部门应当逐步推进环境保护教育，将大气环境保护知识纳入学校教育内容，培养青少年的大气环境保护意识。

第七条 县级以上人民政府环境保护主管部门可以聘请社会监督员，协助监督大气污染防治工作。

县级以上人民政府环境保护主管部门和其他负有大气环境保护监督管理职责的主管

部门应当公布举报电话、电子邮箱、网络平台，接受并及时处理公民、法人和其他组织对污染大气的行为和不依法履行大气环境保护监督管理职责的行为的举报。

第二章　防治措施

第八条　本省实施煤炭消费总量控制制度。

省人民政府发展和改革主管部门应当会同有关主管部门制定煤炭消费总量中长期控制目标，确定煤炭消费总量控制方案和实施步骤。

第九条　新建燃煤发电机组（含热电联产）应当采用烟气超低排放等技术；现有燃煤发电机组（含热电联产）应当限期实行超低排放改造。电力调度单位应当优先安排使用清洁能源的发电机组和超低排放燃煤发电机组发电上网。

第十条　县级以上人民政府发展和改革主管部门应当会同环境保护、经济和信息化、质量技术监督等主管部门，限期淘汰不符合国家规定的燃煤锅炉，加快改造燃煤锅炉和燃煤工业窑炉，推广使用清洁燃料。

第十一条　鼓励城市建成区、工业园区等实行集中供热。在集中供热管网覆盖区域内，禁止新建、改建、扩建分散燃煤锅炉，集中供热管网覆盖前已建成使用的分散燃煤锅炉应当限期停止使用。

第十二条　设区的市、自治州、县（市、区）人民政府应当划定并公布高污染燃料禁燃区，报省人民政府环境保护主管部门备案。高污染燃料禁燃区面积应当逐步扩大。长沙市、株洲市、湘潭市城市建成区可以划定为高污染燃料禁燃区。

第十三条　钢铁、水泥、有色金属、石油、化工等行业中的大气重污染工业项目应当按照国家和省有关规定开展强制性清洁生产审核，实施清洁生产技术改造。

城市规划区禁止新建烧制建筑用砖厂；已经建成的，设区的市、自治州、县（市、区）人民政府应当依法关停，并予以处理。

第十四条　省人民政府环境保护主管部门应当会同质量技术监督等主管部门，制定化工、印染、包装印刷、涂装等重点行业的挥发性有机物排放标准。

省人民政府环境保护主管部门应当根据挥发性有机物排放标准和行业特点，制定挥发性有机物污染防治操作规程，指导排污单位组织实施。

鼓励生产、使用低挥发性有机物含量的原料和产品。

第十五条　在化工、印染、包装印刷、涂装、家具制造等行业逐步推进低挥发性有机物含量原料和产品的使用。产生挥发性有机物的企业应当建立台账，记录生产原料、辅料的使用量、废弃量、去向以及挥发性有机物含量。

第十六条　设区的市、自治州人民政府可以根据本行政区域大气环境质量状况和机动车排放污染程度，划定禁止或者限制高排放机动车行驶的区域和时段，并向社会公布。

第十七条　设区的市、自治州应当根据城市规划大力发展城市公共交通，鼓励发展低排量、新能源汽车。确需控制燃油机动车保有量的，应当依法举行听证。

县级以上人民政府应当加强并改善城市交通管理，优化道路和公共交通线路设置，保障人行道和非机动车道的连续、畅通，方便公众选择公共交通、自行车、步行的方式出行，减少机动车排放污染。

第十八条 禁止生产、销售、使用不符合国家标准和本省有关标准的机动车船用燃料。县级以上人民政府经济和信息化、商务、质量技术监督、工商行政主管部门应当按照各自职责，加强监督管理，定期对机动车船用燃料质量进行监督抽查，并向社会公布抽查结果。

第十九条 在用机动船舶排放大气污染物不得超过国家和本省规定的排放标准；超过规定排放标准的，应当进行设备更新、维修或者采用污染控制技术等措施；经采取相应措施后，仍不符合规定排放标准的，应当停止运营。

禁止机动船舶使用渣油、重油。

禁止在内河水域焚烧船舶垃圾。

第二十条 新建码头应当规划、建设岸基供电设施；已建成的码头应当逐步实施岸基供电设施改造。船舶靠港后应当优先使用岸电。

县级以上人民政府发展和改革主管部门应当将岸基供电设施建设纳入清洁能源利用发展规划；经济和信息化主管部门会同有关主管部门推进岸基供电设施的建设和改造；交通运输主管部门会同有关主管部门推进船舶油气动力系统和使用岸电系统的改造。

第二十一条 鼓励、支持节能环保型非道路移动机械的推广使用，逐步淘汰高油耗、高排放的非道路移动机械。县级以上人民政府交通运输、住房和城乡建设、农业、林业、水利等主管部门按照各自职责对非道路移动机械大气污染物排放实施监督管理。

第二十二条 排放油烟的餐饮服务经营者应当按照规定安装油烟净化设施并保持正常使用，或者采取其他油烟净化措施，保证油烟达标排放。鼓励大型餐饮服务企业和食堂安装油烟在线监测设施。

已配套设立专用烟道的居民住宅楼、商住综合楼，居民家庭和有关单位应当通过专用烟道排放油烟，不得封堵、改变专用烟道，不得直接向大气排放油烟。未配套设立专用烟道的居民住宅楼，鼓励安装油烟净化装置或者采取其他油烟净化措施，减少油烟排放。

新建居民住宅楼、商住综合楼应当配合建设专用烟道。

第二十三条 城市规划区内裸露地面应当按照下列规定进行扬尘污染防治：

（一）市政道路以及河道沿线、公共用地的裸露地面，由相关主管部门组织实施绿化、透水铺装或者覆盖；

（二）暂时不能开工的建设用地，由土地使用权人、建设单位对裸露地面采取设置防尘网或者防尘布等措施进行覆盖，不能开工超过三个月的，应当进行绿化、透水铺装；

（三）其他裸露地面由土地使用权人、管理单位进行绿化、透水铺装或者覆盖。

第二十四条 县级以上人民政府可以根据扬尘污染防治的需要，划定禁止从事矿石开采和加工等容易产生扬尘污染活动的区域。

矿山开采应当实施分区作业，做到边开采、边治理，及时修复生态环境。废石、废渣、泥土等应当集中堆放，并采取围挡、设置防风抑尘网、防尘网或者防尘布等措施；施工便道应当进行硬化并做到无明显积尘。

采矿权人在采矿过程中以及停止开采或者关闭矿山前，应当整修被损坏的道路和露天采矿场的边坡、断面，恢复植被，并按照规定处置矿山开采废弃物，整治和恢复矿山地质环境，防止扬尘污染。

第二十五条　县级以上人民政府及其有关主管部门应当鼓励和支持采用先进适用技术，对秸秆、落叶等进行综合利用。禁止在人口集中地区、机场周围、交通干线附近等区域露天焚烧秸秆、落叶、垃圾等产生烟尘污染的物质。具体范围由设区的市、自治州、县（市、区）人民政府划定，并向社会公布。

县级以上人民政府农业主管部门应当建立健全禁止露天焚烧秸秆监管机制，利用遥感监测等技术手段进行监督抽测。

第二十六条　设区的市、自治州、县（市、区）人民政府应当根据气象条件和大气环境质量状况，对燃放烟花爆竹的管理作出规定。

第二十七条　省人民政府环境保护主管部门应当划定本省大气污染防治重点区域，报省人民政府批准，并向社会公布。

省人民政府环境保护主管部门应当会同大气污染防治重点区域的设区的市、自治州人民政府按照《中华人民共和国大气污染防治法》规定实施大气污染联合防治。在大气污染重点区域城市建成区内禁止新建、扩建钢铁、水泥、有色金属、石油、化工等重污染企业以及新增产能项目。

省人民政府应当在长沙市、株洲市、湘潭市和其他大气污染防治重点区域提前执行国家大气污染物排放标准中排放限值。

第二十八条　大气污染防治重点区域设区的市、自治州人民政府可以根据气象条件和大气环境质量状况确定本行政区域大气污染防治特护期。在特护期内，设区的市、自治州、县（市、区）人民政府可以采取下列措施：

（一）禁止燃放烟花爆竹；

（二）限制燃油机动车行驶；

（三）责令停止露天烧烤、工地土石方作业和建筑物拆除施工；

（四）责令高排放大气污染物工业企业停产、限产；

（五）国家和本省规定的其他措施。

第三章　监督管理

第二十九条　设区的市、自治州、县（市）人民政府在编制或者修改城市规划时，应当按照有利于大气污染物扩散的原则，合理规划城市建设空间布局，规划城市风道，扩大绿地、水面、湿地面积。

第三十条 未达到国家大气环境质量标准的城市人民政府应当及时编制大气环境质量限期达标规划，采取措施，按照规定的期限达到大气环境质量标准。

大气环境质量限期达标规划应当对本行政区域环境质量及其影响因素进行分析，确定分阶段大气环境质量改善目标，明确相应责任主体、工作重点和保障措施。

第三十一条 省人民政府应当按照国务院下达的重点大气污染物总量控制目标和国务院环境保护主管部门规定的分解总量控制指标要求，综合考虑区域经济社会发展水平、产业结构、大气环境质量状况等因素，将重点大气污染物排放总量控制指标进行分解落实。设区的市、自治州、县（市、区）人民政府应当按照省人民政府的要求，制定年度总量控制计划，控制本行政区域重点大气污染物排放总量。

省人民政府可以根据本省实际情况，对其他大气污染物排放实行总量控制。

第三十二条 对未完成国家和省下达的大气环境质量改善目标或者超过重点大气污染物排放总量控制指标的地区，省人民政府环境保护主管部门应当会同有关主管部门约谈该地区人民政府的主要负责人。约谈可以邀请媒体以及相关公众代表列席。约谈针对的主要问题、整改措施和要求等情况应当向社会公开。

省人民政府环境保护主管部门应当会同有关部门督促被约谈地区的人民政府采取措施落实约谈要求，并对整改情况进行监督检查。

第三十三条 省、设区的市、自治州人民政府应当依托公共资源交易平台，推行重点大气污染物排污权交易。具体办法由省人民政府制定。

第三十四条 省人民政府发展和改革主管部门应当会同经济和信息化、环境保护、质量技术监督等主管部门，按照国家淘汰严重污染大气环境的工艺、设备、产品目录和淘汰期限，编制本省淘汰严重污染大气环境的工艺、设备、产品目录和淘汰期限，报省人民政府批准后公布实施。

第三十五条 县级以上人民政府环境保护主管部门及其委托的环境监察机构和其他负有大气环境保护监督管理职责的主管部门，应当加强对排污单位排放大气污染物情况的监督检查，将监督检查结果作为环境信用管理、排污许可管理、建设项目环保审批等环境管理的重要依据，并向社会公布。

第三十六条 省人民政府环境保护主管部门应当加强设区的市、自治州大气环境质量和大气污染源监测，每月公布其上一个月的空气质量和排名情况。

第三十七条 省人民政府对设区的市、自治州、县（市）人民政府大气环境质量改善目标、大气污染防治重点任务和重点大气污染物排放总量控制指标完成情况进行考核，并根据考核结果实行奖惩，具体办法由省人民政府制定。考核结果和奖惩情况在省人民政府门户网站和省主要媒体公布。

第四章　法律责任

第三十八条　各级人民政府、县级以上人民政府环境保护主管部门和其他负有大气环境保护监督管理职责的主管部门有下列行为之一的，对直接负责的主管人员和其他直接责任人员依法给予行政处分；构成犯罪的，依法追究刑事责任：

（一）包庇大气污染违法行为的；

（二）未依法作出责令停产、限产决定的；

（三）发现或者接到举报未及时查处大气污染违法行为的；

（四）未依法公开大气环境信息或者公布虚假大气环境信息的；

（五）其他滥用职权、玩忽职守、徇私舞弊、弄虚作假的行为。

第三十九条　违反本条例第十九条规定，机动船舶使用渣油、重油的，由县级以上人民政府海事管理机构、渔业主管部门按照职责处一万元以上十万元以下的罚款。

第四十条　违反本条例规定的其他行为，法律、行政法规已有法律责任规定的，从其规定。

第五章　附　则

第四十一条　本条例自 2017 年 6 月 1 日起施行。

江苏省

江苏省大气污染防治条例

（2015年2月1日江苏省第十二届人民代表大会第三次会议通过　根据2018年3月28日江苏省第十三届人民代表大会常务委员会第二次会议《关于修改〈江苏省大气污染防治条例〉等十六件地方性法规的决定》第一次修正　根据2018年11月23日江苏省第十三届人民代表大会常务委员会第六次会议《关于修改〈江苏省湖泊保护条例〉等十八件地方性法规的决定》第二次修正）

第一章　总　则

第一条　为了防治大气污染，保护和改善大气环境，保障公众健康，推进生态文明建设，促进经济社会可持续发展，依据《中华人民共和国环境保护法》《中华人民共和国大气污染防治法》等法律、行政法规，结合本省实际，制定本条例。

第二条　本条例适用于本省行政区域内大气污染防治及其监督管理活动。

第三条　地方各级人民政府对本行政区域内的大气环境质量负责，制定大气污染防治规划，保障资金投入，采取防治措施，严格控制和有计划削减重点大气污染物排放总量，实现大气环境质量改善目标，使本行政区域的大气环境质量达到国家和省规定的标准。

大气污染防治规划应当纳入国民经济和社会发展规划，与主体功能区规划、土地利用总体规划、城乡规划相衔接，使大气污染防治与能源结构调整、产业结构调整和发展方式转变相结合。

第四条　大气污染防治坚持保护优先、防治结合、综合治理、损害担责的原则，建立政府监管、公众参与、共同治理、联防联控的防治机制。

第五条　县级以上地方人民政府生态环境行政主管部门（以下简称生态环境行政主管部门）对大气污染防治实施统一监督管理。

县级以上地方人民政府发展改革、经济和信息化、市场监督管理部门根据各自职责，对能源消耗大气污染防治实施监督管理。

县级以上地方人民政府发展改革、经济和信息化、商务部门根据各自职责，对工业大气污染防治实施监督管理。

县级以上地方人民政府公安、交通运输、渔业、住房城乡建设、农业（农机）部门根据各自职责，对机动车船以及非道路移动机械大气污染防治实施监督管理。

县级以上地方人民政府住房城乡建设、国土资源、交通运输、公安、水利、林业、城市管理部门根据各自职责，对扬尘大气污染防治实施监督管理。

县级以上地方人民政府其他有关主管部门在各自职责范围内对大气污染防治实施监督管理。

第六条　企业事业单位和其他生产经营者应当履行防治大气污染的法定义务，执行国家和省规定的大气污染物排放和控制标准，采取有效措施，防治生产经营或者其他活动对大气环境造成的污染。

公民应当自觉践行文明、节约、低碳的消费方式和生活习惯，减少向大气排放污染物，共同改善大气环境质量。

第七条　省人民政府对国家大气环境质量标准和大气污染物排放标准中未作规定的项目，可以制定地方标准；对国家大气环境质量标准和大气污染物排放标准中已作规定的项目，可以根据本省实际情况制定严于国家标准的地方标准。地方大气环境质量标准和地方大气污染物排放标准应当报国务院生态环境行政主管部门备案。

第八条　地方各级人民政府及有关部门应当鼓励和支持大气污染防治的科学技术研究，推广先进实用的大气污染防治技术和装备。

地方各级人民政府及有关部门应当加强大气环境保护宣传，普及大气污染防治法律、法规和科学知识，提高公众的大气环境保护意识，推动公众参与大气环境保护。

地方各级人民政府对为执行严于国家和省规定的大气污染物排放和控制标准而主动开展技术改造、设备更新、能源替代的排污单位，给予必要的扶持和帮助；对在防治大气污染、保护和改善大气环境方面成绩显著的单位和个人给予奖励。

第二章　监督管理

第九条　实行重点大气污染物排放总量控制制度，逐步削减重点大气污染物排放总量。

省人民政府应当按照国务院的规定削减和控制本省的重点大气污染物排放总量，在综合考虑环境容量等因素的基础上，将重点大气污染物排放总量控制指标分解落实到设区的市、县（市）人民政府。设区的市、县（市）人民政府根据本行政区域重点大气污染物排放总量控制指标的要求，将重点大气污染物排放总量控制指标分解落实到排污单位。

除国家确定削减和控制排放总量的重点大气污染物外，省人民政府可以根据本省大气环境质量状况和大气污染防治工作的需要，确定本省实施总量削减和控制的重点大气污染物。

对超过年度重点大气污染物排放总量控制指标的地区，生态环境行政主管部门应当暂停审批该地区新增重点大气污染物排放总量的建设项目环境影响评价文件，项目审批部门不得批准建设，建设单位不得开工建设。

第十条 现有排污单位的重点大气污染物排放总量指标，由生态环境行政主管部门根据各单位现有排放量、产业发展规划和清洁生产要求以及本行政区域重点大气污染物总量控制实施计划拟定，报同级人民政府核定。

新建、改建、扩建排放重点大气污染物的建设项目，建设单位应当在报批环境影响评价文件前按照规定向生态环境行政主管部门申请取得重点大气污染物排放总量指标。生态环境行政主管部门按照减量替代的原则核定重点大气污染物排放总量指标。

第十一条 本省在严格控制重点大气污染物排放总量、实行排放总量削减计划的前提下，按照有利于总量减少的原则，根据国家有关规定可以进行重点大气污染物排污权交易。新建、改建、扩建建设项目的新增重点大气污染物排放总量指标的不足部分，可以依照有关规定通过排污权交易取得。

第十二条 实行大气污染物排污许可管理制度。向大气排放工业废气或者有毒有害大气污染物的企业事业单位、集中供热设施的燃煤热源生产运营单位，以及其他按照规定应当取得排污许可的单位，应当向所在地生态环境行政主管部门申请核发排污许可证。禁止无排污许可证或者不按照排污许可证规定的排放标准、排放总量控制指标以及其他要求排放大气污染物。

第十三条 排放大气污染物的企业事业单位和其他生产经营者应当依法缴纳环境保护税。

排污单位缴纳环境保护税，不免除其防治污染、赔偿污染损害的责任和法律、法规以及本条例规定的其他责任。

第十四条 省生态环境行政主管部门负责组织建立、管理大气环境质量监测网络和污染源监控平台，开展大气环境质量状况和大气污染物排放情况监测，会同省气象主管机构开展重污染天气预测。

第十五条 县级以上地方人民政府应当加强大气污染防治监测、预警能力建设，协调有关部门做好监测站点选址，并将监测站点的建设、运行、维护等费用纳入财政预算。

大气环境质量监测站点的设置应当科学合理，符合有关监测技术规范要求。未经设立部门批准，不得擅自变更、调整和撤销。

第十六条 排污单位违反法律、法规和本条例规定排放大气污染物，造成或者可能造成严重污染的，生态环境行政主管部门和其他负有大气环境保护监督管理职责的部门，可以查封、扣押造成污染物排放的设施、设备。

第十七条 实行重点大气污染物排放总量控制、大气环境质量改善目标责任制度和考核评价制度。

县级以上地方人民政府应当将重点大气污染物排放总量控制指标和大气环境质量改善目标完成情况纳入对本级人民政府负有大气环境保护监督管理职责的部门及其负责人和下级人民政府及其负责人的考核内容，作为对其考核评价的重要依据。考核结果应当向社会公开。

对超过重点大气污染物排放总量控制指标或者未完成大气环境质量改善目标的地区，由省生态环境行政主管部门会同监察等有关部门约谈当地人民政府的主要负责人。约谈情况应当向社会公开。

第十八条　未达到国家大气环境质量标准城市的人民政府应当及时编制大气环境质量限期达标规划，采取措施，按照国务院或者省人民政府规定的期限达到大气环境质量标准。

第十九条　县级以上地方人民政府应当每年向本级人民代表大会或者其常务委员会报告大气环境质量状况和目标完成情况，依法接受监督。

县级以上地方人民代表大会常务委员会应当定期开展大气污染防治法律、法规实施情况的检查工作，依法加强监督。

第三章　信息公开和公众参与

第二十条　公民、法人和其他组织依法享有获取大气环境信息、参与和监督大气环境保护的权利。

第二十一条　生态环境行政主管部门和其他负有大气环境保护监督管理职责的部门，应当依法公开大气环境质量、削减和控制重点大气污染物排放总量、污染源监督监测以及相关的行政许可、行政处罚等大气环境信息，完善公众参与程序，为公众参与和监督大气环境保护提供便利。

生态环境行政主管部门统一向社会发布本行政区域大气环境质量信息、大气重点污染源监测信息以及其他重大大气环境信息。大气环境质量信息应当实时发布。

生态环境行政主管部门和其他负有大气环境保护监督管理职责的部门应当通过网站或者其他便于公众知晓的方式向社会公开大气环境信息。

第二十二条　生态环境行政主管部门应当对排污单位排放大气污染物情况进行监督性监测和监察，将监测和监察结果作为环保信用管理、排污总量指标核定、建设项目环保审批等环境管理的重要依据，并向社会公开。

第二十三条　排放工业废气或者有毒有害大气污染物的排污单位应当按照国家有关规定和监测规范自行或者委托有资质的监测机构监测大气污染物排放情况，记录、保存监测数据，确保监测数据真实、可靠，并通过网站或者其他便于公众知晓的方式向社会公开。监测数据的保存时间不得低于三年。

重点排污单位应当按照国家有关规定和监测规范安装大气污染物排放自动监测、监控等设备，与生态环境行政主管部门的监控系统联网，并保证监测设备正常运行和数据传输，如实向社会公开其主要污染物的名称、排放方式、排放浓度和总量、超标排放情况，以及防治污染设施的建设和运行情况，接受社会监督。

重点排污单位名录由生态环境行政主管部门确定并公布。

第二十四条 重大行政决策可能对大气环境质量造成严重影响的，作出决策的人民政府或者有关部门应当通过论证会、听证会等方式，事先听取社会公众的意见。

第二十五条 公民、法人和其他组织可以向生态环境行政主管部门和其他负有大气环境保护监督管理职责的部门申请获取大气环境信息，生态环境行政主管部门和其他负有大气环境保护监督管理职责的部门应当依法提供。

第二十六条 公民、法人和其他组织发现任何单位和个人有污染大气环境行为的，有权向生态环境行政主管部门或者其他负有大气环境保护监督管理职责的部门举报、投诉。生态环境行政主管部门和其他负有大气环境保护监督管理职责的部门应当公布举报和投诉电话、网站等，方便公众举报、投诉。

生态环境行政主管部门或者其他负有大气环境保护监督管理职责的部门接到举报、投诉后，对属于本部门职责范围内的事项，应当依法处理，并将结果告知举报、投诉人；对不属于本部门职责范围内的事项，应当立即移交有权处理的部门，有权处理的部门应当依法处理，并将结果告知举报、投诉人。

接受举报的部门应当为举报人保密，举报内容经查证属实的，应当给予举报人奖励。

第四章 大气污染防治措施

第一节 能源消耗大气污染防治

第二十七条 本省实施煤炭消费总量控制和强度控制。

省发展改革行政主管部门应当会同有关部门制定能源结构调整规划，确定燃煤总量控制目标，规定实施步骤，逐步减少燃煤总量。

设区的市、县（市）人民政府应当按照燃煤总量控制目标，制定削减燃煤和清洁能源改造计划并组织实施。

县级以上地方人民政府应当采取有利于燃煤总量削减的经济、技术政策和措施，改进能源结构，鼓励和支持清洁能源的开发利用，引导企业开展清洁能源替代。

第二十八条 新建项目禁止配套建设自备燃煤电站。除热电联产外，禁止审批新建燃煤发电项目；现有多台燃煤机组装机容量合计达到国家规定要求的，可以按照煤炭等量替代的原则建设为大容量燃煤机组。新建大容量燃煤机组应当同步建设先进高效的脱硫、脱硝和除尘设施，使大气污染物排放浓度基本达到燃气轮机组排放限值。

现有燃煤机组应当运用先进高效的技术进行脱硫、脱硝和除尘设施提标改造，使大气污染物排放浓度达到国家和省规定的要求；或者按照国家和省有关规定进行天然气等清洁能源替代改造。

第二十九条 禁止进口、销售和燃用未达到质量标准的煤炭，鼓励燃用经洗选的优质煤炭。

城市建成区范围内禁止原煤散烧，禁止销售不符合规定标准的散煤和固硫型煤。

第三十条 设区的市、县（市）人民政府应当组织制定区域供热规划，建设和完善供热系统，对工业园区（工业集中区）和城市建成区的用热单位实行集中供热，并逐步扩大供热管网覆盖范围。

在燃气管网和集中供热管网覆盖范围内，禁止新建、扩建燃用煤炭、重油、渣油的设施，原有分散的燃煤锅炉应当限期拆除。集中供热管网未覆盖地区原有锅炉不能稳定达标排放的，应当进行高效除尘改造或者改用清洁燃料。

第三十一条 设区的市、县（市）人民政府应当划定并逐步扩大高污染燃料禁燃区，报省生态环境行政主管部门备案。

高污染燃料禁燃区内，禁止销售、燃用高污染燃料；禁止新建、扩建燃用高污染燃料的设施；各类在用的高污染燃料燃用设施，应当在所在地人民政府规定的期限内停止使用，或者改用天然气、页岩气、液化石油气、电等其他清洁能源。

第三十二条 城市建成区禁止新建除热电联产以外的燃煤锅炉；其他地区禁止新建每小时10蒸吨及以下的燃煤锅炉。

设区的市、县（市）人民政府应当制定本行政区域锅炉整治年度计划，分阶段、分区域对各类锅炉按照国家和省排放标准完成整治。

第二节 工业大气污染防治

第三十三条 省人民政府应当定期制定或者修订禁止新建、扩建的高污染工业项目名录、高污染工业行业调整名录和高污染工艺设备淘汰名录，并向社会公布。

设区的市、县（市）人民政府应当组织制定现有高污染工业项目调整退出计划，并组织实施。

禁止新建、扩建列入名录的高污染工业项目。

禁止使用列入淘汰名录的高污染工艺设备。淘汰的高污染工艺设备，企业不得转让给他人使用。

第三十四条 对能耗超过限额标准或者排放重点大气污染物超过规定标准的企业，实行水、电、气差别化价格政策。具体办法由省价格、生态环境、经济和信息化、财政等行政主管部门制定。

第三十五条 工业园区（工业集中区）应当按照生态环境行政主管部门的要求安装大气污染监测监控系统，并与生态环境行政主管部门的监控平台联网，对园区内大气环境质量和污染源排放情况实时监控、及时预警。

第三十六条 企业应当使用资源利用率高、污染物排放量少的工艺、设备，采用最佳实用大气污染控制技术，减少大气污染物的产生。

省生态环境行政主管部门组织发布最佳实用大气污染控制技术名录。

第三十七条 严格控制新建、改建、扩建钢铁、建材、石化、有色、化工等行业中的大气重污染工业项目。

新建、改建、扩建的大气重污染工业项目生产过程中排放烟粉尘、硫化物和氮氧化物等大气污染物的，应当配套建设和使用除尘、脱硫、脱硝等减排装置，或者采取其他控制大气污染物排放的措施。

现有大气重污染工业项目在生产过程中排放烟粉尘、硫化物和氮氧化物等大气污染物的，应当按照国家和省有关规定进行大气污染物排放提标改造，并按照生态环境行政主管部门的要求开展强制性清洁生产审核，实施清洁生产技术改造。

第三十八条 在生产经营过程中产生有毒有害大气污染物的，排污单位应当安装收集净化装置或者采取其他措施，达到国家和省规定的排放标准或者其他相关要求。禁止直接排放有毒有害大气污染物。

运输、装卸、贮存可能散发有毒有害大气污染物的物料，应当采取密闭措施或者其他防护措施。

第三十九条 产生挥发性有机物废气的生产经营活动，应当在密闭空间或者设备中进行，并设置废气收集和处理系统等污染防治设施，保持其正常使用；造船等无法在密闭空间进行的生产经营活动，应当采取有效措施，减少挥发性有机物排放量。

石油、化工以及其他生产和使用有机溶剂的企业，应当建立泄漏检测与修复制度，对管道、设备进行日常维护、维修，及时收集处理泄漏物料。

省生态环境行政主管部门应当向社会公布重点控制的挥发性有机物名录。

第四十条 严格控制新建、扩建排放恶臭污染物的工业类建设项目。现有向大气排放恶臭污染物的化工、石化、制药、制革、骨胶炼制、生物发酵、饲料加工等行业的排污单位，应当在生态环境行政主管部门规定的期限内采用先进的技术、工艺和设备，减少恶臭污染物排放；逾期未完成整改的，应当限产、停产或者关闭。

第四十一条 储油储气库、加油加气站、原油成品油码头、原油成品油运输船舶和油罐车、气罐车等，应当按照标准配套安装油气回收装置，并按照规定保持正常使用。任何单位和个人不得擅自拆除、闲置或者更改油气回收装置。

未按照规定安装油气回收装置的储油库、加油站，不得通过环保验收，不得通过成品油经营资质审查。未按照规定安装油气回收装置的油罐车，不得通过车辆环保检验，不得办理车辆营运手续。

第三节 机动车船以及非道路移动机械大气污染防治

第四十二条 县级以上地方人民政府应当按照国家和省有关规定，建立和完善机动车船以及非道路移动机械排气污染防治工作协调机制，采取提高控制标准、限期治理和更新淘汰等防治措施，保护和改善大气环境。

第四十三条 县级以上地方人民政府应当优化城市功能和布局规划，推广智能交通管理，实施公交优先战略，加强行人、自行车交通系统建设，引导公众绿色、低碳出行。

第四十四条 省人民政府可以根据机动车排气污染防治的需要，依法报经国务院批准后，在本省或者设区的市行政区域内对新购置机动车提前执行国家阶段性机动车排放标准。

第四十五条 县级以上地方人民政府应当根据机动车船以及非道路移动机械排气污染防治需要制定相关政策，建设相应的基础设施，推广新能源机动车船以及非道路移动机械，支持公共交通、环境卫生、邮政、电力等行业和公务用车率先使用新能源机动车船以及非道路移动机械。

第四十六条 设区的市、县（市）人民政府可以根据大气污染防治的需要和经济社会发展规划、城市规划，合理控制机动车保有量，限制市区摩托车的保有量。

采取控制机动车保有量的措施，应当公开征求公众的意见，经同级人民代表大会常务委员会审议，并在实施三十日以前向社会公告。

第四十七条 在用机动车经修理和调整或者采用控制技术后，向大气排放污染物仍不符合国家标准对在用车有关要求的，应当按照国家规定强制报废。

已达到报废标准的机动车上道路行驶的，公安机关交通管理部门应当予以收缴，强制报废。

第四十八条 设区的市、县（市）人民政府可以根据城市规划和大气环境质量功能区划等要求，确定禁止高排放机动车行驶的区域、时段，设置禁止行驶标志和高排放机动车自动识别系统。

第四十九条 船舶向大气排放污染物，应当符合有关排放标准。

禁止船舶在内河水域使用焚烧炉或者焚烧船舶垃圾。禁止载运危险货物船舶在城市市区航道、通航密集区、渡区、船闸、大型桥梁、水下通道等内河水域进行舱室驱气或者熏舱作业。船舶在海港港区内使用焚烧炉、进行驱气等作业应当按照国家有关规定报经有关部门批准后实施。

交通运输行政主管部门负责推进船舶油气动力改造工作。发展改革行政主管部门应当将靠港船舶岸电系统建设编入清洁能源利用发展规划。

第五十条 非道路移动机械向大气排放污染物，应当符合国家和省规定的排放标准。非道路移动机械超过规定排放标准的，应当实施限期治理，经限期治理仍不符合排放标准的，由生态环境、住房城乡建设、农机等行政主管部门责令停止使用。

城市人民政府可以根据大气环境质量状况，划定禁止高排放非道路移动机械使用的区域。

第五十一条 在用重型柴油车、非道路移动机械未安装污染控制装置或者污染控制装置不符合要求，不能达标排放的，应当加装或者更换符合要求的污染控制装置。

第五十二条 禁止生产、进口、销售不符合标准的机动车船、非道路移动机械用燃料；禁止向汽车和摩托车销售普通柴油以及其他非机动车用燃料；禁止向非道路移动机械、内河和江海直达船舶销售渣油和重油。

第五十三条 发动机油、氮氧化物还原剂、燃料和润滑油添加剂以及其他添加剂的有害物质含量和其他大气环境保护指标，应当符合有关标准的要求，不得损害机动车船污染控制装置效果和耐久性，不得增加新的大气污染物排放。

第四节 扬尘大气污染防治

第五十四条 设区的市、县（市）人民政府应当建立和完善扬尘污染防治工作体制，组织划定城市扬尘污染控制区，明确城市扬尘污染控制区的控制目标和控制措施。

第五十五条 钢铁、火电、建材等企业和港口码头、建设工地的物料堆放场所应当按照要求进行地面硬化，并采取密闭、围挡、遮盖、喷淋、绿化、设置防风抑尘网等措施。物料装卸可以密闭作业的应当密闭，避免作业起尘。大型煤场、物料堆放场所应当建立密闭料仓与传送装置。

物料堆放场所出口应当硬化地面并设置车辆清洗设施，运输车辆冲洗干净后方可驶出作业场所。施工单位和物料堆放场所经营管理者应当及时清扫和冲洗出口处道路，路面不得有明显可见泥土、物料印迹。

第五十六条 工程建设单位应当承担施工扬尘的污染防治责任，将扬尘污染防治费用列入工程造价。工程建设单位应当要求施工单位制定扬尘污染防治方案，并委托监理单位负责方案的监督实施。

施工单位应当遵守建设施工现场环境保护的规定，建立相应的责任管理制度，制定扬尘污染防治方案，在施工工地设置密闭围挡，采取覆盖、分段作业、择时施工、洒水抑尘、冲洗地面和车辆等有效防尘降尘措施。

第五十七条 房屋或者其他建（构）筑物拆除施工单位应当配备防尘抑尘设备，对拆除过程中产生的扬尘污染控制负责。拆除房屋或者其他建（构）筑物时应当设置围挡，采取持续加压喷淋等措施，抑制扬尘产生。需爆破作业的，应当在爆破作业区外围洒水喷湿。

气象预报风速达到五级以上时，应当停止房屋或者其他建（构）筑物爆破或者拆除作业。

拆除工程完毕后不能在七日内开工建设的，应当对裸土地面进行覆盖、绿化或者铺装。

第五十八条 设区的市、县（市）人民政府城市市容环境卫生行政主管部门应当推行道路机械化清扫保洁和清洗作业方式，按照作业规范要求，合理安排作业时间，适时增加作业频次，提高作业质量。

设区的市、县（市）人民政府市政行政主管部门应当及时修复破损路面，防止土壤裸露。

第五十九条　公共绿地、绿化带等各类绿地的管理维护单位负责绿化养护扬尘污染防治。

新建的公共绿地、绿化带内的裸土应当覆盖，树池、花坛、绿化带等覆土不得高于边沿。绿化施工结束后应当及时清理现场。

第六十条　矿山开采应当做到边开采、边治理，及时修复生态环境。废石、废渣、泥土等应当堆放到专门存放地，并采取围挡、设置防尘网或者防尘布等防尘措施；施工便道应当进行硬化并做到无明显积尘。

采矿权人在采矿过程中以及停止开采或者关闭矿山前，应当整修被损坏的道路和露天采矿场的边坡、断面，恢复植被，并按照规定处置矿山开采废弃物，整治和恢复矿山地质环境，防止扬尘污染。

第六十一条　设区的市、县（市）人民政府应当组织规划、建设专用的建筑垃圾和工程渣土处置场，推进资源综合利用，规范处置行为，减少二次扬尘。

运输建筑垃圾和工程渣土的车辆应当采取密闭或者其他措施，防止建筑垃圾和工程渣土抛撒滴漏，造成扬尘污染。设区的市、县（市）人民政府城市市容环境卫生行政主管部门应当加强对运输建筑垃圾和工程渣土的车辆的监管，规范建筑垃圾和工程渣土运输处置作业，依法查处抛撒滴漏行为。

第五节　其他大气污染防治

第六十二条　禁止在下列场所新建、扩建排放油烟的饮食服务项目：

（一）居民住宅楼等非商用建筑；

（二）未设立配套规划专用烟道的商住综合楼；

（三）商住综合楼内与居住层相邻的楼层。

禁止在城市主次干道两侧、居民居住区以及公园、绿地内管理维护单位指定的烧烤区域外露天烧烤食品。

第六十三条　饮食服务业经营者应当采取下列措施，防止对大气环境造成污染：

（一）设置油烟净化装置，定期进行清洗维护，保持正常运行；

（二）按照规范设置餐饮业专用烟道；

（三）营业面积在五百平方米以上的餐饮企业，应当安装油烟在线监控设施。

第六十四条　从事服装干洗和机动车维修等服务活动的经营者，应当按照国家有关标准或者要求设置异味和废气处理装置等污染防治设施并保持正常使用，防止影响周边环境。

第六十五条　地方各级人民政府应当制定、落实有利于农作物秸秆利用的财政、投资、税费、价格等政策和措施，推广秸秆机械化还田，鼓励利用秸秆为原料发展生物质能、生产饲料和人造板材等产品，促进农作物秸秆综合利用。县级以上地方人民政府农业（农机）行政主管部门根据职责，对秸秆综合利用实施监督管理。

禁止露天焚烧秸秆。

第六十六条 禁止露天焚烧沥青、油毡、橡胶、塑料、垃圾、皮革等产生有毒有害、恶臭气体的物质。

禁止在城市建成区露天焚烧落叶。

第六十七条 县级以上地方人民政府农业行政主管部门应当组织推广缓释肥料新技术，指导农业生产经营者科学合理施用农药、化肥等农业投入品，降低农药生产和使用过程中挥发性有机物和氨排放量。

禁止在人口集中地区对树木、花草喷洒剧毒、高毒农药。

第六十八条 从事畜禽养殖、屠宰生产经营活动的单位和个人，应当采取有效措施，强化畜禽粪污资源化利用，改善养殖场通风环境，提高畜禽粪污综合利用率，减少氨挥发排放，防止周边环境受到污染。在学校、医院、居民居住区以及公共场所等人口集中区域周边，禁止设置畜禽养殖场、屠宰场（厂）。

第六十九条 向大气排放含放射性物质的气体、气溶胶，应当符合国家有关放射性防护的规定，不得超过规定的排放标准。

第七十条 设区的市、县（市）人民政府根据本行政区域的实际情况，确定限制或者禁止燃放烟花爆竹的时间、地点和种类。禁止违规燃放烟花爆竹。

第五章　区域大气污染联合防治

第七十一条 省人民政府应当根据国家有关规定，与长三角区域省、市以及其他相邻省建立大气污染防治协调机制，定期协商解决大气污染防治重大事项，采取统一的防治措施，推进大气污染防治区域协作。

第七十二条 省有关部门应当与长三角区域省、市以及其他相邻省相关部门建立沟通协调机制，共享大气环境质量信息，优化产业结构和布局，通报可能造成跨界大气影响的重大污染事故，建立大气污染预警联动应急响应机制，协调跨界大气污染纠纷，促进省际间的大气污染防治联防联控。

第七十三条 省人民政府按照国家重点区域大气污染联合防治的要求，根据主体功能区划、区域大气环境质量状况和大气污染传输扩散规律，划定本省的大气污染防治重点区域，统筹协调区域内的大气污染防治工作。

第七十四条 省生态环境行政主管部门会同省大气污染防治重点区域内有关设区的市人民政府，根据区域经济社会发展和大气环境承载能力，制定区域大气污染防治规划，明确协同控制目标，优化区域经济布局，统筹交通管理，发展清洁能源，提出重点防治任务和措施，促进区域大气环境质量改善。

第七十五条　重点区域内有关设区的市人民政府应当加强沟通协调，共享大气环境质量信息，协商解决跨界大气污染纠纷，开展联合执法行动，查处区域内大气污染违法行为，共同做好区域内大气污染防治工作。

建设项目可能对相邻行政区域的大气环境造成不良影响的，生态环境行政主管部门在审批环境影响评价文件时，应当征求相邻行政区域的生态环境行政主管部门的意见。

第六章　预警和应急

第七十六条　建立重污染天气监测预警和应急处置体系。

生态环境行政主管部门应当会同气象等有关部门建立重污染天气预警和会商机制，进行大气环境质量预报和监测。

县级以上地方人民政府应当将重污染天气响应纳入突发事件应急响应体系，制定和完善重污染天气应急预案，并向社会公布。

第七十七条　在大气受到严重污染，发生或者可能发生危害人体健康和安全的紧急情况时，县级以上地方人民政府应当及时启动应急预案，按照规定程序，通过媒体向社会发布重污染天气的预警信息，并按照预警级别实施下列相应的应急响应措施：

（一）责令有关企业停产或者限产；

（二）限制部分机动车行驶；

（三）实施大宗物料错峰运输；

（四）禁止燃放烟花爆竹；

（五）停止或者限制易产生扬尘的施工工地作业；

（六）禁止露天烧烤；

（七）停止幼儿园和学校户外体育活动；

（八）停止组织露天体育比赛活动及其他露天举办的群体性活动；

（九）国家和省规定的其他应急响应措施。

企业事业单位、公民应当配合政府及其有关部门采取的重污染天气应急响应措施。

第七十八条　可能发生大气突发环境事件的单位应当按照国家和省有关规定编制应急预案，报所在地生态环境行政主管部门备案。在发生或者可能发生大气突发环境事件时，单位应当立即启动应急预案，采取处理措施，防止污染扩大，及时通报可能受到大气污染危害的单位和居民，并向所在地生态环境行政主管部门报告。

第七十九条　突发大气污染事故的应急处置，依照《中华人民共和国环境保护法》《中华人民共和国突发事件应对法》等法律、法规的规定执行。

第七章　法律责任

第八十条　违反本条例第十二条规定，有下列行为之一的，由生态环境行政主管部门责令停止排污或者限制生产、停产整治，并处十万元以上一百万元以下罚款；情节严重的，报经有批准权的人民政府批准，责令停业、关闭：

（一）无排污许可证排放大气污染物的；

（二）超过排污许可证规定的排放标准或者排放总量控制指标排放大气污染物的。

无排污许可证排放大气污染物，被责令停止排污，拒不执行，尚不构成犯罪的，由生态环境行政主管部门将案件移送公安机关，对其直接负责的主管人员和其他直接责任人员依法予以拘留。

未按照排污许可证规定的其他要求排放大气污染物的，由生态环境行政主管部门责令限期改正，处二万元以上二十万元以下罚款；情节严重的，由生态环境行政主管部门吊销排污许可证。

第八十一条 违反本条例第二十三条规定，有下列行为之一的，由生态环境行政主管部门责令限期改正，处二万元以上二十万元以下罚款；拒不改正的，责令停产整治：

（一）排放工业废气或者有毒有害大气污染物的排污单位未按照规定监测大气污染物排放情况的；

（二）重点排污单位未按照规定安装大气污染物排放自动监测、监控等设备，或者未按照规定与生态环境行政主管部门的监控设备联网，并保证监测设备正常运行的。

违反本条例第二十三条规定，排污单位未按照要求保存或者公开监测数据等信息的，由生态环境行政主管部门责令限期改正，处二万元以上十万元以下罚款。

第八十二条 违反本条例第二十八条第一款规定，新建项目配套建设自备燃煤电站的，由生态环境行政主管部门责令停止违法行为，处五万元以上二十万元以下罚款，并报经有批准权的人民政府批准，责令关闭或者限期拆除。

第八十三条 违反本条例第二十九条第二款规定，销售不符合规定标准的散煤或者固硫型煤的，由依法行使监督管理权的部门责令停止销售，没收产品和违法所得，并处货值金额一倍以上三倍以下罚款。

第八十四条 有下列行为之一的，由生态环境行政主管部门责令限期拆除或者没收相关设施，并处二万元以上十万元以下罚款：

（一）违反本条例第三十条第二款规定，在燃气管网和集中供热管网覆盖范围内，新建、扩建燃用煤炭、重油、渣油的设施的；

（二）违反本条例第三十一条第二款规定，在高污染燃料禁燃区内新建、扩建燃用高污染燃料设施的，或者在规定的期限届满后，继续燃用高污染燃料的；

（三）违反本条例第三十二条第一款规定，在城市建成区新建除热电联产以外的燃煤锅炉，或者在其他地区新建每小时10蒸吨及以下的燃煤锅炉的。

第八十五条 有下列行为之一的，由市场监督管理部门责令改正，没收原材料、产品和违法所得，并处货值金额一倍以上三倍以下罚款：

（一）违反本条例第三十一条第二款规定，在高污染燃料禁燃区内，销售高污染燃料的；

（二）违反本条例第五十二条、第五十三条规定，生产、销售不符合标准的机动车船和非道路移动机械用燃料、发动机油、氮氧化物还原剂、燃料和润滑油添加剂以及其他添加剂的。

第八十六条　违反本条例第三十三条规定，新建、扩建列入名录的高污染工业项目，使用淘汰的高污染工艺设备，或者将淘汰的高污染工艺设备转让给他人使用的，由经济综合管理部门责令改正，没收违法所得；拒不改正的，报经有批准权的人民政府批准，责令停业、关闭。

第八十七条　违反本条例第三十九条第一款规定，未在密闭空间或者设备中进行产生挥发性有机物废气的生产经营活动或者未按照规定设置并使用污染防治设施的，由生态环境行政主管部门责令改正，处二万元以上二十万元以下罚款；拒不改正的，责令停产整治。

违反本条例第三十九条第二款规定，未建立泄漏检测与修复制度的，由生态环境行政主管部门责令限期改正；逾期不改正的，处一万元以上十万元以下罚款。

第八十八条　违反本条例第四十一条第一款规定，储油储气库、加油加气站、油罐车、气罐车未按照标准配套安装油气回收装置的，由生态环境行政主管部门责令限期改正，对储油储气库、加油加气站所有者或者经营者处二万元以上二十万元以下罚款，对油罐车、气罐车所有者或者经营者处二万元以上五万元以下罚款；不正常使用油气回收装置，或者擅自拆除、闲置、更改油气回收装置的，由生态环境行政主管部门责令限期改正，对储油储气库、加油加气站所有者或者经营者处二万元以上二十万元以下罚款，对油罐车、气罐车所有者或者经营者处二万元以上五万元以下罚款。

第八十九条　违反本条例第四十八条规定，高排放机动车在禁止行驶的区域、时段行驶的，由公安机关交通管理部门按照违反禁令标志依法予以处罚。

第九十条　违反本条例第四十九条第一款和第二款规定，造成大气环境污染的，由交通运输、海事、渔业等行政主管部门依法进行处罚。

第九十一条　违反本条例第五十条第二款规定，在禁止区域内使用高排放非道路移动机械的，由生态环境行政主管部门责令限期改正，可以处一万元以上五万元以下罚款。

第九十二条　违反本条例第五十一条规定，在用重型柴油车、非道路移动机械未按照规定加装、更换污染控制装置的，由生态环境等行政主管部门按照职责责令改正，处五千元罚款。

第九十三条　违反本条例第五十二条、第五十三条规定，进口不符合标准的机动车船和非道路移动机械用燃料、发动机油、氮氧化物还原剂、燃料和润滑油添加剂以及其他添加剂的，由海关依据《中华人民共和国大气污染防治法》有关规定予以处罚。

第九十四条　有下列行为之一的，由生态环境、住房城乡建设、交通运输、水利等行政主管部门根据各自职责责令限期改正，处一万元以上十万元以下罚款；对逾期仍未达到当地环境保护规定要求的，责令其停工整顿：

（一）违反本条例第五十五条规定，未采取扬尘防治措施的；

（二）违反本条例第五十六条第二款规定，未制定扬尘污染防治方案或者未按照方案采取防尘降尘措施的；

（三）违反本条例第五十七条第一款规定，拆除房屋或者其他建（构）筑物时未设置围挡、采取持续加压喷淋等措施，或者未在爆破作业区外围洒水喷湿的；

（四）违反本条例第五十七条第二款规定，不停止房屋或者其他建（构）筑物爆破或者拆除作业的；

（五）违反本条例第五十七条第三款规定，拆除工程完毕后七日内不能开工建设，未对裸土地面进行覆盖、绿化或者铺装的。

第九十五条 违反本条例第六十一条第二款规定，运输建筑垃圾、工程渣土的车辆未采取密闭或者其他措施防止建筑垃圾、工程渣土抛撒滴漏的，由城市市容环境卫生行政主管部门责令改正，处二千元以上二万元以下罚款；拒不改正的，车辆不得上道路行驶。

第九十六条 违反本条例第六十二条第一款规定，在居民住宅楼等非商用建筑、未设立配套规划专用烟道的商住综合楼、商住综合楼内与居住层相邻的楼层内新建、扩建排放油烟的饮食服务项目的，由设区的市、县（市）人民政府确定的行政主管部门责令改正；拒不改正的，予以关闭，并处一万元以上十万元以下罚款。

违反本条例第六十二条第二款规定，在城市主次干道两侧、居民居住区或者公园、绿地内管理维护单位指定的烧烤区域外露天烧烤食品的，由设区的市、县（市）人民政府确定的行政主管部门责令改正，没收烧烤工具和违法所得，并处五百元以上五千元以下罚款。

第九十七条 违反本条例第六十三条规定，饮食服务业经营者未采取措施，超过排放标准排放油烟的，由生态环境行政主管部门责令限期改正，处一万元以上五万元以下罚款；拒不改正的，责令停业整治。

第九十八条 违反本条例第六十四条规定，从事服装干洗和机动车维修等服务活动，未设置异味和废气处理装置等污染防治设施并保持正常使用，影响周边环境的，由生态环境行政主管部门责令改正，处二千元以上二万元以下罚款；拒不改正的，责令停业整治。

第九十九条 违反本条例第六十五条第二款规定，露天焚烧秸秆的，由生态环境行政主管部门责令改正，并可以处五百元以上二千元以下罚款。

违反本条例第六十六条第一款规定，露天焚烧沥青、油毡、橡胶、塑料、垃圾、皮革等产生有毒有害、恶臭气体的物质的，由生态环境行政主管部门责令改正，对企业事业单位处一万元以上十万元以下罚款，对个人处五百元以上二千元以下罚款。

违反本条例第六十六条第二款规定，在城市建成区露天焚烧落叶的，由城市市容环境卫生行政主管部门责令改正，处五百元以上二千元以下罚款。

第一百条　违反本条例第六十七条第二款规定，在人口集中地区对树木、花草喷洒剧毒、高毒农药的，由设区的市、县（市）人民政府确定的行政主管部门责令改正，处五百元以上二千元以下罚款。

第一百零一条　排污单位违反本条例规定发生大气污染事故，除对单位进行处罚外，生态环境行政主管部门和其他负有大气环境保护监督管理职责部门还可以对单位直接负责的主管人员和其他直接责任人员处上一年度从单位取得收入百分之五十以下的罚款。

第一百零二条　违反本条例，除第八十三条、第八十五条、第八十九条、第九十条、第九十二条、第九十三条、第九十五条、第九十六条第二款、第九十九条、第一百条、第一百零一条规定的情形外，受到罚款的行政处罚，被责令改正，拒不改正的，依法作出处罚决定的部门可以自责令改正之日的次日起，按照原处罚数额按日连续处罚。

第一百零三条　违反大气污染防治法律、法规和本条例规定，排放大气污染物，造成严重污染，构成犯罪的，依法追究刑事责任。

生态环境行政主管部门与司法机关应当建立健全大气污染案件行政执法和刑事司法衔接机制，完善案件移送、线索通报等制度。

第一百零四条　当事人对生态环境行政主管部门和其他负有大气环境保护监督管理职责部门的行政行为不服的，可以依法申请行政复议或者提起行政诉讼。

设区的市、县（市）人民政府、生态环境行政主管部门就其作出的责令停业、关闭或者停产整治决定申请强制执行，人民法院经依法审查裁定准予执行，而被执行人拒不执行的，人民法院可以向被执行人的水、电、热、气等供应单位发出协助执行通知书，供应单位应当协助人民法院对被执行人采取停止供水、供电、供热、供气等措施。协助执行单位拒不协助的，人民法院可以依法予以制裁。

第一百零五条　县级以上地方人民政府、生态环境行政主管部门和其他负有大气环境保护监督管理职责的部门有下列行为之一的，由其上级机关或者监察机关责令改正，对负有责任的主要负责人和直接负责的主管人员以及其他直接责任人员，依法给予处分；构成犯罪的，依法追究刑事责任：

（一）不符合行政许可条件准予行政许可的；

（二）依照法律、法规和本条例规定，应当作出行政处罚的决定而未作出的；

（三）对超标、违规排放大气污染物，发现或者接到举报未及时查处的；

（四）应当依法公开环境信息而未公开的；

（五）违反法律、法规和本条例规定，查封、扣押排污单位的设施、设备的；

（六）篡改、伪造或者指使篡改、伪造监测数据的；

（七）其他滥用职权、玩忽职守、徇私舞弊行为的。

第八章　附　则

第一百零六条　本条例中下列用语的含义：

（一）排污单位，是指向大气排放污染物的企业事业单位以及个体工商户。

（二）重点大气污染物，是指国家和省人民政府根据改善大气环境质量的需要，作为约束性指标纳入国民经济和社会发展规划，确定实施排放总量控制和削减的大气污染物，如二氧化硫、氮氧化物等。

（三）高污染燃料，是指原（散）煤、煤矸石、粉煤、煤泥、燃料油（重油和渣油）、各种可燃废物、直接燃用的生物质燃料（树木、秸秆、锯末、稻壳、蔗渣等）以及污染物含量超过国家规定限值的固硫型煤、轻柴油、煤油和人工煤气。

（四）有毒有害大气污染物，是指列入国家有毒有害大气污染物名录的对人体健康和生态环境产生危害和影响的大气污染物。

（五）非道路移动机械，是指用于非道路上的，自驱动或者具有双重功能，或者不能自驱动，但被设计成能够从一个地方移动或者被移动到另一个地方的机械，包括工业钻探设备、工程机械、农业机械、林业机械、渔业机械、材料装卸机械、叉车、雪犁装备、机场地勤设备、空气压缩机、发电机组、水泵等。

（六）重污染天气，是指在不利气象条件下，由于工业废气、机动车尾气、扬尘、大面积秸秆焚烧等污染物排放而发生在较大区域的累积性大气污染。

第一百零七条　本条例自 2015 年 3 月 1 日起施行。

南京市大气污染防治条例

（2018年12月21日南京市第十六届人民代表大会常务委员会第十次会议通过　2019年1月9日江苏省第十三届人民代表大会常务委员会第七次会议批准）

第一章　总　则

第一条　为了防治大气污染和生态破坏，保护和改善环境，保障公众健康，推进生态文明建设，促进经济社会可持续发展，根据《中华人民共和国环境保护法》《中华人民共和国大气污染防治法》《江苏省大气污染防治条例》等法律、法规，结合本市实际，制定本条例。

第二条　本市行政区域内大气污染防治适用本条例。

第三条　大气污染防治以改善大气环境质量为目标，坚持预防为主、防治结合、源头控制、损害担责的原则，建立政府监管、公众参与、共同治理、联防联控的防治机制。

第四条　市、区人民政府对本行政区域内的大气环境质量负责，将大气污染防治工作纳入国民经济和社会发展规划，合理规划城乡发展和产业布局，建立健全大气污染防治综合协调机制，保障对大气污染防治的资金投入。

江北新区管理机构对新区直管区内大气环境质量负责。

镇人民政府、街道办事处、国家级园区管理机构按照所在地区人民政府的要求，做好大气污染防治相关工作。

第五条　生态环境主管部门对大气污染防治实施统一监督管理。

发展和改革、工业和信息化、规划和自然资源、城乡建设、城市管理、交通运输、市场监管、公安、农业农村、水务、绿化园林、气象等部门在各自职责范围内负责大气污染防治的监督管理工作。

第六条　企业事业单位和其他生产经营者应当履行防治大气污染的法定义务，采取有效措施，防止、减少大气污染，对所造成的损害依法承担责任。

个人应当增强大气环境保护意识，采取低碳、环保的生活方式，自觉履行大气环境保护义务。

第七条　市人民政府应当加强与周边地区大气污染联合防控工作，推进大气污染防治区域协作和应急联动。

第八条　鼓励和支持大气污染防治科技研究，推广先进、适用的大气污染防治技术和装备，普及相关科学知识和法律、法规，提高全社会大气环境保护意识。

市、区人民政府对执行严于国家和省规定的大气污染物排放和控制标准而主动开展技术改造、设备更新、能源替代的排污单位，给予政策扶持；对在防治大气污染方面作出显著成绩的单位和个人给予奖励。

第九条　任何单位和个人有权对污染大气环境的行为进行投诉、举报。

生态环境主管部门应当公布投诉、举报电话，对投诉、举报环境违法行为查证属实的，按照规定给予奖励。

第二章　大气污染防治规划

第十条　市人民政府根据国家环境空气质量标准和要求，确定本市大气环境质量改善目标，编制大气环境质量限期达标规划。

市人民政府根据国家、省大气污染防治要求，制定大气污染防治计划，确定大气环境质量改善的重点任务并组织实施。

第十一条　市生态环境主管部门按照国家、省大气环境质量要求，划定大气环境质量功能区，报市人民政府批准后实施。

第十二条　市规划和自然资源行政主管部门会同生态环境、气象等有关部门，根据城市空间布局和大气污染物扩散条件，划定城市清洁空气廊道保护区域，报市人民政府批准后向社会公布。

城市清洁空气廊道保护区域内应当加强生态修复，严格控制建设大型建（构）筑物，不得建设排放大气污染物的项目。

第十三条　市人民政府根据本市大气环境质量改善目标和经济社会发展需要，可以拟定严于国家大气污染物排放标准的地方标准，按照规定程序报批后向社会公布。

第十四条　市、区人民政府每年向本级人民代表大会或者其常务委员会报告环境状况和环境保护目标完成情况时，应当报告大气环境质量限期达标规划执行情况并向社会公开。

第三章　大气污染防治监督管理

第十五条　实行重点大气污染物排放总量控制制度，逐步削减重点大气污染物排放总量。

市人民政府应当根据国家和省有关规定，将本行政区域重点大气污染物排放总量控制指标分解落实到排污单位并向社会公布。

市生态环境主管部门根据本行政区域重点大气污染物排放总量控制指标的要求，制定年度总量削减计划并向社会公布完成情况。

第十六条　新建、改建、扩建排放重点大气污染物的建设项目，建设单位应当在报批环境影响评价文件前，按照规定向生态环境主管部门申请取得重点大气污染物排放总量指标。生态环境主管部门按照减量替代、总量控制的原则核定重点大气污染物排放总量指标。

通过减量替代获得大气污染物排放总量指标的建设项目，在替代的排放量未削减完成前，不得投入运行。

第十七条　实行重点大气污染物排污权交易制度。新建、改建、扩建建设项目新增重点大气污染物排放总量指标的，可以按照有关规定通过排污权交易取得。

第十八条　对超过国家重点大气污染物排放总量控制指标或者未完成国家下达的大气环境质量改善目标的区域，市生态环境主管部门应当暂停审批该区域新增重点大气污染物排放总量的建设项目环境影响评价文件。

除前款规定情形和民生类、环境治理类项目外，有下列情形之一的，市生态环境主管部门可以暂停审批该区域新增重点大气污染物排放总量的建设项目环境影响评价文件，并向社会公布：

（一）国家、省、市认定为大气污染严重的；

（二）未完成大气环境质量阶段达标任务的；

（三）生态破坏严重或者未完成生态恢复任务的。

实行区域限批的，市生态环境主管部门应当向受限批区域的区人民政府（园区管理机构）通报。被限批区域应当制定整改方案，按期完成整改任务并公示，经市生态环境主管部门审核批准后解除限批。

第十九条　建设项目有下列情形之一的，生态环境主管部门应当对环境影响评价文件作出不予批准的决定：

（一）建设项目类型及其选址、布局、规模等不符合环境保护法律、法规和相关法定规划的；

（二）所在区域大气环境质量未达到国家或者地方大气环境质量标准，且建设项目拟采取的措施不能满足区域大气环境质量改善目标要求的；

（三）建设项目采取的污染防治措施无法确保大气污染物排放达到国家和地方标准，或者未采取必要措施预防和控制生态破坏的；

（四）改建、扩建和技术改造项目，未针对项目原有大气环境污染和生态破坏提出有效防治措施的；

（五）建设项目环境影响评价文件的基础资料数据明显不实，内容存在重大缺陷、遗漏，或者环境影响评价结论不明确、不合理的；

（六）建设单位现有项目未按照规定履行环境保护审批手续，拟进行项目新建、改建、扩建的；

（七）建设单位被国家、省、市生态环境主管部门列为环境保护挂牌督办整改对象，未按期完成整改任务的；

（八）法律、法规规定不予批准的其他情形。

第二十条 排放大气污染物的建设项目纳入排污许可管理的，应当在投入生产或者使用前申请核发排污许可证，并按照排污许可证规定的排放方式、去向、浓度、种类、数量等要求排放污染物，落实排污许可证载明的各项环境管理要求；纳入排污许可管理未取得排污许可证的，不得排放大气污染物。

不纳入排污许可管理的其他建设项目，应当及时向项目所在地生态环境主管部门报备。

第二十一条 排污单位应当按照相关规定设置大气污染物排放口，排放口应当具备采样和监测流量的条件。

第二十二条 排污单位排放大气污染物，应当安装大气污染防治设施并保证正常使用，或者采取其他防护措施控制、降低大气污染物排放。

大气污染防治设施因维修、故障等原因不能正常使用的，排污单位应当立即采取限产停产等措施，并报告生态环境主管部门。

排污单位可以依法委托第三方开展大气污染防治设施的维护管理和相关污染治理工作。

第二十三条 生产经营活动中产生恶臭气体的，排污单位应当科学选址，设置合理的防护距离，并安装净化装置或者采取其他措施。

以间歇性排放方式向大气排放恶臭气体或者可视大气污染物的排污单位，应当合理安排生产，优化排放时间，并向生态环境主管部门报告。排污单位应当按照报告确定的时间和要求排放，可以全部昼间排放的，不得在夜间偷排。

市生态环境主管部门应当将间歇性排放恶臭气体和可视大气污染物的排污单位名单及排放规律向社会公开。

本条第二款所称昼间，是指 3 月 1 日至 10 月 31 日期间，每日 6：00—18：00；11 月 1 日至次年 2 月底期间，每日 7：00—17：00。

第二十四条 市生态环境主管部门应当按照规定每年确定本行政区域重点排污单位名录并向社会公布。

列入名录的重点排污单位应当按照规定及时主动公开基础信息、排污信息、管理信息等内容。

第二十五条 重点排污单位应当按照规定安装大气污染物排放自动监测设备，与环境自动监测监控系统联网，保证正常运行，并按照规定向社会公开重点污染源在线数据。原始监测记录保存不得低于三年。

自动监测设备因故障不能正常运行的，重点排污单位应当在十二小时内向生态环境主管部门报告，并在五个工作日内恢复正常运行。停运期间，重点排污单位应当采用人工监测等方式对大气污染物排放状况进行监测，并向生态环境主管部门报送监测数据。

其他排污单位可以安装大气污染物排放自动监测设备，按照规定自行开展监测工作。

第二十六条　排污单位有下列行为之一，造成或者可能造成严重大气污染，或者有关证据可能灭失或者被隐匿的，生态环境主管部门和其他负有环境监督管理职责的部门可以依法对有关设施、设备、物品进行查封、扣押：

（一）在高污染燃料禁燃区燃用高污染燃料的；

（二）违反规定排放含重金属、持久性有机污染物等有毒有害大气污染物的；

（三）未按照规定执行重污染天气应急削减措施排放大气污染物的；

（四）法律、法规规定的其他行为。

第二十七条　生态环境主管部门和有关部门应当将大气环境违法信息纳入本市信用信息系统。

重点排污单位和被生态环境主管部门实施行政处罚的排污单位，其单位负责人和相关责任人应当参加环境警示教育培训。

第四章　大气污染防治措施

第一节　能源消耗及工业大气污染防治

第二十八条　实行能耗和煤炭消费总量控制和强度控制制度。市能耗和煤炭消费总量控制行政主管部门会同有关部门依据省、市节能减排规定，编制阶段性控制能耗和煤炭消费总量实施方案，报市人民政府批准后实施。

第二十九条　市人民政府应当划定高污染燃料禁燃区，报省生态环境主管部门备案并向社会公布。

高污染燃料禁燃区内禁止销售、燃用高污染燃料；禁止新建、扩建燃用高污染燃料的设施；已建成的，应当在市人民政府规定的期限内停止使用，或者改用天然气、液化石油气、电等清洁能源。

高污染燃料目录以及煤炭硫分、灰分限值按照国家和省有关规定执行。

第三十条　禁止下列造成能源污染的行为：

（一）进口、销售和燃用超过规定硫分、灰分限值等不符合质量标准的煤炭；

（二）进口、销售和燃用不符合质量标准的石油焦；

（三）法律、法规规定的其他行为。

第三十一条　石油化工企业应当加强可燃性气体的回收。火炬燃烧装置应当用于应急处置，不得作为日常大气污染处理设施。

第三十二条　鼓励生产、使用不含挥发性有机物或者挥发性有机物含量低的原料和产品。

表面涂装、包装印刷、家具生产等行业应当使用挥发性有机物含量低的产品。

石油化工及其他使用有机溶剂的企业应当改进生产工艺，使用挥发性有机物含量低的原料和产品。

第三十三条 产生挥发性有机物废气的生产经营活动，应当在密闭空间或者设备中进行，并按照规定安装、使用污染防治设施。造船等无法在密闭空间进行的生产经营活动，以及建（构）筑物、道路、桥梁等日常维护活动，应当采取有效措施减少挥发性有机物排放量。

原油成品油加工企业、储油储气库、加油加气站和油罐车、气罐车等应当配备油气回收装置，其所有者或者经营者应当进行挥发性有机物泄漏定期检测；属于特种设备的，应当委托具有相应资质的检验检测单位进行定期检测。

第三十四条 石油化工以及其他使用有机溶剂的企业应当建立泄漏检测与修复制度，发生泄漏的应当按照规定及时修复。

石油化工等排放挥发性有机物的企业在检修时，应当在生产装置系统停运、倒空、清洗过程中采取有效措施，减少挥发性有机物排放量。

第三十五条 严格控制新建、扩建排放恶臭气体的工业生产项目。现有排放恶臭气体的化工、石化、制药等行业的项目，应当在生态环境主管部门规定的期限内进行技术改造和工艺更新，减少恶臭气体排放；逾期未完成整改的，应当限产、停产或者关闭。

第二节 机动车船及非道路移动机械大气污染防治

第三十六条 优先发展轨道交通、公共汽车等公共交通，鼓励公众使用非机动车和以清洁能源为动力的机动车。

限制使用高排放船舶，推广使用新能源或者清洁能源船舶。推进船舶更新升级，鼓励淘汰老旧船舶。

第三十七条 在本市行政区域内行驶的机动车不得超标排放大气污染物，不得排放黑烟等明显可视污染物。市人民政府可以对排放黑烟等明显可视污染物的机动车采取限制行驶区域等排气污染防治措施。

生态环境主管部门可以通过现场监测、摄像拍照、遥感监测等方式，对在道路上行驶的机动车排气污染进行监督抽测。公安机关交通管理部门应当予以配合。

重型柴油车应当安装尾气排放在线监控装置并保证正常运行。

第三十八条 生态环境主管部门应当建立网上信息平台，将非道路移动机械的名称、类别、数量、污染物排放等信息纳入平台统一管理并对外公布。非道路移动机械的所有人或者使用人应当向所在地生态环境主管部门及时报送相关信息。生态环境主管部门应当按照国家规定制发非道路移动机械环保标识。

在本市行政区域内使用的非道路移动机械应当安装尾气排放在线监控装置和电子定位系统并保证正常运行。生态环境主管部门可以采用电子标签、电子围栏、排气监控等技术手段予以实时监控。

第三十九条 在本市行政区域内使用的非道路移动机械不得超标排放大气污染物，不得排放黑烟等明显可视污染物。

建设项目环境影响评价文件应当明确项目施工过程中使用非道路移动机械的大气污染防治措施。

政府部门、国有企业在采购设备或者机械时，应当在招标文件中明确要求市政工程机械、企业内部机械、港口码头作业机械等满足本市执行的排放标准，优先使用清洁能源机械。

第四十条　新建港口、码头应当规划、设计和建设岸基供电设施；既有港口、码头应当按照规定逐步完成岸基供电设施改造。

有岸基供电设施的，船舶靠港后优先使用岸基供电。

民航机场应当建设地面电源替代飞机辅助动力装置，民航飞机停靠期间应当使用地面电源。

第三节　扬尘大气污染防治

第四十一条　建设工程施工、建筑物拆除、道路清扫保洁、固体物料运输和堆放、采石取土、养护绿化等活动应当采取有效防尘措施，减少空气颗粒物。

扬尘大气污染防治的具体办法由市人民政府另行制定。

第四十二条　建设单位应当在招标文件和施工承包合同中明确施工单位防治扬尘污染的责任，将防治扬尘污染的费用列入工程造价，并督促施工单位按照环境影响评价文件审批决定的要求落实扬尘污染防治措施。

第四十三条　建设工程施工应当符合下列要求：

（一）工地周围设置硬质密闭围挡。工地内主要道路进行硬化处理，对裸露地面及易产生扬尘的物料进行覆盖。工地出入口安装冲洗设施，对驶出车辆进行清洗，保持出入口通道及道路两侧清洁；

（二）及时清运建筑土方、建筑垃圾；在场地内堆存的，应当实施覆盖或者采取其他有效防尘措施。建筑垃圾和工程渣土的运输采用封闭式运输车辆，不得沿途泄漏、散落或者飞扬；

（三）伴有泥浆的施工作业，应当配备相应泥浆池、泥浆沟，废浆采用密封式罐车外运。按照规定使用预拌混凝土、预拌砂浆；

（四）法律、法规规定的其他要求。

道路和地下管线施工除符合本条第一款规定外，开挖、洗刨、风钻阶段应当湿法作业。使用风钻挖掘地面或者清扫施工现场时，应当采取洒水、喷雾等措施。

房屋拆除施工除符合本条第一款规定外，应当采用隔离、洒水或者喷淋压尘等措施。

第四十四条　绿化园林行政主管部门应当将扬尘污染防治要求纳入绿化建设和养护技术规范。

实施绿化和养护作业，所挖树穴在四十八小时内不能栽植的，应当采取覆盖、洒水等防尘措施。道路两侧绿地或者绿岛边缘的种植土，应当低于围挡边石或者道板。绿化施工结束后应当及时清理现场。

第四十五条 城市道路清扫保洁应当达到市容环境卫生作业质量标准，推进道路清扫机械化作业，降低道路保洁扬尘污染。

第四节 其他大气污染防治

第四十六条 市、区人民政府应当加强对餐饮服务业污染防治的统一领导，引导餐饮服务项目进入集聚经营区，提升餐饮服务业的污染防治水平。

市人民政府应当制定本市餐饮服务业环境保护管理办法。

第四十七条 新建居住项目配套商业设施或者紧邻居住建筑的商业设施，确需设置餐饮功能的，应当设计符合相关规范和环境保护要求的专用烟道、排污设施。既有商业设施通过合规手续进行改造，符合餐饮规范要求的，可以设置餐饮项目。规划和自然资源行政主管部门应当在建设工程设计方案中对可设置餐饮予以标注。

第四十八条 禁止在居民住宅楼、未配套设立专用烟道的商住综合楼以及商住综合楼内与居住层相邻的商业楼层内新建、改建、扩建产生油烟、异味、废气的餐饮服务项目。禁止区域内的既有餐饮服务项目，其经营许可到期后仍继续经营的，由区人民政府（园区管理机构）依法取缔。

区人民政府（园区管理机构）应当划定露天烧烤区域和时段并向社会公布；划定区域应当设置明显标识，区域外禁止露天烧烤。任何单位和个人不得在禁止区域内为露天烧烤食品提供场地。

第四十九条 餐饮服务项目应当使用清洁能源，排放油烟的餐饮服务项目还应当遵守下列规定：

（一）设置餐饮业专用烟道，专用烟道排放口的高度和位置不得影响周围生活、工作环境，油烟不得排入下水管道；

（二）安装使用油烟净化设施，油烟排放应当符合国家和地方标准，不得无序排放；

（三）法律、法规规定的其他要求。

第五十条 主要使用财政资金的单位应当采购挥发性有机物含量低的产品。

从事机动车维修等服务活动的经营者，应当使用挥发性有机物含量低的产品。

从事服装干洗服务活动的经营者，应当使用全封闭式干洗机，净化回收干洗溶剂。

第五十一条 垃圾场站、垃圾中转站应当采取相应措施，避免、减少恶臭污染物排放，防止恶臭对周边环境产生影响。垃圾焚烧设施的运营单位，应当按照国家规定实现达标排放。

市、区人民政府（园区管理机构）应当对散发恶臭气体的垃圾场站、垃圾中转站和河道进行治理。

第五十二条 禁止下列污染环境的露天焚烧行为：

（一）焚烧秸秆、枯草；

（二）在城市建成区焚烧落叶；

（三）焚烧沥青、油毡、橡胶、塑料、垃圾、皮革、电子废弃物等产生有毒有害、恶臭气体的物质；

（四）法律、法规规定的其他行为。

第五十三条　市、区人民政府（园区管理机构）应当制定农药、化肥减量计划和措施，积极推广缓控释肥等技术，指导农业生产经营者科学合理施用农药、化肥等农业投入品，减少农业生产活动产生的大气污染物，防止农业面源污染。

市、区人民政府（园区管理机构）应当划定畜禽养殖禁养区。从事畜禽养殖、屠宰生产经营活动的单位和个人，应当对畜禽养殖、屠宰产生的污水、废弃物进行处理和资源化利用，减少氨挥发排放，防止对周边环境造成恶臭影响。

第五章　重污染天气应对

第五十四条　建立重污染天气分级预警和应急处置体系。

市生态环境主管部门会同气象等有关部门建立重污染天气预警和会商机制，进行大气环境质量预报和监测。

第五十五条　市、区人民政府（园区管理机构）应当将重污染天气应急响应纳入突发事件应急管理体系，制定重污染天气应急预案，建立防范和应急处理机制。

出现重污染天气时市人民政府应当启动应急预案，根据不同污染预警等级，向社会发布预警信息、公众健康提示，并采取相应的应急响应措施：

（一）责令有关企业限产或者停产；

（二）限制部分机动车行驶；

（三）禁止燃放烟花爆竹；

（四）限制或者停止易产生扬尘的施工工地作业；

（五）禁止露天烧烤；

（六）停止幼儿园和学校户外活动；

（七）停止组织露天体育比赛活动以及其他露天举办的群体性活动；

（八）国家、省、市规定的其他应急响应措施。

企业事业单位、个人应当配合政府及其有关部门实施的重污染天气应急响应行动。

第五十六条　实行秋冬季节大气环境质量保障管控制度。

市生态环境主管部门应当根据本市大气环境质量改善目标、行业特点、企业生产周期等核定排污单位秋冬季节重点大气污染物日排放量。市人民政府应当发布秋冬季节大气环境质量保障管控方案，确定管控时间、管控范围和管控单位名单。排污单位应当执行管控方案。

第五十七条　生产、储存、运输和使用有毒、有害气体的企业事业单位和其他生产经营者，应当制定大气污染事故应急预案，并报生态环境主管部门备案。

第五十八条 排污单位应当采取有效措施防止大气污染事故发生。

发生事故或者其他突发性事件，排放、泄漏有毒有害气体或者放射性废气，造成或者可能造成大气污染事故、危害人体健康的，有关单位应当采取下列应急措施：

（一）立即启动应急预案，采取有效措施，消除或者减轻污染和危害；

（二）立即通报可能受到大气污染危害的单位和居民；

（三）及时报告所在地生态环境主管部门，接受调查处理。

事故处理后，责任单位应当向所在地生态环境主管部门以及其他有关部门书面报告事故发生的原因、过程、危害，以及采取的措施、处理结果、遗留问题和防范措施等情况。

第六章 法律责任

第五十九条 违反本条例第二十三条规定，以间歇性排放方式向大气排放恶臭气体或者可视大气污染物，未向生态环境主管部门报告，或者未按照规定排放的，属于通过逃避监管方式排放大气污染物，由生态环境主管部门责令改正或者限制生产、停产整治，处二十万元以上一百万元以下罚款；情节严重的，报经有批准权的人民政府批准，责令停业、关闭。尚不构成犯罪的，生态环境主管部门应当将案件移送公安机关，对其直接负责的主管人员和其他直接责任人员依法实施行政拘留。

第六十条 违反本条例第二十五条第二款规定，自动监测设备因故障不能正常运行，重点排污单位有下列行为之一的，由生态环境主管部门责令改正，处二万元以上二十万元以下罚款：

（一）未按照规定向生态环境主管部门报告的；

（二）未按照规定报送人工监测数据的。

第六十一条 违反本条例第三十一条规定，将火炬燃烧装置作为日常大气污染处理设施的，由生态环境主管部门责令改正，处五十万元以上一百万元以下罚款。

第六十二条 违反本条例第三十三条第二款规定，有下列行为之一的，由生态环境主管部门责令改正，处以罚款；拒不改正的，责令停产整治：

（一）原油成品油加工企业未配备油气回收装置，或者未进行定期检测的，处二万元以上十万元以下罚款；

（二）储油储气库、加油加气站和油罐车、气罐车所配备的油气回收装置未进行定期检测的，对储油储气库、加油加气站所有者或者经营者处二万元以上十万元以下罚款，对油罐车、气罐车所有者或者经营者处二万元以上五万元以下罚款。

第六十三条 违反本条例第三十七条第三款规定，重型柴油车未按照规定安装尾气排放在线监控装置并保证正常运行的，由生态环境主管部门责令改正，处二千元罚款。

第六十四条 违反本条例第三十八条规定，未在信息平台上报送非道路移动机械相关信息，或者未按照规定安装在线监控装置和电子定位系统并保证正常运行的，由生态环境主管部门责令改正，处二千元罚款。

第六十五条 违反本条例第五十条第二款规定，从事机动车维修等服务活动的经营者，使用不符合规定的有机溶剂，影响周边环境的，由生态环境主管部门责令改正，处一万元罚款；拒不改正的，责令停业整治。

违反本条例第五十条第三款规定，从事服装干洗服务活动的经营者，未使用全封闭式干洗机或者净化回收干洗溶剂，影响周边环境的，由生态环境主管部门责令改正，处一万元罚款；拒不改正的，责令停业整治。

第六十六条 违反本条例第五十六条第二款规定，排污单位未执行管控方案的，由生态环境主管部门责令改正或者限制生产、停产整治，并处十万元以上一百万元以下罚款。

第六十七条 违反本条例第五十八条第一款规定，排污单位未采取有效措施，造成一般或者较大大气污染事故的，由生态环境主管部门处所造成直接损失的一倍以上三倍以下罚款；造成重大或者特大大气污染事故的，由生态环境主管部门处所造成直接损失的三倍以上五倍以下罚款。

除对单位进行处罚外，生态环境主管部门和其他负有大气环境保护监督管理职责的部门还可以对单位直接负责的主管人员和其他直接责任人员处上一年度从单位取得收入百分之五十以下的罚款。

第六十八条 依据本条例第五十九条、第六十条、第六十二条规定，受到罚款处罚，被责令改正，拒不改正的，依法作出行政处罚决定的行政机关可以自责令改正之日的次日起，按照原处罚数额按日连续处罚。

第六十九条 生态环境和有关行政主管部门及其工作人员有下列行为之一的，由其上级机关、主管部门或者监察机关给予行政处分；情节严重构成犯罪的，依法追究刑事责任：

（一）不符合行政许可条件准予行政许可的；

（二）篡改、伪造或者指使篡改、伪造监测数据的；

（三）应当依法公开大气环境质量信息而未公开的；

（四）依法应当作出行政处罚决定而未作出的；

（五）其他滥用职权、玩忽职守、徇私舞弊的行为。

第七章 附 则

第七十条 本条例自2019年5月1日起施行。2004年11月24日南京市第十三届人民代表大会常务委员会第十三次会议通过的《南京市大气污染防治条例》同时废止。

浙江省大气污染防治条例

（2003 年 6 月 27 日浙江省第十届人民代表大会常务委员会第四次会议通过　2016 年 5 月 27 日浙江省第十二届人民代表大会常务委员会第二十九次会议修订）

第一章　总　则

第一条　为了保护和改善环境，防治大气污染，保障公众健康，推进生态文明建设，促进经济社会可持续发展，根据《中华人民共和国环境保护法》《中华人民共和国大气污染防治法》等法律、行政法规，结合本省实际，制定本条例。

第二条　本条例适用于本省行政区域内大气污染防治及其监督管理活动。

第三条　各级人民政府对本行政区域的大气环境质量负责。

县级以上人民政府应当加强对大气污染防治工作的领导，将大气污染防治工作纳入国民经济和社会发展规划，优化产业结构和布局，加大对大气污染防治的财政投入，建立健全大气污染防治协调机制，督促有关部门依法履行监督管理职责。

第四条　环境保护主管部门对大气污染防治实施统一监督管理。

其他有关部门按照本条例规定的职责对有关行业、领域的大气污染防治实施监督管理。

乡（镇）人民政府、街道办事处应当加强本辖区内大气污染防治工作，发现大气环境违法行为应当予以制止，并及时报告负有大气污染防治监督管理职责的部门，配合有关部门做好大气污染防治相关监督管理工作。

第五条　省人民政府应当根据国家有关规定制定考核办法，将大气污染防治重点任务和大气环境质量改善目标完成情况作为对设区的市、县（市、区）人民政府和省有关部门及其主要负责人考核的重要内容。设区的市人民政府可以结合本地实际制定考核实施细则。

考核结果应当向社会公开。

第六条　省人民政府应当建立和完善大气污染防治问责制度。

设区的市、县（市、区）、乡（镇）人民政府及有关部门不执行大气污染防治法律、法规、规章，或者未在规定期限内完成大气污染防治重点任务，或者对重大大气污染突发环境事件处置不力，以及有省人民政府规定的其他情形的，对设区的市、县（市、区）、乡（镇）人民政府及有关部门的主要负责人按照国家和省有关规定进行问责。

第七条　企业事业单位和其他生产经营者应当执行国家和省规定的大气污染物排放标准，采取有效措施，防止、减少大气污染，并对造成的损害依法承担责任。

公民应当增强大气环境保护意识，采取低碳、节俭的生活方式，自觉履行大气环境保护义务。

行业协会应当加强行业自律，开展大气污染防治法律、法规和相关知识的宣传，督促会员采取有效措施防止和减少大气污染。

第八条　县级以上人民政府及有关部门应当鼓励和支持大气污染防治公共管理和科学技术研究，推广先进适用的大气污染防治技术和装备。

各级人民政府及有关部门应当宣传、普及大气污染防治科学知识，推动公众、社会组织参与大气环境保护。

第二章　监督管理

第九条　县级以上人民政府有关部门按照下列规定履行大气污染防治监督管理职责：

（一）环境保护主管部门负责工业大气污染防治的监督管理，发展改革、经济和信息化主管部门在各自职责范围内负责能源结构调整、产业结构调整和产业布局优化及相关监督管理工作。

（二）经济和信息化主管部门负责煤炭质量管理，推进煤炭清洁高效利用。质量技术监督、工商行政管理、出入境检验检疫、环境保护等部门在各自职责范围内对加工、销售、进口、使用的煤炭质量实施监督管理。

（三）质量技术监督、环境保护主管部门在各自职责范围内负责生产、进口、销售、使用燃煤（燃油）锅炉的监督管理。

（四）环境保护主管部门会同公安机关交通管理部门对机动车大气污染防治实施监督管理，会同交通运输、住房城乡建设、农业、水利等部门对非道路移动机械的大气污染防治实施监督管理。环境保护、工商行政管理部门和出入境检验检疫机构在各自职责范围内查处生产、销售、进口超过大气污染物排放标准的机动车、非道路移动机械的行为。

（五）交通运输（港口）主管部门、海事管理机构在各自职责范围内负责运输船舶大气污染防治的监督管理，海洋与渔业主管部门负责渔业船舶大气污染防治的监督管理。

（六）质量技术监督、工商行政管理部门和出入境检验检疫机构在各自职责范围内对生产、销售、进口机动车船和非道路移动机械燃料、发动机油、氮氧化物还原剂、燃料和润滑油添加剂以及其他添加剂实施监督管理。

（七）交通运输主管部门负责公路施工和运输扬尘的监督管理。交通运输（港口）主管部门负责港口码头贮存物料和作业扬尘的监督管理。住房城乡建设主管部门负责房屋建筑工地、市政基础设施建设工地扬尘的监督管理。城乡规划、国土资源、房屋征收部门在各自职责范围内负责建筑物拆除施工扬尘的监督管理。市容环境卫生主管部门负责城市道路扬尘的监督管理。环境保护、国土资源主管部门在各自职责范围内负责矿产开采粉尘和矿山作业扬尘的监督管理。水行政主管部门负责河道整治扬尘的监督管理。

（八）农业主管部门负责农业生产活动排放大气污染物和秸秆等农业废弃物综合利用的监督管理。

（九）餐饮服务业排放油烟、异味、废气，对树木、花草喷洒剧毒、高毒农药，露天焚烧秸秆、落叶等产生烟尘污染的物质，露天烧烤食品，焚烧沥青、油毡、橡胶、塑料、皮革、垃圾以及其他产生有毒有害烟尘和恶臭气体的物质的监督管理，由县级以上人民政府确定的监督管理部门负责；未确定监督管理部门的，由城市管理行政执法部门实施监督管理。

（十）其他大气污染防治的监督管理，由有关部门依照有关法律、法规和本条例规定以及政府确定的职责分工，在各自职责范围内实施。

第十条 未达到国家大气环境质量标准城市的人民政府应当依法及时编制大气环境质量限期达标规划，采取措施，按照规定的期限达到大气环境质量标准。

大气环境质量限期达标规划应当对本行政区域环境质量及其影响因素进行分析，确定分阶段大气环境质量改善目标，明确相应责任主体、工作重点和保障措施。

省人民政府应当将大气环境质量限期达标规划的执行情况作为考核内容。

第十一条 重点大气污染物排放实行总量控制制度。

省人民政府按照国务院下达的总量控制目标和国务院环境保护主管部门规定的分解总量控制指标要求，综合考虑区域经济社会发展水平、产业结构、大气环境质量状况等因素，将重点大气污染物排放总量控制指标分解落实到设区的市人民政府。设区的市人民政府应当按照省人民政府的要求，将重点大气污染物排放总量控制指标分解落实到县（市、区）人民政府。设区的市、县（市、区）人民政府根据本行政区域总量控制指标，制定年度总量控制计划，将重点大气污染物排放总量控制指标分解落实到排污单位。

除国家确定的重点大气污染物外，省人民政府可以根据大气污染防治的需要，对其他大气污染物排放实行总量控制。

第十二条 对超过重点大气污染物排放总量控制指标或者未完成国家和省下达的大气环境质量改善目标的地区，省环境保护主管部门应当会同省有关部门约谈该地区人民政府的主要负责人，并暂停审批该地区新增重点大气污染物排放总量的建设项目环境影响评价文件。

约谈可以邀请媒体及相关公众代表列席。约谈针对的主要问题、整改措施和要求等情况应当向社会公开。

省环境保护主管部门应当督促被约谈地区的人民政府采取措施落实约谈要求，并对整改情况进行监督检查。

第十三条　排放工业废气或者有毒有害大气污染物的企业事业单位、集中供热设施的燃煤热源生产运营单位以及其他依法实行排污许可管理的单位，应当向环境保护主管部门申请核发排污许可证。

排污许可证应当载明排污单位排放大气污染物的标准、种类、数量、浓度、方式以及排污口设置、污染防治工艺和设施、监测方式等内容。排污许可证载明的内容作为污染物排放总量控制、排污权交易、执法检查、排污收费等监督管理的依据。

排污许可证的有效期根据排污单位所属行业和污染控制要求等因素合理确定，最长不超过五年。

本条例所称有毒有害大气污染物，是指国家规定名录中所列的有毒有害大气污染物。

第十四条　新建、改建、扩建新增排放重点大气污染物的建设项目，环境保护主管部门应当在审批环境影响评价文件时按照削减替代的原则核定其重点大气污染物排放总量控制指标。

现有排污单位排污许可证有效期届满，环境保护主管部门应当根据排污单位现有排放量、产业发展规划和清洁生产要求及本行政区域重点大气污染物排放总量控制指标，重新核定其重点大气污染物排放总量控制指标。

排污单位对核定的重点大气污染物排放总量控制指标有异议的，应当在规定期限内向环境保护主管部门提出复核申请，环境保护主管部门应当自收到申请之日起五日内予以复核并答复申请人。

第十五条　编制下列建设项目环境影响评价文件时，建设单位应当向建设项目所在地周边居民、单位及其他可能受影响的公众说明情况，充分征求意见：

（一）依法需要编制环境影响报告书的建设项目；

（二）依法需要编制环境影响报告表，且处于环境影响敏感区的建设项目。

负责审批建设项目环境影响评价文件的部门收到环境影响报告书或者报告表后，除涉及国家秘密和商业秘密外，应当在其门户网站全文公开；发现建设项目未充分征求公众意见的，应当责成建设单位征求公众意见。

第十六条　依法有偿取得重点大气污染物排放总量控制指标并安装大气污染物排放自动监测设备的排污单位，完成重点大气污染物排放总量削减指标后，通过清洁生产和污染治理等措施或者因减产、停产、转产等原因节余的重点大气污染物排放控制指标，经环境保护主管部门核定后，可以依法有偿转让或者由县级以上人民政府回购。

依法有偿取得重点大气污染物排放总量控制指标但未安装大气污染物排放自动监测设备的排污单位，完成重点大气污染物排放总量削减指标后，通过清洁生产和污染治理等措施或者因减产、停产、转产等原因节余的重点大气污染物排放控制指标，经环境保护主管部门核定后，由县级以上人民政府回购。

重点大气污染物排污权有偿使用和交易制度以及政府回购的具体办法，由省人民政府规定。

第十七条 排放工业废气或者有毒有害大气污染物的企业事业单位和其他生产经营者应当按照国家有关规定和监测规范，对其排放的工业废气和有毒有害大气污染物进行监测，并保存原始监测记录。其中，重点排污单位应当按照国家和省有关规定安装、使用大气污染物排放自动监测设备，并与环境保护主管部门的监控设备联网。监测数据的保存时间不少于三年。

不具备监测能力的排污单位，应当委托有资质的监测机构进行监测。监测机构发现监测数据超过国家和省规定的大气污染物排放标准的，应当及时报告所在地环境保护主管部门。

重点排污单位自动监测设备属于强制检定范围的，按照国家和省有关规定进行计量检定；不属于强制检定范围的，由环境保护主管部门委托计量检定机构进行计量检定。经计量检定并正常运行的自动监测设备监测的数据可以作为行政执法的依据。自动监测设备监测的数据是否超过大气污染物排放标准，按照时均值确定。

排污单位和监测机构对监测数据的真实性和准确性负责。环境保护主管部门应当加强对大气污染物排放监测活动的监督和管理。

第十八条 重点排污单位和省环境保护主管部门确定的排污单位，应当通过环境保护主管部门指定的网站或者其他便于公众知晓的方式，自环境信息生成或者变更之日起十日内，如实公开下列信息，接受社会监督：

（一）排放主要污染物的名称、排放方式、排放浓度和排放量的监测情况；

（二）大气污染防治设施的建设和运行情况；

（三）超过大气污染物排放标准或者超过重点大气污染物排放总量控制指标排放大气污染物的情况。

第十九条 省环境保护主管部门负责组织建设与管理全省大气环境质量和大气污染源监测网，开展大气环境质量和大气污染源监测，并建立相关信息共享机制。

设区的市、县（市、区）人民政府及其环境保护主管部门应当根据国家和省有关规定，会同气象等部门设置大气质量监测站点，并保证监测设施的正常运行。

工业园区（开发区）的管理机构应当按照省环境保护主管部门的要求设置大气特征污染物监测设施，并与环境保护主管部门的监测设备联网，保证监测设施正常运行。

第二十条 环境保护主管部门和其他负有大气环境保护监督管理职责的部门，应当按照随机抽查与重点检查相结合的方式，对排放工业废气或者有毒有害大气污染物的企业事业单位和其他生产经营者开展监督检查，主要检查偷排漏排、大气污染防治设施和监测设备运行等情况。

第二十一条 环境保护主管部门和其他负有大气环境保护监督管理职责的部门，应当通过环境保护主管部门指定的网站或者其他便于公众知晓的方式，及时公开下列信息，为公众参与和监督大气环境保护提供便利：

（一）大气环境质量；

（二）对大气污染源和重点排污单位的监测情况；

（三）重点大气污染物的种类、排放控制和削减情况；

（四）突发大气污染环境事件及应对情况；

（五）大气环境行政许可、行政处罚、排污费征收情况；

（六）其他依法应当公开的大气环境信息。

第二十二条　环境保护主管部门和其他负有大气环境保护监督管理职责的部门，应当建立大气环境违法行为通报制度，在有关媒体上公布排污单位及其主要负责人的重大违法行为及处理情况，并将排污单位的大气环境违法信息记入社会诚信档案，通过公共信用信息公示系统等平台及时向社会公布。

第二十三条　环境保护主管部门和其他负有大气环境保护监督管理职责的部门，发现大气环境违法行为依法需要处以行政拘留或者追究刑事责任的，应当将案件移送公安机关。公安机关对移送的案件应当依法处理。

第二十四条　省环境保护主管部门应当公布全省统一的举报电话、网络举报平台、电子邮箱等，方便公众举报。

环境保护主管部门接到举报，不得推诿，不得以举报人无法提供大气污染来源等原因拒绝；对属于本部门职责的，应当受理并及时进行核实、处理；对不属于本部门职责的，应当及时移交有权处理的部门处理并告知举报人。有权处理的部门对移交的举报应当及时处理，并对举报情况和核实、处理情况予以记录、保存。

其他负有大气环境保护监督管理职责的部门应当公布本部门举报电话、网络举报平台、电子邮箱等，接受和及时处理公众举报。

环境保护主管部门和其他负有大气环境保护监督管理职责的部门，对举报人的相关信息应当予以保密；对实名举报的，应当在规定时限内反馈处理结果等情况，查证属实的，处理结果依法向社会公开，并对举报人给予奖励。

第二十五条　环境保护主管部门应当会同有关部门建立健全大气污染防治监督管理协作机制。环境保护主管部门发现有关部门未按照规定履行大气污染防治监督管理职责的，可以进行通报，并可以向有关任免机关、监察机关提出对该部门负责人的处理建议。

监察机关应当依照行政监察法律、法规规定，对负有大气环境保护监督管理职责的部门及其工作人员履行职责情况实施监察。

第三章　防治措施

第二十六条　省发展改革部门应当会同有关部门推进清洁能源建设，落实促进清洁能源发展、能源结构调整的政策措施，支持可再生能源和核电、天然气等清洁能源的开发利用。

第二十七条 本省实施煤炭消费总量控制制度。

省能源主管部门应当会同有关部门制定煤炭消费总量中长期控制目标，确定煤炭消费总量控制方案和实施步骤，逐步降低煤炭在一次能源消费中的比重。

市、县人民政府应当按照煤炭消费总量控制目标，制定本行政区域削减燃煤和清洁能源改造计划并组织实施。

第二十八条 在本省行政区域内销售、使用的煤炭，应当符合国家和省关于煤炭硫分、灰分、重金属等含量的要求。

经济和信息化主管部门应当会同质量技术监督、工商行政管理、环境保护、出入境检验检疫等部门建立健全煤炭质量管理制度和协作机制。

经济和信息化主管部门应当指导和监督煤炭加工、储运、销售、使用企业制定煤炭质量内部管理制度，建立煤炭销售、使用和质量管理档案，并可以采取抽样检测等方式对煤炭质量进行监督检查，发现煤炭质量不符合规定要求的，应当及时移交有权部门处理。

第二十九条 新增煤炭消费项目应当采取能源结构优化、淘汰落后产能等削减煤炭消费存量措施，实施煤炭消费减量替代。

禁止新建不符合国家和省有关产业政策以及大气污染防治要求的燃煤发电项目。现有多台燃煤发电机组容量达到国家规定要求的，可以按照煤炭等量替代的原则建设为大容量燃煤发电机组。

第三十条 新建燃煤发电机组（含热电联产）应当采用烟气超低排放等技术，使重点大气污染物排放浓度达到天然气燃气轮机组排放限值；现有燃煤发电机组（含热电联产）应当按照国家和省人民政府的要求，在规定期限内完成烟气超低排放改造，使重点大气污染物排放浓度达到天然气燃气轮机组排放限值。

第三十一条 市、县人民政府应当在本行政区域内划定并公布高污染燃料禁燃区，并根据大气环境质量改善要求，逐步扩大禁燃区范围。

第三十二条 市、县人民政府应当统筹规划区域集中供热，对工业园区（开发区、港区）和城市建成区的用热单位实行集中供热，并逐步扩大供热管网覆盖范围。

新建、扩建燃煤（燃油）锅炉、窑炉应当符合国家和省有关规定。不符合国家和省有关规定的现有燃煤（燃油）锅炉、窑炉，应当在县级以上人民政府规定的期限内拆除或者改用清洁能源。

第三十三条 省经济和信息化、发展改革、环境保护等部门制定产业结构调整指导目录时，应当将严重污染大气的工艺、设备、产品列入淘汰类目录。

禁止新建、扩建列入淘汰类目录的高污染工业项目；禁止使用列入淘汰类目录的工艺、设备、产品。

第三十四条　工业生产企业排放烟粉尘、硫化物和氮氧化物等气态污染物的，应当执行国家和省相关排放标准；国家和省规定在特定区域和行业执行大气污染物特别排放限值的，还应当符合大气污染物特别排放限值的要求。

工业生产企业应当加强对烟粉尘、气态污染物的精细化管理，控制生产场所粉尘和气态污染物的泄漏和排放，并采取密闭、围挡、遮盖、清扫、洒水等措施，减少内部物料堆存、传输、装卸等环节粉尘和气态污染物的泄漏和排放。

第三十五条　省环境保护主管部门应当会同省质量技术监督等部门，制定化工、印染、制药、涂装、合成革等重点行业的挥发性有机物排放标准。

环境保护主管部门应当根据挥发性有机物排放标准和行业特点，制定挥发性有机物污染防治操作规程，指导排污单位组织实施。

第三十六条　鼓励生产、使用低挥发性有机物含量的原料和产品。在化工、印染、涂装、包装印刷、家具制造等行业逐步推进低挥发性有机物含量原料和产品的使用。

省环境保护主管部门可以会同省质量技术监督部门定期公布化工、印染、涂装、包装印刷、家具制造等行业的低挥发性有机物含量产品和高挥发性有机物含量产品的目录。

政府采购应当优先采购纳入目录的低挥发性有机物含量的产品。

医院、学校和幼儿园等场所内禁止使用纳入目录的高挥发性有机物含量的产品。

第三十七条　机动车排气污染的防治，依照《中华人民共和国大气污染防治法》《浙江省机动车排气污染防治条例》等法律、法规执行。

第三十八条　在本省申请注册登记的机动车和省外转入登记的机动车，应当符合本省执行的机动车大气污染物排放标准。

市、县人民政府应当采取划定限制或者禁止通行区域、经济补偿等措施逐步淘汰排放标准较低的机动车；推进集装箱机动车等在用重型柴油车、高排放非道路移动机械、港区内的运输车辆和装卸机械等港区作业设备使用清洁能源。具体办法由省人民政府规定。

第三十九条　市、县人民政府根据本行政区域大气污染防治的需要，可以规定限制、禁止机动车和非道路移动机械通行的类型、区域和时间，并向社会公告。

第四十条　内河和江海直达船舶禁止使用渣油、重油。远洋船舶靠港后应当使用符合大气污染物控制要求的船舶用燃油。国家划定的船舶大气污染物排放控制区内的船舶，应当按照国家和省有关规定使用低硫燃油或者采取使用清洁能源、尾气后处理等与使用低硫燃油等效的替代措施。鼓励船舶使用清洁能源。

在用机动船舶排放大气污染物不得超过国家和省规定的排放标准；超过规定排放标准的，应当进行维修、更换燃油或者采用污染控制技术；经维修、更换燃油或者采用污染控制技术后，仍不符合规定排放标准的，不得运营。

第四十一条　新建码头应当规划、设计和建设岸基供电设施；已建成的码头应当逐步实施岸基供电设施改造。船舶靠港后应当优先使用岸电。

发展改革部门应当将岸基供电设施建设纳入清洁能源利用发展规划；交通运输（港口）主管部门会同有关部门推进船舶油气动力系统和使用岸电系统的改造以及低硫燃油供应设施的建设和改造；经济和信息化主管部门会同有关部门推进岸基供电设施的建设和改造。

县级以上人民政府可以对船舶油气动力系统和使用岸电系统的改造、岸基供电设施和低硫燃油供应设施的建设和改造、使用岸电和低硫燃油等给予适当补助。

第四十二条 从事房屋建筑、市政基础设施建设、河道整治以及建筑物拆除等活动的施工单位，应当制定施工扬尘污染防治实施方案，并应当在施工现场出入口，公示扬尘污染防治措施、施工单位扬尘管理负责人、扬尘监督管理主管部门以及举报电话等信息，接受社会监督。

施工单位在拆除房屋或者其他建筑物时，应当在施工工地设置硬质围挡，采取加压喷淋等措施，抑制扬尘产生；需要爆破作业的，应当在爆破作业区外围洒水抑尘。

第四十三条 运输和装卸煤炭、垃圾、渣土、砂石、土方、水泥、混凝土、砂浆等散装、流体物料的车辆，应当采取密闭或者其他措施，防止扬尘污染，并按照规定时间和路线行驶。

公安机关交通管理、交通运输、市容环境卫生等部门应当加强对运输散装、流体物料车辆的监管，依法查处违反前款规定的行为。

第四十四条 矿产开采和矿山作业应当按照国家和省有关规定，采取相应措施控制粉尘排放和扬尘污染。

环境保护、国土资源主管部门应当加强对矿产开采和矿山作业大气污染防治的监督管理，发现相关企业未采取相应措施控制粉尘排放和扬尘污染的，由环境保护主管部门依法处理。

第四十五条 排放油烟的餐饮服务经营者应当按照规定安装油烟净化设施并保持正常使用，或者采取其他油烟净化措施，使油烟达标排放。

配套设立专用烟道的居民住宅楼、商住综合楼，居民家庭和有关单位应当通过专用烟道排放油烟，不得封堵、改变专用烟道，不得直接向大气排放油烟。

未配套设立专用烟道的居民住宅楼，鼓励居民家庭安装油烟净化装置或者采取其他油烟净化措施，减少油烟排放。

第四十六条 本省行政区域内禁止露天焚烧沥青、油毡、橡胶、塑料、皮革、垃圾以及其他产生有毒有害烟尘和恶臭气体的物质，禁止露天焚烧秸秆、落叶等产生烟尘污染的物质。

县级人民政府应当组织建立秸秆收集、贮存、运输和综合利用服务体系，采取财政补贴、技术指导等措施，支持农村集体经济组织、农民专业合作经济组织、企业等开展秸秆收集、贮存、运输和综合利用服务。

县级以上人民政府应当对秸秆还田、购置秸秆综合利用机械、建设秸秆收集贮存中心（站）等给予财政补贴。

环境保护主管部门应当会同农业等部门建立健全禁止露天焚烧秸秆的长效监管机制，利用遥感监测等技术手段进行监督抽测。

第四章　区域大气污染联合防治

第四十七条　省人民政府根据国家有关规定，与长三角区域省、直辖市以及其他相邻省建立大气污染联合防治机制，开展大气污染联合防治，落实大气污染防治目标责任。

第四十八条　省有关部门应当与长三角区域省、直辖市以及其他相邻省相关部门建立沟通协调机制，共享区域大气环境信息，在防治工业和机动车船污染、禁止露天焚烧秸秆等领域开展区域大气污染联合执法。

第四十九条　省有关部门应当加强与长三角区域省、直辖市以及其他相邻省的大气污染防治科研合作，组织开展或者参与防治政策、标准、措施等重大问题的联合研究，推动长三角区域在节能减排、产业准入和淘汰、机动车船大气污染物排放、在用机动车船检验方法和排放限值、机动车船用燃油等方面环境政策、标准、措施的统一。

第五十条　省人民政府应当加强与长三角区域省、直辖市以及其他相邻省的应急联动合作，在重污染天气期间及时通报预警和应急响应的有关信息，并根据需要商请相关省、直辖市采取相应措施。

第五十一条　省人民政府根据主体功能区划、区域大气环境质量状况和大气污染传输扩散规律，可以划定本省的大气污染防治重点区域。

第五十二条　大气污染防治重点区域内有关设区的市人民政府应当加强沟通协调，协商解决跨界大气污染纠纷。省环境保护主管部门可以组织开展联合执法、跨区域执法、交叉执法，查处大气污染防治重点区域内大气污染违法行为。

大气污染防治重点区域内有关设区的市建设可能对相邻地区大气环境产生重大影响的项目，应当向相邻地区及时通报有关信息，进行会商。

会商意见及其采纳情况作为环境影响评价文件审查或者审批的重要依据。

第五章　重污染天气应对

第五十三条　省、设区的市环境保护主管部门应当会同气象等有关部门建立重污染天气监测预警体系，完善会商研判机制，开展大气环境质量预报。

县级以上人民政府应当制定重污染天气应急预案，向上一级人民政府环境保护主管部门备案，并向社会公布。

县级以上人民政府制定重污染天气应急预案应当充分听取社会各方面意见。

第五十四条　省、设区的市人民政府根据重污染天气预报信息，确定预警等级，及时发布预警。

预警信息发布后，县级以上人民政府及其环境保护、气象等部门应当通过电视、广播、网络、短信等途径告知公众采取健康防护措施，指导公众出行和调整其他相关社会活动。

第五十五条 县级以上人民政府应当根据重污染天气预警等级，及时启动应急预案，并按照预警级别采取相应应急响应措施：

（一）责令有关企业暂停生产或者限产；

（二）限制部分机动车行驶；

（三）停止或者限制产生扬尘的施工作业；

（四）禁止燃放烟花爆竹和露天烧烤；

（五）停止学校和幼儿园组织的户外活动或者教学活动；

（六）国家和省人民政府规定的其他应急响应措施。

第五十六条 大气污染突发环境事件的应急处置，依照《中华人民共和国环境保护法》《中华人民共和国突发事件应对法》等法律、法规的规定执行。

第六章　法律责任

第五十七条 违反本条例规定的行为，法律、行政法规已有法律责任规定的，从其规定。

第五十八条 违反本条例第十七条第二款规定，监测机构发现监测数据超过规定排放标准未报告环境保护主管部门的，由环境保护主管部门责令改正，处二万元以上十万元以下的罚款。

违反本条例第十七条第四款规定，监测机构出具虚假监测报告或者监测数据的，由环境保护主管部门责令改正，没收违法所得，并处五万元以上二十万元以下的罚款；情节严重的，由质量技术监督部门吊销计量认证合格证书，直接负责的主管人员和其他直接责任人员三年内不得从事监测服务活动。

第五十九条 违反本条例第十八条规定，重点排污单位或者省环境保护主管部门确定的排污单位不公开或者不如实公开有关信息的，由环境保护主管部门责令改正；拒不改正的，处二万元以上二十万元以下的罚款。

第六十条 违反本条例第三十二条第二款规定，新建、扩建燃煤（燃油）锅炉、窑炉不符合国家和省有关规定，或者不符合国家和省有关规定的现有燃煤（燃油）锅炉、窑炉，未在规定的期限内拆除或者改用清洁能源的，由环境保护主管部门组织拆除燃煤（燃油）锅炉、窑炉，处二万元以上二十万元以下的罚款。

第六十一条 违反本条例第四十条第二款规定，机动船舶排放大气污染物超过规定排放标准运营的，由海事管理机构、海洋与渔业主管部门按照职责责令改正，处五千元以上五万元以下的罚款。

第六十二条　违反本条例第四十二条第一款规定，施工单位未公示有关信息的，由负责监督管理扬尘污染防治的主管部门按照职责责令改正；拒不改正的，处二千元以上二万元以下的罚款。

第六十三条　违反本条例第四十五条第二款规定，封堵、改变专用烟道直接向大气排放油烟的，由城市管理行政执法部门责令限期改正；逾期不改正的，处二千元以上二万元以下的罚款。

第六十四条　违反本条例第四十六条第一款规定，露天焚烧沥青、油毡、橡胶、塑料、皮革、垃圾以及其他产生有毒有害烟尘和恶臭气体的物质的，由县级以上人民政府确定的监督管理部门或者城市管理行政执法部门责令改正，对单位处一万元以上十万元以下的罚款，对个人处五百元以上二千元以下的罚款。

第六十五条　违反本条例第五十五条规定，在重污染天气拒不执行当地人民政府责令停产、限产决定的，由环境保护主管部门责令改正，处二万元以上十万元以下的罚款；拒不执行扬尘管控措施的，由负责监督管理扬尘污染防治的主管部门按照职责责令改正，处一万元以上十万元以下的罚款。

第六十六条　排污单位拒不履行县级以上人民政府及有关部门依法作出的责令停业、关闭、停产整治决定，继续违法生产的，县级以上人民政府可以作出停止或者限制向排污单位供水、供电、供气的决定。

第六十七条　县级以上人民政府及其环境保护主管部门、其他负有大气环境保护监督管理职责的部门及其工作人员，有下列情形之一的，由有权机关对直接负责的主管人员和其他直接责任人员依法给予处分：

（一）包庇大气环境违法行为的；

（二）未依法实施行政处罚、行政许可的；

（三）未依照本条例规定公开环境信息的；

（四）对超标排放污染物、采用逃避监管的方式排放污染物、造成大气环境事故等行为，发现或者接到举报未及时查处的；

（五）篡改、伪造或者指使篡改、伪造监测数据的；

（六）有其他滥用职权、玩忽职守、徇私舞弊、弄虚作假的行为。

第七章　附　则

第六十八条　本条例自2016年7月1日起施行。

浙江省机动车排气污染防治条例

（2013 年 11 月 22 日浙江省第十二届人民代表大会常务委员会第六次会议通过　根据 2017 年 11 月 30 日浙江省第十二届人民代表大会常务委员会第四十五次会议《关于修改〈浙江省水资源管理条例〉等十九件地方性法规的决定》修正）

第一章　总　则

第一条　为了防治机动车排气污染，保护和改善大气环境，保障公众身体健康，根据《中华人民共和国大气污染防治法》和有关法律、行政法规，结合本省实际，制定本条例。

第二条　本省行政区域内机动车排气污染的防治，适用本条例。

本条例所称机动车，是指由内燃机驱动的车辆，铁路机车、拖拉机除外。

第三条　县级以上人民政府应当将机动车排气污染防治纳入环境保护规划和环境保护目标责任制，制定相关政策措施，健全工作协调机制，加强对机动车排气污染防治工作落实情况的监督。

第四条　县级以上人民政府应当优化城市功能和布局规划，优先发展公共交通、绿色交通，推广智能交通管理，改善道路通行状况，减少机动车排气污染。

鼓励机动车排气污染防治先进技术的开发和应用。

第五条　县级以上人民政府环境保护主管部门对机动车排气污染防治实施统一监督管理。环境保护主管部门可以委托其所属的机动车排气污染防治管理机构承担机动车排气污染防治监督管理的具体工作。

公安、交通运输、质量技术监督、工商行政管理、商务等有关部门依照各自职责，做好机动车排气污染防治相关工作。

第六条　县级以上人民政府及有关部门应当加强机动车排气污染防治法律、法规和有关知识的宣传教育；机关、团体、企业事业单位及其他组织应当加强文明交通和绿色出行的宣传教育；新闻媒体应当开展相关公益宣传、加强舆论监督。

第七条　鼓励单位和个人对机动车排气污染违法行为进行投诉、举报。对提供违法行为线索并查证属实的，环境保护主管部门应当予以表彰或者奖励。

第二章　预防和控制

第八条　省人民政府根据国家有关规定，可以决定对本省新购机动车提前执行国家阶段性机动车污染物排放标准。

在本省申请注册登记和转入登记的机动车应当符合国家、省规定的机动车污染物排放标准。对不符合污染物排放标准的机动车，公安机关交通管理部门不予办理机动车注册登记和转入登记。

第九条　省标准化主管部门会同省环境保护主管部门对在用机动车制定分阶段、逐步严格的机动车污染物排放限值标准（以下简称排放限值标准），报省人民政府批准后公布实施。

第十条　省人民政府根据国家有关规定，可以提前执行国家阶段性车用燃油标准。

销售车用燃油的经营者应当提供符合规定标准的车用燃油，并明示车用燃油标准。

第十一条　设区的市人民政府可以根据城市发展规模和大气环境质量状况，采取相应措施合理控制机动车保有量。

市、县人民政府可以根据大气环境质量状况和机动车排气污染程度，采取划定限制或者禁止通行区域、限制停车等措施减少机动车出行量。

在大气污染严重的情况下，市、县人民政府应当按照相关应急预案，及时采取限制、禁止机动车通行等临时措施。

第十二条　县级以上人民政府应当合理规划、推进清洁能源汽车的燃料补给、充换电、维修等配套设施建设，采取财政补贴、提供通行便利、停车收费优惠等措施，鼓励使用清洁能源汽车。

县级以上人民政府及有关部门应当采取措施，逐年提高新增或者更新的城市公共汽车、出租汽车、公务用车等车辆中清洁能源汽车的比例。其中，国家和省确定的大气污染防治重点城市每年新增或者更新的城市公共汽车中清洁能源汽车的比例达到百分之五十以上。

第十三条　市、县人民政府应当采取划定限制或者禁止通行区域、经济补偿等措施加快淘汰高排放机动车。

国家和省确定的大气污染防治重点城市的中心城区禁止摩托车通行。

第十四条　禁止生产、销售燃油助力车，禁止燃油助力车上道路行驶。

第十五条　机动车所有人或者使用人应当保持机动车配置的排气污染控制装置处于正常工作状态。

禁止擅自拆除、闲置机动车排气污染控制装置。

第三章　检测和治理

第十六条　机动车排气污染检测周期应当与机动车安全技术检验周期一致。按照国家规定免予安全检验上线检测的车辆不进行排气污染检测。

机动车经排气污染检测不符合排放限值标准的，公安机关交通管理部门不予核发机动车安全技术检验合格标志。

第十七条　机动车排气污染检测机构应当具备下列条件，并与环境保护主管部门实现信息联网：

（一）具有法人资格；

（二）场所、设备、人员符合国家和省有关标准和规范要求；

（三）经质量技术监督部门计量认证合格。

对具备前款规定条件的机动车排气污染检测机构，环境保护部门应当与其联网，并通过政府门户网站向社会公布已联网的本地机动车排气污染检测机构的名称、地址、咨询电话等相关信息。

第十八条　鼓励机动车安全技术检验机构、营运车辆综合性能检验机构一并开展机动车排气污染检测。机动车安全技术检验机构、营运车辆综合性能检验机构符合本条例第十六条第一款规定条件并提出申请的，环境保护主管部门应当予以联网。单独设立排气污染检测机构的，其检测场所应当临近已有的机动车安全技术检验机构。

第十九条　排气污染检测机构应当遵守下列规定：

（一）按照国家和省规定的检测方法、技术规范和排放限值标准进行检测，并如实出具检测报告；

（二）使用经依法检定合格的设备，定期进行设备维护保养，保证设备正常使用；

（三）与环境保护主管部门联网，实现检验数据实时共享；

（四）执行价格部门核定的机动车排气污染检测收费标准；

（五）依法应当遵守的其他规定事项。

排气污染检测机构不得从事任何形式的机动车排气污染维修业务。

排气污染检测机构应当健全管理制度，提供便捷服务，公开检测方法、检测流程、排放限值标准、收费标准和监督投诉电话等，接受社会监督。

第二十条　营运机动车经排气污染检测机构检测合格的，营运车辆综合性能检验机构在规定检验期限内不得对其污染物排放状况重复进行收费检测。

第二十一条　在用机动车经排气污染检测不符合排放限值标准的，应当限期维修、重新进行排气污染检测。

机动车维修经营者应当按照机动车排气污染防治的要求和有关技术规范进行维修，保证维修质量并按照规定明确质量保证期。维修完成后，应当向委托修理方提供维修合格证明、维修清单。

第二十二条　在用机动车经排气污染检测不符合排放限值标准且无法修复的，应当按照国家有关规定予以强制报废。

商务、公安、环境保护等部门应当加强对报废机动车回收拆解活动的监督管理。

第四章　监督管理

第二十三条　县级以上人民政府及有关部门规划、建设的道路视频监控系统，应当具备机动车排气污染检测信息识别功能。

县级以上人民政府根据机动车排气污染防治工作的需要，可以在城市主要出入口和主要交通干道设置机动车排气污染自动检测系统。

第二十四条　环境保护、公安、交通运输、质量技术监督、工商行政管理、商务等部门应当加强协作配合，建立机动车排气污染防治工作会商机制，定期通报机动车排气污染防治工作情况，研究采取相关措施，提高机动车排气污染防治监督管理效率。

第二十五条　环境保护主管部门应当建立和完善包括机动车基本数据、排气污染检测、排气监督抽测、机动车排气污染维修等信息在内的大气污染防治监督管理信息数据库。公安机关交通管理、交通运输等部门应当予以配合。

环境保护主管部门应当定期向社会公开机动车排气污染防治工作情况。

第二十六条　环境保护主管部门应当建立健全监督管理制度，通过网络实时监控、检测、查访等措施，对排气污染检测机构的运行情况、检测过程和检测结果进行监督，提高检测程序的规范性、检测设备的可靠性和从业人员的素质。

第二十七条　对排放黑烟明显的、被投诉举报的和经机动车排气污染自动检测系统筛选可能不符合规定排放限值标准的机动车，环境保护主管部门应当对其进行排气监督抽测。

环境保护主管部门可以在机动车停放地对机动车进行排气监督抽测；需要对道路上行驶的机动车进行排气监督抽测的，公安机关交通管理部门应当予以配合。排气监督抽测应当快捷、便民，当场明示抽测结果，不得妨碍道路交通安全和畅通，不得收取费用。

经排气监督抽测，机动车不符合排放限值标准的，由环境保护主管部门责令机动车所有人或者使用人限期维修、重新进行排气污染检测。机动车所有人或者使用人对排气监督抽测结果有异议的，可以要求到排气污染检测机构进行复检。

机动车逾期未维修或者重新检测不符合排放限值标准的，不得上道路行驶。

第二十八条　非本省籍机动车有下列情形之一的，应当在本省进行排气污染检测：

（一）在本省有固定营运线路的；

（二）在本省营运三个月以上的；

（三）本省常住人员使用的。

环境保护主管部门应当会同公安机关交通管理、交通运输等部门，加强对非本省籍机动车排气污染的监督管理。

第二十九条 商务部门应当加强对车用燃油经营许可的监督管理。

质量技术监督部门、工商行政管理部门应当按照各自职责加强对车用燃油质量的监督管理。

第三十条 省价格主管部门应当科学测算、合理核定机动车排气污染检测收费标准，并向社会公布。

价格主管部门应当加强对排气污染检测机构执行收费标准情况的监督管理。

第三十一条 环境保护主管部门应当开通电话、网络等投诉、举报渠道，为公众投诉、举报提供方便。

环境保护主管部门对投诉、举报的机动车排气污染违法行为，应当依法及时进行调查处理，公安、交通运输等部门应当予以配合。

第五章 法律责任

第三十二条 违反本条例规定的行为，法律、行政法规已有法律责任规定的，从其规定。

第三十三条 违反本条例第十五条第二款规定，擅自拆除、闲置机动车排气污染控制装置的，由环境保护主管部门责令改正，处五百元以上二千元以下罚款。

第三十四条 违反本条例第十九条第二款规定，排气污染检测机构从事机动车排气污染维修业务的，由环境保护主管部门责令改正，处一万元以上五万元以下罚款。

第三十五条 违反本条例第二十条规定，营运车辆综合性能检验机构在规定检验期限内对营运机动车污染物排放状况重复进行检测并收取费用的，由道路运输管理机构责令退还违法收取的费用，可以处违法收取费用一倍以上五倍以下罚款。

第三十六条 在机动车排气污染防治监督管理工作中，有关部门及其工作人员有下列行为之一的，由有权机关按照管理权限责令改正，并对直接负责的主管人员和其他直接责任人员依法给予处分：

（一）对不符合国家和省机动车污染物排放标准的机动车办理注册登记、转入登记的；

（二）未按照规定核发机动车安全技术检验合格标志的；

（三）要求机动车所有人或者使用人到其指定的场所接受排气污染检测或者机动车维修服务的；

（四）不履行监督管理职责，对应当查处的行为不予查处的；

（五）有其他玩忽职守、滥用职权、徇私舞弊行为的。

第六章　附　则

第三十七条　本条例中下列用语的含义：

（一）清洁能源汽车，是指以清洁能源取代汽油、柴油作为动力来源的环保型汽车，包括混合动力汽车、天然气汽车、纯电动汽车、燃料电池汽车等。

（二）燃油助力车，是指已被国家明令淘汰、装有燃油动力装置的两轮或者三轮车辆。

第三十八条　装载机、推土机、压路机、沥青摊铺机、非公路用卡车、挖掘机、叉车等非道路移动机械，应当符合国家规定的排气污染物排放限值标准。

环境保护主管部门应当会同交通运输、质量技术监督等部门采取备案管理、排气监督抽测等措施，加强对非道路移动机械排气污染的监督管理。

第三十九条　本条例自 2014 年 3 月 1 日起施行。

杭州市大气污染防治规定

（2016年6月24日杭州市第十二届人民代表大会常务委员会第三十八次会议通过 2016年7月29日浙江省第十二届人民代表大会常务委员会第三十一次会议批准）

第一条 为了保护和改善环境，防治大气污染，保障公众健康，推进生态文明建设，促进经济社会可持续发展，根据《中华人民共和国环境保护法》《中华人民共和国大气污染防治法》《浙江省大气污染防治条例》等有关法律、法规，结合本市实际，制定本规定。

第二条 本规定适用于本市行政区域内的大气污染防治及其监督管理活动。

第三条 各级人民政府对本行政区域内的大气环境质量负责。

市人民政府应当根据国家和省有关规定制定具体考核办法，将大气污染防治重点任务和大气环境质量改善目标完成情况作为对区、县（市）人民政府和市有关部门及其主要负责人考核的重要内容。考核结果应当向社会公开。

市人民政府应当严格执行大气污染防治问责制度。区、县（市）、乡（镇）人民政府及有关部门不执行大气污染防治法律、法规、规章，或者未在规定期限内完成大气污染防治重点任务，或者对重大大气污染突发环境事件处置不力，以及有规定的其他情形的，对区、县（市）、乡（镇）人民政府及有关部门的主要负责人按照有关规定进行问责。

第四条 本市按照属地管理、分级负责、条块结合、无缝对接的原则，组织实施大气污染防治网格化监督管理工作。

区、县（市）人民政府依照乡（镇）、街道和社区、村的辖区划定网格，利用市城市管理系统平台或者根据实际情况组建以乡镇、街道为单位的系统平台，运用视频监控等手段，开展大气污染防治精细化管理。乡（镇）人民政府和街道办事处对本辖区内大气污染防治网格化监督管理负责。各社区、村根据大气污染防治网格化监督管理的要求做好有关工作。

大气污染防治网格化监督管理的具体办法由市人民政府制定。

第五条 环境保护主管部门对大气污染防治实施统一监督管理。

其他有关部门按照下列规定履行大气污染防治监督管理职责：

（一）环境保护主管部门负责工业大气污染防治的监督管理，发展和改革、经济和信息化主管部门在各自职责范围内负责能源结构调整、产业结构调整和产业布局优化及相关监督管理工作；

（二）经济和信息化主管部门负责煤炭质量管理，煤炭消费总量控制，推进煤炭清洁高效利用。市场监督管理、检验检疫、环境保护等部门在各自职责范围内对加工、销售、进口、使用的煤炭质量实施监督管理；

（三）质量技术监督、环境保护主管部门在各自职责范围内负责生产、进口、销售、使用燃煤（燃油）锅炉的监督管理；

（四）环境保护主管部门会同公安机关交通管理部门对机动车大气污染防治实施监督管理，会同交通运输、建设、农业、绿化等部门对非道路移动机械的大气污染防治实施监督管理。环境保护、市场监督管理部门和检验检疫机构在各自职责范围内查处销售、进口超过大气污染物排放标准的机动车、非道路移动机械的行为；

（五）交通运输、海事、渔业主管部门在职责范围内负责船舶大气污染防治的监督管理；

（六）质量技术监督、市场监督管理部门和检验检疫机构在各自职责范围内对生产、销售、进口机动车船和非道路移动机械燃料、发动机油、氮氧化物还原剂、燃料和润滑油添加剂以及其他添加剂实施监督管理；

（七）交通运输主管部门负责公路施工和运输扬尘的监督管理。城市管理主管部门负责城区道路扬尘的监督管理。交通运输主管部门负责港口码头贮存物料和作业扬尘的监督管理。建设主管部门负责建筑工地、市政基础设施建设工地扬尘的监督管理。城乡规划、国土资源、房屋征收部门在各自职责范围内负责建筑物拆除施工扬尘的监督管理。国土资源、环境保护主管部门在各自职责范围内负责矿产开采粉尘和矿山作业扬尘污染防治的监督管理。城市管理、水利等部门在各自职责范围内负责河道整治扬尘的监督管理；

（八）农业主管部门负责农村秸秆禁烧和秸秆等农业废弃物综合利用的监督管理，城市管理主管部门负责城市露天焚烧的监督管理；

（九）城市管理、环境保护等部门在各自职责范围内负责餐饮服务业废气排放的监督管理；

（十）其他大气污染防治的监督管理，由有关部门依照有关法律、法规和本规定以及政府确定的职责分工，在各自职责范围内实施。

市和区、县（市）人民政府应当建立健全大气污染防治协调机制，明确大气污染防治协调机构，加强整体统筹协调，督促有关部门依法履行监督管理职责。

第六条　对超过重点大气污染物排放总量控制指标或者未完成大气环境质量改善目标的地区，市环境保护主管部门应当会同市有关部门责令该地区人民政府的主要负责人说明情况，并提出整改措施。市环境保护主管部门应当督促该地区人民政府采取措施落实有关要求，并对整改情况进行监督检查。

第七条　环境保护主管部门应当建立企业环境行为信息系统，组织实施企业环境信用评价。

环境保护主管部门和其他负有大气环境保护监督管理职责的部门，应当及时在媒体上公布排污单位及其主要负责人的重大违法行为及处理情况。

第八条 市人民政府应当积极参与国家和省大气污染物排放标准和技术规范的制定，推动在本市实行更严格的大气污染物排放标准。

国家、省未制定大气污染物排放标准和技术规范的，市人民政府报经省人民政府同意后，可以执行适用于本市的大气污染物排放标准和技术规范。

第九条 市和县（市）人民政府应当划定并逐步扩大高污染燃料的禁燃区并向社会公布。

在禁燃区内，禁止销售、燃用高污染燃料；禁止新建、扩建燃用高污染燃料的设施，已建成的，应当在规定期限内拆除或者改用清洁能源。

禁燃区内的区、县（市）人民政府应当制定清洁能源改造计划并组织实施。

在本市行政区域内，禁止销售、使用石煤。

第十条 在本市行政区域内，禁止销售、使用挥发性有机物含量超过本市执行的限值标准的产品。

以下行业应当按照国家、省和市的规定开展挥发性有机物污染治理：

（一）彩钢、汽车制造、电器及元件制造、家具制造等涂装行业；

（二）印刷包装、纺织印染、化工（含石化）、橡胶和塑料制品、化纤、合成革、制鞋、电子信息等行业；

（三）其他使用含挥发性有机物原辅料的行业。

挥发性有机物重点控制单位应当按照要求安装在线监测设施，定期开展监测，保证主要污染物达标排放。挥发性有机物重点控制单位由市环境保护主管部门确定并公布。

第十一条 建筑装饰装修行业推广使用符合环境标志产品技术要求的建筑涂料及产品，减少挥发性有机物排放。

民用建筑内外墙体涂料应当使用水性涂料，家庭装修倡导使用水性涂料。

第十二条 禁止在日照强烈时段露天实施大规模使用有机溶剂的作业。

市环境保护主管部门应当会同有关部门根据挥发性有机物排放标准和行业特点，制定挥发性有机物污染防治操作规程，指导排污单位组织实施。

第十三条 市人民政府可以根据城市发展规模和大气环境质量状况，采取相应措施合理控制机动车保有量。

第十四条 在本市行政区域内销售的机动车和非道路移动机械，其大气污染物排放应当符合国家和省规定的排放标准，环保关键部件配置应当与国家环保型式核准证书内容一致。市环境保护主管部门受上级环境保护主管部门委托，可以会同经济和信息化、市场监督管理等部门通过现场抽样检查等形式实施抽检。

在本市行政区域内，不得销售因质量原因在耐久性期限内不能稳定达标的机动车和非道路移动机械。

第十五条　在本市办理注册登记或者转入登记的机动车，应当符合本市执行的机动车污染物排放标准，环保关键部件配置应当与国家环保型式核准证书内容一致。

对于未列入环保达标公告的机动车，经认可的检测机构确认与本市执行的机动车污染物排放标准相当的，方可在本市办理注册登记或者转入登记。

第十六条　在本市行政区域内使用的非道路移动机械排放大气污染物，不得超过规定的排放标准。

非道路移动机械的所有者或者使用者应当向区、县（市）环境保护主管部门申报非道路移动机械的种类、数量、使用场所等情况，定期参加排气检测。排放不合格的，不得使用。

承担非道路移动机械排气检测的检验机构应当向环境保护主管部门联网报送检测信息。

市人民政府可以根据大气环境质量状况，划定并公布禁止使用高排放非道路移动机械类型、区域。

第十七条　机动车排放检验机构应当依法通过计量认证，使用经依法检定合格的机动车排放检验设备，按照有关规范开展机动车排放检验，并向环境保护主管部门联网报送检验数据。

机动车排放检验机构应当定期审查和完善管理体系，保证其基本条件和技术能力持续符合资质认定条件和要求，并确保管理体系有效运行。

机动车排放检验机构不得参与经营车辆排气污染维修业务，不得与车辆检测相关中介人员在检测和维修治理环节弄虚作假。

第十八条　承担机动车排气污染控制系统维修的单位应当具备二类以上维修企业资质，且应当向环境保护主管部门联网报送车辆排气污染控制系统维修信息。

第十九条　在本市行驶或者使用的机动车、船舶和非道路移动机械不得排放明显可见的黑烟。

第二十条　机动车和非道路移动机械所有者或者使用者应当保持排放污染控制装置正常使用，不得拆除、闲置或者擅自更改。

机动车所有者或者使用者在车载排放诊断系统报警后，应当及时对机动车进行维修，确保车辆达到排放标准。

本市客运出租汽车实施三元催化器定期更换制度，确保达标排放。具体办法由市交通运输主管部门制定并组织实施。

市环境保护行政主管部门可以根据大气污染防治工作的需要，针对重型柴油车和非道路移动机械制定车载排放诊断系统在线接入管理办法并组织实施。机动车和非道路移动机械制造、进口、销售企业应当主动配合实施。

第二十一条 市人民政府可以根据大气污染防治工作的需要，决定在本市提前使用符合国家下一阶段机动车、船舶排放标准的车船用燃料，提前实施更严格的车船用燃料质量标准。

市场监督管理部门应当加强监督管理，定期对车船用燃料的质量进行监督抽查，并向社会公布抽查结果。

在本市使用的船舶和非道路移动机械使用的燃料应当执行与机动车同等的标准。

第二十二条 市和县（市）人民政府根据本行政区域大气环境质量状况和机动车排气污染程度，可以采取限制、禁止机动车和非道路移动机械通行的类型、区域和时间、暂停核发渣土运输许可证等措施，并向社会公告。

市人民政府应当制定具体办法，加强对绕城高速、风景名胜区等重点区域的机动车排气污染防治。

第二十三条 环境保护主管部门应当会同交通运输、建设、农业、绿化等部门加强对非道路移动机械的大气污染防治的监督管理，可以在非道路移动机械集中停放地、维修地、施工工地等场地对非道路移动机械开展抽样检测。排放不合格的，不得使用。

第二十四条 从事房屋建筑、交通设施建设、市政工程建设、道路养护改善工程、建筑物拆除、水利工程建设、河道整治、园林绿化等易产生扬尘污染活动的建设单位，应当将防治扬尘污染费用列入工程预算，并在施工承包合同中明确施工单位防治扬尘污染的责任。

施工单位应当制定具体的扬尘污染防治方案，并按照施工技术规范中扬尘污染防治的要求文明施工，控制扬尘污染。符合规定条件的建设工程，施工单位应当按照规定安装扬尘在线监测设施。扬尘在线监测设施的安装和运行费用列入工程预算。

符合规定条件的矿山、码头、场站、道路等，经营者或者管理者应当按照规定安装扬尘在线监测设施，并确保正常运行。

扬尘在线监测具体办法由建设、国土资源、交通运输、环境保护等部门共同制定并组织实施。

建设单位、施工单位及相关单位的扬尘违法行为及查处情况，纳入企业信用评价系统。

第二十五条 市和区、县（市）人民政府应当推进新型建筑工业化发展，逐步提高装配式建筑占新建建筑的比例，有效预防和减少建筑工地扬尘。

第二十六条 城乡规划主管部门应当合理布局餐饮业。城市开发和改造应当规划和建设符合规定的一定比例的餐饮业专项配套用房，鼓励设置相对集中的商业经营区域。

在设计用于商业经营的建筑物时，应当预留餐饮业专用烟道和废气、噪声等污染防治设施的安装位置。

禁止在居民住宅楼、未配套设立专用烟道的商住综合楼以及商住综合楼内与居住层相邻的商业楼层内新建、改建、扩建产生油烟、异味、废气的餐饮服务项目。申请在上述区域从事餐饮服务的，市场监督管理部门不得核发餐饮服务许可证和营业执照。

排放油烟的餐饮服务业经营者应当安装油烟净化设施，定期清洗、维护，保持正常使用，确保油烟达标排放。

本市建立并逐步推行油烟处理设施由第三方服务机构建设、运行和维护的机制，逐步实现对重点油烟排放企业的在线监测监控。

任何单位和个人不得在当地人民政府禁止的区域内露天烧烤食品或者为露天烧烤食品提供场地。

第二十七条　禁止露天焚烧秸秆、落叶等产生烟尘污染的物质。禁止露天焚烧沥青、油毡、橡胶、塑料、皮革、垃圾以及其他产生有毒有害烟尘和恶臭气体的物质。

乡（镇）人民政府和街道办事处应当对辖区内的露天焚烧行为组织巡查，发现后及时予以制止，并按照网格化管理的要求向有关部门报告。

第二十八条　市和县（市）人民政府应当根据重污染天气预警等级，及时启动应急预案，并按照预警级别采取相应应急响应措施：

（一）责令有关企业暂停生产或者限产；

（二）限制部分机动车行驶；

（三）停止或者限制产生扬尘的施工作业；

（四）禁止燃放烟花爆竹和露天烧烤；

（五）停止学校和幼儿园组织的户外活动；

（六）国家和省规定的其他应急响应措施。

因举办重大国际活动的需要，市人民政府可以决定在部分地区采取前款规定的措施。

第二十九条　违反本规定第十条第一款规定，在本市行政区域内销售挥发性有机物含量超过限值标准的产品的，由市场监督管理部门责令改正，没收产品和违法所得，处货值金额一倍以上三倍以下的罚款。

违反本规定第十条第二款和第三款规定，未按照国家、省和市规定开展挥发性有机物治理，挥发性有机物重点控制单位未按要求安装在线监控设施的，由环境保护主管部门责令改正，处二万以上二十万元以下的罚款；拒不改正的，责令停产整治。

第三十条　违反本规定第十一条第二款规定，使用不符合规定的涂料的，由建设主管部门责令改正，对单位处一万元以上十万元以下的罚款，对个人处五百元以上二千元以下的罚款。

第三十一条　违反本规定第十二条第一款规定，在日照强烈时段露天开展大规模使用有机溶剂的作业行为的，由环境保护主管部门责令停止作业，处一万以上十万元以下的罚款。

第三十二条　违反本规定第十六条第四款规定，在禁止使用高排放非道路移动机械的区域使用高排放非道路移动机械的，由建设、农业、交通运输、环境保护等部门按照各自职责责令停止违法行为，对使用人处一万元以上十万元以下的罚款。

第三十三条 机动车排放检验机构在检测过程中弄虚作假，有下列行为之一的，由环境保护主管部门没收违法所得，并处十万元以上五十万元以下的罚款；情节严重的，由负责资质认定的部门取消其检验资格：

（一）采取替车检测的；

（二）减少或者稀释检测仪器对被测气体的摄入量的；

（三）改变被检车辆正常运行状态的；

（四）篡改检测限值、被检车辆参数、大气环境参数、检测结果的；

（五）未如实向环境保护主管部门报送检测数据的；

（六）与第三方服务机构人员内外勾结，弄虚作假的；

（七）故意造成远程监控设备失效的；

（八）其他人为干扰正常检测过程致使检测结果失真的。

第三十四条 违反本规定第十八条规定，承担机动车排气污染控制系统维修的机动车维修单位未向环境保护主管部门联网报送车辆排气污染控制系统维修信息的，由环境保护主管部门责令限期改正，逾期不改正的，对维修单位处每辆机动车一千元罚款。

第三十五条 违反本规定第十九条规定，在本市行驶的机动车排放明显可见黑烟的，由公安机关交通管理部门责令停车检查，发现机动车未取得安全技术检验合格标志的，应当依法扣留机动车，并依法予以处罚；在安全技术检验有效期限内的，应当通知环境保护主管部门进行排气检测；排气检测不合格的，由环境保护主管部门责令机动车所有人或者使用人限期维修，并重新进行检测。逾期不维修或者重新检测不合格的，不得上道路行驶。环境保护主管部门应当将相关材料通报公安机关交通管理部门。

在本市行驶的船舶排放明显可见黑烟的，由交通运输、海事、渔业等主管部门责令维修，经维修仍不符合规定排放标准的，不得运营。

在本市使用的非道路移动机械排放明显可见黑烟的，由建设、农业、交通运输等部门按照职责责令维修，经维修仍不符合规定排放标准的，不得使用。

第三十六条 违反本规定第二十条第二款规定，机动车所有者或者使用者在车载排放诊断系统报警后，未对机动车进行维修，车辆行驶超过二百公里的，由环境保护主管部门责令改正，处三百元罚款。

第三十七条 违反本规定第二十一条第三款规定，使用不符合要求的船舶和非道路移动机械用燃料的，由交通运输、海事、渔业、建设、农业、环境保护等部门按照职责处一万元以上十万元以下的罚款。

第三十八条 违反本规定第二十四条第一款规定，建设单位未将防治扬尘污染的费用列入工程预算即开工建设或者未在工程施工承包合同中明确施工单位扬尘污染防治责任的，由建设等部门责令停止施工。

违反本规定第二十四条第二款规定，施工现场未采取有效扬尘污染防治措施，未按规定安装扬尘在线监控设施的，由建设、交通运输、城市管理、水利、绿化等部门按照职责责令改正，处一万元以上十万元以下的罚款；拒不改正的，责令停工整治。

违反本规定第二十四条第三款规定，矿山、码头、场站、道路等经营者或者管理者未按规定安装扬尘在线监测设施的，由环境保护等部门按照职责责令改正，处一万元以上十万元以下的罚款；拒不改正的，责令停工整治或者停业整治。

第三十九条　违反本规定第二十七条第一款规定，露天焚烧沥青、油毡、橡胶、塑料、皮革、垃圾以及其他产生有毒有害烟尘和恶臭气体的物质的，由城市管理行政执法部门责令改正，对单位处一万元以上十万元以下的罚款，对个人处五百元以上二千元以下的罚款。

第四十条　本规定自公布之日起施行。

杭州市机动车排气污染防治条例

（2010 年 4 月 21 日杭州市第十一届人民代表大会常务委员会第二十二次会议通过　2010 年 7 月 30 日浙江省第十一届人民代表大会常务委员会第十九次会议批准　根据 2019 年 6 月 21 日杭州市第十三届人民代表大会常务委员会第二十次会议通过　2019 年 8 月 1 日浙江省第十三届人民代表大会常务委员会第十三次会议批准的《杭州市人民代表大会常务委员会关于修改〈杭州市机动车排气污染防治条例〉的决定》修正）

第一条　为防治机动车排气污染，保护和改善大气环境，保障人体健康，根据《中华人民共和国大气污染防治法》《中华人民共和国道路交通安全法》等有关法律、法规的规定，结合本市实际，制定本条例。

第二条　本市行政区域内的机动车排气污染防治适用本条例。

第三条　市、区、县（市）人民政府应当将机动车排气污染防治纳入环境保护规划；编制城市综合交通规划应当体现机动车排气污染防治要求。

市、区、县（市）人民政府应当在规划、建设、管理等方面采取措施，优先发展公共交通，改善道路通行状况，控制机动车排气污染物总量。

第四条　市、区、县（市）人民政府应当根据机动车排气污染防治需要制定相关政策，鼓励和推广使用节能环保车型和清洁车用能源，逐步淘汰不符合本市执行的污染物排放标准的机动车。

第五条　杭州市生态环境主管部门对全市机动车排气污染防治实施统一监督管理，负责组织实施本条例；区、县（市）生态环境主管部门对本辖区内机动车排气污染防治实施监督管理。

公安、交通运输、市场监督管理等部门，应当按照各自职责，协同做好机动车排气污染防治监督管理工作。

第六条　任何单位和个人都有权对机动车排气污染行为进行投诉和举报。生态环境主管部门和其他相关行政管理部门应当按照规定向社会公布投诉、举报的联系方式，受理对机动车排气污染行为的投诉和举报，并依法及时作出处理。

生态环境主管部门可以聘任义务监督员，协助开展机动车排气污染防治监督。

第七条　凡新购或者外地迁入的机动车需在本市办理注册登记的，应当符合本市执行的污染物排放标准。

第八条　市、县（市）人民政府可以根据本市大气环境质量状况和不同类别机动车的排气污染程度，对机动车采取限制通行区域、通行时间等交通管制措施。

第九条　机动车排气检测列为本市机动车检验项目。符合污染物排放标准的机动车，方能通过检验。经检测不符合污染物排放标准的，公安机关交通管理部门不予核发安全技术检验合格标志。排气污染检测周期与机动车安全技术检验周期相同。

机动车所有人或者驾驶人在进行机动车排气检测时不得弄虚作假，并应当按照价格主管部门核定的收费标准缴纳检测费。

第十条　机动车所有人应当保持机动车排气污染控制装置处于正常工作状态；不得擅自拆除、闲置在用机动车排气污染控制装置。

禁止驾驶超过污染物排放标准的机动车上道路行驶。

第十一条　机动车销售单位所销售的机动车应当附有生产单位提供的污染物排放合格证明资料。禁止销售不符合本市执行的污染物排放标准的机动车。

第十二条　机动车维修经营者应当将所维修机动车的排气污染技术性能指标纳入维修质量保证体系；涉及排气维修内容的，应当在维修完工后进行排气检测，达到污染物排放标准后方可交付。

第十三条　从事机动车排气检测的单位，应当经计量认证合格，并遵守下列规定：

（一）按照规定的排气检测方法、技术规范和排放标准进行检测，并如实出具检测报告；

（二）检测设备、计量器具应当符合规定的技术规范，并通过法定计量检定机构的检定或者校准；

（三）不得从事任何形式的机动车排气污染维修业务；

（四）对机动车进行排气检测时，应当按照价格主管部门核定的收费标准收取检测费；

（五）按照规定与生态环境主管部门联网，保证上传数据真实、完整，并接受生态环境主管部门抽查；

（六）法律、法规规定的其他事项。

第十四条　生态环境主管部门可以对下列机动车进行排气污染抽检：

（一）机动车销售单位待销售的机动车；

（二）在本市行政区域内的在用机动车。

对前款第（二）项规定的抽检行为，公安机关交通管理部门应当予以配合。经抽检超过污染物排放标准的机动车，由生态环境主管部门责令机动车所有人限期改正。

生态环境主管部门对机动车进行排气污染抽检应当快捷、便民，不得妨碍道路交通安全和畅通，不得收取检测费，不得扣押车辆。

第十五条　禁止任何单位和个人生产、进口、销售或者使用不符合国家标准的车用燃料。

市场监督管理部门应当定期对本市车用燃料的生产和销售情况进行监督检查，并公布监督检查情况。

第十六条 市生态环境主管部门应当建立机动车排气污染防治网络监控系统，并会同市公安、交通运输等行政管理部门建立机动车排气污染防治信息传输系统，实现信息共享。

市生态环境主管部门应当定期向社会公布机动车排气污染监测情况。

第十七条 机动车所有人或者驾驶人拒绝生态环境主管部门对机动车进行排气污染抽检的，由生态环境主管部门责令改正，处二百元以上一千元以下罚款。

第十八条 对违反本条例规定行为的处罚，法律、法规已有规定的，从其规定。

第十九条 生态环境主管部门和其他有关行政管理部门工作人员在机动车排气污染防治监督管理工作中滥用职权、玩忽职守、徇私舞弊的，由其所在单位、上级机关或者监察机关依法给予处分。

第二十条 本条例自2010年10月1日起施行。1999年7月21日杭州市第九届人民代表大会常务委员会第二十次会议通过，2000年6月29日浙江省第九届人民代表大会常务委员会第二十一次会议批准的《杭州市机动车辆排气污染物管理条例》同时废止。

山东省

山东省大气污染防治条例

（2016年7月22日山东省第十二届人民代表大会常务委员会第二十二次会议通过　根据2018年11月30日山东省第十三届人民代表大会常务委员会第七次会议《关于修改<山东省大气污染防治条例>等四件地方性法规的决定》修正）

第一章　总　则

第一条　为了防治大气污染，保护和改善大气环境，保障公众健康，推进生态文明建设，促进经济社会可持续发展，根据《中华人民共和国环境保护法》《中华人民共和国大气污染防治法》等法律、行政法规，结合本省实际，制定本条例。

第二条　本条例适用于本省行政区域内大气污染防治及其监督管理活动。

第三条　大气污染防治应当遵循生态优先、源头控制、防治结合、综合治理的原则。

第四条　各级人民政府应当对本行政区域的大气环境质量负责，制定实施大气污染防治规划，明确空气质量改善目标，建立大气污染防治责任考核机制和分工明确、统筹协调的网格化监管体系，保障资金投入，强化污染防治措施。

第五条　县级以上人民政府生态环境主管部门对大气污染防治实施统一监督管理，发展改革、工业和信息化、公安、财政、住房城乡建设、交通运输、农业农村等部门按照各自职责做好大气污染防治的监督管理工作。

乡（镇）人民政府和街道办事处按照上级人民政府和有关部门的工作安排，做好大气污染防治的相关工作。

第六条　鼓励、支持大气污染防治新技术、新工艺、新设备的研究、推广。

第七条　单位和个人都有保护大气环境的义务，应当自觉践行绿色、节俭的生产、生活和消费方式，减少排放大气污染物，共同改善大气环境质量。

积极倡导公众和社会团体参与大气污染防治工作和公益活动。

第二章　监督管理

第八条　各级人民政府应当转变经济发展方式，调整能源结构和产业结构，推进循环经济和清洁生产，提高绿化率和森林覆盖率，推行绿色交通、绿色建筑，从源头上减少大气污染物的产生和排放。

县级以上人民政府应当根据本行政区域的自然条件、地理特点和规划发展方向，确定城市功能定位和空气质量控制指标。

第九条 省人民政府根据大气环境质量状况和经济、技术条件，可以制定严于国家标准的大气环境质量标准、大气污染物排放标准和燃煤燃油质量标准，并可以扩大大气污染物特别排放限值的实施范围。

省人民政府应当定期组织有关部门、行业协会、专家对前款规定的标准进行评估，并根据评估结果进行适时修订。进行评估、修订时，应当征求公众意见并将评估情况和修订后的标准及时向社会公布。

第十条 省人民政府应当根据大气污染防治的需要，确定削减和控制重点大气污染物的种类和排放总量，将重点大气污染物排放总量控制指标逐级分解、落实到设区的市、县（市、区）人民政府。

排污单位的重点大气污染物排放总量控制指标，由县级以上人民政府生态环境主管部门根据本行政区域重点大气污染物排放总量控制指标、排污单位现有排放量和改善大气环境质量的需要核定。

第十一条 企业事业单位和其他生产经营者排放的大气污染物，不得超过国家和省规定的排放标准，不得超过核定的重点大气污染物排放总量控制指标。

第十二条 省人民政府工业和信息化部门应当会同有关部门，定期制定、调整严重污染大气环境的生产工艺、设备和产品淘汰名录，报省人民政府批准后公布实施。

企业事业单位和其他生产经营者应当在规定期限内，淘汰列入前款名录的生产工艺、设备和产品。

第十三条 建设项目应当依法进行环境影响评价。环境影响评价文件未经县级以上人民政府生态环境主管部门依法批准，不得开工建设。

对排放重点大气污染物的建设项目，生态环境主管部门审批其环境影响评价文件时，应当核定重点大气污染物排放总量控制指标。

建设项目可能对相邻地区大气环境造成重大影响的，生态环境主管部门在审批其环境影响报告书时，应当征求相邻地区同级生态环境主管部门的意见；意见不一致的，由共同的上级人民政府生态环境主管部门作出处理。

第十四条 省人民政府生态环境主管部门应当建立大气环境调查、监测制度，完善大气环境质量和污染源监测体系。

大气环境自动监测站点的设置应当符合监测技术规范要求，未经批准不得擅自变更、调整或者撤销。

第十五条 排放工业废气或者有毒有害大气污染物的排污单位，应当按照规定和监测规范设置监测点位和采样监测平台，进行自行监测或者委托具有相应资质的单位进行监测。原始监测记录保存期限不得少于三年。

重点排污单位应当按照相关技术规范安装大气污染物排放自动监测设备，与县级以上人民政府生态环境主管部门的监控系统联网，保证监测设备正常运行，并对监测数据的真实性、准确性负责。

第十六条 省、设区的市人民政府生态环境主管部门、气象主管机构应当建立重污染天气监测预警和会商机制，对大气环境质量和重污染天气进行预测预报。

省、设区的市人民政府根据重污染天气预测预报信息，确定重污染天气预警等级，适时发出预警。

第十七条 县级以上人民政府应当制定重污染天气应急预案，向社会公布并向上一级人民政府生态环境主管部门备案。

县级以上人民政府应当根据重污染天气预警等级，及时启动应急预案，并采取相应的应急措施。

企业事业单位应当根据重污染天气应急预案的要求编制重污染天气应急响应操作方案，并按照规定执行相应的应急措施。

第十八条 省人民政府应当组织建立大气污染联防联控机制，划定大气污染防治重点区域，落实区域联动防治措施。

重点区域内的设区的市人民政府应当定期召开联席会议，研究解决大气污染防治重大事项，推动节能减排、产业准入、落后产能淘汰和重污染天气应对的协调协作，开展大气污染联合防治。

第十九条 在大气污染防治重点区域和重污染天气集中出现的采暖季节，县级以上人民政府应当组织推行错峰生产制度。

按照国家和省规定执行错峰生产管理的行业企业，应当对错峰生产期间的生产经营活动进行调整，减少或者停止排放大气污染物的生产作业和运输等活动。

第二十条 对超过重点大气污染物排放总量控制指标或者未完成大气环境质量改善目标的地区，省和设区的市人民政府生态环境主管部门应当会同有关部门约谈该地区人民政府的主要负责人，并暂停审批该地区新增重点大气污染物排放总量的建设项目的环境影响评价文件。约谈情况应当向社会公开。

未达到国家和省大气环境质量标准的城市人民政府，应当编制大气环境质量限期达标规划并组织实施。

第二十一条 对重大大气环境违法案件或者突出的大气污染问题，查处不力或者社会反映强烈的，省和设区的市人民政府生态环境主管部门应当挂牌督办，责成所在地人民政府生态环境主管部门限期查处、整改。挂牌督办情况应当向社会公开。

第二十二条 实行大气环境生态补偿制度。

大气环境质量同比改善的地区，由省人民政府向设区的市人民政府发放补偿资金；大气环境质量同比恶化的地区，由设区的市人民政府向省人民政府缴纳补偿资金。补偿资金应当专项用于大气污染防治。

设区的市大气环境质量状况和同比变化情况，由省人民政府生态环境主管部门定期向社会公布。

第二十三条 鼓励单位和个人对污染大气环境的行为进行举报。举报线索经查证属实的，县级以上人民政府生态环境主管部门和其他负有监督管理职责的部门应当按照有关规定对举报人给予奖励。

新闻媒体应当加大对大气环境保护法律、法规的宣传，加强对违法行为的舆论监督。

第二十四条 检察机关应当依法履行法律监督职责，完善生态环境司法保护机制，依法查处大气环境保护执法领域职务犯罪行为。

检察机关发现大气污染损害社会公共利益的，可以依法提起公益诉讼或者支持有关社会组织提起公益诉讼。

第二十五条 县级以上人民政府及其有关部门依法作出责令排污单位停产、停业或者关闭决定的，可以要求供电企业采取中止供电的措施，供电企业应当予以配合。

第三章 大气污染防治措施

第一节 燃煤污染防治

第二十六条 实行煤炭消费总量控制制度。

省人民政府发展改革部门应当会同生态环境等部门制定实施煤炭消费总量控制计划，确定煤炭消费总量控制及削减目标、措施。

第二十七条 设区的市人民政府应当建立民用散煤管理制度，加强民用散煤质量监督和节能炉具的推广，并制定奖励或者补贴政策，推进清洁煤炭、优质型煤的供应、使用和其他清洁能源的开发、利用。

禁止销售不符合质量标准的民用散煤。

第二十八条 设区的市、县（市、区）人民政府应当制定本行政区域锅炉整治计划，按照国家和省有关规定要求淘汰、拆除燃煤小锅炉、分散燃煤锅炉和不能达标排放的其他燃煤锅炉，并对现有的燃煤锅炉进行超低排放改造。

除国家和省另有规定外，在城市建成区、开发区、工业园区内不得新建额定蒸发量二十吨以下的直接燃煤、重油、渣油锅炉以及直接燃用生物质的锅炉。

第二十九条 县级以上人民政府供热主管部门应当组织编制供热专项规划，发展分布式能源，统筹热源和管网建设，逐步扩大城乡集中供热范围。

在集中供热管网覆盖区域内，禁止新建、扩建分散燃煤供热锅炉；已建成的分散燃煤供热锅炉应当在县级以上人民政府生态环境主管部门规定的期限内停止使用。

第三十条　燃煤机组应当实现超低排放，使大气污染物排放浓度符合规定限值。

省人民政府能源行业主管部门应当优先安排超低排放燃煤机组以及使用清洁能源机组发电上网。

第三十一条　使用燃煤炉窑、煤气发生炉等设施的单位应当采用清洁生产工艺，配套建设除尘、脱硫、脱硝等装置，或者采取技术改造等其他控制大气污染物排放的措施。

第二节　工业以及相关污染防治

第三十二条　县级以上人民政府应当合理确定产业布局和发展规模，制定产业投资项目负面清单，严格控制新建、扩建钢铁、石化、化工、有色金属冶炼、水泥、平板玻璃、建筑陶瓷等工业项目，鼓励、支持现有的工业企业进行技术升级改造。

在城市建成区及其周边的重污染企业，应当逐步进行搬迁改造或者转型退出。

第三十三条　对不经过排气筒集中排放的大气污染物，排污单位应当采取密闭、封闭、集中收集、吸附、分解等处理措施，严格控制生产过程以及内部物料堆存、传输、装卸等环节产生的粉尘和气态污染物的排放。

第三十四条　石化、重点有机化工等工业企业应当建立泄漏检测与修复体系，对管道、设备等进行日常检修、维护，及时收集处理泄漏物料。

第三十五条　生产、销售、使用含挥发性有机物的原材料和产品的，其挥发性有机物含量应当符合质量标准或者要求。

省人民政府市场监管部门应当会同生态环境等部门，定期制定、调整低挥发性有机物含量产品目录和高挥发性有机物含量产品目录并向社会公布。

列入高挥发性有机物含量产品目录的产品，应当在其包装或者说明中予以标注。

第三十六条　下列产生含挥发性有机物废气的活动，应当使用低挥发性有机物含量的原料和工艺，按照规定在密闭空间或者设备中进行并安装、使用污染防治设施；无法密闭的，应当采取措施减少废气排放：

（一）石化、煤化工等含挥发性有机物原料的生产；

（二）燃油、溶剂的储存、运输和销售；

（三）涂料、油墨、胶黏剂、农药等以挥发性有机物为原料的生产；

（四）涂装、印刷、黏合、工业清洗等含挥发性有机物的产品使用；

（五）其他产生挥发性有机物的生产和服务活动。

第三十七条　产生挥发性有机物的工业企业应当建立台账，如实记录生产原料、辅料的使用量、废弃量、去向以及挥发性有机物含量。台账保存期限不得少于三年。

第三十八条　向大气排放恶臭气体的排污单位以及垃圾处置场、污水处理厂，应当按照规定设置合理的防护距离，安装净化装置或者采取其他措施减少恶臭气体排放。

在居民住宅区等人口密集区域和医院、学校、幼儿园、养老院等其他需要特殊保护的区域及其周边，不得新建、改建和扩建石化、焦化、制药、油漆、塑料、橡胶、造纸、饲料等产生恶臭气体的生产项目或者从事其他产生恶臭气体的生产经营活动。

第三十九条 向大气排放有毒有害污染物和持久性有机污染物的排污单位，应当按照国家规定采取有利于减少污染物排放的技术方法和工艺，配备有效的净化装置并保持正常运行，实现达标排放。

第四十条 企业事业单位和其他生产经营者应当严格执行国家有关消耗臭氧层物质的生产、销售、使用和进出口管理规定，建立科学有效的回收利用和安全处置制度，不得随意排放、抛洒或者丢弃。

第三节 机动车船以及非道路移动机械污染防治

第四十一条 城市人民政府应当优化城市功能和路网布局，推广智能交通管理，优先发展公共交通事业，倡导绿色、低碳出行，并可以根据本地实际发展轨道交通、实施错峰上下班等措施。

第四十二条 省人民政府应当采取下列措施减少机动车排气污染：

（一）提升车用燃油质量；

（二）推广使用车用乙醇汽油；

（三）推广使用节能环保型和新能源机动车；

（四）逐步淘汰高油耗、高排放机动车；

（五）其他减少机动车排气污染的措施。

第四十三条 机动船舶和非道路移动机械排放大气污染物，应当符合规定的排放标准。

鼓励、支持节能环保型机动船舶和非道路移动机械的推广使用，逐步淘汰高油耗、高排放的机动船舶和非道路移动机械。

第四十四条 在用重型柴油车、非道路移动机械未安装污染控制装置或者污染控制装置不符合要求，不能达标排放的，应当加装或者更换符合要求的污染控制装置。

生态环境主管部门应当会同交通运输、住房城乡建设、农业农村、水利等有关部门对非道路移动机械的大气污染物排放状况进行监督检查，排放不合格的，不得使用。非道路移动机械应当接受排气污染检测。

城市人民政府可以根据大气环境质量状况，划定并公布禁止使用高排放非道路移动机械的区域。

第四十五条 县级以上人民政府生态环境部门应当会同交通运输、住房城乡建设、农业农村、水利等部门，制定高油耗、高排放在用机动车船和非道路移动机械治理方案并报同级人民政府批准后组织实施。

政府投资的建设项目应当优先使用符合最严格排放标准的非道路移动机械。

第四十六条　机动车、非道路移动机械生产企业应当对新生产的机动车和非道路移动机械进行排放检验。经检验合格的，方可出厂销售。检验信息应当向社会公开。未依法公开检验信息的，纳入环境信用评价系统。

第四十七条　新建港口、码头应当规划、设计和建设岸基供电设施；已建成的港口、码头应当逐步实施岸基供电设施改造。船舶靠港后应当优先使用岸电。

第四十八条　机动船舶在港区水域内使用垃圾焚烧炉或者进行清舱、驱气、油漆等作业，应当依法报经海事管理机构批准后方可实施。

禁止载运危险货物的机动船舶在城市航道、通航密集区、渡区、船闸、大型桥梁等内河水域进行清舱或者驱气作业。

禁止机动船舶在内河水域焚烧船舶垃圾。

第四十九条　对机动车排气污染防治，本条例未作规定的，依照《山东省机动车排气污染防治条例》执行。

第四节　扬尘污染防治

第五十条　建设单位与施工单位签订的施工承包合同，应当明确施工单位的扬尘污染防治责任。扬尘污染防治费用列入工程造价。

施工单位应当制定扬尘污染防治方案，在施工工地采取封闭、围挡、覆盖、喷淋、道路硬化、车辆冲洗与防尘、分段作业、择时施工、绿化等防尘抑尘措施。城市建成区内的高层建筑施工单位应当采用容器或者搭设专用封闭式垃圾道方式清运施工垃圾，禁止高空抛撒施工垃圾。

城市建成区内的大型建设工程应当在主要扬尘产生点安装视频监控设施，并与城市人民政府确定的监督管理部门和生态环境主管部门的监控系统联网。

第五十一条　县级以上人民政府市容环境卫生和交通运输部门应当积极推行机械化清扫保洁和冲刷清洗作业方式，合理安排作业时间，适时增加作业频次，提高作业质量。

第五十二条　生产建设活动中产生的砂石、土方、矸石、尾矿、废渣等，应当进行资源化处理或者综合利用；不能进行资源化处理或者综合利用的，应当运至专门存放地，并不得向专门存放地以外的地方倾倒。

第五十三条　钢铁、火电、建材、焦化等企业和港口、码头、车站的物料堆放场所，应当按照要求进行地面和道路硬化，采取密闭、围挡、遮盖、喷淋、绿化、设置防风抑尘网等措施，并设置车辆清洗设施。

第五十四条　垃圾填埋场和建筑垃圾消纳场应当实施分区作业，采取围挡、覆盖、喷淋、道路硬化或者其他抑尘措施，并设置车辆清洗设施。

第五十五条　运输渣土、土方、砂石、垃圾、灰浆、煤炭等散装、流体物料的车辆，应当采取密闭措施，按照规定安装卫星定位装置，并按照规定的路线、时间行驶，在运输过程中不得遗撒、泄漏物料。

运输车辆冲洗干净后，方可驶出作业场所。

第五十六条 县级以上人民政府应当根据防治扬尘污染的需要，划定禁止从事砂、石、黏土开采和加工等易产生扬尘污染活动的区域。

矿山开采企业应当按照设计和开发利用方案作业，设置废石、废渣、泥土等专门存放地，并采取围挡、施工便道硬化或者设置防风抑尘网、防尘布等防尘措施。

矿山勘查、开采企业应当按照规定处置矿山开采废弃物，整修破损的山体、断面、边坡，整治和恢复矿山地质环境。

第五节 农业和其他污染防治

第五十七条 县级以上人民政府及其农业农村、林业等部门应当制定农药、化肥减量计划和措施，积极推广缓控释肥等技术，指导农业生产经营者科学合理施用农药、化肥等农业投入品，减少农业生产活动产生的大气污染物，防止农业面源污染。

第五十八条 县级以上人民政府及其发展改革、农业农村等部门应当制定鼓励政策，推进秸秆肥料化、饲料化、基料化、燃料化和原料化开发，实现秸秆综合利用。

禁止露天焚烧秸秆。

第五十九条 从事畜禽养殖、屠宰生产经营活动的单位和个人，应当对畜禽养殖、屠宰产生的污水、废弃物进行处理、处置和综合利用，防止对周边环境造成恶臭影响。

在居民住宅区等人口密集区域和医院、学校、幼儿园、养老院等其他需要特殊保护的区域及其周边，禁止建设畜禽养殖场、屠宰场（厂）。

第六十条 排放油烟的餐饮服务业经营者和单位食堂应当安装油烟净化设施并保持正常运行，使油烟达标排放，防止对附近居民的生活环境造成污染。

餐饮服务业经营者和单位食堂不得将油烟排入下水管道。

第六十一条 城市人民政府应当根据大气污染防治的需要划定区域，禁止露天烧烤、骑墙（窗）烧烤或者为露天烧烤、骑墙（窗）烧烤提供场地。在其他区域内烧烤的，应当使用无烟烧烤炉具。

第六十二条 禁止焚烧沥青、油毡、橡胶、塑料、皮革、垃圾以及其他产生有毒有害烟尘和恶臭气体的物质。

禁止在城市建成区和县级以上人民政府划定的区域内露天焚烧树枝、落叶等产生烟尘污染的物质。

第六十三条 设区的市和县（市、区）人民政府可以根据大气污染防治的需要和当地特点，划定禁止或者限制燃放烟花爆竹的区域和时段。

第四章　法律责任

第六十四条　有下列情形之一的，由上级主管机关或者监察机关责令改正，对所在地人民政府的主要负责人依法给予处分：

（一）区域大气环境质量持续恶化的；

（二）发生重大或者特大大气环境污染事故，造成严重社会影响的；

（三）经约谈后整改不力或者连续两年被约谈的；

（四）其他应当追究责任的情形。

第六十五条　有下列情形之一的，由本级人民政府或者监察机关责令改正，对所在地生态环境主管部门和其他负有监督管理职责的部门的主要负责人依法给予处分：

（一）未完成重点大气污染物总量控制指标的；

（二）未按照规定组织实施污染防治措施，造成大气环境质量恶化的；

（三）对挂牌督办的重大大气环境违法案件和突出大气污染问题处置不力，造成严重社会影响的；

（四）其他应当追究责任的情形。

第六十六条　各级人民政府、生态环境主管部门和其他负有监督管理职责的部门，有下列情形之一的，由上级主管机关或者监察机关责令改正，对直接负责的主管人员和其他直接责任人员依法给予处分：

（一）未按照规定制定、实施大气污染防治规划的；

（二）未按照规定制定、调整严重污染大气环境的生产工艺、设备和产品淘汰名录的；

（三）对排放重点大气污染物的建设项目，未依法审批环境影响评价文件的；

（四）未按照规定建立大气环境监测体系的；

（五）未按照规定实施重污染天气应急处置的；

（六）未按照规定组织实施污染防治措施的；

（七）未依法查处大气污染违法行为的；

（八）其他滥用职权、玩忽职守、徇私舞弊的行为。

第六十七条　违反本条例规定，超过大气污染物排放标准或者超过重点大气污染物排放总量控制指标排放大气污染物的，由县级以上人民政府生态环境主管部门责令改正或者限制生产、停产整治，并处十万元以上一百万元以下的罚款；拒不改正的，依法作出处罚决定的生态环境主管部门可以自责令改正之日的次日起，按照原处罚数额按日连续处罚；情节严重的，报经有批准权的人民政府批准，责令停业、关闭。

第六十八条　违反本条例规定，建设单位未依法报批建设项目环境影响报告书、报告表或者建设项目环境影响报告书、报告表未经批准，擅自开工建设的，由县级以上人民政府生态环境主管部门责令停止建设，根据违法情节和危害后果，处建设项目总投资额百分之一以上百分之五以下的罚款，并可以责令恢复原状；拒不停止建设的，依法作出处罚决定的生态环境主管部门可以自责令停止建设之日的次日起，按照原处罚数额按日连续处罚；对建设单位直接负责的主管人员和其他直接责任人员，依法给予处分。

第六十九条 违反本条例规定，排放工业废气或者有毒有害大气污染物的排污单位未按照规定和监测规范设置监测点位和采样监测平台的，由县级以上人民政府生态环境主管部门责令改正，处二万元以上二十万元以下的罚款；拒不改正的，责令停产整治。

第七十条 违反本条例规定，企业事业单位未按照规定要求编制重污染天气应急响应操作方案的，由县级以上人民政府生态环境主管部门或者其他负有监督管理职责的部门责令改正；拒不改正的，处二千元以上一万元以下的罚款。

第七十一条 违反本条例规定，有下列行为之一的，由县级以上人民政府生态环境主管部门责令限期拆除锅炉，并处二万元以上二十万元以下的罚款：

（一）在集中供热管网覆盖区域内，已建成的分散燃煤供热锅炉未在规定的期限内停止使用的；

（二）除国家和省另有规定外，在城市建成区、开发区、工业园区内，新建额定蒸发量二十吨以下的直接燃煤、重油、渣油锅炉以及直接燃用生物质的锅炉的。

第七十二条 违反本条例规定，有下列行为之一的，由县级以上人民政府生态环境主管部门责令改正，处二万元以上二十万元以下的罚款；拒不改正的，责令停产整治：

（一）排污单位未按照规定对不经过排气筒集中排放的大气污染物采取必要的污染防治措施的；

（二）石化、重点有机化工等企业未按照规定建立实施泄漏检测与修复体系，对管道、设备进行日常检修、维护，及时收集处理泄漏物料的；

（三）从事产生含挥发性有机物废气的活动，未按照规定采取必要的污染防治措施的；

（四）在需要特殊保护的区域及其周边，新建、改建和扩建石化、焦化、制药、油漆、塑料、橡胶、造纸、饲料等生产项目的。

排污单位有前款第一项、第三项规定行为，受到罚款处罚，经责令改正拒不改正的，作出处罚决定的行政机关可以自责令改正之日的次日起，按照原处罚数额按日连续处罚。

第七十三条 违反本条例规定，有下列行为之一的，由县级以上人民政府生态环境主管部门或者其他负有监督管理职责的部门责令改正，处一万元以上十万元以下的罚款；拒不改正的，责令停产整治或者停业整治：

（一）向大气排放恶臭气体的排污单位以及垃圾处置场、污水处理厂，未按照规定设置合理防护距离，安装净化装置或者采取其他措施减少恶臭气体排放的；

（二）在需要特殊保护的区域及其周边从事产生恶臭气体的生产经营活动的；

（三）向大气排放有毒有害污染物或者持久性有机污染物的排污单位，未按照规定采取有利于减少污染物排放的技术方法和工艺，配备净化装置并保持正常运行的；

（四）未按照规定建立科学有效的回收利用和安全处置制度，随意排放、抛洒或者丢弃消耗臭氧层物质的。

第七十四条　违反本条例规定，机动船舶在内河水域焚烧船舶垃圾或者违规进行清舱、驱气、油漆等作业的，由交通运输、农业农村、海事管理等部门按照职责依法进行处罚。

第七十五条　违反本条例规定，有下列行为之一的，由县级以上人民政府住房城乡建设主管部门或者其他负有监督管理职责的部门责令改正，处一万元以上十万元以下的罚款；拒不改正的，责令停工整治，依法作出处罚决定的部门可以自责令改正之日的次日起，按照原处罚数额按日连续处罚：

（一）建设工程施工单位未按照规定采取扬尘防治措施；

（二）城市建成区内的高层建筑施工单位高空抛撒施工垃圾的。

第七十六条　违反本条例规定，运输渣土、土方、砂石、垃圾、灰浆、煤炭等散装、流体物料的车辆有下列行为之一的，由县级以上人民政府城市管理部门或者当地人民政府确定的监督管理部门责令限期改正，处二千元以上二万元以下的罚款；拒不改正的，不得上道路行驶：

（一）未按照规定采取密闭措施的；

（二）未按照规定安装卫星定位装置的；

（三）未按照规定的路线、时间行驶的；

（四）在运输过程中遗撒、泄漏物料的。

第七十七条　违反本条例规定，有下列行为之一的，由县级以上人民政府生态环境主管部门或者其他负有监督管理职责的部门责令改正，处一万元以上十万元以下的罚款；拒不改正的，责令停工整治、停产整治或者停业整治，依法作出处罚决定的部门可以自责令改正之日的次日起，按照原处罚数额按日连续处罚：

（一）钢铁、火电、建材、焦化等企业和港口、码头、车站的物料堆放场所，未按照规定采取措施防治扬尘污染的；

（二）垃圾填埋场和建筑垃圾消纳场未按照规定采取措施防治扬尘污染的；

（三）在禁止区域内从事砂、石、黏土开采和加工等易产生扬尘污染活动的。

第七十八条　违反本条例规定，露天焚烧秸秆或者在禁止区域内露天焚烧树枝、落叶等产生烟尘污染的物质的，由县级以上人民政府确定的监督管理部门责令改正，并可以处五百元以上二千元以下的罚款。

第七十九条　违反本条例规定，排放油烟的餐饮服务业经营者、单位食堂未按照规定安装油烟净化设施并保持正常运行，超过排放标准排放油烟或者将油烟排入下水管道的，由县级以上人民政府确定的监督管理部门责令改正，处五千元以上五万元以下的罚款；拒不改正的，责令停业整治。

第八十条 违反本条例规定，在禁止区域内露天烧烤、骑墙（窗）烧烤或者为露天烧烤、骑墙（窗）烧烤提供场地，或者在其他区域内烧烤未按照规定使用无烟炉具的，由县级以上人民政府确定的监督管理部门责令改正，没收烧烤工具和违法所得，并对单位处二千元以上二万元以下的罚款，对个人处五百元以上一千元以下的罚款。

第八十一条 违反本条例规定，在禁止或者限制的区域和时段燃放烟花爆竹的，由县级以上人民政府确定的监督管理部门责令改正，处一百元以上五百元以下的罚款。

第八十二条 违反本条例规定，造成大气污染事故的，由县级以上人民政府生态环境主管部门依照本条第二款的规定处以罚款；对直接负责的主管人员和其他直接责任人员可以处上一年度从本企业事业单位取得收入百分之五十以下的罚款。

对造成一般或者较大大气污染事故的，按照污染事故造成的直接损失的一倍以上三倍以下计算罚款；对造成重大或者特大大气污染事故的，按照污染事故造成的直接损失的三倍以上五倍以下计算罚款。

第八十三条 违反本条例规定，造成损害的，依法承担赔偿责任；构成犯罪的，依法追究刑事责任。

对污染大气环境损害社会公共利益的行为，符合国家规定条件的社会组织可以向人民法院提起诉讼。

第五章 附 则

第八十四条 本条例施行前，设区的市、县（市、区）人民政府应当根据本条例规定的大气污染防治工作事项，确定具体负责的监督管理部门或者机构，并向社会公布。

第八十五条 本条例自2016年11月1日起施行。2001年4月6日山东省第九届人民代表大会常务委员会第二十次会议通过的《山东省实施<中华人民共和国大气污染防治法>办法》同时废止。

山东省机动车排气污染防治条例

（2011年5月27日山东省第十一届人民代表大会常务委员会第二十四次会议通过　根据2013年11月29日山东省第十二届人民代表大会常务委员会第五次会议《关于修改〈山东省农业环境保护条例〉等四件地方性法规的决定》第一次修正　根据2018年1月23日山东省第十二届人民代表大会常务委员会第三十五次会议《关于修改〈山东省机动车排气污染防治条例〉等十四件地方性法规的决定》第二次修正）

第一章　总　则

第一条　为了防治机动车排气污染，保护和改善大气环境，保障人体健康，根据《中华人民共和国大气污染防治法》等法律、行政法规，结合本省实际，制定本条例。

第二条　本省行政区域内机动车排气污染的防治，适用本条例。

本条例所称机动车，是指由内燃机驱动或者牵引的车辆，铁路机车和拖拉机除外。

第三条　机动车排气污染防治应当坚持预防为主、防治结合的原则，实行污染物排放总量控制。

第四条　县级以上人民政府应当将机动车排气污染防治工作纳入本行政区域环境保护规划和环境保护目标责任制，建立和完善机动车排气污染防治工作协调机制，采取提高控制标准和更新淘汰等防治措施，保护和改善大气环境质量。

第五条　县级以上人民政府环境保护行政主管部门对本行政区域内机动车排气污染防治工作实施统一监督管理。

公安、交通运输、质量技术监督、工商行政管理、价格等部门，按照各自职责，做好机动车排气污染防治的有关工作。

第二章　预防与控制

第六条　机动车排气污染物排放执行国家规定的机动车排气污染物排放标准。

省人民政府可以根据机动车排气污染防治需要，依据国家有关规定，决定对本省新购机动车执行严于国家规定的现阶段机动车排气污染物排放标准；对在用机动车制定分阶段、逐步加严的机动车排气污染物排放标准，向社会公告后实施。

第七条　对未达到本省执行的国家阶段性机动车排气污染物排放标准的新购机动车，

公安机关交通管理部门不得办理机动车注册登记。

对未达到本省执行的机动车排气污染物排放标准的省外登记的在用机动车，公安机关交通管理部门不得办理机动车转移登记。

第八条 鼓励清洁能源机动车的开发、生产、销售和使用。

鼓励机动车排气污染防治先进技术的开发和应用。

禁止制造、销售或者进口排气污染物超过国家规定排放标准的机动车。

第九条 城市人民政府应当采取措施优先发展公共交通事业，鼓励和支持城市公共客运优先选用清洁能源机动车型，对排气污染物超过规定排放标准的城市公共客运车辆实行更新淘汰。

第十条 机动车燃料质量应当与本省执行的国家阶段性机动车排气污染物排放标准相匹配。鼓励使用清洁车用能源和优质车用燃料。

销售车用燃料的单位，应当明示燃料质量标准。

禁止生产、销售不符合规定标准的车用燃料。

第十一条 省人民政府和设区的市人民政府可以根据本行政区域大气环境质量状况和机动车排气污染程度，划定禁止或者限制机动车行驶的区域、道路、时段和车型。

采取前款规定的交通管制措施的，省人民政府和设区的市人民政府应当公开征求公众的意见，并提前向社会公告。

第十二条 从事道路运输经营的单位，应当向县（市、区）环境保护行政主管部门申报登记机动车排气污染物排放状况。

第十三条 机动车所有人和使用人应当保持机动车排气污染控制装置的正常运行，不得擅自拆除或者擅自改装机动车排气污染控制装置。

行驶的机动车不得排放黑烟等明显可视排气污染物。

第三章 检验与治理

第十四条 对全省机动车实施环保检验制度。

在用机动车应当按照国家和省有关规定，由机动车排放检验机构定期对其进行排放检验。经检验合格的，方可上道路行驶。未经检验合格的，公安机关交通管理部门不得核发安全技术检验合格标志。

纯电动机动车免于环保检验。新购机动车达到本省执行的国家阶段性机动车排气污染物排放标准的，办理注册登记前免予接受环保检验。

第十五条 省环境保护行政主管部门根据国家有关规定，确定统一的机动车环保检验方法与技术规范并公布实施。

第十六条 从事机动车环保检验的机构应当具备下列条件：

（一）通过省质量技术监督部门的计量认证；

（二）具有法人资格；

（三）检验及相关配套设备符合有关标准和规范要求；

（四）检验人员配备符合有关规范要求。

机动车环保检验机构名录，由省环境保护行政主管部门向社会公告。

第十七条 机动车环保检验机构应当遵守下列规定：

（一）按照省规定的排气污染检验方法、技术规范和排放标准进行检验，出具真实、准确的检验报告；

（二）检验设备应当按照国家有关规定，经法定计量检定机构定期检定或者校准合格；

（三）向环境保护行政主管部门实时传送检验数据；

（四）执行省价格行政主管部门核定的机动车排气污染检验收费标准；

（五）不得从事机动车排气污染维修治理业务。

机动车环保检验机构应当公开检验资格、制度、程序、检验方法、污染物排放限值、收费标准、监督投诉电话，接受社会监督。

第十八条 机动车所有人和使用人可以按照国家规定自行选择机动车环保检验机构进行环保检验。

任何单位和个人不得违反规定要求机动车所有人和使用人到指定的环保检验机构进行环保检验。

第十九条 禁止伪造、变造机动车环保检验报告。禁止使用转让、转借、伪造、变造的机动车环保检验报告。

第二十条 机动车维修企业应当按照机动车排气污染防治的要求和有关技术规范进行维修，并保存相关的维修档案。

第四章 监督管理

第二十一条 环境保护行政主管部门应当会同公安、交通运输、质量技术监督、工商行政管理等部门建立机动车排气污染防治工作协调机制，定期通报机动车排气污染防治工作情况，并研究制定有关的政策措施。

环境保护行政主管部门应当会同公安、交通运输等部门建立机动车排气污染防治监督管理信息系统，实现信息共享，并定期向社会公布机动车排气污染防治情况。

第二十二条 环境保护行政主管部门可以在道路运输经营等单位的机动车停放地对机动车排气污染物排放状况进行监督抽测，并当场明示抽测结果。监督抽测不得收取费用。

环境保护行政主管部门进行监督抽测时，任何单位和个人不得拒绝、阻挠。

第二十三条 环境保护行政主管部门应当建立健全监督管理制度，通过监督性检测、网络监控等方式对机动车环保检验机构检验行为的公正性、准确性进行监督，并将监督检查情况向社会公布。

第二十四条 交通运输行政主管部门应当将机动车排气污染防治纳入对车辆营运、机动车维修的监督管理内容，加强对机动车维修企业排气污染维修活动的监督管理，并定期向社会公布具备资格的企业名单。

第二十五条 质量技术监督部门、工商行政管理部门应当加强车用燃料生产、销售的监督管理，及时查处生产、销售不合格车用燃料等违法行为，并将查处结果向社会公布。

第二十六条 建立机动车排气污染投诉和举报制度。环境保护行政主管部门应当设立投诉和举报电话，对机动车排气污染环境的投诉和举报依法及时作出处理。

鼓励单位和个人对排放黑烟等明显可视污染物的机动车或者其他违法行为向环境保护行政主管部门举报。环境保护行政主管部门可以聘任社会监督员，协助开展对机动车排气污染行为的监督。

第五章　法律责任

第二十七条 违反本条例规定，制造、销售、进口排气污染物超过国家规定排放标准的机动车，或者生产、销售不符合规定标准的车用燃料的，由依法行使监督管理权的部门依照有关法律、法规的规定处理。

第二十八条 违反本条例规定，道路运输经营单位拒绝申报登记机动车排气污染物排放状况，由环境保护行政主管部门处三千元以上三万元以下罚款。

第二十九条 违反本条例规定，机动车所有人或者使用人擅自拆除或者擅自改装机动车排气污染控制装置造成装置失效的，由环境保护行政主管部门责令改正，处五百元以上一千元以下罚款。

第三十条 违反本条例规定，行驶的机动车排放黑烟等明显可视排气污染物的，由公安机关交通管理部门责令限期维修，处二百元罚款。

第三十一条 违反本条例规定，伪造机动车排放检验结果或者出具虚假排放检验报告的，由县级以上人民政府环境保护行政主管部门没收违法所得，并处十万元以上五十万元以下的罚款；情节严重的，由负责资质认定的部门取消其检验资格。

违反本条例规定，机动车环保检验机构从事机动车排气污染维修治理业务的，由县级以上人民政府环境保护行政主管部门没收违法所得，并处以五万元以上十万元以下的罚款。

第三十二条 违反本条例规定，伪造、变造或者使用转让、转借、伪造、变造的机动车环保检验报告的，由公安机关交通管理部门予以收缴，处五百元以上一千元以下罚款。

第三十三条 经监督抽测达不到规定排放标准的机动车，由环境保护行政主管部门责令限期复检；逾期不复检或者复检仍达不到规定排放标准的，由公安机关交通管理部门依法予以处罚。

第三十四条 环境保护、公安、交通运输等行政管理部门及其工作人员，在机动车排气污染防治监督管理工作中，有下列行为之一的，由其上级行政机关或者监察机关责令改正，对直接负责的主管人员和其他直接责任人员依法给予处分；构成犯罪的，依法追究刑事责任：

（一）不按照规定办理机动车登记的；

（二）对机动车环保检验机构及其检验行为，不履行监督管理职责，情节严重的；

（三）对未取得环保检验合格报告的机动车核发安全技术检验合格标志的；

（四）违反规定要求机动车所有人和使用人到指定的检验机构进行环保检验的；

（五）对机动车维修企业不履行监督管理职责，情节严重的；

（六）对生产、销售不符合规定标准的车用燃料的行为不依法查处的；

（七）参与或者变相参与机动车环保检验、机动车维修和销售车用燃料等经营活动的；

（八）其他滥用职权、玩忽职守、徇私舞弊的行为。

第六章 附 则

第三十五条 本条例自 2011 年 10 月 1 日起施行。

济南市大气污染防治条例

(2000 年 6 月 1 日济南市第十二届人民代表大会常务委员会第十四次会议通过　2000 年 6 月 30 日山东省第九届人民代表大会常务委员第十五次会议批准　2012 年 7 月 13 日济南市第十五届人民代表大会常务委员会第三次会议第一次修订　2012 年 9 月 27 日山东省第十一届人民代表大会常务委员会第三十三次会议批准　2016 年 9 月 14 日济南市第十五届人民代表大会常务委员会第三十一次会议第二次修订　2016 年 11 月 26 日山东省第十二届人民代表大会常务委员会第二十四次会议批准）

第一章　总　则

第一条　为了防治大气污染，保护和改善环境，根据《中华人民共和国大气污染防治法》《山东省大气污染防治条例》等法律法规，结合本市实际，制定本条例。

第二条　本条例适用于本市行政区域内的大气污染防治。

第三条　大气污染防治应当坚持源头控制、防治结合、综合治理、损害担责的原则，建立政府监管、单位施治、公众参与、社会监督、属地管理的工作机制。

第四条　市、县（市、区）人民政府应当对本行政区域的大气环境质量负总责，并建立大气污染防治工作协调机制，统筹研究解决大气污染防治重大问题。

镇人民政府、街道办事处应当按照县（市、区）人民政府的工作安排，做好大气污染防治工作。

社区居民委员会、村民委员会应当教育引导社区居民、村民自觉遵守大气污染防治法律法规，积极参加大气污染防治活动。

第五条　市、县（市、区）环境保护主管部门对本行政区域内的大气污染防治实施统一监督管理。

发展和改革、经济和信息化、国土资源、城乡规划、城乡建设、房管、城市管理、城管执法、公安、交通运输、农业、市政公用、园林绿化等部门，应当按照各自职责做好大气污染防治工作。

第六条　市、县（市、区）人民政府应当支持大气污染防治科学技术研究、开发和成果应用，鼓励单位和个人使用清洁能源，逐步提高清洁能源在一次能源消耗中的比重。

鼓励、支持第三方以市场化方式参与大气污染防治。

第七条 任何单位和个人都有保护大气环境的义务，并有权对污染大气环境的单位和个人进行举报，有权对行使监督管理权的部门及其工作人员不依法履行职责的行为进行检举和控告。

本市实行大气污染防治违法行为有奖举报制度，具体办法由市人民政府制定。

第八条 新闻媒体应当开展有关大气污染防治法律法规和知识的宣传，对违法行为进行舆论监督。

第二章 大气污染综合防治

第九条 市、县（市）人民政府应当编制大气环境质量限期达标规划，采取严格的大气污染控制措施，在省人民政府规定期限内达到大气环境质量标准。

第十条 市人民政府应当根据省下达的重点大气污染物排放总量控制指标，制定总量控制计划，分解落实到县（市、区）人民政府和排污单位，并监督实施。

第十一条 对超过重点大气污染物排放总量控制指标或者未完成大气环境质量改善目标的县（市、区），市环境保护主管部门应当会同市监察部门约谈当地人民政府主要负责人，并暂停审批该地区新增大气污染物排放总量的建设项目环境影响评价文件，约谈情况应当向社会公开。

第十二条 环境保护主管部门在审批建设项目环境影响评价文件时，应当将重点大气污染物排放量控制在该建设项目所在地的重点大气污染物排放总量控制指标内。

第十三条 大气污染物防治设施应当保持正常使用。

工业企业大气污染物防治设施拆除、闲置或者因检修暂停使用的，应当提前五个工作日报环境保护主管部门批准；因突发故障不能正常使用的，应当采取措施确保排放达标，并在二十四小时内向环境保护主管部门书面报告。书面报告应当说明故障原因、采取措施等事项。

第十四条 环境保护主管部门应当加强大气环境质量和大气污染源监测网络的建设和管理，对大气环境质量和污染源实行监测。

第十五条 重点排污单位应当安装使用大气污染物排放自动监测设备，与环境保护主管部门监控设备联网，并确保大气污染物排放自动监测设备正常运行，数据真实准确。

大气污染物排放自动监测的有效数据，可以作为环境执法和管理的依据。

第十六条 重点排污单位的大气污染物排放自动监测设备，可以由市人民政府通过公开招标、购买服务方式统一委托运营。

第十七条 市环境保护主管部门应当商有关部门依法确定全市重点排污单位名录，每年向社会公布。

第十八条 本市实行网格化环境监管制度，建立市、县（市、区）、镇（街道）、村（居）管理网络，科学划分网格单元，明确网格管理对象、管理标准和责任人，实施大气污染防治常态化、精细化、制度化管理。

第十九条 市、县（市、区）人民政府应当依据重污染天气预警等级，及时启动应急预案，根据应急需要可以采取责令有关企业限产或者停产、限制部分机动车辆行驶、禁止燃放烟花爆竹、停止工地土石方作业和建筑物拆除作业、停止露天烧烤、停止幼儿园和学校组织的户外活动、组织开展人工影响天气作业等应急措施。

第二十条 发展和改革部门应当严格执行国家有关产业结构调整的规定和准入标准，禁止新建、扩建高污染工业项目，鼓励和推广清洁能源应用。

经济和信息化部门应当严格执行国家有关淘汰严重污染大气环境的工艺、设备、产品及期限的规定，并加强对能源节约、清洁生产的监督检查。

城乡规划部门应当规划建设生态绿色走廊、城市通风廊道，增加城市的空气流动性，缓解城市雾霾和热岛效应。

林业、园林绿化部门应当加强城乡绿化工作，提高森林覆盖率、城乡绿化覆盖率，采取措施做好防尘防沙工作。

国土资源部门应当加强对矿产资源开发、破损山体治理等工作中大气污染防治的监督检查。

城市管理部门应当加强对建筑垃圾处置、道路保洁等大气污染防治的监督检查。

城乡建设、房管、市政公用、交通运输等部门应当加强对建筑工程、房屋拆除、市政工程、公路建设等活动中大气污染防治的监督检查。

第二十一条 环境保护主管部门和其他负有大气环境保护监督管理职责的部门应当加强工作协调，建立工作联动机制，实行大气污染防治管理信息共享。

第二十二条 环境保护主管部门和其他负有大气环境保护监督管理职责的部门应当公布举报投诉电话等，方便公众举报、投诉。

环境保护主管部门或者其他具有大气环境保护监督管理职责的部门接到举报、投诉后，对属于本部门职责范围内的事项，应当依法处理，并将结果告知举报、投诉人；对不属于本部门职责范围内的事项，应当立即移交有权处理的部门，有权处理的部门应当依法处理，并将结果告知举报、投诉人；对举报投诉人的相关信息应当保密。

第二十三条 环境保护主管部门和其他负有大气环境保护监督管理职责的部门应当将企业事业单位和其他生产经营者的大气环境违法信息纳入社会诚信档案。

第三章 大气污染专项防治

第二十四条 市、县（市、区）人民政府应当建立城乡建设、城市管理、城管执法、环境保护、国土资源、公安、交通运输、水利、林业、房管、园林绿化、市政公用等部门参加的扬尘污染防治联席会议制度，定期协调解决扬尘污染防治中的突出问题。

第二十五条 城市管理部门应当加强施工工地周边区域、城乡接合部等易产生扬尘区域的城市道路保洁管理，增加机械化清扫和高压清洗频次，减少道路扬尘。

第二十六条　市政公用部门应当加强对市政道路养护管理，制定道路施工计划，减少道路开挖面积，缩短裸露时间。雨污井清疏污泥应当及时清运，不得在市政道路上堆积。

第二十七条　交通运输部门应当加强对辖区内国道、省道养护管理，及时修复破损路面。县（市、区）人民政府应当加强辖区内农村公路养护管理，减少扬尘。

第二十八条　林业、园林绿化、市政公用、水利、国土资源部门应当实施荒山造林、退耕还林、山体绿化、城区绿色通道建设、水系生态绿化、破损山体修复等生态防尘工程，提高城市扬尘防治能力。

第二十九条　环境保护、城乡建设、城市管理等部门在办理建设项目环境影响评价、施工许可、施工合同备案、建筑垃圾处置等审批手续时，对不符合扬尘污染防治相关法律法规要求的，不予办理相关手续。

第三十条　建设单位在提交建设工程环境影响评价申请时，应当一并提交建设工程的扬尘污染防治方案；未提交的，环境保护主管部门不予批准建设项目环境影响评价文件。

第三十一条　建设单位应当在与施工单位、监理单位签订的合同中明确约定建设过程中的扬尘污染防治责任，并将扬尘污染防治费用列入工程预算。

施工单位应当制定具体的施工扬尘污染防治实施方案并予以落实。

监理单位应当将施工扬尘污染防治纳入工程监理内容，发现扬尘污染行为，应当要求施工单位立即改正。

第三十二条　建设单位在申请办理建筑垃圾处置手续时，城市管理部门应当会同城乡建设部门核查施工现场，审查土石方开挖防尘降尘方案，查验防尘降尘措施；经核查合格后，方可办理建筑垃圾处置手续。

土石方开挖防尘降尘方案应当包括：土石方是否回填、土石方临时存放地点和时间、防尘降尘措施等内容。

第三十三条　建筑垃圾运输车辆应当安装卫星定位系统，采取密闭措施，并按照城市管理部门和公安交通管理部门审批的路线、时间、数量，将建筑垃圾运送到指定建筑垃圾消纳场，经建设单位和建筑垃圾消纳场双向签单确认后，方可领取运输费用。

城管执法部门应当会同公安交通管理部门查处建筑垃圾运输车辆撒漏乱倒、不按照规定时间和路线行驶等违法行为。

第三十四条　市城市管理部门应当会同市城乡规划部门、市国土资源部门、县（市）人民政府确定建筑垃圾消纳场，并向社会公布。

建筑垃圾消纳场应当在出入口处设置车辆清洗专用场地，配备车辆清洗保洁设施，采取围挡、覆盖、喷淋、道路硬化或者其他防尘降尘措施，并实施分区作业。

未经批准任何单位和个人不得设置建筑垃圾消纳场。

第三十五条　建设工程施工现场的扬尘污染防治具体措施，应当执行市人民政府关于扬尘污染防治管理的规定。

第三十六条 本市中心城区内，禁止新建、扩建水泥厂、粉磨站和混凝土搅拌站。已建成但不符合大气污染防治要求的，由环境保护主管部门责令限期治理；逾期未完成治理或者不能完成治理的，报请同级人民政府责令搬迁或者拆除。

本市中心城区内及主要交通干线两侧二公里内，不得新建石灰窑、石子厂、砖瓦厂。已建成的，由所在地县（市、区）人民政府责令限期关停。

第三十七条 交通运输部门应当会同环境保护部门建立在用机动车环保定期检验与维护制度，建立交通运输部门、环境保护部门与机动车维修经营者联网的机动车排气污染检验与维修数据信息管理系统，对超标排气机动车进行定期检验和强制维修。

第三十八条 交通运输部门应当逐步对公交车、出租车以及其他从事客运、货运的车辆进行技术升级，推行使用新能源。

发展和改革、国土资源、城乡规划等部门对新能源汽车使用配套建设项目应当优先立项审批。

第三十九条 市、县（市、区）人民政府应当根据上一级人民政府下达的煤炭消费总量控制计划，制定本行政区域削减控制燃煤总量和清洁能源改造计划并组织实施。

第四十条 本市中心城区内经营、使用的煤炭以及煤制品应当符合我市规定的质量指标要求。

煤炭以及煤制品的质量指标要求由市经济和信息化、质量技术监督、环境保护等部门，根据国家标准、行业标准和本市实际分类确定，经市人民政府批准后公布执行。

第四十一条 市人民政府应当实行民用散煤管理制度，制定奖励或者补贴政策，推广优质煤炭、洁净型煤和节能环保型炉灶的供应和使用。

市、县（市、区）人民政府应当组织有关部门加强民用散煤的销售管理，推进统一规范的民用洁净型煤配送中心和销售网点建设，实现洁净型煤配送到户。

第四十二条 在市、县（市）人民政府划定的高污染燃料控制区域内禁止新建、扩建燃用高污染燃料的设施。已建成的，由所在地县（市、区）人民政府责令其在规定期限内改造、替代或者淘汰。

第四十三条 在本市行政区域内禁止新建、扩建钢铁、石化等高污染项目。

列入国家产业结构调整目录中淘汰类的钢铁、炼油、制革、染料、电镀、农药以及生产石棉制品、防水卷材、塑料加工等生产企业或者相关设备，由所在地县（市、区）人民政府责令限期关闭或者逐步淘汰；对限制类项目的新建、扩建不再予以审批。

第四章 法律责任

第四十四条 违反本条例规定的行为，法律、法规已规定法律责任的，依照其规定执行。

第四十五条　违反本条例规定，建筑垃圾消纳场未设置相关设施，采取防尘措施的，由城管执法部门责令改正，处一万元以上十万元以下的罚款；拒不改正的，责令停业整治，城管执法部门可以自责令改正之日的次日起，按照原处罚数额按日连续处罚。

第四十六条　违反本条例规定，未经批准擅自设置建筑垃圾消纳场的，由城管执法部门责令关闭，限期清运，并处一万元以上十万以下的罚款；拒不关闭的，城管执法部门可以自责令改正之日的次日起，按照原处罚数额按日连续处罚；逾期不清运的，由城管执法部门依法代履行，费用由违法责任人承担。

第四十七条　企业事业单位和其他生产经营者违反本条例规定，造成或者可能造成严重大气污染，或者有关证据可能灭失或者被隐匿的，环境保护主管部门和城管执法部门，可以对有关设施、设备、物品采取查封、扣押等行政强制措施。

第五章　附　则

第四十八条　济南高新技术产业开发区管理委员会按照市人民政府授权的管理范围，履行本条例规定的大气污染防治责任。

第四十九条　本条例所称本市中心城区是指，东至东巨野河，西至南大沙河以东（归德镇界），南至南部双尖山、兴隆山一带山体及济莱高速公路，北至黄河及济青高速公路的区域。

第五十条　本条例自 2017 年 1 月 1 日起施行。

济南市机动车和非道路移动机械排气污染防治条例

（2019 年 12 月 11 日济南市第十七届人民代表大会常务委员会第八次会议通过　2020 年 1 月 15 日山东省第十三届人民代表大会常务委员会第十六次会议批准）

第一章　总　则

第一条　为防治机动车和非道路移动机械排气污染，保护和改善大气环境，保障公众健康，推进生态文明建设，根据《中华人民共和国环境保护法》《中华人民共和国大气污染防治法》等法律、法规，结合本市实际，制定本条例。

第二条　本市行政区域内机动车和非道路移动机械排气污染防治，适用本条例。

第三条　机动车和非道路移动机械排气污染防治坚持源头治理、防治结合、信息公开、社会共治的原则。

第四条　市、区县人民政府应当建立健全机动车和非道路移动机械排气污染防治监督管理体系和工作协调机制，严格执行污染防治标准，并将污染防治工作纳入目标考核。

第五条　市生态环境主管部门负责机动车和非道路移动机械排气污染防治的统一监督管理，对行业主管部门的机动车和非道路移动机械排气污染防治管理工作进行协调和指导。

发展改革、工业和信息化、公安、自然资源和规划、住房和城乡建设、城市管理、城乡交通运输、城乡水务、农业农村、园林和林业绿化、商务、市场监督管理、大数据、人民防空、口岸和物流等相关部门，依照各自职责做好机动车和非道路移动机械排气污染防治管理工作。

第六条　市、区县人民政府应当推进智慧交通建设，优化道路设置和运输结构，提高城市道路通行能力，优先发展公共交通，加强步行、自行车交通系统建设，引导公众低碳、绿色出行。

第七条　本市采取财政支持、通行便利等方面措施推广应用新能源机动车和非道路移动机械，限制高排放、高能耗机动车和非道路移动机械的使用。

第八条　机动车和非道路移动机械的所有人、使用人应当增强大气环境保护意识，采取有效措施，减少机动车和非道路移动机械排气污染。

第九条　市、区县人民政府应当加强机动车和非道路移动机械排气污染防治的宣传教育工作，完善公众参与制度，营造保护大气环境的良好风气。

新闻媒体应当充分发挥监督引导作用，积极开展相关法律法规和知识的宣传，对违法行为进行舆论监督。

第十条 公民、法人和其他组织有权对违反本条例规定的行为进行投诉举报。有关国家机关和单位接到投诉举报后，应当依法处理，并将处理结果及时反馈投诉举报人。

第二章 一般规定

第十一条 本市行政区域内的机动车和非道路移动机械排气污染防治应当执行国家标准、国务院和省有关规定。市生态环境主管部门应当及时将各类标准和相关规定向社会公布。

第十二条 在用机动车和非道路移动机械污染物排放不得超过本市执行的污染物排放标准。

行驶的机动车和使用的非道路移动机械不得排放黑烟等明显可视污染物。

第十三条 在用机动车和非道路移动机械的所有人、使用人，应当保证装用的污染控制装置、车载排放诊断系统正常运行。

第十四条 本市推广使用优质的机动车和非道路移动机械用燃料。在本市生产、销售或者使用的燃料应当符合相关标准，运输企业和非道路移动机械使用单位不得使用不符合标准的燃料。

第十五条 市、区县人民政府采购公务用车应当优先采购新能源机动车，并逐步扩大新能源机动车使用范围。

城市建成区内公交、环卫、邮政、出租、通勤、轻型物流配送等车辆新增或者更换的，应当优先使用新能源动力。

机场、铁路货场等新增或者更换非道路移动机械的，应当优先使用新能源动力。

第十六条 市人民政府应当组织编制新能源机动车和非道路移动机械充电、加氢等配套基础设施建设专项规划，加快新能源相关配套基础设施建设。

在物流园、产业园、工业园、大型商业购物中心、农贸批发市场等物流集散地建设集中式充电桩和快速充电桩，为物流配送新能源机动车在城市通行提供便利。

第十七条 市生态环境主管部门应当会同城乡交通运输、住房和城乡建设、农业农村、城乡水务等相关部门，制定高排放在用机动车和非道路移动机械阶段性改善治理方案并报市人民政府批准公布后组织实施。

第十八条 市生态环境主管部门应当会同相关部门建立健全机动车和非道路移动机械排气污染防治监管机制和网络监控系统，实施对机动车和非道路移动机械污染物排放状况的监督检查。

市生态环境主管部门和其他相关部门应当依法向社会公开机动车和非道路移动机械

排气污染防治信息。

第十九条 从事机动车和非道路移动机械检验、维修的单位、企业及相关行业协会应当加强自我管理、自我约束，规范行业发展。

第三章 机动车排气污染防治

第二十条 市、区县人民政府应当加强道路及配套设施的建设和管理，改善道路通行状况，减少机动车怠速和低速行驶造成的污染。

第二十一条 市公安机关交通管理部门和生态环境主管部门在城市主要入口和主要物流货运通道合理布设联合执法点，建立常态化柴油货车路检路查机制。

在不影响正常通行的前提下，市生态环境主管部门通过遥感监测等技术手段对道路上行驶的机动车污染物排放状况进行监督抽测。

市生态环境主管部门会同城乡交通运输等部门可以在机动车集中停放地、维修地对在用机动车污染物排放状况进行监督抽测，并当场明示抽测结果。监督抽测不得收取费用。

市生态环境主管部门进行监督抽测时，任何单位和个人不得拒绝、阻挠。

第二十二条 本市实行机动车排放检验与维护制度。

在用机动车应当按照国家和省、市有关规定，由机动车排放检验机构定期对其进行排放检验。经检验不合格的，应当进行维修后到原检验机构进行复检。未经检验合格的，公安机关交通管理部门不得核发安全技术检验合格标志。

第二十三条 机动车排放检验机构与市生态环境主管部门、维修单位与城乡交通运输主管部门应当进行联网，并实时上传检验、维修信息。

市生态环境、城乡交通运输、市场监督管理、公安机关交通管理等部门应当共享机动车排放检验、排放达标维修、复检等数据信息。

市生态环境、城乡交通运输主管部门应当向社会公布机动车排放检验机构、维修单位名录。

第二十四条 市生态环境主管部门应当按照国家规定，对在本市注册登记的重型柴油车、重型燃气车逐步安装远程排放管理车载终端，并与远程排放管理系统联网。

第二十五条 市、区县人民政府应当依据重污染天气预警等级，及时启动应急预案，根据应急需要可以采取限制部分机动车行驶等临时应急措施，并向社会公告。

第四章 非道路移动机械排气污染防治

第二十六条 本市实行非道路移动机械环保编码登记制度。

市生态环境主管部门应当对在本市使用的非道路移动机械的名称、类别、数量、排放标准等数据进行信息采集，建立环保编码管理信息系统并组织实施。

工业和信息化、住房和城乡建设、城市管理、城乡交通运输、城乡水务、农业农村、园林和林业绿化、口岸和物流等相关行业主管部门，应当组织、督促本行业使用的非道路移动机械在环保编码管理信息系统上进行编码登记，并将污染物排放达标情况纳入日常管理。

第二十七条　政府投资的建设项目应当优先使用符合最严格污染物排放标准的非道路移动机械。

第二十八条　生产建设单位、施工单位应当使用符合国家阶段性污染物排放标准的非道路移动机械，禁止使用经检验排放不合格的非道路移动机械。

生产建设单位在生产建设活动中，应当明确要求施工单位使用符合污染物排放标准的非道路移动机械。

租赁经营者不得出租或者出借超标排放的非道路移动机械。

第二十九条　市生态环境主管部门应当逐步通过电子标签、电子围栏、远程排放管理系统等手段对非道路移动机械的污染物排放状况进行监督管理。

第三十条　市生态环境主管部门应当会同相关行业主管部门对非道路移动机械污染物排放状况进行监督检查，经检验排放不合格的，责令停止使用，并予以处理后撤场维修，检验合格后方可使用。

第三十一条　市人民政府可以根据本市大气环境质量状况，划定高排放非道路移动机械禁止使用区域，并提前向社会公告。

前款禁止区域内非道路移动机械的类型、污染物排放标准依据法律法规和国家标准确定。

第五章　法律责任

第三十二条　违反本条例规定的行为，法律、法规已规定法律责任的，从其规定；法律、法规未规定法律责任的，依照本条例规定执行。

第三十三条　违反本条例规定，行驶的机动车排放黑烟等明显可视污染物的，由公安机关交通管理部门责令限期维修，处二百元罚款；使用的非道路移动机械排放黑烟等明显可视污染物的，由市生态环境主管部门责令限期维修，处二百元罚款。

第三十四条　违反本条例规定，机动车进入限制行驶区域及其他违反市人民政府防治大气污染交通管制措施规定的，由公安机关交通管理部门处二百元罚款。

第三十五条　违反本条例规定，在禁止使用高排放非道路移动机械的区域使用高排放非道路移动机械的，由市生态环境主管部门责令改正，处五百元罚款。

第三十六条　机动车和非道路移动机械所有人、使用人违法排放污染物，或者负有监督管理职责的部门违法行使职权或者不作为，破坏生态环境，损害社会公共利益的，法律规定的机关和有关组织可以依法提起公益诉讼。

第三十七条　违反本条例规定应当给予治安管理处罚的，由公安机关依照《中华人民共和国治安管理处罚法》的有关规定进行处罚；构成犯罪的，依法追究刑事责任。

第三十八条 生态环境主管部门和相关部门及其工作人员滥用职权、玩忽职守、徇私舞弊、弄虚作假的，依法给予处分；构成犯罪的，依法追究刑事责任。

第六章 附 则

第三十九条 本条例所称机动车是指由内燃机动力装置驱动或者牵引的，上道路行驶的，供人员乘用或者用于运送物品以及进行专项作业的轮式车辆。

本条例所称非道路移动机械是指装配有发动机的移动机械和可运输工业设备，包括国家标准和技术规范确定的工程机械、林业机械、装卸机械、农业机械、钻探设备、机场地勤设备、发电机组等。

第四十条 因国防需要、应急救援等公共利益需要使用的机动车和非道路移动机械，以及农忙和灌溉时节需要使用的农业机械，不适用本条例。

第四十一条 本条例自2020年3月1日起施行。

陕西省

陕西省大气污染防治条例

（2013 年 11 月 29 日陕西省第十二届人民代表大会常务委员会第六次会议通过　根据 2017 年 7 月 27 日陕西省第十二届人民代表大会常务委员会第三十六次会议《关于修改〈陕西省大气污染防治条例〉等七部地方性法规的决定》第一次修正　根据 2019 年 7 月 31 日陕西省第十三届人民代表大会常务委员会第十二次会议《关于修改〈陕西省产品质量监督管理条例〉等二十七部地方性法规的决定》第二次修正）

第一章　总　则

第一条　为防治大气污染，保护和改善大气环境，保障人体健康，促进经济社会可持续发展，根据《中华人民共和国大气污染防治法》等有关法律、行政法规，结合本省实际，制定本条例。

第二条　本条例适用于本省行政区域内的大气污染防治活动。

第三条　大气污染防治按照预防为主、防治结合的方针，坚持统筹兼顾、突出重点、分类指导的原则，合理规划布局，优化产业结构，推动科技进步，促进清洁生产，发展低碳经济和循环经济，保护和改善大气环境。

第四条　县级以上人民政府对本行政区域内的大气环境质量负责，根据本条例规定和大气污染防治要求制定大气污染防治规划，并将大气污染防治工作纳入国民经济和社会发展规划，保证投入，加强环境执法、监测能力建设，建立和完善大气污染防治工作目标责任考核制度，并将考核结果向社会公示。

乡（镇）人民政府、街道办事处负责本辖区大气污染防治工作。

第五条　县级以上人民政府生态环境行政主管部门对大气污染防治实施统一监督管理。

县级以上人民政府其他有关行政主管部门根据本条例规定和各自职责，对大气污染防治实施监督管理。

第六条　本省实行大气污染物总量控制和浓度控制制度。排放大气污染物的，应当符合国家和地方排放标准和主要大气污染物排放总量控制指标。

第七条　县级以上人民政府及其有关部门应当采取措施，鼓励和支持大气污染防治科学技术研究，培养环保专业人才，推广先进适用技术，发展环保产业。

第八条 单位和个人有保护大气环境的权利和义务。有权对污染大气环境的行为进行检举和控告，有权对行使监督管理权的部门及其工作人员不依法履行职责的行为进行检举和控告；遵守大气污染防治法律法规，自觉履行大气污染防治法定义务和职业操守，树立大气环境保护意识，践行绿色生活方式，减少向大气排放污染物。

县级以上人民政府鼓励和支持社会团体和公众参与大气污染防治工作和公益活动，可以聘请社会监督员，协助监督大气污染防治工作。

第九条 各级人民政府及其行政主管部门和社会团体、学校、新闻媒体、群众性自治组织等单位，应当开展大气污染防治法律法规、科普知识宣传教育，倡导文明、节约、绿色消费方式和生活习惯，促进形成全社会保护大气环境的氛围。

第二章　一般规定

第十条 省市场监督管理、生态环境行政主管部门依据法律规定，结合本省大气环境质量状况及经济技术条件，可以制定和发布高于国家标准的本省大气环境质量标准、大气污染物排放标准和燃煤、燃油有害物质控制标准。

第十一条 省、设区的市人民政府及其有关部门，在组织编制工业、能源、交通、城市建设、自然资源开发的有关专项规划过程中，应当综合考虑规划实施对大气环境可能造成的影响，上报审批前依法进行环境影响评价。

第十二条 新建、扩建、改建的建设项目，应当依法进行环境影响评价。

县级以上生态环境行政主管部门公示建设项目环境影响报告书受理情况后，公众意见较大或者认为对大气环境有重大影响的，应当组织听证会，公开听取利害关系人和社会公众的意见，听证结果作为审批环境影响评价的重要依据。

未取得主要大气污染物排放总量指标的建设项目，县级以上生态环境行政主管部门不得批准其环境影响评价文件。

第十三条 建设项目的大气污染防治设施应当与主体工程同时设计、同时施工、同时投入使用，符合环境影响评价文件的要求。

向大气排放污染物的单位应当保证大气污染防治设施正常运行，不得擅自拆除、停止运行。

第十四条 向大气排放污染物的企业事业单位和其他生产经营者，应当按照国家和本省规定设置大气污染物排放口。

禁止以规避监管为目的，在非紧急情况下使用大气污染物应急排放通道或者采取其他规避监管的方式排放大气污染物。

第十五条 向大气排放污染物的企业事业单位和其他生产经营者，应当依法缴纳环境保护税。

第十六条 向大气排放工业废气、含有毒有害物质的大气污染物的企业事业单位，集中供热设施的运营单位，以及其他按照规定应当取得排污许可证方可排放大气污染物的企业事业单位，应当依法向县级以上生态环境行政主管部门申请排污许可证。

排污许可证应当载明排放污染物的名称、种类、浓度、总量和削减量、排放方式、治理措施、监测要求等内容。

排污总量和削减量由县级以上生态环境行政主管部门依据大气污染物排污总量计划和相关技术规范核定。

向大气排放污染物的单位应当采取技术改造、完善环保设施等措施，落实核定的主要大气污染物排放总量控制指标和削减量。

第十七条 在区域大气污染物排放总量控制指标范围内，企业主要大气污染物排放总量指标实行有偿使用与交易制度。

省人民政府建立统一的排污权交易公共平台，排污权交易应当通过交易公共平台进行交易。交易价款实行收支两条线制度，用于大气污染防治。

排污权交易具体办法由省生态环境行政主管部门会同财政等有关部门制定。

第十八条 本省实施大气环境质量和大气污染源监测制度，建立环境空气质量监测体系和监控平台，按照国家有关监测和评价规范要求，对大气污染物实施监测。

县级以上生态环境行政主管部门根据监测结果在当地主要媒体统一发布本行政区域空气环境质量状况公报、空气质量日报等公共环境质量信息，各级气象主管部门所属的气象台（站）根据环境质量信息发布空气污染气象条件预报和生活服务指导。省生态环境行政主管部门应当定期公布设区的市的空气质量状况。

大气环境质量和大气污染源监测网络建设规划，由省生态环境行政主管部门会同气象等有关部门编制，报省人民政府批准后组织实施。

第十九条 向大气排放污染物的单位应当按照有关规定设置监测点位和采样监测平台，对其所排放的大气污染物进行自行监测或者委托有环境监测资质的单位监测。监测结果由单位主管环境工作的负责人审核签字，原始监测记录至少保存三年。

重点污染源单位应当安装运行管理监控平台和大气污染物排放自动监测设备，与生态环境行政主管部门的监控平台联网，并保证监测设备正常运行和数据传输。重点污染源单位由省、设区的市生态环境行政主管部门根据本行政区域的环境容量、重点大气污染物排放总量控制指标的要求以及排污单位排放大气污染物的种类、数量和浓度等因素确定。

向大气排放污染物的单位，应当按照规定在网站、报刊、广播、电视等公众媒体平台公布其污染物排放情况等环境信息，接受公众监督。

排污单位的环境信息应当纳入公共信用信息征信系统。

第二十条 生态环境行政主管部门和其他主管部门对管辖范围内的向大气排放污染物的企业事业单位和其他生产经营者可以随机现场检查。被检查的企业事业单位和其他生产经营者应当如实反映情况，提供必要的资料。检查部门应当为被检查的企业事业单位和其他生产经营者保守技术秘密和业务秘密。

对造成或者可能造成严重大气污染以及可能导致环境执法证据灭失或者隐匿的，县级以上生态环境行政主管部门依法对有关设施、场所、物品、文件、资料采取查封、扣押、登记等证据保全措施。

第二十一条 逐步推行企业环境污染责任保险制度，降低企业环境风险，保障公众环境权益。

省生态环境行政主管部门根据区域环境敏感度和企业环境风险度，定期制定和发布强制投保环境污染责任保险行业和企业目录。

鼓励、引导强制投保目录以外的企业积极参加环境污染责任保险。

第二十二条 大气污染突发事故和突发事件的应急准备、监测预警、应急处置和事后恢复等工作按照国家和本省的有关规定执行。

在大气受到严重污染可能危害人体健康和安全的紧急情况下，省、设区的市人民政府应当及时启动相应应急预案，发布大气污染应急公告，可以采取责令排污单位限产停产、机动车限行、扬尘管控、中小学校、幼儿园停课以及气象干预等应对措施，并引导公众做好卫生防护。

第三章 防治措施

第一节 城市和区域大气污染防治

第二十三条 省生态环境行政主管部门会同省发展和改革行政主管部门，根据环境质量状况和环境容量，划定影响大气环境的产业、行业禁止布局区域和限制布局区域，明确范围、项目种类及时限要求，报省人民政府批准后实施。

第二十四条 县级以上人民政府根据上级人民政府批准的大气污染物排放总量控制指标，制定本行政区域排放总量控制计划，逐年减量，并组织实施。

大气污染物排放总量控制计划由县级以上生态环境行政主管部门会同有关行政主管部门起草，报本级人民政府批准。

第二十五条 县级以上生态环境行政主管部门，对未完成年度大气污染物排放总量控制任务的区域，暂停审批排放大气污染物的建设项目环境影响评价文件，直至达到总量控制要求。

第二十六条 省人民政府根据国家重点区域大气污染防治规划的要求，在西安市及关中城市群等本省大气污染防治重点区域，建立区域合作制度，推动区域联防联控工作。

省人民政府应当与相邻省区建立省际间大气污染防治协作机制，实施环评会商、联合执法、信息共享、预警应急等措施，促进省际间大气污染联防联控。

第二十七条　重点区域设区的市、县（市、区）人民政府应当提高环境准入条件，执行重点行业污染物特别排放限值，制定大气污染限期治理达标规划，按照国家和本省规定的期限，达到大气环境质量标准。

第二十八条　城市人民政府应当划定并公布高污染燃料禁燃区。

在禁燃区内，禁止销售、燃用高污染燃料；禁止新建、扩建燃用高污染燃料的设施，已建成的，应当在城市人民政府规定的期限内改用天然气、页岩气、液化石油气、电或者其他清洁能源。

禁止生产、销售不符合标准的生活用型煤。

第二十九条　设区的市、县（市、区）人民政府应当统筹规划城市建设，在城镇规划区全面发展集中供热，优先使用清洁燃料。

在燃气管网和集中供热管网覆盖的区域，不得新建、扩建燃烧煤炭、重油、渣油的供热设施，原有分散的中小型燃煤供热锅炉应当限期拆除或者改造。

第三十条　城市人民政府编制或者修改城市规划时，按照有利于大气污染物扩散的原则，合理规划城市建设空间布局，控制建筑物的密度、高度，预留城市通风廊道。

第三十一条　各级人民政府应当保护天然植被，加强植树种草、城乡绿化、治沙防尘工作，增加绿地和水域面积，改善大气环境质量。

在城市建筑物密集区，建筑物的所有人、使用人或者管理人应当充分利用建筑物屋顶、屋面进行绿化；新建建筑物设计应当将屋顶、屋面绿化要求纳入建设项目设计文件。

屋顶、屋面绿化应当按照技术规范的要求设计、施工，防止对建筑物和居民生活造成不利影响。屋顶、屋面绿化技术规范，由省住房和城乡建设行政主管部门会同有关主管部门制定。

第二节　工业大气污染防治

第三十二条　县级以上人民政府应当制定扶持优惠政策，鼓励支持地热能、风能、太阳能和生物质能等清洁能源的开发利用，逐步削减燃煤总量。

省发展改革部门会同省生态环境等有关行政主管部门制定本省清洁能源发展规划和燃煤总量控制计划，报省人民政府批准后组织实施。设区的市、县级人民政府根据清洁能源发展规划和燃煤总量控制计划，制定本行政区域实施方案并组织实施。

第三十三条　企业应当优先采用能源和原材料利用效率高、污染物排放量少的清洁生产技术、工艺和装备，减少大气污染物的产生和排放。

第三十四条　限制高硫分、高灰分煤炭的开采。新建的所采煤炭属于高硫分、高灰分的煤矿，应当配套建设煤炭洗选设施；已建成的所采煤炭属于高硫分、高灰分的煤矿，应当限期建成配套的煤炭洗选设施，使煤炭中的硫分、灰分达到规定的标准。

县级以上人民政府采取有利于煤炭清洁利用、能源转化的经济、技术政策和措施，鼓励坑口发电和煤层气、煤矸石、粉煤灰、炉渣资源的综合利用。

第三十五条 锅炉生产企业的锅炉产品应当达到国家规定的锅炉容器大气污染物初始排放标准，并在产品上标明燃料要求和污染物排放控制指标。达不到规定要求的，不得生产、销售。

第三十六条 火电厂（含热电厂、自备电站）和其他燃煤企业排放烟尘、二氧化硫、氮氧化物等大气污染物超过排放标准或者总量控制指标的，应当配套建设除尘、脱硫、脱硝装置或者采取其他控制大气污染物排放的措施。

水泥、石油、合成氨、煤气和煤焦化、有色金属、钢铁等生产过程中排放含有硫化物和氮氧化物气体的，应当配备脱硫、脱硝装置。

鼓励燃煤企业采用先进的除尘、脱硫、脱硝、脱汞等多种大气污染物协同控制的技术和装备。

第三十七条 工业生产中产生的可燃性气体应当回收利用，不具备回收利用条件而向大气排放的，应当进行污染防治处理。

可燃性气体回收利用装置不能正常作业的，应当及时修复或者更新。在回收利用装置不能正常作业期间确需排放可燃性气体的，应当将排放的可燃性气体充分燃烧或者采取其他减轻大气污染的措施。

第三十八条 企业应当通过技术创新、产业转型升级等方式改进生产工艺设备，减少大气污染物的产生和排放。

省人民政府工业和信息化行政主管部门按照国家淘汰落后生产工艺设备和产品指导目录的规定，会同省发展和改革、生态环境行政主管部门提出本省淘汰落后生产工艺设备和产品的企业名录及工作计划，报省人民政府批准后公布并组织实施。

淘汰的落后生产设备，企业不得转让使用。

第三十九条 排放总量替代项目未完成拆除、关停被替代项目的，替代项目不得投入生产或者运行，县级以上生态环境行政主管部门不予发放排污许可证。

第四十条 县级以上人民政府应当鼓励支持大气环境高污染企业实施技术改造、技术升级或者自愿关闭、搬迁、转产，并在财政、价格、税收、土地、信贷、政府采购等方面给予优惠、补助或者奖励。具体办法由省生态环境行政主管部门会同省财政、工业和信息化、发展和改革行政主管部门制定。

第三节 交通运输大气污染防治

第四十一条 县级以上人民政府应当优先发展公共汽车、轨道交通等公共交通事业，规划、建设和设置有利于公众乘坐公共交通运输工具、步行或者使用非机动车的道路、公共交通枢纽站、自行车租赁服务、充电加气等基础设施，实施公共交通财政补贴，合理控制机动车保有量，降低机动车出行量和使用强度。

设区的市人民政府可以根据大气污染防治需要和机动车排放污染状况，划定机动车限行区域、时段，并向社会公告。

第四十二条　生产、进口、销售机动车、船、航空器使用的燃料，应当符合国家和本省燃料有害物质控制标准。

设区的市可以在本行政区域实施高于本省标准的机动车、船用燃油标准。

县级以上市场监督管理、生态环境、商务、民航等行政主管部门依据各自职责，对生产、进口、销售燃料的有害物质含量达标情况实施监督管理。

第四十三条　县级以上人民政府应当采取措施，鼓励发展电动、燃气等新能源汽车，推广使用清洁燃料，加快充电桩、加气站等配套基础设施建设，支持在用机动车加装其他燃料系统，鼓励柴油车、出租车每年更换高效尾气净化装置，完善柴油车车用尿素供应体系，减少机动车污染物排放。

国家机关和公交、出租车、环卫等行业购置、更新车辆应当优先选购新能源汽车，并享受国家和省有关税费、信贷、财政补贴等优惠政策。

县级以上公安机关交通管理部门、市场监督管理行政主管部门应当做好在用机动车加装其他燃料系统的管理和变更工作。

第四十四条　机动车船检验机构应当按照国家检测技术规范要求进行检测，保证检测数据真实、客观、有效，对检测结果负责，保证送检者的知情权。机动车船检验机构按照有关规定与所在地生态环境行政主管部门联网，及时传送定期检测数据。

机动车船排气污染检测按照省发展和改革部门核定的收费标准收取费用。

第四十五条　在用机动车应当由机动车排放检验机构定期对其进行排放检验。经检验合格的，方可上道路行驶。未经检验或检验不合格的，公安机关交通管理部门不得核发安全技术检验合格标志。

第四十六条　县级以上生态环境行政主管部门可以在机动车停放地对在用公交、出租、客货运输车辆的污染物排放状况进行检查和检测。

县级以上生态环境行政主管部门会同公安机关交通管理部门，对行驶中的机动车污染物排放状况采用遥感检测的方式实施抽检。抽检不得收取费用。

被检查、检测和抽检的单位和个人，应当予以配合。

第四十七条　农业机械、工程机械等非道路用动力机械向大气排放污染物应当符合国家或者本省规定的排放标准。

非道路用动力机械超过规定排放标准的，应当限期治理，经治理仍不符合规定标准的，由县级以上生态环境、住房和城乡建设、农业机械等行政主管部门责令停止使用。

第四十八条　设区市人民政府应当实施老旧机动车强制报废制度，采取措施引导、鼓励、支持淘汰大气污染物高排放的机动车（含三轮汽车、低速货车）和非道路用动力机械。

第四节 有毒有害物质大气污染防治

第四十九条 县级以上人民政府按照确保安全的原则，合理规划有毒有害物质生产、储存专门区域，加强对有毒有害物质生产、储存、运输、使用的监督管理。

禁止在专门区域外新建、改建、扩建有毒有害物质生产建设项目。

第五十条 设区的市、县（市、区）人民政府应当推广秸秆等生物质综合利用技术，划定秸秆等生物质禁烧区。

禁止露天焚烧沥青、油毡、废油、橡胶、塑料、皮革、垃圾等产生有毒有害气体的物料，确需焚烧处理的，应当采用专用焚烧装置；禁止在人口集中地区未密闭或者未使用烟气处理装置加热沥青。

提倡和鼓励移风易俗，开展文明、绿色节庆、祭祀活动。各类节庆、宗教、殡葬、祭祀等活动应当遵守有关法律、法规规定，在规定的时间、区域和地点燃放烟花爆竹、烧香、焚烧祭品。生态环境、公安、民政、宗教、城市管理等行政主管部门应当提供相关服务，加强日常监管，减少对大气环境的影响。

第五十一条 城市人民政府应当合理规划餐饮业布局。新建、改建、扩建产生油烟、废气的饮食服务项目选址，应当遵守下列规定：

（一）不得设在居民住宅楼、未设立配套规划专用烟道的商住综合楼、商住综合楼内与居住层相邻的楼层；

（二）不得在城市人口集中区域进行露天烧烤、骑墙（窗）烧烤。

本条例实施前已建成的餐饮服务项目，其经营许可到期后，不符合前款规定的，生态环境、市场监督管理、应急管理等部门不再核发相关证照。

第五十二条 餐饮业经营者必须采取下列措施，防止对大气环境造成污染：

（一）使用清洁能源；

（二）油烟不得排入下水管道；

（三）设置油烟净化装置，并保证其正常运行，实现达标排放；

（四）设置餐饮业专用烟道，专用烟道的排放口应当高于相邻建筑物高度或者接入其公用烟道；

（五）定期对油烟和异味处理装置等污染物处理设施进行清洗维护并保存记录；

（六）营业面积1000平方米以上的餐饮，应当按照有关规定安装油烟在线监控设施。

第五十三条 鼓励采用先进生产工艺，推广使用低毒、低挥发性的有机溶剂，支持非有机溶剂型涂料、农药、缓释肥料生产和使用，减少挥发性有机物排放。

石化、有机化工、电子、装备制造、表面涂装、包装印刷、服装干洗等产生含挥发性有机物废气的生产经营单位，应当使用低挥发性有机物含量涂料或溶剂，在密闭环境中进行作业，安装使用污染治理设备和废气收集系统，保证其正常使用，记录原辅材料的挥发性有机物含量、使用量、废弃量，生产设施以及污染控制设备的主要操作参数、运行情况和保养维护等事项。

禁止在居民住宅楼、商住综合楼内与居住层相邻的楼层新建、扩建服装干洗场所。

生产、销售、使用可挥发性有机物的单位，应当建立泄漏检测与修复制度，及时收集处理泄漏物料。

第五十四条 科学教育、医疗保健、餐饮住宿、娱乐购物、文化体育、交通运输等公共场所建筑物的室内装修竣工后，应当由具有法定资质的监测机构进行室内空气质量监测，并在显著位置公示监测结果。经监测不合格的，不得投入使用。

第五十五条 向大气排放恶臭气体的单位，应当采取有效治理措施，防止周围居民受到污染。

在机关、学校、医院、居民住宅区等地方，禁止从事石油化工、油漆涂料、塑料橡胶、造纸印刷、饲料加工、养殖屠宰、餐厨垃圾处置等产生有毒有害或者恶臭气体的生产活动。

垃圾填埋场、污水处理厂的选址、建设和运行应当符合国家规定要求，并采取措施收集、处理恶臭气体，减少对大气环境质量的危害。

第五节 扬尘污染防治

第五十六条 从事房屋建筑、道路、市政基础设施、矿产资源开发、河道整治及建筑拆除等施工工程、物料运输和堆放及其他产生扬尘污染的活动，必须采取防治措施。

县级以上人民政府及其住房和城乡建设、生态环境、交通运输、自然资源、水利、市政园林等行政主管部门应当加强对施工工程作业的监督管理，并将扬尘污染的控制状况作为环境综合整治考核的内容。

第五十七条 建设单位应当在施工前向工程主管部门、生态环境行政主管部门提交工地扬尘污染防治方案，将扬尘污染防治纳入工程监理范围，所需费用列入工程预算，并在工程承包合同中明确施工单位防治扬尘污染的责任。

第五十八条 施工单位应当按照工地扬尘污染防治方案的要求施工，在施工现场出入口公示扬尘污染控制措施、负责人、环保监督员、扬尘监管行政主管部门等有关信息，接受社会监督，并采取下列防尘措施：

（一）城市市区施工工地周围应当设置硬质材料围挡，工地内暂未施工的区域应当覆盖、硬化或者绿化，暂未开工的建设用地，由土地使用权人负责对裸露地面进行覆盖，超过三个月的，应当进行绿化；

（二）施工工地内堆放水泥、灰土、砂石等易产生扬尘污染物料和建筑垃圾、工程渣土，应当遮盖或者在库房内存放；

（三）土方、拆除、洗刨工程作业时应当分段作业，采取洒水压尘措施，缩短起尘操作时间；气象预报风速达到四级以上或者出现重污染天气状况时，城市市区应当停止土石方作业、拆除工程以及其他可能产生扬尘污染的施工；

（四）建筑施工工地进出口处应当设置车辆清洗设施及配套的排水、泥浆沉淀设施，运送建筑物料的车辆驶出工地应当进行冲洗，防止泥水溢流，周边一百米以内的道路应当保持清洁，不得存留建筑垃圾和泥土。

第五十九条 堆存、装卸、运输煤炭、水泥、石灰、石膏、砂土、垃圾等易产生扬尘的作业，应当采取遮盖、封闭、喷淋、围挡等措施，防止抛撒、扬尘。

第六十条 建筑垃圾、渣土消纳场、垃圾填埋场和污水处理厂，应当按照相关标准和要求采取防止扬尘的措施。

第六十一条 城市道路、广场等公共场所清扫保洁应当采取清扫车负压清洁，增加冲洗频次，降低地面积尘负荷。

第六十二条 露天开采、加工矿产资源，应当采取喷淋、集中开采、运输道路硬化绿化等措施防止扬尘污染。

第六十三条 城市市区施工工地禁止现场搅拌混凝土和砂浆，强制使用预拌混凝土和预拌砂浆。

其他区域的建设工程在现场搅拌砂浆机的，应当配备降尘防尘装置。

第四章 法律责任

第六十四条 违反本条例第十三条第二款规定，擅自拆除、停止运行大气污染防治设施或者防治设施不正常运行的，由县级以上生态环境行政主管部门责令限期改正，处一万元以上十万元以下罚款。

第六十五条 违反本条例第十四条第一款规定，未按照规定设置大气污染物排放口的，由县级生态环境行政主管部门责令限期改正，处二万元以上二十万元以下罚款；拒不改正的，责令停产整治。

第六十六条 违反本条例第十四条第二款、第十六条规定，以规避监管的方式排放大气污染物以及未取得排污许可证的，由县级以上生态环境行政主管部门责令改正或者限制生产、停产整治，并处十万元以上一百万元以下罚款；情节严重的，报经有批准权的人民政府批准，责令停业、关闭。

第六十七条 违反本条例第十九条规定，有下列行为之一的，由县级以上生态环境行政主管部门责令限期改正，处二万元以上二十万元以下的罚款；拒不改正的，责令停产整治：

（一）未按照规定设置监测点位、采样平台或者安装自动监测设备的；

（二）自动监测设备未按照规定与监控平台联网或者不能正常运行、传输数据的；

（三）未按照规定公布污染物排放情况等环境信息的。

第六十八条 违反本条例第二十八条第二款、第二十九条第二款规定，在禁燃区内新建、扩建燃用高污染燃料的设施，或者未按照规定停止燃用高污染燃料，或者在城市燃气管网和集中供热管网覆盖地区新建、扩建燃烧煤炭、重油、渣油的供热设施，或者未按照规定拆除已建成的不能达标排放的燃煤供热锅炉的，由县级生态环境行政主管部门没收燃用高污染燃料的设施，组织拆除燃煤供热锅炉，并处二万元以上二十万元以下的罚款。

第六十九条　违反本条例第三十六条第一、二款规定，未按照规定配备除尘、脱硫、脱硝装置的，由县级以上生态环境行政主管部门责令限期改正，处十万元以上五十万元以下罚款。

第七十条　违反本条例第五十一条、第五十二条，未按照规定设置餐饮服务业或者采取大气污染防治措施的，由县级生态环境行政主管部门会同城市管理等主管部门责令限期改正，处五万元以上二十万元以下罚款。

第七十一条　违反本条例第五十三条第二、三、四款规定，生产经营单位未按规定要求作业的，由县级生态环境行政主管部门责令限期改正，处五万元以上三十万元以下罚款。

第七十二条　违反本条例第五十四条规定，公共场所建筑物室内装修竣工后未经监测或者监测不合格投入使用的，由县级生态环境行政主管部门责令停止使用、限期改正，处[illegible]万元以上五万元以下罚款。

第七十三条　违反本条例第五十八条，施工单位未采取扬尘污染防治措施的，由县级以上人民政府住房城乡建设等主管部门按照职责责令改正，处一万元以上十万元以下的罚款。

违反本条例第五十九条规定运输煤炭、水泥、石灰、石膏、砂土、垃圾等易产生扬尘的作业，未采取防抛撒、防扬尘措施的由县级以上人民政府确定的监督管理部门责令改正，处二千元以上二万元以下的罚款；拒不改正的，车辆不得上道路行驶。

违反本条例第五十九条堆存、装卸水泥、石灰、石膏、砂土、垃圾等易产生扬尘的作业，未采取防扬尘措施，以及违反第六十条、第六十二条规定，由县级以上人民政府生态环境等行政主管部门按照职责责令改正，处一万元以上十万元以下的罚款；拒不改正的，责令停工整治。

违反本条例第六十三条规定，由县级生态环境行政主管部门责令改正，处二万元以上五万元以下罚款。

第七十四条　从事环境监测、环境影响评价文件和竣工验收报告编制、环境监理、技术评估等有关技术服务单位，弄虚作假或者伪造、虚报、瞒报有关数据的，由县级以上生态环境行政主管部门责令改正，没收违法所得，并处违法所得一倍以上三倍以下罚款；情节严重的，依法降级或者吊销资格证书；构成犯罪的，依法追究刑事责任。

第七十五条　违反本条例，企业事业单位和其他生产经营者有下列行为之一，受到罚款处罚，被责令改正，拒不改正的，依法作出处罚决定的行政机关可以自责令改正之日的次日起，按照原处罚数额按日连续处罚：

（一）未依法取得排污许可证排放大气污染物的；

（二）超过大气污染物排放标准或者超过重点大气污染物排放总量控制指标排放大气污染物的；

（三）通过逃避监管的方式排放大气污染物的；

（四）建筑施工或者贮存易产生扬尘的物料未采取有效措施防治扬尘污染的。

第七十六条 违反本条例规定的其他行为，法律、法规已有处罚规定的，从其规定。

第七十七条 依照本条例规定，对个人作出一万元以上、对单位作出十万元以上罚款处罚决定的，应当告知当事人有要求举行听证的权利。

第七十八条 因大气环境污染事件造成环境公益损害的，法律规定的机关和其他组织可以向人民法院提起公益诉讼。

因大气环境污染事件造成损害的，受害人可以依法向人民法院提起诉讼，要求停止侵害、赔偿损失。

第七十九条 违反本条例规定，向大气排放污染物造成重大环境污染事故，致使公私财产遭受重大损失或者人身伤亡的严重后果，构成犯罪的，依法追究刑事责任。

第八十条 生态环境行政主管部门和其他有关行政主管部门及其工作人员在大气污染防治管理工作中有下列行为之一的，由监察机关责令改正，对直接负责的主管人员和其他直接责任人员依法给予处分；构成犯罪的，由司法机关依法追究刑事责任：

（一）违法批准环境影响评价文件；

（二）未依法实行排污许可证制度；

（三）对污染大气环境的行为不依法查处；

（四）未依法公开大气环境相关信息；

（五）挤占、截留或者挪用排污费；

（六）其他滥用职权、玩忽职守、徇私舞弊的行为。

第五章　附　则

第八十一条 本条例自2014年1月1日起施行。

西安市大气污染防治条例

（2004 年 12 月 23 日西安市第十三届人民代表大会常务委员会第十八次会议通过 2005 年 3 月 30 日陕西省第十届人民代表大会常务委员会第十八次会议批准 根据 2010 年 7 月 15 日西安市第十四届人民代表大会常务委员会第二十三次会议通过 2010 年 9 月 29 日陕西省第十一届人民代表大会常务委员会第十八次会议批准的《西安市人民代表大会常务委员会关于修改部分地方性法规的决定》修正 2017 年 10 月 24 日西安市第十六届人民代表大会常务委员会第六次会议修订通过 2017 年 11 月 30 日陕西省第十二届人民代表大会常务委员会第三十八次会议批准）

第一章 总 则

第一条 为了保护和改善环境，防治大气污染，保障公众健康，推进生态文明建设，促进经济社会可持续发展，根据《中华人民共和国大气污染防治法》《陕西省大气污染防治条例》及有关法律、法规，结合本市实际，制定本条例。

第二条 本条例适用于本市行政区域内的大气污染防治及其监督管理活动。

机动车和非道路移动机械排气污染防治、扬尘污染防治分别按照《西安市机动车和非道路移动机械排气污染防治条例》和《西安市扬尘污染防治条例》的规定执行。

第三条 防治大气污染应当以治理颗粒物污染与臭氧污染为重点，坚持源头治理、规划先行、预防为主、防治结合、公众参与、损害担责的原则。

第四条 市、区县人民政府对本行政区域的大气环境质量负责。

市、区县人民政府应当转变经济发展方式，优化产业结构和布局，加大对大气污染防治的财政投入，建立健全大气污染防治协调机制，督促有关部门依法履行监督管理职责。

开发区管理委员会应当做好本开发区范围内的大气污染防治工作。

镇人民政府、街道办事处应当做好本辖区的大气污染防治工作。

第五条 环境保护主管部门对本辖区的大气污染防治实施统一监督管理。

发改、规划、建设、国土、城市管理、工信、市政、公安、交通、商务、工商、水务、质监、农林、食品药监等行政管理部门依照法律、法规以及政府确定的职责分工，在各自职责范围内，对大气污染防治实施监督管理。

第六条 市、区县人民政府和开发区管理委员会应当建立健全大气环境保护目标责任考核评价制度，将大气环境质量改善目标和大气污染防治重点任务完成情况纳入考核内容。考核结果应当向社会公开。

第七条 市、区县人民政府和开发区管理委员会应当建立健全大气污染防治问责制度。

区县人民政府、开发区管理委员会、负有大气环境保护监督管理职责的部门和镇人民政府、街道办事处未在规定期限内完成大气污染防治重点任务，或者对重大大气污染突发环境事件处置不力，或者有市人民政府规定的其他情形的，对其主要负责人及其他责任人员按照有关规定进行问责。

第八条 市、区县人民政府和开发区管理委员会应当鼓励和支持开展大气污染成因、治理技术和防治对策的研究，推动技术成果转化应用。

第九条 广播、电视、报刊、互联网等媒体应当开展大气污染防治法律、法规和大气环境保护科学知识的宣传，倡导低碳、环保的生活方式。对大气环境违法行为进行舆论监督。

第十条 本市实行大气污染防治违法行为举报奖励制度。任何单位和个人都有保护大气环境的义务，并有权对污染大气环境的单位和个人进行举报；有权对负有大气环境保护监督管理职责的部门及其工作人员不依法履行职责的行为进行举报。

第二章 限期达标规划和污染物总量控制

第十一条 市人民政府应当编制大气环境质量限期达标规划，采取严格的大气污染控制措施，按期达到大气环境质量标准。

大气环境质量限期达标规划应当对管理区域环境质量及其影响因素进行分析，确定分阶段大气环境质量改善目标，明确责任主体、工作重点和保障措施。

第十二条 市环境保护主管部门应当按照大气环境质量限期达标规划，制定大气污染防治年度实施方案，报市人民政府批准后公布实施。

第十三条 市人民政府应当每年在向市人民代表大会或者其常务委员会报告环境质量状况和环境保护目标完成情况时，报告大气环境质量限期达标规划执行情况，依法接受监督，并向社会公开。

第十四条 市、区县人民政府应当根据上级人民政府下达的大气污染物排放总量控制指标，制定大气污染物排放总量控制计划，并组织实施。

开发区管理委员会应当根据市人民政府下达的大气污染物排放总量控制指标，制定大气污染物排放总量控制计划，并组织实施。

大气污染物排放总量控制计划应当将大气污染物排放总量控制指标分解落实到排污单位。

第十五条 新建、改建、扩建排放重点大气污染物的建设项目，建设单位应当在报请环境保护主管部门审批环境影响评价文件前，取得重点大气污染物排放总量控制指标，并明确指标来源。

环境保护主管部门应当按照减量替代、总量减少的原则，审批环境影响评价文件。

第十六条　建设项目新增重点污染物排放总量原则上在项目所在区域的总量控制指标内平衡。建设项目所需重点污染物排放总量，通过采取有效减排措施、企业内部调剂等方式仍不能满足该项目需要的，不足部分可以通过排污权交易取得。

第十七条　对未完成年度大气污染物排放总量控制任务的区域，市人民政府应当责令该区域所在地的区县人民政府、开发区管理委员会主要负责人说明情况，并提出整改措施。

市环境保护主管部门应当督促该区域所在地的区县人民政府、开发区管理委员会采取措施落实有关要求，并对整改情况进行监督检查。

第三章　监督管理

第十八条　本市严格控制污染大气的产业发展，禁止新建、改建、扩建严重污染大气的项目。

市工业和信息化行政管理部门按照国家和本省淘汰落后生产工艺设备和产品指导目录的规定，会同市发展和改革、环境保护等行政管理部门提出本市淘汰落后产能计划，报市人民政府批准后公布实施。

第十九条　编制可能对大气环境造成严重污染的开发利用规划或者建设对大气环境有影响的项目时，应当依法进行环境影响评价。环境影响评价文件应当包含对大气环境影响评价的内容。

未依法进行环境影响评价的开发利用规划，不得组织实施；未依法进行环境影响评价的建设项目，不得开工建设。

第二十条　行政决策可能对大气环境造成严重污染的，作出决策的人民政府或者有关部门应当通过论证会、听证会等方式，事先听取社会公众的意见。

第二十一条　本市实行大气污染防治网格化监督管理制度。按照属地管理、分级负责、条块结合、无缝对接的原则，科学划分网格单元，明确网格管理对象、管理标准和责任人，实施大气污染防治常态化、精细化、制度化管理。

大气污染防治网格化监督管理具体办法由市人民政府制定。

第二十二条　向大气排放污染物的企业事业单位和其他生产经营者应当履行大气污染防治的法定义务，执行大气污染物排放标准，遵守大气污染物排放总量控制要求。

向大气排放污染物的企业事业单位和其他生产经营者应当建立环境保护责任制度，明确单位负责人和相关人员的责任，并接受环境保护主管部门及其委托的环境监察机构和其他负有大气环境保护监督管理职责的部门的监督检查。

被检查者应当如实反映情况，提供必要的资料。实施检查的部门、机构及其工作人员应当为被检查者保守商业秘密。

第二十三条　向大气排放污染物的企业事业单位和其他生产经营者应当安装大气污

染防治设施并确保正常使用。

大气污染防治设施因维修、故障等原因不能正常使用的，向大气排放污染物的企业事业单位和其他生产经营者应当采取限产或者停产等措施，确保大气污染物排放达到规定的标准。

禁止通过偷排、篡改或者伪造监测数据、以逃避现场检查为目的的临时停产、非紧急情况下开启应急排放通道、不正常运行大气污染防治设施等逃避监管的方式排放大气污染物。

第二十四条 排放工业废气或者含有毒有害物质的大气污染物的企业事业单位、集中供热设施的运营单位以及其他依法实行排污许可管理的单位，应当依法取得排污许可证。

取得排污许可证的单位应当按照排污许可证载明的环境管理要求进行生产经营活动，不得超过许可的种类、数量和浓度等排放大气污染物。

第二十五条 自愿实施严于许可排放浓度和排放量且在排污许可证中载明的企业事业单位，符合条件的可以享受相关环保、资源综合利用等方面的优惠政策。

第二十六条 环境保护主管部门应当组织建设与管理大气环境质量和大气污染源监测网，开展大气环境质量和污染源监测，统一发布空气环境质量状况公报、空气质量日报等大气环境质量状况信息。

第二十七条 向大气排放污染物的单位应当按照有关规定设置监测点位和采样监测平台，对其所排放的大气污染物进行自行监测或者委托有环境监测资质的单位监测。原始监测记录至少保存三年。

第二十八条 重点排污单位应当安装、使用大气污染物排放自动监测设备和运行管理监控平台，与环境保护主管部门的监控平台联网，保证监测设备正常运行和数据有效传输。

重点排污单位名录由市环境保护主管部门根据本市大气环境承载力、重点大气污染物排放总量控制指标的要求以及排污单位排放大气污染物的种类、数量和浓度等因素，商有关部门确定，并向社会公布。

第二十九条 企业事业单位和其他生产经营者可以委托第三方治理企业代其运营大气污染防治设施或者实施大气污染治理，提高治理专业化水平和治理效果。

接受委托的第三方治理企业应当遵守环境保护法律、法规和相关技术规范。

第三十条 市人民政府应当加大工业企业生产季节性调控力度，充分考虑行业产能利用率、生产工艺特点以及污染排放情况等，针对细颗粒物污染与臭氧污染研究提出行业错峰生产要求，引导企业合理安排生产工期，降低对大气环境质量的影响。

第三十一条 市人民政府应当根据关中地区大气污染联防联控规划，积极与周边城市开展大气污染联防联治，协商解决跨界大气污染防治重大事项。

第三十二条 市、区县人民政府和开发区管理委员会应当将重污染天气应对纳入突发事件应急管理体系，制定重污染天气应急预案，向上一级环境保护主管部门备案，并向社会公布。

第三十三条　市环境保护主管部门应当会同气象主管机构等有关部门建立重污染天气监测预警和会商机制，进行大气环境质量预报。可能发生重污染天气的应当及时向市人民政府报告。

市人民政府依据重污染天气预报信息，确定预警等级并及时发出预警。预警等级根据情况变化及时调整。任何单位和个人不得擅自向社会发布重污染天气预报预警信息。

第三十四条　市人民政府应当依据重污染天气预警等级，及时启动应急预案，并可以根据应急需要采取下列应急措施：

（一）责令有关企业限产或者停产；

（二）限制部分机动车行驶；

（三）禁止燃放烟花爆竹；

（四）停止或者限制产生扬尘的施工作业；

（五）停止露天烧烤；

（六）停止幼儿园和中小学校组织的户外活动或者教学活动；

（七）停止组织露天体育比赛活动及其他露天举办的群体性活动；

（八）组织开展人工影响天气作业；

（九）国家和本省规定的其他应急措施。

因举办重大国际活动的需要，市人民政府可以决定在部分地区采取前款规定的应急措施。

第三十五条　环境保护主管部门和其他负有大气环境保护监督管理职责的部门应当加强大气污染防治信息化建设，逐步完善环境监测、污染源监控、监督管理信息系统，实现大气污染防治监督管理的信息共享。

第三十六条　环境保护主管部门和其他负有大气环境保护监督管理职责的部门应当建立健全监督检查制度，及时查处违法行为，将排污单位及其主要负责人的重大违法行为及处理情况记入社会诚信档案，通过公共信用信息服务平台及时向社会公布。

第三十七条　环境保护主管部门和其他负有大气环境保护监督管理职责的部门应当加强与人民法院、人民检察院、公安机关的配合，健全大气污染案件行政执法和刑事司法衔接机制。

第四章　防治措施

第一节　燃煤和其他能源污染防治

第三十八条　市、区县人民政府和开发区管理委员会应当调整能源结构，落实清洁能源发展政策措施，推进清洁能源基础设施的建设和使用，提高清洁能源供给能力。

推广使用天然气、页岩气、煤层气、液化石油气、干热岩、电、太阳能等清洁能源，逐步减少煤炭等化石燃料使用量。

第三十九条 本市实行煤炭消费总量控制制度。

市人民政府应当制定煤炭消费总量控制方案，明确控制目标和实施步骤，逐步降低煤炭在一次能源消费中的比重，实现煤炭消费负增长。

区县人民政府和开发区管理委员会应当根据煤炭消费总量控制方案制定煤炭削减和清洁能源改造计划，并组织实施。

第四十条 市人民政府应当划定并公布高污染燃料禁燃区，逐步扩大高污染燃料禁燃区范围。

高污染燃料禁燃区内，禁止销售、燃用高污染燃料；禁止新建、扩建燃用高污染燃料的设施。已建成的，应当在市人民政府规定的期限内停止使用或者改用天然气、页岩气、煤层气、液化石油气、干热岩、电、太阳能或者其他清洁能源。

禁止在本市新建、改建、扩建燃用高污染燃料的建设项目。

第四十一条 市、区县人民政府应当编制供热专项规划，发展分布式能源，统筹热源和管网建设，逐步扩大城乡集中供热范围。

第四十二条 市人民政府应当建立民用散煤管理制度，加强民用散煤质量监督，制定奖励或者补贴政策，推广优质煤炭、洁净型煤和节能环保型炉灶的供应和使用。

第四十三条 提供饮食、洗浴、住宿等服务的单位应当使用天然气、页岩气、煤层气、液化石油气、干热岩、电、太阳能或者其他清洁能源。禁止使用煤炭、重油等高污染燃料。

第二节 工业污染防治

第四十四条 市、区县人民政府和开发区管理委员会应当发展循环经济，推进清洁生产，实施污染企业搬迁、升级改造，引导工业企业入驻工业园区。

第四十五条 鼓励生产、销售、使用低挥发性有机物含量的原料和产品。

政府采购应当优先采购低挥发性有机物含量的产品。医院、幼儿园和学校等场所内禁止使用高挥发性有机物含量的产品。

第四十六条 在化工、包装印刷、工业涂装等挥发性有机物控制重点行业之外，市人民政府还应当根据产业结构特征和挥发性有机物排放来源，确定本市挥发性有机物控制的其他重点行业。

挥发性有机物控制重点行业应当开展挥发性有机物污染治理，达到本市执行的排放控制标准。

第四十七条 产生含挥发性有机物废气的生产和服务活动，应当在密闭空间或者设备中进行，并按照规定安装、使用污染防治设施；无法密闭的，应当采取有效措施减少废气排放。

第四十八条　区县人民政府和开发区管理委员会应当排查涂料、油墨、合成革、橡胶制品、塑料制品、化纤生产等化工企业，使用溶剂型涂料、油墨、胶黏剂和其他有机溶剂的印刷、家具、钢结构、人造板、注塑等制造加工企业，以及露天喷涂汽车维修作业。建立管理台账，实施分类处置。

列入淘汰类的，依法取缔；列入搬迁改造类的，制定改造提升方案，落实时间表和责任人；对污染企业集群，制定整改方案，统一标准要求，推进区域环境综合整治和企业升级改造。

第四十九条　加油加气站、储油储气库、油罐车和气罐车等挥发油气的场所、设施应当按照国家有关规定安装油气回收装置并保持正常使用。

第三节　农业污染防治

第五十条　农业行政管理部门应当制定农药、化肥减量计划和措施，推广农业清洁生产技术，指导农业生产经营者科学合理使用农药、化肥，减少农业生产活动产生的大气污染物。

第五十一条　市、区县人民政府和开发区管理委员会应当制定鼓励和支持政策，推广秸秆、落叶综合利用，采用财政补贴等措施支持秸秆还田、购置秸秆综合利用机械、建设秸秆收集贮存站。

禁止露天焚烧秸秆。

第五十二条　从事畜禽养殖、屠宰生产经营活动的单位和个人，应当对畜禽养殖、屠宰产生的污水、废弃物进行处理、处置和综合利用。

从事畜禽规模养殖应当按照国家有关规定收集、贮存、利用或者处置养殖过程中产生的畜禽粪便，防止污染环境。

区县人民政府和开发区管理委员会应当在农村建设畜禽粪便和尸体无害化集中处理设施，引导规模以下畜禽养殖者集中处置养殖废弃物，防止排放恶臭气体。

第五十三条　区县人民政府和开发区管理委员会可以划定禁止建设畜禽养殖场、养殖小区的区域，制定污染综合整治计划，并组织实施。

第四节　其他污染防治

第五十四条　市、区县人民政府和开发区管理委员会应当合理布局餐饮服务业。城市开发和改造应当规划和建设符合规定的一定比例的餐饮服务业专项配套用房，鼓励设置相对集中的商业经营区域。

在设计用于商业经营的建筑物时，应当根据需要预留餐饮服务业专用烟道和废气等污染防治设施的安装位置。

第五十五条　新建、改建、扩建产生油烟、异味、废气的餐饮服务项目，不得设在居民住宅楼、未配套设立专用烟道的商住综合楼以及商住综合楼内与居住层相邻的商业楼层。

本条例实施前已建成的餐饮服务项目，不符合前款规定的，应当采取治理措施，减少对居民的影响；经营许可有效期届满，食品药监、环境保护等有关部门不再核发相关证照。

第五十六条 配套设立专用烟道的居民住宅楼、商住综合楼，居民家庭和有关单位应当通过专用烟道排放油烟，不得封堵、改变专用烟道，不得直接向大气排放油烟。

未配套设立专用烟道的居民住宅楼，鼓励居民家庭安装油烟净化装置或者采取其他油烟净化措施，减少油烟排放。

第五十七条 排放油烟的餐饮服务业经营者应当设置餐饮业专用烟道。专用烟道排放口朝向应当避开环境敏感目标。

第五十八条 禁止任何单位和个人在区县人民政府和开发区管理委员会划定的禁止区域露天烧烤食品、骑墙烧烤食品或者为露天烧烤食品、骑墙烧烤食品提供场地。

第五十九条 区县人民政府和开发区管理委员会应当采取措施，逐步淘汰开启式干洗机，减少挥发性有机物废气排放。新建、改建、扩建服装干洗经营项目，应当使用具有净化回收装置的全封闭干洗机。

第六十条 禁止露天焚烧落叶、枯草。禁止在人口集中地区和其他依法需要特殊保护的区域内焚烧沥青、油毡、橡胶、塑料、皮革、垃圾以及其他产生有毒有害烟尘和恶臭气体的物质。

镇人民政府、街道办事处应当对露天焚烧行为组织巡查，发现露天焚烧行为后及时制止，并按照网格化管理的要求向城市管理行政管理部门报告。

第六十一条 向大气排放恶臭气体的企业事业单位和其他生产经营者，应当科学选址，设置合理的防护距离，并安装净化装置或者采取其他措施，防止排放恶臭气体。

禁止在居民住宅区等人口密集区域和机关、医院、幼儿园、学校、养老院等其他需要特殊保护的区域及其周边，从事产生有毒有害烟尘或者恶臭气体的生产活动。

第六十二条 市人民政府应当合理规划废弃物焚烧企业布局。

废弃物焚烧设施建设，应当符合国家规定的标准。焚烧设施运行，应当严格遵守操作规程，确保大气污染物排放达到规定的标准。

第六十三条 市、区县人民政府和开发区管理委员会应当根据区域环境特点，加强区域生态建设，开展植树种草、水土保持等工作，改善区域大气环境质量。

第六十四条 城市管理行政管理部门应当采取药物防治、洒水降絮等措施，减少城市绿化树木产生的飞絮。

第五章 法律责任

第六十五条 违反本条例第二十二条第一款、第二十三条第三款、第二十四条第一款规定，有下列行为之一的，由环境保护主管部门责令改正或者限制生产、停产整治，并处十万元以上一百万元以下罚款；情节严重的，报经有批准权的人民政府批准，责令停业、关闭：

（一）超过大气污染物排放标准或者超过重点大气污染物排放总量控制指标排放大气污染物的；

（二）通过逃避监管的方式排放大气污染物的；

（三）未依法取得排污许可证排放大气污染物的。

第六十六条　违反本条例第二十二条第二款、第三款规定，以拒绝进入现场等方式拒不接受环境保护主管部门及其委托的环境监察机构或者其他负有大气环境保护监督管理职责的部门的监督检查，或者在接受监督检查时弄虚作假的，由环境保护主管部门或者其他负有大气环境保护监督管理职责的部门责令改正，处二万元以上二十万元以下罚款；构成违反治安管理行为的，由公安机关依法予以处罚。

第六十七条　违反本条例第二十七条、第二十八条第一款规定，有下列行为之一的，由环境保护主管部门责令改正，处二万元以上二十万元以下罚款；拒不改正的，责令停产整治：

（一）未按照规定设置监测点位、采样平台的；

（二）未按照规定安装、使用自动监测设备的；

（三）自动监测设备未按照规定与监控平台联网或者不能正常运行、传输数据的。

第六十八条　违反本条例第四十条第二款规定，在高污染燃料禁燃区内，销售高污染燃料的，由工商行政管理部门责令改正，没收原材料、产品和违法所得，并处货值金额一倍以上三倍以下罚款；在高污染燃料禁燃区内，新建、扩建燃用高污染燃料的设施，或者未按照规定停止燃用高污染燃料的，由环境保护主管部门没收燃用高污染燃料的设施，并处二万元以上二十万元以下罚款。

第六十九条　违反本条例第四十七条规定，产生含挥发性有机物废气的生产和服务活动，未在密闭空间或者设备中进行，未按照规定安装、使用污染防治设施，或者未采取减少废气排放措施的，由环境保护主管部门责令改正，处二万元以上二十万元以下罚款；拒不改正的，责令停产整治。

第七十条　违反本条例第四十九条规定，未按照国家有关规定安装并正常使用油气回收装置的，由环境保护主管部门责令改正，处二万元以上二十万元以下罚款；拒不改正的，责令停产整治。

第七十一条　违反本条例第五十一条第二款、第六十条第一款规定，露天焚烧秸秆、落叶、枯草的，由城市管理行政管理部门责令改正，并可以处五百元以上二千元以下罚款。

第七十二条　违反本条例第五十二条第二款规定，从事畜禽规模养殖未按照有关规定收集、贮存、处置畜禽粪便，造成环境污染的，由环境保护主管部门责令限期改正，可以处五千元以上五万元以下罚款。

第七十三条 违反本条例第五十五条第一款规定，在居民住宅楼、未配套设立专用烟道的商住综合楼、商住综合楼内与居住层相邻的商业楼层内新建、改建、扩建产生油烟、异味、废气的餐饮服务项目的，由城市管理行政管理部门责令改正；拒不改正的，予以关闭，并处五万元以上十万元以下罚款。

第七十四条 违反本条例第五十八条规定，在区县人民政府和开发区管理委员会划定的禁止区域露天烧烤食品、骑墙烧烤食品或者为露天烧烤食品、骑墙烧烤食品提供场地的，由城市管理行政管理部门责令改正，没收烧烤工具和违法所得，并处五百元以上二万元以下罚款。

第七十五条 违反本条例第六十条第一款规定，在人口集中地区和其他依法需要特殊保护的区域内，焚烧沥青、油毡、橡胶、塑料、皮革、垃圾以及其他产生有毒有害烟尘和恶臭气体的物质的，由城市管理行政管理部门责令改正，对单位处一万元以上十万元以下罚款，对个人处五百元以上二千元以下罚款。

第七十六条 违反本条例第六十一条第一款规定，未采取措施防止排放恶臭气体的，由环境保护主管部门责令改正，处一万元以上十万元以下罚款；拒不改正的，责令停工整治或者停业整治。

第七十七条 违反本条例规定的其他行为，法律、法规有处罚规定的，适用其规定。

第七十八条 违反本条例规定，企业事业单位和其他生产经营者有下列行为之一，受到罚款处罚，被责令改正，拒不改正的，依法作出处罚决定的行政机关可以自责令改正之日的次日起，按照原处罚数额按日连续处罚：

（一）超过大气污染物排放标准或者超过重点大气污染物排放总量控制指标排放大气污染物的；

（二）通过逃避监管的方式排放大气污染物的；

（三）未依法取得排污许可证排放大气污染物的。

第七十九条 依照本条例规定，作出责令停产停业或者对个人作出五千元以上、对单位作出五万元以上罚款处罚决定的，实施行政处罚的机关应当告知当事人有要求举行听证的权利。

第八十条 对向大气排放污染物，损害社会公共利益的行为，法律规定的机关和有关组织可以向人民法院提起公益诉讼。

环境保护主管部门和其他负有大气环境保护监督管理职责的部门应当依法对公益诉讼提起人提供查阅、复制相关资料等便利。

第八十一条 各级人民政府、环境保护主管部门和其他负有大气环境保护监督管理职责的部门及其工作人员有下列行为之一的，由其上级部门或者监察机关责令改正；对直接负责的主管人员和其他直接责任人员依法给予记过、记大过或者降级处分；造成严重后果的，给予撤职或者开除处分，其主要负责人应当引咎辞职；构成犯罪的，依法追究刑事责任：

（一）不符合行政许可条件准予行政许可的；

（二）对大气污染防治违法行为进行包庇的；

（三）依法应当作出责令停业、关闭的决定而未作出的；

（四）对超标排放大气污染物、采用逃避监管的方式排放大气污染物、造成环境事故以及不落实大气污染防治措施造成生态破坏等行为，发现或者接到举报未及时查处的；

（五）篡改、伪造或者指使篡改、伪造监测数据的；

（六）应当依法公开环境信息而未公开的；

（七）法律法规规定的其他违法行为。

第六章　附　则

第八十二条　本条例自 2018 年 3 月 1 日起施行。

西安市机动车和非道路移动机械排气污染防治条例

（2009年4月29日西安市第十四届人民代表大会常务委员会第十五次会议通过　2009年5月27日陕西省第十一届人民代表大会常务委员会第八次会议批准　根据2010年7月15日西安市第十四届人民代表大会常务委员会第二十三次会议通过　2010年9月29日陕西省第十一届人民代表大会常务委员会第十八次会议批准的《西安市人民代表大会常务委员会关于修改部分地方性法规的决定》第一次修正　2015年8月26日西安市第十五届人民代表大会常务委员会第二十六次会议修订通过　2015年11月19日陕西省第十二届人民代表大会常务委员会第二十三次会议批准　根据2016年12月22日西安市第十五届人民代表大会常务委员会第三十六次会议通过　2017年3月30日陕西省第十二届人民代表大会常务委员会第三十三次会议批准的《西安市人民代表大会常务委员会关于修改〈西安市保护消费者合法权益条例〉等49部地方性法规的决定》第二次修正）

第一章　总　则

第一条　为了防治机动车和非道路移动机械排气污染，保护和改善大气环境，保障公众健康，根据《中华人民共和国大气污染防治法》和《陕西省大气污染防治条例》等有关法律、法规，结合本市实际，制定本条例。

第二条　本市行政区域内的机动车和非道路移动机械排气污染防治适用本条例。

第三条　本条例所称机动车和非道路移动机械排气污染，是指由排气管、曲轴箱和燃油燃气系统向大气排放、蒸发污染物所造成的污染。

第四条　机动车和非道路移动机械排气污染防治坚持防控结合、分类管理、社会共治、排污担责的原则。

第五条　市人民政府应当组织制定、实施机动车和非道路移动机械排气污染防治规划，保障经费投入，健全监督管理体系，控制污染总量，并将污染防治工作纳入年度目标考核。

市、区、县人民政府和开发区管委会应当建立机动车和非道路移动机械排气污染防治工作协调机制，协调处理污染防治工作中的重大问题。

第六条　市环境保护主管部门对全市机动车和非道路移动机械排气污染防治实施统一监督管理，其所属的市机动车排气污染监督管理机构具体负责全市机动车和非道路移动机械排气污染防治的日常监督管理。

区、县及开发区环境保护主管部门，按照职责做好辖区内机动车和非道路移动机械排气污染防治的监督管理工作。

公安、交通运输、质量技术监督、工商、商务、农林、建设、市政、城市管理等相关行政管理部门，按照各自职责，做好机动车和非道路移动机械的排气污染防治工作。

第七条　市、区、县人民政府和开发区管委会应当加强机动车和非道路移动机械排气污染防治法律、法规宣传教育。

新闻媒体应当开展相关公益宣传，倡导有利于改善环境质量的出行方式，提高公众污染防治意识，加强对违法行为的舆论监督。

第八条　市人民政府应当定期对在机动车和非道路移动机械的排气污染防治工作中做出突出成绩的单位和个人给予表彰、奖励。

第二章　机动车排气污染预防与控制

第九条　市、区、县人民政府和开发区管委会应当优化道路建设和管理，改善道路交通状况，减少机动车怠速和低速行驶造成的污染。

第十条　本市优先发展公共交通，完善公交线路和自行车交通系统，改善公交车、自行车和行人的道路通行条件，降低非公交类机动车使用强度，减少机动车排气污染。

第十一条　鼓励机动车排气污染防治先进技术的科学研究和开发应用，鼓励生产、销售、使用节能和新能源机动车。

市人民政府应当将新能源机动车纳入政府采购名录，促进配套设施建设，逐步扩大节能和新能源机动车使用范围。

第十二条　市人民政府可以根据本市大气环境质量和机动车污染物排放状况，提请省级人民政府批准，提前执行国家下一阶段机动车污染物排放标准，并在执行前六个月向社会公布。

第十三条　市人民政府可以根据本市执行的机动车污染物排放标准，制定本市机动车环保达标车型目录，并向社会公布。

市环境保护主管部门负责本市机动车环保达标车型目录的更新。

第十四条　未达到本市机动车污染物排放标准或者未列入本市执行的环保达标车型目录的机动车，公安机关交通管理部门不予办理机动车注册登记和转入登记。

第十五条　本市机动车生产企业应当将机动车排气污染指标纳入产品质量管理，保证机动车达到国家规定的污染物排放标准，并在产品说明书中标明。

第十六条　本市机动车销售企业应当承担环保达标车型的销售责任，未达到本市执行的国家污染物排放标准的车辆，不得在本市销售。

定期向市环境保护主管部门报送所销售的各种类型车辆的污染物排放数据和防治污染的技术资料，接受监督检查。

第十七条 市人民政府可以根据机动车排放标准和重污染天气应急预案，采取限制通行区域、通行时间等交通管制措施，并向社会公告。

第十八条 在本市行驶的机动车的污染物排放应当达到规定的排放标准。

机动车所有人或者使用人应当及时对机动车进行维修保养，不得拆除、闲置排气污染控制装置和车载排放诊断系统，保持排气污染控制装置处于正常工作状态。

在本市行驶的机动车不得排放黑烟或者其他明显可视污染物。

第十九条 从事客运、物流、环卫、邮政、驾驶培训、工程施工、金融押运、配送快递和危险品运输的单位，应当配备符合排放标准的车辆，定期维护治理或者更新，并向所在地环境保护主管部门报送车辆污染物排放状况等相关资料。

第二十条 车用燃料的经营者应当销售符合本市执行标准的车用燃料，并明示燃料质量标准，配套供应符合标准的排气污染控制装置添加剂。

车用润滑油和添加剂的经营者应当销售符合标准的产品。

第二十一条 加油加气站、储油储气库和油罐车、气罐车应当按照国家标准配套安装油气回收系统，并按照规定正常使用。任何单位和个人不得擅自拆除、闲置、更改油气回收装置。

第三章 机动车环保检验与治理

第二十二条 机动车应当按照国家和本市有关规定，接受环保检验。环保检验包括定期检验和监督抽测。

定期检验由机动车所有人或者使用人在规定期限内，自主选择检验机构进行。

监督抽测由环境保护主管部门会同公安机关交通管理等部门采用电子监控、摄像拍照、人工或者遥感检测等方式实施。

第二十三条 从事机动车环保定期检验的机动车排放检验机构应当取得法定资质，接受市环境保护主管部门和市质量技术监督管理部门的监督，并遵守下列规定：

（一）公示检验制度、检验程序、检验方法、排放限值标准、收费标准、监督投诉电话等内容；

（二）按照国家、省和本市规定的环保检验方法、技术规范进行检验，出具真实、准确的检验报告，并向市环境保护主管部门实时传送检验数据；

（三）按照规定对检验设备定期检定、校准，定期开展内部检测线的比对，参加环境保护主管部门组织的比对试验；

（四）按照国家规定建立并保存机动车环保检验档案；

（五）不得以任何形式参与机动车维修业务。

第二十四条 公安机关交通管理部门对未经环保定期检验或者经检验不符合本市执行排放标准的机动车，不予办理注册或者转入登记手续。

免予安全技术检验的车辆，不进行排气检测。

第二十五条　在用机动车未经环保定期检验或者经检验不合格的，公安机关交通管理部门不予核发机动车安全技术检验合格标志。

第二十六条　禁止以临时更换排气污染控制装置等方式进行环保检验。

对达到国家规定报废标准的机动车，机动车排放检验机构不予进行环保检验。

第二十七条　环境保护主管部门可以会同公安机关交通管理部门在机动车停放场所和道路，对机动车污染物排放状况进行监督抽测，抽测不得收取费用。

被抽测者应当配合抽测。

第二十八条　机动车环保定期检验或者抽测结果不符合排放标准的，机动车所有人或者使用人应当在规定的检验期限内进行维修治理，并按照要求进行复检。

第二十九条　机动车所有人或者使用人对检验机构的环保复检结果有异议的，可以在收到复检结果之日起十个工作日内，向市机动车排气污染监督管理机构申请复核；市机动车排气污染监督管理机构应当自收到申请之日起五个工作日内做出复核决定。

第三十条　市交通运输管理部门应当会同环境保护主管部门，建立实施机动车检测与维修制度。

市交通运输管理部门应当向社会公布本市机动车排气污染治理的维修企业名录，方便机动车所有人或者使用人进行选择。

第三十一条　从事机动车排气污染治理的维修企业，应当取得法定资质，并遵守下列规定：

（一）配备维修技术人员和符合标准的检测维修设备；

（二）按照机动车排气污染治理的要求和有关技术规范从事维修业务；

（三）建立完整的维修档案，对机动车号牌、维修项目及维修情况进行详细记录，并在出厂时通过超标车强制维护与治理信息平台向市交通运输、环境保护等行政管理部门传输相关信息；

（四）对维修竣工的车辆出具出厂合格证，并承担质量保证责任。

第三十二条　机动车经修理、调整或者采用控制技术后仍不符合排放标准的，不得上路行驶。

达到报废条件的机动车所有人应当将机动车交售给报废汽车回收拆解企业。报废汽车回收拆解企业应当按照国家有关规定进行登记、拆解等处理。

第四章　非道路移动机械排气污染防治

第三十三条　本条例所称非道路移动机械是指不在道路上行驶的以汽油或者柴油为燃料的工程、农业等机械。包括推土机、压路机、挖掘机、打桩机、沥青摊铺机、叉车、发电机和拖拉机、联合收割机等。

第三十四条 本市实行非道路移动机械使用申报制度。

非道路移动机械的所有人应当在新增非道路移动机械的三十日内向所在地环境保护主管部门报送非道路移动机械的名称、类别、数量、污染物排放等数据和资料。

农用非道路移动机械的名称、类别、数量、污染物排放等数据和资料由所有人所在地的农机站向环境保护主管部门集中申报。

本条例实施之日起六个月内，非道路移动机械的所有人应当对现有机械完成申报。

第三十五条 从事非道路移动机械租赁经营者，不得租赁或者外借超标排放的机械。

第三十六条 非道路移动机械所有人或者使用人应当遵守下列规定：

（一）保证作业机械达到本市执行的排放标准；

（二）定期对作业机械进行排放检测和维修养护；

（三）对超标排放且经维修或者采用排放控制技术后仍不达标的机械，应当停止使用；

（四）接受相关行政管理部门的监督检查。

第五章 监督检查

第三十七条 市人民政府应当组织市环境保护、公安、交通运输等相关行政管理部门建立机动车排气污染防治综合信息管理系统，实现信息共享。

第三十八条 市环境保护主管部门应当建立和完善排气污染监测体系，实现对机动车和非道路移动机械排气污染状况的科学监测分析及其对环境空气质量影响的准确评价。

市环境保护主管部门应当定期向社会公布全市和区域性的机动车和非道路移动机械排气污染监测情况和违法信息，并提供查询服务。

第三十九条 机动车和非道路移动机械排气污染的相关行政管理部门应当按照下列规定，履行监督管理职责：

（一）公安机关交通管理部门办理机动车注册和转入登记、核发安全技术检验合格标志时，应当对机动车污染物排放标准、环保检验等情况进行审核，并配合环境保护主管部门对机动车污染物排放状况进行监督抽测；

（二）交通运输管理部门负责对营运车辆排放状况和机动车排气污染治理维修企业进行监督管理；

（三）质量技术监督管理部门负责对机动车生产企业的产品质量、机动车排放检验机构的资质以及机动车排气污染治理维修企业的计量器具进行监督管理；

（四）工商行政管理部门负责对机动车、非道路移动机械、车用燃料、润滑油和添加剂的销售活动以及报废汽车回收拆解活动进行监督管理；

（五）商务管理部门负责报废汽车回收拆解企业的资质管理；

（六）农林、建设、市政、城市管理等行政管理部门应当配合环境保护主管部门，按照各自职责，加强对非道路移动机械排气污染的监督管理。

第四十条　机动车和非道路移动机械排气污染监督管理部门应当建立监督举报制度，公布受理方式。受理投诉、举报后，应当及时调查处理，并在接到投诉、举报之日起十五个工作日内将处理结果告知投诉、举报人。对不属于本部门管辖的，应当及时移送有管辖权的部门，并将移交情况告知投诉、举报人。

举报事项经查证属实的，受理举报的部门可以对举报人给予奖励。

第六章　法律责任

第四十一条　违反本条例第十六条第一款、第二十条规定，有下列行为之一的，由工商行政管理部门责令改正，没收违法所得，并处货值金额一倍以上三倍以下罚款：

（一）销售未达到本市执行的国家污染物排放标准的机动车的；

（二）销售不符合本市执行标准的车用燃料的；

（三）销售不符合标准的排气污染控制装置添加剂、车用润滑油和添加剂的。

第四十二条　违反本条例第十六条第二款、第十九条、第三十四条第二款规定，未向环境保护主管部门报送相关数据、资料的，由环境保护主管部门责令限期改正，处二千元罚款。

第四十三条　违反本条例第十八条第一款和第二款、第三十二条第一款规定，有下列行为之一的，由环境保护主管部门责令限期改正，按照下列规定处罚：

（一）在本市行驶的机动车的污染物排放不符合排放标准的，处二百元罚款；逾期未改正的，处二千元罚款；

（二）擅自拆除、闲置排气污染控制装置和车载排放诊断系统的，处二千元以上五千元以下罚款；

违反本条例第十八条第三款规定，在本市行驶的机动车排放黑烟或者其他明显可视污染物的，由公安机关交通管理部门处二百元以上五百元以下罚款。

第四十四条　违反本条例第二十一条规定，未按照国家标准配套安装油气回收系统或者擅自拆除、闲置、更改油气回收装置的，由环境保护主管部门责令限期改正，处二万元以上二十万元以下罚款；逾期未改正的，责令停产停业。

第四十五条　机动车排放检验机构违反本条例第二十三条、第二十六条第二款规定，有下列行为之一的，由市环境保护主管部门责令改正，按下列规定处罚：

（一）未按照规定公示检验制度、检验程序、检验方法、排放限值标准等内容的，处一千元以上五千元以下罚款；

（二）未按照国家、省和本市规定的环保检验方法、技术规范进行检验或者在检验活动中弄虚作假的，没收收取的检验费用，处十万元以上五十万元以下罚款，并可以对机构法定代表人处五千元罚款；

（三）未定期开展内部检测线比对、检验设备校准或者拒绝参加环境保护主管部门组织的比对试验的，处一万元以上五万元以下罚款；

（四）未向市环境保护主管部门实时传送检验数据或者未建立机动车环保检验档案的，处五千元以上二万元以下罚款；

（五）参与或者经营机动车维修业务的，没收违法所得，并处二万元以上五万元以下罚款；

（六）对达到国家规定报废标准的机动车进行环保检验的，处五千元以上二万元以下罚款。

第四十六条 违反本条例第二十六条第一款规定，以临时更换机动车排气污染控制装置等弄虚作假方式进行环保检验的，由环境保护主管部门责令改正，对机动车所有人处五千元罚款；对机动车维修企业处每辆机动车五千元罚款。

第四十七条 违反本条例第二十七条第二款规定，机动车和非道路移动机械所有人或者使用人拒绝抽测的，由环境保护主管部门予以警告，并可以对个人处一千元罚款，对单位处二万元罚款。

第四十八条 从事机动车排气污染治理的维修企业违反本条例第三十一条规定，有下列行为之一的，由交通运输管理部门责令改正，处五千元以上二万元以下罚款：

（一）未配备相应的技术人员和检测维修设备或者检测维修设备不符合规定标准的；

（二）未按照机动车排气污染治理的要求和有关技术规范从事维修业务的；

（三）未建立维修档案或者未向市交通运输、环境保护管理部门传输维修信息的；

（四）未对维修竣工的车辆出具出厂合格证的。

第四十九条 非道路移动机械所有人或者使用人违反本条例第三十五条、第三十六条第（一）、（三）项规定，有下列行为之一的，由环境保护主管部门责令限期改正，处五千元罚款：

（一）租赁或者外借超标排放的非道路移动机械的；

（二）使用超标或者经维修后仍不达标的非道路移动机械的。

第五十条 环境保护、公安、质量技术监督、交通运输、工商、商务等行政管理部门及其工作人员未履行本条例规定的监管职责和配合义务，或者有其他滥用职权、玩忽职守、徇私舞弊行为的，由上级行政主管部门或者监察机关对直接负责的主管人员和其他直接责任人员依法给予行政处分；构成犯罪的，依法追究刑事责任。

第五十一条 违反本条例规定的行为，法律、法规已有处罚规定的，依照其规定。

第七章 附 则

第五十二条 本条例中下列用语的含义：

（一）机动车排气污染控制装置，是指为防治机动车排气污染而安装的曲轴箱强制通风、机动车排气净化、燃油和燃气蒸发控制等装置；

（二）新能源机动车，是指纯电动机动车、插电式（含增程式）混合动力汽车和燃料电池汽车。

第五十三条　本条例自 2016 年 1 月 1 日起施行。

山西省

山西省大气污染防治条例

（1996 年 12 月 3 日山西省第八届人民代表大会常务委员会第二十五次会议通过　根据 2007 年 3 月 30 日山西省第十届人民代表大会常务委员会第二十九次会议关于修改《山西省大气污染防治条例》的决定修正　2018 年 11 月 30 日山西省第十三届人民代表大会常务委员会第七次会议修订）

第一章　总　则

第一条　为了保护和改善环境，防治大气污染，保障公众健康，推进生态文明建设，促进经济社会可持续发展，根据《中华人民共和国环境保护法》《中华人民共和国大气污染防治法》等有关法律、行政法规，结合本省实际，制定本条例。

第二条　本省行政区域内大气污染防治及其监督管理活动，适用本条例。

第三条　各级人民政府应当对本行政区域的大气环境质量负责。

县级以上人民政府应当将大气污染防治工作纳入国民经济和社会发展规划，加大对大气污染防治的财政投入，加强大气污染防治资金的监督管理，转变经济发展方式，优化产业结构和布局，合理规划城市布局，推广利用清洁能源，促进清洁生产，使大气环境质量达到规定标准并逐步改善。

乡（镇）人民政府、街道办事处应当根据县级以上人民政府和有关部门的工作安排做好本辖区的大气污染防治工作。基层群众性自治组织应当协助做好大气污染防治工作。

第四条　县级以上人民政府生态环境主管部门对大气污染防治实施统一监督管理，其他有关部门在各自职责范围内对大气污染防治实施监督管理。

第五条　企业事业单位和其他生产经营者应当采取有效措施，防止和减少大气污染，并对造成的损害依法承担责任。公民应当增强大气环境保护意识，采取低碳、节俭的生活和消费方式，自觉履行大气环境保护义务。

第六条　大气污染防治实行目标责任制和考核评价制度，由省人民政府制定考核办法。上级人民政府对下级人民政府的大气环境质量改善目标、大气污染防治重点任务完成情况实施考核。考核结果应当向社会公开。

第七条　鼓励开展大气污染防治新技术、新工艺、新设备的研究和推广，支持培养和引进大气污染防治专业人才。鼓励社会资本参与大气污染防治。

第八条　机关、社会团体、学校、新闻媒体、基层群众性自治组织等，应当加强大气环境保护宣传和教育，普及大气污染防治法律法规和科学知识，增强公众的大气环境保护意识，推动公众参与大气环境保护。

第二章　监督管理

第九条　县级以上人民政府应当根据本行政区域大气环境质量状况、大气环境承载力和重点大气污染物排放总量控制指标的要求，编制本行政区域大气污染防治规划并组织实施。

第十条　省人民政府可以制定严于国家标准的地方大气环境质量标准和大气污染物排放标准；对大气环境问题突出的地区或者区域内的重污染行业，可以决定执行大气污染物特别排放限值。

第十一条　省人民政府根据主体功能区划、区域大气环境质量状况和大气污染传输扩散规律，划定大气污染防治重点区域，统筹协调区域内的大气污染防治工作。

省人民政府生态环境主管部门会同设区的市人民政府，制定重点区域大气污染防治规划，建立重点区域大气污染联防联控机制，提出重点防治任务和措施，促进区域大气环境质量改善。

第十二条　本省实行重点大气污染物排放总量控制制度。

省人民政府应当将国务院下达的重点大气污染物排放总量控制指标分解到设区的市人民政府。设区的市人民政府根据本区域大气环境质量改善需求分解到县（市、区）人民政府。

除国家确定削减和控制排放总量的重点大气污染物外，省人民政府可以根据本省大气环境质量状况和大气污染防治工作的需要，确定本省实行总量削减和控制的其他重点大气污染物。

第十三条　本省实行大气污染物排污许可管理制度。

排放工业废气或者国家有毒有害大气污染物名录中大气污染物的企业事业单位、集中供热设施的燃煤热源生产运营单位，以及其他依法实行排污许可管理的排污单位，应当按照国家有关规定取得排污许可证，并按照排污许可证的规定排放大气污染物。未取得排污许可证的，不得排放大气污染物。

第十四条　县级以上人民政府在控制重点大气污染物排放总量的前提下，按照有利于总量减少的原则，对重点大气污染物排放总量控制指标实行排污权交易。

第十五条　省人民政府生态环境主管部门应当建立大气环境监测制度，完善大气环境质量和大气污染源监测体系。

县级以上人民政府生态环境主管部门负责组织建设与管理本行政区域大气环境质量和大气污染源监测网，按照国家有关监测和评价规范，开展大气环境质量和大气污染源监测，统一发布本行政区域大气环境质量状况信息。

第十六条 实行大气污染物排污许可管理的排污单位应当按照国家有关规定和监测规范自行或者委托有资质的监测机构开展大气污染物排放监测，记录、保存原始监测数据，确保监测数据真实可靠，不得隐瞒、伪造、篡改监测数据。

重点排污单位应当按照国家有关规定和监测规范安装、使用大气污染物自动监控设备，与生态环境主管部门联网，保证自动监控设备正常运行，并依法公开排放信息。

省、设区的市人民政府生态环境主管部门负责组织对重点排污单位开展监督性监测。

重点排污单位名录由省、设区的市人民政府生态环境主管部门商有关部门依法确定，并向社会公布。

第十七条 省、设区的市人民政府应当对下一级人民政府及其有关部门开展大气污染防治情况进行专项督察。

省人民政府生态环境主管部门对重点区域、重点行业和排污单位存在突出大气污染问题或者发生重大大气环境违法案件应当按照有关规定进行重点督查，并向社会公开督查结果。

第十八条 有下列情形之一的，省人民政府生态环境主管部门应当会同有关部门约谈所在地设区的市人民政府或者县（市、区）人民政府主要负责人，约谈情况应当向社会公开。

（一）未完成国家和省确定的大气环境质量目标的；

（二）大气污染物排放量超过总量控制指标的；

（三）发生重大大气环境污染事故的；

（四）执行国家和省环境保护政策和工作部署不力，致使本地区大气环境问题突出的；

（五）未完成环境保护督查整改任务的。

有前款（一）（二）项情形之一的，还应当暂停审批该地区新增重点大气污染物排放总量的建设项目环境影响评价文件。

第十九条 县级以上人民政府生态环境主管部门和其他负有大气环境保护监督管理职责的部门，应当依法公开大气环境质量、环境监测、突发环境事件以及环境行政许可、行政处罚等信息。

排污单位应当向社会公开单位基本信息、主要大气污染物排放情况、大气污染防治设施的建设和运行、突发大气环境事件应急预案和环境行政许可等信息，并对公开信息的真实性、准确性和完整性负责。

第二十条 排污单位应当建立大气环境保护责任制度，明确单位负责人和相关人员的责任，制定大气污染防治设施操作规程，建立环境保护管理台账。

第二十一条 排污单位可以委托具有相应能力的第三方治理机构代其运营大气污染防治设施或者实施大气污染治理，并对治理结果承担法律责任。

第三章　防治措施

第一节　燃煤污染防治

第二十二条　本省实行煤炭消费总量控制制度，逐步调整能源结构，降低煤炭在一次能源消费中的比重。

省人民政府能源主管部门会同有关部门，根据经济社会发展需求以及环境资源承载能力，制定区域煤炭消费总量控制目标。

设区的市、县（市、区）人民政府根据区域煤炭消费总量控制目标，制定本地区煤炭消费总量控制计划并组织实施。

第二十三条　各级人民政府应当限制高硫分、高灰分煤炭开采。新建煤矿应当同步配套建设煤炭洗选设施，使煤炭的硫分、灰分含量达到规定标准。已建成的煤矿除所采煤炭属于低硫分、低灰分或者根据已达标排放的燃煤电厂要求不需要洗选的以外，应当限期建成配套的煤炭洗选设施。

存放煤炭、煤矸石、煤渣、煤灰等物料，应当采取防燃、防尘措施，防止大气污染。

第二十四条　燃煤电力企业、焦化企业、钢铁企业以及其他燃煤单位应当采用清洁生产工艺，配套建设除尘、脱硫、脱硝等装置，减少大气污染物的产生和排放。

第二十五条　城市人民政府应当在燃煤供热地区推进热电联产和集中供热。在集中供热管网覆盖区域内，禁止新建、改建、扩建分散燃煤供热锅炉，集中供热管网覆盖前已建成使用的分散燃煤供热锅炉和已建成的不能达标排放的燃煤供热锅炉，应当在城市人民政府规定的期限内拆除。

第二十六条　设区的市人民政府应当根据大气环境质量改善要求，将城市建成区划定为禁煤区，并逐渐扩展。县（市、区）人民政府可以根据实际情况划定禁煤区范围。禁煤区的划定应当考虑当地居民的生活需要。

禁煤区内除煤电、集中供热和原料用煤企业外，禁止储存、销售和燃用煤炭及其制品。

第二十七条　各级人民政府应当加强民用散煤管理。禁止销售、使用不符合民用散煤质量标准的煤炭，禁止褐煤、洗中煤、煤泥等低质劣质煤作为民用煤使用。

第二节　工业污染防治

第二十八条　严格控制新建、扩建钢铁、焦化、建材、化工、有色金属等高排放、高污染项目。

城市建成区内的钢铁、焦化、建材、化工、有色金属等高排放、高污染项目，应当限期完成改造、转型、搬迁或者退出。

第二十九条　排污单位和其他生产经营者在生产经营活动中产生恶臭气体的，应当按照规定设置合理的防护距离，安装净化装置或者采取其他措施，防止恶臭气体排放。

在居民住宅区等人口密集区域和医院、学校、幼儿园、养老院等其他需要特殊保护的区域及其周边，不得新建、改建和扩建制药、油漆、塑料、橡胶、造纸、饲料等易产生恶臭气体的生产项目或者从事其他产生恶臭气体的生产经营活动。已建成的，应当限期搬迁。

第三十条 鼓励生产、进口、销售和使用无挥发性有机物或者低毒、低挥发性有机物的原材料和产品。

下列产生含挥发性有机物废气的活动，应当使用低挥发性有机物含量的原材料和工艺，按照规定在密闭空间或者设备中进行并安装、使用污染防治设施；无法密闭的，应当采取措施减少废气排放：

（一）煤炭加工与转化；

（二）燃油、溶剂的储存、运输和销售；

（三）涂料、油墨、胶黏剂、农药等以挥发性有机物为原材料的生产；

（四）涂装、印刷、黏合和工业清洗等含挥发性有机物的产品使用；

（五）生物发酵等其他产生含挥发性有机物废气的生产和服务活动。

第三十一条 排污单位应当严格控制生产过程中产生的粉尘和气态污染物的排放。无组织排放源应当采取封闭、集中收集和处理措施。

第三节 机动车和非道路移动机械污染防治

第三十二条 县级以上人民政府应当根据本地实际，改善道路交通状况，优化交通运输结构，减少交通运输产生的大气污染物。

城市人民政府应当优化城市功能和路网布局，优先发展公共交通事业，倡导低碳、环保出行。

第三十三条 县级以上人民政府应当推广符合国家标准的节能环保型和新能源汽车，规划建设相应的充电站（桩）、加气站等基础设施，鼓励和支持公交、出租、市容环境卫生、邮政、物流配送、机场铁路通勤等用车和公务用车使用节能环保型和新能源汽车。

第三十四条 在用机动车应当按照国家或者地方的有关规定，由机动车排放检验机构定期对其进行排放检验。经检验合格的，方可上道路行驶。

机动车排放检验机构及其负责人对检验数据的真实性和准确性负责，不得伪造排放检验结果或者出具虚假的排放检验报告。

第三十五条 未达到本地执行的机动车污染物排放标准的机动车，公安机关交通管理部门不予办理机动车注册登记。

正常状态下排放黑烟等明显可视大气污染物的机动车，不得上道路行驶。

第三十六条 机动车维修单位应当按照防治大气污染的要求和国家有关技术规范对在用机动车进行维修，使其达到规定的排放标准。交通运输、生态环境主管部门应当依法加强监督管理。

设区的市人民政府交通运输主管部门应当向社会公布本市机动车维修单位名录，便于机动车所有人或者使用人进行选择。

第三十七条　抽检、路检或者定期检验不合格的机动车应当进行强制维修，取得由机动车维修单位出具的维修合格凭证，并进行复检。抽检、路检不得收取费用。

第三十八条　公安机关交通管理部门应当依法对维修或者改造后大气污染物排放仍不符合规定标准的机动车予以强制报废。

第三十九条　在用重型柴油车、非道路移动机械未安装污染控制装置或者污染控制装置不符合要求，不能达到国家和本省规定的排放标准的，应当加装或者更换符合要求的污染控制装置。

第四十条　县级以上人民政府应当支持和推广使用严于国家标准的车用燃油和清洁车用能源。销售车用燃油的单位和个人，应当明示油品质量标准；禁止生产、进口、销售不符合标准的燃油和添加剂。

县级以上人民政府市场监督管理部门应当加强生产、流通领域燃油质量的监督管理。

第四十一条　县级以上人民政府应当建立机动车排放污染防治联动执法机制。

生态环境主管部门、公安机关和交通运输主管部门应当实现信息和数据共享。

第四节　扬尘和其他污染防治

第四十二条　住房城乡建设、市容环境卫生、交通运输、自然资源等有关部门，应当根据本级人民政府确定的职责，做好扬尘污染防治工作。

从事房屋建筑和市政基础设施建设、建（构）筑物拆除等施工单位，应当向住房城乡建设主管部门备案。从事水利、交通、矿山、电力等工程建设、建（构）筑物拆除等施工单位，应当向相关主管部门备案。

第四十三条　建设单位应当将防治扬尘污染的费用列入工程造价，并在工程承包合同中明确扬尘污染防治责任。

施工单位应当制定施工扬尘污染防治实施方案，并遵守下列规定：

（一）在施工工地设置硬质围挡，并采取覆盖、分段作业、择时施工、洒水抑尘、冲洗地面和车辆等有效防尘降尘措施；

（二）采取密闭措施及时清运建筑土方、工程渣土、建筑垃圾，在施工工地内堆存的，应当采用密闭式防尘网遮盖，工程渣土、建筑垃圾应当进行资源化处理；

（三）施工工地出入口、主要通道、加工区等采取地面硬化处理措施，在施工工地建筑结构脚手架外侧设置有效抑尘的密闭式防尘网；

（四）在施工工地公示扬尘污染防治措施、负责人、扬尘监督管理主管部门等信息。

建设单位应当对暂时不能开工的建设用地裸露地面进行覆盖；超过三个月的，应当进行绿化、铺装或者遮盖。

第四十四条 矿山企业应当按照设计和开发利用方案作业，设置废石、废渣、泥土等专门存放地，并采取围挡、硬化施工道路、洒水降尘、设置防风抑尘网等防尘、降尘措施，并及时进行生态修复，防治扬尘污染。

第四十五条 运输渣土、土方、砂石、垃圾、灰浆、煤炭等散装、流体物料的车辆，应当采取密闭措施，并按照规定的路线、时间行驶。运输车辆冲洗干净后，方可驶出作业场所。在运输过程中不得遗撒、泄漏物料。

设区的市、县（市、区）人民政府城市市容环境卫生主管部门应当推行道路机械化清扫等低尘作业方式；采用人工清扫的，应当符合作业规范，减少扬尘。

第四十六条 企业物料堆放场应当按照有关规定进行密闭；不能密闭的，应当安装防尘设施或者采取其他抑尘措施。装卸易产生扬尘的物料，应当采取密闭或者喷淋等抑尘措施。

生活垃圾填埋场、建筑垃圾消纳场应当按照相关标准和要求采取抑尘、防臭措施。

第四十七条 农业农村、林业等主管部门应当制定农药、化肥减量计划和措施，指导农林业生产经营者科学合理施用农药、化肥等农业投入品，减少氨、挥发性有机物等大气污染物的排放。

第四十八条 畜禽养殖场、养殖小区应当按照规定对污水、畜禽粪便和尸体等进行收集、贮存、清运和无害化处理；未达到规模养殖的畜禽养殖单位和个人应当采取与其养殖规模相适应的大气污染防治措施，防止排放恶臭气体。

第四十九条 禁止露天焚烧沥青、油毡、橡胶、塑料、皮革、垃圾以及其他产生有毒有害烟尘和恶臭气体的物质；禁止露天焚烧秸秆、落叶等产生烟尘污染的物质。

第五十条 县级以上人民政府应当划定禁止燃放烟花爆竹的时段和区域，减少烟花爆竹燃放产生的大气污染物。

第五十一条 县级以上人民政府民政部门应当加强对殡葬服务机构祭祀活动的监督管理，引导公民文明、绿色祭祀，防止产生大气污染。

第四章 重污染天气应对

第五十二条 省、设区的市人民政府生态环境主管部门应当会同同级气象主管机构等有关部门建立重污染天气监测预警、会商、信息通报和数据共享等机制，完善重污染天气预测预报体系。

第五十三条 县级以上人民政府应当制定重污染天气应急预案，报上一级人民政府生态环境主管部门备案，并向社会公布。

排污单位应当按照省、设区的市人民政府发布的重污染天气预警要求，采取重污染天气应急减排措施。

纳入重污染天气应急减排清单的工业企业应当编制应急响应操作方案。

第五十四条　省、设区的市人民政府负责重污染天气预警的发布、调整和解除，其他任何单位和个人不得擅自向社会发布。

预警信息发布后，县级以上人民政府及其有关部门应当通过电视、广播、网络、短信等途径告知公众采取健康防护措施，指导公众出行和调整其他相关社会活动。

第五十五条　县级以上人民政府应当依据重污染天气的预警等级，采取大气污染防治法规定的应急措施。在重污染天气集中出现的季节，可以组织实施错峰生产、施工和运输。

在错峰生产、施工和运输期间，重点排污单位和施工单位应当按照县级以上人民政府的安排，对生产经营活动和土方施工、运输进行调整，减少或者暂停排放大气污染物的生产、作业。

第五章　法律责任

第五十六条　违反本条例规定，法律、行政法规对法律责任已有规定的，从其规定。

第五十七条　违反本条例规定，销售不符合民用散煤质量标准的煤炭，或者在禁煤区内销售煤炭及其制品的，由县级以上人民政府市场监督管理部门责令改正，没收原材料、产品和违法所得，并处货值金额一倍以上三倍以下的罚款。

第五十八条　违反本条例规定，机动车向大气排放污染物超过规定的排放标准，或者正常状态下排放黑烟等明显可视大气污染物的机动车上道路行驶的，由县级以上人民政府公安机关交通管理部门依法予以处罚。

第五十九条　违反本条例规定，施工单位未采取措施防治扬尘污染的，由县级以上人民政府住房城乡建设主管部门责令改正，处一万元以上十万元以下的罚款；拒不改正的，责令停工整治。

第六十条　违反本条例规定，运输渣土、土方、砂石、垃圾、灰浆、煤炭等散装、流体物料的车辆，未采取密闭措施防止物料遗撒、泄漏的，由县级以上人民政府确定的监督管理部门责令改正，处二千元以上二万元以下的罚款；拒不改正的，车辆不得上道路行驶。

第六十一条　各级人民政府、县级以上人民政府生态环境主管部门和其他负有大气环境保护监督管理职责部门的工作人员在大气污染防治监督管理活动中滥用职权、玩忽职守、徇私舞弊、弄虚作假的，依法给予处分；构成犯罪的，依法追究刑事责任。

第六章　附　则

第六十二条　本条例自 2019 年 1 月 1 日起施行。

太原市机动车和非道路移动机械排气污染防治办法

（2019 年 12 月 27 日太原市第十四届人民代表大会常务委员会第二十六次会议通过 2020 年 3 月 31 日山西省第十三届人民代表大会常务委员会第十七次会议批准）

第一章 总 则

第一条 为了防治机动车和非道路移动机械排气污染，保护和改善大气环境，保障公众健康，根据《中华人民共和国大气污染防治法》《山西省大气污染防治条例》等法律法规，结合本市实际，制定本办法。

第二条 本市行政区域内机动车和非道路移动机械排气污染防治适用本办法。

第三条 机动车和非道路移动机械排气污染防治遵循预防为主、防治结合、协同监管、排污担责的原则。

第四条 市人民政府应当加强对机动车和非道路移动机械排气污染防治工作的领导，研究解决机动车和非道路移动机械排气污染防治工作中的重大问题。

县（市、区）人民政府应当建立机动车和非道路移动机械排气污染防治工作协调机制，协调处理本行政区域内机动车和非道路移动机械排气污染防治工作中的重大问题。

乡（镇）人民政府、街道办事处负责本辖区内机动车和非道路移动机械排气污染防治工作。

第五条 市生态环境主管部门负责本行政区域内机动车和非道路移动机械排气污染防治的统一监督管理。

县（市、区）生态环境主管部门负责本行政区域内机动车和非道路移动机械排气污染防治的监督管理。

市、县（市、区）人民政府其他有关部门在各自职责范围内做好机动车和非道路移动机械排气污染防治工作。

第六条 市、县（市、区）人民政府应当优化城市功能和布局规划，推广智能交通管理，实施公交优先战略，引导公众低碳、环保出行。

第七条 市、县（市、区）人民政府及其有关部门应当加强对机动车和非道路移动机械排气污染防治法律法规的宣传教育。

第八条 市、县（市、区）人民政府对在机动车和非道路移动机械排气污染防治工作中做出显著成绩的单位和个人，应当给予表彰奖励。

第二章　预防与控制

第九条　市生态环境主管部门应当会同有关部门制定机动车和非道路移动机械排气污染防治计划，报市人民政府批准后组织实施。

第十条　鼓励机动车和非道路移动机械排气污染防治先进技术的科学研究和开发应用。

鼓励生产、销售、使用节能环保型和新能源机动车。

第十一条　禁止生产、进口、销售大气污染物排放超过标准的机动车和非道路移动机械。

销售单位在销售机动车和非道路移动机械时，应当附有生产厂家提供的环保信息。

第十二条　机动车和非道路移动机械不得超过标准排放大气污染物。

正常状态下排放黑烟等明显可视大气污染物的机动车，不得上道路行驶。

第十三条　储油储气库、加油加气站应当按照国家有关规定安装油气回收装置并保持正常使用，每年应当向市生态环境主管部门报送由检验资质机构出具的油气排放检验报告。

第十四条　禁止生产、进口、销售不符合标准的机动车、非道路移动机械用燃料。

第十五条　机动车和非道路移动机械所有人或者使用人应当保证污染控制装置、车载排放诊断系统正常运行。

禁止擅自拆除、更改、闲置、破坏机动车和非道路移动机械排气污染控制装置、车载排放诊断系统。

第三章　机动车排气污染防治

第十六条　市、县（市、区）人民政府应当依据重污染天气的预警等级，及时启动应急预案，根据应急需要可以采取限制部分机动车行驶等应急措施。

第十七条　在用机动车应当按照国家或者省、市的有关规定，由机动车排放检验机构定期对其进行排放检验。经检验合格的，方可上道路行驶。未经检验合格的，公安机关交通管理部门不得核发安全技术检验合格标志。

第十八条　机动车排放检验机构应当依法通过计量认证，并遵守下列规定：

（一）按照规定的污染物排放标准、检验方法和技术规范进行检验；

（二）与市生态环境主管部门联网，接受远程监控，实现检验数据和电子检验报告实时共享，并按照国家规定保存检验信息和有关技术资料；

（三）保证监控设备正常、有效运转，不得遮挡或者擅自调整监控设备位置，不得损坏或者擅自删除视频录像资料；

（四）公示检验制度、检验程序、检验方法、实时检验全过程、排放限值标准、收费标准、监督投诉电话等内容；

（五）不得经营或者参与经营机动车排气污染治理等维修业务；

（六）法律法规规定的其他事项。

第十九条 市公安机关交通管理部门对未达到本地执行的机动车污染物排放标准的机动车，不得核发安全技术检验合格标志。

新购置的列入环保达标车型目录的轻型汽油车、柴油车在注册登记时，免予机动车大气污染物排放检验。

第二十条 市、县（市、区）生态环境主管部门在不影响正常通行的情况下，可以通过遥感监测等技术手段对在道路上行驶的机动车大气污染物排放状况进行监督抽测，公安机关交通管理部门予以配合。

市、县（市、区）生态环境主管部门可以在机动车集中停放地、维修地对在用机动车大气污染物排放状况进行监督抽测。

第二十一条 机动车排气污染定期检验或者监督抽测结果不符合机动车大气污染物排放标准的，应当进行维修。

第二十二条 从事机动车排气污染治理的维修单位应当遵守下列规定：

（一）配备机动车排气污染维修技术人员和排气污染检验、维修设备；

（二）检验设备应当符合规定标准，并经法定计量检定机构周期检定合格；

（三）按照机动车排气污染防治要求和有关技术规范进行维修；

（四）建立完整的维修档案，对机动车号牌、维修项目及维修情况进行详细记录，并在出厂时向市交通运输、生态环境等部门传输相关信息；

（五）实行维修服务承诺和竣工出厂质量保证期制度；

（六）法律法规规定的其他事项。

第四章 非道路移动机械排气污染防治

第二十三条 市、县（市、区）人民政府可以根据大气环境质量状况，确定并公布高排放非道路移动机械目录以及禁用区域。

第二十四条 本市建立非道路移动机械备案制度。实施备案制度的具体办法由市人民政府制定，并向社会公布后实施。

第二十五条 市生态环境主管部门应当建设非道路移动机械排气污染监控平台，可以采用电子标签、电子围栏、排放监控等技术手段进行实时监控。

第二十六条 市生态环境主管部门可以会同市规划和自然资源、住房和城乡建设、城乡管理、交通运输、水务、农业农村、市场监督管理、园林等部门，在非道路移动机械集中停放地、维修地、使用地等对非道路移动机械的大气污染物排放状况进行监督检查，排放不合格的，不得继续使用。

第二十七条　从事非道路移动机械租赁的经营者，不得租赁或者外借超过大气污染物排放标准的非道路移动机械。

第二十八条　非道路移动机械所有人或者使用人应当遵守下列规定：

（一）作业机械达到非道路移动机械大气污染物排放标准；

（二）定期对作业机械进行排放检验和维修养护；

（三）未安装污染控制装置或者污染控制装置不符合要求，不能达标排放的，应当加装或者更换符合要求的污染控制装置；

（四）接受相关管理部门的监督检查。

第五章　监督检查

第二十九条　市人民政府应当组织市生态环境、公安、交通运输、市场监督管理、商务等部门建立机动车和非道路移动机械排气污染防治信息共享机制。

第三十条　市、县（市、区）有关部门应当按照下列规定，履行机动车和非道路移动机械排气污染监督管理职责：

（一）市、县（市、区）公安机关交通管理部门在办理机动车注册和转入登记、核发安全技术检验合格标志时，应当对机动车污染物排放标准、环保检验等情况进行审核，并配合市生态环境主管部门对机动车污染物排放状况进行监督抽测；

（二）市、县（市、区）交通运输管理部门负责对机动车维修单位进行监督管理，将机动车排气检验结果纳入营运车辆及非营运危险品运输车辆管理的内容；

（三）市、县（市、区）市场监督管理部门负责对机动车、非道路移动机械生产企业产品质量、机动车排放检验机构资质、机动车维修单位计量器具以及机动车、非道路移动机械、车用燃料、润滑油和添加剂产品质量等进行监督管理；

（四）市、县（市、区）商务部门负责对报废机动车拆解企业进行监督管理。

第三十一条　市发展改革、工业和信息化、公安、生态环境、交通运输等部门应当建立机动车和非道路移动机械所有人、机动车和非道路移动机械检验机构、维修单位管理信息数据库，实行红黑名单与联合奖惩制度。

第三十二条　市交通运输管理部门、市生态环境主管部门应当建立实施机动车检验、维修制度。

市交通运输管理部门应当向社会公布本市机动车维修单位名录，便于机动车所有人或者使用人进行选择。

第三十三条　任何单位和个人都有权对违反本办法规定的行为进行投诉举报。

有关部门接到举报后，应当依法及时处理。

第六章　法律责任

第三十四条　违反本办法规定，法律、行政法规、山西省人大及其常委会地方性法规已有法律责任规定的，从其规定。

第三十五条　违反本办法规定，经检测机动车向大气排放污染物超过规定的排放标准，或者正常状态下排放黑烟等明显可视大气污染物的机动车，由公安机关交通管理部门责令改正，并对机动车驾驶人处二百元罚款。

第三十六条　违反本办法规定，储油储气库、加油加气站未按照国家有关规定安装并正常使用油气回收装置的，由生态环境主管部门责令改正，处二万元以上二十万元以下罚款；拒不改正的，责令停产整治。

第三十七条　违反本办法规定，机动车排放检验机构有下列行为之一的，由市生态环境主管部门依法予以处罚：

（一）未按照规定的污染物排放标准、检验方法和技术规范进行检验的；

（二）未接受市生态环境主管部门远程监控，实现检验数据和电子检验报告实时共享，并按照国家规定保存检验信息和有关技术资料的；

（三）未保证监控设备正常、有效运转，或者遮挡、擅自调整监控设备位置，或者损坏、擅自删除视频录像资料的；

（四）未公示检验制度、检验程序、检验方法、实时检验全过程、排放限值标准、收费标准和监督投诉电话等内容的；

（五）经营或者参与经营机动车排气污染治理等维修业务的。

第三十八条　违反本办法规定，在禁止区域内使用高排放非道路移动机械的，由生态环境主管部门依法予以处罚。

第三十九条　违反本办法规定，从事非道路移动机械租赁的经营者，租赁或者外借超过大气污染物排放标准的非道路移动机械的，由生态环境主管部门依法予以处罚。

第四十条　违反本办法规定，使用排放不合格的非道路移动机械或者非道路移动机械未按照规定加装、更换污染控制装置的，由生态环境主管部门按照职责责令改正，处五千元罚款。

第四十一条　国家机关及其工作人员在机动车和非道路移动机械排气污染防治工作中滥用职权、玩忽职守、徇私舞弊的，依法给予处分；构成犯罪的，依法追究刑事责任。

第七章　附　则

第四十二条　本办法中下列用语的含义：

（一）非道路移动机械，是指不在道路上行驶的工程、农业等机械，包括工业钻探设备，工程机械（装载机、推土机、压路机、挖掘机、打桩机、沥青摊铺机、非公路用卡车、平地机、叉车等），农业机械（大型拖拉机、联合收割机等），林业机械，材料装卸机械，机场地勤设备等。

（二）机动车排气污染控制装置，是指为防治机动车排气污染而安装的曲轴箱强制通风、机动车排气净化、燃油和燃气蒸发控制等装置。

第四十三条 本办法自 2020 年 5 月 1 日起施行，《太原市机动车排气污染防治办法》同时废止。

吕梁市机动车和非道路移动机械排气污染防治条例

（2018年8月23日吕梁市第三届人民代表大会常务委员会第二十七次会议通过 2018年9月30日山西省第十三届人民代表大会常务委员会第五次会议批准）

第一章 总 则

第一条 为了防治机动车及非道路移动机械排气污染，保护和改善大气环境，保障公众健康，根据《中华人民共和国环境保护法》《中华人民共和国大气污染防治法》等法律法规，结合本市实际，制定本条例。

第二条 本市行政区域内机动车和非道路移动机械排气污染防治，适用本条例。

第三条 机动车和非道路移动机械排气污染防治应当遵循源头治理、防控结合、分类监管、标本兼治的原则。

第四条 市、县（市、区）人民政府在本行政区域内的机动车和非道路移动机械排气污染防治工作中履行下列职责：

（一）组织制定、实施防治规划和总体方案，明确目标和措施；

（二）建立联席会议、数据信息综合管理系统和资金投入保障机制；

（三）建立应对重污染天气应急机制；

（四）提前公告防治工作重大措施；

（五）建立目标考核、挂牌督办和约谈等制度；

（六）对工作成绩显著的单位和个人给予表彰奖励；

（七）法律、法规规定的其他职责。

乡（镇）人民政府、街道办事处协助做好本区域的机动车和非道路移动机械排气污染防治工作。

第五条 市、县（市、区）人民政府应当优先发展公共交通，改善道路通行条件，引导公众绿色低碳出行，推动清洁节能和新能源使用。

市、县（市、区）人民政府应当将节能环保型、清洁能源型机动车和非道路移动机械纳入政府采购名录。

第六条　市、县（市、区）人民政府环境保护主管部门对本行政区域机动车和非道路移动机械排气污染防治实施统一监督管理，并履行下列职责：

（一）建立机动车和非道路移动机械排气污染检验网络监控系统，定期发布排气污染信息；

（二）加强对机动车排放检验机构的监督管理；

（三）在机动车集中停放地、维修地对在用机动车污染物排放状况进行监督抽测，采取遥感监测对在道路上行驶的机动车排气污染状况进行监督检测；

（四）实施对非道路移动机械的备案、排污检测工作；

（五）调查处理机动车和非道路移动机械排污投诉举报；

（六）法律、法规规定的其他职责。

第七条　市、县（市、区）人民政府公安机关交通管理部门负责将机动车排气检验结果纳入机动车交通管理的内容、老旧车淘汰、重污染天气交通管制。

第八条　市、县（市、区）人民政府交通运输管理部门负责机动车维修企业的监督管理，将机动车排气检验结果纳入营运车辆及非营运危险品运输车辆管理的内容。

第九条　市、县（市、区）人民政府市场监督管理部门负责对生产、销售的机动车、非道路移动机械和车用燃料质量、机动车排放检验机构资质及机动车维修企业测量设备的监督管理。

第十条　市、县（市、区）人民政府商务管理部门负责对储油库、加油站和车用燃料调整升级、报废机动车拆解企业的监督管理。

第十一条　市、县（市、区）人民政府发改、经信、住建、农业、林业、水利、交通、国土等行政主管部门，按照各自职责做好机动车和非道路移动机械排气污染防治工作。

第十二条　市、县（市、区）人民政府发展改革、环境保护、公安交警、交通运输、市场监督、商务、人民银行等行政主管部门应当将车用燃料经营企业、机动车和非道路移动机械所有人、机动车检验、维修企业纳入征信系统。

第二章　机动车排气污染防治措施

第十三条　市、县（市、区）人民政府应当依据重污染天气的预警等级，划定机动车限行区域和限行时段；对不同排放阶段的高污染排放车辆采取限制区域、限制时间行驶的交通限制措施。

第十四条　在本市销售的车用燃料应当不低于本市执行的阶段性标准，销售单位应当在经营场所显著位置标示销售产品的有关标准。

第十五条　机动车销售企业应当向购买人主动提供机动车环保信息，不得销售未达到本市执行的污染物排放标准的机动车。

第十六条　在用重型柴油车未安装污染控制装置或者污染控制装置不符合要求，不能达标排放的，应当加装或者更换符合要求的污染控制装置。

第十七条 在用机动车所有人应当遵守下列规定：

（一）按照规定对机动车进行排气污染定期检验；

（二）不得拆除、更改、闲置、租借机动车排气污染控制装置；

（三）不得更改、破坏机动车车载排放诊断系统；

（四）法律、法规规定的其他事项。

第十八条 机动车排气污染检验机构应当遵守下列规定：

（一）按照规定的排气污染检验方法、技术规范和排放标准进行检验，并且如实出具检验报告；

（二）排放检验设备符合规定的标准并且经市场监督管理部门检定合格；

（三）建立检验数据信息传输网络，实时向环境保护主管部门上传检验数据，接受监督管理；

（四）建立质量、技术管理制度和机动车排气污染检验档案；

（五）不得从事机动车排气污染维修治理业务；

（六）法律、法规规定的其他事项。

第十九条 机动车维修企业应当遵守以下规定：

（一）配备排气污染治理专业技术人员和合格的测量设备；

（二）维修合格后向机动车所有人提供修理清单；

（三）建立机动车维修档案；

（四）建立危险废物台账；

（五）按照规定贮存、处置废机油等危险废物；

（六）法律、法规规定的其他事项。

第二十条 在用机动车经维修或者采用控制技术后，大气污染物排放仍不能达到本市执行的在用机动车排放标准的，机动车所有人应当将机动车交售给报废机动车回收拆解企业，由报废机动车回收拆解企业按规定进行登记、拆解、销毁等处理，并将报废机动车登记证书、号牌、行驶证交公安机关交通管理部门注销。

第三章 非道路移动机械排气污染防治措施

第二十一条 市、县（市、区）人民政府环境保护主管部门应当会同有关部门负责本行业内从事施工作业的非道路移动机械排气污染防治的监督管理。

第二十二条 建立非道路移动机械备案制度。实施备案制度的具体办法由市人民政府制定，并向社会公布后实施。

第二十三条 市、县（市、区）人民政府环境保护主管部门应当会同相关部门对现场使用的非道路移动机械排气污染状况等进行监督检查和现场检测，非道路移动机械所有人或者使用人应予配合。

第二十四条　城市人民政府根据大气环境质量状况，划定并公布禁止使用高排放非道路移动机械的区域。环境保护主管部门对禁止区域进行实时监控。

第二十五条　建设单位监督施工单位使用符合本市执行的阶段性标准的非道路移动机械和油品。

施工单位应当加强对非道路移动机械所有人、使用人排气污染防治的监督管理。

第二十六条　在本市施工现场作业的非道路移动机械所有人、使用人应当遵守以下规定：

（一）按照规定履行备案手续；

（二）作业机械符合本市执行的排放标准；

（三）定期对作业机械进行排放检测和维修养护；

（四）对超标排放且经维修或者采用排放控制技术后仍不达标的机械，应当停止使用；

（五）购买使用的油品不得低于本市执行的国家阶段性标准；

（六）接受相关行政管理部门的监督检查；

（七）法律、法规规定的其他事项。

第四章　法律责任

第二十七条　违反本条例规定，法律法规已有法律责任规定的，从其规定。

第二十八条　违反本条例规定，机动车排放检验机构伪造排放检验结果，出具虚假排放检验报告的，由县级以上人民政府环境保护主管部门没收违法所得，并处十万元以上五十万元以下罚款；情节严重的，由负责资质认定的部门取消其检验资格。

第二十九条　违反本条例规定，以临时更换机动车污染控制装置等弄虚作假的方式使机动车通过排放检验，或者破坏车载排放诊断系统的，由县级以上人民政府环境保护主管部门责令改正，对机动车所有人处五千元的罚款；对机动车维修单位处每辆机动车五千元的罚款。

第三十条　违反本条例规定，施工单位使用排放不合格的非道路移动机械进入施工现场作业的，或者非道路移动机械未按照规定加装、更换污染控制装置的，由县级以上人民政府环境保护等主管部门按照职责责令施工单位改正，处五千元的罚款。

第三十一条　环境保护主管部门和其他负有机动车和非道路移动机械排气污染防治监督管理职责的部门及其工作人员滥用职权、玩忽职守、徇私舞弊、弄虚作假的，依法给予处分；构成犯罪的，依法追究刑事责任。

第五章　附　则

第三十二条　本条例所称机动车，是指以动力装置驱动或者牵引，上道路行驶的供人员乘用或者用于运送物品以及进行工程专项作业的轮式车辆。

本条例所称非道路移动机械是指施工现场作业的装配有发动机的移动机械和可运输工业设备。主要包括挖掘机、推土机、装载机、履带吊车、压路机、平地机、沥青摊铺机、旋挖机、内燃桩工机械等工程机械和材料装卸机械等。

第三十三条 本条例自2018年11月1日起施行。

长治市大气污染防治条例

（2018年11月19日长治市第十四届人民代表大会常务委员会第十七次会议通过　2019年1月20日山西省第十三届人民代表大会常务委员会第八次会议批准）

第一章　总　则

第一条　为保护和改善环境，防治大气污染，保障公众健康，推进生态文明建设，促进经济社会可持续发展，根据《中华人民共和国环境保护法》《中华人民共和国大气污染防治法》《山西省大气污染防治条例》等法律法规，结合本市实际，制定本条例。

第二条　本条例适用于本市行政区域内大气污染防治及其监督管理。

第三条　大气污染防治，应当以改善大气环境质量为目标，遵循以人为本、预防为主、源头治理、规划先行、综合施策、损害担责的原则。

第四条　市、县（区）人民政府应当对本行政区域的大气环境质量负责，制定规划，采取措施，控制或者逐步削减大气污染物的排放量，使大气环境质量达到规定标准并逐步改善。

乡（镇）人民政府、街道办事处按照上级人民政府及有关部门的工作安排，做好大气污染防治工作。

第五条　市、县（区）人民政府生态环境主管部门对本行政区域大气污染防治实施统一监督管理。

市、县（区）人民政府其他部门根据各自职责，对大气污染防治实施监督管理。

第六条　本市实行大气污染防治目标责任制和考核评价制度。市人民政府对县（区）人民政府的大气环境质量改善目标、大气污染防治重点任务完成情况实施考核。考核结果应当向社会公布。

第七条　企业事业单位和其他生产经营者承担大气污染防治的主体责任，应当采取措施防止和减少大气污染，对所造成的损害依法承担责任。

第八条　公民应当增强大气环境保护意识，采取低碳、节俭的生活方式，自觉履行大气环境保护义务。

第二章　监督管理

第九条　本市实行重点大气污染物排放总量控制制度。

市人民政府应当对省人民政府下达的大气污染物排放总量控制指标逐级分解落实到县（区）人民政府。

县（区）人民政府应当将重点大气污染物排放年度总量控制指标分解到排污单位。

第十条　市、县（区）人民政府在编制城乡规划等规划时，应当充分考虑本行政区域内自然地貌形态、气象条件，科学规划通风廊道的空间结构和总体布局，以及建筑物密度、高度，保持城市通风廊道畅通。

第十一条　市、县（区）人民政府应当建立大气污染防治网格化监督管理制度。按照属地管理、分级负责、条块结合、全面覆盖的原则，科学划分网格单元，明确网格管理对象、管理标准和责任人。

第十二条　市、县（区）人民政府生态环境主管部门负责组织建设与管理本行政区域大气环境质量和大气污染源监测网，开展大气环境质量和大气污染源监测，统一发布本行政区域大气环境质量状况信息。

第十三条　排污单位应当建立大气环境保护责任制度，明确相关责任及责任人，并按照有关规定设置大气污染物排放口及其标志。

重点排污单位应当安装、使用大气污染物排放自动监测设备，与生态环境主管部门的监控设备联网，保证监测设备正常运行。

重点排污单位应当如实向社会公开其主要污染物的名称、排放方式、排放浓度和总量、超标排放情况，以及防治污染设施的建设和运行情况，接受社会监督。

禁止侵占、损毁或者擅自移动、改变大气环境质量监测设施和大气污染物排放自动监测设备。

第十四条　有下列情形之一的，市人民政府生态环境主管部门应当会同有关部门约谈该地区人民政府主要负责人，约谈情况应当向社会公开。

（一）未完成大气环境质量目标的；

（二）大气污染物排放量超过总量控制指标的；

（三）发生重大大气环境污染事故的；

（四）执行国家和省环境保护政策和工作部署不力，致使本地区大气环境问题突出的；

（五）未完成环境保护督察整改任务的。

有前款（一）（二）项情形之一的，还应当暂停审批该地区新增重点大气污染物排放总量的建设项目环境影响评价文件。

第十五条　市、县（区）人民政府应当将重污染天气应对纳入突发事件应急管理体系。

市、县（区）人民政府应当制定重污染天气应急预案，向上一级人民政府生态环境主管部门备案，并向社会公布。

市、县（区）人民政府应当依据重污染天气的预警等级，及时启动应急预案。

第十六条 大气污染物排放企业应当根据市、县（区）人民政府制定的重污染天气应急预案，制定重污染天气应急响应操作方案，并向所在地的市、县（区）人民政府生态环境主管部门备案。

市、县（区）人民政府启动重污染天气应急预案后，大气污染物排放企业应当及时启动重污染天气应急响应操作方案。

第十七条 负有大气环境保护监督管理职责的部门应当明确受理环保举报、投诉的工作机构，向社会公布举报、投诉方式，并及时依法处理。

任何单位和个人有权对本市行政区域内污染大气环境的行为进行举报。举报大气污染违法行为或者提供线索，经有关部门查证属实的，有关部门应当予以奖励，奖励费用列入财政预算。具体办法由市人民政府制定。

举报人举报所在单位的，该单位不得以解除、变更劳动合同或者其他方式对举报人进行打击报复。

第三章 防治措施

第一节 燃煤污染防治

第十八条 本市实行煤炭消费总量控制制度，逐步调整能源结构，降低煤炭在一次能源消费中的比重。

市、县（区）人民政府根据经济社会发展需求以及环境资源承载能力，制定区域煤炭消费总量控制目标，推进煤炭清洁高效利用，鼓励使用清洁能源。

县（区）人民政府应当根据区域煤炭消费总量控制目标，制定本地区煤炭消费总量控制计划并组织实施。

第十九条 市人民政府应当根据大气环境质量改善要求，将城市建成区划定为禁煤区，并逐渐扩展。县（区）人民政府可以根据实际情况划定禁煤区范围。禁煤区的划定应当考虑当地居民的生活需要。

禁煤区内除煤电、集中供热和原料用煤企业外，禁止储存、销售和燃用煤炭及其制品。

第二十条 市、县（区）人民政府应当加强民用散煤管理。禁止销售、使用不符合民用散煤质量标准的煤炭，禁止褐煤、洗中煤、煤泥等低质劣质煤作为民用煤使用。

第二节 工业污染防治

第二十一条 市、县（区）人民政府应当按照主体功能区规划和环境保护要求，制定规划，统筹安排，逐步对高污染工业企业实施关停搬迁。

第二十二条 钢铁、石油、有色金属、电力、焦化、建材、化工等企业生产过程中排放粉尘、硫化物和氮氧化物的，应当采用清洁生产工艺，配套建设除尘、脱硫、脱硝等装置，或者采取技术改造等其他控制大气污染物排放的措施。

第二十三条 产生含挥发性有机物废气的生产和服务活动，应当在密闭空间或者设备中进行，并按照规定安装、使用污染防治设施；无法密闭的，应当采取措施减少废气排放。

工业涂装企业应当使用低挥发性有机物含量的涂料，并建立台账，记录生产原料、辅料的使用量、废弃量、去向以及挥发性有机物含量。台账保存期限不得少于三年。

第二十四条 排污单位和其他生产经营者，应当保持大气污染物防治设施的正常使用。

工业企业大气污染物防治设施因检修暂停使用的，应当提前五个工作日书面报告当地人民政府生态环境主管部门；因突发故障不能正常使用的，应当采取措施确保排放达标，不能达标的，应当停产，并在二十四小时内向当地人民政府生态环境主管部门书面报告。工业企业大气污染物防治设施修复前，不得恢复生产。

第三节 扬尘污染防治

第二十五条 市、县（区）人民政府相关部门在各自职责范围内制定相关行业扬尘污染治理规范并向社会公布，监督管理相关行业的单位和个人落实扬尘污染防治责任及措施。各部门按照下列规定履行扬尘污染防治职责：

（一）市、县（区）人民政府生态环境主管部门负责工业企业物料堆场扬尘污染监管和整治；

（二）市、县（区）人民政府住房保障和城乡建设管理部门负责建筑工地、市政工程和房屋拆迁扬尘污染的监管和整治；负责对城市生活垃圾收集、运输、处置实施监管；

（三）市、县（区）人民政府城市管理综合执法部门负责城市道路以及城市建成区环境卫生保洁范围内其他扬尘污染的防治监管工作；

（四）市、县（区）人民政府交通运输部门负责对未采取密闭措施或者其他防护措施导致物料在运输中遗撒、泄漏的依法实施监管；

（五）市、县（区）人民政府公安机关交通管理部门负责对散装物料运输车辆的路检路查。

对于不属于前款规定的其他扬尘污染防治工作，由市、县（区）人民政府生态环境主管部门负责监督管理。

第二十六条 市、县（区）人民政府环境卫生主管部门应当加强道路、广场、停车场和其他公共场所的清扫保洁管理，推行清洁动力机械化清扫等低尘作业方式。

第二十七条 市政河道以及河道沿线、公共用地的裸露地面以及其他城镇裸露地面，应当由下列单位或者个人采取绿化、硬化、遮盖或者透水铺装等方法防治扬尘污染：

（一）国有土地由使用人或者管理人负责；

（二）没有使用人或者管理人的国有土地，由市、县（区）人民政府确定的部门负责；

（三）城市建成区内的集体土地，由所有人或者使用人负责。

第四节　机动车及非道路移动机械污染防治

第二十八条　在用机动车排放实行定期检验制度。机动车排放污染物检验应当与安全技术检验同时进行。

第二十九条　市、县（区）人民政府生态环境主管部门在不影响正常道路通行的情况下，可以利用遥感检测设备对道路上行驶的机动车污染物排放情况进行监督抽测，公安机关交通管理部门予以配合。

对道路上行驶的排放黑烟或者其他明显可视污染物的机动车，公安机关交通管理部门应当协助生态环境主管部门组织对其排气污染情况进行抽测。

第三十条　机动车排放检验机构，应当建立检验数据传输网络，并与生态环境主管部门联网，实现检验数据实时共享。机动车排放检验机构及其负责人对检验数据的真实性和准确性负责。

第三十一条　市、县（区）人民政府应当推广符合国家标准的节能与新能源汽车，规划建设相应的充电站（桩）、加气站等基础设施，鼓励和支持公共交通、出租车、市容环境卫生、邮政、物流配送、机场铁路通勤等行业用车和公务用车使用新能源汽车。

第三十二条　非道路移动机械所有人或者使用人应当遵守下列规定：

（一）非道路移动机械的所有人应当在新增非道路移动机械的三十日内向所在地县（区）人民政府生态环境主管部门报送非道路移动机械的名称、类别、数量、污染物排放等数据和资料，农用非道路移动机械的名称、类别、数量、污染物排放等数据和资料由所有人所在地人民政府农机管理主管部门每季度末向县（区）人民政府生态环境主管部门集中申报；

（二）对超标排放且经维修或者采用排放控制技术后仍不达标的机械，应当停止使用。

工业企业、施工单位、货运企业、城市环境卫生管理单位等拥有非道路移动机械的单位和个人，不得使用非道路移动机械从事道路运输业务。

第五节　其他污染防治

第三十三条　储油储气库、加油加气站及油罐车、气罐车应当安装油气回收设施并保持正常运行，按照国家有关规定向市、县（区）人民政府生态环境主管部门报送油气排放检测报告。

第三十四条　排放油烟的餐饮服务业经营者应当安装油烟净化设施并保持正常使用，或者采取其他油烟净化措施，使油烟达标排放，并防止对附近居民的正常生活环境造成污染。

禁止在居民住宅楼、未配套设立专用烟道的商住综合楼以及商住综合楼内与居住层相邻的商业楼层内新建、改建、扩建产生油烟、异味、废气的餐饮服务项目。

任何单位和个人不得在当地人民政府禁止的区域内露天烧烤食品或者为露天烧烤食品提供场地。

第三十五条 禁止露天焚烧秸秆。县（区）人民政府负责本辖区内农村秸秆焚烧的监督管理工作。

禁止在人口集中地区和其他依法需要特殊保护的区域内焚烧沥青、油毡、橡胶、塑料、皮革、垃圾以及其他产生有毒有害烟尘和恶臭气体的物质。

第三十六条 畜禽养殖场、养殖小区应当按照规定对污水、畜禽粪便和尸体等进行收集、贮存、清运和无害化处理；未达到规模养殖的畜禽养殖单位和个人应当采取与其养殖规模相适应的大气污染防治措施，防止排放恶臭气体。

第四章　法律责任

第三十七条 违反本条例规定，法律、行政法规及本省省级地方性法规已有法律责任规定的，从其规定。

第三十八条 违反本条例规定，销售不符合民用散煤质量标准的煤炭，或者在禁煤区内销售煤炭及其制品的，由市、县（区）人民政府市场监督管理部门责令改正，没收原材料、产品和违法所得，并处货值金额一倍以上三倍以下的罚款。

第三十九条 违反本条例规定，有下列行为之一的，由市、县（区）人民政府生态环境主管部门责令改正或者限制生产、停产整治，并处十万元以上一百万元以下的罚款；情节严重的，报经有批准权的人民政府批准，责令停业、关闭：

（一）未依法取得排污许可证排放大气污染物的；

（二）超过大气污染物排放标准或者超过重点大气污染物排放总量控制指标排放大气污染物的；

（三）通过逃避监管的方式排放大气污染物的。

第四十条 违反本条例规定，使用排放不合格的非道路移动机械的，由市、县（区）人民政府生态环境主管部门责令限期改正，并处五千元的罚款。

第四十一条 违反本条例规定，排放油烟的餐饮服务业经营者未安装油烟净化设施、不正常使用油烟净化设施或者未采取其他油烟净化措施，超过排放标准排放油烟的，由市、县（区）人民政府市场监督管理部门责令改正，处五千元以上五万元以下罚款；拒不改正的，责令停业整治。

第四十二条 违反本条例规定，在居民住宅楼、未配套设立专用烟道的商住综合楼、商住综合楼内与居住层相邻的商业楼层内新建、改建、扩建产生油烟、异味、废气的餐饮服务等项目的，由市、县（区）人民政府市场监督管理部门责令改正；拒不改正的，予以关闭，并处一万元以上十万元以下罚款。

第四十三条　违反本条例规定，在城市建成区内露天烧烤食品或者为露天烧烤食品提供场地的，由县（区）人民政府确定的管理部门责令改正，没收烧烤工具和违法所得，处五百元以上二万元以下罚款。

第四十四条　违反本条例规定，在人口集中地区和其他依法需要特殊保护的区域内焚烧沥青、油毡、橡胶、塑料、皮革、垃圾以及其他产生有毒有害烟尘和恶臭气体的物质的，由县（区）人民政府确定的监督管理部门责令改正，对单位处一万元以上十万元以下的罚款，对个人处五百元以上二千元以下的罚款。

第四十五条　市、县（区）人民政府生态环境主管部门和其他负有大气环境保护监督管理职责部门的工作人员滥用职权、玩忽职守、徇私舞弊的，依法给予处分；构成犯罪的，依法追究刑事责任。

第五章　附　则

第四十六条　本条例自 2019 年 7 月 1 日起施行。

安徽省

安徽省大气污染防治条例

（2015年1月31日安徽省第十二届人民代表大会第四次会议通过　根据2018年9月29日安徽省第十三届人民代表大会常务委员会第五次会议《关于修改〈安徽省大气污染防治条例〉等地方性法规的决定》修正）

第一章　总　则

第一条　为了防治大气污染，保护和改善大气环境和生活环境，保障公众健康，推进生态文明建设，促进经济社会可持续发展，根据《中华人民共和国环境保护法》《中华人民共和国大气污染防治法》和有关法律、行政法规，结合本省实际，制定本条例。

第二条　本条例适用于本省行政区域内大气污染防治活动；有关法律、行政法规另有规定的，适用其规定。

第三条　大气污染防治，应当坚持源头防治、综合治理、损害担责的原则，建立政府负责、单位施治、全民共治、区域联动、社会监督的工作机制。

第四条　大气污染防治应当以改善大气环境质量为目标，坚持规划先行，运用法律、经济、科技、行政等措施，发挥市场机制作用，转变经济发展方式，调整优化产业结构、能源结构、运输结构、用地结构。

大气污染防治，应当降低大气中的颗粒物、二氧化硫、氮氧化物、挥发性有机物、氨等大气污染物浓度，从源头到末端全过程控制和减少大气污染物排放总量，协同减少温室气体排放。

第五条　县级以上人民政府应当对本行政区域内的大气环境质量负责，制定大气污染防治规划，将大气污染防治纳入国民经济和社会发展规划，加强环境执法队伍建设，提高环境监督管理能力，保障大气污染防治工作的财政投入。

乡镇人民政府、街道办事处应当做好本辖区内的大气污染防治相关工作。

第六条　县级以上人民政府环境保护行政主管部门对大气污染防治实施统一监督管理。

县级以上人民政府其他有关部门在各自职责范围内对大气污染防治实施监督管理。

第七条　县级以上人民政府应当鼓励和支持大气污染防治科学技术研究，推广应用大气污染治理先进技术，支持开发利用清洁能源，开展大气污染治理的国际交流与合作。

第八条　企业事业单位和其他生产经营者应当采取措施，防治生产、建设或者其他活动对大气环境造成的污染，并对造成的损害依法承担责任。

向大气排放污染物的企业事业单位和其他生产经营者，应当建立大气环境保护责任制度，明确单位负责人和相关人员的责任。

第九条　各级人民政府及其部门和社会团体、学校、新闻媒体、基层群众性自治组织、企业，应当开展大气污染防治法律法规宣传教育，普及大气污染防治科学知识，倡导文明、节约、低碳、绿色消费方式和生活习惯。

第十条　任何单位和个人都有保护大气环境的义务，有权对污染大气环境的行为和不依法履行环境监管职责的行为进行举报。

县级以上人民政府环境保护行政主管部门和其他有关部门应当建立举报、奖励制度，并向社会公布；接到举报后，应当及时处理，将处理结果向举报人反馈；对举报人的相关信息予以保密，保护其合法权益；举报内容经查证属实的，给予举报人奖励。

县级以上人民政府环境保护行政主管部门和其他有关部门应当鼓励和支持社会团体和公众参与、监督大气污染防治工作。

第二章　监督管理的一般规定

第十一条　省人民政府根据本省大气环境质量状况和经济技术条件，可以制定严于国家标准的本省大气环境质量标准、大气污染物排放标准、燃煤燃油有害物质控制标准。

根据环境质量改善的需要，可以执行大气污染物特别排放限值。

向大气排放污染物的单位，其污染物排放浓度不得超出国家和本省规定的排放标准。

第十二条　省人民政府发展和改革部门应当会同经济和信息化、环境保护等部门根据国家有关规定，及时修订高耗能、高污染和资源性行业准入条件，报省人民政府批准后，向社会公布。

实行大气污染物排放量等量或者减量替代制度。通过等量或者减量置换获得大气污染物排放总量指标的建设项目，在置换的排放量未削减完成前，不得投入试生产。

第十三条　省人民政府发展和改革部门应当会同经济和信息化、环境保护等部门，依据主体功能区规划，合理确定本省重点产业发展布局、结构和规模，经省人民政府批准后实施。

第十四条　省人民政府应当按照国家确定的重点大气污染物排放总量控制指标，结合经济社会发展水平、环境质量状况、产业结构，将重点大气污染物排放总量控制指标分解到设区的市、县级人民政府。设区的市、县级人民政府按照公开、公平、公正的原则，将重点大气污染物排放总量控制指标分解落实到企业事业单位。企业事业单位不得超过重点大气污染物排放总量控制指标排放。

新建、改建、扩建排放重点大气污染物的项目不符合总量控制要求的，不得通过环境影响评价。

第十五条 在严格控制重点大气污染物排放总量、实行排放总量削减计划的前提下，按照有利于总量减少的原则，可以进行重点大气污染物排污权的有偿使用和交易。

第十六条 配套建设的大气污染防治设施，应当与主体工程同时设计、同时施工、同时投产使用，不得擅自拆除或者闲置。

编制环境影响报告书、环境影响报告表的建设项目竣工后，建设单位应当按照国务院环境保护行政主管部门规定的标准和程序，对配套建设的大气污染防治设施进行验收，编制验收报告。验收合格后，方可投入生产或者使用。

第十七条 向大气排放污染物的企业事业单位和其他生产经营者，应当按照国家规定，取得排污许可证。禁止无排污许可证或者违反排污许可证的规定排放大气污染物。

第十八条 向大气排放污染物的企业事业单位和其他生产经营者，应当按照国家和本省规定，设置大气污染物排放口及标志。未按照规定设置大气污染物排放口的，不得发放排污许可证。

除因发生或者可能发生安全生产事故或者突发环境事件需要通过应急排放通道排放大气污染物外，禁止通过前款规定以外的其他排放通道排放大气污染物。

第十九条 有大气污染物排放总量控制任务的企业事业单位，应当监测大气污染物排放情况，记录监测数据，并向社会公开。监测数据的保存时间不少于五年。

向大气排放污染物的企业事业单位，应当按照规定设置固定的监测点位或者采样平台并保持正常使用，接受环境保护行政主管部门或者其他监督管理部门的监督性监测。

第二十条 使用每小时 20 蒸吨以上燃煤锅炉或者大气污染物排放量与其相当的窑炉的单位，以及设区的市以上人民政府环境保护行政主管部门确定的排放大气污染物重点监管的单位，应当配备经计量检定合格的自动监控设备，保持稳定运行，保证监测数据准确。自动监控设备应当在线联网，纳入环境保护行政主管部门的统一监控系统。

第二十一条 省人民政府环境保护行政主管部门和市、县人民政府应当按照国家和省规定，建立自动监测网络，组织开展大气环境质量监测，按日公开可吸入颗粒物、细颗粒物等大气环境质量信息。

省人民政府环境保护行政主管部门应当每月公布设区的市大气环境质量。

省、设区的市人民政府环境保护行政主管部门应当会同气象部门建立会商机制，开展大气环境质量预报。气象部门应当配合做好大气环境质量预报工作。

第二十二条 省、市、县人民政府应当制定重污染天气应急预案并向社会公布。

省、设区的市人民政府依据重污染天气预报信息，确定重污染天气预警等级并适时发出预警。任何单位和个人不得擅自发布重污染天气预报预警信息。

可能发生重污染天气时，县级以上人民政府应当及时启动应急方案，向社会发布重污染天气的预警信息，并按照预警级别采取责令有关企业停产或者限产、限制部分机动车行驶、停止工地土石方作业和建筑拆除施工、暂停幼儿园和中小学校上课等应对措施。

第二十三条　可能发生大气污染事故的企业事业单位应当按照国家和省规定制定大气污染突发事件应急预案，报环境保护行政主管部门和有关部门备案。

在发生或者可能发生突发大气污染事件时，企业事业单位应当立即采取应对措施，及时通报可能受到大气污染危害的单位和居民，并报告当地环境保护行政主管部门，接受调查处理。

第二十四条　省人民政府应当统筹整合重点大气污染物减排等有关资金，设立大气污染防治专项资金。

县级以上人民政府应当加大对大气污染防治重点项目的政策支持力度，对重点行业清洁生产示范工程给予引导性资金支持，将大气环境质量监测站点建设及其运行和监管经费纳入财政预算。

第二十五条　县级以上人民政府应当建立生态修复制度，采取植树种草、退耕还湖、退耕还林、建设和保护湿地等措施推进生态治理，改善大气环境质量。

第二十六条　县级以上人民政府及其环境保护等有关行政主管部门应当向社会公开大气环境质量、突发大气环境事件、环境影响评价报告、排污许可、排污口管理、排污费征收和使用、污染物排放总量控制、限期治理、环境违法案件及查处、区域限批、大气污染防治专项检查等情况。

第二十七条　企业事业单位有下列情形之一的，应当如实向社会公开其重点大气污染物的名称、排放方式、排放浓度和总量、超标排放情况，以及防治污染设施的建设和运行情况，接受社会监督：

（一）列入大气污染物排放重点监管单位名单的；

（二）重点大气污染物排放量超过总量控制指标的；

（三）大气污染物超标排放的；

（四）国家和省规定的其他情形。

环境保护行政主管部门应当定期公布重点监管单位的监督性监测信息。

第二十八条　县级以上人民政府环境保护行政主管部门和有关部门应当公布违反大气污染防治法律法规受到处罚的企业事业单位及其负责人名单，录入市场主体信用信息公示系统。

第二十九条　推行企业环境污染责任保险制度，鼓励企业投保环境污染责任保险，防控企业环境风险，保障公众环境权益。

第三十条　省人民政府应当建立大气环境保护目标责任制和考核评价制度。考核评价应当听取公众意见，考核结果向社会公开。

对省人民政府有关部门和市、县人民政府及其负责人的综合考核评价，应当包含重点大气污染物排放总量控制指标达标情况、大气环境质量改善目标完成情况、资金投入使用情况、公众满意程度等相关方面。

对因工作不力、履职缺位等导致未能有效应对重污染天气，干预、篡改、伪造监测数据，超过国家重点大气污染物排放总量控制指标，或者未完成年度大气环境保护目标的，由省人民政府环境保护行政主管部门会同监察等有关部门约谈当地人民政府的主要负责人，并暂停审批该地区新增重点大气污染物排放总量的建设项目环境影响评价文件，取消有关环境保护荣誉称号。

第三章　区域和城市大气污染防治

第三十一条　省人民政府应当在合肥经济圈、皖江城市带、沿淮城市群等区域，建立大气污染和生态破坏联合防治协调机制，实行联防联控。

省人民政府根据实际需要，与长三角区域以及其他相邻省建立下列大气污染联合防治协调机制，开展区域合作：

（一）建立区域重污染天气应急联动机制，按照统一预警分级标准、信息发布、应急响应要求，与相关省、市共同采取相应的应对措施；

（二）建立沟通协调机制，对在省、市边界建设可能对相邻省、市大气环境质量产生重大影响的项目，及时通报有关信息，实施环评会商；

（三）探索建立防治机动车排气污染、禁止秸秆露天焚烧等区域联动执法机制；

（四）建立大气环境质量信息共享机制，实现大气污染源、大气环境质量监测、气象、机动车排气污染检测、企业环境征信等信息的区域共享；

（五）开展大气污染防治科学技术交流与合作。

第三十二条　大气环境质量未达标的地区，市、县人民政府应当制定大气污染限期治理达标规划，按照国家和本省规定的期限和要求，达到大气环境质量标准。

第三十三条　城市人民政府应当将资源环境条件、城市人口规模、人均城市道路面积、大气通道、建筑物高度、公交分担率、绿地率等纳入城市总体规划，形成有利于大气污染物消散的城市空间格局。

第三十四条　在城市规划区内禁止新建、扩建大气污染严重的建设项目，已建的应当搬迁、改造。城市建成区应当在规定的时间内完成重污染企业搬迁、改造或者关闭退出。

企业事业单位和其他生产经营者，在污染物排放符合法定要求的基础上，进一步减少污染物排放的，人民政府应当依法采取财政、税收、价格、政府采购等方面的措施予以鼓励和支持。

第三十五条　市、县人民政府应当根据大气环境质量改善要求，划定高污染燃料禁燃区。

在禁燃区内的企业事业单位和其他生产经营者，应当在规定的期限内停止使用高污染燃料，改用天然气、液化石油气、电能或者其他清洁能源。

县级以上人民政府应当合理规划能源发展布局，控制煤炭产能和消费总量。禁止生产、销售、燃用不符合标准或者要求的煤炭。

第三十六条　鼓励城市规划区内发展集中供热，使用清洁燃料。

在燃气管网和集中供热管网覆盖的区域，不得新建、扩建、改建燃烧煤炭、重油、渣油的供热设施；原有分散的中小型燃煤供热锅炉应当限期拆除。

第三十七条　到2020年，本省行政区域内基本淘汰每小时35蒸吨以下燃煤锅炉，每小时65蒸吨及以上燃煤锅炉全部完成节能和超低排放改造。

第三十八条　县级以上人民政府应当制定扶持政策，支持水能、风能、太阳能、生物质能和地热能等清洁能源的开发利用，扩大天然气利用规模。

省人民政府发展和改革部门应当制定清洁能源发展规划和燃煤总量控制计划，报省人民政府批准后实施。

第四章　工业大气污染防治

第三十九条　大力发展循环经济，鼓励产业集聚发展，按照循环经济和清洁生产的要求，通过合理规划工业布局，引导企业入驻工业园区。

第四十条　钢铁、石油化工、有色金属冶炼、陶瓷、浮法玻璃、再生铅等企业使用的燃煤（焦）窑炉，每小时20蒸吨以上的燃煤锅炉，应当配备脱硫装置。除循环流化床锅炉以外的燃煤机组均应当安装脱硝设施，新型干法水泥窑应当实施低氮燃烧技术改造并安装脱硝设施。

排放粉尘的工业企业应当配套建设除尘设施。燃煤锅炉和工业窑炉的除尘设施应当实施升级改造。

第四十一条　禁止高灰分、高硫分煤炭进入市场。新建煤矿应当同步建设煤炭洗选设施，已建成的煤矿所采煤炭属于高灰分、高硫分的，应当在国家和省规定的期限内建成配套的煤炭洗选设施，使煤炭中的灰分、硫分达到规定的标准。

省人民政府发展和改革部门应当会同有关部门，制定商品煤质量管理办法，报省人民政府批准后实施。

第四十二条　县级以上人民政府应当采取有利于煤炭清洁高效利用、能源转化的经济、技术政策和措施，鼓励坑口发电和煤层气、煤矸石、粉煤灰、炉渣资源的综合利用。

第四十三条　锅炉制造企业应当根据国家锅炉大气污染物排放标准和相关要求，在锅炉产品质量标准中标明相应的污染物初始排放控制要求。

第四十四条　工业生产中产生的可燃性气体应当回收利用。不具备回收利用条件而向大气排放的，应当进行污染防治处理。

可燃性气体回收利用装置不能正常作业的，应当及时修复或者更新。在回收利用装置不能正常作业期间确需排放可燃性气体的，应当将排放的可燃性气体充分燃烧或者采取其他减轻大气污染的措施，并向当地环境保护行政主管部门报告，按照要求限期修复或者更新。

第四十五条 下列产生含挥发性有机物废气的生产和服务活动，应当按照国家规定在密闭空间或者设备中进行，并安装、使用污染防治设施；无法密闭的，应当采取措施减少废气排放：

（一）石油炼制与石油化工、煤炭加工与转化等含挥发性有机物原料的生产；

（二）燃油、溶剂的储存、运输和销售；

（三）涂料、油墨、胶黏剂、农药等以挥发性有机物为原料的生产；

（四）涂装、印刷、黏合、工业清洗等含挥发性有机物的产品使用。

加油加气站、储油储气库、原油成品油码头、原油成品油运输船舶和油罐车、气罐车，应当安装油气回收装置并保持正常使用，并每年向当地环境保护行政主管部门报送由具有检测资质的机构出具的油气排放检测报告。

第四十六条 工业涂装企业应当按照规定，使用低挥发性有机物含量涂料，记录生产工艺、设施及污染控制设备的主要操作参数、运行情况，建立记录生产原料、辅料的使用量、废弃量和去向，以及挥发性有机物含量的台账。台账的保存期限不得少于三年。

第四十七条 生产和使用有机溶剂的企业，对管道、设备进行日常维护、维修时，应当减少物料泄漏，并对已经泄漏的物料及时收集处理。

第四十八条 企业应当全面推进清洁生产，优先采用能源和原材料利用效率高、污染物排放量少的清洁生产技术、工艺和设备，淘汰严重污染大气环境质量的产品、落后工艺和落后设备，减少大气污染物的产生和排放。在钢铁、化工、煤炭、电力、有色金属冶炼、水泥等重点行业开展强制性清洁生产审核，实施清洁生产技术改造。

第五章 机动车船大气污染防治

第四十九条 建立和完善机动车、船排气污染防治工作协调机制，采取严格执行标准、实行标志管理、限期治理和更新淘汰等防治措施。

第五十条 县级以上人民政府应当优先发展公共交通事业，规划、建设和设置有利于公众乘坐公共交通运输工具、步行或者使用非机动车的道路、公共交通枢纽站、自行车租赁服务系统、充电加气等基础设施。倡导和鼓励公众使用公共交通、自行车等方式出行。

国家机关、事业单位、国有企业以及公交、环卫等行业应当率先推广使用新能源和清洁能源机动车。

第五十一条 设区的市人民政府根据城市规划和大气环境质量状况，合理控制燃油机动车保有量，严格控制重型柴油车进入城市建成区，限制摩托车的行驶范围，并向社会公告。

第五十二条　机动车和船舶向大气排放污染物不得超过规定的排放标准。

任何单位和个人不得制造、销售、进口、使用污染物排放超过规定排放标准的机动车和船舶。

第五十三条　在用机动车和船舶应当按照国家规定的检验周期进行排放检验。

对不符合规定排放标准的机动车和船舶，公安机关交通管理部门、海事、渔政等部门不得核发牌证或者安全技术检验合格标志。

第五十四条　机动车维修单位，应当按照国家有关技术标准进行维修。维修后机动车的污染物排放应当达到规定的标准。

机动车二级维护、发动机总成大修、整车大修等维修，应当经排气污染检测合格后，方可交付使用。

第五十五条　省人民政府环境保护行政主管部门和负责质量技术监督的部门应当加强对机动车环保检验机构的监督管理。

从事机动车排放检验的机构，应当按照国家规定的检验方法和技术规范进行检验，如实提供检验报告，并按照规定向当地环境保护行政主管部门联网报送检验信息，不得编造和篡改检验数据和信息。检验机构及其负责人对检验结果承担法律责任。

第五十六条　环境保护行政主管部门会同公安机关交通管理部门，可以对在道路上行驶的机动车的污染物排放状况进行遥感监测。遥感监测取得的数据，可以作为环境执法的依据。

第五十七条　销售机动车、船、航空器使用的燃料，应当符合国家规定的标准。

第五十八条　非道路移动机械大气污染防治，按照国家和省有关规定执行。

第六章　扬尘污染防治

第五十九条　省人民政府环境保护行政主管部门会同有关部门，应当制定和完善扬尘控制技术规范和标准。

县级以上人民政府住房和城乡建设、市容环境卫生、交通运输、环境保护等部门应当根据本级人民政府确定的职责加强对施工工程作业的监督管理，并将扬尘污染的控制状况作为环境综合整治考核的内容。

第六十条　从事房屋建筑、市政基础设施施工、河道整治、建筑物拆除、矿产资源开采、物料运输和堆放、砂浆混凝土搅拌及其他产生扬尘污染活动的相关建设、施工、材料供应、建筑垃圾、渣土运输等单位，应当采取大气污染防治措施，完善污染防治设施，落实人员和经费，全面推行标准化、规范化管理。

第六十一条　建设单位应当在施工前向县级以上人民政府工程建设有关部门提交施工工地扬尘污染防治方案，并保障施工单位扬尘污染防治专项费用。

扬尘污染防治专项费用应当列入安全文明施工措施费，作为不可竞争费用纳入工程建设成本。

第六十二条 施工单位应当按照工地扬尘污染防治方案的要求，在施工现场出入口公示扬尘污染控制措施、负责人、环保监督员、扬尘监管主管部门等有关信息，接受社会监督，并采取下列扬尘污染防治措施：

（一）施工现场实行围挡封闭，出入口位置配备车辆冲洗设施；

（二）施工现场出入口、主要道路、加工区等采取硬化处理措施；

（三）施工现场采取洒水、覆盖、铺装、绿化等降尘措施；

（四）施工现场建筑材料实行集中、分类堆放。建筑垃圾采取封闭方式清运，严禁高处抛撒；

（五）外脚手架设置悬挂密目式安全网的方式封闭；

（六）施工现场禁止焚烧沥青、油毡、橡胶、垃圾等易产生有毒有害烟尘和恶臭气体的物质；

（七）拆除作业实行持续加压洒水或者喷淋方式作业；

（八）建筑物拆除后，拆除物应当及时清运，不能及时清运的，应当采取有效覆盖措施；

（九）建筑物拆除后，场地闲置三个月以上的，用地单位对拆除后的裸露地面采取绿化等防尘措施；

（十）易产生扬尘的建筑材料采取封闭运输；

（十一）建筑垃圾运输、处理时，按照城市人民政府市容环境卫生行政主管部门规定的时间、路线和要求，清运到指定的场所处理；

（十二）启动Ⅲ级（黄色）预警或者气象预报风速达到四级以上时，不得进行土方挖填、转运和拆除等易产生扬尘的作业。

第六十三条 生产预拌混凝土、预拌砂浆应当采取密闭、围挡、洒水、冲洗等防尘措施。

鼓励、支持发展全封闭混凝土、砂浆搅拌。

第六十四条 装卸和运输煤炭、水泥、砂土、粉煤灰、煤矸石、垃圾等易产生扬尘的作业，应当采取遮盖、封闭、喷淋、围挡等措施，防止抛撒、扬尘。

运输垃圾、渣土、砂石、土方、灰浆等散装、流体物料的，应当使用符合条件的车辆，并安装卫星定位系统。

建筑土方、工程渣土、建筑垃圾应当及时运输到指定场所进行处置；在场地内堆存的，应当有效覆盖。

第六十五条 城市道路保洁作业应当符合下列扬尘污染防治要求：

（一）城市主要道路机动车道每日至少洒水降尘或者冲洗一次，雨雪或者最低气温在2℃以下的天气除外；

（二）鼓励在城区道路使用低尘机械化清扫作业方式；

（三）采用人工方式清扫的，应当符合市容和环境卫生作业服务规范。

机场、车站广场、码头、停车场、公园、城市广场、街头游园以及专用道路等露天公共场所，应当保持整洁，防止扬尘污染。

第六十六条 露天开采、加工矿产资源，应当采取喷淋、集中开采、运输道路硬化绿化等防止扬尘污染的措施。开采后应当及时进行生态修复。

已经关闭或者废弃矿山的生态修复，按照《安徽省矿山地质环境保护条例》有关规定执行。

第六十七条 裸露地面应当按照下列规定进行扬尘防治：

（一）待开发的建设用地，建设单位负责对裸露地面进行覆盖；超过三个月的，应当进行临时绿化或者透水铺装；

（二）市政道路及河道沿线、公共绿地的裸露地面，分别由住房和城乡建设、水务、园林绿化部门组织按照规划进行绿化或者透水铺装；

（三）其他裸露地面由使用权人或者管理单位负责进行绿化或者透水铺装，并采取防尘措施。

第七章 其他大气污染防治

第六十八条 县级以上人民政府发展改革、农业等部门应当制定秸秆综合利用方案，推行秸秆还田、秸秆饲料开发、秸秆基料化、秸秆气化、秸秆固化成型燃料、秸秆堆肥、秸秆发电和秸秆工业原料开发等综合利用方式。

县级以上人民政府应当制定秸秆综合利用财政补贴等政策，鼓励、引导秸秆的收集和利用，扶持秸秆收储和综合利用的企业发展。

第六十九条 农业生产经营者应当改进施肥方式，科学合理施用化肥并按照国家有关规定使用农药，减少氨、挥发性有机物等大气污染物的排放。

禁止在人口集中地区对树木、花草喷洒剧毒、高毒农药。

第七十条 禁止在人口集中地区、机场周围、交通干线附近以及当地人民政府划定的区域露天焚烧秸秆、落叶、垃圾等产生烟尘污染的物质。

设区的市和县级人民政府应当公布秸秆禁烧区及禁烧区乡镇、街道名单，接受公众监督。禁烧区内的乡镇人民政府、街道办事处应当落实秸秆禁烧管理工作。

第七十一条 市、县人民政府应当根据当地实际，规定烟花爆竹的禁售、禁放，或者限售、限放的区域和时间。

鼓励开展文明绿色殡葬、祭祀等活动。

第七十二条 禁止在下列地点燃放烟花爆竹：

（一）文物保护单位；

（二）车站、码头、机场等交通枢纽以及铁路线路安全保护区；

（三）易燃易爆物品生产、储存单位；

（四）输变电设施安全保护区；

（五）幼儿园、学校、文化机构、医疗机构、养老机构；

（六）山林、草原、苗圃等重点防火区；

（七）重要军事设施安全保护区；

（八）市、县人民政府规定的禁止燃放烟花爆竹的其他地点。

前款规定禁止燃放烟花爆竹地点的具体范围，有关单位应当设置明显的禁放警示标志。

第七十三条 饮食服务业的经营者应当依法安装和使用与其经营规模相匹配的污染防治设施。餐饮油烟污染防治设施应当包括：

（一）油烟、废气净化装置；

（二）专门的油烟（气）排放通道；

（三）异味处理设施。

本条例实施前未安装和使用与其经营规模相匹配的污染防治设施的，应当限期治理。

禁止在居民住宅楼、未配套设立专用烟道的商住综合楼、商住综合楼内与居住层相邻的商业楼层内新建、改建、扩建产生油烟、异味、废气的饮食服务项目。

第七十四条 市、县人民政府可以划定禁止露天烧烤区域。

任何单位和个人不得在政府划定的禁止露天烧烤区域内露天烧烤食品或者为露天烧烤食品提供场地。

第七十五条 在机关、学校、医院、居民住宅区等人口集中地区和其他依法需要特殊保护的区域内，禁止从事下列生产活动：

（一）橡胶制品生产、经营性喷漆、制骨胶、制骨粉、屠宰、畜禽养殖、生物发酵等产生恶臭、有毒有害气体的生产经营活动；

（二）露天焚烧油毡、沥青、橡胶、塑料、皮革、垃圾或者其他可能产生恶臭、有毒有害气体的活动。

垃圾填埋场、垃圾发电厂、污水处理厂、规模化畜禽养殖场等应当采取措施处理恶臭气体。

第七十六条 县级以上人民政府园林等部门应当采取措施，调整林木、花草种植品种，限制易产生飞絮的林木、花草大面积种植。

第七十七条 向大气排放含放射性物质的气体和气溶胶，必须符合国家有关放射性防护的规定，禁止超过规定的标准排放。

在国家规定的期限内，生产、进口消耗臭氧层物质的单位必须按照国务院有关行政主管部门核定的配额进行生产、进口。

第八章　法律责任

第七十八条　违反本条例第十一条第三款规定的，由县级以上人民政府环境保护行政主管部门责令停止排污或者限制生产、停业整治，处以二十万元以上一百万元以下罚款；情节严重的，报经有批准权的人民政府批准，责令停业、关闭。

第七十九条　违反本条例第十七条规定的，由县级以上人民政府环境保护行政主管部门责令停止排污或者限制生产、停产整治，处二十万元以上一百万元以下罚款；情节严重的，报经有批准权的人民政府批准，责令停业、关闭。

第八十条　违反本条例第十九条第一款规定，有大气污染物排放总量控制任务的企业事业单位，未按照规定监测、记录、保存大气污染物排放数据或者公开虚假大气污染物排放数据的，由县级以上人民政府环境保护行政主管部门责令改正，处以五万元以上二十万元以下罚款；拒不改正的，责令停产整治。

第八十一条　违反本条例第二十条规定，未按规定配备大气污染物排放自动监控设备，或者自动监控设备未稳定运行、数据不准确的，由县级以上人民政府环境保护行政主管部门责令改正，处以五万元以上二十万元以下罚款；拒不改正的，责令停产整治。

第八十二条　违反本条例第二十七条第一款第一项规定的，由县级以上人民政府环境保护行政主管部门责令改正，处以五万元以上二十万元以下罚款。

违反本条例第二十七条第一款第二项、第三项规定的，由县级以上人民政府环境保护行政主管部门责令改正，处以二万元以上十万元以下罚款。

第八十三条　违反本条例第三十五条第二款规定，在禁燃区超出规定期限继续使用高污染燃料的，由县级以上人民政府环境保护行政主管部门组织拆除燃用高污染燃料的设施，处以五万元以上二十万元以下罚款。

违反本条例第三十五条第三款规定的，生产、销售、燃用不符合标准或者要求的煤炭的，由县级以上人民政府产品质量监督、工商行政管理部门按照职责责令改正，没收原材料、产品和违法所得，处货值金额一倍以上三倍以下罚款。

第八十四条　违反本条例第三十六条第二款规定的，由县级以上人民政府环境保护行政主管部门组织拆除，处以五万元以上二十万元以下罚款。

第八十五条　违反本条例第四十四条第一款、第四十五条、第四十六条规定的，由县级以上人民政府环境保护行政主管部门责令改正，处以五万元以上二十万元以下罚款；拒不改正的，责令停产整治。

第八十六条　违反本条例第五十五条第二款规定，不如实提供检验报告的，由县级以上人民政府环境保护行政主管部门没收违法所得，处以十万元以上五十万元以下罚款；情节严重的，由负责资质认定的部门取消其检验资格。

第八十七条　违反本条例第五十七条规定的，由县级以上人民政府工商行政管理部门责令停止销售，没收违法销售的产品；有违法所得的，没收违法所得，处以违法销售金额一倍以上三倍以下罚款。

第八十八条 违反本条例第六十一条第二款规定的，由县级以上人民政府住房和城乡建设部门责令停止施工。

第八十九条 违反本条例第六十二条规定，施工单位未采取扬尘污染防治措施，或者违反本条例第六十三条第一款规定，生产预拌混凝土、预拌砂浆未采取密闭、围挡、洒水、冲洗等防尘措施的，由县级以上人民政府住房和城乡建设部门责令改正，处以二万元以上十万元以下罚款；拒不改正的，责令停工整治。

第九十条 违反本条例第六十四条第一款规定的，由县级以上人民政府环境保护行政主管部门或者其他依法行使监督管理权的部门责令停止违法行为，处以五千元以上二万元以下罚款。

违反本条例第六十四条第二款规定的，由县级以上人民政府环境保护行政主管部门或者其他依法行使监督管理权的部门责令改正，处以五百元以上二千元以下罚款。

违反本条例第六十四条第三款规定的，由县级以上人民政府环境保护行政主管部门责令改正，处二万元以上十万元以下罚款；拒不改正的，责令停工整治或者停业整治。

第九十一条 违反本条例第六十六条第一款规定，露天开采、加工矿产资源，未采取喷淋、集中开采、运输道路硬化绿化等扬尘污染防治措施的，由县级以上人民政府环境保护行政主管部门或者其他依法行使监督管理权的部门责令改正，处以二万元以上十万元以下罚款；拒不改正的，责令停工整治。

第九十二条 违反本条例第七十条第一款规定的，由县级以上人民政府环境保护行政主管部门或者其他依法行使监督管理权的部门责令改正，处以五百元以上二千元以下罚款。

第九十三条 违反本条例第七十二条第一款规定的，由公安部门或者其他依法行使监督管理权的部门责令停止燃放，处以一百元以上五百元以下罚款；构成违反治安管理行为的，依法给予治安管理处罚。

第九十四条 违反本条例第七十三条第一款规定的，由县级以上人民政府确定的监督管理部门责令改正，处以一万元以上五万元以下罚款；拒不改正的，责令停业整治。

违反本条例第七十三条第三款规定的，由县级以上人民政府确定的监督管理部门责令改正；拒不改正的，处以二万元以上十万元以下罚款。

第九十五条 违反本条例第七十四条第二款规定的，由县级以上人民政府确定的监督管理部门责令改正，没收烧烤工具和违法所得，处以二千元以上五千元以下罚款。

第九十六条 违反本条例第七十五条第一款规定的，由县级以上人民政府确定的监督管理部门责令改正，对企业事业单位处二万元以上十万元以下罚款，对个人处五百元以上二千元以下罚款。

第九十七条　企业事业单位和其他生产经营者违反本条例第十六条、第十九条、第四十四条第一款、第四十五条、第六十四条、第七十三条第一款、第七十五条第一款，违法向大气排放污染物，受到罚款处罚，被责令改正，拒不改正的，依法作出处罚决定的行政机关可以自责令改正之日的次日起，按照原处罚数额按日连续处罚。

第九十八条　各级人民政府、县级以上人民政府环境保护行政主管部门和其他负有环境保护监督管理职责的部门有下列行为之一的，对直接负责的主管人员和其他直接责任人员给予记过、记大过或者降级处分；造成严重后果的，给予撤职或者开除处分，其主要负责人应当引咎辞职：

（一）不符合行政许可条件准予行政许可的；

（二）对环境违法行为进行包庇的；

（三）依法应当作出责令停业、关闭的决定而未作出的；

（四）对超标排放污染物、采用逃避监管的方式排放污染物、造成环境事故以及不落实生态保护措施造成生态破坏等行为未及时查处的；

（五）因工作不力、履职缺位等导致未能有效应对重污染天气的；

（六）篡改、伪造或者指使篡改、伪造监测数据的；

（七）应当依法公开环境信息而未公开的；

（八）接到举报后未及时查处或者对举报人的相关信息没有予以保密的；

（九）法律法规规定的其他违法行为。

第九十九条　违反本条例规定，构成犯罪的，依法追究刑事责任。

第九章　附　则

第一百条　本条例自 2015 年 3 月 1 日起施行。

四川省

四川省《中华人民共和国大气污染防治法》实施办法

（2002年7月20日四川省第九届人民代表大会常务委员会第三十次会议通过　2018年12月7日四川省第十三届人民代表大会常务委员会第八次会议修订）

第一章　总　则

第一条　为持续有效保护和改善环境，防治大气污染，保障公众健康，推进生态文明建设，促进经济社会发展与环境保护相协调，根据《中华人民共和国环境保护法》《中华人民共和国大气污染防治法》等法律、法规，结合四川省实际，制定本实施办法。

第二条　本实施办法适用于四川省行政区域内大气污染防治及其监督管理活动。

第三条　地方各级人民政府对本行政区域内的大气环境质量负责。

县级以上地方人民政府应当将大气污染防治工作纳入国民经济和社会发展规划，加大对大气污染防治的财政投入，建立健全政府主导、部门监管、企业尽责、公众参与、社会监督的大气污染共同防治机制。

乡（镇）人民政府、街道办事处应当在县级人民政府相关行政主管部门的指导下做好本辖区的大气环境保护工作，加强大气环境隐患排查，发现存在大气污染问题的，应当及时向负有大气污染防治监督管理职责的有关部门报告。

第四条　县级以上地方人民政府生态环境主管部门对大气污染防治实施统一监督管理，其他有关部门按照法律、法规规定和县级以上地方人民政府确定的职责，对本行政区域内大气污染防治实施监督管理。

第五条　县级以上地方人民政府生态环境主管部门和其他负有大气环境保护监督管理职责的部门可以聘任社会监督员，协助开展大气污染防治监督管理工作。

第六条　县级以上地方人民政府应当鼓励和支持大气环境保护科学技术、大气污染成因和防治对策等研究，推广先进适用的大气污染防治技术和装备，促进科技成果转化，开展相关科学技术交流与合作。

第七条　地方各级人民政府应当加强大气环境保护宣传和普及工作，推动大气环境保护法制宣传，营造大气环境保护的良好氛围，提高公众的大气环境保护意识和素质。

行业协会应当开展大气污染防治法律、法规和相关知识的宣传，督促企业采取有效措施防止和减少大气污染。

公民应当增强大气环境保护意识，采取低碳节约、文明健康等绿色生活方式，自觉履行大气环境保护义务。

第八条　企业事业单位和其他生产经营者应当履行大气污染防治义务，采取有效措施防止、减少大气污染，对造成的损害依法承担责任。

第二章　监督管理

第九条　省人民政府根据大气环境质量状况和经济、技术条件，可以制定严于国家标准的大气环境质量标准和大气污染物排放标准，并可以扩大大气污染物特别排放限值的实施范围。

第十条　企业事业单位和其他生产经营者应当执行国家和省规定的大气污染物排放标准。

地方各级人民政府对执行严于国家和省规定的大气污染物排放标准，主动开展技术改造、设备更新、能源替代的企业事业单位和其他生产经营者应当给予鼓励和支持。

鼓励和支持社会资本参与大气污染防治，引导金融机构增加对大气污染防治项目的信贷支持。

第十一条　实行重点大气污染物排放总量控制制度，逐步削减重点大气污染物排放总量。

省人民政府将国务院下达的重点大气污染物排放总量控制目标分解到市（州）人民政府；市（州）人民政府将本行政区域重点大气污染物排放总量控制指标分解到县（市、区）人民政府；县（市、区）人民政府将本行政区域重点大气污染物排放总量控制指标分解到排污单位。

除国家确定的重点大气污染物外，省人民政府根据需要可以确定本省实施总量控制的其他重点大气污染物。

第十二条　新建、改建、扩建排放重点大气污染物的建设项目，建设单位应当在报批环境影响评价文件前取得重点大气污染物排放总量指标，并在环境影响评价文件中说明指标来源。

生态环境主管部门按照减量替代、总量减少的原则核定重点大气污染物排放总量指标。

第十三条　实行大气污染物排污许可管理制度。

实行排污许可管理的企业事业单位和其他生产经营者，应当按照国家规定取得排污许可证，禁止无排污许可证或者违反排污许可证的规定排放大气污染物。

第十四条 企业事业单位和其他生产经营者建设对大气环境有影响的项目，应当依法进行环境影响评价、公开环境影响评价文件；向大气排放污染物的，应当配套建设大气污染防治设施并正常使用，确保大气污染物达标排放，遵守重点大气污染物排放总量控制要求。

第十五条 向大气排放污染物的企业事业单位和其他生产经营者，应当按照国家和省有关规定设置大气污染物排放口。

禁止通过偷排、漏排或者篡改、伪造监测数据、以逃避现场检查为目的的临时停产、非紧急情况下开启应急排放通道、擅自拆除或者不正常运行大气污染防治设施等逃避监管的方式排放大气污染物。

因发生或者可能发生安全生产事故等紧急情况，应当按照应急预案通过应急排放通道排放大气污染物，立即采取必要措施减轻或者消除危害，并同时向生态环境主管部门报告。

第十六条 排放工业废气或者有毒有害大气污染物的企业事业单位和其他生产经营者，应当按照国家有关规定和监测规范设置监测点位和采样监测平台，进行自行监测或者委托具有相应资质的单位进行监测。原始监测记录保存期限不得少于三年。

县级以上地方人民政府生态环境主管部门应当依法采取动态抽查等形式对前款规定情形进行监督管理，及时向社会公布。

第十七条 省、市（州）人民政府生态环境主管部门应当按照国务院生态环境主管部门的规定确定大气污染物重点排污单位名录，并向社会公布。

重点排污单位应当按照相关技术规范安装大气污染物排放自动监测设备，与县级以上地方人民政府生态环境主管部门的监控系统联网，保证监测设备正常运行并依法公开排放信息，对监测数据的真实性和准确性负责。

第十八条 重点排污单位应当接受社会监督，依法公开以下环境信息：

（一）排放信息，主要大气污染物及特征污染物的名称、排放方式、排放口数量和分布情况、排放浓度和总量、超标排放情况，以及执行的大气污染物排放标准、核定的排放总量；

（二）大气污染防治设施的建设和运行情况；

（三）建设项目环境影响评价及其他环境保护行政许可情况；

（四）突发大气环境事件应急预案；

（五）法律、法规规定的其他应当公开的信息。

第十九条 县级以上地方人民政府生态环境主管部门负责组织建设与管理本行政区域大气环境质量和大气污染源监测网，设置大气环境质量监测站（点），加强监测能力建设，开展大气环境质量和大气污染源监测，并统一发布本行政区域大气环境质量状况信息。

第二十条 生态环境主管部门及其环境执法机构和其他负有大气环境保护监督管理职责的部门，有权通过现场检查监测、自动监测、遥感监测、远红外摄像等方式，对排放大气污染物的企业事业单位和其他生产经营者进行监督检查。

被检查者应当如实反映情况，提供必要资料，不得拒绝、阻挠和拖延。实施监督检查的部门、机构及其工作人员应当为被检查者保守商业秘密。

第二十一条　企业事业单位和其他生产经营者，有下列行为之一，造成或者可能造成严重污染的，或者有关证据可能灭失或者被隐匿的，县级以上地方人民政府生态环境主管部门和其他负有大气环境保护监督管理职责的部门可以依法对有关设施、设备、物品进行查封、扣押：

（一）在高污染燃料禁燃区燃用高污染燃料的；

（二）违反规定排放含重金属、持久性有机污染物等有毒有害大气污染物的；

（三）未按照规定执行重污染天气应急减排措施的；

（四）其他违反法律、法规规定排放大气污染物的行为。

第二十二条　县级以上地方人民政府生态环境主管部门和其他负有大气环境保护监督管理职责的部门，应当依法公开以下环境信息：

（一）大气环境质量状况；

（二）重点排污单位大气污染物监测及不定期抽查、检查、明察暗访等情况；

（三）大气环境质量标准、大气污染物排放标准；

（四）大气环境违法者名单及大气环境违法典型案例；

（五）突发大气污染环境事件及应对情况；

（六）大气环境行政许可、行政处罚、行政强制等情况；

（七）举报电话、网址、电子邮箱等途径，受理范围以及处理结果；

（八）重污染天气预警、应对措施；

（九）大气环境质量目标责任和考核评价情况；

（十）法律、法规规定的其他应当公开的信息。

第二十三条　县级以上地方人民政府生态环境主管部门和其他有关部门应当加强大气污染防治信息化建设，逐步完善环境监测、污染源监控、监督管理信息系统，实现大气污染防治监督管理的信息共享。

第二十四条　县级以上地方人民政府应当组织有关部门研究分析本行政区域大气污染来源及其变化趋势，编制并动态更新大气污染物排放源清单。

第二十五条　对污染大气环境的行为，任何单位和个人有权向县级以上地方人民政府生态环境主管部门或者其他负有大气环境保护监督管理职责的部门举报、投诉。

县级以上地方人民政府生态环境主管部门和其他负有大气环境保护监督管理职责的部门，应当公布举报、投诉方式。举报、投诉的违法行为属于本部门职责范围的，应当及时核实、处理；不属于本部门职责范围的，应当及时移交有权处理的部门，并告知实名举报、投诉人。

县级以上地方人民政府可以公布统一的举报、投诉方式。接到举报的部门应当为举报人保密，举报内容经查证属实的，对举报人给予奖励。

第二十六条 实行大气环境质量目标责任制和考核评价制度。

省人民政府制定大气污染防治考核办法，对市（州）人民政府及省有关部门大气环境质量改善目标和大气污染防治重点任务等完成情况实施考核。考核结果应当向社会公开。建立环境空气质量激励约束考核机制，设立省级环境空气质量激励资金，对完成环境空气质量考核任务的市（州）予以资金激励；对未完成考核任务的市（州）予以扣罚。

市（州）人民政府可以制定考核实施细则。

第二十七条 未达到国家大气环境质量标准城市的人民政府应当制定大气环境质量限期达标规划，采取措施，按照国家和省规定的期限达到大气环境质量标准。

已达到国家大气环境质量标准城市的人民政府应当制定大气环境质量持续改善规划。

县级以上地方人民政府每年在向本级人民代表大会或者其常务委员会报告环境状况和环境保护目标完成情况时，应当报告大气环境质量限期达标或者持续保护和改善情况，并向社会公开。

第二十八条 有下列情形之一的，省生态环境主管部门应当会同有关部门约谈市（州）人民政府或者县（市、区）人民政府主要负责人，约谈情况应当向社会公开：

（一）大气环境质量明显恶化的；

（二）未完成大气环境质量改善目标的；

（三）超过重点大气污染物排放总量控制指标的；

（四）未完成大气污染防治重点任务的；

（五）省人民政府规定的其他情形。

有前款第二项、第三项情形的，生态环境主管部门应当暂停审批该区域内新增重点大气污染物排放总量的建设项目的环境影响评价文件；工业园区、企业有前款第三项情形的，生态环境主管部门应当暂停审批该园区或者该企业新增重点大气污染物排放总量的建设项目的环境影响评价文件。

第三章 重点区域和城市污染防治

第二十九条 省人民政府根据国家有关规定，与周边相邻省、自治区、直辖市人民政府建立大气污染联合防治机制，开展大气污染联合防治。

第三十条 省人民政府根据主体功能区划、区域大气环境质量状况和大气污染传输扩散规律，参照国家大气污染防治重点区域有关规定，划定本省大气污染防治重点区域，并根据实际情况予以调整。

重点区域实行区域统筹、综合规划和联合防治制度。

市（州）人民政府可以在本辖区其他非重点区域执行重点区域大气污染防治措施。

第三十一条　省人民政府应当组织生态环境及有关部门、重点区域内有关市（州）人民政府，建立大气环境资源承载能力监测预警机制，根据重点区域内经济社会发展和大气环境承载力，制定重点区域的大气污染联合防治规划，明确控制目标，优化区域经济布局，统筹交通管理，发展清洁能源，提出重点防治任务和综合措施。

第三十二条　在本省重点区域内可以实行下列大气污染防治措施：

（一）实施大气污染物特别排放限值或者更严格的大气污染物排放标准；

（二）对资源环境承载能力超载地区实行更严格的区域限批；

（三）禁止新增化工园区；

（四）禁止新增钢铁、焦化、电解铝、铸造、水泥和平板玻璃等产能；

（五）禁止新建、扩建高污染燃料燃用设施设备；

（六）法律、法规规定的其他大气污染防治措施。

第三十三条　省人民政府根据国家和省有关规定，建立重点区域的大气污染联合防治协调机制：

（一）建立沟通协调机制，对在省、市（州）边界建设可能对相邻省、自治区、直辖市、市（州）大气环境产生重大影响的开发利用项目，及时通报有关信息，实施环评会商；

（二）建立大气环境质量信息共享机制，实现气象、大气污染源、大气环境质量监测、机动车排气污染检测、企业环境征信等信息的区域共享；

（三）建立区域重污染天气应急联动机制，及时通报预警和应急响应的有关信息，商请相关省、自治区、直辖市、市（州）采取相关应对措施；

（四）建立大气环境联合执法、交叉执法机制，协商解决跨区域大气环境污染。

第三十四条　城市人民政府应当大力发展城市公共交通，优化道路设置，保障交通畅通，并根据城市发展和大气污染防治需要，合理控制燃油机动车保有量。

城市人民政府应当加快新能源和清洁能源汽车基础设施建设，鼓励和支持公共交通、出租车、环卫、邮政、快递等行业用车和公务用车率先使用新能源和清洁能源汽车。

第三十五条　城市人民政府可以根据大气环境质量状况划定并公布禁止使用高排放非道路移动机械的区域。生态环境主管部门可以采用电子标签、电子围栏、排气监控等技术手段对禁止区域进行实时监控。

第三十六条　城市建成区内的大气污染严重企业，应当有计划地逐步搬迁、改造、转型退出或者依法关闭。

第四章　重点领域污染防治

第三十七条　地方各级人民政府应当根据区域环境资源状况，优化能源结构，推广水电、天然气、页岩气、太阳能、风能等清洁能源开发和利用。

第三十八条　电力调度应当优先安排水电等清洁能源发电上网，逐渐减少煤炭等化石燃料使用量。

第三十九条 城市人民政府应当划定并公布高污染燃料禁燃区，并根据大气质量改善要求，逐步扩大禁燃区范围。高污染燃料目录按照国家规定执行。

在禁燃区内，禁止销售、燃用高污染燃料；禁止新建、扩建燃用高污染燃料的设施，现有燃用高污染燃料的设施应当在规定期限内改用天然气、页岩气、液化石油气、电或者其他清洁能源。

第四十条 县级以上地方人民政府应当组织有关部门制定本行政区域内的锅炉整治计划，限期淘汰不符合国家和省有关规定的燃煤锅炉。

第四十一条 县级以上地方人民政府应当加大砖瓦、化工、垃圾焚烧等行业大气污染整治力度。

燃煤发电、钢铁、水泥、平板玻璃等重点行业应当按照国家和省的规定完成超低排放改造。

燃煤发电电力调度应当优先安排超低排放燃煤机组发电上网。

第四十二条 县级以上地方人民政府经济综合主管部门应当会同有关部门，组织企业事业单位和其他生产经营者执行国家综合性产业政策目录，淘汰落后产能。

企业事业单位和其他生产经营者应当在规定期限内停止生产、进口、销售或者使用列入前款规定目录中的设备和产品。工艺的采用者应当在规定期限内停止采用列入前款规定目录中的工艺。被淘汰的设备和产品，不得转让给他人使用。

禁止新建、扩建、改建列入淘汰类名录的高污染工业项目。

第四十三条 生产、进口、销售、使用含有挥发性有机物的原材料和产品的，其挥发性有机物含量应当符合规定的限值标准。

政府采购应当按照国家规定优先采购低挥发性有机物含量的产品。

医院、学校和幼儿园、养老院、交通运输场站等场所内禁止使用高挥发性有机物含量的产品。

医院、学校和幼儿园、养老院、交通运输场站等场所和设施的业主单位或者经营单位应当在新建、改建、扩建、装修等工程竣工后，进行空气质量监测，并在显著位置公布监测结果。县级以上地方人民政府生态环境主管部门应当加强动态抽检。

第四十四条 石化、有机化工、电子、装备制造、工业涂装、包装印刷、家具制造等产生含有挥发性有机物废气的企业，应当使用低挥发性有机物含量的原辅材料，并建立台账，记录生产原辅料的使用量、废弃量、去向以及挥发性有机物含量。台账保存期限不得少于三年。

第四十五条 城市人民政府在制定城市总体规划时，应当综合考虑大气环境承载能力、资源环境条件、城市人口规模、大气通道、建筑物高度密度、公交分担率、绿地率等因素，科学规划城市空间和产业布局，构建城市通风廊道，形成有利于大气污染物消散的城市空间格局。

第四十六条　机动车船、非道路移动机械应当达标排放，不得排放黑烟或者其他明显可视污染物。

禁止生产、进口或者销售大气污染物排放超过标准的机动车船、非道路移动机械。

第四十七条　机动车和非道路移动机械生产、进口企业，应当按照国家规定向社会公开其生产、进口机动车和非道路移动机械的环保信息，并对信息公开的真实性、准确性、及时性、完整性负责。

机动车生产、进口企业在产品出厂或者货物入境前，应当以随车清单的方式公开主要环保信息。非道路移动机械生产、进口企业在产品出厂或者货物入境前，应当在机身明显位置粘贴环保信息标签，公开主要环保信息。

省人民政府生态环境主管部门可以通过现场检查、抽样检查等方式，加强对新生产机动车和非道路移动机械环保信息公开工作的监督管理。

第四十八条　县级以上地方人民政府生态环境主管部门可以在机动车集中停放地、维修地等场所对在用机动车的大气污染物排放状况进行监督抽测，交通运输等部门予以配合。

在不影响正常通行的情况下，县级以上地方人民政府生态环境主管部门可以通过遥感监测、便携式检测设备等技术手段对在道路上行驶的机动车的大气污染物排放状况进行监督抽测，公安机关交通管理部门予以配合。

第四十九条　机动车排放检验机构应当按照国家和省规定的排放检验方法、技术规范进行检验，并与生态环境主管部门联网，实现检验数据实时共享。机动车排放检验机构及其负责人对检验数据的真实性和准确性负责。

生态环境主管部门和机动车排放检验检测认证部门应当定期组织对机动车排放检验机构开展监督性检查和动态抽检。

第五十条　机动车维修单位应当按照大气污染防治的要求和国家有关技术规范开展机动车维修和保养，使其达到规定的排放标准。

交通运输主管部门制定实施机动车检测与维护制度，确保在用车达到规定的能耗和排放标准，会同生态环境主管部门建立信息共享机制，依法加强监督管理。

第五十一条　县级以上地方人民政府交通运输、自然资源、住房和城乡建设、农业农村、林业和草原、水利等主管部门和非道路移动机械使用单位应当建立在用非道路移动机械管理台账，包括种类、数量、排放、使用场所等信息。

县级以上地方人民政府生态环境主管部门应当会同相关部门对非道路移动机械的大气污染物排放状况进行监督检查，排放不合格的，不得使用。

第五十二条　达到国家强制报废标准的机动车，应当按照国家有关规定进行登记、拆解、销毁等处理。对达到国家强制报废标准逾期不办理注销登记的机动车，公安机关交通管理部门应当及时公告机动车登记证书、号牌、行驶证作废。

鼓励和支持高排放机动车船、非道路移动机械提前报废。

县级以上地方人民政府可以采取经济补偿等措施淘汰高排放机动车、非道路移动机械。

第五十三条 新建机场、码头应当规划、建设岸基供电设施；已经建成的机场、码头应当逐步实施岸基供电设施改造。民用航空器、机动船舶靠港后应当优先使用岸电，减少大气污染排放。

船舶检验机构对船舶发动机及有关设备进行排放检验。经检验符合国家排放标准的，船舶方可运营。

第五十四条 建设单位应当将施工扬尘污染防治费用列入工程造价，在施工承包合同中明确施工单位控制扬尘污染的责任。

工程监理单位应当将扬尘污染防治纳入工程监理细则，对发现的扬尘污染行为，应当要求施工单位立即改正；对不立即整改的，及时报告有关主管部门。

第五十五条 施工工地应当遵守下列规定：

（一）在施工现场出入口公示施工负责人、扬尘污染控制措施、主管部门以及举报电话等信息，接受社会监督；

（二）施工工地设置围墙或者硬质密闭围挡，并对围挡进行维护；

（三）对施工现场进出口通道、场内道路，以及材料存放区、加工区等场所地坪硬化，对其他场地进行覆盖或者临时绿化，对土方集中堆放并按照规范覆盖或者固化；

（四）施工现场出入口应当设置车辆冲洗设施，施工及运输车辆经除泥、冲洗后方能驶出工地，不得带泥上路；

（五）露天堆放的河沙、石粉、水泥、灰浆等易产生扬尘的物料以及不能及时清运的建筑垃圾，应当设置不低于堆放高度的密闭围栏，并对堆放物品予以覆盖；

（六）土方施工、主体施工、装饰装修、总坪施工及爆破、拆除、切割作业时，应当使用洒水或者喷淋等降尘措施；

（七）城市建成区施工工地应当安装在线监测和视频监控设备，并与当地有关主管部门联网。

县级以上地方人民政府相关部门按照职责要求对建设工程施工扬尘污染实施监督管理，将扬尘污染防治情况纳入建筑施工各方责任主体信用信息，并纳入资质等级、项目招投标管理。

第五十六条 地方各级人民政府应当加强公路养护和货运源头管理，依法实施规范化装卸、标准化运输，降低大气扬尘污染。

城市人民政府应当加强道路、广场、停车场和其他公共场所的清扫保洁管理，推行清洁动力机械化清扫等低尘作业方式，防治扬尘污染。

第五十七条　矿山开采企业应当防治扬尘污染；存放尾矿、废石、废渣、泥土等，应当采取设置围挡、防尘布（网）等防尘措施；矿山开采后应当及时回填、绿化，修复生态。

第五十八条　石材加工企业应当采用湿法加工工艺，无法使用湿法工艺的应当安装收尘装置，防治粉尘污染。

在城市建成区内从事石材销售、加工企业和其他生产经营者，不得进行石材露天切割、打磨等作业。

第五十九条　机动车维修、五金加工、广告制作、服装干洗等经营活动，应当按照国家有关标准或者要求设置异味和废气处理装置等污染防治设施并保持正常使用，防止影响周边环境，不得在露天进行喷涂作业。

第六十条　省、市（州）人民政府发展改革部门应当会同同级农业农村、财政主管部门制定秸秆综合利用中长期发展规划，组织建立秸秆收集、贮存、运输和综合利用服务体系，统筹安排产业发展、项目建设和财政补贴。

地方各级人民政府有关部门应当落实国家关于促进农作物秸秆综合利用产业发展的税收、投资、用地、用电、信贷等扶持政策。

第六十一条　市（州）人民政府应当划定禁烧区。

禁止在禁烧区及人口集中地区、机场周围、交通干线、高压电线路等区域露天焚烧秸秆、落叶、杂草等产生烟尘污染的物质。

第六十二条　任何单位和个人不得在城市建成区、人口集中地区和其他依法需要特殊保护的区域焚烧沥青、油毡、橡胶、塑料、皮革、垃圾以及其他产生有毒有害烟尘和恶臭气体的物质。

第六十三条　排放油烟的餐饮服务业经营者应当安装油烟净化设施并保持正常使用，或者采取其他油烟净化措施，确保达标排放。

禁止通过下水管道、私挖地沟等方式排放油烟。

禁止在居民住宅楼、未配套设立专用烟道的商住综合楼以及商住综合楼内与居住层相邻的商业楼层内新建、改建、扩建产生油烟、异味、废气的餐饮服务项目。

第六十四条　县（市、区）人民政府根据实际情况划定露天烧烤禁止区，任何单位和个人不得在禁止的时段和区域内露天烧烤食品或者为露天烧烤食品提供场地。

禁止在人口集中地区露天熏制腊肉、香肠等腌腊制品。

第六十五条　市（州）、县（市、区）人民政府可以根据气象条件和大气环境质量状况，划定烟花爆竹禁燃禁放区。任何单位和个人不得在当地人民政府禁止的时段和区域内燃放烟花爆竹。

地方各级人民政府应当鼓励、引导公民以文明低碳方式举办祭祀等活动，减少燃放烟花爆竹和祭祀烧纸等产生的污染。

第六十六条　畜禽养殖企业（户）应当及时对污水、畜禽粪便和尸体等进行收集、贮存、清运和无害化处理，防止排放恶臭气体。

第六十七条 县级以上地方人民政府应当按照水污染防治法律、法规的要求加强黑臭水体整治，防止排放恶臭气体。

第五章 重污染天气应对

第六十八条 省、市（州）生态环境主管部门应当会同同级气象主管机构等有关部门建立重污染天气监测预警、会商和信息通报等机制，完善重污染天气监测预警体系。

第六十九条 县级以上地方人民政府应当将重污染天气应对纳入突发事件应急管理体系，制定重污染天气应急预案，报上一级生态环境主管部门备案，向社会公布，并根据实际需要和情势变化适时修订。

重点排污单位应当根据所在地重污染天气应急预案，编制本单位重污染天气应急响应操作方案。

第七十条 省人民政府和市（州）人民政府负责重污染天气预警的发布、调整和解除，其他任何单位和个人不得擅自向社会发布。

预警信息发布后，县级以上地方人民政府及其有关部门应当通过电视、广播、网络、短信等途径告知公众采取健康防护措施，指导公众出行和调整其他相关社会活动。

第七十一条 县级以上地方人民政府应当根据重污染天气的预警等级，及时启动应急预案，按照预警级别可以采取下列应急措施：

（一）责令有关企业停产或者限产；

（二）限制部分机动车行驶；

（三）禁止燃放烟花爆竹；

（四）停止工地土石方作业和建筑物拆除施工；

（五）停止露天烧烤；

（六）停止幼儿园和学校组织的户外活动或者教学活动，停止养老院、福利院组织的户外活动；

（七）停止组织露天体育比赛活动及其他露天举办的群体性活动；

（八）组织开展人工影响天气作业等应急措施；

（九）增加城市道路机械化清扫和冲洗频次；

（十）国家和省规定的其他应急措施。

企业事业单位和其他生产经营者、公民应当配合政府及其有关部门采取的重污染天气应急响应措施。

第七十二条 省人民政府应当组织盆地及周边市（州）人民政府建立大气污染治理人工干预联动机制，科学利用有利的气象条件，对四川盆地及周边地区开展常态化飞机增雨消霾作业，减少盆地空气滞留区大气污染物的累积。

重点区域内的城市人民政府应当制定更严格的预警预报要求和应急措施；对不利气象条件和环境质量急剧恶化，可能发生长时间或者高浓度的重污染天气的，应当提前预警并进入应急状态。

第七十三条　可能发生重污染天气的地方人民政府应当组织制定相关行业企业错峰生产实施计划，明确实施错峰生产的行业及企业名单等内容。

有关部门应当督促相关企业落实错峰生产计划，企业应当按照计划对生产经营活动进行调整，减少或者暂停排放大气污染物的生产、作业。

第六章　法律责任

第七十四条　违反本实施办法规定的行为，法律、法规已有法律责任规定的，从其规定。

第七十五条　违反本实施办法第十五条第三款规定，未采取必要措施减轻或者消除危害，或者未按照规定如实报告的，由县级以上地方人民政府生态环境主管部门责令改正，处一万元以上五万元以下的罚款。

第七十六条　违反本实施办法第十六条第一款规定，未按照规定设置监测点位或者采样监测平台的，由县级以上地方人民政府生态环境主管部门责令限期改正；逾期不改正的，处二万元以上二十万元以下的罚款。

第七十七条　违反本实施办法第三十五条规定，在禁止使用高排放非道路移动机械的区域使用高排放非道路移动机械的，由城市人民政府生态环境等主管部门对其使用单位或者个人处每台次五千元的罚款。

第七十八条　违反本实施办法第四十六条第一款规定，机动车驾驶人驾驶排放检验不合格或者排放黑烟或者其他明显可视污染物的机动车上道路行驶的，由公安机关交通管理部门依法予以处罚；使用排放不合格或者排放黑烟或者其他明显可视污染物的非道路移动机械的单位或者个人，由县级以上地方人民政府生态环境主管部门责令改正，并处五千元的罚款。

第七十九条　违反本实施办法第五十四条第二款规定，建设项目监理单位未将扬尘污染防治纳入工程监理细则；对发现的扬尘污染行为，未及时要求施工单位改正，并报告有关主管部门的，由住房和城乡建设、交通运输、水利等扬尘监督管理部门按照职责分工，责令限期改正；情节严重的，可以处一万元以上五万元以下的罚款。

第八十条　违反本实施办法第五十五条第一款第二项、第三项、第四项、第五项、第六项、第七项规定的，由县级以上地方人民政府住房和城乡建设等主管部门责令改正，处二万元以上十万元以下的罚款；拒不改正的，责令停工整治。

第八十一条　违反本实施办法第五十八条第二款规定的，由县级以上地方人民政府确定的监督管理部门责令限期改正；逾期不改正的，对单位处一万元以上三万元以下的罚款，对个人处五千元以上一万元以下的罚款。

第八十二条 违反本实施办法第六十一条第二款规定的，由县级以上地方人民政府确定的监督管理部门责令改正，并可以处五百元以上二千元以下的罚款。

第八十三条 违反本实施办法第六十二条规定的，由县级以上地方人民政府确定的监督管理部门责令改正，对单位处二万元以上十万元以下的罚款，对个人处五百元以上二千元以下的罚款。

第八十四条 违反本实施办法第六十三条第一款、第二款规定的，由县级以上地方人民政府确定的监督管理部门责令改正，处五千元以上五万元以下的罚款；拒不改正的，责令停业整治。

违反本实施办法第六十三条第三款规定的，由县级以上地方人民政府住房和城乡建设部门责令改正；拒不改正的，予以关闭，并处一万元以上十万元以下的罚款。

第八十五条 违反本实施办法第七十一条规定，拒不执行停止工地土石方作业或者建筑物拆除施工等重污染天气应急措施的，由县级以上地方人民政府确定的监督管理部门处一万元以上十万元以下的罚款。

第八十六条 地方各级人民政府、县级以上地方人民政府生态环境主管部门和其他负有大气环境保护监督管理职责的部门有下列行为之一的，对直接负责的主管人员和其他直接责任人员依法给予处理：

（一）不符合行政许可条件准予行政许可的；

（二）对大气环境违法行为进行包庇的；

（三）依法应当作出责令停业、关闭的决定而未作出的；

（四）发现或者接到举报未及时查处大气污染违法行为的；

（五）违法查封、扣押企业事业单位和其他生产经营者的设施、设备、物品的；

（六）篡改、伪造监测数据或者指使篡改、伪造监测数据的；

（七）应当依法公开大气环境信息而未公开的或者公布虚假大气环境信息的；

（八）经约谈后整改不力的；

（九）法律、法规规定的其他违法行为。

第七章 附 则

第八十七条 本实施办法中下列用语的含义：

（一）重点大气污染物，是指国家和省人民政府根据改善大气环境质量的需要，作为约束性指标纳入国民经济和社会发展规划，确定实施排放总量控制和削减的大气污染物，如二氧化硫、氮氧化物等。

（二）高污染燃料，是指《高污染燃料目录》规定的根据产品品质、燃用方式、环境影响等因素确定的需要强化管理的燃料。

（三）有毒有害大气污染物，是指列入国家有毒有害大气污染物名录的对人体健康和生态环境产生危害和影响的大气污染物。

（四）非道路移动机械，是指用于非道路上的，自驱动或者具有双重功能，或者不能自驱动，但被设计成能够从一个地方移动或者被移动到另一个地方的机械，包括工业钻探设备、工程机械、农业机械、林业机械、渔业机械、材料装卸机械、叉车、雪犁装备、机场地勤设备、空气压缩机、发电机组、水泵等。

（五）重污染天气，是指由于工业废气、机动车尾气、扬尘、大面积秸秆焚烧等污染物排放而发生在较大区域的累积性大气污染，环境空气质量指数达到重污染天气应急预案规定标准程度的气象天气。

（六）挥发性有机物，是指特定条件下具有挥发性的有机化合物的统称。主要包括非甲烷总烃（烷烃、烯烃、炔烃、芳香烃等）、含氧有机化合物（醛、酮、醇、醚等）、卤代烃、含氮化合物、含硫化合物等。

第八十八条　本实施办法自 2019 年 1 月 1 日起施行。

云南省

云南省大气污染防治条例

（2018年11月29日云南省第十三届人民代表大会常务委员会第七次会议审议通过）

第一章 总 则

第一条 为了防治大气污染，保持大气环境质量优良，保障公众健康，推进生态文明建设，促进经济社会可持续发展，根据《中华人民共和国环境保护法》《中华人民共和国大气污染防治法》等有关法律、行政法规的规定，结合本省实际，制定本条例。

第二条 本省行政区域内的大气污染防治及其监督管理活动适用本条例。

第三条 大气污染防治应当坚持保护优先、规划先行；源头治理、综合施策；公众参与、社会监督、损害担责的原则。

第四条 县级以上人民政府应当将大气污染防治工作纳入国民经济和社会发展规划，优化产业结构和布局，加大对大气污染防治的财政投入，加强大气污染防治资金的监督管理。

县级以上人民政府对本行政区域内的大气环境质量负责，根据本行政区域内大气环境质量制定大气污染防治规划，明确重点任务，采取控制措施，确保大气环境质量保持优良。乡（镇）人民政府和街道办事处根据上级人民政府要求，做好本辖区的大气污染防治工作。

第五条 省人民政府制定大气污染防治考核办法，对大气环境质量改善目标、大气污染防治重点任务完成情况进行考核，并向社会公开考核结果。

州（市）人民政府根据与省人民政府签订的大气污染防治目标责任书，将目标任务分解纳入县（市、区）人民政府及其负责人年度考核评价内容，并向社会公开考核结果。

第六条 县级以上人民政府生态环境主管部门对大气污染防治实施统一监督管理，其他有关部门按照法律、法规规定和县级以上人民政府关于生态环境工作的职责分工，对大气污染防治实施监督管理。

第七条 鼓励和支持高等院校、科研院所、企业等开展大气环境保护科学技术、大气污染成因和防治对策等研究，推广应用先进的大气污染防治技术，开展相关科学技术交流和合作。

第八条 企业事业单位和其他生产经营者应当采取有效措施，防止、减少大气污染，对所造成的损害依法承担责任。

公民应当增强大气环境保护意识，采取绿色、低碳、节俭的生活方式，自觉履行大气环境保护义务。

第二章　大气污染防治的监督管理

第九条　按照国家有关规定依法实行排污许可管理的单位，应当取得排污许可证，并按照排污许可证的规定排放大气污染物，禁止无排污许可证或者不按照排污许可证的规定排放大气污染物。

第十条　本省实行重点大气污染物排放总量控制制度，逐步削减重点大气污染物排放总量。

省人民政府应当按照国务院下达的重点大气污染物排放总量控制目标和国务院生态环境主管部门规定的总量控制指标分解要求，将重点大气污染物排放总量控制指标和任务逐级分解落实，实施总量控制应当以大气环境承载力为基础。排污单位应当遵守重点大气污染物排放总量控制要求。

除国家确定的重点大气污染物外，省人民政府应当根据需要确定本省实施总量控制的其他重点大气污染物。

第十一条　有下列情形之一的，省人民政府生态环境主管部门应当会同有关部门约谈州（市）人民政府或者县（市、区）人民政府的主要负责人，约谈情况应当向社会公开：

（一）未达到大气环境质量标准的；

（二）未完成大气环境质量改善目标的；

（三）超过重点大气污染物排放总量控制指标的。

省人民政府生态环境主管部门应当督促被约谈地区的人民政府采取措施落实约谈要求，并暂停审批该地区新增重点大气污染物排放总量的建设项目环境影响评价文件。

第十二条　县级以上人民政府生态环境主管部门负责组织建设与管理本行政区域大气环境质量和大气污染源监测网，开展大气环境质量监测，统一发布本行政区域大气环境质量状况信息。

第十三条　州（市）人民政府应当根据本地实际情况，组织有关部门对本行政区域大气污染来源及其变化趋势进行研究分析，运用分析结果进行大气污染源排放控制。

第十四条　向大气排放污染物的企业事业单位和其他生产经营者应当按照有关规定设置大气污染物排放口。

根据国家规定开展自行监测的排污单位应当对监测数据的真实性、准确性负责，自行监测的原始记录保存期限不得少于 3 年。

重点排污单位应当按照规定安装使用大气污染物排放自动监测设施，与生态环境主管部门的监控平台联网，保证监测设备正常运行并依法公开排放信息。

第十五条 生态环境主管部门及其环境执法机构和其他负有大气环境保护监督管理职责的部门，有权对管辖范围内排放大气污染物的企业事业单位和其他生产经营者进行监督检查。被检查者应当如实反映情况、提供必要的资料，不得拒绝、阻挠和拖延。实施检查的部门、机构及其工作人员应当为被检查者保守技术秘密和商业秘密。

县级以上人民政府生态环境主管部门和其他负有大气环境保护监督管理职责的部门对违反法律、法规规定排放大气污染物，造成或者可能造成严重大气污染，或者有关证据可能灭失或者被隐匿的，可以对企业事业单位和其他生产经营者的有关设施、设备、物品依法采取查封、扣押等行政强制措施。

第十六条 生态环境主管部门或者其他负有大气环境保护监督管理职责的部门接到大气污染违法行为举报后，应当按照规定进行登记、核实并处理。对实名举报的，生态环境主管部门等承办单位应当为举报人保密，并在规定时限内办结后，将办理结果5个工作日内反馈举报人。对不属于本部门职责权限范围的举报，应当及时转有关单位办理并告知举报人。

第十七条 鼓励和支持环境公益诉讼。对向大气排放污染物，损害社会公共利益的行为，符合法律规定的机关和有关组织可以向人民法院提起环境公益诉讼。

第十八条 县级以上人民政府生态环境主管部门应当加强与公安机关、人民检察院和人民法院的协调配合，建立完善大气污染防治相关的信息共享等机制。

第三章 大气污染防治措施

第十九条 县级以上人民政府应当采取措施优化能源结构，推广利用清洁能源。推进生产和生活领域的以气代煤、以电代煤、以电代柴。加快天然气基础设施建设，增加天然气使用量，实现煤炭减量替代。

支持现有各类工业园区与工业集中区有供热需求的实施热电联产或者集中供热改造，具备条件的工业园区实现集中供热。

各级人民政府应当加强民用散煤管理，增加优质煤炭和洁净型煤供应，推广节能环保型炉具。

第二十条 城市人民政府可以划定并公布高污染燃料禁燃区，并根据大气环境质量改善要求，逐步扩大高污染燃料禁燃区范围。

在禁燃区内，禁止销售、燃用高污染燃料；禁止新建、扩建燃用高污染燃料的设施，已建成的，应当在城市人民政府规定的期限内改用天然气、液化石油气、电或者其他清洁能源。

第二十一条 钢铁、有色金属、建材、石油、炼焦、化工、铁合金、火电等工业企业以及燃煤锅炉使用单位应当按照规定配套建设、使用和维护除尘、脱硫、脱硝等装置。

第二十二条 产生含挥发性有机物废气的生产和服务活动，应当在密闭空间或者设备中进行，并按照规定安装、使用污染防治设施；无法密闭的，应当采取措施减少废气排放。

工业涂装企业应当使用低挥发性有机物含量的涂料，并建立台账，记录生产原料、辅料的使用量、废弃量、去向以及挥发性有机物含量。台账保存期限不得少于 3 年。

第二十三条　储油储气库、加油加气站、原油成品油码头、原油成品油运输船舶和油罐车、气罐车等，应当按照国家有关规定安装油气回收装置并保持正常使用。

第二十四条　城市人民政府应当大力发展城市公共交通，加强城市步行和自行车交通系统建设，支持鼓励选用清洁能源为动力的机动车，引导公众绿色、低碳出行。

交通运输、公安机关交通管理等部门应当按照国务院、省人民政府的要求，限期完成对黄标车的淘汰和柴油车的污染治理。

第二十五条　在本省生产和销售新生产的机动车船和非道路移动机械的，应当符合国家排放标准。

第二十六条　县级以上人民政府生态环境主管部门应当会同交通运输、住房城乡建设、农业农村、水行政等有关部门对非道路移动机械的大气污染物排放状况进行监督检查，排放不合格的，不得使用。

第二十七条　本省生产、销售的机动车船、非道路移动机械燃料应当达到国家规定的标准。燃料销售者应当在其经营场所公布其所销售燃料的质量指标。

工信、商务、能源、应急管理、市场监管等有关管理部门按照职责对生产、销售环节燃料质量开展抽检等监督工作，并向社会公布抽检结果。

第二十八条　从事房屋建筑、市政基础设施建设、水利工程施工、道路建设工程施工、建（构）筑物拆除、园林绿化、物料运输和堆放等可能产生扬尘污染活动的，施工单位应当采取防尘抑尘措施，防止产生扬尘污染，建设单位应当对施工单位进行监管。

第二十九条　建设单位应当将防治扬尘污染的费用纳入工程造价，并在施工承包合同中明确施工单位扬尘污染防治责任。

第三十条　城市规划区施工单位应当制定工地扬尘污染防治方案，并遵守下列施工工地污染防治要求：

（一）公示施工现场负责人、环保监督员、扬尘污染控制措施、举报电话等信息，接受社会监督；

（二）在施工现场周边按照标准设置硬质围挡、采用喷淋等措施；

（三）对施工现场的物料堆放场所采用密闭式防尘网遮盖等措施，对其他裸露场地应进行覆盖，对土石方、建筑垃圾及时清运并进行资源化处理；

（四）施工车辆应当采取除泥、冲洗等除尘措施后方可驶出工地；

（五）道路挖掘施工应当及时覆盖破损路面，并采取洒水等措施防治扬尘污染；道路挖掘施工完成后应当及时修复路面。

第三十一条　对暂时不能开工的建设用地，建设单位应当对裸露地面进行覆盖；超过

3 个月的，应当进行绿化、铺装或者遮盖。

第三十二条 运输煤炭、垃圾、渣土、砂石、土方、灰浆等散装、流体物料的车辆应当采取密闭或者其他措施防止物料遗撒造成扬尘污染，并按照规定路线和时间行驶。

第三十三条 县级以上人民政府应当加强城市建成区和周边地区绿化，防治扬尘污染和土壤风蚀影响。

县级以上人民政府住房城乡建设等部门按照职责分别对市政河道以及河道沿线、公共用地的裸露地面以及其他城镇裸露地面，进行绿化或者透水铺装，减轻扬尘污染。

第三十四条 矿产资源开采、露天物料堆场等应当采用防风抑尘工艺、技术和设备，采取有效措施防治扬尘污染。

第三十五条 县级以上人民政府应当推进秸秆肥料化、饲料化、能源化等开发，实现秸秆综合利用。

在人口集中地区、机场周围、交通干线附近等依法划定的区域内禁止露天焚烧秸秆、落叶、垃圾等产生烟尘污染的物质。

第三十六条 向大气排放持久性有机污染物的企业事业单位和其他生产经营者以及废弃物焚烧设施的运营单位，应当按照国家有关规定采取有利于减少持久性有机污染物排放的技术方法和工艺，配备有效的净化装置，确保达标排放。

第三十七条 企业事业单位和其他生产经营者在生产经营活动中产生恶臭气体的，应当安装净化装置或者采取其他措施防止恶臭气体排放。

垃圾处理场、垃圾中转站、污水处理厂、橡胶制品生产、生物发酵、规模化畜禽养殖、屠宰等产生恶臭气体的单位应当科学选址，与机关、学校、医院、居民住宅区等人口集中地区和其他依法需要特殊保护的区域保持符合规定的防护距离。

第三十八条 排放油烟的餐饮服务业经营者应当安装油烟净化设施并保持正常使用，或者采取其他油烟净化措施，使油烟达标排放，并防止对附近居民的正常生活环境造成影响。

禁止在居民住宅楼、未配套设立专用烟道的商住综合楼以及商住综合楼内与居住层相邻的商业楼层内新建、改建、扩建产生油烟、异味、废气的餐饮服务项目。

县级以上人民政府可以划定并公布禁止露天烧烤的区域，任何单位和个人不得在禁止的区域内露天烧烤食品或者为露天烧烤食品提供场地。

第三十九条 服装干洗和机动车维修等经营者应当按照国家有关规定设置异味和废气处理装置等污染防治设施并保持正常使用，或者采取其他净化、处理措施，防止影响周边环境。

第四十条 鼓励和支持学校、医院、交通运输场站等公共场所建筑物的业主单位或者经营单位在室内装修竣工后，进行室内空气质量监测，并在显著位置公示监测结果。

第四章 重点区域大气污染联合防治和重污染天气应对

第四十一条 省人民政府生态环境主管部门根据主体功能区划、区域大气环境质量状况和大气污染传输扩散规律，划定大气污染防治重点区域，报省人民政府批准。

重点区域实行区域统筹、综合规划和联合防治等制度。

第四十二条 省人民政府生态环境主管部门会同气象主管机构等有关部门建立污染天气监测预警机制。

县级以上人民政府应当将重污染天气应对纳入突发事件应急管理体系。省、州（市）人民政府以及可能发生重污染天气的县级人民政府，应当制定重污染天气应急预案，重污染天气发生时，及时启动应急预案，采取有效应对措施，并向社会公布相关信息。

第四十三条 发生大气污染突发环境事件时，人民政府及其有关部门和相关企业事业单位，应当按照有关法律、法规，做好应急处置工作。生态环境主管部门应当及时对突发环境事件产生的大气污染物进行监测，并按照有关要求向社会公布监测信息。

第五章 法律责任

第四十四条 违反本条例第十四条规定的，由县级以上人民政府生态环境主管部门责令改正，并处2万元以上20万元以下罚款；拒不改正的，责令停产整治。

第四十五条 违反本条例第二十一条至第二十三条规定的，由县级以上人民政府生态环境主管部门责令改正，处2万元以上20万元以下罚款；拒不改正的，责令停产整治。

第四十六条 违反本条例第三十条第二项至第五项和第三十一条规定的，由县级以上人民政府住房城乡建设等主管部门按照职责责令改正，处1万元以上5万元以下罚款；情节严重的，处5万元以上10万元以下罚款；拒不改正的，责令停工整治。

第四十七条 违反本条例第三十二条规定的，由县级以上人民政府确定的监督管理部门责令改正，处2000元以上2万元以下罚款；拒不改正的，车辆不得上道路行驶。

第四十八条 违反本条例第三十五条第二款规定的，由县级以上人民政府确定的监督管理部门责令改正，并可以处500元以上2000元以下罚款。

第四十九条 违反本条例第三十六条、第三十七条第一款规定的，由县级以上人民政府生态环境等主管部门责令改正，处1万元以上10万元以下罚款；拒不改正的，责令停工整治或者停业整治。

第五十条 各级人民政府、生态环境主管部门和其他负有大气环境保护监督管理职责的部门及其工作人员在大气污染防治工作中，滥用职权、玩忽职守、徇私舞弊、弄虚作假的，依据有关法律、法规追究相应责任。

第五十一条 其他违反本条例规定的行为，法律、法规已有处罚规定的，从其规定。

第六章　附　则

第五十二条　省人民政府应当根据《中华人民共和国大气污染防治法》和本条例规定，制定实施细则。

第五十三条　本条例自 2019 年 1 月 1 日起施行。

昆明市机动车排气污染防治条例

（2013年10月31日昆明市第十三届人民代表大会常务委员会第十九次会议通过　2013年11月29日云南省第十二届人民代表大会常务委员会第六次会议批准　根据2017年6月29日昆明市第十四届人民代表大会常务委员会第三次会议通过　2017年7月27日云南省第十二届人民代表大会常务委员会第三十六次会议批准的《昆明市人民代表大会常务委员会关于修改〈昆明市机动车排气污染防治条例〉等三件地方性法规的决定》修正）

第一章　总　则

第一条　为了防治机动车排气污染，保护和改善大气环境，保障人体健康，根据《中华人民共和国大气污染防治法》和其他相关法律、法规，结合本市实际，制定本条例。

第二条　本条例所称机动车排气污染，是指机动车排气管、曲轴箱及燃油系统等向大气排放的污染物所造成的污染。

第三条　本市行政区域内行驶、作业的机动车排气污染防治适用本条例。

第四条　市人民政府应当制定有关政策和措施，鼓励、支持、推广使用优质清洁车用能源，淘汰高污染机动车。

第五条　市人民政府应当建立机动车排气污染防治协调机制。市环境保护行政主管部门对全市机动车排气污染防治实施统一监督管理，负责组织实施本条例，其所属的机动车污染监督管理机构负责机动车排气污染防治的日常监督管理。县（市、区）环境保护行政主管部门按照职责负责辖区内机动车排气污染防治的监督管理。

公安、发展和改革、工业与信息、商务、交通运输、质量技术监督、工商行政管理等行政管理部门应当按照各自职责，做好机动车排气污染防治的监督管理工作。

第六条　市环境保护行政主管部门所属的机动车污染监督管理机构履行下列职责：

（一）开展机动车排气污染防治宣传；

（二）对在用机动车排气污染状况进行监督抽测；

（三）对机动车环保检验机构依法实施监督；

（四）定期向社会公布机动车排气污染及其防治情况；

（五）受理机动车排气污染相关投诉举报及机动车所有人或者使用人提出的对机动车环保检验机构出具的检验报告的异议申请；

（六）受市环境保护行政主管部门委托，查处机动车排气污染防治方面的违法行为。

第七条 市、县（市、区）人民政府应当将机动车排气污染防治纳入环境保护规划，建立机动车排气污染防治监控体系，控制机动车排气污染，保护和改善大气环境。

第二章 预防与控制

第八条 本市机动车污染物排放标准执行国家规定的排放标准。

第九条 在本市禁止销售不符合国家规定的污染物排放标准的机动车；禁止销售不符合国家规定标准的车用燃料。

第十条 在本市初次注册或者办理转移、变更登记的机动车，不符合污染物排放标准的，公安机关交通管理部门不予办理。

第十一条 市公安机关交通管理部门和市环境保护行政主管部门根据本市道路交通流量情况、大气环境质量状况和机动车排气污染具体情况，可以提出对国家要求淘汰的高污染机动车采取城市道路限制行驶方案，经征求社会意见，报经市人民政府批准后公布实施。

第十二条 机动车所有人或者使用人不得擅自拆除、更改机动车排气污染控制装置。

第三章 检验与治理

第十三条 本市机动车应当按照国家或者地方的有关规定，由机动车环保检验机构定期对其进行排放检验。经检验合格的，方可上道路行驶。未经检验合格的，公安机关交通管理部门不得核发安全技术检验合格标志。

机动车所有人应当选择具有机动车环保检验资质的机构进行机动车排气污染检验，并按照价格主管部门核定的标准缴纳检验费用。

第十四条 从事机动车环保检验的机构应当配备与检验业务相适应的专业技术人员及检验仪器设备。

从事机动车环保检验的机构应当按照有关法律、法规和技术规范的要求，对机动车进行排气污染检验，并将检验结果报送市环境保护行政主管部门。

第十五条 环境保护行政主管部门应当会同公安机关交通管理部门对机动车进行排气污染抽测。

被抽测机动车的所有人、驾驶人应当配合抽测。

第十六条 经抽测不符合排放标准或者在道路行驶排放黑烟等明显可见污染物的机动车，由环境保护行政主管部门责令限期治理，同时将该机动车的抽测结果记录在册，并予以公告。

机动车所有人、驾驶人应当按照要求进行治理，经环境保护行政主管部门或者具有机动车环保检验资质的机构复检合格后，方可上路行驶。

环境保护行政主管部门对机动车排气污染的抽测、复检，不得收取费用。

第十七条　任何单位和个人有权对机动车排气污染行为进行投诉和举报。环境保护行政主管部门或者相关行政管理部门应当按照有关规定予以处理和答复。

环境保护行政主管部门可以聘任义务监督员，协助开展机动车污染防治监督。

第十八条　从事机动车发动机和排气污染控制系统维修的企业，应当具备相应资质，在质量保证期内承担质量责任。

第十九条　对机动车排气污染的治理，行政执法部门及其工作人员不得指定维修企业或者产品。

第二十条　机动车污染物排放经检验不符合排放标准且无法修复的，应当按照国家机动车强制报废制度予以报废。

机动车达到报废条件，其所有人不主动报废的，由公安机关交通管理部门依法予以强制注销。

第二十一条　市环境保护行政主管部门应当建立机动车排气污染监督管理数据库和数据传输网络，对检验数据、治理情况等信息进行管理，为有关行政管理部门执法提供统一数据和信息。

市环境保护行政主管部门应当定期向社会公布全市和区域性的机动车排气污染监测情况及有关数据，并提供查询服务。

第四章　法律责任

第二十二条　违反本条例第九条规定的，由工商行政管理部门依法予以处罚。

第二十三条　国家要求淘汰的高污染机动车违反限制行驶规定的，由公安机关交通管理部门处以200元罚款。

第二十四条　违反本条例第十二条规定的，由环境保护行政主管部门责令限期改正，处以500元以上2000元以下罚款。

第二十五条　违反本条例第十四条第二款规定，机动车环保检验机构未按照有关法律、法规和技术规范要求进行检验，由环境保护行政主管部门责令停止违法行为，限期改正，处以1万元以上5万元以下罚款。

第二十六条　违反本条例第十六条第二款规定的，由环境保护行政主管部门处以100元以上300元以下罚款。

第二十七条　行政管理部门工作人员有下列行为之一的，依法给予行政处分：

（一）未向被抽测人明示抽测结果或者对依法应当处罚而不进行处罚的；

（二）对从事机动车环保检验的机构及其检验行为，不依法监督管理，情节严重的；

（三）对不符合国家规定排放标准的机动车核发安全技术检验合格标志、注册登记的；

（四）对不符合国家规定排放标准的机动车通过定期审验的；

（五）对机动车排气污染的治理，指定维修企业或者产品的。

第五章 附 则

第二十八条 本条例自2014年5月1日起施行。

贵州省大气污染防治条例

（2016年7月29日贵州省第十二届人民代表大会常务委员会第二十三次会议通过　2016年9月1日起施行　根据2018年11月29日贵州省第十三届人民代表大会常务委员会第七次会议通过的《贵州省人民代表大会常务委员会关于修改〈贵州省大气污染防治条例〉等地方性法规个别条款的决定》修正）

第一章　总　则

第一条　为防治大气污染，保护和改善大气环境质量，保障公众健康，推进生态文明建设，促进经济社会全面协调可持续发展，根据《中华人民共和国大气污染防治法》和有关法律法规的规定，结合本省实际，制定本条例。

第二条　本省行政区域内的大气污染防治和相关监督管理活动适用本条例。

第三条　大气污染防治坚持保护优先、预防为主、防治结合、政府主导、公众参与、协同控制、损害担责的原则。

第四条　县级以上人民政府对本行政区域大气环境质量负责，完成大气污染物排放总量控制目标，根据本行政区域内大气环境质量确定重点工作任务和年度控制指标。乡、镇人民政府和街道办事处（社区）根据县级人民政府的安排，负责本辖区的大气污染防治专项工作。

县级以上人民政府应当将大气环境保护工作纳入国民经济和社会发展规划，加大资金投入，将大气污染防治经费纳入各级财政预算；按照有利于大气污染物扩散的原则，合理规划、调整城市建设和空间布局，加强生态建设，采取有效措施，保护和改善大气环境。

县级以上人民政府应当推行大气污染防治工作政务公开，为公众监督政府及相关部门的大气污染防治工作提供便利。

第五条　环境保护行政主管部门对大气污染防治实施统一监督管理。

发展改革行政主管部门负责经济发展方式转变和能源结构调整等与大气污染防治有关的工作。

工业行政主管部门负责调整、优化产业结构和推动工业企业技术升级改造等与大气污染防治有关的工作。

公安交通管理部门配合环境保护行政主管部门对机动车污染大气实施监督管理。

农业、交通运输等行政主管部门根据职责，对机动车船、非道路移动机械污染大气实施监督管理。

住房城乡建设、城市管理等行政主管部门根据职责，对扬尘污染实施监督管理。

农业行政主管部门负责农村秸秆综合利用工作，防止焚烧秸秆等产生的大气污染。

县级以上人民政府其他有关行政主管部门根据职责协助做好大气污染防治工作。

第六条 大气污染防治实行目标责任制和考核评价制度。

省人民政府根据大气污染防治目标责任书和大气污染防治计划开展考核评价，将完成情况纳入省人民政府有关部门和各市、州人民政府及其负责人年度考核评价的内容，并向社会公开考核结果。

市、州人民政府应当根据与省人民政府签订的大气污染防治目标责任书，制定本级人民政府的大气污染防治计划，将目标任务分解纳入各县级人民政府及其负责人年度考核评价内容，并向社会公开考核结果。

第七条 对涉及公众大气环境权益的经济建设重大决策，或者可能对大气环境产生重大影响的建设项目，应当在作出决策前进行论证和大气环境风险评估，必要时举行听证。

建立决策责任追究制度，对因决策造成大气环境严重损害的，应当依法追究决策主要负责人和其他责任人的责任。

第八条 县级以上人民政府应当每年向本级人民代表大会或者其常务委员会报告大气环境状况及污染防治目标完成情况；发生重特大大气污染事件的，应当将相关应急处置情况及时向本级人民代表大会常务委员会报告，依法接受监督。

第九条 县级以上人民政府应当鼓励和推广适用的大气污染防治先进技术，支持大气污染防治以及相关综合利用的科学技术研究，普及大气污染防治科学知识，提高公民的大气环境保护意识，推动公众参与大气环境保护。对在防治大气污染、保护和改善大气环境质量方面成绩显著的单位和个人，给予奖励。

第十条 企业事业单位和其他生产经营者应当采取有效措施，防止、减少大气污染，对所造成的损害依法承担责任。

第十一条 任何单位和个人有责任和义务保护大气环境，并有权获取相关大气环境信息，参与和监督大气环境保护。

公民应当增强大气环境保护意识，采取有利于大气环境质量改善的低碳、节俭生活方式。

第二章 监督管理

第十二条 省人民政府可以根据国家大气环境质量标准和污染物排放标准，结合本省大气环境质量目标及经济、技术条件，制定严于国家标准的本省大气环境质量标准和污染物排放标准。

第十三条　省人民政府应当根据主体功能区划、区域大气环境质量状况和大气污染传输扩散规律，划定大气污染防治重点区域，建立重点区域大气污染联合防治协调机制。

第十四条　省人民政府环境保护行政主管部门根据本省大气环境质量状况和主要大气污染物总量控制的要求，实施燃煤火电、水泥、钢铁、化工等重点行业大气污染物特别排放限值。

第十五条　未达到国家或者本省大气环境质量标准城市的人民政府应当编制大气环境质量限期达标规划，向社会公开，并报省人民政府环境保护行政主管部门备案。

对未达到国家或者本省大气环境质量标准的工业园区，由设立该工业园区的人民政府编制大气环境质量限期达标规划。

县级以上人民政府有关行政主管部门应当会同环境保护行政主管部门，根据当地人民政府制定的大气环境质量限期达标规划，明确达标规划期内禁止布局建设大气污染物排放主要行业的具体要求。

第十六条　禁止在城市规划区内新建改建扩建水泥、煤化工、燃煤火电、焦化、金属冶炼、陶瓷等大气污染严重的产业项目。

禁止引进严重污染大气环境的落后生产工艺、落后设备。

第十七条　县级以上人民政府应当推动生态产业园区建设，鼓励和引导现有工业企业入驻产业园区。新建排放主要大气污染物的工业项目应当按照有关规定进入相应的产业园区。

第十八条　编制有关开发利用规划或者建设对大气环境有影响的项目时，应当依法进行环境影响评价。

未依法进行环境影响评价的开发利用规划，不得组织实施；未依法进行环境影响评价的建设项目，不得开工建设。

第十九条　产生含挥发性有机物废气的生产和服务活动，应当在密闭空间或者设备中进行，并按照规定安装、使用污染防治设施；无法密闭的，应当采取措施减少废气排放。

从事服装干洗和机动车维修等服务活动的经营者，应当按照国家有关标准或者要求设置异味和废气处理装置等污染防治设施并保持正常使用，防止影响周边环境。

第二十条　推行大气污染防治设施第三方运营。污染设施运营单位应当在省人民政府环境保护行政主管部门备案。

污染防治设施实施第三方运营的，排污单位应当对污染防治设施的正常运行进行监督检查；运营单位应当对因自身过错造成违法排污产生的后果承担法律责任。

第二十一条　向大气排放污染物的单位应当按照有关规定设置监测点位和采样监测平台，保证正常运行，并依法配合环境保护行政主管部门开展监测。

向大气排放污染物的重点排污单位，应当按照规定自行对其所排放的大气污染物进行监测，原始监测记录应当至少保存3年。不具备环境监测能力的单位，可以委托有法定资质的环境监测机构进行监测。

第二十二条 省、市州人民政府环境保护行政主管部门确定的大气污染物排放重点排污单位应当按照有关技术规范建设安装污染源自动检测设备，并与环境保护行政主管部门的监控平台联网，保证监测设备正常运行和数据正常传输。重点排污单位应当对自动监测数据的真实性和准确性负责。

第二十三条 排放工业废气或者有毒有害大气污染物名录中所列有毒有害大气污染物的企业事业单位、集中供热设施的燃煤热源生产经营单位以及其他依法实施排污许可管理的单位，应当取得排污许可证。

重点排污单位应当如实、定期向社会公开其主要大气污染物的名称、排放方式、排放浓度和总量情况，以及防治污染设施的建设和运行情况，接受公众监督。

第二十四条 禁止通过偷排、篡改或者伪造监测数据、以逃避现场检查为目的的临时停产、非紧急情况下开启应急排放通道、不正常运行大气污染防治设施等逃避监管的方式排放大气污染物。

禁止侵占、损毁或者擅自移动、改变大气环境质量监测设施和大气污染物排放自动监测设备。

第二十五条 县级以上人民政府环境保护行政主管部门可以根据需要聘请监督员，发现、劝阻大气环境保护违法行为。

第二十六条 县级以上人民政府环境保护行政主管部门应当建立、完善环境信用管理数据库和环境守信激励、失信惩戒机制，并纳入统一的社会信用体系建设。

第二十七条 省人民政府环境保护行政主管部门应当加强大气环境管理信息化建设，建立健全本省的环境空气质量、重点大气污染源监控、综合执法、应急管理、信息发布、数据中心等为一体的大气环境保护工作大数据管理平台，为本省大气环境保护工作提供信息保障，实现各级各部门数据交换、联通与共享，推动大气环境保护工作动态化、数字化、常态化管理。

第二十八条 本行政区域大气环境质量状况公报和城市空气质量日报、预报等大气环境质量状况信息应当由县级以上人民政府环境保护行政主管部门统一发布。

环境保护行政主管部门应当依法公开大气环境质量、环境监测、突发环境事件、企业环境信用等环境信息，完善公众参与程序。

第二十九条 本省实行市州、县级人民政府所在地建成区大气环境质量排名发布制度。大气环境质量未达标或者严重下降的城市，省人民政府环境保护行政主管部门应当向社会公开，并会同有关部门约谈该地区人民政府主要负责人。

第三十条 鼓励支持环境公益诉讼。县级以上人民政府及有关职能部门应当依法对环境公益诉讼提起人提供查阅、复制相关资料等便利。

对向大气排放污染物，损害社会公共利益的行为，符合法律规定的机关和有关组织可以向人民法院提起环境公益诉讼。

第三十一条 县级以上人民政府环境保护行政主管部门应当加强与公安机关、人民检察院和人民法院的协调配合，建立完善大气污染防治相关的信息共享等机制。

第三十二条 县级以上人民政府应当制定重污染天气应急预案，重污染天气发生时，及时启动应急预案，采取有效应对措施，并向社会公布相关信息。

第三章 污染物总量控制

第三十三条 县级以上人民政府环境保护行政主管部门应当根据本行政区域主要大气污染物排污控制总量，核定排污单位的主要大气污染物排放总量，并载入排污许可证。

第三十四条 县级以上人民政府环境保护行政主管部门按照主要污染物减量替代、总量减少的原则明确企业排放指标来源。

根据县级以上人民政府环境保护行政主管部门的核定，建设项目新增主要污染物排放总量原则上在项目所在区域的总量指标内平衡。建设项目所需主要污染物排放总量，通过采取有效减排措施、企业内部调剂等方式仍不能满足该项目需要的，不足部分可以通过排污权交易购买。

大气环境质量达不到规定要求的区域，不得实施总量调剂。

第三十五条 通过减量替代获得主要污染物排放总量指标的建设项目，在替代的排放量未削减完成前，不得核发排污许可证，不得投入生产。

第三十六条 未完成年度大气污染物排放总量控制指标或者国家确定的环境质量目标的区域和行业，省人民政府环境保护行政主管部门应当暂停审批该区域和行业除民生工程以外的，排放该项污染物的建设项目环境影响评价文件，直至达到总量控制要求；发展改革等项目审批部门不得批准相关文件。

第四章 燃煤大气污染防治

第三十七条 县级以上人民政府应当采取措施优化能源结构、控制燃煤消费总量。

省人民政府发展改革行政主管部门应当会同有关部门制订清洁能源利用发展规划，确定燃煤消费总量控制目标，并规定实施步骤。

市、州人民政府应当按照燃煤消费总量控制目标，制定本行政区域削减燃煤和清洁能源改造计划并组织实施；积极推广先进燃煤设备和技术，提高煤炭利用能效。

第三十八条 县级以上人民政府应当划定限制燃煤区，可以根据本地实际划定禁止燃煤区，并报省人民政府环境保护行政主管部门。

在禁止燃煤区内，县级以上人民政府应当制定清洁能源改造计划并组织推动实施，现有燃煤设施应当停止使用或者改用天然气、液化石油气、电等清洁能源。

禁止在限制燃煤区新建扩建燃用煤炭的锅炉、窑炉、发电机组等设施。

第三十九条 城市建设应当统筹规划，在燃煤供热地区，推进热电联产和集中供热。在集中供热管网覆盖地区，禁止新建、扩建分散燃煤供热锅炉；已建成的不能达标排放的燃煤供热锅炉，应当在城市人民政府规定的期限内拆除。

不得生产、进口、销售和使用不符合环境保护标准或者要求的锅炉。

第四十条 城市建成区和县城饮食服务业应当使用天然气、液化石油气、电或者其他清洁能源。乡镇人民政府所在地饮食服务业鼓励使用清洁能源。

限制燃煤区禁止销售、使用散煤。限制燃煤区个人用煤应当使用符合标准的固硫型煤，禁止销售不符合规定标准的固硫型煤。

第四十一条 限制高硫分、高灰分煤炭开采，禁止开采含放射性和砷等有毒有害物质超过规定标准的煤炭。新建煤矿必须同步配套建设煤炭洗选设施。对已建成的煤矿，应当按照国家要求，限期建成配套的煤炭洗选设施。

禁止进口、销售和燃用不符合质量标准的煤炭，鼓励燃用优质煤炭。

禁止进口、销售和燃用不符合质量标准的石油焦。

第五章 机动车和非道路用动力机械大气污染防治

第四十二条 县级以上人民政府应当按照公交优先的原则，大力发展公共交通，支持鼓励选用新能源、清洁能源为动力的机动车。

第四十三条 机动车和非道路移动机械生产企业和销售企业，在本省生产和销售新生产的机动车和非道路移动机械的，应当符合本省执行的国家排放标准。

在用机动车应当符合本省执行的国家排放标准。

第四十四条 机动车实行排放污染定期检验制度，检验机构应当将检验过程和检验结果与环境保护行政主管部门联网。

省人民政府环境保护行政主管部门应当建立统一的机动车排放管理信息化平台，机动车排放检验信息应当与公安机关交通管理部门联网。

在用机动车大气污染物排放未经检验合格的，不得上路行驶，公安机关交通管理部门不得核发检验合格标志。

第四十五条 机动车排放检验机构应当遵守下列规定：

（一）依法通过计量认证，使用经依法检定合格的机动车排放检验设备；

（二）按照规定的检测方法、技术规范和排放标准进行检验；

（三）不得伪造排放检验结果或者通过安装作弊软件、更换车辆上线检测等弄虚作假的方式出具虚假排放检验报告；

（四）不得以任何形式经营或者参与经营机动车排放维修业务；

（五）法律、法规规定应当遵守的其他规定。

环境保护行政主管部门和认证认可监督管理部门应当对机动车排放检验机构的排放检验情况进行监督检查。

第四十六条　具备机动车大气污染物排放检验、机动车安全技术检测、机动车综合性能检测资质的检验机构实行三检合一，尚不具备三检合一检测条件的检验机构应当进行技术改造。新建检验机构应当按照三检合一的规范进行建设。

第四十七条　机动车维修单位从事机动车大气污染物排放检测业务的，应当具备环境保护行政主管部门规范的机动车排放污染检测条件，并按照防治大气污染的要求和有关技术规范对在用机动车进行维修；不得提供临时更换机动车污染控制装置等服务；不得破坏机动车车载排放诊断系统。

交通运输、环境保护行政主管部门应当依法加强对机动车维修单位的监督管理。

第四十八条　县级以上人民政府环境保护行政主管部门可以通过遥感监测等技术手段对道路上行驶的机动车大气污染物排放状况进行监督抽测，公安机关交通管理部门予以配合。

禁止驾驶大气污染物排放检验不合格或者行驶时排放黑烟等明显可见污染物的机动车上路行驶。

第四十九条　县级以上人民政府交通运输、住房城乡建设、农业、水务等有关行政主管部门应当加强非道路移动机械的管理，并配合环境保护行政主管部门进行大气污染物排放状况监督抽查。

第五十条　禁止生产、进口或者销售大气污染物排放超过标准的机动车和非道路移动机械。鼓励生产使用新能源汽车等机动车和非道路用动力机械，鼓励淘汰高排放机动车和非道路用动力机械。

第五十一条　发动机油、氮氧化物还原剂、燃料和润滑油添加剂以及其他添加剂的有害物质含量和其他大气环境保护指标，应当符合有关标准的要求，不得损害机动车船污染控制装置效果和耐久性，不得增加新的大气污染物排放。县级以上人民政府市场监管、商务主管部门应当加强批发、零售成品油质量的监督检查。成品油销售者应当定期向所在地县级人民政府市场监管、商务主管部门报告销售成品油的质量状况。

禁止生产、进口、销售不符合标准的机动车船、非道路移动机械用燃料；禁止向汽车和摩托车销售普通柴油以及其他非机动车用燃料；禁止向非道路移动机械、内河和江海直达船舶销售渣油和重油。

第六章　扬尘大气污染防治

第五十二条　道路运输、工程施工、园林绿化、清扫保洁、物料堆放等活动，应当按照规定采取防治扬尘污染措施。

第五十三条　在本省从事建筑工程施工的单位应当具有良好的环境信用记录。建设单位在招标施工单位时，应当将环境信用记录纳入招标条件。

第五十四条 建设单位应当将防治扬尘污染的费用列入工程概算，施工单位在投标报价中，应当将该费用单列，并作为不可竞争性费用。

第五十五条 城市规划区施工工地应当符合下列污染防治要求：

（一）施工单位应当公示施工现场负责人、环保监督员、扬尘污染控制措施、举报电话等信息，接受社会监督；

（二）施工工地应当在施工现场周边按照标准设置围挡；

（三）施工单位应当硬化施工现场主要通道和物料堆放场所，其他场所也应进行覆盖或者临时绿化，对土石方、建筑垃圾采取覆盖或者固化措施；

（四）施工车辆不得带泥上路行驶，施工工地出口应当设置冲洗车辆设施，施工车辆经除泥、冲洗后方能驶出工地；车辆清洗处需设置配套的排水、泥浆沉淀设施；

（五）道路挖掘施工过程中，施工单位应当及时覆盖破损路面，并采取洒水等措施防治扬尘污染；道路挖掘施工完成后应当及时修复路面；

（六）建（构）筑物拆除时应当设置封闭围挡、采用喷淋等抑制扬尘措施；

（七）装卸物料应当采取密闭或者喷淋等措施防治扬尘污染；

（八）符合法律、法规规定的其他污染防治要求。

第五十六条 煤炭、水泥、石灰、石膏、砂土等易产生扬尘的物料的贮存、运输应当采取有效措施防止扬尘。

第五十七条 渣土消纳场和垃圾填埋场应当实施分区作业，按照相关标准和要求采取有效防治扬尘污染措施。

第五十八条 道路、广场、停车场和其他公共场所应当加强清扫保洁管理，防止扬尘污染。

第五十九条 矿山开采的废石、废渣、泥土等应当堆放到专门存放地，并采取围挡、设置防尘网或者防尘布等防尘措施；施工便道应当硬化。

在开山采石、采砂和开采其他矿产资源过程中以及停办或者关闭矿山前，采矿权人应当整修被损坏的道路和露天采矿场的边坡、断面，恢复植被，并按照规定处置矿山开采废弃物，防止扬尘污染。

第六十条 城市规划区内建设工程禁止现场搅拌混凝土。

其他建设工程在施工现场设置砂浆搅拌机的，应当配备降尘防尘装置。

第七章 其他大气污染防治

第六十一条 新建扩建汽车制造、家具制造及其他工业涂装项目应当按照有关规定使用一定比例的水性涂料等低挥发性有机物含量涂料。

鼓励改进生产工艺、使用低挥发性有机物含量的原材料和产品，减少挥发性有机物排放。

第六十二条　市场监管、住房城乡建设等行政主管部门应当根据各自职责，加强对建筑材料、装饰装修材料、家具等生产、销售、使用的监督管理，防止挥发性有机溶剂等有害物质危害人体健康。

第六十三条　县级以上人民政府应当采取有效措施，防止餐饮服务业油烟污染。

排放油烟的餐饮服务业经营者应当安装油烟净化设施并保持正常使用，或者采取其他油烟净化措施，使油烟达标排放，并防止对附近居民的正常生活环境造成污染。

禁止在居民住宅楼、未配套设立专用烟道的商住综合楼以及商住综合楼内与居住层相邻的商业楼层内新建、改建、扩建产生油烟、异味、废气的餐饮服务项目。

禁止在城镇建成区餐饮规划布局外的公共场所经营露天烧烤食品或者为露天烧烤食品提供场地。

第六十四条　省人民政府应当划定区域，禁止露天焚烧秸秆、落叶等产生烟尘污染的物质。

禁止在人口集中地区对树木、花草喷洒剧毒、高毒农药。

禁止在人口集中地区和其他依法需要特殊保护的区域内焚烧沥青、油毡、橡胶、塑料、皮革、垃圾以及其他产生有毒有害烟尘和恶臭气体的物质。

禁止生产、销售和燃放不符合质量标准的烟花爆竹。任何单位和个人不得在城市人民政府禁止的时段和区域内燃放烟花爆竹。

第八章　法律责任

第六十五条　违反本条例第十九条第一款和第二十一条第一款规定的，由县级以上人民政府环境保护行政主管部门责令改正，处以2万元以上20万元以下罚款；拒不改正的，责令停产整治。

违反本条例第十九条第二款规定的，由县级以上人民政府环境保护行政主管部门责令改正，处以2000元以上2万元以下罚款；拒不改正的，责令停产或者停业整治。

第六十六条　违反本条例第二十三条第一款规定的，由县级以上人民政府环境保护行政主管部门责令改正或者限制生产、停产整治，并处以10万元以上100万元以下罚款；情节严重的，报经有批准权的人民政府批准，责令停业、关闭。企业事业单位和其他生产经营者，受到罚款处罚，被责令改正，拒不改正的，依法作出处罚决定的行政机关可以自责令改正之日的次日起，按照原处罚数额按日连续处罚。

第六十七条　违反本条例第三十五条规定的，由批准该项目环境影响评价文件的环境保护行政主管部门责令其停止生产或者运行，并按替代吨位数每吨1万元处以罚款。

第六十八条　违反本条例第三十八条第三款规定的，由县级以上人民政府环境保护行政主管部门责令限期拆除，并处以2万元以上20万元以下罚款。

第六十九条 违反本条例第四十五条第一款规定的，由环境保护行政主管部门或者其他依法行使监督管理权的部门责令停止违法行为，没收违法所得，并处以 10 万元以上 50 万元以下罚款；情节严重的，由负责资质认定的部门取消其检验资格。

第七十条 违反本条例第四十七条第一款规定，机动车维修单位未按有关维修技术规范对在用机动车进行排气污染维修治理的，由道路运输管理机构责令改正，无偿返修，按每辆车处以 500 元以上 1000 元以下罚款；情节严重的，取消其维修经营许可。

第七十一条 违反本条例第五十五条规定有下列情形之一的，由住房城乡建设行政主管部门或者城管执法部门责令改正，处以 1 万元以上 10 万元以下罚款；拒不改正的，责令停工整治。

（一）施工单位未对施工现场内主要通道和物料堆放场所进行硬化，未对其他场所进行覆盖或者临时绿化，未对土石方、建筑垃圾采取覆盖或者固化措施；

（二）城市规划区内施工工地出口未设置冲洗车辆设施，车辆清洗处未设置配套的排水、泥浆沉淀设施；

（三）道路挖掘施工过程中，施工单位未及时覆盖破损路面，道路挖掘施工完成后未及时修复路面；

（四）建（构）筑物拆除时未设置封闭围挡、采用喷淋等抑制扬尘措施。

第七十二条 违反本条例第六十条第一款规定的，由城管执法部门责令改正，处以 5000 元以下罚款。

第七十三条 违反本条例规定的其他行为，法律法规已有处罚规定的，从其规定。

第七十四条 国家机关工作人员、企业事业单位人员不履行环境保护职责或者履行职责不力，致使环境质量明显下降、重大环境问题长期得不到解决、环境严重污染的，由其上级机关、主管部门或者监察机关按照有关规定给予处分。

广东省

广东省大气污染防治条例

（2018年11月29日广东省第十三届人民代表大会常务委员会第七次会议通过）

第一章　总　则

第一条　为保护和改善大气环境，防治大气污染，保障公众健康，推进生态文明建设，促进经济社会可持续发展，根据《中华人民共和国环境保护法》和《中华人民共和国大气污染防治法》等法律法规，结合本省实际，制定本条例。

第二条　本条例适用于本省行政区域内大气污染防治及其监督管理。

第三条　各级人民政府应当对本行政区域的大气环境质量负责。

县级以上人民政府应当加强对大气污染防治工作的领导，优化产业结构、能源结构和运输结构，加大对大气污染防治的财政投入，建立健全大气污染防治协调机制，督促有关部门依法履行监督管理职责。

街道办事处应当配合有关部门做好本辖区内大气污染防治相关监督管理工作。

第四条　县级以上人民政府生态环境主管部门对大气污染防治实施统一监督管理。

县级以上人民政府有关部门依照有关法律、法规规定和本级人民政府关于生态环境保护工作的职责分工，按照下列规定，履行大气污染防治监督管理职责：

（一）工业污染防治的监督管理：生态环境主管部门负责工业大气污染防治的监督管理；发展改革主管部门负责产业结构调整、优化布局及相关监督管理工作，负责煤炭消费总量控制、能源结构调整相关监督管理工作，负责能源供应协调，推进发电领域煤炭清洁高效利用；工业和信息化主管部门负责组织推动工业企业技术改造和升级、落后产能淘汰及相关监督管理工作；市场监督管理主管部门、海关等部门在各自职责范围内对生产、销售、进口的煤炭、油品、生物质成型燃料等能源和机动车船、非道路移动机械的燃料、发动机油、氮氧化物还原剂以及其他添加剂的质量实施监督管理。

（二）移动源污染防治的监督管理：发展改革、工业和信息化、交通运输主管部门在各自职责范围内负责新能源汽车推广的监督管理工作；生态环境主管部门会同公安机关交通管理部门、交通运输主管部门对机动车大气污染防治实施监督管理；生态环境主管部门会同交通运输、住房城乡建设、农业农村、水行政、市场监督管理等主管部门对非道路移动机械的大气污染防治实施监督管理；交通运输主管部门、海事管理机构在各自职责范围内负责运输船舶大气污染防治的监督管理，农业农村主管部门负责渔业船舶大气污染防治的监督管理。

（三）扬尘污染防治的监督管理：生态环境主管部门负责工业企业物料堆场扬尘污染防治的监督管理；住房城乡建设主管部门负责房屋和市政工程施工活动、预拌混凝土和预拌砂浆生产活动扬尘污染防治的监督管理工作；城市管理、市政环卫、园林绿化等主管部门在各自职责范围内负责市政公用设施、城市道路清扫保洁扬尘污染防治的监督管理工作；自然资源主管部门负责违法用地建筑物、构筑物拆除工程、矿山开采和矿山地质环境治理项目等扬尘污染防治的监督管理工作；交通运输主管部门负责道路、港口码头等交通基础设施的建设、维修、拆除等施工活动和使用裸地停车场扬尘污染防治，以及公路的清扫保洁和绿化工程、绿化作业、港口码头工程贮存物料扬尘污染防治的监督管理；水行政主管部门负责水利工程施工活动以及河道管理范围内砂场扬尘污染防治的监督管理工作；农业农村主管部门负责农业生产活动排放大气污染物和秸秆等农业废弃物综合利用的监督管理。

（四）其他大气污染防治的监督管理由有关部门在各自职责范围内组织实施。

第五条 公民、法人和其他组织依法享有获取大气环境信息、参与和监督大气环境保护的权利。

县级以上人民政府生态环境主管部门及其他负有大气环境监督管理职责的部门应当依法公开大气环境质量状况信息，完善公众参与程序，为公众参与和监督大气环境保护提供便利。

第六条 企业事业单位和其他生产经营者应当执行国家和省规定的大气污染物排放标准和技术规范，从源头、生产过程及末端选用污染防治技术，防止、减少大气污染，并对所造成的损害依法承担责任。

行业协会应当加强行业自律，开展大气污染防治法律、法规和相关知识的宣传，督促会员采取有效措施防止和减少大气污染。

公民应当增强大气环境保护意识，采取绿色、低碳、节俭的生活方式，自觉履行大气环境保护义务。

第七条 各级人民政府及其有关部门和社会团体、学校、新闻媒体、基层群众性自治组织等应当开展大气污染防治法律法规宣传教育，普及大气污染防治科学知识，倡导文明、节约、低碳、绿色消费习惯和生活方式。

第二章 达标及提升规划

第八条 县级以上人民政府应当将大气污染防治工作纳入国民经济和社会发展规划，并将大气污染防治工作与主体功能区规划、土地利用总体规划、城乡规划相衔接，与能源结构调整、产业结构调整和发展方式转变等相结合。

城市人民政府编制或者修改城市规划时，应当根据大气环境承载能力，按照有利于大气污染物消散的原则，合理规划城市建设空间布局，控制建筑物的密度、高度，预留城市通风廊道。

在通风廊道上不得建设高层建筑群及其他影响大气扩散条件的建设项目。

第九条　未达到国家大气环境质量标准城市的人民政府应当及时编制大气环境质量限期达标规划，采取措施，按照国务院或者省人民政府规定的期限达到大气环境质量标准。

达到国家大气环境质量标准的地级以上市人民政府应当编制大气环境质量持续达标及提升规划，采取措施，保持和提升大气环境质量。

编制大气环境质量限期达标规划和持续达标及提升规划，应当征求有关行业协会、企业事业单位、专家和公众等方面的意见。

第十条　大气环境质量限期达标规划和持续达标及提升规划应当向社会公开。地级以上市人民政府的大气环境质量限期达标规划应当报国务院生态环境主管部门备案，持续达标及提升规划应当报省人民政府生态环境主管部门备案。

城市人民政府每年在向本级人民代表大会或者人民代表大会常务委员会报告环境状况和环境保护目标完成情况时，应当报告大气环境质量限期达标规划或者持续达标及提升规划执行情况，并向社会公开。

大气环境质量限期达标规划和持续达标及提升规划应当根据大气污染防治的要求和经济、技术条件适时进行评估、修订。

第十一条　大气环境质量限期达标规划和持续达标及提升规划应当对本行政区域环境质量及其影响因素进行分析，确定大气环境质量分阶段改善目标，明确相应责任主体、工作重点和保障措施。

第三章　监督管理

第十二条　重点大气污染物排放实行总量控制制度。重点大气污染物包括国家确定的二氧化硫、氮氧化物等污染物和本省确定的挥发性有机物等污染物。

省人民政府按照国务院下达的总量控制目标和国务院生态环境主管部门规定的分解总量控制指标要求，综合考虑区域经济社会发展水平、产业结构、大气环境质量状况等因素，将重点大气污染物排放总量控制指标分解落实到地级以上市人民政府。

地级以上市人民政府应当根据本行政区域总量控制指标，控制或者削减重点大气污染物排放总量。

企业事业单位和其他生产经营者在执行国家和地方污染物排放标准的同时，应当遵守分解落实到本单位的重点大气污染物排放总量控制指标。

第十三条　新建、改建、扩建新增排放重点大气污染物的建设项目，建设单位应当在报批环境影响评价文件前按照规定向生态环境主管部门申请取得重点大气污染物排放总量控制指标。

生态环境主管部门按照等量或者减量替代的原则核定重点大气污染物排放总量控制指标。

新增重点大气污染物排放总量控制指标可以通过实施工程治理减排、结构调整减排项目或者排污权交易等方式取得。

第十四条 县级以上人民政府生态环境主管部门应当根据国家和省的有关规定，建立健全本行政区域大气环境质量监测网和大气污染源监控网，并保证监测设施的正常运行。

工业园区、产业园区、开发区的管理机构和重点排污单位应当按照国家和省的有关规定，设置与生态环境主管部门监测监控平台联网的大气特征污染物监测监控设施，保证监测监控设施正常运行并依法公开排放信息。

第十五条 重点排污单位安装的自动监测设备列入强制检定计量器具目录的，按照国家和省的有关规定进行计量检定；未列入强制检定计量器具目录的，由排污单位委托具有相应检定能力的计量检定机构进行计量检定。

经计量检定并正常运行的自动监测设备的监测数据可以作为行政执法的依据。

自动监测设备的监测数据是否超过大气污染物排放标准，按照小时均值确定。

任何单位和个人不得破坏、毁损或者擅自拆除大气污染物排放自动监测设备，不得篡改、伪造监测数据。

第十六条 省人民政府应当制定并定期修订禁止新建、扩建的高污染工业项目名录和高污染工艺设备淘汰名录，并向社会公布。禁止新建、扩建列入名录的高污染工业项目。禁止使用列入淘汰名录的高污染工艺设备。淘汰的高污染工艺设备，不得转让给他人使用。

地级以上市、县级人民政府应当组织制定本行政区域内现有高污染工业项目调整退出计划，并组织实施。

第四章　工业污染防治

第一节　能源消耗污染防治

第十七条 珠江三角洲区域禁止新建、扩建燃煤燃油火电机组或者企业燃煤燃油自备电站。

珠江三角洲区域禁止新建、扩建国家规划外的钢铁、原油加工、乙烯生产、造纸、水泥、平板玻璃、除特种陶瓷以外的陶瓷、有色金属冶炼等大气重污染项目。

本省行政区域内服役到期的燃煤发电机组应当按期关停退役。县级以上人民政府推动服役时间较长的燃煤发电机组提前退役。

第十八条 本省实施煤炭消费总量控制。

省人民政府发展改革主管部门应当会同有关部门确定煤炭总量控制目标，明确实施途径。

地级以上市人民政府应当按照煤炭总量控制目标，制定削减煤炭和清洁能源改造计划，并组织实施。

县级以上人民政府应当采取有利于煤炭总量削减的经济、技术政策和措施，调整能源结构，推广清洁能源的开发利用，引导企业落实清洁能源替代措施。

第十九条 火电、钢铁、石油、化工、平板玻璃、水泥、陶瓷等大气污染重点行业企业及锅炉项目，应当采用污染防治先进可行技术，使重点大气污染物排放浓度达到国家和省的超低排放要求。

第二十条 地级以上市人民政府应当组织编制区域供热规划，建设和完善供热系统，对具备条件的工业园区、产业园区、开发区的用热单位实行集中供热，并逐步扩大供热管网覆盖范围。

在集中供热管网覆盖范围内，禁止新建、扩建燃用煤炭、重油、渣油、生物质等分散供热锅炉；已建成的不能达标排放的供热锅炉应当在县级以上人民政府规定的期限内拆除。

第二十一条 禁止安装国家和省明令淘汰、强制报废、禁止制造和使用的锅炉等燃烧设备。

地级以上市人民政府根据大气污染防治需要，限制高污染锅炉、炉窑的使用。

第二十二条 禁止安装、使用非专用生物质锅炉。禁止安装、使用可以燃用煤及其制品的双燃料或者多燃料生物质锅炉。

生物质锅炉应当以经过加工的木本植物或者草本植物为燃料，禁止掺杂添加燃烧后产生有毒有害烟尘和恶臭气体的其他物质，并配备高效除尘设施，按照国家和省的有关规定安装自动监控或者监测设备。

第二节 挥发性有机物污染防治

第二十三条 县级以上人民政府负责林业和园林工作的主管部门应当根据大气污染防治、物种多样性、植物生长动态、生态系统功能、地理条件等需要，选择适当的绿化树种，减少植物源挥发性有机物排放。

县级以上人民政府负责林业和园林工作的主管部门和农业农村主管部门应当采取措施鼓励推广应用绿色农药剂型。

第二十四条 省人民政府生态环境主管部门应当会同标准化主管部门制定产品挥发性有机物含量限值标准，明确挥发性有机物含量，并向社会公布。

在本省生产、销售、使用含挥发性有机物的原材料和产品的，其挥发性有机物含量应当符合本省规定的限值标准。高挥发性有机物含量的产品，应当在包装或者说明中标注挥发性有机物含量。

第二十五条 省人民政府生态环境主管部门应当会同标准化等主管部门，制定本省重点行业挥发性有机物排放标准、技术规范。

企业事业单位和其他生产经营者应当按照挥发性有机物排放标准、技术规范的规定，制定操作规程，组织生产管理。

第二十六条 新建、改建、扩建排放挥发性有机物的建设项目，应当使用污染防治先进可行技术。

下列产生含挥发性有机物废气的生产和服务活动，应当优先使用低挥发性有机物含量的原材料和低排放环保工艺，在确保安全条件下，按照规定在密闭空间或者设备中进行，安装、使用满足防爆、防静电要求的治理效率高的污染防治设施；无法密闭或者不适宜密闭的，应当采取有效措施减少废气排放：

（一）石油、化工、煤炭加工与转化等含挥发性有机物原料的生产；

（二）燃油、溶剂的储存、运输和销售；

（三）涂料、油墨、胶黏剂、农药等以挥发性有机物为原料的生产；

（四）涂装、印刷、黏合、工业清洗等使用含挥发性有机物产品的生产活动；

（五）其他产生挥发性有机物的生产和服务活动。

第二十七条 工业涂装企业应当使用低挥发性有机物含量的涂料，并建立台账，如实记录生产原料、辅料的使用量、废弃量、去向以及挥发性有机物含量并向县级以上人民政府生态环境主管部门申报。台账保存期限不少于三年。

其他产生挥发性有机物的工业企业应当按照国家和省的有关规定，建立台账并向县级以上人民政府生态环境主管部门如实申报原辅材料使用等情况。台账保存期限不少于三年。

第二十八条 石油、化工、有机医药及其他生产和使用有机溶剂的企业，应当根据国家和省的标准、技术规范建立泄漏检测与修复制度，对管道、设备进行日常维护、维修，减少物料泄漏，对泄漏的物料应当及时收集处理。

石油、化工等排放挥发性有机物的企业事业单位和其他生产经营者在维修、检修时，应当按照技术规范，对生产装置系统的停运、倒空、清洗等环节进行挥发性有机物排放控制。

第二十九条 储油储气库、加油加气站、原油成品油码头、原油成品油运输船舶和油罐车、气罐车等，应当按照国家和省的有关规定安装油气回收装置和自动监测装置并保持正常使用，每年向生态环境主管部门报送有检测资质的机构出具的油气排放检测报告，油气排放检测报告标准文书由省生态环境主管部门制定。

第三十条 严格控制新建、扩建排放恶臭污染物的工业类建设项目。

产生恶臭污染物的化工、石化、制药、制革、骨胶炼制、生物发酵、饲料加工、家具制造等行业应当科学选址，设置合理的防护距离，并安装净化装置或者采取其他措施，防止排放恶臭污染物。

鼓励企业采用先进的技术、工艺和设备，减少恶臭污染物排放。

第三十一条　科学教育、医疗保健、餐饮住宿、娱乐购物、文化体育、交通运输等公共场所建筑物以及办公楼、居民住宅的室内装修应当选用符合国家有关规范和标准的建筑和装饰材料，鼓励选用绿色环保材料，预防和控制室内环境污染。

第五章　移动源污染防治

第一节　机动车污染防治

第三十二条　地级以上市人民政府应当加快淘汰高排放公交、邮政、环卫、出租等车辆，制定更新淘汰计划，鼓励推广应用纯电、氢能源等新能源汽车，加快其配套设施建设，限制高油耗、高排放车辆的使用。

第三十三条　地级以上市人民政府可以根据大气污染防治需要，采取限制通行、经济补偿等措施逐步淘汰高排放车辆。限制通行、经济补偿等具体办法由地级以上市人民政府制定。

地级以上市人民政府采取前款规定措施的，应当公开征求公众意见，在正式实施 30 日以前向社会公告，并报省人民政府备案。

第三十四条　省人民政府可以在条件具备的地区，提前执行国家机动车大气污染物排放标准中相应阶段排放限值，并报国务院生态环境主管部门备案。

在本省销售的新车，应当符合注册登记地现行执行的国家机动车大气污染物排放标准中相应阶段排放限值，并在耐久性期限内稳定达标。

第三十五条　省人民政府生态环境主管部门及其委托的地级以上市人民政府生态环境主管部门应当加强对销售机动车大气污染物排放状况、污染控制技术等环境保护信息公开情况的监督检查。

第三十六条　公安机关交通管理部门在机动车注册登记时应当通过国务院生态环境主管部门认可的机动车环保信息公开系统，确定车辆的排放检验信息，并现场抽查车辆有无排放控制装置。对未达到本行政区域现行执行的国家机动车大气污染物排放标准中相应阶段排放限值的机动车，不予办理注册登记。

机动车所有人自带入境的机动车在国务院生态环境主管部门认可的机动车环保信息公开系统无法查询车辆排放检验等技术信息的，申请注册登记时，应当提交有资质的机动车排放检验机构出具的达到本行政区域现行执行的国家机动车大气污染物排放标准中相应阶段排放限值的检验合格报告。未提交检验合格报告的，公安机关交通管理部门不予办理注册登记。

第三十七条 跨地级以上市迁入的在用车，迁入粤东粤西粤北地区的，经迁入地排放检验，符合迁入地在用车排放标准要求的，公安机关交通管理部门应当办理登记；迁入珠江三角洲区域各地级以上市的，应当符合迁入地现行执行的国家机动车大气污染物排放标准中相应阶段排放限值。

国家鼓励淘汰和要求淘汰的相关车辆不得跨省或者跨地级以上市迁入。

第三十八条 机动车排放检验机构应当遵守下列规定：

（一）配备符合国家规定要求的检测技术人员；

（二）依法获得计量认证证书；

（三）机动车排放检验使用的仪器、设备经依法检定合格；

（四）依据法定的检测方法、检测标准实施机动车排放检验；

（五）出具真实、准确的机动车排放检验结果；

（六）根据国家和省机动车环保信息联网规范要求向所在地地级以上市人民政府生态环境主管部门传输检验数据；

（七）建立机动车排放检验档案；

（八）不得以任何方式经营或者参与经营机动车维修业务；

（九）符合国家和省有关技术规范的其他要求。

机动车排放检验机构应当将机动车排放检验结果上传到公安机关交通管理部门的检验监管系统。未上传排放检验结果或者上传的排放检验结果不合格的机动车，公安机关交通管理部门不得核发安全技术检验合格标志。

机动车定期排放检验应当与机动车安全技术检验同步进行。

第三十九条 县级以上人民政府生态环境主管部门和市场监督管理主管部门可以通过现场检查排放检验过程、审查原始检验记录或者报告、组织检验能力比对试验以及数据联网核查等方式对机动车排放检验机构进行监督检查。市场监督管理主管部门应当建立机动车排放检验机构信用记录，并依法向社会公开。

第四十条 省人民政府生态环境主管部门和市场监督管理主管部门应当根据国家有关规定，选择适合本省实际的在用车排气污染检测方法和排放限值，报省人民政府批准后公布实施。

第四十一条 禁止排放检验不合格的机动车上道路行驶。

在不影响正常通行的情况下，县级以上人民政府生态环境主管部门及其环境执法机构会同公安机关交通管理部门可以采取现场检查监测、电子监控、摄像拍照、自动监测、遥感监测、远红外摄像等方式，对在道路上行驶的机动车大气污染物排放状况进行监督检查。

县级以上人民政府生态环境主管部门可以在机动车集中停放地、维修地对在用机动车的大气污染物排放状况进行监督抽测。

第四十二条 在用机动车所有人或者使用人应当保持污染控制装置正常使用，不得擅自拆除、闲置或者更改污染控制装置。

车载排放诊断系统报警的，机动车所有人或者使用人应当及时送检；经检验不合格的，应当及时维修、更换，确保车辆达到排放标准。

需要添加车用尿素等氮氧化物还原剂的在用柴油车，其所有人或者使用人应当按照规范要求添加。

第四十三条　县级以上人民政府交通运输主管部门应当将机动车排放检验纳入机动车维修、车辆营运的监督管理内容。

机动车维修机构对机动车实施与排气有关的维修后，应当进行出厂自检或者委托检测，符合规定排放标准后方可出厂，并保存相关的维修档案。

县级以上人民政府生态环境主管部门可以对依照前款规定进行维修后待出厂的机动车进行排气污染抽检。

第四十四条　地级以上市人民政府生态环境主管部门、公安机关交通管理部门、交通运输主管部门应当共享机动车相关的监管数据。

第二节　非道路移动机械污染和船舶污染防治

第四十五条　本省销售的非道路移动机械应当符合现行执行的国家非道路移动机械大气污染物排放标准中相应阶段排放限值。

在本省使用的非道路移动机械不得超过标准排放大气污染物，不得排放黑烟等可视污染物。

城市人民政府可以根据大气污染防治需要，划定并公布禁止使用高排放非道路移动机械区域。

高排放非道路移动机械的认定标准由省人民政府生态环境主管部门制定。

第四十六条　非道路移动机械所有人或者使用人应当按照规范对在用非道路移动机械进行维护检修。对超过标准排放大气污染物的，应当维修、加装或者更换符合要求的污染控制装置，使其达到规定的排放标准。

在用非道路移动机械经维修或者采用污染控制技术后，大气污染物排放仍不符合国家排放标准的，不得使用。

第四十七条　非道路移动机械所有人或者使用人在进场施工时，应当建立非道路移动机械使用台账。

住房城乡建设、交通运输、农业农村、水行政等有关部门应当督促建设单位使用符合排放标准的非道路移动机械。

第四十八条　禁止船舶在内河水域使用焚烧炉或者焚烧船舶垃圾。

禁止载运危险货物船舶在城市市区航道、通航密集区、渡区、船闸、大型桥梁、水下通道等内河水域进行舱室驱气或者熏舱作业。

船舶在海港港区内使用焚烧炉、进行驱气等作业应当按照国家有关规定向海事管理机构报告并如实记录。

船舶在发现海上大气污染事故或者违反本条例规定的行为时，应当向就近的行使海洋环境监督管理权的部门报告。

第四十九条 进入国家划定的船舶大气污染物排放控制区内的船舶，应当按照国家和省的有关规定使用低硫燃油或者采取使用清洁能源、尾气后处理等与使用低硫燃油等效的替代措施。

海事管理机构应当对进出船舶大气污染物排放控制区的船舶燃油使用情况进行监督管理。

第五十条 省、地级以上市人民政府发展改革主管部门应当将岸基供电设施建设纳入能源发展规划。

发展改革、工业和信息化、生态环境和交通运输等主管部门应当按照职责推进岸基供电系统的改造使用以及低硫燃油供应设施的建设和改造。

现有码头应当逐步实施岸基供电设施改造。新建码头应当规划、设计和建设岸基供电设施。船舶靠泊内河港口和沿海港口船舶靠港应当优先使用岸基供电。

第六章 扬尘污染和其他污染防治

第一节 扬尘污染防治

第五十一条 省人民政府生态环境、住房城乡建设、城市管理、市政环卫、园林绿化、自然资源、交通运输、水行政等主管部门应当按照本条例规定的职责分工制定完善扬尘污染防治技术要求。

地级以上市人民政府有关部门应当建立完善扬尘污染防治信息共享机制。

第五十二条 建设单位应当履行下列职责：

（一）将扬尘污染防治费用列入工程造价，实行单列支付。在招标文件中要求投标人制定施工现场扬尘污染防治措施。在施工承包合同中明确施工单位的扬尘污染防治责任；

（二）将扬尘污染防治内容纳入工程监理合同；

（三）监督施工单位按照合同落实扬尘污染防治措施，监督监理单位按照合同落实扬尘污染防治监理责任。

第五十三条 施工单位应当制定具体的施工扬尘污染防治实施方案，建立扬尘污染防治工作台账，落实扬尘污染防治措施。

扬尘污染防治费用应当专款专用，不得挪用。

第五十四条 监理单位应当做好扬尘污染防治监理工作；对未按照扬尘污染防治措施施工的，应当要求施工单位立即改正，并及时报告建设单位。

第五十五条　城市建成区建设项目的施工现场出入口应当安装监控车辆出场冲洗情况及车辆车牌号码视频监控设备；建筑面积在五万平方米以上的，还应当安装颗粒物在线监测系统。

在县级以上人民政府划定的禁止搅拌混凝土、搅拌砂浆范围内的建设工程项目，不得现场搅拌混凝土、现场搅拌砂浆，散装预拌干粉砂浆加水搅拌除外；施工现场铺贴各类瓷砖、石板材等装饰块件的，禁止采用干式方法进行切割。

第五十六条　道路保洁应当采用低尘作业道路机械化清扫、市政道路机械化高压冲洗、洒水、喷雾等措施，并根据道路扬尘控制实际情况，合理安排作业时间，适时增加作业频次，提高作业质量，降低道路扬尘污染。

第五十七条　运输煤炭、垃圾、渣土、土方、砂石和灰浆等散装、流体物料的车辆应当密闭运输，配备卫星定位装置，并按照规定的时间、路线行驶。

对未实现密闭运输或者未配备卫星定位装置的车辆，县级以上人民政府相关主管部门不予运输及处置核准。

第五十八条　禁止生产、销售、使用含石棉物质的建筑材料。

对已使用石棉及含石棉物质的建筑物进行保养、翻新、拆卸的，应当按照国家和省的有关规定，在建筑物拆除或者整修前拆除石棉及含石棉物质。

第五十九条　干散货码头应当采取干雾抑尘、喷淋除尘、防风抑尘网或者密闭运输系统等措施降低扬尘污染。

第二节　餐饮污染及其他污染防治

第六十条　排放油烟的餐饮场所应当安装油烟净化设施并保持正常使用，或者采取其他油烟净化措施，使油烟达标排放；产生异味的餐饮场所还应当安装异味处理设施；大中型餐饮场所还应当安装在线监控监测设备。

排放油烟的餐饮服务经营者至少每季度对油烟净化和异味处理设施进行一次清洗维护并记录。记录材料保存期限不少于一年。

第六十一条　新建商住综合楼、居民住宅楼以及用于餐饮服务的建筑物应当配套设立专用烟道，通过专用烟道排放油烟。

已建居民住宅楼未配套设立专用烟道的，鼓励居民家庭安装油烟净化设施或者采取其他油烟净化措施，减少油烟排放。

已设立餐饮场所的商住综合楼和用于餐饮服务的建筑物未配套设立专用烟道的，应当加装专用烟道；无法加装专用烟道或者采取其他油烟净化措施，使油烟达标排放的，县级以上人民政府确定的监督管理部门应当责令餐饮服务场所限期搬迁。地级以上市人民政府住房城乡建设主管部门应当制定加装专用烟道的具体标准、程序。

专用烟道油烟排放口设置高度及与周围居民住宅楼等建筑物距离控制应当符合要求。

严禁封堵、改变专用烟道和向城市地下排水管道排放油烟。

第六十二条 从事畜禽养殖、屠宰生产经营活动的单位和个人，应当及时对畜禽养殖场、养殖小区、屠宰场产生的污水、畜禽粪便等进行收集、贮存、清运和无害化处理，防止排放恶臭气体。

第六十三条 地级以上市应当制定餐饮服务业的油烟、露天焚烧生物质、垃圾等产生烟尘和有毒有害气体的污染防治管理办法。

第七章 重污染天气应对和重点区域大气污染联合防治

第六十四条 省和地级以上市人民政府生态环境主管部门应当会同气象等有关部门建立重污染天气监测预警机制，对大气环境质量和重污染天气进行监测和预报。

省人民政府、地级以上市人民政府和可能发生重污染天气的县级人民政府应当制定重污染天气应急预案，建立排污单位管控清单，采取相应应急减排措施。重污染天气应急预案应当向上一级人民政府生态环境主管部门备案，并向社会公布。制定重污染天气应急预案应当充分听取社会各方面意见。

第六十五条 县级以上人民政府应当根据重污染天气预警等级，及时启动应急预案，根据应急需要采取相应响应措施：

（一）责令有关企业停产或者限产；

（二）限制部分机动车行驶、限制非道路移动机械使用；

（三）停止工地土石方作业和建筑物拆除施工，以及停止或者限制其他产生扬尘的施工作业；

（四）禁止燃放烟花爆竹、禁止生物质、垃圾露天焚烧和露天烧烤；

（五）停止学校和幼儿园组织的户外活动或者教学活动；

（六）增加洒水频次；

（七）组织开展人工影响天气作业；

（八）县级以上人民政府规定的其他应急响应措施。

企业事业单位和其他生产经营者、公民应当配合县级以上人民政府及其有关部门采取的重污染天气应急响应措施。

第六十六条 省人民政府应当与周边地区建立大气污染防治协调合作机制，定期协商区域内大气污染防治重大事项。

第六十七条 省人民政府应当根据主体功能区划、区域大气环境质量状况和大气污染传输扩散规律，划定本省大气污染防治重点区域，并建立区域大气污染防治联防联控监督协作机制，统筹协调区域内的大气污染防治工作。

重点区域内地级以上市人民政府应当加强沟通协调，共享大气环境质量信息，协商解决跨界大气污染纠纷，依法开展联合执法行动，查处区域内大气污染违法行为，共同做好区域内大气污染防治工作。

第六十八条　编制可能对本省大气污染防治重点区域的大气环境造成严重污染的有关工业园区、产业园区、开发区、区域产业和发展等规划，应当依法进行环境影响评价。规划编制机关应当与重点区域内有关地级以上市人民政府或者有关部门会商。

地级以上市建设可能对相邻行政区域大气环境质量产生重大影响的项目，应当及时通报有关信息，进行会商。

会商意见及其采纳情况作为环境影响评价文件审查或者审批的重要依据。

第八章　法律责任

第六十九条　违反本条例第十六条第一款规定，新建、扩建列入名录的高污染工业项目、使用列入淘汰名录的高污染工艺设备，或者将淘汰的高污染工艺设备转让给他人使用的，由县级以上人民政府发展改革主管部门、工业和信息化主管部门依照职权分工责令改正，没收违法所得，并处货值金额一倍以上三倍以下的罚款；拒不改正的，报经有批准权的人民政府批准，责令停业、关闭。

第七十条　违反本条例第十九条规定，重点大气污染物排放浓度未按照要求达到超低排放要求的，由县级以上人民政府生态环境主管部门责令改正或者限制生产、停产整治，并处十万元以上一百万元以下的罚款；情节严重的，报经有批准权的人民政府批准，责令停业。

第七十一条　违反本条例第二十条第二款规定，在集中供热管网覆盖范围内，新建、扩建燃用煤炭、重油、渣油、生物质等分散供热锅炉，或者未按照规定拆除已建成的不能达标排放的供热锅炉的，由县级以上人民政府生态环境主管部门组织拆除供热锅炉，并处十万元以上二十万元以下的罚款。

第七十二条　违反本条例第二十一条规定，安装国家和省明令淘汰、强制报废、禁止制造和使用的锅炉等燃烧设备，或者安装地级以上市人民政府限制使用的高污染锅炉、炉窑的，由县级以上人民政府市场监督管理主管部门、生态环境主管部门责令改正，没收违法所得，并处二万元以上二十万元以下的罚款。

第七十三条　违反本条例第二十二条第一款规定，安装、使用非专用生物质锅炉或者安装、使用可以燃用煤及其制品的双燃料或者多燃料生物质锅炉的，由县级以上人民政府市场监督管理主管部门、生态环境主管部门责令改正，没收违法所得，并处二万元以上二十万元以下的罚款。

违反本条例第二十二条第二款规定，使用未经过加工的木本植物或者草本植物为燃料，或者在生物质燃料中掺杂添加燃烧后产生有毒有害烟尘和恶臭气体的其他物质的，由县级以上人民政府市场监督管理主管部门责令改正，处一万元以上二万元以下的罚款。

违反本条例第二十二条第二款规定，生物质锅炉未配备高效除尘设施，未按照国家和省的有关规定安装自动监控或者监测设备的，由县级以上人民政府生态环境主管部门责令改正，处二万元以上二十万元以下的罚款；拒不改正的，责令停产整治。

第七十四条 违反本条例第二十四条第二款规定，在本省生产、销售超过挥发性有机物含量限值标准的原材料和产品的，由县级以上人民政府市场监督管理主管部门责令改正，没收原材料、产品和违法所得，并处货值金额一倍以上三倍以下的罚款。

违反本条例第二十四条第二款规定，未在高挥发性有机物含量产品的包装或者说明中标注挥发性有机物含量的，由县级以上人民政府市场监督主管部门责令改正。

第七十五条 违反本条例第二十五条第二款规定，企业事业单位和其他生产经营者未按照挥发性有机物排放标准、技术规范规定，制定操作规程的，由县级以上人民政府生态环境主管部门责令改正，处五千元以上五万元以下的罚款。

违反本条例第二十五条第二款规定，企业事业单位和其他生产经营者未按照挥发性有机物排放标准、技术规范规定，组织生产管理的，由县级以上人民政府生态环境主管部门责令改正，处二万元以上二十万元以下的罚款；拒不改正的，责令停产停业。

第七十六条 违反本条例第二十七条第二款规定，除工业涂装企业以外的其他产生挥发性有机物的工业企业未按照国家和省的有关规定建立、保存台账的，由县级以上人民政府生态环境主管部门责令改正，处二万元以上二十万元以下的罚款；拒不改正的，责令停产整治。

第七十七条 违反本条例第二十八条第一款规定，石油、化工、有机医药及其他生产和使用有机溶剂的企业未根据国家和省的标准、技术规范建立泄漏检测与修复制度，对管道、设备进行日常维护、维修，减少物料泄漏或者对泄漏的物料未及时收集处理的，由县级以上人民政府生态环境主管部门责令改正，处二万元以上二十万元以下的罚款；拒不改正的，责令停产整治。

第七十八条 机动车排放检验机构违反本条例第三十八条第六项、第七项、第八项规定的，由县级以上人民政府生态环境主管部门责令其停止违法行为，限期改正，并处一万元以上五万元以下的罚款。

第七十九条 违反本条例第四十一条第一款规定，机动车驾驶人驾驶排放检验不合格的机动车上道路行驶的，由县级以上人民政府公安机关交通管理部门处二百元罚款。

第八十条 违反本条例第四十二条第三款规定，在用柴油车所有人或者使用人未按照规范要求添加车用尿素等氮氧化物还原剂的，由县级以上人民政府生态环境主管部门责令改正，并处五百元以上一千元以下的罚款。

第八十一条 违反本条例第四十五条第三款规定，在禁止使用高排放非道路移动机械区域使用高排放非道路移动机械的，由县级以上人民政府生态环境等主管部门按照职责责令改正，处二万元的罚款；情节严重的，责令停工整治。

第八十二条 违反本条例第五十三条第一款规定，施工单位未建立扬尘污染防治工作台账的，由县级以上人民政府住房城乡建设等主管部门按照职责责令改正，处五千元以上二万元以下的罚款；拒不改正的，责令停工整治。

第八十三条　施工单位违反本条例第五十五条、第五十八条规定，未安装视频监控设备、颗粒物在线监测系统，在禁止搅拌混凝土、搅拌砂浆范围内现场搅拌混凝土、现场搅拌砂浆，在施工现场铺贴各类瓷砖、石板材等装饰块件采用干式方法进行切割，使用含石棉物质作为建筑材料，在建筑物拆除或者整修前未按照国家和省的有关规定拆除石棉及含石棉物质的，由县级以上人民政府住房城乡建设等主管部门按照职责责令改正，处五万元以上十万元以下的罚款；拒不改正的，责令停工整治。

第八十四条　违反本条例第五十七条第一款规定，运输煤炭、垃圾、渣土、土方、砂石和灰浆等散装、流体物料的车辆未采取密闭运输、未配备卫星定位装置，或者未按照规定的时间、路线要求行驶的，由县级以上人民政府确定的监督管理部门责令改正，处五千元以上二万元以下的罚款；拒不改正的，车辆不得上道路行驶。

第八十五条　违反本条例第六十一条第五款规定，封堵、改变专用烟道或者向城市地下排水管道排放油烟的，由县级以上人民政府确定的监督管理部门责令限期改正；逾期不改正的，处五千元以上二万元以下的罚款。

第九章　附　则

第八十六条　本条例所称移动源，是指由内燃机为驱动或者牵引的机动车、非道路移动机械、船舶。

本条例所称新车，是指新生产尚未办理注册登记的汽车。

本条例所称在用车，是指已经登记注册并取得号牌的汽车。

第八十七条　本条例自 2019 年 3 月 1 日起施行。

广东省机动车排气污染防治条例

（2000 年 5 月 26 日广东省第九届人民代表大会常务委员会第十八次会议通过　根据 2004 年 7 月 29 日广东省第十届人民代表大会常务委员会第十二次会议《关于修改〈广东省对外加工装配业务条例〉等十项法规中有关行政许可条款的决定》第一次修正　2010 年 6 月 2 日广东省第十一届人民代表大会常务委员会第十九次会议修订　根据 2018 年 11 月 29 日广东省第十三届人民代表大会常务委员会第七次会议《关于修改〈广东省环境保护条例〉等十三项地方性法规的决定》第二次修正）

第一章　总　则

第一条　为了防治机动车排气污染，保护和改善大气环境，保障人体健康，促进社会、经济、环境的协调发展，根据《大气污染防治法》及有关法律、法规，结合本省实际，制定本条例。

第二条　本条例适用于本省行政区域内由内燃机驱动或者牵引的机动车向大气环境排放污染物所造成的污染防治。

前款所称机动车不包括铁路机车和拖拉机。

第三条　县级以上环境保护主管部门对本行政区域内的机动车排气污染防治实施统一监督管理，并对同级有关行政主管部门的机动车排气污染防治监督管理工作进行协调和指导。

公安、交通运输、质量技术监督、经济和信息化、工商行政管理等行政主管部门根据各自职责，对机动车排气污染防治实施监督管理。

第四条　任何单位和个人对机动车排气污染超标行为可以投诉和举报。环境保护主管部门及有关行政主管部门应当向社会公布投诉举报电话、通信地址，并按照规定对投诉和举报予以处理和答复。

第二章　排气污染防治

第五条　省人民政府可以根据机动车排气污染防治的需要，依照国家有关规定，决定对新车提前执行国家阶段性机动车排放标准，并可以根据大气污染防治要求，对珠江三角洲地区以及其他大气污染防治重点城市制定更严格的机动车排气污染防治规定。

对新车提前执行国家阶段性机动车排放标准的，省人民政府应当提前向社会公告并采取措施保障相配套的车用燃料的供应，省环境保护主管部门应当按照国家公布的目录提前公布符合相应机动车排放标准的车型。

第六条　县级以上人民政府应当将机动车排气污染防治纳入道路与交通规划，大力发展公共交通，鼓励、支持使用清洁能源的机动车和节能型低污染排放机动车的开发、生产、销售、使用。

县级以上人民政府对本行政区域内营运单位改用节能型低污染排放机动车工作进行规划和组织实施，加强对营运载客汽车、载货汽车等排气污染严重的营运机动车的监督管理，并可以根据大气污染防治的需要，限制特定区域内摩托车、低速货车等车辆的保有量。

第七条　机动车排气污染严重城市的人民政府应当采取措施预防光化学烟雾等污染事件，并制定相应的应急预案。

第八条　公安机关交通管理部门应当协助环境保护主管部门对机动车排气污染进行监督管理，将有关机动车排气检测结果纳入机动车交通管理的内容，并将机动车环保有关内容与环境保护主管部门实施资源共享。

第九条　省质量技术监督主管部门应当会同省环境保护主管部门适时制定车用燃料地方标准，并对机动车和车用燃料的生产、加工实施质量监督。

第十条　公安机关交通管理部门对未达到本行政区域现行执行的国家阶段性机动车污染物排放标准的机动车，不予办理注册登记。

在用机动车所有人申请定期检验合格标志的，所交验的机动车应当符合机动车注册登记时国家规定的机动车污染物排放标准。

跨地级以上市迁入的在用车，经迁入地排放检验，符合迁入地在用车排放标准要求的，公安机关交通管理部门应当办理登记；迁入珠江三角洲区域各地级以上市的，应当符合迁入地现行执行的国家机动车大气污染物排放标准中相应阶段排放限值。

第十一条　禁止排放检验不合格的机动车上道路行驶。

第十二条　禁止生产、销售、进口超过国家规定的污染物排放标准或者国家已明令淘汰的机动车及车用发动机。

第十三条　禁止生产、销售、进口不符合国家或者地方标准的车用燃料。

第十四条　新建加油站及新登记油罐车应当按照国家标准配套安装油气回收系统；已建加油站及在用油罐车应当在国家标准规定的期限内完成油气回收综合治理设施安装。

第十五条　机动车的所有人、驾驶人应当加强对机动车的维护保养，保持机动车排气污染控制装置的正常运行，避免装置失效造成机动车排气污染超过规定标准，不得擅自拆除、闲置或者更改在用机动车排气污染控制装置。

第三章　排气污染检测

第十六条　省环境保护主管部门和省质量技术监督主管部门可以根据国家有关规定，

选择适合本省实际的机动车排气污染检测方法，确定相应的排放限值，报省人民政府批准后公布、实施。

第十七条 省和地级以上市环境保护主管部门应当将机动车排放检验机构名录向社会公告。

机动车排放检验机构必须具有计量检定合格的检测设备、能够与当地地级以上市环境保护主管部门及公安机关交通管理部门实时传输排气检测数据的设备和符合国家规定要求的检测技术人员。

机动车排气污染定期检测应当与机动车安全技术检验同步进行。

第十八条 机动车排放检验机构应当遵守下列规定：

（一）依据法定的检测方法、检测标准对机动车排气污染进行检测；

（二）检测使用的仪器、设备，应当按规定向质量技术监督主管部门申请计量检定；

（三）出具真实、准确的机动车排气污染检测结果；

（四）实时向当地地级以上市环境保护主管部门及公安机关交通管理部门传递相关检测数据，并接受其监督；

（五）建立机动车排气污染检测档案；

（六）不得以任何方式经营或者参与经营机动车维修业务。

第十九条 省质量技术监督主管部门负责对机动车排放检验机构的计量认证管理。

第二十条 交通运输主管部门应当将机动车排气污染定期检测纳入对机动车维修、车辆营运的监督管理内容。

第二十一条 机动车的所有人应当自机动车注册之日起按照国家规定的机动车安全技术检验周期将机动车送机动车排放检验机构进行机动车排气污染定期检测。

排气污染物不符合注册登记时国家和地方规定机动车污染物排放标准的机动车，不得上路行驶。

第二十二条 县级以上人民政府可以根据机动车排气污染防治需要，采取措施鼓励老旧机动车和高排放机动车提前报废。

延长使用年限的机动车应当按照国家规定的机动车安全技术检验周期进行排气污染检测，不符合国家规定污染物排放标准的，应当依法强制报废。

经维修、调整或者采用排放污染控制技术等措施后，排放污染物仍超过国家规定污染物排放标准的机动车，应当依法强制报废。

第二十三条 机动车维修机构对机动车实施与排气有关的维修后，应当进行出厂自检或者委托检测，符合规定排放标准后方可出厂，并保存相关的维修档案。

县级以上环境保护主管部门可以对实施了前款规定的维修后待出厂的机动车进行排气污染抽检。

第二十四条 县级以上环境保护主管部门可以在机动车停放地对在用机动车进行排

气污染抽检。

第二十五条　公安机关交通管理部门应当会同环境保护主管部门对在城市建成区道路行驶的未经定期排放检验合格或者排放黑烟等可视污染物的机动车进行排气污染抽检。上路抽检不得妨碍道路交通的畅通。

上路抽检应当采用符合国家或者省规定的在用机动车排气污染检测方法，并向车主明示检测结果。

第二十六条　机动车排放检验机构进行机动车排气污染定期检测或者复检的，应当按照物价部门规定的收费项目和标准收取检测费用。

有关行政主管部门按照本条例规定对机动车排气污染进行抽检的，不得收取费用。

第二十七条　机动车所有人对机动车排放检验机构的排气污染定期检测结果有异议的，可以在接到检测结果通知书之日起七个工作日内，向县级以上环境保护主管部门申请复检，逾期未提出异议的，视为承认检测结果。县级以上环境保护主管部门应当自收到复检申请之日起七个工作日内通知申请人另行选定机动车环保检验机构进行复检，申请人应当自接到通知之日起七个工作日内另行选定机动车环保检验机构进行复检。

第二十八条　环境保护、公安、交通运输、质量技术监督等行政主管部门及其工作人员不得要求机动车所有人、驾驶人到其指定的机构进行机动车排气污染定期检测、维修。

第四章　法律责任

第二十九条　违反本条例第十一条规定，机动车驾驶人驾驶排放检验不合格的机动车上道路行驶的，由县级以上人民政府公安机关交通管理部门处二百元罚款。

第三十条　违反本条例第十二条、第十三条规定的，由质量技术监督、工商行政管理、经济和信息化等主管部门依照有关法律、法规进行处罚。

第三十一条　违反本条例第十四条规定，新建加油站未按照国家标准配套安装油气回收系统的，或者已建加油站未在国家标准规定的期限内完成油气回收综合治理设施安装的；新登记油罐车未完成油气回收系统安装的，或者在用油罐车未在国家标准规定的期限内完成油气回收综合治理设施安装的，由县级以上环境保护主管部门责令限期改正，并处二万元以上二十万元以下罚款；拒不改正的，责令停产整治。

第三十二条　违反本条例第十五条规定，机动车所有人或者驾驶人擅自拆除、闲置、更改在用机动车排气污染控制装置，造成装置失效使机动车排气污染超过规定标准的，由环境保护主管部门责令改正，并处五百元以上一千元以下罚款。

第三十三条　机动车排放检验机构违反本条例第十八条规定的，由县级以上环境保护主管部门或者其他有关行政主管部门责令其停止违法行为，限期改正，并可以处一万元以上五万元以下罚款；情节严重的，由资质认定部门取消其检验资质，并向社会公告。

第三十四条　违反本条例第二十一条规定，机动车所有人逾期未进行机动车排气污染定期检测的，由县级以上公安机关交通管理部门责令限期改正，处警告或者二百元以上五百元以下罚款。

第三十五条 违反本条例第二十三条规定，已实施与排气有关的维修后待出厂的机动车经环境保护主管部门抽检，排气污染物超过机动车注册登记时国家规定的机动车污染物排放标准的，由环境保护主管部门责令维修机构限期整改，并可以处每车次五百元以上一千元以下的罚款。

第三十六条 经车辆停放地抽检不符合注册登记时国家规定的机动车污染物排放标准规定的机动车，由环境保护主管部门责令限期维修。

经上路抽检不符合注册登记时国家规定的机动车污染物排放标准规定的机动车，由环境保护主管部门责令限期维修。

第三十七条 从事机动车排气污染防治的有关行政主管部门及其工作人员，有下列行为之一的，由所在单位或者上级主管部门对直接负责的主管人员和其他直接责任人员给予处分；构成犯罪的，由司法机关依法追究刑事责任：

（一）对擅自从事机动车排气污染定期检测，不予取缔或者不依法予以处理的；

（二）不依照本条例规定对机动车排放检验机构、机动车维修机构进行监督管理，情节严重的；

（三）对不符合规定的污染物排放标准的机动车核发安全技术检验合格标志，予以注册登记上牌，办理相关变更登记、转移登记手续的，或者不依法强制报废的；

（四）违反规定要求机动车的所有人、驾驶人到其指定的机构接受机动车检测、检验、维修等服务的；

（五）有其他不依法履行监督管理职责、滥用职权、玩忽职守、徇私舞弊行为的。

第五章 附 则

第三十八条 本条例自 2010 年 9 月 1 日起施行。2000 年 5 月 26 日广东省第九届人民代表大会常务委员会第十八次会议通过、2004 年 7 月 29 日广东省第十届人民代表大会常务委员会第十二次会议修正的《广东省机动车排气污染防治条例》同时废止。

广州市机动车排气污染防治规定

（2019 年 3 月 27 日广州市第十五届人民代表大会常务委员会第二十三次会议通过　2019 年 5 月 21 日广东省第十三届人民代表大会常务委员会第十二次会议批准）

第一条　为防治机动车排气污染，保护和改善大气环境，保障公众健康，促进社会、环境、经济的协调发展，根据《中华人民共和国大气污染防治法》等有关法律、法规，结合本市实际，制定本规定。

第二条　本市行政区域内的机动车排气污染防治适用本规定。

第三条　市人民政府应当将机动车排气污染防治纳入城市总体规划，并在综合交通规划中体现机动车排气污染防治的要求，采取措施防治机动车排气污染。

第四条　市环境保护行政主管部门对全市机动车排气污染防治实施统一监督管理，负责组织实施本规定。

区环境保护行政主管部门负责对所辖区域内的机动车排气污染防治实施监督管理。

公安、交通、质量技术监督、工商、经济贸易等行政管理部门，按照各自职责，对机动车排气污染防治实施监督管理，并对环境保护行政主管部门的执法工作予以配合。

第五条　市环境保护行政主管部门应当会同市公安、交通、质量技术监督、工商、经济贸易等行政管理部门建立机动车排气污染防治协调制度。

第六条　市环境保护行政主管部门负责建立全市机动车排气污染监督管理数据库和数据传输网络，对检测数据等信息进行统一管理，为有关行政管理部门执法提供统一数据和信息。

市环境保护行政主管部门应当定期向社会公布全市和区域性的机动车排气污染监测情况及有关数据，并提供查询服务。

第七条　任何单位和个人都有权对机动车排气污染行为进行投诉和举报。环境保护行政主管部门或者相关行政管理部门应当按照有关规定予以处理和答复。被举报的行为查证属实的，环境保护行政主管部门可以对举报人进行奖励。

环境保护行政主管部门可以聘任义务监督员，协助开展机动车排气污染防治监督。

第八条　在本市初次登记上牌和申请迁入本市的机动车，不符合本市执行的新的机动车污染物排放标准的，公安机关不予登记。

第九条　市人民政府可以根据城市规划和大气环境质量状况，采取相应措施合理控制燃油机动车保有量。

第十条 在用机动车的所有人、使用人应当加强对机动车的维护保养，保证在用机动车及其污染控制装置处于正常工作状态，使机动车符合规定的污染物排放标准，不得拆除、闲置或者擅自更改在用机动车排气污染控制装置。

第十一条 本市对在用机动车实行排气污染定期检查与维护制度。具体办法由市环境保护行政主管部门会同市公安、交通、质量技术监督等行政管理部门制定，报市人民政府批准后实施。

第十二条 交通行政管理部门在办理机动车营运许可或者对营运机动车进行定期审验时，对不符合规定的污染物排放标准的机动车，不予办理营运许可，或者不予通过定期审验并收回营运证。

第十三条 在用机动车不符合规定的污染物排放标准且无法修复的，应当依法强制报废并办理注销登记。

市人民政府可以根据机动车排气污染防治需要，制定政策，鼓励不符合本市执行的新的污染物排放标准的在用机动车提前报废更新。

第十四条 机动车维修单位应当按照防治大气污染的要求和国家有关技术规范对在用机动车进行维修，使其符合规定的污染物排放标准，并应当将机动车排气污染控制指标纳入维修质量保证内容，在质量保证期内承担维修质量责任。

交通行政管理部门应当加强对机动车维修单位日常维修活动的监管，市环境保护行政主管部门应当对经维修交付使用的机动车进行排气污染抽检。

第十五条 禁止生产、进口、销售不符合标准的车用燃料。

第十六条 市人民政府应当制定有关政策和措施，鼓励、支持和推广使用低污染燃油、替代燃料等清洁燃料。

第十七条 提倡机动车使用人临时停车时熄火。

第十八条 机动车经检测不符合规定的污染物排放标准的，不予通过机动车安全技术检验。

第十九条 申请从事机动车排气污染检测业务的机构应当有与本市执行的新的机动车污染物排放标准相适应的检测仪器设备，并取得有关行政管理部门的资质认定。

已经设立的从事机动车排气污染检测的机构，没有与本市执行的新的机动车污染物排放标准相适应的检测仪器设备的，应当限期改造；逾期不改造或者经改造仍不符合要求的，不得继续从事机动车排气污染检测。

第二十条 从事机动车排气污染检测的机构应当建立机动车排气污染检测情况档案。

从事机动车排气污染检测的机构应当按照有关法律、法规、技术规范的规定和与本市执行的新的机动车污染物排放标准相适应的检测方法、检测标准进行机动车排气污染检测，出具真实、准确的机动车排气污染检测报告，并根据国家和省机动车环保信息联网规范的要求，将检测结果报送市环境保护行政主管部门，接受其监督。

从事机动车排气污染检测的机构违反有关法律、法规、技术规范的规定和与本市执行的新的机动车污染物排放标准相适应的检测方法进行机动车排气污染检测的，其检测数据无效。

环境保护行政主管部门和有关行政管理部门应当加强对从事机动车排气污染检测的机构日常检测活动的监管，并对经其检测的机动车进行排气污染抽检。

第二十一条　机动车所有人、使用人应当选择具有机动车排气污染检测资质的机构进行排气污染检测。

第二十二条　禁止排放检验不合格的机动车上道路行驶。

公安机关应当会同环境保护行政主管部门对在道路上行驶的机动车进行排气污染抽检。被抽检机动车的驾驶人不得拒绝抽检。

上路抽检不得妨碍道路交通的安全和畅通，不得收取检测费用，检测人员应当向机动车的驾驶人明示检测结果。

群众举报在道路上行驶的机动车排放黑烟或者其他可视污染物的，由环境保护行政主管部门负责查处，公安机关予以配合。

第二十三条　环境保护行政主管部门应当在公共汽车始末车站和公路客运、货运站场等机动车停放地对在用机动车进行排气污染抽检。抽检不得向机动车的所有人、使用人收取费用，检测人员应当向机动车的所有人或者使用人明示检测结果。

被抽检单位或者机动车的所有人、使用人不得拒绝抽检，不得弄虚作假。

第二十四条　经道路或者车辆停放地抽检不符合规定的污染物排放标准的机动车，由环境保护行政主管部门责令机动车所有人、驾驶人予以改正，同时将该机动车的检测结果记录在册、输入监督管理数据库，并予以公告。环境保护行政主管部门和公安机关应当采取措施对该机动车进行跟踪监管。该机动车未维修合格的，不得上道路行驶。机动车驾驶人驾驶排放检验不合格的机动车上路行驶的，公安机关应当依照《广东省机动车排气污染防治条例》有关规定处罚。

市环境保护行政主管部门应当将道路或者车辆停放地抽检不符合规定的污染物排放标准的外地机动车的检测结果通报给车辆登记地的环境保护行政主管部门。

第二十五条　违反本规定第十条规定，机动车的所有人、使用人拆除、闲置、擅自更改在用机动车排气污染控制装置的，由环境保护行政主管部门责令改正，依照《广东省机动车排气污染防治条例》有关规定处罚。

第二十六条　违反本规定第十四条规定，维修出厂的机动车，在质量保证期内，经抽检因维修质量的原因不符合规定的污染物排放标准的，由环境保护行政主管部门责令维修单位限期整改，并依照《广东省机动车排气污染防治条例》有关规定处罚。

第二十七条　违反本规定第十五条规定，生产、进口、销售不符合标准的车用燃料的，由工商行政管理等部门依照《中华人民共和国大气污染防治法》《中华人民共和国产品质量法》和《广东省查处生产销售假冒伪劣商品违法行为条例》等有关法律、法规的规定处罚。

第二十八条 违反本规定第十九条第一款规定，未取得资质认定从事机动车排气污染检测的，由质量技术监督等行政管理部门依照《中华人民共和国计量法》等有关法律、法规和规章的规定处罚。

第二十九条 违反本规定第二十条第二款规定，从事机动车排气污染检测的机构违反有关法律、法规和技术规范的规定进行机动车排气污染检测的，由环境保护行政主管部门责令停止违法行为，依照《广东省大气污染防治条例》《广东省机动车排气污染防治条例》有关规定处罚。

违反本规定第二十条第二款规定，伪造机动车排放检验结果或者填写、出具虚假排放检验报告的，由环境保护行政主管部门依照《中华人民共和国大气污染防治法》有关规定处罚。

第三十条 违反本规定第二十二条第二款、第二十三条第二款规定，拒绝抽检或者弄虚作假的，由环境保护行政主管部门依照《中华人民共和国大气污染防治法》等有关法律、法规的规定处罚。

第三十一条 从事机动车排气污染防治的行政管理部门的工作人员有下列行为之一的，依法给予处分；构成犯罪的，依法追究刑事责任：

（一）环境保护行政主管部门的工作人员未依法履行机动车排气污染抽检等监督管理职责的；

（二）质量技术监督行政管理部门、环境保护行政主管部门的工作人员，对从事机动车排气污染检测的机构及其检测行为，不依照本规定进行监督管理情节严重的；

（三）公安机关的工作人员对不符合规定的污染物排放标准的机动车核发安全技术检验合格标志、登记上牌或者不依法办理注销登记的；

（四）交通行政管理部门的工作人员对不符合规定的污染物排放标准的机动车办理营运许可或者通过定期审验，对机动车维修企业不履行监督管理责任情节严重的；

（五）工商等行政管理部门的工作人员对销售不符合规定标准的车用燃料的行为不进行查处的；

（六）公安、交通、质量技术监督、工商、经济贸易等行政管理部门的工作人员应当配合环境保护行政主管部门执法工作而不予配合情节严重的；

（七）环境保护行政主管部门和公安、交通、质量技术监督、工商、经济贸易等行政管理部门的工作人员参与或者变相参与机动车排气检测、机动车维修和销售车用燃料等经营活动，或者违反规定要求机动车的所有人、使用人到其指定的场所接受机动车检测、检验、维修服务或者添加车用燃料的；

（八）滥用职权、玩忽职守、徇私舞弊、弄虚作假的其他行为。

第三十二条　本规定所称机动车排气污染，是指机动车排放的各种污染物对大气环境所造成的污染，包括机动车排气管、曲轴箱、油箱和燃油系统蒸发排放的污染物等所造成的污染。

本规定所称机动车排气污染控制装置，是指为有效控制和减少机动车排气污染而安装的装置，如曲轴箱强制通风装置、机动车尾气净化装置和燃油蒸发控制装置等。

第三十三条　本规定自 2019 年 9 月 1 日起施行。

深圳经济特区机动车排气污染防治条例

（2004 年 4 月 16 日深圳市第三届人民代表大会常务委员会第三十一次会议通过　根据 2012 年 6 月 28 日深圳市第五届人民代表大会常务委员会第十六次会议《关于修改〈深圳经济特区机动车排气污染防治条例〉的决定》第一次修正　根据 2017 年 4 月 27 日深圳市第六届人民代表大会常务委员会第十六次会议《关于修改〈深圳经济特区机动车排气污染防治条例〉的决定》第二次修正　根据 2018 年 12 月 27 日深圳市第六届人民代表大会常务委员会第二十九次会议《关于修改〈深圳经济特区环境保护条例〉等十二项法规的决定》第三次修正）

第一章　总　则

第一条　为了防治机动车排气污染，保护和改善大气环境，促进经济和社会的可持续发展，根据《中华人民共和国大气污染防治法》以及有关法律、行政法规的基本原则，结合深圳经济特区实际，制定本条例。

第二条　深圳经济特区内机动车排气污染防治适用本条例。

本条例所称机动车，是指由内燃机驱动或者牵引的机动车辆，但是铁路机车除外。

本条例所称机动车排气污染，是指由排气管、曲轴箱和燃油系统向大气排放和蒸发各种污染物所造成的污染。

第三条　机动车排气污染超过规定标准的，不得上路行驶。

第四条　对在用机动车实行排气污染定期检测与强制维护制度。具体办法由市人民政府另行制定。

第五条　市人民政府应当制定有关政策和措施，鼓励、支持和推广使用优质车用燃油和清洁车用能源。

第六条　市人民政府根据机动车排气污染防治的需要，公布机动车环保车型目录和在用机动车高排放车型目录，对在深圳经济特区内行驶的机动车实施环保分类标志管理制度。市人民政府可以根据大气环境质量状况，对使用特定环保分类标志的机动车采取限制区域、限制时间行驶的排气污染防治交通管制措施。具体办法由市人民政府另行制定。

第七条　市人民政府应当改善道路交通状况，发展公共交通体系，控制机动车排气污染总量。

第八条　生态环境主管部门对机动车排气污染防治工作实施统一监督管理，并对同级有关管理部门的机动车排气污染防治监督管理工作进行协调和指导。

公安、交通运输、出入境检验检疫、工业和信息化、市场监督管理以及其他有关部门，根据各自职责对机动车排气污染防治工作实施监督管理。

第九条　市生态环境主管部门应当会同市公安机关交通管理部门、市交通运输部门建立机动车排气污染防治数据信息传输系统及共享数据库，建立和完善机动车排气污染防治定期联系协调制度。

市生态环境主管部门应当建立和完善机动车排气污染监测制度，定期向社会发布全市和区域性的机动车排气污染监测情况和数据。

第二章　排气污染防治

第十条　制造、改装、组装机动车以及车用发动机的经营者，应当将机动车排气污染防治纳入产品质量管理内容，配置必要的机动车排气污染检测设备，产品经排气污染检测合格后方可出厂。

前款规定的经营者应当将出厂机动车的排气污染检测情况报市生态环境主管部门备案。

第十一条　购买未列入环保车型目录机动车的，市公安机关交通管理部门不予办理机动车登记。

购买不符合市人民政府规定的排气污染标准的城市公交及道路客运机动车的，市交通运输部门不予办理营运手续。

购买车用发动机用于客运车辆的，应当符合前款之规定。

第十二条　从事机动车排气污染防治维修业务的企业，应当遵守下列规定：

（一）排气污染防治使用的测量仪器，应当经市场监督管理部门检测合格，并按照规定向市场监督管理部门申请周期检定；

（二）严格按照大气污染防治的要求和有关技术规范进行维修，使维修后的机动车排气污染稳定达到规定的标准，并提供相应的维修服务质量保证；

（三）对大修、发动机总成维修及排气污染防治专项维修的机动车应当进行排气污染检测，符合规定标准的方可出厂；

（四）对大修、发动机总成维修及排气污染防治专项维修的机动车号牌、维修项目及维修情况进行记录，并通过数据传输网络向市交通运输部门实时传输、备份维修记录。

第十三条　销售车用燃油的单位和个人，应当明示油品质量标准。销售车用燃油应当加入清净剂，并保证清净效果达到规定的标准。

禁止销售不符合规定标准的车用燃油及其清净剂。

市市场监督管理部门应当会同市生态环境主管部门对车用燃油质量进行监督检查。

第十四条　城市公交及道路客运企业应当按照市人民政府有关规定使用清洁车用

燃料。

第十五条 机动车所有者或者使用者应当做好机动车的保养、定期检测和维护，保持机动车曲轴箱强制通风装置、燃油蒸发控制装置的正常功效，避免装置失效造成机动车排气污染超过规定标准。

第十六条 抽检、路检或者定期检测不合格的机动车应当进行排气污染防治强制维护，取得机动车排气污染防治维护单位出具的排气污染防治维护合格凭证，并进行排气污染复检。

第十七条 市公安机关交通管理部门应当依据国家机动车强制报废有关规定，对维修或者改造后排气污染仍不符合规定标准的机动车予以强制报废。

列入在用机动车高排放车型目录的机动车到达报废年限后不得继续使用。

排气污染超过规定标准的机动车不得进入旧车市场进行交易。

第三章 排气污染检测

第十八条 在用机动车应当按照国家规定的机动车安全技术检验周期将机动车送机动车排气污染检测单位进行定期检测。经检测合格的，方可上路行驶。未经检测合格的，公安机关交通管理部门不得核发安全技术检验合格标志。

第十九条 生态环境主管部门可以在机动车停放地对在用机动车排气污染状况进行检测，对制造、维修出厂及销售环节的机动车排气污染状况应当进行监督抽检。

第二十条 市公安机关交通管理部门应当会同生态环境主管部门和市交通运输部门对在道路上行驶的机动车的排气污染状况进行路面检测。

在道路上行驶的排放黑烟或者其他明显可见污染物的机动车由市公安机关交通管理部门进行查处。

第二十一条 从事机动车排气污染定期检测的单位应当遵守下列规定：

（一）按照规定的排气污染检测方法和排放标准进行检测，并出具客观真实的检测报告；

（二）检测使用的仪器、设备，应当按照规定向市场监督管理部门的计量机构申请周期检定；

（三）与市生态环境主管部门建立监控与数据传送网络，并按照规定向市生态环境主管部门报告机动车排气污染检测情况。

第二十二条 市生态环境主管部门应当对机动车排气污染检测单位的检测活动进行监督。

第二十三条 从事机动车排气污染定期检测的单位，应当按照价格主管部门规定的收费项目和标准收取检测费。

有关部门对机动车排气污染进行路检、抽检的，不得收取费用。

第四章　社会监督

第二十四条　任何组织和个人有权对机动车排气污染超标行为向生态环境、公安机关交通管理部门举报。

市生态环境主管部门应当会同市公安机关交通管理部门、交通运输部门建立机动车排气污染超标举报联合处理制度。举报者要求反馈举报处理结果的，处理部门应当自收到举报之日起十五个工作日内反馈。

第二十五条　生态环境主管部门可以聘任环保社会监督员，协助开展机动车排气污染防治监督。

环保社会监督员上岗前，生态环境主管部门应当进行法律和环保专业知识培训。

第二十六条　环保社会监督员对行驶中排放明显可见黑烟的机动车，应当向生态环境主管部门举报，同时填写《黑烟车辆报告单》。

生态环境主管部门在接到《黑烟车辆报告单》后，应当在七个工作日内会同市公安机关交通管理部门或者市交通运输部门向机动车所有者或者使用者发出《机动车排气检测通知书》。

第二十七条　机动车所有者或者使用者应当在收到《机动车排气检测通知书》后七个工作日内到指定的检测单位进行排气污染检测，检测单位应当将检测结果报生态环境主管部门。

第五章　法律责任

第二十八条　违反本条例第十二条规定或者弄虚作假的，由市交通运输部门责令限期改正，并处五千元以上一万元以下罚款。

第二十九条　违反本条例第十三条第一款规定，未按照规定在车用燃油中加入清净剂的，由市场监督管理部门责令改正，并处五万元罚款；拒不改正的，由市场监督管理部门责令停业整顿。

违反本条例第十三条第二款规定，销售不符合规定标准车用燃油及其清净剂的，由市场监督管理部门依照有关法律、法规的规定进行处罚。

第三十条　违反本条例第十四条规定，未按照市人民政府有关规定使用清洁燃料的，由市交通运输部门责令改正，并处一万元以上五万元以下罚款；拒不改正的，责令停业整顿。

第三十一条　违反本条例第十六条规定，不对机动车进行排气污染防治强制维护的，市公安机关交通管理部门　可以暂扣机动车，责令进行强制维护，并按照每台机动车二千元的标准处以罚款，强制维护费用由机动车所有者承担。

第三十二条　未取得相应的机动车环保分类标志的机动车不得进入排气污染防治交

通管制限行区域。

违反前款规定的，由市公安机关交通管理部门对机动车驾驶员处三百元罚款。

第三十三条 违反本条例第十八条规定，未进行排气污染定期检测或者定期检测不合格的机动车上路行驶的，由市公安机关交通管理部门按照每台机动车一千元的标准处以罚款。

第三十四条 在用机动车在停放地经排气污染检测不合格的，由生态环境主管部门责令限期维修，并按照每台机动车五百元的标准处以罚款。

城市公交及道路客运机动车线路排气污染检测不合格率超过百分之十的，生态环境主管部门除按照前款规定予以处罚外，还可以对线路经营者处一万元以上五万元以下罚款，并由市交通运输部门暂扣检测不合格机动车营运证。

第三十五条 在道路上行驶的机动车排气污染超标、排放黑烟或者其他明显可见污染物的，市公安机关交通管理部门可以暂扣机动车或者行驶证，责令限期维修，并按照每台机动车五百元的标准处以罚款。

第三十六条 违反本条例第二十一条第一项规定或者弄虚作假的，由市生态环境主管部门责令限期改正，并处十万元以上五十万元以下罚款。

违反本条例第二十一条第二项、第三项规定，由市生态环境主管部门责令限期改正，并处一万元以上五万元以下罚款。

第三十七条 违反本条例第二十七条规定，逾期不按照《机动车排气检测通知书》要求进行排气污染检测的，由市公安机关交通管理部门按照每台机动车五百元的标准处以罚款。

第三十八条 有关部门及其工作人员限定机动车所有者或者使用者购买其指定的排气污染防治产品的，对直接负责的主管人员和其他直接责任人员依法给予处分。

第三十九条 生态环境主管部门或者其他部门工作人员不依法履行机动车排气污染防治监督管理职责，或者有其他滥用职权、玩忽职守、徇私舞弊行为的，对负有直接责任的主管人员和其他直接责任人员依法给予处分；构成犯罪的，依法追究刑事责任。

第六章 附 则

第四十条 本条例自2004年6月1日起施行。1996年10月22日市人民政府发布的《深圳经济特区机动车排气污染防治规定》同时废止。

广西壮族自治区

广西壮族自治区大气污染防治条例

（2018 年 11 月 28 日广西壮族自治区第十三届人民代表大会常务委员会第六次会议通过）

第一章　总　则

第一条　为了防治大气污染，保护和改善环境，保障公众健康，推进生态文明建设，促进经济社会可持续发展，根据《中华人民共和国环境保护法》《中华人民共和国大气污染防治法》等有关法律规定，结合本自治区实际，制定本条例。

第二条　大气污染防治应当以改善大气环境质量为目标，坚持源头管控、防治结合、综合治理、损害担责的原则，建立政府主导、单位施治、社会协同、全民参与、联防联控的防治机制。

第三条　各级人民政府应当对本行政区域内的大气环境质量负责。

县级以上人民政府应当将大气污染防治工作纳入国民经济和社会发展规划，调整优化产业结构、能源结构、运输结构和用地结构，逐步削减大气污染物的排放量，合理规划城镇布局，在城市总体规划中预留大气流动风道，建立健全大气污染防治协调机制，督促有关部门依法履行监督管理职责。

乡镇人民政府和街道办事处在县级人民政府及其有关部门的指导下，根据本辖区的实际，组织开展大气污染防治工作。

第四条　县级以上人民政府生态环境主管部门对本行政区域内大气污染防治实施统一监督管理。

县级以上人民政府发展改革、工业和信息化、公安、财政、自然资源、住房城乡建设、交通运输、农业农村、商务、应急管理、市场监督管理、林业、城市管理、气象等主管部门在各自职责范围内对大气污染防治实施监督管理。

第五条　大气污染防治实行目标责任制和考核制度。县级以上人民政府应当根据大气污染防治目标责任书和大气污染防治计划开展考核，将完成情况纳入政府环境保护责任考核范围。考核结果应当向社会公开。

自治区人民政府生态环境主管部门应当按月发布设区的市、县级人民政府所在地建成区大气环境质量排名情况。

第六条 县级以上人民政府应当加大对大气污染防治的财政投入，加强大气污染防治资金的监督管理，提高资金使用效益。

鼓励和支持社会资本参与大气污染防治，引导金融机构增加对大气污染防治项目的信贷支持，推行大气污染第三方治理以及运营管理服务，提高治理专业化水平和治理效果。

第七条 县级以上人民政府应当加强环境空气质量预报预警、重点污染源自动监控体系、移动源排放监管能力建设，加强大气环境管理信息化建设，建立并完善环境空气质量、大气污染源清单、行政执法、应急管理、信息发布一体化大数据管理平台。

第八条 县级以上人民政府鼓励和支持大气污染防治的科学技术研究，推广秸秆、树枝叶、枯草等农林废弃物综合利用的先进实用大气污染防治技术和装备；对通过技术改造、能源替代和能源高效利用等方式促进环境质量改善的企业事业单位和其他生产经营者，应当给予扶持和帮助。

第九条 县级以上人民政府及其有关部门应当加强大气环境保护宣传，普及大气污染防治法律、法规和科学知识，提高公众的大气环境保护意识，鼓励和引导公众参与大气环境保护。

完善大气污染防治的公众参与程序。公民、法人和其他组织申请获取大气环境信息，生态环境主管部门和其他负有大气环境保护监督管理职责的部门应当依法提供。

第十条 生态环境主管部门应当公布举报和投诉电话、网站，会同有关负有大气环境保护监督管理职责的部门建立健全大气污染举报投诉协调处理机制。

公民、法人和其他组织发现有污染大气环境行为，或者各级人民政府、生态环境主管部门和其他负有环境保护监督管理职责的部门不依法履行职责的，有权举报和投诉。有关部门接到举报、投诉后，应当依法处理，并将结果告知举报、投诉人。

接受举报的部门应当为举报人保密，举报内容经查证属实的，应当按照有关规定给予举报人奖励。

第十一条 企业事业单位和其他生产经营者应当履行防治大气污染的法定义务，执行国家和自治区规定的大气污染物排放和控制标准，采取有效措施，防治生产经营或者其他活动对大气环境造成的污染。

行业协会应当加强行业自律，开展大气污染防治法律法规和相关知识的宣传，督促会员采取有效措施防止和减少大气污染。

公民应当自觉践行文明、节约、低碳的消费方式和生活习惯，减少向大气排放污染物，共同改善大气环境质量。

第二章　监督管理

第十二条 生态环境主管部门应当会同有关部门，组织编制本行政区域大气污染防治规划，报本级人民政府批准后组织实施，并按照规定报上一级生态环境主管部门备案。

大气污染防治规划应当与主体功能区规划、国土空间规划、土地利用总体规划、城乡规划相衔接，使大气污染防治与能源结构调整、产业结构调整和发展方式转变相结合。

经批准的规划应当向社会公布并严格执行，确需修改的应当按照原批准程序办理。

第十三条 自治区人民政府可以根据国家大气环境质量标准和大气污染物排放标准，结合本自治区大气环境质量目标以及经济、技术条件，制定严于国家标准的地方标准。

第十四条 未达到国家或者本自治区大气环境质量标准城市的人民政府，应当按照国家和本自治区大气污染防治目标和期限要求以及区域大气环境质量状况，制定大气环境质量限期达标规划，达标规划应当向社会公布，并报自治区人民政府生态环境主管部门备案。

第十五条 重点大气污染物排放实行总量控制制度。除国家确定的重点大气污染物外，自治区人民政府可以根据大气污染防治的需要，对其他大气污染物排放实行总量控制。

自治区人民政府按照国务院下达的总量控制目标和国务院生态环境主管部门规定的分解总量控制指标要求，将重点大气污染物排放总量控制指标分解落实到设区的市人民政府。设区的市人民政府应当将重点大气污染物排放总量控制指标分解落实到县级人民政府。设区的市、县级人民政府根据本行政区域总量控制指标，将重点大气污染物排放总量控制指标分解落实到排污单位。

本自治区在控制重点大气污染物排放总量、实行排放总量削减计划的前提下，按照有利于总量减少的原则，根据国家有关规定推行重点大气污染物排污权交易制度。

第十六条 实行大气污染物排污许可管理制度。向大气排放工业废气或者有毒有害大气污染物的企业事业单位、集中供热设施的燃煤热源生产运营单位和其他依法实行排污许可管理的单位，应当依法取得排污许可证。

第十七条 自治区人民政府生态环境主管部门应当建立大气环境调查、监测制度，完善大气环境质量和污染源监测体系、网络，组织开展大气环境质量状况和排污单位排放大气污染物情况监测，监测结果作为排污总量指标核定、建设项目环保审批等环境管理的依据。

县级以上人民政府应当加强大气污染防治监测、预警能力建设，协调有关部门做好监测站点选址。大气环境监测站点的设置应当符合有关监测技术规范要求，并报上一级人民政府生态环境主管部门批复；未经批复，不得擅自变更、调整和撤销。

第十八条 排放工业废气或者有毒有害大气污染物的企业事业单位和其他生产经营者应当按照国家有关规定和监测规范开展自行监测；不具备监测能力的排污单位，应当委托有资质的监测机构进行监测。监测数据应当按照规定的时间及时如实报送生态环境主管部门，并向社会公布。监测数据保存的时间不得少于三年。

重点排污单位和使用每小时二十蒸吨以上燃煤锅炉或者大气污染物排放量与其相当的窑炉的单位，应当安装、使用自动监测设备。自动监测设备应当在线联网，纳入生态环境主管部门的统一监控系统，接受社会监督。

按照监测规范要求获取的大气污染物排放自动监测数据作为核定污染物排放种类、数量和生态环境行政处罚等监督管理执法的依据。

第十九条 自治区人民政府应当组织建立大气污染联防联控机制，及时应对重污染天气，依据区域大气环境质量状况、大气污染传输扩散规律、县级以上人民政府启动重污染天气应急预案情况，可以划定大气污染防治重点区域，落实区域联动防治措施。

重点区域内设区的市人民政府应当定期召开联席会议，研究解决大气污染防治重大事项，推动节能减排、产业准入、落后产能淘汰和重污染天气应对的协调协作，开展大气污染联合防治。

第二十条 县级以上人民政府应当建立重污染天气应急处置机制，编制重污染天气应急预案，向上一级人民政府生态环境主管部门备案，并向社会公布。

出现重污染天气时，县级以上人民政府应当及时启动重污染天气应急预案，并逐层报送自治区人民政府及其生态环境主管部门。

第二十一条 生态环境主管部门及其委托的环境监测监察机构和其他负有大气环境保护监督管理职责的部门，应当采取随机抽查与重点检查相结合的方式对管辖范围内的排污单位进行监督检查。被检查单位应当如实反映情况，提供必要的资料。实施检查的部门、机构及其工作人员应当为被检查单位保守商业秘密。

第二十二条 生态环境主管部门和其他负有大气环境保护监督管理职责的部门应当建立重大污染违法案件当事人名录，纳入公共信用信息平台，定期向社会公布。

第二十三条 对未完成国家和自治区下达的大气环境质量改善目标或者超过国家和自治区重点大气污染物排放总量控制指标的设区的市、县级人民政府，自治区人民政府生态环境主管部门应当会同有关部门约谈该地区人民政府主要负责人，并暂停审批该地区新增重点大气污染物排放总量的建设项目环境影响评价文件，直至该地区完成整改。

约谈可以邀请媒体以及相关公众代表列席。约谈针对的主要问题、整改措施以及要求等情况应当在自治区人民政府门户网站和自治区级主要媒体公布。

第二十四条 对重大大气环境违法案件或者突出的大气污染问题，查处不力或者社会反映强烈的，自治区或者设区的市人民政府生态环境主管部门可以实施挂牌督办，责成所在地生态环境主管部门限期查处或者整改。挂牌督办情况应当向社会公开。

第二十五条 县级以上人民政府应当每年向本级人民代表大会或者其常务委员会报告大气环境质量状况和环境保护目标完成情况；发生重大大气污染事件的，应当及时向本级人民代表大会常务委员会报告，依法接受监督。

第三章 工业、燃煤和其他高污染燃料污染防治

第二十六条 自治区人民政府应当定期制定或者修订禁止新建、扩建的高污染工业项目名录、高污染工业行业调整名录和高污染工艺设备淘汰名录，并向社会公布。

设区的市、县级人民政府应当组织制定现有高污染工业项目调整退出计划，并组织实施。

禁止新建、扩建列入名录的高污染工业项目。

禁止使用列入淘汰名录的高污染工艺设备。被淘汰的高污染工艺设备，不得转让给他人。

第二十七条 自治区合理规划新建、扩建钢铁、石油、化工、有色金属、水泥、平板玻璃、建筑陶瓷、砖瓦等行业的高排放、高污染项目。新增产能的钢铁、电解铝、水泥、平板玻璃项目应当落实产能置换方案。

对钢铁、石油、化工、煤炭、电力、有色金属、水泥、平板玻璃、建筑陶瓷、砖瓦等重点行业依法实施清洁生产审核，采用先进清洁生产技术、工艺和装备。

城市建成区内的钢铁、石油、化工、有色金属、水泥、平板玻璃、建筑陶瓷、砖瓦等行业中的高排放、高污染项目，应当逐步进行搬迁、改造或者转型、退出。

第二十八条 对能耗超过限额标准或者排放重点大气污染物超过规定标准的企业，实行水、电、气差别化价格政策。具体办法由自治区价格、生态环境、工业和信息化、财政等行政主管部门制定。

第二十九条 县级以上人民政府应当优化产业布局，调整产业结构，推进清洁生产。

县级以上人民政府应当采取措施，鼓励和支持新建工业项目优先使用天然气、液化石油气、电或者其他清洁能源。对原有的钢铁、焦化、电解铝、铸造、水泥和平板玻璃等高耗能、高污染企业，应当鼓励和支持其进行技术改造，逐步实现清洁生产。

第三十条 新建工业园区应当符合循环经济和清洁生产的要求，配套建设集中供热供气设施，实行集中供热供气。自治区重点工业园区应当进行改造，逐步实现集中供热供气。

第三十一条 排污单位应当加强大气污染物排放精细化管理，对不经过排气筒等排放装置集中排放的大气污染物，采取必要的密闭、围挡、遮盖、集中收集、覆盖、吸附、清扫、洒水等处理措施，控制生产环节以及内部物料的堆存、传输、装卸等环节产生的粉尘和气态污染物的排放。

第三十二条 禁止直接排放有毒有害大气污染物。在生产经营过程中产生有毒有害大气污染物的，排污单位应当安装收集净化装置或者采取其他防护措施，使大气污染物排放达到国家和自治区规定的排放标准或者其他相关要求。

运输、装卸、贮存可能散发有毒有害大气污染物的物料，应当采取密闭措施或者其他防护措施。

第三十三条 储油储气库、加油加气站、原油成品油码头、原油成品油运输船舶和油罐车、气罐车等，应当按照标准配套安装油气回收装置，按照规定保持正常使用并定期检测。任何单位和个人不得擅自拆除、闲置或者更改油气回收装置。

未按照规定安装油气回收装置的储油库、加油站，不得通过成品油经营资质审查。未按照规定安装油气回收装置的油罐车，不得办理车辆营运手续。

第三十四条 生产、进口、销售、使用含挥发性有机物的原材料和产品的，其挥发性有机物含量应当符合质量标准或者要求。

生产、进口含挥发性有机物含量的产品，应当在产品包装或者说明中予以标注。

政府应当优先采购低挥发性有机物含量的产品。

医院、学校、幼儿园、宾馆、酒店等人员密集场所禁止使用高挥发性有机物含量的产品。

第三十五条 下列产生挥发性有机物废气的活动，应当使用低挥发性有机物含量的原料和工艺，按照规定在密闭空间或者设备中进行，并安装、使用污染防治设施；无法密闭的，应当采取措施减少废气排放：

（一）石油炼制与石油化工、煤炭化工等含挥发性有机物原料的生产；

（二）燃油、溶剂的储存、运输和销售；

（三）涂料、油墨、胶黏剂、农药等以挥发性有机物为原料的生产；

（四）喷漆、涂装、印刷、黏合、工业清洗等含挥发性有机物的产品使用；

（五）其他产生挥发性有机物的生产和服务活动。

禁止在城市建成区和其他依法需要特殊保护的区域内从事露天喷漆、喷涂、喷砂、制作玻璃钢以及其他散发有毒有害气体的作业。

第三十六条 向大气排放恶臭污染物的石油、化工、制药、中药材加工、制革、生物发酵、饲料加工、畜禽养殖等企业以及垃圾处理厂、污水处理厂，应当按照相关规定，设置合理的防护距离，安装净化装置或者采取其他措施，减少恶臭污染物排放。

在城市建成区和其他依法需要特殊保护的区域内，禁止新建、改建、扩建产生恶臭气体的项目，禁止贮存、加工、制造或者使用产生恶臭气体的物质。

第三十七条 自治区人民政府发展改革主管部门应当会同工业和信息化、生态环境等有关部门，根据经济社会发展需求以及区域环境资源承载能力等条件，制定自治区煤炭消费总量控制规划。

设区的市和县级人民政府应当根据自治区煤炭消费总量控制规划，制定本行政区域煤炭消费总量控制计划，并组织实施。

县级以上人民政府工业和信息化主管部门应当根据本行政区域煤炭消费总量控制计划，按照煤炭集中使用、清洁利用的原则，重点削减非电力用煤，提高电煤利用比例。

第三十八条 城市人民政府应当根据大气环境质量改善要求，划定并向社会公布高污染燃料禁燃区。

在禁燃区内的企业事业单位和其他生产经营者，应当在规定的期限内停止使用高污染燃料，改用天然气、液化石油气、电或者其他清洁能源。

第三十九条 县级以上人民政府应当按照国家和自治区规定要求，制定本行政区域锅炉整治计划，在城市建成区内淘汰每小时10蒸吨以下的燃烧煤炭的锅炉，并对每小时10蒸吨以上的燃烧煤炭的锅炉中未达标的污染物治理设施实施升级改造。

城市建成区内，禁止新建每小时35蒸吨以下的燃烧煤炭的锅炉，其他地区禁止新建每小时10蒸吨以下的燃烧煤炭的锅炉。

第四十条　县级以上人民政府应当加强天然气产供储销体系建设，逐步完善油气主干管网和配套支线管道，推动油气输送网络向城乡基层延伸。

第四十一条　在燃气管网和集中供热管网覆盖的区域，不得新建、改建、扩建燃烧煤炭、重油、渣油的供热设施；原有分散的中小型燃煤供热锅炉应当限期拆除。

第四十二条　城市建成区内提供饮食、洗浴、住宿等服务的单位，应当使用天然气、液化石油气、电或者其他清洁能源作为燃料。

第四章　机动车船和非道路移动机械污染防治

第四十三条　县级以上人民政府应当按照国家和自治区有关机动车排气污染防治的规定，建立和完善机动车排气污染防治工作协调机制，采取提高控制标准、限期治理和更新淘汰等防治措施，保护和改善大气环境。

第四十四条　完善综合交通布局规划，发展绿色交通运输体系，调整优化货物运输结构，推动大宗货物优先选择铁路、水路运输，推进公路和铁路、水路和铁路等多式联运。

第四十五条　禁止销售非法生产或者走私的用于机动车船、非道路移动机械的燃料。

第四十六条　鼓励出租车、城市公交车、长途客运汽车、旅游客运汽车、重型柴油车、游船进行以新能源和清洁能源为动力燃料的升级改造。国家机关、事业单位、国有企业以及公交、环卫、邮政、快递、城市物流配送等行业应当率先使用新能源和清洁能源机动车。

新增或者更换城市公交车，在旅游景区、风景名胜区、湿地公园以及其他水域新增或者更换专门从事旅游载人服务的游船，应当使用新能源和清洁能源动力燃料。

设区的市、县级人民政府应当采取措施逐步淘汰高排放老旧机动车，推进在用重型柴油车、高排放非道路移动机械、港区内运输车辆和装卸机械等港区作业设备使用新能源和清洁能源。

第四十七条　倡导公民绿色出行，每年开展城市无车日活动。

县级以上人民政府应当优先发展公共交通事业，规划、建设和设置有利于公众乘坐公共交通运输工具、步行或者使用非机动车的道路、公共交通枢纽站、自行车租赁服务系统、充电加气等基础设施。

第四十八条　城市人民政府可以根据城市大气环境质量状况，对特定期间、特定区域采取限制机动车行驶的交通管理措施。

第四十九条　设区的市、县级人民政府可以根据城市规划和大气环境质量功能区划等要求，确定禁止高排放机动车行驶的区域、时段，设置禁止行驶标志和高排放机动车自动识别系统。

第五十条 在本行政区域内销售、办理注册登记和转入登记的机动车、非道路移动机械应当符合自治区执行的污染物排放标准。

自治区生态环境主管部门应当依法加强对新生产、销售机动车和非道路移动机械大气污染物排放状况的监督检查，工业和信息化、市场监督管理等有关部门予以配合。

第五十一条 在用机动车应当按照国家和自治区有关规定定期进行机动车污染物排放检验，经检验合格方可上道路行驶。未经检验合格的，公安机关交通管理部门不得核发安全技术检验合格标志。

第五十二条 生态环境主管部门可以采用现场检查抽测、电子监控、自动监测、遥感监测、远红外摄像等方式对在用机动车大气污染物排放状况进行监督抽测。

生态环境主管部门可以在机动车集中停放地、维修地对在用机动车的大气污染物排放状况进行监督抽测，被抽测者应当配合；在不影响正常通行的情况下，可以通过遥感监测等技术手段对在道路上行驶的机动车的大气污染物排放状况进行监督抽测，公安机关交通管理部门应当予以配合。

在用机动车大气污染物排放状况抽测不合格的，由生态环境主管部门及时告知机动车所有人或者使用人限期维修，并经机动车排放检验机构检验合格后，方可上道路行驶。

第五十三条 机动车和非道路移动机械所有人或者使用人应当及时对机动车、非道路移动机械进行维修保养，保持污染控制装置处于正常工作状态，不得拆除、闲置或者擅自更改污染控制装置。

鼓励柴油车加油时添加车用尿素等氮氧化物还原剂，减少大气污染物排放。

第五十四条 机动车和非道路移动机械维修单位应当按照大气污染防治的要求和国家有关技术规范，对送修的机动车和非道路移动机械进行维修和保养，使其达到规定的排放标准。

维修单位不得以使机动车和非道路移动机械通过排放检验为目的，提供临时更换污染控制装置的维修服务。

第五十五条 在用机动车经修理和调整或者采用控制技术后，向大气排放污染物仍不符合国家标准的，应当按照国家规定强制报废。

已达到报废标准的机动车上道路行驶的，公安机关交通管理部门应当予以收缴，强制报废。

第五十六条 船舶向大气排放污染物，应当符合规定的排放标准。鼓励船舶更新改造时优先选择新能源和清洁能源动力燃料。

禁止机动船舶在领海、内河水域焚烧船舶垃圾。

禁止载运危险货物的机动船舶在城市航道、通航密集区、渡区、船闸、大型桥梁等内河水域进行清舱或者驱气作业。

机动船舶在港区、渔港水域内进行清舱、驱气、油漆等作业，应当按照有关法律法规和标准，采取有效措施，防止造成大气污染。海事管理机构、渔业主管部门应当加强对船舶以及有关作业活动的监督管理。

第五十七条　新建港口、码头应当规划、设计和建设岸基供电设施；已建成的港口、码头应当逐步实施岸基供电设施改造。船舶靠港后应当优先使用岸电。

第五十八条　非道路移动机械不得超过标准排放大气污染物。

非道路移动机械排放大气污染物超过标准的，应当及时进行维修，经检验合格后方可使用。

第五章　扬尘污染防治

第五十九条　从事房屋建筑、房屋装修、市政基础设施施工、水利工程施工、道路建设、建（构）筑物拆除、物料运输和堆放、园林绿化等可能产生扬尘污染活动的建设单位和施工单位，应当采取措施，防止产生扬尘污染。

第六十条　建设单位应当将防治扬尘污染的费用列入工程造价，作为不可竞争费用纳入工程建设成本，并在施工承包合同中明确施工单位扬尘污染防治责任。施工单位应当制定具体的施工扬尘污染防治实施方案。

从事房屋建筑、市政基础设施建设、公路、水利工程施工、建（构）筑物拆除等施工单位，应当在施工前将扬尘污染防治实施方案向所在地县级人民政府住房城乡建设、城市管理，或者水利等负责监督管理扬尘污染防治的主管部门备案。

第六十一条　房屋建筑、市政基础设施建设、城市规划区内水利工程施工和道路建设工程施工现场应当采取下列防尘措施：

（一）建设工程开工前，施工单位应当按照标准在施工现场周边设置围挡，并对围挡进行维护；

（二）施工单位应当在施工现场出入口公示施工现场负责人、环保监督员、扬尘污染主要控制措施、举报电话等信息；

（三）施工单位应当对施工现场内主要道路和物料堆放场地进行硬化，对其他裸露场地进行覆盖或者临时绿化，对土方进行集中堆放并采取覆盖或者密闭等措施；

（四）建设工程施工现场出口处应当设置车辆冲洗设施，施工车辆冲洗干净后方可上路行驶，车辆清洗处应当配套设置排水、泥浆沉淀设施；

（五）道路挖掘施工过程中，施工单位应当及时覆盖破损路面，并采取洒水等措施防治扬尘污染；道路挖掘施工完成后应当及时修复路面；临时便道要进行硬化处理并定时洒水；

（六）施工单位应当及时对施工现场进行清理和平整，不得从高处向下倾倒或者抛撒各类物料和建筑垃圾。

第六十二条 拆除建（构）筑物或者土石方作业，施工单位应当配备防风抑尘设备，采取持续加压喷淋等措施。需爆破作业的，应当在爆破作业区外围洒水喷淋。

气象预报风速达到五级以上时，应当停止房屋或者其他建（构）筑物爆破、拆除作业或者土石方作业。

第六十三条 按照国家和自治区有关规定，可以现场搅拌混凝土和砂浆的区域，施工现场设置混凝土、砂浆搅拌机的，应当配备降尘防尘装置。逐步禁止施工现场混凝土、砂浆搅拌。

第六十四条 工程监理单位应当将扬尘污染防治纳入工程监理细则，对发现的扬尘污染行为，应当要求施工单位立即改正；对不立即整改的，及时报告建设单位以及有关主管部门。

第六十五条 城市道路保洁作业应当遵守下列防尘规定：

（一）城市道路推广使用清洁动力机械化清扫等低尘作业方式；

（二）采用专人清扫道路的，应当符合市容环境卫生作业规范；

（三）城市生活垃圾、建筑余土、下水道的清疏污泥应当及时清运，不得在道路上堆积；

（四）城市道路应当进行洒水降尘或者冲洗作业。

机场、车站广场、码头、停车场、公园、城市广场、街头游园以及专用道路等露天公共场所，应当保持整洁，防止扬尘污染。

第六十六条 裸露地面应当按照下列规定防治扬尘：

（一）市政道路以及河道堤防、公共用地的裸露地面以及其他城镇裸露地面，分别由住房城乡建设、水利、城市管理等主管部门组织进行绿化或者透水铺装；

（二）待开发场地在进行土地平整时，平整作业单位应当及时洒水降尘并设置围挡；

（三）暂不能开工的建设用地和已平整待开发场地，场地管理单位应当对裸露地面进行覆盖；超过三个月的，应当进行临时绿化、透水铺装或者遮盖；

（四）其他裸露地面由使用权人或者管理单位负责进行绿化、透水铺装或者固化铺装。

第六十七条 县级以上人民政府应当落实绿化责任制，加强城市建成区以及周边地区绿化，防治扬尘污染和土壤风蚀影响。

绿地、绿化带的管理维护单位负责绿化施工、养护作业的扬尘污染防治，绿化施工养护作业结束后应当及时清理现场。

绿地、绿化带内的裸土应当覆盖，树池、花坛、绿化带等覆土不得高于边沿。

第六十八条 贮存易产生扬尘的煤炭、煤矸石、煤渣、煤灰、水泥、石灰、石膏、砂土等物料的堆场应当密闭；不能密闭的，贮存单位或者个人应当采取下列防尘措施：

（一）堆场的场坪、路面应当进行硬化处理，并保持路面整洁；

（二）堆场周边应当配备高于堆存物料的围挡、防风抑尘网等设施；大型堆场应当配置车辆清洗专用设施；

（三）根据物料类别采取相应的覆盖、喷淋和围挡等防风抑尘措施。

露天装卸物料应当采取密闭或者喷淋等抑尘措施；输送的物料应当在装料、卸料处配备吸尘、喷淋等防尘设施。

第六十九条　开矿采石应当做到边开采、边治理，及时修复生态环境。废石、废渣、泥土等应当堆放到专门存放地，并采取围挡、设置防尘网或者防尘布等防尘措施；施工便道应当进行硬化并做到无明显积尘。

采矿权人在采矿过程中以及停止开采或者关闭矿山前，应当整修被损坏的道路和露天采矿场的边坡、断面，恢复植被，并按照规定处置矿山开采废弃物，整治和恢复矿山地质环境，防止扬尘污染。

第七十条　城市规划区内向施工场地外处置建筑垃圾的，应当经工程所在地的县级人民政府市容环境卫生主管部门核准。建筑垃圾运输处置时应当按照公安机关交通管理部门规定的运输时间、路线和要求清运到建筑垃圾消纳场处置；在施工场地内堆存的，应当有效覆盖。

第七十一条　装卸和运输煤炭、水泥、砂土、垃圾等易产生扬尘的作业，应当采取遮盖、封闭、喷淋、围挡等措施，防止抛撒、扬尘。运输垃圾、渣土、砂石、土方、灰浆等散装、流体物料的，应当采取密闭运输或者其他措施防止物料遗撒，并安装卫星定位系统，按照规定路线行驶。

第六章　农业和其他污染防治

第七十二条　县级以上人民政府及其农业农村等行政主管部门应当推广绿色无污染农业新技术，指导农业生产经营者科学合理使用农药、化肥等农业投入品，减少农业生产活动产生的大气污染物。

从事畜禽养殖、运输、屠宰生产经营活动的单位和个人，应当采取有效措施，防止环境受到污染。

第七十三条　地方各级人民政府应当制定、落实有利于秸秆、树枝叶、枯草等农林废弃物利用的财政、投资、税费、价格等政策和措施，建设农林废弃物收集转化利用体系，推进农林废弃物肥料化、饲料化、燃料化、基料化和原料化利用，推广秸秆机械化还田，鼓励利用农林废弃物为原料发展生物质能、生产饲料和人造板材等产品，促进农林废弃物综合利用。

县级以上人民政府农业农村、林业行政主管部门根据职责，对农林废弃物综合利用实施监督管理。

第七十四条　县级以上人民政府根据当地人口集中程度和其他依法需要特殊保护的情况划定禁燃区域，禁止露天焚烧沥青、油毡、橡胶、塑料、皮革、垃圾以及其他产生有毒有害烟尘和恶臭气体的物质。

禁止在城市建成区、乡镇人口集中地区、机场周围、交通干线附近或者人民政府划定的其他区域露天焚烧秸秆、树枝叶、枯草等产生烟尘污染的农林废弃物。

第七十五条 下列区域禁止露天烧烤食品或者为露天烧烤食品提供场地：

（一）城市主次干道两侧；

（二）居民居住区内；

（三）公园、绿地内管理维护单位指定的烧烤区域外的区域；

（四）设区的市、县级人民政府禁止的其他区域。

任何单位和个人不得在设区的市、县级人民政府指定的区域、时段外从事露天食品烧烤经营活动或者为经营活动提供场地。

第七十六条 设区的市、县级人民政府应当根据当地实际，规定烟花爆竹禁放的区域、时段。

任何单位和个人不得在设区的市、县级人民政府禁放的区域、时段内燃放烟花爆竹。

第七十七条 饮食服务、服装干洗和机动车维修等经营项目，应当设置油烟净化装置、异味和废气处理装置等污染防治设施并保持正常使用，或者采取其他净化、处理措施，防止影响周边环境。

在居民住宅楼、未配套设立专用烟道的商住综合楼以及商住综合楼内与居住层相邻的商业楼层内，禁止新建、改建、扩建产生油烟、异味、废气的饮食服务经营项目。在居民住宅楼和商住综合楼内，禁止新建、改建、扩建从事喷漆业务的经营项目。

县级以上人民政府应当采取措施，逐步淘汰开启式干洗机，减少挥发性有机气体排放。新建、改建、扩建服装干洗经营项目，应当使用具有净化回收装置的全封闭干洗机。

第七章 法律责任

第七十八条 违反本条例规定，法律、行政法规已经有法律责任规定的，从其规定。

第七十九条 违反本条例第二十六条第三款规定，新建、扩建列入名录的高污染工业项目的，由县级以上人民政府工业和信息化主管部门责令改正，没收违法所得；拒不改正的，报经有批准权的人民政府批准，责令停业、关闭。

第八十条 违反本条例第三十二条第一款规定，直接排放有毒有害大气污染物的，由县级以上人民政府生态环境主管部门责令改正，处五万元以上二十万元以下的罚款；拒不改正的，责令停产整治。

第八十一条 违反本条例第三十五条第二款规定，在城市建成区和其他依法需要特殊保护的区域内从事露天喷漆、喷涂、喷砂、制作玻璃钢以及其他散发有毒有害气体的作业的，由县级以上人民政府生态环境主管部门责令改正，处二万元以上十万元以下的罚款；拒不改正的，责令停产整治。

第八十二条 违反本条例第三十九条第二款规定，在城市建成区内，新建每小时 35

蒸吨以下的燃烧煤炭的锅炉，其他地区新建每小时 10 蒸吨以下的燃烧煤炭的锅炉的，由县级以上人民政府生态环境主管部门责令限期拆除，处二万元以上十万元以下的罚款；情节严重的，处十万元以上二十万元以下的罚款。

第八十三条　违反本条例第四十二条规定，城市建成区内提供饮食、洗浴、住宿等服务的单位不使用天然气、液化石油气、电或者其他清洁能源的，由县级以上人民政府生态环境主管部门责令限期改正，处三千元以上三万元以下的罚款；拒不改正的，责令停业整治。

第八十四条　违反本条例第四十五条规定，销售非法生产或者走私的用于机动车船、非道路移动机械的燃料的，由县级以上人民政府商务主管部门、海关按照职责责令改正，没收非法生产或者走私的燃料和违法所得，并处货值金额一倍以上三倍以下的罚款。

第八十五条　违反本条例第五十三条第一款规定，机动车和非道路移动机械所有人或者使用人拆除、闲置或者擅自更改污染控制装置的，由县级以上人民政府生态环境主管部门责令改正，处五百元以上五千元以下的罚款。

第八十六条　违反本条例第六十条第一款规定，建设单位未将防治扬尘污染的费用列入工程造价即开工建设的，由县级以上人民政府住房城乡建设、城市管理、水利等扬尘监督管理部门按照职责分工，责令限期改正；逾期未改正的，责令停止施工。

第八十七条　违反本条例第六十一条、第六十二条规定，有下列行为之一的，由县级以上人民政府住房城乡建设、交通运输、城市管理、水利等扬尘监督管理部门责令限期改正，处一万元以上五万元以下的罚款；情节严重的，处五万元以上十万元以下的罚款；拒不改正的，责令停工整治：

（一）建设工程施工未采取防尘措施的；

（二）拆除建（构）筑物或者土石方作业，未采取持续加压喷淋等措施抑制扬尘产生的；

（三）爆破作业时，未在爆破作业区外围洒水喷淋的。

第八十八条　违反本条例第七十五条第二款规定，在设区的市、县级人民政府指定的区域、时段外从事露天食品烧烤经营活动或者为经营活动提供场地的，由县级以上人民政府确定的监督管理部门责令改正，没收烧烤工具和违法所得，处五百元以上二万元以下的罚款。

第八十九条　违反本条例第七十六条第二款规定，在设区的市、县级人民政府禁放的区域、时段内燃放烟花爆竹的，由公安机关责令停止燃放，处一百元以上五百元以下的罚款；构成违反治安管理行为的，依法给予治安管理处罚。

第九十条　违反本条例第七十七条第二款规定，在居民住宅楼和商住综合楼内新建、改建、扩建从事喷漆业务的经营项目的，由县级以上人民政府生态环境主管部门责令改正，处二千元以上二万元以下的罚款；拒不改正的，责令停工或者停业整治。

第九十一条 各级人民政府、生态环境主管部门和其他有关主管部门在大气污染防治工作中，有下列行为之一的，由其上级主管部门或者监察机关责令改正，对直接负责的主管人员和其他直接责任人员依法给予政务处分；构成犯罪的，依法追究刑事责任：

（一）违反法律法规规定，在主体功能区定位、生态环境保护规划等方面盲目决策，致使大气环境遭受破坏的；

（二）在职责范围内对严重大气污染事件处置不力导致严重后果的；

（三）违反规定核发排污许可证的；

（四）应当依法公开大气环境信息而未公开的；

（五）篡改、伪造或者指使篡改、伪造监测数据的；

（六）对环境违法行为进行包庇的；

（七）截留、挪用大气污染防治资金的；

（八）对举报不及时查处或者泄露举报人相关信息的；

（九）应当移送司法机关立案侦查的大气污染案件不移送的；

（十）其他滥用职权、玩忽职守、徇私舞弊的。

第八章 附 则

第九十二条 本条例中下列用语的含义：

（一）秸秆，是指成熟的水稻、小麦、玉米、薯类、油菜、棉花、甘蔗等农作物成熟脱籽后剩余的茎、叶、穗部分。

（二）重点大气污染物，是指国家和自治区人民政府根据改善大气环境质量的需要，作为约束性指标纳入国民经济和社会发展规划，确定实施排放总量控制和削减的大气污染物，如二氧化硫、氮氧化物等。

（三）排污单位，是指向大气排放污染物的企业事业单位以及个体工商户。

（四）有毒有害大气污染物，是指列入国家有毒有害大气污染物名录的对人体健康和生态环境产生危害和影响的大气污染物。

（五）重污染天气，是指由于工业废气、机动车尾气、扬尘、大面积农林废弃物焚烧等污染物排放而发生在较大区域的累积性大气污染，环境空气质量指数达到重度污染及以上污染程度的气象天气。

（六）挥发性有机物，是指特定条件下具有挥发性的有机化合物的统称。主要包括非甲烷总烃（烷烃、烯烃、炔烃、芳香烃）、含氧有机化合物（醛、酮、醇、醚等）、卤代烃、含氮化合物、含硫化合物等。

（七）恶臭污染物，是指一切刺激嗅觉器官引起人们不愉快以及损坏生活环境的气体物质。

（八）高污染燃料，是指原（散）煤、煤矸石、粉煤、煤泥、燃料油（重油和渣油）、各种可燃废物、直接燃用的生物质燃料（树木、秸秆、锯末、稻壳、蔗渣等）以及污染物含量超过国家规定限值的固硫型煤、轻柴油、煤油和人工煤气。

（九）非道路移动机械，是指用于非道路上的，自驱动或者具有双重功能，或者不能自驱动，但被设计成能够从一个地方移动或者被移动到另一个地方的机械，包括工业钻探设备、工程机械、农业机械、林业机械、渔业机械、材料装卸机械、叉车、雪犁装备、机场地勤设备、空气压缩机、发电机组、水泵等。

（十）高排放机动车，是指污染控制水平低、排放浓度高，按照国家和自治区规定鼓励提前报废或者限制使用的机动车。

第九十三条　本条例自 2019 年 1 月 1 日起施行。

南宁市机动车和非道路移动机械排气污染防治条例

（2018 年 9 月 27 日南宁市第十四届人民代表大会常务委员会第十五次会议通过　2019 年 3 月 29 日广西壮族自治区第十三届人民代表大会常务委员会第八次会议批准）

第一章　总　则

第一条　为了防治机动车和非道路移动机械排气污染，保护和改善大气环境，保障公众健康，促进经济社会可持续发展，根据《中华人民共和国大气污染防治法》等法律法规，结合本市实际，制定本条例。

第二条　本条例适用于本市行政区域内机动车和非道路移动机械的排气污染防治。

本条例所称机动车和非道路移动机械排气污染，是指由机动车和非道路移动机械排气管、曲轴箱和燃油燃气系统向大气排放、蒸发污染物所造成的污染。

本条例所称非道路移动机械是指装配有发动机的移动机械和可运输工业设备。包括工程机械、农业机械、小型通用机械、柴油发电机组等。

第三条　机动车和非道路移动机械排气污染防治坚持防控结合、分类管理、社会共治、排污担责的原则。

第四条　市、县（区）人民政府应当建立机动车和非道路移动机械排气污染防治工作协调机制，协调处理污染防治工作中的重大问题；组织制定、实施机动车和非道路移动机械排气污染防治规划，保障经费投入，健全监督管理体系，控制污染总量。

第五条　市、县（区）生态环境主管部门对本行政区域内行驶或者使用的机动车和非道路移动机械排气污染防治实施统一监督管理。公安、住房和城乡建设、市政和园林、交通运输、水利、农业农村、林业、市场监督管理等有关部门按照相关的法律、法规以及本条例规定的职责，对机动车和非道路移动机械排气污染实施监督管理。

第六条　生态环境主管部门应当建立机动车和非道路移动机械排气污染监督举报制度。受理投诉、举报后，应当及时调查处理，并在接到投诉、举报之日起十五个工作日内将处理结果告知投诉人、举报人。

第二章　一般规定

第七条　在本市行政区域内销售以及办理注册登记、转入登记的机动车和非道路移动机械，应当符合国家规定的机动车、非道路移动机械阶段性排放标准。

第八条　在用机动车、非道路移动机械所有人或者使用人应当对机动车、非道路移动机械进行维修保养，保持排气污染控制装置处于正常工作状态，不得拆除、闲置、擅自更改排气污染控制装置和车载排放诊断系统。

第九条　机动车和非道路移动机械维修单位应当按照大气污染防治的要求和国家有关技术规范，对送修的机动车和非道路移动机械进行维修保养，使其达到规定的排放标准。

维修单位应当如实向生态环境主管部门上传排气污染控制装置维修信息。

维修单位不得以使机动车和非道路移动机械通过排放检验为目的，提供临时更换污染控制装置的维修服务。

第三章　机动车排气污染防治

第十条　机动车排放检验机构应当依法通过资质认定，并遵守下列规定：

（一）使用经依法检定（校准）合格的计量器具，并按照规定对计量器具进行检定（校准）；

（二）按有关要求定期参加资质认定部门组织的能力验证或者比对；

（三）按照国家、自治区规定的检验方法、技术规范进行检验；

（四）与生态环境主管部门联网，实时传送检验数据。

未依法通过资质认定的机动车排放检验机构，不得向社会出具具有证明作用的数据、结果。

第十一条　机动车排气污染检测不得有以下行为：

（一）用其他车辆代替报检车辆上线检测；

（二）减少被测气体的摄入量，或者稀释被测气体的浓度；

（三）篡改检测限值、检测数据、被检车辆参数、大气环境参数、检测结果；

（四）故意造成远程监控设备失效；

（五）以临时更换机动车污染控制装置等方式通过机动车排放检验；

（六）出具虚假排放检验报告；

（七）其他弄虚作假、人为干扰正常检测过程的行为。

第十二条　交通运输管理部门应当会同生态环境主管部门建立机动车排气污染检测与维修制度，定期向社会公布本市机动车排气污染控制装置的维修企业名录。

第十三条　生态环境主管部门可以采用现场检查抽测、电子监控、自动监测、遥感监测、远红外摄像等方式对在用机动车大气污染物排放状况进行监督抽测。

生态环境主管部门可以在机动车集中停放地、维修地对在用机动车的大气污染物排放状况进行监督抽测，被抽测者应当配合；在不影响正常通行的情况下，可以通过遥感监测等技术手段对在道路上行驶的机动车的大气污染物排放状况进行监督抽测，公安机关交通管理部门应当予以配合。

在用机动车大气污染物排放状况抽测不合格的，由生态环境主管部门及时告知机动车所有人或者使用人限期维修，并经机动车排放检验机构检验合格后，方可上道路行驶。

第十四条 在用机动车不得超过国家标准排放大气污染物。

第四章 非道路移动机械排气污染防治

第十五条 本市实行非道路移动机械备案制度。非道路移动机械所有人或者使用人应当向生态环境主管部门报送非道路移动机械的名称、类别、数量、污染物排放等资料信息。备案的具体办法由市人民政府制定。

第十六条 生态环境主管部门应当建立非道路移动机械排气污染防治数据信息系统，定期向社会公告非道路移动机械备案的相关信息。

第十七条 生态环境、住房和城乡建设、市政和园林、交通运输、农业农村、水利、林业、市场监督管理等有关部门应当督促本行业选用符合国家规定排放标准的非道路移动机械，建立非道路移动机械管理台账。

生态环境主管部门负责督促工业企业使用的非道路移动机械备案登记。

住房和城乡建设管理部门负责督促建筑施工现场使用的非道路移动机械备案登记。

市政和园林管理部门负责督促城市道路施工工地使用的非道路移动机械备案登记。

交通运输管理部门负责督促港口码头作业和公路施工非道路移动机械备案登记。

农业农村管理部门负责督促农业机械的备案登记，对列入财政补贴范围的农用设备或者车辆明确要求应满足国家非道路移动机械排放标准或者相应的机动车排放标准。

水利、林业管理部门负责督促本行业施工使用的非道路移动机械备案登记。

市场监督管理部门负责加强对非道路移动机械用燃料、发动机油、润滑油添加剂等质量监督抽查。

第十八条 生态环境主管部门可以会同公安、住房和城乡建设、市政和园林、交通运输、水利、农业农村、林业、市场监督管理等部门，在非道路移动机械集中停放地、维修地、使用地等对非道路移动机械的大气污染物排放状况进行抽测。

经检测超过国家排放标准或者排放黑烟等可见污染物的非道路移动机械不得继续使用。

第十九条 任何单位和个人不得出租、出借超过国家排放标准或者排放黑烟等可见污染物的非道路移动机械。

第二十条 市人民政府可以根据大气环境质量状况，划定禁止使用高排放非道路移动机械的区域，并向社会公告。

生态环境主管部门可以采用电子标签、电子围栏、排气监控等技术手段对禁止区域进行实时监控。

第五章　法律责任

第二十一条　违反本条例规定的行为，法律、法规已有法律责任规定的，从其规定。

第二十二条　违反本条例第九条第二款规定，从事机动车排气污染控制装置维修业务的维修企业，不如实上传车辆排气污染控制装置维修信息的，由生态环境主管部门责令限期改正，处一千元罚款。

第二十三条　违反本条例第十条规定，由市场监督管理部门按以下规定处罚：

（一）未依法通过资质认定的机动车排放检验机构向社会出具具有证明作用数据、结果的，责令改正，处一万元以上三万元以下罚款。

（二）机动车排放检验机构使用未经检定（校准）合格的计量器具，或者未按照规定对计量器具进行检定（校准）的，责令改正，处一千元罚款。

（三）机动车排放检验机构未按照资质认定部门要求参加能力验证或者比对，责令限期改正；逾期未改正的，处五千元以上一万元以下罚款。

第二十四条　违反本条例第十条第三项、第四项规定的，由生态环境主管部门责令限期改正，处一万元以上五万元以下罚款。

第二十五条　违反本条例第十一条规定，机动车排放检验机构在检测过程中弄虚作假，由生态环境主管部门没收违法所得，并处十万元以上五十万元以下罚款。

第二十六条　违反本条例第十四条规定，机动车驾驶人驾驶排放检验不合格的机动车上道路行驶的，由公安机关交通管理部门处二百元罚款。

第二十七条　违反本条例第十八条第二款规定，使用超过国家标准排放大气污染物或者排放黑烟等可见污染物的非道路移动机械的，由生态环境主管部门责令限期改正，处五千元罚款。

第二十八条　违反本条例第十九条规定，出租、出借超过国家排放标准或者排放黑烟等可见污染物非道路移动机械的，由生态环境主管部门责令限期改正，处二百元以上二千元以下罚款。

第二十九条　违反本条例第二十条第一款规定，在禁止区域内使用高排放非道路移动机械的，由生态环境主管部门责令非道路移动机械使用人限期改正，处五千元罚款。

第三十条　生态环境主管部门和其他负有机动车、非道路移动机械排气污染防治监督管理职责的部门及其工作人员，在机动车和非道路移动机械排气污染防治监督管理工作中滥用职权、玩忽职守、徇私舞弊、弄虚作假的，依法给予政务处分；构成犯罪的，依法追究刑事责任。

第六章　附　则

第三十一条　本条例自 2019 年 7 月 1 日起施行。

江西省

江西省大气污染防治条例

（2016 年 12 月 1 日江西省第十二届人民代表大会常务委员会第二十九次会议通过）

第一章 总 则

第一条 为了防治大气污染，保护和改善环境，保障公众健康，推进生态文明建设，促进经济社会可持续发展，根据《中华人民共和国环境保护法》《中华人民共和国大气污染防治法》等有关法律、行政法规的规定，结合本省实际，制定本条例。

第二条 本条例适用于本省行政区域内大气污染防治及其监督管理活动。

第三条 大气污染防治，应当以改善大气环境质量为目标，坚持源头治理、规划先行，突出重点、综合防治，政府主导、全民参与，协同控制、损害担责的原则。

第四条 各级人民政府应当对本行政区域内的大气环境质量负责。

县级以上人民政府应当将大气污染防治工作纳入国民经济和社会发展规划，优化产业结构和布局，调整能源结构，逐步削减大气污染物的排放量，合理规划城镇布局，在城市总体规划中预留大气流动风道，建立健全大气污染防治协调机制，督促有关部门依法履行监督管理职责。

乡镇人民政府和街道办事处在县（市、区）人民政府及其有关部门的指导下，根据本辖区的实际，组织开展大气污染防治工作。

第五条 环境保护主管部门对大气污染防治实施统一监督管理，并与有关部门按照下列规定，履行大气污染防治监督管理职责：

（一）环境保护主管部门负责工业大气污染防治的监督管理，发展和改革、工业和信息化、能源、国有资产管理主管部门在各自职责范围内负责能源结构调整、产业结构调整和产业布局优化及相关监督管理工作。

（二）质量技术监督、环境保护主管部门在各自职责范围内负责对锅炉生产、进口、销售和使用环节执行环境保护标准或者要求的情况进行监督管理。

（三）环境保护主管部门会同公安机关交通管理部门对机动车大气污染防治实施监督管理，会同交通运输、住房城乡建设、农业、水利等部门对非道路移动机械的大气污染防治实施监督管理。

（四）交通运输主管部门、海事管理机构在各自职责范围内负责运输船舶大气污染防治的监督管理，渔业主管部门在职责范围内负责渔业船舶大气污染防治的监督管理。

（五）交通运输主管部门（公路管理机构、港口管理机构）负责公路施工和公路运输扬尘的监督管理以及港口码头贮存物料和作业扬尘的监督管理。住房城乡建设主管部门负责房屋建筑工地、市政基础设施建设工地扬尘的监督管理。城乡规划、国土资源、房屋征收部门在各自职责范围内负责建筑物拆除施工扬尘的监督管理。城市管理部门负责城区内建筑垃圾和工程渣土处置、城市道路保洁、城市道路扬尘污染防治的监督管理。环境保护、国土资源主管部门在各自职责范围内负责矿产开采粉尘和矿山作业扬尘的监督管理。水利主管部门负责水利工程施工扬尘的监督管理。

（六）农业主管部门在职责范围内负责农业生产活动排放大气污染物及秸秆等农业废弃物综合利用的监督管理，环境保护主管部门负责露天焚烧秸秆的监督管理。

（七）环境保护主管部门负责服装干洗和机动车维修行业排放异味、废气的监督管理，城市管理部门负责城市建成区内露天焚烧落叶、树枝、枯草，露天烧烤食品，焚烧沥青、油毡、橡胶、塑料、皮革、垃圾以及其他产生有毒有害烟尘和恶臭气体的物质的监督管理；饮食服务经营活动排放油烟的监督管理由环境保护主管部门或者县级以上人民政府确定的监督管理部门在各自职责范围内实施。

（八）其他大气污染防治的监督管理，由有关部门依照有关法律、法规和本条例规定的职责分工，在各自职责范围内实施。

第六条 大气污染防治实行目标责任制和考核评价制度。县级以上人民政府应当根据大气污染防治目标责任书和大气污染防治计划开展考核评价，将完成情况纳入对本级人民政府有关部门及其负责人和下级人民政府及其负责人年度考核评价内容。考核评价结果应当向社会公开。

省人民政府环境保护主管部门应当按月发布设区的市人民政府所在地建成区大气环境质量排名情况。

第七条 县级以上人民政府应当加大对大气污染防治的财政投入，加强大气污染防治资金的监督管理，提高资金使用效益。

鼓励和支持社会资本参与大气污染防治，引导金融机构增加对大气污染防治项目的信贷支持，推行大气污染第三方治理，提高治理专业化水平和治理效果。

鼓励和支持大气污染防治的科学技术研究，推广先进实用的大气污染防治技术和装备。各级人民政府对开展有利于改善环境质量的技术改造、能源替代的企业事业单位和其他生产经营者应当给予扶持和帮助。

第八条 各级人民政府及有关部门应当加强大气环境保护宣传，普及大气污染防治法律、法规和科学知识，提高公众的大气环境保护意识，鼓励和引导公众参与大气环境保护。

完善大气污染防治的公众参与程序。公民、法人和其他组织申请获取大气环境信息，环境保护主管部门和其他负有大气环境保护监督管理职责的部门应当依法提供。

第九条 环境保护主管部门应当公布举报和投诉电话、网站，会同有关负有大气环境保护监督管理职责的部门建立健全大气污染举报投诉协调处理机制。

公民、法人和其他组织发现有污染大气环境行为，或者各级人民政府、环境保护主管部门和其他负有环境保护监督管理职责的部门不依法履行职责的，有权举报和投诉。有关部门接到举报、投诉后，应当依法处理，并将结果告知举报、投诉人。

接受举报的部门应当为举报人保密，举报内容经查证属实的，应当按照有关规定给予举报人奖励。

第十条 企业事业单位和其他生产经营者应当执行国家和省规定的大气污染物排放标准和控制指标，采取有效措施，防治、减少大气污染，对所造成的损害依法承担责任。

公民应当采取节俭、低碳的生活方式，减少向大气排放污染物。

第二章 工业、燃煤和其他高污染燃料污染防治

第十一条 本省控制新建、扩建钢铁、石油、化工、有色金属、水泥、平板玻璃、建筑陶瓷等行业的高排放、高污染项目。

对钢铁、石油、化工、煤炭、电力、有色金属、水泥、平板玻璃、建筑陶瓷等重点行业依法实施清洁生产审核，采用先进清洁生产技术、工艺和装备。

城市建成区内人口密集区、环境脆弱敏感区周边的钢铁、石油、化工、有色金属、水泥、平板玻璃、建筑陶瓷等行业中的高排放、高污染项目，应当逐步进行搬迁、改造或者转型、退出。

鼓励大气重污染企业投保环境污染责任保险。

第十二条 排污单位应当加强大气污染物排放精细化管理，对不经过排气筒集中排放的大气污染物，采取必要的密闭、集中收集、覆盖、吸附、清扫、洒水等处理措施，控制生产环节以及内部物料的堆存、传输、装卸等环节产生的粉尘和气态污染物的排放。

第十三条 生产、进口、销售、使用含挥发性有机物的原材料和产品的，其挥发性有机物含量应当符合质量标准或者要求。

省人民政府质量技术监督管理部门应当会同环境保护等部门制定和公布低挥发性有机物含量产品目录和高挥发性有机物含量产品目录。

列入高挥发性有机物含量产品目录的产品，应当在其包装或者说明中予以标注。

政府采购应当优先采购纳入低挥发性有机物含量产品目录的产品。

医院、学校、幼儿园、宾馆、酒店等人群密集场所禁止使用列入高挥发性有机物含量产品目录的产品。

第十四条 下列产生挥发性有机物废气的活动，应当使用低挥发性有机物含量的原料和工艺，按照规定在密闭空间或者设备中进行，并安装、使用污染防治设施；无法密闭的，

应当采取措施减少废气排放：

（一）石油炼制与石油化工、煤炭化工等含挥发性有机物原料的生产；

（二）燃油、溶剂的储存、运输和销售；

（三）涂料、油墨、胶黏剂、农药等以挥发性有机物为原料的生产；

（四）涂装、印刷、黏合、工业清洗等含挥发性有机物的产品使用；

（五）其他产生挥发性有机物的生产和服务活动。

禁止在人口集中地区和其他依法需要特殊保护的区域内从事露天喷漆、喷涂、喷砂、制作玻璃钢以及其他散发有毒有害气体的作业。

第十五条　向大气排放恶臭污染物的石油、化工、制药、制革、生物发酵、饲料加工等企业以及垃圾处理厂、城区垃圾中转站、污水处理厂，应当按照相关规定，设置合理的防护距离，安装净化装置或者采取其他措施，减少恶臭污染物排放，防止恶臭对周边环境产生不良影响。

在人口集中地区和其他依法需要特殊保护的区域内，禁止新建、改建、扩建产生恶臭气体的项目；禁止贮存、加工、制造或者使用产生恶臭气体的物质。

第十六条　省人民政府发展改革、能源主管部门应当会同工业和信息化等有关部门，根据经济社会发展需求以及区域环境资源承载能力等条件，制定全省煤炭消费总量控制规划。

设区的市和县（市、区）人民政府应当根据全省煤炭消费总量控制规划，制定本行政区域煤炭消费总量控制计划，并组织实施。

第十七条　城市人民政府应当根据大气环境质量改善要求，划定并公布高污染燃料禁燃区。

在禁燃区内的企业事业单位和其他生产经营者，应当在规定的期限内停止使用高污染燃料，改用天然气、液化石油气、电或者其他清洁能源。

第十八条　县级以上人民政府应当按照国家和本省规定要求，制定本行政区域锅炉整治计划，在设区的市城市建成区内淘汰、拆除每小时 10 蒸吨以下的燃烧煤炭、重油、渣油以及直接燃用生物质的锅炉，并对每小时 10 蒸吨以上的锅炉中未达标的污染物治理设施实施升级改造。

在设区的市城市建成区内，禁止新建每小时 20 蒸吨以下的燃烧煤炭、重油、渣油以及直接燃用生物质的锅炉，其他地区禁止新建每小时 10 蒸吨以下的燃烧煤炭、重油、渣油以及直接燃用生物质的锅炉。

第十九条　设区的市、县（市）人民政府应当对化工、造纸、印染、制革、制药等产业聚集区制定供热规划，建设和完善供热管网，逐步对产业园区实行热电联产和集中供热。

在燃气管网和集中供热管网覆盖的区域，不得新建、扩建、改建燃烧煤炭、重油、渣油的供热设施；原有分散的中小型燃煤供热锅炉应当限期拆除。

第二十条 鼓励燃用优质煤炭，禁止进口、销售、燃用不符合质量标准的高硫分、高灰分煤炭。

城市建成区内提供饮食、洗浴、住宿等服务的单位，应当使用天然气、液化石油气、电或者其他符合国家规定的清洁能源作为燃料。

第三章 扬尘污染防治

第二十一条 从事房屋建筑、市政基础设施施工、水利工程施工、道路建设、建（构）筑物拆除、物料运输和堆放、园林绿化等可能产生扬尘污染活动的建设单位和施工单位，应当采取措施，防止产生扬尘污染。

第二十二条 建设单位应当将防治扬尘污染的费用列入工程造价，作为不可竞争费用纳入工程建设成本，并在施工承包合同中明确施工单位扬尘污染防治责任。施工单位应当制定具体的施工扬尘污染防治实施方案。

从事房屋建筑、市政基础设施建设、水利工程施工以及建（构）筑物拆除等施工单位应当向所在地县级人民政府住房城乡建设、城市管理、水利及房屋征收等负责监督管理扬尘污染防治的主管部门备案。

第二十三条 房屋建筑、市政基础设施建设、城市规划区内水利工程施工和道路建设工程施工现场应当采取下列防尘措施：

（一）建设工程开工前，施工单位应当按照标准在施工现场周边设置围挡，并对围挡进行维护。

（二）施工单位应当在施工现场出入口公示施工现场负责人、环保监督员、扬尘污染主要控制措施、举报电话等信息。

（三）施工单位应当对施工现场内主要道路和物料堆放场地进行硬化，对其他裸露场地进行覆盖或者临时绿化，对土方进行集中堆放并采取覆盖或者密闭等措施。

（四）建设工程施工现场出口处应当设置车辆冲洗设施，施工车辆冲洗干净后方可上路行驶，车辆清洗处应当配套设置排水、泥浆沉淀设施。

（五）道路挖掘施工过程中，施工单位应当及时覆盖破损路面，并采取洒水等措施防治扬尘污染；道路挖掘施工完成后应当及时修复路面；临时便道要进行硬化处理并定时洒水。

（六）施工单位应当及时对施工现场进行清理和平整，不得从高处向下倾倒或者抛撒各类物料和建筑垃圾。

拆除建（构）筑物，施工单位应当配备防风抑尘设备，采取持续加压喷淋等措施。需爆破作业的，应当在爆破作业区外围洒水喷淋。

第二十四条 城区内的施工工地禁止现场搅拌混凝土；施工现场设置砂浆搅拌机的，应当配备降尘防尘装置，逐步禁止施工现场砂浆搅拌。

第二十五条 工程监理单位应当将扬尘污染防治纳入工程监理细则，对发现的扬尘污染行为，应当要求施工单位立即改正；对不立即整改的，及时报告建设单位及有关主管部门。

第二十六条 城市道路保洁作业应当遵守下列防尘规定：

（一）城市主要道路推广使用清洁动力机械化清扫等低尘作业方式。

（二）采用专人清扫道路的，应当符合市容环境卫生作业规范。

（三）城市生活垃圾、建筑余土、下水道的清疏污泥应当及时清运，不得在道路上堆积。

（四）城市主要道路机动车道每日至少洒水降尘或者冲洗一次；洒水降尘不得在上下班高峰时段进行或者在雨雪、最低气温在四摄氏度以下的天气进行。

机场、车站广场、码头、停车场、公园、城市广场、街头游园以及专用道路等露天公共场所，应当保持整洁，防止扬尘污染。

第二十七条 裸露地面应当按照下列规定防治扬尘：

（一）市政道路以及河道堤防、公共用地的裸露地面以及其他城镇裸露地面，分别由住房城乡建设、水利等主管部门组织进行绿化或者透水铺装。

（二）待开发场地在进行土地平整时，平整作业单位应当及时洒水降尘，场地管理单位应当在平整作业结束后设置围挡。

（三）暂不能开工的建设用地和已平整待开发场地，场地管理单位应当对裸露地面进行覆盖；超过三个月的，应当进行临时绿化、透水铺装或者遮盖。

（四）其他裸露地面由使用权人或者管理单位负责进行绿化、透水铺装或者固化铺装。

第二十八条 县级以上人民政府应当落实绿化责任制，加强城市建成区及周边地区绿化，防治扬尘污染和土壤风蚀影响。

绿地、绿化带的管理维护单位负责绿化施工、养护作业的扬尘污染防治，绿化施工养护作业结束后应当及时清理现场。

绿地、绿化带内的裸土应当覆盖，树池、花坛、绿化带等覆土不得高于边沿。

第二十九条 贮存易产生扬尘的煤炭、煤矸石、煤渣、煤灰、水泥、石灰、石膏、砂土等物料的堆场应当密闭；不能密闭的，贮存单位或者个人应当采取下列防尘措施：

（一）堆场的场坪、路面应当进行硬化处理，并保持路面整洁。

（二）堆场周边应当配备高于堆存物料的围挡、防风抑尘网等设施；大型堆场应当配置车辆清洗专用设施。

（三）根据物料类别采取相应的覆盖、喷淋和围挡等防风抑尘措施。

露天装卸物料应当采取密闭或者喷淋等抑尘措施；输送的物料应当在装料、卸料处配备吸尘、喷淋等防尘设施。

第三十条 矿山开采应当设置废石、废渣、泥土等专门存放地，并采取围挡、施工便道喷淋洒水等防尘措施。

第三十一条 向城市规划区内，向施工场地外处置建筑垃圾的，应当经工程所在地的县（市、区）人民政府城市管理部门同意。建筑垃圾运输处置时应当按照城市管理部门规定的运输时间、路线和要求清运到指定的场所处理；在场地内堆存的，应当有效覆盖。

第三十二条 装卸和运输煤炭、水泥、砂土、垃圾等易产生扬尘的作业，应当采取遮盖、封闭、喷淋、围挡等措施，防止抛撒、扬尘。运输垃圾、渣土、砂石、土方、灰浆等散装、流体物料的，应当使用符合条件的车辆，并安装卫星定位系统。

第四章 机动车船和非道路移动机械排放及其他污染防治

第三十三条 鼓励公众使用公共交通、自行车等方式出行。机关、事业单位、国有企业以及公交、环卫、邮政、快递等行业应当率先推广使用新能源和清洁能源机动车。

县级以上人民政府应当优先发展公共交通事业，规划、建设和设置有利于公众乘坐公共交通运输工具、步行或者使用非机动车的道路、公共交通枢纽站、自行车租赁服务系统、充电加气等基础设施。

第三十四条 设区的市、县（市、区）人民政府应当根据国家规定和当地实际情况采取划定限制或者禁止通行区域、经济补偿等措施逐步淘汰排放标准较低的机动车。

第三十五条 鼓励燃油机动车驾驶人在不影响道路通行且需停车三分钟以上的情况下熄灭发动机，减少大气污染物的排放。

第三十六条 对机动车排气污染防治，本条例未作规定的，依照《江西省机动车排气污染防治条例》执行。

第三十七条 船舶向大气排放污染物，应当符合规定的排放标准。

禁止机动船舶在内河水域焚烧船舶垃圾。

禁止载运危险货物的机动船舶在城市航道、通航密集区、渡区、船闸、大型桥梁等内河水域进行清舱或者驱气作业。

机动船舶在港区、渔港水域内进行清舱、驱气、油漆等作业，应当依法报经海事管理机构、渔港监督机构批准后实施。

第三十八条 新建港口、码头应当规划、设计和建设岸基供电设施；已建成的港口、码头应当逐步实施岸基供电设施改造。船舶靠港后应当优先使用岸电。

第三十九条 非道路移动机械不得超过标准排放大气污染物。

非道路移动机械排放大气污染物超过标准的，应当及时进行维修，经检验合格后方可使用。

第四十条 饮食服务、服装干洗和机动车维修等经营者，应当设置油烟净化装置、异味和废气处理装置等污染防治设施并保持正常使用，或者采取其他净化、处理措施，防止影响周边环境。

在居民住宅楼、未配套设立专用烟道的商住综合楼以及商住综合楼内与居住层相邻的商业楼层内，禁止新建、改建、扩建产生油烟、异味、废气的饮食服务经营项目。在居民住宅楼和商住综合楼内，禁止新建、改建、扩建含有喷漆业务的机动车维修等经营项目。

县级以上人民政府应当采取措施，逐步淘汰开启式干洗机，减少挥发性有机气体排放。新建、改建、扩建服装干洗经营项目，应当使用具有净化回收装置的全封闭干洗机。

第四十一条　县级以上人民政府及农业等部门应当推广缓释控肥新技术，指导农业生产经营者科学合理使用农药、化肥等农业投入品，减少农业生产活动产生的大气污染物。

从事畜禽养殖、屠宰生产经营活动的单位和个人，应当采取有效措施，防止周边环境受到污染。在人口集中区域和其他依法需要特殊保护的区域内，禁止设置畜禽养殖场、屠宰场。

第四十二条　县级以上人民政府应当组织建立秸秆收集、贮存、运输和综合利用服务体系，采取财政补贴、技术指导等措施，支持农村集体经济组织、农民专业合作经济组织、企业等开展秸秆收集、贮存、运输和综合利用服务。

禁止在人口集中地区、机场周围、交通干线附近和其他依法需要特殊保护的区域内以及县级人民政府划定的区域露天焚烧秸秆。

第四十三条　禁止在人口集中地区和其他依法需要特殊保护的区域焚烧沥青、油毡、橡胶、塑料、皮革、垃圾以及其他产生有毒有害烟尘和恶臭气体的物质。

禁止在城市建成区露天焚烧落叶、树枝、枯草。

设区的市、县（市、区）人民政府可以划定禁止露天烧烤的区域。任何单位和个人不得在当地人民政府禁止的区域内露天烧烤食品或者为露天烧烤食品提供场地。

第四十四条　设区的市、县（市、区）人民政府可以根据当地实际，规定烟花爆竹的禁放或者限放的区域、时间。

第五章　重污染天气应对和区域大气污染联合防治

第四十五条　县级以上人民政府应当建立重污染天气应急处置机制，编制重污染天气应急预案，向上一级人民政府环境保护主管部门备案，并向社会公布。

第四十六条　省、设区的市人民政府环境保护主管部门应当会同气象等有关部门建立重污染天气监测预警和会商机制，统一预警分级标准，提高大气环境质量预报和监测预警水平。可能发生重污染天气的，应当及时向所在地人民政府报告。

省、设区的市人民政府依据重污染天气预报信息统一发布预警信息，其他任何单位和个人不得擅自向社会发布。

第四十七条　在大气受到严重污染，发生或者可能发生危害人体健康和安全的紧急情况时，县级以上人民政府应当及时启动应急预案，按照规定程序，向社会发布重污染天气的预警信息，并按照预警级别实施下列一项或者几项应急措施：

（一）责令有关企业停产或者限产；

（二）限制部分机动车行驶；

（三）禁止燃放烟花爆竹；

（四）停止或者限制土方挖填、转运和拆除等易产生扬尘的作业；

（五）禁止露天烧烤；

（六）停止幼儿园和学校户外活动；

（七）停止组织露天体育比赛活动及其他露天举办的群体性活动；

（八）根据天气条件适时开展人工影响天气作业；

（九）国家和省规定的其他应急措施。

任何单位和个人应当配合政府及其有关部门采取重污染天气应急措施。

第四十八条 省人民政府应当根据本省主体功能区划、区域大气环境质量状况和大气污染传输扩散规律，划定本省的大气污染防治重点区域，统筹协调区域内的大气污染防治工作。

大气污染防治重点区域内设区的市人民政府应当与邻省交界设区的市建立大气污染防治协调机制，采取统一的防治措施，推进大气污染防治区域协作。

第四十九条 省人民政府环境保护主管部门应当会同大气污染防治重点区域内有关的设区的市人民政府，根据区域经济社会发展和大气环境承载能力，制定区域大气污染联合防治规划，明确协同控制目标，优化区域经济布局，统筹交通管理，发展清洁能源，提出重点防治任务和措施，促进区域大气环境质量改善。

第五十条 大气污染防治重点区域内有关的设区的市人民政府应当共享大气环境质量信息，协商解决跨界大气污染纠纷，开展联合执法行动，查处区域内大气污染违法行为。

第六章 监督管理

第五十一条 环境保护主管部门应当会同有关部门，组织编制本行政区域大气污染防治规划，报本级人民政府批准后组织实施，并按规定报上一级环境保护主管部门备案。

大气污染防治规划应当与主体功能区规划、土地利用总体规划、城乡规划相衔接，使大气污染防治与能源结构调整、产业结构调整和发展方式转变相结合。

经批准的规划应当向社会公布并严格执行，确需修改的应当按原批准程序办理。

第五十二条 省人民政府可以根据国家大气环境质量标准和大气污染物排放标准，结合本省大气环境质量目标及经济、技术条件，制定严于国家标准的地方标准。

第五十三条 未达到国家或者本省大气环境质量标准的城市人民政府应当按照国家和本省大气污染防治目标要求及区域大气环境质量状况，制定大气环境质量限期达标规划，向社会公开，并报省人民政府环境保护主管部门备案。

第五十四条 实行大气污染物排污许可管理制度。向大气排放工业废气或者有毒有害大气污染物的企业事业单位、集中供热设施的燃煤热源生产运营单位和其他依法实行排污许可管理的单位，应当依法取得排污许可证。

禁止无排污许可证或者不按照排污许可证的规定排放大气污染物。

第五十五条 重点大气污染物排放实行总量控制制度。除国家确定的重点大气污染物外，省人民政府可以根据大气污染防治的需要，对其他大气污染物排放实行总量控制。

省人民政府按照国务院下达的总量控制目标和国务院环境保护主管部门规定的分解总量控制指标要求，将重点大气污染物排放总量控制指标分解落实到设区的市和省直管县（市）人民政府。设区的市人民政府应当将重点大气污染物排放总量控制指标分解落实到县（市、区）人民政府。设区的市、县（市、区）人民政府根据本行政区域总量控制指标，将重点大气污染物排放总量控制指标分解落实到排污单位。

本省在控制重点大气污染物排放总量、实行排放总量削减计划的前提下，按照有利于总量减少的原则，逐步推行重点大气污染物排污权交易制度。

第五十六条 排污单位排污许可证有效期届满需要继续排污的，应当在国家规定的期限内申请延续或者重新申领。环境保护主管部门应当根据本行政区域重点大气污染物排放总量控制指标、产业发展规划、清洁生产要求以及排污单位现有排污量，重新核定其重点大气污染物排放总量控制指标。

排污单位对核定的重点大气污染物排放总量控制指标有异议的，应当在规定期限内向环境保护主管部门提出复核申请，环境保护主管部门应当自收到申请之日起五个工作日内予以复核并答复申请人。

第五十七条 新建、改建、扩建向大气排放污染物的建设项目，应当依法进行环境影响评价。二氧化硫、氮氧化物、挥发性有机物和气态重金属污染物排放是否符合总量控制要求应当作为建设项目环境影响评价的重要内容，未通过环境影响评价审查的项目，不得开工建设。

第五十八条 企业事业单位和其他生产经营者应当按照国家规定淘汰落后的生产工艺、设备和产品。

任何单位和个人不得生产、进口、销售或者转让、使用严重污染大气环境的设备和产品。

第五十九条 省人民政府环境保护主管部门应当建立大气环境调查、监测制度，完善大气环境质量和污染源监测体系、网络，组织开展大气环境质量状况和排污单位排放大气污染物情况监测，监测结果作为排污总量指标核定、建设项目环保审批等环境管理的重要依据，并向社会公开。

县级以上人民政府应当加强大气污染防治监测、预警能力建设，协调有关部门做好监测站点选址。大气环境监测站点的设置应当符合有关监测技术规范要求，并报上一级人民政府环境保护主管部门批复，未经批复，不得擅自变更、调整和撤销。

第六十条 排放工业废气或者有毒有害大气污染物的企业事业单位和其他生产经营者应当按照国家有关规定和监测规范开展自行监测。监测数据应当按照规定的时间及时如实报送环境保护主管部门，并向社会公开。监测数据保存的时间不得少于三年。

重点排污单位和使用每小时 20 蒸吨以上燃煤锅炉或者大气污染物排放量与其相当的窑炉的单位，应当安装、使用自动监测设备。自动监测设备应当在线联网，纳入环境保护主管部门的统一监控系统，接受社会监督。

按照监测规范要求获取的大气污染物排放有效自动监测数据作为核定污染物排放种类、数量的依据。

第六十一条 环境保护主管部门及其委托的环境监测监察机构和其他负有大气环境保护监督管理职责的部门，应当采取随机抽查与重点检查相结合的方式对管辖范围内的排污单位进行监督检查。被检查单位应当如实反映情况，提供必要的资料。实施检查的部门、机构及其工作人员应当为被检查单位保守商业秘密。

第六十二条 环境保护主管部门和其他负有大气环境保护监督管理职责的部门应当建立重大污染违法案件当事人名录，纳入公共信用信息平台，定期向社会公布。

第六十三条 对未完成国家和省下达的大气环境质量改善目标或者超过国家和省重点大气污染物排放总量控制指标的设区的市、县（市、区）人民政府，省人民政府环境保护主管部门应当会同有关部门约谈该地区人民政府主要负责人，并暂停审批该地区新增重点大气污染物排放总量的建设项目环境影响评价文件，直至该地区完成整改。

约谈可以邀请媒体及相关公众代表列席。约谈针对的主要问题、整改措施及要求等情况应当在省人民政府门户网站和省级主要媒体公布。

第六十四条 对重大大气环境违法案件或者突出的大气污染问题，查处不力或者社会反映强烈的，省或者设区的市人民政府环境保护主管部门可以实施挂牌督办，责成所在地环境保护主管部门限期查处或者整改。挂牌督办情况应当向社会公开。

第六十五条 县级以上人民政府应当每年向本级人民代表大会或者其常务委员会报告大气环境质量状况和环境保护目标完成情况；发生重大大气污染事件的，应当及时向本级人民代表大会常务委员会报告，依法接受监督。

第七章 罚 则

第六十六条 违反本条例第十八条第二款规定，在设区的市城市建成区内，新建每小时 20 蒸吨以下的燃烧煤炭、重油、渣油以及直接燃用生物质的锅炉，其他地区新建每小时 10 蒸吨以下的燃烧煤炭、重油、渣油以及直接燃用生物质的锅炉的，由环境保护主管部门报同级人民政府责令限期拆除，处二万元以上十万元以下罚款；情节严重的，处十万元以上二十万元以下罚款。

第六十七条 违反本条例第二十条第二款规定，城市建成区内提供饮食、洗浴、住宿等服务的单位不使用清洁能源的，由环境保护主管部门责令限期改正，处三千元以上三万元以下罚款；拒不改正的，责令停业整治。

第六十八条　违反本条例第二十二条第一款规定，建设单位未将防治扬尘污染的费用列入工程造价即开工建设的，由住房城乡建设、交通运输、水利等扬尘监督管理部门按照职责分工，责令停止施工。

第六十九条　违反本条例第二十三条第一款第一项、第二款规定，拆除建（构）筑物时未设置围挡，未采取持续加压喷淋等措施抑制扬尘产生的；爆破作业时，未在爆破作业区外围洒水喷湿的，由城市管理部门责令限期改正，处一万元以上五万元以下罚款；情节严重的，处五万元以上十万元以下罚款；拒不改正的，责令停业整治。

第七十条　违反本条例第二十五条规定，建设项目监理单位未将扬尘污染防治纳入工程监理细则；对发现的扬尘污染行为，未及时要求施工单位改正，并报告建设单位及有关主管部门的，由住房城乡建设、交通运输、水利等扬尘监督管理部门按照职责分工，责令限期改正，处一万元以上五万元以下罚款；情节严重的，处五万元以上十万元以下罚款。

第七十一条　违反本条例第二十六条第一款第一项至第三项规定，有下列情形之一的，由城市管理部门责令限期改正；拒不改正的，处二千元以上一万元以下罚款：

（一）城市主要道路清扫方式未采取低尘作业的；

（二）采用专人清扫道路的，不符合市容环境卫生作业规范的；

（三）城市生活垃圾、下水道的清疏污泥未及时清运，在道路上堆积的。

第七十二条　违反本条例第二十九条规定，贮存易产生扬尘的煤炭、煤矸石、煤渣、煤灰、水泥、石灰、石膏、砂土等物料的堆场有下列情形之一的，由环境保护主管部门责令限期改正，处一万元以上五万元以下罚款；造成严重后果的，处五万元以上十万元以下罚款，并责令停业整治：

（一）堆场的场坪、路面未进行硬化处理，并保持路面整洁的；

（二）堆场周边未配备高于堆存物料的围挡、防风抑尘网等设施，大型堆场未配置车辆清洗专用设施的；

（三）对堆场物料未根据物料类别采取相应的覆盖、喷淋和围挡等防风抑尘措施的；

（四）露天装卸物料未采取密闭或者喷淋等抑尘措施；输送的物料未在装料、卸料处配备吸尘、喷淋等防尘设施的。

第七十三条　违反本条例第四十条第二款规定，在居民住宅楼和商住综合楼内新建、改建、扩建含有喷漆业务的机动车维修经营项目的，由环境保护主管部门责令改正，处二千元以上二万元以下罚款；拒不改正的，责令停业整治。

第七十四条　违反本条例规定，有下列行为之一的，由环境保护主管部门责令改正或者限制生产、停产整治，处十万元以上三十万元以下罚款；情节较重的，处三十万元以上一百万元以下罚款；情节严重的，报经有批准权的人民政府同意，责令停业、关闭：

（一）未依法取得排污许可证排放大气污染物的；

（二）超过大气污染物排放标准或者超过重点大气污染物排放总量控制指标排放大气污染物的；

（三）通过偷排、偷放，篡改、伪造监测数据等逃避监管的方式排放大气污染物的。

第七十五条 违反本条例第六十条第一款、第二款规定，重点排污单位、排放工业废气或者有毒有害大气污染物的单位、使用每小时 20 蒸吨以上燃煤锅炉或者大气污染物排放量与其相当的窑炉的单位，有下列行为之一的，由环境保护主管部门责令限期改正，处二万元以上十万元以下罚款；情节严重的，处十万元以上二十万元以下罚款；拒不改正的，责令停产整治：

（一）未按照规定安装、使用大气污染物排放自动监测设备或者未按照规定与环境保护主管部门监控设备联网，并保证监测设备正常运行的；

（二）未按照规定开展大气污染物监测，并保存原始监测记录的；

（三）不公开或者不如实公开自动监测数据信息的。

第七十六条 排污单位拒不执行县级以上人民政府及有关部门依法作出的责令停业、关闭、停产整治决定，继续违法生产的，县级以上人民政府可以作出停止或者限制向排污单位供水、供电、供气的决定。

第七十七条 各级人民政府、环境保护主管部门和其他有关主管部门在大气污染防治工作中，有下列行为之一的，由其上级主管部门或者监察机关责令改正，对直接负责的主管人员和其他直接责任人员依法给予处分：

（一）违反法律法规、主体功能区定位、生态环境保护规划等盲目决策，致使大气环境遭受破坏的；

（二）在职责范围内对严重大气污染事件处置不力导致严重后果的；

（三）违反规定核发排污许可证的；

（四）应当依法公开大气环境信息而未公开的；

（五）篡改、伪造或者指使篡改、伪造监测数据的；

（六）对环境违法行为进行包庇的；

（七）截留、挪用大气污染防治专项资金的；

（八）对举报不及时查处或者泄露举报人相关信息的；

（九）应当移送司法机关立案侦查的大气污染案件不移送的；

（十）其他滥用职权、玩忽职守、徇私舞弊的。

第七十八条 违反本条例规定，有关法律、行政法规已有处罚规定的，依照其规定。

第七十九条 违反本条例规定，构成犯罪的，依法追究刑事责任。

环境保护主管部门与司法机关应当建立健全大气污染案件行政执法和刑事司法的衔接机制。

第八十条　因污染大气环境造成损害的，应当依照《中华人民共和国侵权责任法》等有关法律规定承担侵权责任。

对污染大气环境，损害社会公共利益的行为，符合国家法律规定的机关和社会组织可以依法向人民法院提起诉讼。

第八章　附　则

第八十一条　本条例中下列用语的含义：

（一）排污单位，是指向大气排放污染物的企业事业单位以及个体工商户。

（二）重点大气污染物，是指国家和省人民政府根据改善大气环境质量的需要，作为约束性指标纳入国民经济和社会发展规划，确定实施排放总量控制和削减的大气污染物，如二氧化硫、氮氧化物等。

（三）高污染燃料，是指原（散）煤、煤矸石、粉煤、煤泥、燃料油（重油和渣油）、各种可燃废物、直接燃用的生物质燃料（树木、秸秆、锯末、稻壳、蔗渣等）以及污染物含量超过国家规定限值的固硫型煤、轻柴油、煤油和人工煤气。

（四）有毒有害大气污染物，是指列入国家有毒有害大气污染物名录的对人体健康和生态环境产生危害和影响的大气污染物。

（五）非道路移动机械，是指用于非道路上的，自驱动或者具有双重功能，或者不能自驱动，但被设计成能够从一个地方移动或者被移动到另一个地方的机械，包括工业钻探设备、工程机械、农业机械、林业机械、渔业机械、材料装卸机械、叉车、雪犁装备、机场地勤设备、空气压缩机、发电机组、水泵等。

（六）重污染天气，是指由于工业废气、机动车尾气、扬尘、大面积秸秆焚烧等污染物排放而发生在较大区域的累积性大气污染，环境空气质量指数达到重度污染及以上污染程度的气象天气。

（七）恶臭污染物，是指一切刺激嗅觉器官引起人们不愉快及损坏生活环境的气体物质。

（八）挥发性有机物，是指特定条件下具有挥发性的有机化合物的统称。主要包括非甲烷总烃（烷烃、烯烃、炔烃、芳香烃）、含氧有机化合物（醛、酮、醇、醚等）、卤代烃、含氮化合物、含硫化合物等。

第八十二条　本条例自 2017 年 3 月 1 日起施行。

福建省

福建省大气污染防治条例

（2018 年 11 月 23 日福建省第十三届人民代表大会常务委员会第七次会议通过）

第一章　总　则

第一条　为了保护和改善环境，防治大气污染，保障公众健康，推进生态文明建设，促进经济社会可持续发展，根据《中华人民共和国环境保护法》《中华人民共和国大气污染防治法》等有关法律、行政法规，结合本省实际，制定本条例。

第二条　本条例适用于本省行政区域内的大气污染防治及其监督管理。

第三条　防治大气污染，应当以改善和提升大气环境质量为目标，坚持保护优先、预防为主、综合治理、公众参与、损害担责的原则。

建立以政府为主导、企业为主体、社会组织和公众共同参与、区域联防联控的防治机制。

第四条　地方各级人民政府应当对本行政区域的大气环境质量负责，采取措施，使大气环境质量达到规定标准并逐步改善。

县级以上地方人民政府应当加强对大气污染防治工作的领导，将大气污染防治工作纳入国民经济和社会发展规划，督促有关部门依法履行监督管理职责。

第五条　省、设区的市人民政府生态环境主管部门对大气污染防治实施统一监督管理。县级以上地方人民政府其他有关主管部门在各自职责范围内对大气污染防治实施监督管理。

第六条　地方各级人民政府应当加大对大气污染防治的财政投入，加强大气污染防治资金的监督管理，提高资金使用效益。

鼓励和支持社会资本投入大气环境治理领域，推行大气污染第三方治理。引导金融机构增加对大气污染防治项目的信贷支持。

第七条　地方各级人民政府应当支持大气环境和大气污染防治科学技术研究，开展对大气污染来源及其变化趋势的分析，推广和应用先进的大气污染防治技术和管理措施，促进科技成果转化，发挥科学技术在大气污染防治中的支撑作用。

第八条　排放大气污染物的企业事业单位和其他生产经营者应当遵守法律、法规的规定，健全环境保护管理制度，依法向社会公开其环境信息，自觉接受监督，并采取有效措施防止、减少大气污染，对所造成的损害应当依法承担责任。

第九条 地方各级人民政府应当加强大气环境保护宣传和普及工作，营造保护大气环境的良好氛围。

机关、社会团体、学校、新闻媒体、基层群众性自治组织，应当加强大气环境保护宣传和教育，普及大气污染防治法律、法规和科学知识，提高公众的大气环境保护意识，推动公众参与大气环境保护。

有关行业协会应当加强行业自律，开展大气污染防治法律、法规和相关知识的宣传，督促会员采取有效措施防止和减少大气污染。

公民应当增强大气环境保护意识，采取低碳、节俭的生活方式，自觉履行大气环境保护义务。

第二章 防治标准和规划

第十条 对于国家大气环境质量标准和污染物排放标准未作规定的项目，省人民政府可以制定地方标准；已作规定的项目，可以制定严于国家标准的地方标准，并报国务院生态环境保护主管部门备案。

第十一条 未达到国家大气环境质量标准的，设区的市、县（市、区）人民政府应当及时编制大气环境质量限期达标规划，采取严格的大气污染控制措施，按期达到规定的大气环境质量标准。

已达到国家大气环境质量标准的，设区的市、县（市、区）人民政府应当按照国家和本省大气污染防治目标要求，编制并实施大气环境质量持续改善计划。

第十二条 县级以上地方人民政府在编制和修订城乡规划时，应当基于区域大气环境承载能力，预留城市通风廊道，设置和预留区域生态过渡带和生态保护区，形成有利于大气污染物扩散的区域空间格局。

城市新区的开发和旧城区的改建，不得在通风廊道上新建高层建筑群及其他影响大气扩散条件的项目。

第十三条 县级以上地方人民政府应当基于区域大气环境承载能力，优化工业布局，调整优化产业结构、能源结构、运输结构与用地结构，减少大气污染物排放，改善区域大气环境质量。

第十四条 县级以上地方人民政府应当禁止在通风廊道和主导风向的上风向布局大气重污染企业，逐步将大气重污染企业和环境风险企业搬出城市建成区和生态保护红线范围。

第三章 监督管理

第十五条 本省实行重点大气污染物排放总量控制制度。除国家确定的重点大气污染物外，省人民政府可以根据本行政区域的大气污染防治需要，对其他大气污染物排放实行总量控制。

第十六条 县级以上地方人民政府应当建立健全大气污染防治协调和联合执法机制。

省人民政府生态环境主管部门会同有关部门，采取约谈、区域限批、责任追究等措施，督促设区的市、县（市、区）人民政府落实大气污染防治工作。

第十七条 县级以上地方人民政府每年在向本级人民代表大会或者其常务委员会报告环境质量状况和环境保护目标完成情况时，应当报告大气环境质量达标或改善情况，并向社会公开。

省、设区的市人民政府生态环境主管部门及其派出机构应当发布本行政区域大气环境质量状况信息和实时监测数据，依法及时公开重点排污单位大气污染物排放监测结果、大气污染突发环境事件等信息。

县级以上地方人民政府负有大气环境保护监督管理职责的部门应当加强大气污染防治信息化建设，强化信息共建共享。

第十八条 县级以上地方人民政府有关主管部门应当按照下列规定，在各自职责范围内对有关行业、领域的大气污染防治实施监督管理：

（一）生态环境主管部门负责工业大气污染防治的统一监督管理；发展改革、工业和信息化主管部门会同有关部门在各自职责范围内负责能源结构调整、产业结构调整和产业布局优化以及相关监督管理工作，指导工业企业开展技术改造和转型升级。

（二）能源主管部门负责煤炭行业的监督管理。工业和信息化、自然资源、市场监督管理、发展改革、交通运输、商务、生态环境主管部门以及海关等其他有关部门在各自职责范围内对煤炭开采、加工、销售、进口、运输、贮存、使用等环节实施监督管理，推进煤炭清洁高效利用。

（三）交通运输主管部门负责公路、水运工程施工扬尘和公路、水路运输扬尘以及港口码头贮存物料和作业扬尘的监督管理；住房和城乡建设主管部门负责房屋建筑工地、市政基础设施建设工地扬尘的监督管理；房屋征收部门在各自职责范围内负责建筑物拆除施工扬尘的监督管理；自然资源主管部门负责待开发场地、暂不能开工的建设用地扬尘的监督管理；城市人民政府确定的监督管理部门负责城市道路扬尘的监督管理；水行政主管部门负责水利工程扬尘的监督管理。

（四）公安机关交通管理部门、交通运输、住房和城乡建设、农业农村、水利、生态环境、商务等部门在各自职责范围内对机动车以及非道路移动机械、油气回收的大气污染防治实施监督管理。交通运输、海洋与渔业主管部门以及海事管理机构在各自职责范围内负责运输船舶、渔业船舶大气污染防治的监督管理。

（五）市场监督管理部门和海关在各自职责范围内对生产、销售、进口机动车船和非道路移动机械燃料、发动机油、氮氧化物还原剂、燃料和润滑油添加剂以及其他添加剂实施监督管理。

（六）县级以上地方人民政府确定的监督管理部门负责实施餐饮服务业排放油烟、异味、废气，对树木、花草喷洒剧毒、高毒农药，露天焚烧秸秆、落叶等产生烟尘污染的物质，露天烧烤食品，焚烧沥青、油毡、橡胶、塑料、皮革、垃圾以及其他产生有毒有害烟尘和恶臭气体的物质的监督管理，未确定监管部门的由城市管理执法部门实施监督管理。

（七）法律法规规定以及政府确定的有关部门负责实施农业和其他大气污染防治的监督管理。

乡（镇）人民政府、街道办事处应当制止大气污染违法行为，并及时向上一级人民政府有关部门报告。

第十九条　省人民政府生态环境主管部门负责组织规划、建设与管理全省大气环境监测网络，组织开展大气环境质量和大气污染源监测。

设区的市人民政府生态环境主管部门按职责建设、管理本行政区域大气环境监测网络，开展本行政区域大气污染源监测。

第二十条　县级以上地方人民政府负有大气环境保护监督管理职责的部门应当加强执法队伍建设，开展业务能力培训。

第二十一条　省、设区的市人民政府生态环境主管部门及其派出机构和环境执法机构、县级以上地方人民政府其他负有大气环境保护监督管理职责的部门有权依法对管辖范围内的排放大气污染物的企业事业单位和其他生产经营者进行现场监督检查。对违反法律、法规的规定排放大气污染物造成或者可能造成严重大气污染，或者可能导致有关证据灭失、被隐匿的，可以依法对企业事业单位和其他生产经营者的有关设施、设备、物品采取查封、扣押等行政强制措施，措施实施应当适当，采取非强制手段可以停止相关行为的，不得实施行政强制。被检查对象应当予以配合，如实反映情况，不得拒绝、阻挠和拖延。

第二十二条　省、设区的市人民政府生态环境主管部门及其派出机构会同有关部门建立健全企业环境信用评价制度，将严重违反环境保护法律、法规的企业事业单位和其他生产经营者列入环境保护失信企业名单。

第二十三条　本省依法实行排污许可管理制度。

企业事业单位和其他生产经营者应当取得排污许可证而未取得的，不得排放大气污染物。实行排污许可管理的企业事业单位和其他生产经营者应当按照排污许可证的规定排放大气污染物。

第二十四条　企业事业单位和其他生产经营者在生产经营以及排放大气污染物过程中，应当保证污染防治设施正常运行。禁止通过偷排、篡改或者伪造监测数据、以逃避现场检查为目的的临时停产、非紧急情况下开启应急排放通道、不正常运行大气污染防治设施等逃避监管的方式排放大气污染物。

第二十五条　企业事业单位和其他生产经营者应当按照国家有关规定和监测规范，对其排放的工业废气和有毒有害大气污染物进行监测，保存完整的原始记录和监测报告，并对监测数据的真实性负责。监测数据保存时间不得少于三年。

不具备监测能力的企业事业单位和其他生产经营者，应当委托有资质的监测机构进行监测。监测数据超过国家和本省大气污染物排放标准的，企业事业单位和其他生产经营者应当及时报告当地生态环境主管部门。

环境监测机构应当对其出具监测数据和报告的真实性、准确性和规范性负责，不得篡改、伪造。

第二十六条 重点排污单位应当按照国家和本省有关规定，安装、使用大气污染物排放自动监测设备，并与省、设区的市人民政府生态环境主管部门监测监控网络联网。

重点排污单位应当定期检定、校准自动监测设备，确保监测设备正常运行，监测数据完整准确有效。自动监测数据可以作为环境行政处罚等执法监管的依据。

第二十七条 重点排污单位和省人民政府生态环境主管部门确定的排放大气污染物的企业事业单位和其他生产经营者，应当通过媒体、网络或者其他便于公众知晓的方式，依法公开环境信息，接受社会监督。

第二十八条 省、设区的市人民政府生态环境主管部门及其派出机构应当会同其他相关部门建立健全大气污染举报投诉和协调处理机制。

公民、法人和其他组织发现有污染大气环境行为，或者地方各级人民政府、生态环境主管部门及其派出机构和其他负有大气环境保护监督管理职责的部门或其工作人员不依法履行职责的，有权举报和投诉。有关部门接到举报、投诉后，应当依法及时处理，并将结果告知举报、投诉人。接受举报的部门应当为举报人保密。

第四章 防治措施

第一节 燃煤和其他能源污染防治

第二十九条 省人民政府能源主管部门应当会同有关部门制定煤炭消费总量中长期控制目标，逐步降低煤炭在一次能源消费中的比重。

县级以上地方人民政府有关部门应当促进清洁能源发展，支持可再生能源和天然气等清洁能源的开发利用，电力调度应当优先安排清洁能源发电上网。

第三十条 在本省生产、销售、进口、使用的煤炭，应当符合国家和本省关于煤炭硫分、灰分、重金属等含量的要求。

县级以上地方人民政府能源主管部门应当指导和监督煤炭生产企业制定煤炭质量内部管理规定、建立煤炭生产质量管理档案，并可以采取抽样检测等方式实施监督检查。

第三十一条 设区的市、县（市、区）人民政府应当在本行政区域划定并公布高污染燃料禁燃区，并根据大气环境质量改善要求，逐步扩大禁燃区范围。

在禁燃区内的企业事业单位和其他生产经营者，应当在规定的期限内停止销售、使用高污染燃料，改用清洁能源。

第三十二条　县级以上地方人民政府应当统筹规划区域集中供热，在工业园区、开发区、港区等区域推进集中供热。在集中供热管网覆盖地区，禁止新建、扩建分散燃煤、燃油供热锅炉；限期拆除集中供热管网覆盖地区内的燃煤、燃油供热锅炉。

第三十三条　新建燃煤发电机组（含热电联产）应当采用烟气超低排放等技术，现有燃煤发电机组（含热电联产）应当在国家和本省规定期限内完成烟气超低排放改造，使重点大气污染物排放浓度达到国家和本省要求。

第二节　工业污染防治

第三十四条　省人民政府工业和信息化主管部门会同有关部门制定并组织落实淘汰严重污染大气环境的落后产能工作方案。

企业事业单位和其他生产经营者应当按照国家和本省规定，限期淘汰严重污染大气环境的工艺、设备和产品。

第三十五条　对产能严重过剩行业企业、大气重污染企业，可以实行差别信贷、差别水价、差别电价。

第三十六条　使用有毒有害原料、排放有毒有害物质、高耗能、污染物排放超过排放标准或者总量控制指标的企业应当依法开展强制性清洁生产审核。

第三十七条　工业生产企业排放大气污染物的，应当执行国家和本省有关排放标准；国家和本省规定在特定区域和行业执行大气污染物特别排放限值的，还应当符合大气污染物特别排放限值的要求。

工业生产企业应当加强精细化管理，采取有效措施，严格控制粉尘与气态污染物的泄漏和排放。

第三十八条　严格控制新建、改建、扩建钢铁、水泥、平板玻璃、有色金属冶炼、化工等工业项目。

全省新建钢铁、火电、水泥、有色项目应当执行大气污染物特别排放限值。重点控制区新建化工、石化及燃煤锅炉项目应当执行大气污染物特别排放限值。现有企业根据国家标准按时执行特别排放限值。

第三十九条　排放大气污染物的企业事业单位和其他生产经营者承担大气污染治理的主体责任，可以依法委托第三方代其运营大气污染防治设施或者实施大气污染治理。接受委托的第三方，应当遵守法律、法规以及相关技术标准。

第四十条　用于工业生产的锅炉应当标明燃料要求和大气污染物排放控制指标。

锅炉、窑炉应当符合国家和本省有关规定，不符合有关规定的，应当在县级以上地方人民政府规定的期限内拆除或者改造。

第四十一条 石油、化工以及其他生产和使用有机溶剂的企业，应当采取措施对管道、设备进行日常维护、维修，减少物料泄漏，对泄漏的物料应当及时收集处理。石油、化工企业应当定期开展泄漏检测与修复。

新建储油库、储气库、加油加气站以及原油成品油码头、原油成品油运输船舶、新登记油罐车、气罐车，应当按照国家有关规定安装油气回收系统并正常使用；已建储油库、储气库、加油加气站以及原油成品油码头、原油成品油运输船舶、在用油罐车、气罐车，应当按照国家有关规定完成油气回收综合治理。

第四十二条 以下产生含挥发性有机物废气的生产和服务活动的，应当在密闭空间或者设备中进行，并按照规定安装、使用污染防治设施；无法密闭的，应当采取措施减少废气排放：

（一）石油炼制与石油化工、煤炭加工与转化等含挥发性有机物原料的生产；

（二）燃油、溶剂的储存、运输和销售；

（三）涂料、油墨、胶黏剂、农药等以挥发性有机物为原料的生产；

（四）涂装、印刷、黏合、工业清洗等含挥发性有机物的产品使用；

（五）其他产生含挥发性有机物废气的生产和服务活动。

禁止在人口集中地区从事露天喷漆、喷涂、喷砂、制作玻璃钢以及其他散发有毒有害气体的作业。

第四十三条 鼓励生产、使用低挥发性有机物含量的原料和产品。在化工、印染、工业涂装、包装印刷、家具制造等行业逐步推广低挥发性有机物含量原料和产品的使用。

政府采购应当优先采购低挥发性有机物含量的产品。医院、学校和幼儿园等场所内应当使用低挥发性有机物含量的产品。

第三节 扬尘污染防治

第四十四条 设区的市、县（市、区）人民政府应当建立健全扬尘污染防治工作机制，划定城市扬尘污染控制区，明确控制目标和控制措施。

第四十五条 港口码头的物料堆放场所应当进行地面硬化，并采取密闭、围挡、遮盖、喷淋、绿化、设置防风抑尘网等措施，避免作业扬尘。

物料堆放场所出口应当硬化地面并设置车辆清洗设施，运输车辆冲洗干净后方可驶出作业场所。物料堆放场所经营管理者应当及时清扫和冲洗出口处道路。

第四十六条 建设单位应当将扬尘污染防治费用列入工程造价，在施工承包合同中明确施工单位扬尘污染防治责任，并督促施工单位落实责任。

第四十七条 施工单位应当制定具体的施工扬尘污染防治实施方案。从事房屋建筑、市政基础设施建设、建筑物拆除以及河道整治、公路和港口工程等施工单位，应当向负责监督管理扬尘污染防治的主管部门备案。

施工单位应当在施工工地设置硬质围挡，并采取覆盖、分段作业、择时施工、洒水抑尘、冲洗地面和车辆等有效防尘降尘措施。建筑土方、工程渣土、建筑垃圾应当及时清运，并进行资源化处理；在场地内堆存的，应当采取密闭式防尘网遮盖。

施工单位应当在施工工地公示施工扬尘污染防治实施方案、施工单位扬尘管理负责人、扬尘监督管理主管部门以及举报电话等信息。

施工单位有违反前款规定行为的，县级以上地方人民政府有关部门应当将其不良信息纳入建筑市场信用管理体系。

第四十八条 建设项目工程监理单位应当将扬尘污染防治纳入工程监理内容，发现扬尘污染行为，应当要求施工单位立即改正；对不立即整改的，及时报告建设单位及有关主管部门。

第四十九条 从事房屋或者其他建（构）筑物拆除的施工单位应当配备防尘抑尘设备，对拆除过程中产生的扬尘污染控制负责。拆除房屋或者其他建（构）筑物时应当设置围挡，采取持续加压喷淋等措施，抑制扬尘产生。需要爆破作业的，应当在爆破作业区外围洒水喷湿。

气象预报风速达到五级以上时，施工单位应当停止房屋以及其他建（构）筑物爆破或者拆除作业。

第五十条 县级以上地方人民政府有关部门按照职责对城镇裸露地面进行绿化或者透水铺装，防治扬尘污染。

待开发场地在进行土地平整时，平整作业单位应当及时洒水降尘，场地管理单位应当在平整作业结束后设置围挡。暂不能开工的建设用地和已平整待开发场地，场地管理单位应当对裸露地面进行覆盖；超过三个月的，应当进行临时绿化、透水铺装或者遮盖。

其他裸露地面由使用权人或者管理单位负责进行绿化、透水铺装或者固化铺装。

第五十一条 公共绿地、绿化带等各类绿地的管理维护单位负责绿化养护扬尘污染防治。

新建的公共绿地、绿化带内的裸土应当覆盖，树池、花坛等覆土不得高于边沿。绿化施工结束后应当及时清理现场。

第五十二条 设区的市、县（市、区）人民政府应当规划、建设专用的建筑垃圾和工程渣土处置场，推进资源综合利用，规范处置行为，减少二次扬尘污染。

设区的市、县（市、区）人民政府市容环境卫生主管部门应当推行道路机械化清扫保洁，按照作业规范要求，合理安排作业时间，适时增加作业频次，提高作业质量。

运输和装卸煤炭、垃圾、渣土、砂石、土方、水泥、混凝土、砂浆等散装、流体物料应当使用符合条件的车辆，配备卫星定位系统，按照规定路线和时间行驶，采取密闭或者其他措施，防止抛撒滴漏造成扬尘污染。设区的市、县（市、区）人民政府有关部门应当按照各自职责加强对运输和装卸散装、流体物料车辆的监管，依法查处抛撒滴漏行为。

第五十三条 矿山开采应当设置废弃物贮存处置场，实施分区作业，并采取有效措施防治扬尘污染。采矿权人在采矿过程中以及停止开采或者关闭矿山前，应当按照规定处置矿山开采废弃物，防止扬尘污染。

第四节 机动车船和非道路移动机械污染防治

第五十四条 县级以上地方人民政府应当优化城市功能和布局，制定公共交通优先发展规划。

县级以上地方人民政府应当合理控制燃油机动车保有量，推广新能源机动车，建设相应的充电站（桩）、加气站等基础设施，鼓励和支持公共交通、机场、出租车、环境卫生、邮政、快递等行业用车和公务用车率先使用清洁能源，加强城市步行和自行车交通系统建设，引导公众绿色、低碳出行。

县级以上地方人民政府应当制定高排放在用机动车和非道路移动机械治理方案，可以采取经济补偿等措施，鼓励高排放机动车和非道路移动机械提前报废。

第五十五条 新购置机动车应当符合国家和本省阶段性机动车污染物排放标准。销售者应当在其经营场所明示其所销售的机动车船和非道路移动机械符合国家和本省排放标准。在用机动车船和非道路移动机械污染物排放，执行国家和本省规定的在用机动车船和非道路移动机械污染物排放标准。

第五十六条 设区的市人民政府根据本行政区域大气环境质量状况，可以划定限制、禁止高排放机动车通行的区域和时间，并向社会公告。

第五十七条 在用机动车应当按照国家和本省有关规定进行机动车污染物排放检验，经检验合格方可上道路行驶；未经检验合格的，公安机关交通管理部门不得核发安全技术检验合格标志。

省、设区的市人民政府生态环境主管部门及其派出机构可以在机动车集中停放地、维修地对在用机动车的大气污染物排放状况进行监督抽测。机动车集中停放地、维修地管理部门应当予以配合。

省、设区的市人民政府生态环境主管部门及其派出机构在不影响正常通行的情况下，可以对在道路上行驶的机动车的污染物排放状况进行遥感监测，遥感监测取得的数据，可以作为环境执法的依据，公安机关交通管理部门应当予以配合。

第五十八条 机动车排放检验机构应当遵守下列规定：

（一）依法通过检验检测机构资质认定，使用经依法检定合格的机动车排放检验设备、按照规定的检测方法、技术规范和排放标准进行检验；

（二）不得伪造排放检验结果或者通过安装作弊软件、更换车辆上线检测等弄虚作假的方式出具虚假排放检验报告；

（三）不得以任何形式经营或者参与经营机动车排放维修等可能影响公正性的业务；

（四）法律、法规规定应当遵守的其他规定。

生态环境主管部门、地方认证监督管理部门应当对机动车排放检验机构的排放检验情况进行监督检查。

第五十九条　本省建立由生态环境主管部门检测、公安机关交通管理部门处罚、交通运输主管部门监督维修的在用车超标排放联合监管机制，加大对在用车超标排放的联合执法力度。

第六十条　在用机动车船和非道路移动机械排放大气污染物不得超过国家和本省排放标准；超过排放标准的，应当进行维修；经维修、采用污染控制技术后仍不符合排放标准的，不得运营或者使用。

维修单位应当按照防治大气污染的要求和有关技术规范对在用机动车船和非道路移动机械进行维修。

达到强制报废标准的在用机动车，应当按照国家有关规定强制报废。

第六十一条　禁止生产、进口、销售不符合强制性国家标准的机动车船、非道路移动机械用燃料。燃料销售者应当在其经营场所明示其所销售燃料的质量指标。

禁止生产、进口、销售不符合强制性国家标准的机动车船、非道路移动机械发动机油、氮氧化物还原剂、燃料和润滑油添加剂以及其他添加剂。

禁止向汽车和摩托车销售普通柴油或者其他非机动车用燃料；禁止向非道路移动机械、内河和江海直达船舶销售渣油、重油等劣质油品。

第六十二条　船舶向大气排放污染物，应当符合有关排放标准。船舶靠港后应当优先使用岸电。

县级以上地方人民政府交通运输（港口）主管部门会同有关部门推进船舶油气动力系统、岸电系统的改造，以及岸基供电设施的建设和改造。

县级以上地方人民政府可以对船舶油气动力系统和使用岸电系统的改造、岸基供电设施和低硫燃油供应设施的建设和改造、使用岸电和低硫燃油等给予适当补助。

第五节　其他污染防治

第六十三条　排放油烟的餐饮服务经营者应当按照规定安装油烟净化设施并保持正常使用，或者采取其他油烟净化措施使油烟达标排放。不得封堵、改变专用烟道，不得直接向大气排放油烟。

配套设立专用烟道的居民住宅楼等非商用建筑、商住综合楼，个人和单位应当通过专用烟道排放油烟，不得封堵、改变专用烟道，不得直接向大气排放油烟。在未配套设立专用烟道的居民住宅楼等非商用建筑内，鼓励个人和单位安装油烟净化装置或者采取其他油烟净化措施，减少油烟排放。

禁止在居民住宅楼等非商用建筑、未配套设立专用烟道的商住综合楼、商住综合楼内与居住层相邻的楼层内新建、改建、扩建排放油烟、异味、废气的饮食服务项目。

不得在当地人民政府禁止的区域内露天烧烤食品或者为露天烧烤食品提供场地。

第六十四条 本省行政区域内禁止露天焚烧沥青、油毡、橡胶、塑料、皮革、垃圾以及其他产生有毒有害烟尘和恶臭气体的物质。

省人民政府应当划定区域，禁止露天焚烧秸秆、落叶等产生烟尘污染的物质。

第六十五条 单位和个人燃放烟花爆竹，应当遵守国家和本行政区域有关限放、禁放的规定。

地方各级人民政府应当引导公民采取文明低碳方式举办婚庆、庆典和祭祀活动，减少燃放烟花爆竹和祭祀烧纸产生的污染。

第六十六条 向大气排放二噁英等持久性有机污染物和汞、铅、铬、镉、类金属砷等污染物的企业事业单位和其他生产经营者以及废弃物焚烧设施的运营单位，应当采取减少大气污染物排放的技术和工艺，安装废气收集净化装置，实现达标排放。

第六十七条 从事垃圾焚烧发电的运营单位应当按照国家和本省有关规定，安装大气污染物排放等自动监控设备，并与生态环境主管部门联网。同时，在厂区门口或者便于公众查看的显著位置设立电子显示板，向社会公布大气主要污染物排放及运行情况。

第五章　联合防治和污染天气及突发事件应对

第六十八条 本省实行大气污染联防联控。设区的市人民政府应当加强沟通协调，协商解决跨界大气污染纠纷。省人民政府生态环境主管部门可以组织开展联合执法、跨区域执法、交叉执法，依法查处大气污染违法行为。

建设可能对相邻地区大气环境产生重大影响的项目，设区的市人民政府应当向相邻地区及时通报有关信息，进行会商。会商意见及其采纳情况作为环境影响评价文件审查或者审批的重要依据。

第六十九条 省、设区的市人民政府生态环境主管部门会同气象等有关部门建立污染天气监测预警机制，提高大气环境质量监测和预警水平。

第七十条 设区的市、县（市、区）人民政府应当编制污染天气应急方案，依据预警级别，鼓励重点排污单位实施自主减排，根据应急需要可以采取强化道路保洁、禁止燃放烟花爆竹、加强施工扬尘管理、加大机动车和露天焚烧监管力度、对有关企业事业单位和其他生产经营者进行调峰错峰生产或限产停产等措施，采取应急措施应当事先告知相关单位和个人。

第七十一条 地方各级人民政府及其有关部门和企业事业单位，应当依照《中华人民共和国环境保护法》和《中华人民共和国突发事件应对法》等法律、法规的规定，做好大气突发环境事件的风险控制、应急准备、应急处置和事后恢复等工作。

大气突发环境事件可能影响公众健康和环境安全时，县级以上地方人民政府应当依法及时发布预警信息，启动应急措施。

可能发生大气突发环境事件的单位应当按照国家和省有关规定编制应急预案，报所在地生态环境主管部门和相关部门备案。在发生或者可能发生大气突发环境事件时，单位应当立即采取措施处理，及时向所在地生态环境主管部门报告，并告知可能受到危害的单位和居民。

大气污染突发环境事件应急处置工作结束后，有关地方人民政府应当立即组织评估事件造成的环境影响和损失，并及时将评估结果向社会公布。

第六章　法律责任

第七十二条　违反本条例规定，有下列行为之一的，由省、设区的市人民政府生态环境主管部门或其派出机构责令改正或者限制生产、停产整治，并处十万元以上一百万元以下罚款；情节严重的，报经有批准权的人民政府批准，责令停业、关闭；拒不改正的，依法予以按日连续处罚：

（一）未依法取得排污许可证排放大气污染物的；

（二）超过大气污染物排放标准或者超过重点大气污染物排放总量控制指标排放大气污染物的；

（三）通过逃避监管的方式排放大气污染物的。

第七十三条　违反本条例规定，有下列行为之一的，由省、设区的市人民政府生态环境主管部门或其派出机构责令改正，并处二万元以上二十万元以下罚款；拒不改正的，责令停产整治：

（一）污染防治设施损坏未及时修复的；

（二）违反操作规程致使污染防治设施不能正常发挥作用，存在过失责任的。

第七十四条　违反本条例规定，有下列行为之一的，由省、设区的市人民政府生态环境主管部门或其派出机构或者其他有关部门依法责令改正，并处二万元以上二十万元以下罚款；拒不改正的，责令停产整治：

（一）未按照规定安装、使用大气污染物排放自动监测设备或者未按照规定与生态环境主管部门的监控设备联网的；

（二）未定期检定、校准或者未保证监测设备正常运行的；

（三）未按照规定对所排放的工业废气和有毒有害大气污染物进行监测并保存原始监测记录的；

（四）重点排污单位不公开或者不如实公开自动监测数据等有关环境信息的；

（五）未按照规定设置大气污染物排放口的。

第七十五条　违反本条例规定，环境监测机构以及从事在线监测设备维护、运营的机构篡改、伪造监测数据的，由省、设区的市人民政府生态环境主管部门或其派出机构责令改正，没收违法所得，并处五万元以上十万元以下罚款，列为不良记录信息，三年内禁止其参与政府购买环境监测服务或者政府委托项目；情节严重的，由市场监督管理部门撤销其资质认定证书。直接负责的主管人员和其他直接责任人员三年内不得从事监测服务活动，涉嫌犯罪的，移交司法机关依法追究刑事责任。

第七十六条 违反本条例规定，在集中供热管网覆盖地区新建、扩建分散燃煤、燃油供热锅炉，或者未按照规定拆除已建成的燃煤、燃油供热锅炉的，由省、设区的市人民政府生态环境主管部门或其派出机构组织拆除燃煤、燃油供热锅炉，并处二万元以上二十万元以下罚款。

第七十七条 违反本条例规定，有下列行为之一的，由省、设区的市人民政府生态环境主管部门或其派出机构责令改正，并处二万元以上五万元以下罚款；情节较重的，处五万元以上十万元以下罚款；情节严重的，处十万元以上二十万元以下罚款；拒不改正的，责令停产整治：

（一）产生含挥发性有机物废气的生产和服务活动，未在密闭空间或者设备中进行，未按照规定安装、使用污染防治设施，或者未采取减少废气排放措施的；

（二）石油、化工以及其他生产和使用有机溶剂的企业，未采取措施对管道、设备进行日常维护、维修，减少物料泄漏或者未及时收集处理泄漏物料的；

（三）储油库、储气库、加油加气站和油罐车、气罐车等，未按照国家有关规定安装并正常使用油气回收系统或者未按照国家规定完成油气回收综合治理的；

（四）存在其他违法排放挥发性有机物行为，依法应当处罚的情形。

违反本条例规定，在人口集中地区从事露天喷漆、喷涂、喷砂、制作玻璃钢以及其他散发有毒有害气体的作业的，由县级以上地方人民政府确定的监督管理部门责令改正；拒不改正的，处五百元以上二千元以下罚款。

第七十八条 违反本条例规定，建设项目监理单位有下列情形之一的，由县级以上地方人民政府有关主管部门按照职责责令限期改正，处二千元以上二万元以下罚款：

（一）未将扬尘污染防治纳入工程监理内容；

（二）对发现的扬尘污染行为，未及时要求施工单位立即改正的；

（三）对不立即整改，未及时报告有关主管部门的。

第七十九条 违反本条例规定，运输和装卸煤炭、垃圾、渣土、砂石、土方、灰浆等散装、流体物料的车辆，未采取密闭或者其他措施防止物料抛撒滴漏，造成扬尘污染的，由县级以上地方人民政府确定的监督管理部门责令改正，处二千元以上二万元以下罚款；拒不改正的，车辆不得上道路行驶。

违反本条例规定，港口码头的物料堆放场未采取有效措施造成扬尘污染的，由县级以上地方人民政府交通运输（港口）主管部门责令改正，处一万元以上十万元以下罚款；拒不改正的，责令停工整治或者停业整治。

第八十条　违反本条例规定，高排放机动车在限制或者禁止通行时间、区域上路行驶的，由设区的市人民政府公安机关交通管理部门责令改正，处警告或者二十元以上一百五十元以下罚款。

第八十一条　违反本条例规定，在用机动船排放大气污染物超过规定排放标准的，由县级以上地方人民政府交通运输、海洋与渔业主管部门以及海事管理机构按照职责责令改正，并依法予以处罚。

第八十二条　违反本条例规定，伪造机动车、非道路移动机械排放检验结果或者出具虚假排放检验报告的，由省、设区的市人民政府生态环境主管部门或其派出机构没收违法所得，并处十万元以上五十万元以下罚款；情节严重的，由市场监督管理部门取消其检验资格。直接负责的主管人员和其他直接责任人员三年内不得从事监测服务活动。

第八十三条　违反本条例规定，生产、销售不符合强制性国家标准的机动车船和非道路移动机械用燃料、发动机油、氮氧化物还原剂、燃料和润滑油添加剂以及其他添加剂的，由县级以上地方人民政府市场监督管理部门按照职责责令改正，没收原材料、产品和违法所得，并处货值金额一倍以上三倍以下罚款。

第八十四条　违反本条例规定，排放油烟的餐饮服务业经营者未按照规定安装油烟净化设施、不正常使用油烟净化设施、未采取其他油烟净化措施超过排放标准排放油烟或者封堵、改变专用烟道直接向大气排放油烟的，由县级以上地方人民政府确定的监督管理部门责令改正，处五千元以上五万元以下罚款；拒不改正的，责令停业整治。

违反本条例规定，在居民住宅楼等非商用建筑、未配套设立专用烟道的商住综合楼、商住综合楼内与居住层相邻的商业楼层内新建、改建、扩建产生油烟、异味、废气的餐饮服务项目的，由县级以上地方人民政府确定的监督管理部门责令改正；拒不改正的，予以关闭，并处一万元以上三万元以下罚款；情节严重的，予以关闭，并处三万元以上十万元以下罚款。

违反本条例规定，在配套设立专用烟道的居民住宅楼等非商用建筑、商住综合楼内，个人和有关单位封堵、改变专用烟道直接向大气排放油烟的，由县级以上地方人民政府确定的监督管理部门责令改正；拒不改正的，处五千元以上五万元以下罚款。

违反本条例规定，在当地人民政府禁止的区域内露天烧烤食品或者为露天烧烤食品提供场地的，由县级以上地方人民政府确定的监督管理部门责令改正，没收烧烤工具和违法所得，并处二千元以上二万元以下罚款。

第八十五条　违反本条例规定，露天焚烧沥青、油毡、橡胶、塑料、皮革、垃圾以及其他产生有毒有害烟尘和恶臭气体的物质的，由县级以上地方人民政府确定的监督管理部门责令改正，对单位处一万元以上十万元以下罚款，对个人处五百元以上二千元以下罚款。在禁止区域露天焚烧秸秆、落叶等产生烟尘污染的，由县级以上地方人民政府确定的监督管理部门责令改正，并可以处五百元以上二千元以下罚款。

第八十六条 违反本条例规定，有关企业事业单位和其他生产经营者在污染天气拒不执行当地人民政府采取的调峰错峰生产或限产停产应急措施的，由县级以上地方人民政府确定的监督管理部门责令改正，拒不改正的处二万元以上十万元以下罚款。

第八十七条 地方各级人民政府、生态环境主管部门及其派出机构和其他负有大气环境保护监督管理职责的部门及其工作人员滥用职权、玩忽职守、徇私舞弊、弄虚作假的，依法给予处分。

第八十八条 违反本条例规定的行为，法律、行政法规已有法律责任规定的，从其规定。

第七章 附 则

第八十九条 本条例自 2019 年 1 月 1 日起施行。

海南省

海南省大气污染防治条例

（2018年12月26日海南省第六届人民代表大会常务委员会第八次会议通过）

第一章　总　则

第一条　为了防治大气污染，持续改善大气环境质量，保障公众健康，促进经济社会可持续发展，根据《中华人民共和国环境保护法》《中华人民共和国大气污染防治法》等有关法律、行政法规，结合本省实际，制定本条例。

第二条　本条例适用于本省行政区域内大气污染防治及其监督管理。

第三条　防治大气污染，应当以改善大气环境质量为目标，坚持保护优先、预防为主、综合防治、政府主导、公众参与、损害担责的原则。

第四条　县级以上人民政府应当将大气污染防治工作纳入国民经济和社会发展规划，加大对大气污染防治的财政投入，明确相应责任主体、工作重点，督促有关部门依法履行监督管理职责。

各级人民政府应当对本行政区域的大气环境质量负责，实行最严格的大气环境保护制度，确定分阶段大气环境质量改善目标，控制并逐步削减大气污染物的排放量，使大气环境质量达到规定标准并逐步改善。

第五条　省人民政府应当制定考核办法，对省人民政府有关部门和市、县、自治县大气环境质量改善目标和大气污染防治重点任务完成情况开展考核评价，将考核结果纳入省人民政府有关部门及其负责人和市、县、自治县人民政府及其负责人年度考核评价的重要内容，并向社会公开考核结果。

第六条　县级以上人民政府生态环境主管部门对大气污染防治实施统一监督管理。

县级以上人民政府其他有关部门在各自职责范围内对大气污染防治实施监督管理。

乡镇人民政府、街道办事处应当根据法律法规规定和上级人民政府的要求，结合本辖区实际，组织开展大气污染防治的具体工作。

第七条　各级人民政府应当加强大气环境保护宣传教育工作，营造保护大气环境的良好氛围。

机关、社会团体、学校、新闻媒体、基层群众性自治组织，应当加强大气环境保护宣传教育，普及大气污染防治法律法规和科学知识，提高公众的大气环境保护意识，推动公众参与大气环境保护。

公民应当增强大气环境保护意识，采取低碳、节俭的生活方式，自觉履行大气环境保护义务。

第二章　大气污染防治的监督管理

第八条　省人民政府对国家大气环境质量标准和污染物排放标准中未作规定的项目，可以制定地方标准；国家大气环境质量标准和污染物排放标准中已作规定的项目，可以制定严于国家标准的地方标准，报国务院生态环境主管部门备案。

第九条　市、县、自治县人民政府生态环境主管部门确定的需设置大气特征污染物监测监控设施的工（产）业园区和重点排污单位应当按照国家和本省有关规定设置大气特征污染物监测监控设施，保证监测监控设施正常运行，并与生态环境主管部门的监控设备联网。

第十条　排污单位应当按照国家和本省有关规定取得排污许可证，设置大气污染物排放口，并保持大气污染防治设施的正常使用。

禁止通过偷排、漏排或者篡改、伪造监测数据、以逃避现场检查为目的的临时停产、非紧急情况下开启应急排放通道、擅自拆除或者不正常运行大气污染防治设施等逃避监管的方式排放大气污染物。

因发生或者可能发生生产安全事故等紧急情况，需要通过应急排放通道排放大气污染物的，排污单位应当立即向市、县、自治县人民政府生态环境主管部门报告，并采取必要措施，减轻或者消除危害。

第十一条　排污单位应当按照国家和本省有关规定规范开展自行监测。不具备监测能力的，应当委托有资质的监测机构进行监测。大气污染物的原始监测记录保存时间不少于三年。

排污单位发现监测数据超过国家或者本省规定的大气污染物排放标准的，应当在二十四小时内报告市、县、自治县人民政府生态环境主管部门。

重点排污单位安装的自动监测设备属于强制检定范围的，按照国家和本省有关规定进行计量检定；不属于强制检定范围的，每十二个月委托有资质的机构进行计量检定或者校准。

排污单位和监测机构对监测数据的真实性和准确性负责。

第十二条　重点排污单位应当按照国家和本省有关规定向社会公开单位基本信息、排污信息、防治大气污染设施的建设和运行等信息，并对公开信息的真实性、准确性和完整性负责。

省人民政府生态环境主管部门会同有关部门建立防治大气污染守信联合激励和失信

联合惩戒机制，将排放守法、违法信息以及违反本条例的单位和个人信息纳入省信用信息共享平台，依照有关规定对守信的单位和个人实施奖励，对失信的单位和个人实施联合惩戒。

第十三条　单位和个人提供施工扬尘、堆场扬尘、运输车辆抛洒扬尘、机动车船和非道路移动机械排放明显可视污染物等违法行为的监控视频、现场照片，经有关行政机关依法确认后，可以作为行政执法的依据。

第十四条　省人民政府生态环境主管部门应当会同省气象主管机构等有关部门建立污染天气监测预警、会商和信息通报等机制，对大气环境质量和污染天气进行预测预报。

县级以上人民政府应当制定污染天气应对办法，依据污染天气的预警等级，及时启动应对办法，根据应急需要可以采取责令有关企业停产或者限产、限制部分机动车行驶、禁止燃放烟花爆竹、停止工地土石方作业和建筑物拆除施工、停止露天烧烤、停止幼儿园和学校组织的户外活动、组织开展人工影响天气作业等应对措施。

第三章　大气污染防治措施

第一节　燃煤和其他能源污染防治

第十五条　本省实行煤炭消费总量控制制度，逐步减少煤炭消费总量，逐步淘汰现有燃煤机组。

省人民政府发展和改革主管部门会同工业和信息化主管部门制定全省煤炭消费总量控制规划并组织实施。

第十六条　禁止进口、销售和燃用不符合质量标准的煤炭；禁止进口、销售不符合质量标准的石油焦；禁止燃用石油焦。

县级以上人民政府市场监督管理主管部门应当加强煤炭、石油焦质量管理，不定期对煤炭、石油焦质量进行抽检，并向社会公开抽检结果。

第十七条　县级以上人民政府市场监督管理主管部门应当会同生态环境、工业和信息化等有关主管部门按照国家和本省有关规定，加强对锅炉生产、进口、销售、使用等环节的监督管理，不符合环境保护标准或者要求的，不得生产、进口、销售和使用。逐步淘汰燃煤锅炉。现有燃用天然气等清洁能源的锅炉、窑炉，应当在县级以上人民政府生态环境主管部门规定的期限内完成低氮燃烧的技术改造。新建燃用天然气等清洁能源的锅炉、窑炉等设施应当采用低氮燃烧等污染控制措施。

第十八条　已实施集中供热的工（产）业园区，禁止新建、改建、扩建分散供热锅炉，原有分散供热锅炉应当在市、县、自治县人民政府市场监督管理主管部门规定的期限内拆除；尚未实施集中供热的工（产）业园区有供热需求的，应当在市、县、自治县人民政府市场监督管理主管部门规定的期限内尽快实施集中供热，并拆除原有分散供热锅炉。

第二节　工业污染防治

第十九条　本省建立产业准入负面清单制度，全面禁止高能耗、高污染、高排放产业和低端制造业发展。支持和鼓励排污单位选用污染防治先进可行技术，加强大气污染防治，减少大气污染物排放。

省和市、县、自治县人民政府应当按照省和市、县、自治县总体规划的要求，合理规划产业布局，引导企业入驻依法合规设立、环保设施齐全的工（产）业园区；对环境问题较突出的园区和产业集聚区进行清理整治，限期淘汰落后工艺技术和不符合环保要求的化工、制药、农药生产、饲料加工、家具制造等企业。

第二十条　现有燃煤机组和燃煤锅炉应当按照省人民政府生态环境主管部门和市场监督管理主管部门的要求，限期实行超低排放改造，其他排污单位限期执行大气污染物特别排放限值。

第二十一条　生产、进口、销售、使用含挥发性有机物的原材料和产品的，其挥发性有机物含量应当符合质量标准或者要求。有替代品的，应当优先使用无挥发性有机物的原材料和产品。医院、学校、商场和酒店等人员密集场所禁止使用高挥发性有机物的油漆涂料等产品，鼓励使用环保的油漆涂料等产品。

省人民政府市场监督管理主管部门应当会同生态环境主管部门，定期公布低挥发性有机物含量产品和高挥发性有机物含量产品的目录。列入高挥发性有机物含量产品目录的，应当在产品包装或者说明中标注挥发性有机物含量。

第二十二条　新建、改建、扩建排放挥发性有机物的建设项目，应当使用行业污染防治先进技术。

下列产生含挥发性有机物废气的生产和服务活动，应当优先使用低挥发性有机物含量的原材料和低排放环保工艺，在确保安全条件下，按照规定在密闭空间或者设备中进行，安装、使用满足防爆、防静电要求的治理效率高的污染防治设施；无法密闭或者不适宜密闭的，应当采取有效措施减少废气排放：

（一）石油、化工、煤炭加工与转化等含挥发性有机物原料的生产；

（二）燃油、溶剂的储存、运输和销售；

（三）涂料、油墨、胶粘剂、农药等以挥发性有机物为原料的生产；

（四）涂装、印刷、粘合、工业清洗等含挥发性有机物的产品使用；

（五）其他产生挥发性有机物的生产和服务活动。

第二十三条　工业涂装企业应当使用低挥发性有机物含量的涂料，并建立台账，如实记录生产原料、辅料的使用量、废弃量、去向以及挥发性有机物含量并向县级以上人民政府生态环境主管部门申报。台账保存期限不少于三年。

其他产生挥发性有机物的工业企业应当按照国家和本省有关规定，建立台账并向县级以上人民政府生态环境主管部门如实申报原辅材料使用等情况。台账保存期限不少于三年。

第二十四条　在人口集中地区和其他依法需要特殊保护的区域及其周边排放恶臭气体的排污单位，应当在市、县、自治县人民政府生态环境主管部门规定的期限内采用先进的技术、工艺和设备进行整改，防止恶臭气体排放。

钢铁、建材、有色金属、石油、化工、制药、农药生产、矿产开采、制胶等企业，应当加强精细化管理，采取集中收集处理、密闭、围挡、遮盖、清扫、洒水等措施，严格控制、减少粉尘和气态污染物的排放。

第三节　机动车船等污染防治

第二十五条　省人民政府工业和信息化主管部门应当制定全省新能源汽车推广使用规划，报省人民政府批准后实施。

省和市、县、自治县人民政府应当采取措施减少机动车船污染物排放，逐步禁止销售燃油汽车，加快充电桩、岸电设施等配套基础设施建设。

省住房和城乡建设主管部门应当制定新建建筑物停车位配建充电设施标准。新建住宅、大型公共建筑物停车场、社会公共停车场应当按照标准配建充电设施，与主体工程同时设计、同时施工、同时验收；已建成的停车场应当按照标准，在市、县、自治县人民政府规定的期限内配建充电设施。

第二十六条　市、县、自治县人民政府可以根据大气环境质量状况，划定并公布禁止高排放车辆通行的区域和时间，以及禁止高排放非道路移动机械使用的区域。高排放机动车应当按照规定的时间和区域行驶。

省人民政府生态环境主管部门应当会同公安、交通运输、住房和城乡建设、农业农村等有关主管部门制定本省高排放机动车、高排放非道路移动机械淘汰治理计划。市、县、自治县人民政府生态环境主管部门应当会同相关部门制定本行政区域高排放机动车、高排放非道路移动机械淘汰治理方案并组织实施。

鼓励和支持高排放机动车船和非道路移动机械提前报废。

高排放机动车船、高排放非道路移动机械由省人民政府生态环境主管部门会同有关部门认定。

第二十七条　本省外转入登记的机动车，应当符合本省执行的国家机动车大气污染物排放标准中相应阶段排放限值。

第二十八条　非道路移动机械的所有者或者使用者应当向市、县、自治县人民政府交通运输、住房和城乡建设、工业和信息化、农业农村、林业等有关主管部门申报非道路移动机械的种类、数量、功率、污染物排放信息、使用场所等情况，相关部门应当将申报信息与同级生态环境主管部门共享。

市、县、自治县人民政府生态环境主管部门应当会同有关部门在非道路移动机械集中停放地、维修地、施工工地等场地对非道路移动机械的大气污染物排放状况进行监督检测；排放不合格的，不得使用。

建设单位应当监督施工单位使用排放合格的非道路移动机械。

第二十九条 禁止船舶在港区水域和内河水域焚烧船舶垃圾；机动船舶在港区水域内进行驱气、油漆等作业前应当将作业种类、作业时间、作业地点、作业单位和船舶名称等信息向海事管理机构、农业农村主管部门报告，并采取有效措施控制污染物排放。

进入船舶大气污染物排放控制区的船舶应当符合船舶相关排放要求，按照国家和本省有关规定使用低硫燃油或者采取使用清洁能源、尾气后处理等与使用低硫燃油等效的替代措施。

现有码头应当逐步实施岸基供电设施改造。新建码头应当规划、设计和建设岸基供电设施。船舶靠港后应当优先使用岸电。

第三十条 县级以上人民政府市场监督管理主管部门应当会同商务、生态环境主管部门加强生产、销售成品油质量的监督检查。省人民政府商务主管部门会同生态环境主管部门根据本省大气环境改善需要适时调整车用汽油蒸气压。

第四节　扬尘污染防治

第三十一条 建设单位应当履行下列扬尘污染防治职责：

（一）将施工工地扬尘污染防治纳入文明施工管理范畴，建立扬尘控制责任制度，防治扬尘污染的费用列入工程造价；

（二）将施工现场扬尘污染防治措施列入招标文件；

（三）在施工承包合同中明确施工单位的扬尘污染防治责任并监督落实；

（四）在工程监理合同中规定扬尘污染防治内容并监督落实；

（五）法律、法规和省人民政府规定的其他扬尘污染防治措施。

第三十二条 监理单位应当根据监理合同做好扬尘污染防治监理工作，对未按照扬尘污染防治措施施工的，应当要求施工单位立即改正，并及时报告建设单位和政府有关主管部门。

第三十三条 施工单位应当根据施工承包合同制定具体的扬尘污染防治实施方案，落实下列扬尘污染防治措施：

（一）在施工工地设置硬质封闭围挡，并采取覆盖、分段作业、择时施工、洒水抑尘、冲洗地面等有效防尘降尘措施；

（二）在施工工地公示扬尘污染防治措施、负责人及扬尘监督管理主管部门等信息；

（三）在施工工地出口设置高压冲洗车辆设施和沉淀过滤设施，施工车辆冲洗干净后方可上路行驶；

（四）建筑土方、工程渣土、建筑垃圾应当及时清运，在场地内堆存的，应当采用密闭式防尘网遮盖，工程渣土、建筑垃圾应当进行资源化处理；

（五）道路挖掘施工过程中，及时覆盖破损路面，并采取洒水等措施防治扬尘污染，道路挖掘施工完成后及时修复路面；

（六）建成区以及通往机场的主干道两侧各200米范围内新建、改建、扩建的建设工程，混凝土总用量超过500立方米或一次性用量超过50立方米的，应当使用商品混凝土；

（七）施工工地建筑结构脚手架外侧设置密目式防尘网，在建筑物、构筑物上运送散装物料，应当采用密闭方式清运，禁止高空抛掷、扬撒；

（八）施工现场铺贴各类瓷砖、石板材等装饰块件的，禁止采用干式方法进行切割；

（九）法律、法规和省人民政府规定的其他扬尘污染防治措施。

第三十四条　运输煤炭、垃圾、渣土、砂石、土方、灰浆等散装、流体物料的车辆应当采取密闭或者其他措施防止物料遗撒造成扬尘污染，并按照规定路线行驶。装卸物料应当采取密闭或者喷淋等方式防治扬尘污染。

市、县、自治县人民政府公安机关交通管理部门应当划定散装、流体物料的车辆运输路线，加强道路运输车辆扬尘污染防治的监督管理。

第三十五条　道路保洁应当采用低尘作业道路机械化清扫、洒水、喷雾等措施，并根据道路扬尘控制实际情况，合理安排作业时间，适时增加作业频次，提高作业质量，降低道路扬尘污染。

第三十六条　干散货码头、集装箱码头以及其他易产生粉尘的码头，应当实施分区作业，堆场采取封闭抑尘措施，具备条件的应当采取密闭运输、贮存系统防治扬尘污染。

第三十七条　矿产资源开采、加工企业应当实施分区作业，采用减尘工艺、技术和设备，采取洒水喷淋、运输道路硬化等抑尘措施，落实矿山生态恢复有关规定。

第五节　农林业和其他污染防治

第三十八条　禁止生产、运输、贮存、销售和使用剧毒、高毒农药，但经省政府批准的特殊需要和限用的品种除外。

鼓励使用有机肥、生物肥和推广测土配方施肥。

县级以上人民政府应当组织农业农村、林业主管部门调整农林作物种植结构，增加高效、无毒、低残留农药施用作物种植面积，减少农药化肥使用量。

第三十九条　槟榔加工应当符合污染物排放标准，禁止未采取有效污染防治措施进行槟榔熏烤加工。槟榔加工行业污染物排放地方标准由省人民政府生态环境主管部门会同市场监督管理主管部门编制，报省人民政府批准，并向社会公布。

县级以上人民政府农业农村主管部门应当会同生态环境主管部门加强槟榔加工污染监管，引导槟榔加工业规模发展，推广节能环保型槟榔烘烤技术。

第四十条 省人民政府住房和城乡建设、林业主管部门在组织开展园林绿化时，应当根据大气污染防治、物种多样性、植物生长动态、生态系统功能、地理条件等需要，选择适当的绿化树种，减少植物源挥发性有机物排放。

园林绿化单位在阳光直射和高温条件下应当减少园林修剪作业。

第四十一条 禁止在人口集中地区未密闭或者未使用烟气处理装置加热沥青。

市、县、自治县人民政府交通运输、住房和城乡建设等有关主管部门应当加强道路铺装监督管理，督促施工单位选用低挥发性道路铺装材料，优化铺装方式，减少挥发性有机物及恶臭气体排放。

第四十二条 禁止在居民住宅楼、未配套设立专用烟道的商住综合楼以及商住综合楼内与居住层相邻的商业楼层内新建、改建、扩建产生油烟、异味、废气的餐饮服务项目。

排放油烟的餐饮服务业经营者应当安装油烟净化设施并保持正常使用，或者采取其他油烟净化措施，使油烟达标排放，并防止对附近居民的正常生活环境造成污染。

城市建成区现有居民住宅楼内有产生油烟、异味、废气的餐饮服务业经营者应当在市、县、自治县人民政府住房和城乡建设主管部门规定的期限内退出。

任何单位和个人不得在城市建成区内露天烧烤食品，不得为露天烧烤食品提供场地，县级以上人民政府划定的区域除外。

县级以上人民政府市场监督管理主管部门负责督促餐饮服务业油烟净化设施安装，住房和城乡建设主管部门负责排放油烟和异味的监督管理。

第四十三条 禁止在人口集中区域从事露天喷漆、喷砂、制作玻璃钢以及其他散发有毒有害气体的作业。

第四十四条 从事服装干洗和机动车维修等服务活动的经营者，应当按照国家和本省有关标准或者要求设置异味和废气处理装置等污染防治设施并保持正常使用，防止影响周边环境。

县级以上人民政府应当采取措施，逐步淘汰开启式干洗机，减少挥发性有机气体排放。新建、改建、扩建服装干洗经营项目，应当使用具有净化回收装置的全封闭干洗机。

鼓励有条件的区域建设集中的喷涂工程中心，并配套废气治理设施。逐步取消汽车维修企业独立喷涂工序。

第四十五条 各级人民政府及其农业农村等有关部门应当鼓励和支持采用先进适用技术，对秸秆、落叶等进行肥料化、饲料化、能源化、工业原料化、食用菌基料化等综合利用，加大对秸秆还田、收集一体化农业机械的财政补贴力度。

市、县、自治县人民政府应当组织建立秸秆收集、贮存、运输和综合利用服务体系，采用财政补贴等措施支持农村集体经济组织、农民专业合作经济组织、企业等开展秸秆收集、贮存、运输和综合利用服务。

第四十六条 禁止露天焚烧秸秆、落叶等产生烟尘污染的农林废弃物，以及非法焚烧电子废弃物、油毡、橡胶、塑料、皮革、沥青、垃圾等产生有毒有害、恶臭或者强烈异味的其他物质。

第四十七条　禁止生产、销售和燃放不符合质量标准的烟花爆竹。任何单位和个人不得在市、县、自治县人民政府禁止的时段和区域内燃放烟花爆竹。

第四章　法律责任

第四十八条　违反本条例规定，有下列行为之一的，由县级以上人民政府生态环境主管部门责令改正或者限制生产、停产整治，并处十万元以上一百万元以下的罚款；情节严重的，报经有批准权的人民政府批准，责令停业、关闭：

（一）未依法取得排污许可证排放大气污染物的；

（二）超过大气污染物排放标准或者超过重点大气污染物排放总量控制指标排放大气污染物的；

（三）通过逃避监管的方式排放大气污染物的。

第四十九条　违反本条例规定，有下列行为之一的，由县级以上人民政府生态环境主管部门责令改正，处二万元以上二十万元以下的罚款；拒不改正的，责令停产整治：

（一）侵占、损毁或者擅自移动、改变大气环境质量监测设施或者大气污染物排放自动监测设备的；

（二）未按照规定对所排放的工业废气和有毒有害大气污染物进行监测并保存原始监测记录的；

（三）未按照规定安装、使用大气污染物排放自动监测设备或者未按照规定与生态环境主管部门的监控设备联网，并保证监测设备正常运行的；

（四）重点排污单位不公开或者不如实公开自动监测数据的；

（五）未按照规定设置大气污染物排放口的；

（六）未按照国家和本省有关规定规范开展自行监测的；

（七）排污单位发现监测数据超过大气污染物排放标准，未按时报告的；

（八）因发生或者可能发生生产安全事故等紧急情况，通过应急排放通道排放大气污染物，未按照规定向生态环境主管部门如实报告，并且未采取必要措施减轻或者消除危害的。

第五十条　违反本条例规定，有下列行为之一的，由县级以上人民政府市场监督管理主管部门责令改正，没收原材料、产品和违法所得，并处货值金额二倍以上三倍以下的罚款：

（一）销售不符合质量标准的煤炭、石油焦的；

（二）生产、销售挥发性有机物含量不符合质量标准或者要求的原材料和产品的；

（三）生产、销售不符合标准的机动车船和非道路移动机械用燃油的。

第五十一条 违反本条例第十六条第一款规定，单位燃用石油焦或不符合质量标准的煤炭的，由县级以上人民政府生态环境主管部门责令改正，处货值金额二倍以上三倍以下的罚款。

第五十二条 违反本条例第十七条规定，生产、进口、销售或者使用不符合规定标准或者要求的锅炉，由县级以上人民政府市场监督管理、生态环境主管部门责令改正，没收违法所得，并处二万元以上二十万元以下的罚款。

第五十三条 违反本条例第十八条规定，未在期限内拆除分散供热锅炉且仍然使用的，由县级以上人民政府市场监督管理主管部门组织拆除分散供热锅炉，并处五万元以上二十万元以下的罚款。

第五十四条 违反本条例规定，有下列行为之一的，由县级以上人民政府生态环境主管部门责令改正，处二万元以上二十万元以下的罚款；拒不改正的，责令停产整治：

（一）在医院、学校、商场和酒店等人员密集场所使用含有高挥发性有机物的油漆涂料等产品的；

（二）未按规定使用低挥发性有机物含量涂料或者未建立、保存台账的；

（三）产生含挥发性有机物废气的生产和服务活动，未在密闭空间或者设备中进行，未按照规定安装、使用污染防治设施，或者未采取减少废气排放措施的；

（四）钢铁、建材、有色金属、石油、化工、制药、农药生产、矿产开采、制胶等企业，未采取集中收集处理、密闭、围挡、遮盖、清扫、洒水等措施，控制、减少粉尘和气态污染物排放的。

第五十五条 违反本条例第二十一条第二款规定，在本省销售列入高挥发性有机物含量产品目录的产品，但未在包装或者说明中予以标注的，由县级以上人民政府市场监督管理主管部门责令改正，处二千元以上二万元以下的罚款。

第五十六条 违反本条例第二十六条第一款规定，高排放机动车在禁止通行的区域、时间行驶的，由县级以上人民政府公安机关交通管理部门依法予以处罚。

违反本条例第二十六条第一款规定，在禁止区域使用高排放非道路移动机械的，由县级以上人民政府生态环境等主管部门责令改正，处五千元的罚款。

第五十七条 违反本条例第二十八条第一款规定，非道路移动机械的所有者或者使用者未履行相关申报义务的，由县级以上人民政府相关部门按照职责责令改正，处五百元的罚款。

违反本条例第二十八条第二款规定，使用排放不合格的非道路移动机械的，由县级以上人民政府生态环境等主管部门责令改正，处五千元的罚款。

第五十八条 违反本条例第二十九条第一款规定，船舶在港区水域和内河水域焚烧船舶垃圾的，由县级以上人民政府海事管理机构、农业农村主管部门按照职责责令改正，处一千元以上五万元以下的罚款。

违反本条例第二十九条第二款规定，进入船舶大气污染物排放控制区的船舶不符合船舶相关排放要求的，由海事管理机构、农业农村主管部门按照职责责令改正，处一万元以上十万元以下的罚款。

第五十九条　违反本条例第三十一条规定，建设单位未履行相关职责的，由县级以上人民政府住房和城乡建设等主管部门责令限期改正；拒不改正的，责令停工整治，并处一万元以上十万元以下的罚款。

第六十条　违反本条例第三十二条规定，建设项目监理单位未按监理合同做好扬尘防治的监理工作的，或对发现的扬尘污染行为，未及时要求施工单位改正并报告建设单位和有关主管部门的，由县级以上人民政府住房和城乡建设等主管部门责令限期改正；拒不改正的，处一万元以上十万元以下的罚款。

第六十一条　施工单位违反本条例第三十三条规定，由县级以上人民政府住房和城乡建设等主管部门责令改正，处一万元以上十万元以下的罚款；拒不改正的，责令停工整治。

第六十二条　运输单位违反本条例第三十四条第一款规定，运输煤炭、垃圾、渣土、砂石、土方、灰浆等散装、流体物料的车辆，未采取密闭或者其他措施防止物料遗撒的，由县级以上人民政府公安机关交通管理部门责令改正，处二千元以上二万元以下的罚款；拒不改正的，车辆不得上道路行驶。

第六十三条　违反本条例第三十六条规定，码头及其堆场未采取有效扬尘防治措施的，由县级以上人民政府交通运输主管部门按照职责责令改正，处一万元以上十万元以下的罚款，拒不改正的，责令停工整治或者停业整治。

第六十四条　违反本条例第三十七条规定，矿产资源开采及加工企业未采取有效扬尘防治措施的，由县级以上人民政府自然资源和规划主管部门责令改正，处一万元以上十万元以下的罚款，拒不改正的，责令停工整治或者停业整治。

第六十五条　违反本条例第三十九条第一款规定，未采取有效污染防治措施进行槟榔熏烤的，由县级以上人民政府农业农村主管部门责令改正，拆除熏烤工具，没收违法生产的槟榔，并处一万元以上十万元以下的罚款。

第六十六条　违反本条例第四十一条规定，未密闭或者未使用烟气处理装置加热沥青的，由县级以上人民政府住房和城乡建设、交通运输主管部门责令改正，处一万元以上十万元以下的罚款；拒不改正的，责令停产整治。

第六十七条　违反本条例第四十二条第一款规定，在居民住宅楼、未配套设立专用烟道的商住综合楼、商住综合楼内与居住层相邻的商业楼层内新建、改建、扩建产生油烟、异味、废气的餐饮服务项目的，由县级以上人民政府住房和城乡建设、市场监督管理主管部门按照职责责令改正；拒不改正的，予以关闭，并处一万元以上十万元以下的罚款。

违反本条例第四十二条第二款规定，未安装油烟净化设施的，由县级以上人民政府住房和城乡建设、市场监督管理主管部门责令改正，处五千元以上五万元以下的罚款；拒不改正的，责令停业整治。已安装油烟净化设施但未正常使用，或已采取其他油烟净化措施但超过排放标准排放油烟的，由县级以上人民政府住房和城乡建设主管部门责令改正，处五千元以上五万元以下的罚款；拒不改正的，责令停业整治。

违反本条例第四十二条第三款规定，餐饮服务业经营者未按规定限期退出的，由县级以上人民政府住房和城乡建设主管部门责令改正，处一万元以上十万元以下的罚款。

违反本条例第四十二条第四款规定，除县级以上人民政府划定区域外，在城市建成区内露天烧烤食品或者为露天烧烤食品提供场地的，由县级以上人民政府住房和城乡建设主管部门责令改正，没收烧烤工具和违法所得，并处五百元以上二万元以下的罚款。

第六十八条 违反本条例第四十三条规定，在人口集中区域从事露天喷漆、喷砂、制作玻璃钢以及其他散发有毒有害气体作业的，由县级以上人民政府住房和城乡建设主管部门责令改正，处一万元以上十万元以下的罚款。

第六十九条 违反本条例第四十四条第一款规定，从事服装干洗和机动车维修等服务活动，未设置异味和废气处理装置等污染防治设施并保持正常使用，影响周边环境的，由县级以上人民政府生态环境主管部门责令改正，处二千元以上二万元以下的罚款；拒不改正的，责令停业整治。

第七十条 违反本条例第四十六条规定，露天焚烧秸秆、落叶等产生烟尘污染农林废弃物的，由县级以上人民政府农业农村主管部门责令改正，并可以处五百元以上二千元以下的罚款。

违反本条例第四十六条规定，非法焚烧电子废弃物、油毡、橡胶、塑料、皮革、沥青、垃圾等产生有毒有害、恶臭或者强烈异味的其他物质的，由县级以上人民政府住房和城乡建设主管部门责令改正，对单位处一万元以上十万元以下的罚款，对个人处五百元以上二千元以下的罚款。

第七十一条 违反本条例第四十七条规定，在政府禁止的区域或时段内燃放烟花爆竹的，由公安部门责令停止燃放，处一百元以上五百元以下的罚款；构成违反治安管理行为的，依法给予治安管理处罚。

第七十二条 违反本条例规定，企业事业单位和其他生产经营者有下列行为之一的，受到罚款处罚，被责令改正，拒不改正的，依法作出处罚决定的行政机关可以自责令改正之日的次日起，按照原处罚数额按日连续处罚：

（一）未依法取得排污许可证排放大气污染物的；

（二）超过大气污染物排放标准，或者超过大气污染物排放总量控制指标排放大气污染物的；

（三）通过逃避监管的方式排放大气污染物的；

（四）建筑施工或者贮存易产生扬尘的物料未采取有效措施防治扬尘污染的；

（五）进入船舶大气污染物排放控制区的船舶不符合船舶相关排放要求的。

第七十三条　违反本条例规定的其他行为，本条例未设定处罚，但《中华人民共和国大气污染防治法》和有关法律法规设有处罚规定的，从其规定。

违反本条例规定，构成犯罪的，依法追究刑事责任。

第五章　附　则

第七十四条　对大气污染防治，本条例未作规定的，依照《中华人民共和国大气污染防治法》和有关法律法规的规定执行。

第七十五条　本条例自 2019 年 3 月 1 日起施行。

海南省机动车排气污染防治规定

（2016年1月14日海南省第五届人民代表大会常务委员会第十九次会议通过）

第一条 为了防治机动车排气污染，保护和改善大气环境，保障公众健康，根据《中华人民共和国大气污染防治法》等有关法律、法规，结合本省实际，制定本规定。

第二条 本省行政区域内机动车排气污染的防治，适用本规定。

第三条 县级以上人民政府应当将机动车排气污染防治工作纳入本行政区域环境保护目标责任考评体系，建立和完善机动车排气污染防治协调机制。

各级人民政府应当优化城市功能和布局规划，推广智能交通管理，优先发展公共交通，加强行人、非机动车交通系统建设，引导公众绿色出行。

各级人民政府应当鼓励和推广机动车排气污染防治先进技术的开发和应用。

第四条 县级以上人民政府环境保护主管部门负责对本行政区域内的机动车排气污染防治实施统一监督管理。

县级以上人民政府公安、交通运输、质量监督、工商、商务、物价等主管部门在各自职责范围内对机动车排气污染防治实施监督管理。

第五条 县级以上人民政府环境保护主管部门应当设置举报电话、电子邮箱，受理对机动车排气污染防治违法行为的举报、投诉。经查证属实的，环境保护主管部门应当对举报人和投诉人给予奖励。

第六条 鼓励生产、销售、使用新能源机动车。

县级以上人民政府及有关部门应当在公交车、出租车等城市客运以及环卫、物流、市政、邮政、机场、景区观光等公共服务领域加大新能源机动车推广应用力度，扩大新能源机动车应用范围。

第七条 本省从严执行国家机动车污染物排放标准。

省人民政府环境保护主管部门可以会同省质量监督行政主管部门制定严于国家标准的机动车大气污染物排放标准，报省人民政府批准后实施。

省人民政府可以在条件具备时提前执行国家机动车大气污染物排放标准中相应阶段排放限值。

第八条 机动车不得超过国家及本省规定的标准排放大气污染物，不得排放明显可视污染物。

任何单位或者个人不得制造、进口、销售污染物排放超过规定标准的机动车。

机动车生产企业应当对新生产的机动车进行排放检验。经检验合格的，方可出厂销售。

对达不到本省执行的污染物排放标准的外省机动车，不得上道路行驶，公安机关交通管理部门不得办理相关登记手续。

第九条　本省实施机动车环保检验标志管理制度。检验合格标志分为绿色环保检验合格标志和黄色环保检验合格标志。

省人民政府环境保护主管部门可以结合本省实际，适时调整发布机动车环保检验合格标志核发标准，报省人民政府批准后公布实施。

第十条　机动车环保检验合格标志由省人民政府环境保护主管部门按照国家规定统一制作，由市、县、自治县人民政府环境保护主管部门或者由其委托机动车排放检验机构负责核发。

第十一条　机动车所有人和使用人应当随车放置机动车环保检验合格标志，或者将其粘贴在机动车前窗。

未取得机动车环保检验合格标志或者使用超过有效期的机动车环保检验合格标志的机动车，不得上道路行驶。

第十二条　禁止伪造、变造及转让、转借机动车环保检验合格标志。

禁止使用伪造、变造及转让、转借的机动车环保检验合格标志。

第十三条　销售机动车车用燃料的经营者应当提供符合规定标准的车用燃料，并明示机动车车用燃料标准。机动车燃料质量应当与本省执行的国家阶段性机动车大气污染物排放标准相匹配。

禁止生产、进口、销售或者使用不符合本省执行标准的机动车车用燃料、发动机油、氮氧化物还原剂、燃料和润滑油添加剂以及其他添加剂。

第十四条　机动车所有人或者使用人应当保持机动车排气污染控制装置的正常运行，不得拆除、闲置机动车排气污染控制装置。

第十五条　在用机动车应当按照国家和本省的机动车安全技术检验期限，同步进行排气污染检验。经机动车排放检验机构检验不符合排放标准的，不予出具机动车检验合格报告单，环境保护主管部门不予核发环保检验合格标志，公安机关交通管理部门不予核发安全技术检验合格标志。

第十六条　机动车排放检验由依法取得计量认证证书的机动车排放检验机构承担。省人民政府环境保护主管部门应当会同质量技术监督主管部门定期向社会公告取得认证的机动车排放检验机构的名称、地址、服务内容等基本信息。

机动车所有人可以自行选择机动车排放检验机构进行排放检验。任何单位和个人不得违反规定要求机动车所有人到其指定的机动车排放检验机构进行排放检验。

县级以上人民政府及其有关部门应当按照统一规划、合理布局、方便群众的原则，采取措施实现机动车排放检验机构、安全技术检验机构配套设置于同一地点。

第十七条 机动车排放检验机构应当遵守下列规定：

（一）健全管理制度，公开检验方法、检验流程、排放限值标准、收费标准和监督投诉电话；

（二）制定并落实便民服务措施，提高检验工作效率；

（三）按照国家及本省规定的排气污染物检测方法、技术规范和排放标准进行检验，出具真实、准确的检验报告；

（四）检验设备应当符合规定的技术规范，并经法定计量检测机构定期检定或者校准合格；

（五）建立机动车排放检验信息传输网络，与环境保护主管部门、机动车安全技术检验机构和公安机关交通管理部门的网络管理系统对接，按照规定传输机动车排放检验的数据；

（六）建立机动车排放检验档案；

（七）不得以任何形式经营或者参与经营机动车排气污染维修和治理业务；

（八）法律、法规、技术规范规定的其他事项。

第十八条 对达到强制报废标准逾期未办理注销登记手续的黄色环保检验合格标志机动车，公安机关交通管理部门应当将其登记证书、号牌、行驶证予以公告，公告期满仍不办理注销手续的予以强制注销。

任何单位和个人不得将达到强制报废标准的黄色环保检验合格标志机动车出售、赠予或者以其他方式转让给非报废汽车回收企业的单位或者个人。

对经淘汰的黄色环保检验合格标志机动车，县级以上人民政府商务部门应当依法予以回收拆解。

第十九条 市、县、自治县人民政府可以根据大气污染防治和机动车排放污染状况，划定禁止、限制机动车或者取得黄色环保检验合格标志机动车行驶的区域和时段，并向社会公告。

第二十条 县级以上人民政府环境保护主管部门可以在机动车集中停放地、维修地对在用机动车的大气污染物排放状况进行监督抽测；在不影响正常通行的情况下，可以通过遥感监测等技术手段对在道路上行驶的机动车的大气污染物排放状况进行监督抽测，公安机关交通管理部门予以配合。环境保护主管部门进行监督抽测时，任何单位和个人不得拒绝、阻挠。

机动车经监督抽测不合格的，环境保护主管部门应当收回其环保检验合格标志，机动车所有人应当进行维修。经机动车排放检验机构重新检验合格的，方可重新核发环保检验合格标志。

第二十一条 禁止机动车所有人、维修单位以临时更换机动车污染控制装置等弄虚作假的方式通过机动车排放检验。

第二十二条　对经排放检验未达到标准的在用机动车，机动车所有人应当进行维修；经再次检验合格的，依法核发机动车环保检验合格标志；经维修或者采用污染控制技术后，仍不符合排放标准的，应当按照国家和本省有关规定报废并依法予以拆解。

第二十三条　违反本规定，拆除、闲置机动车排气污染控制装置的，由市、县、自治县人民政府环境保护主管部门责令改正，处一千元以上一万元以下罚款；情节严重的，处一万元以上五万元以下罚款。

第二十四条　违反本规定，机动车排放检验机构有下列行为之一的，由市、县、自治县人民政府环境保护主管部门予以处罚：

（一）不按照国家及本省规定的排气污染物检验方法、技术规范和排放标准进行检验，或者伪造机动车排放检验结果，或者出具虚假排放检验报告的，没收违法所得，并处十万元以上五十万元以下罚款；情节严重的，由负责资质认定的部门取消其检验资格。

（二）经营或者参与经营机动车排气污染维修和治理业务的，没收违法所得，并处二万元以上五万元以下罚款。

第二十五条　违反本规定，以临时更换机动车排气污染控制装置等弄虚作假的方式通过机动车排放检验的，由市、县、自治县人民政府环境保护主管部门依法对机动车所有人处五千元罚款；对机动车维修单位处每辆机动车五千元罚款。

第二十六条　违反本规定，伪造、变造或者使用伪造、变造的机动车环保检验合格标志的，由公安机关依照《中华人民共和国治安管理处罚法》予以处罚；构成犯罪的，依法追究刑事责任。使用转让、转借的机动车环保检验合格标志的，由公安机关交通管理部门收缴转让、转借的机动车环保检验合格标志，并处一千元以上五千元以下罚款。

第二十七条　违反本规定，有下列行为之一的，由公安机关交通管理部门予以处罚：

（一）未按本规定随车放置环保检验合格标志的，处警告或者二百元以下罚款；

（二）驾驶监督抽测不合格的机动车上道路行驶的，处二百元以上一千元以下罚款；

（三）驾驶未取得或者使用超过有效期的环保检验合格标志的机动车上道路行驶的，依据违反机动车安全技术检验的有关规定予以处罚；

（四）驾驶排放明显可视污染物的机动车上道路行驶的，处五百元罚款；

（五）持有黄色环保检验合格标志的机动车在禁止或者限制行驶区域、时段上道路行驶的，依据违反交通标志行驶的有关规定予以处罚；

（六）驾驶达到强制报废标准的黄色环保检验合格标志机动车上道路行驶的，对驾驶人处二百元以上二千元以下罚款，并吊销机动车驾驶证，收缴驾驶车辆予以强制报废；

（七）将达到强制报废标准的黄色环保检验合格标志机动车出售、赠予或者以其他方式转让给非报废汽车回收企业的单位或者个人的，没收车辆和违法所得，并处二千元以上二万元以下罚款。

第二十八条 县级以上人民政府环境保护主管部门和其他有关主管部门的工作人员，在机动车排气污染防治监督管理工作中，有下列行为之一的，依法给予处分；构成犯罪的，依法追究刑事责任：

（一）违反规定办理机动车注册登记业务的；

（二）违反规定核发机动车环保检验合格标志的；

（三）违反规定核发机动车安全技术检验合格标志的；

（四）违反规定要求机动车的所用人、使用人到其指定的场所接受机动车排放检验的；

（五）违反规定对机动车排气污染进行监督抽测、收取费用的；

（六）其他滥用职权、玩忽职守、徇私舞弊的行为。

第二十九条 违反本规定的行为，本规定未设定处罚但有关法律、法规已有处罚规定的，从其规定。

第三十条 本规定的具体应用问题由省人民政府负责解释。

第三十一条 本规定自 2016 年 2 月 1 日起施行。

甘肃省

甘肃省大气污染防治条例

（2018 年 11 月 29 日甘肃省第十三届人民代表大会常务委员会第七次会议通过）

第一章　总　则

第一条　为了保护和改善环境，防治大气污染，保障公众健康，推进生态文明建设，促进经济社会可持续发展，根据《中华人民共和国环境保护法》《中华人民共和国大气污染防治法》等法律、行政法规，结合本省实际，制定本条例。

第二条　本条例适用于本省行政区域内大气污染防治及其监督管理活动。

第三条　防治大气污染应当以改善大气环境质量为目标，坚持源头治理、规划先行，突出重点、防治结合，政府主导、企业主体，公众参与、全民共治的原则。

第四条　各级人民政府对本行政区域内的大气环境质量负总责。

县级以上人民政府应当将大气污染防治工作纳入国民经济和社会发展规划，加大财政投入；转变经济发展方式，优化调整产业结构、能源结构、运输结构、用地结构；制定并实施有利于大气污染防治的经济、科技政策和技术措施，严格控制和有计划削减大气污染物的排放总量，使大气环境质量达到国家和本省规定的标准并逐步改善。

乡（镇）人民政府、街道办事处应当根据县级以上人民政府和有关部门的工作安排，配合做好本辖区内大气污染防治工作；基层群众性自治组织应当协助做好大气污染防治工作。

第五条　省人民政府生态环境主管部门负责对本省大气污染防治实施统一监督管理。

市（州）人民政府生态环境主管部门及其派出机构分别对本市（州）、县（市、区）大气污染防治实施统一监督管理。

县级以上人民政府其他有关主管部门在各自职责范围内，重点履行以下大气污染防治监督管理职责：

（一）发展和改革部门负责优化产业和能源结构以及布局调整，发展循环经济和节能环保、清洁能源产业，确定煤炭消费总量控制及削减目标。

（二）工业和信息化部门会同相关部门负责开展淘汰落后产能、工业企业技术改造升级和节能降耗等工作，推进工业锅炉升级改造和清洁生产，统一规划和监管煤炭交易市场和集中配送体系，推进新能源汽车使用。

（三）住房和城乡建设部门负责对房屋建筑、市政基础设施建设和建筑物拆除等施工工地扬尘污染防治实施监督管理，推进新增集中供热热源以及热网工程。

（四）市场监督管理部门负责对燃煤锅炉的节能环保标准执行情况及商品煤、车用成品油、高污染燃料生产销售环节的质量进行监督管理；督促餐饮服务单位安装油烟过滤设备，使用清洁能源。

（五）农业农村部门负责指导农业清洁生产，减少农业生产经营活动中大气污染物的排放。

（六）交通运输、自然资源部门分别对道路建设和土地整理等施工中产生的扬尘污染实施监督管理。

（七）公安机关交通管理部门负责老旧机动车辆淘汰工作和高污染物排放车辆禁限行监管，配合有关部门对机动车和非道路移动机械、高排放机动车的大气污染物排放状况实施监督检查。

其他大气污染防治的监督管理，由相关部门依照有关法律、法规、规章和县级以上人民政府确定的职责分工实施。

县级以上人民政府负有大气环境保护监督管理职责的部门应当严格依法履行职责、协同配合，加强对大气污染物排放的日常监督管理，及时制止并依法处理污染大气环境的违法行为。

第六条　省人民政府对各市（州）大气环境质量改善目标、大气污染防治重点任务完成情况进行考核。考核办法由省人民政府制定。

市（州）人民政府应当将省人民政府确定的大气污染防治目标任务进行分解并实施考核。

考核结果应当向社会公开，接受公众监督。

第七条　企业事业单位和其他生产经营者应当执行国家和本省大气污染物排放标准，采取有效措施，防止、减少大气污染，并对造成的损害依法承担责任。

公民应当增强大气环境保护意识，采取低碳、节俭的生活方式，自觉履行大气环境保护义务。

第八条　县级以上人民政府及其有关部门、乡（镇）人民政府、街道办事处应当开展大气污染防治法律法规、科普知识宣传教育，推动公众参与大气环境保护，营造全社会保护大气环境的氛围。

第二章　大气污染防治的监督管理

第九条　省人民政府对国家大气环境质量标准和大气污染物排放标准中未作规定的项目，可以制定地方标准；对国家大气环境质量标准和大气污染物排放标准中已作规定的项目，可以根据本省实际情况制定严于国家标准的地方标准，并在其网站上公布，定期进行评估和适时修订。地方大气环境质量标准和地方大气污染物排放标准应当报国务院生态环境主管部门和标准化主管部门备案。

制定地方大气环境质量标准，应当以保障公众健康和保护生态环境为宗旨，与经济社会发展相适应，做到科学合理；制定地方大气污染物排放标准，应当以大气环境质量标准和国家经济、技术条件为依据。

制定地方大气环境质量标准和大气污染物排放标准，应当组织专家进行审查和论证，征求有关部门、行业协会、企业事业单位和公众等方面的意见。

第十条　县级以上人民政府应当根据本行政区域大气环境质量状况、大气环境承载力和重点大气污染物排放总量控制指标的要求，编制本行政区域大气污染防治规划并组织实施。

大气污染防治规划应当与主体功能区规划、土地利用总体规划、城乡规划、节约能源和应对气候变化规划和生态保护红线、环境质量底线、资源利用上线、环境准入负面清单相衔接，与产业结构、能源结构、运输结构、用地结构的调整相结合。

第十一条　省人民政府应当按照国家下达的重点大气污染物排放总量控制目标，控制或者削减本行政区域的重点大气污染物排放总量，并将国家确定的重点大气污染物排放总量控制指标，分解落实到市（州）人民政府。

市（州）人民政府应当根据本行政区域重点大气污染物排放总量控制指标，结合区域大气环境质量状况和重点大气污染物削减要求，将重点大气污染物总量控制指标进行分解落实。

省人民政府可以根据大气污染防治需要，对国家确定的重点大气污染物之外的其他大气污染物排放实行总量控制。

第十二条　未达到国家大气环境质量标准城市的人民政府，应当依法编制大气环境质量限期达标规划，采取措施，按照省人民政府规定的期限达到大气环境质量标准。

城市大气环境质量限期达标规划应当向社会公开，并根据大气污染防治的要求和经济、技术条件适时进行评估、修改；市（州）的大气环境质量限期达标规划应当报国务院生态环境主管部门备案。

第十三条　城市人民政府每年在向本级人民代表大会或者其常务委员会报告环境状况和环境保护目标完成情况时，应当报告大气环境质量限期达标规划执行情况，并向社会公开。

第十四条　企业事业单位和其他生产经营者建设对大气环境有影响的项目，应当依法进行环境影响评价、公开环境影响评价文件；向大气排放污染物的，应当符合大气污染物排放标准，遵守重点大气污染物排放总量控制要求。

第十五条　排放工业废气或者国家规定名录中所列有毒有害大气污染物的企业事业

单位、集中供热设施的燃煤热源生产运营单位以及其他依法实施排污许可管理的单位，应当向所在地市（州）生态环境主管部门或者其派出机构申请核发排污许可证。

第十六条 企业事业单位和其他生产经营者向大气排放污染物的，应当依照法律法规和国务院生态环境主管部门的规定设置大气污染物排放口。

禁止通过偷排、篡改或者伪造监测数据、以逃避现场检查为目的的临时停产、非紧急情况下开启应急排放通道、不正常运行大气污染防治设施等逃避监管的方式排放大气污染物。

第十七条 重点排污单位应当将重点大气污染物的名称、排放方式、排放浓度和总量、限产减排措施落实情况、污染防治设施的建设和运行情况等如实向社会公开，接受公众监督。

重点排污单位名录由省、市（州）人民政府生态环境主管部门按照国家有关规定，会同有关部门确定，并适时调整，向社会公布。

第十八条 未完成省人民政府下达的大气环境质量改善目标或者超过重点大气污染物排放总量控制指标的地区，省人民政府生态环境主管部门应当会同有关部门约谈该地区人民政府主要负责人，并暂停审批该地区新增重点大气污染物排放总量的建设项目环境影响评价文件。

约谈可以邀请媒体及相关公众代表列席，约谈情况应当向社会公开。

省人民政府生态环境主管部门应当会同有关部门督促被约谈地区的人民政府，采取措施落实约谈要求，并对整改情况进行监督检查。

第十九条 省人民政府有关部门，市（州）、县（市、区）人民政府及其有关部门，乡（镇）人民政府、街道办事处有下列情形之一的，由省人民政府或者其委托的部门按照国家和省有关规定对其主要负责人进行问责：

（一）未履行大气污染防治法律、法规、规章规定职责的；

（二）未完成年度大气环境质量改善目标的；

（三）超过重点大气污染物排放量总量控制指标的；

（四）未在规定期限内完成大气污染防治重点任务的；

（五）对重大大气污染突发环境事件处置不力的；

（六）省人民政府规定的其他情形。

第二十条 省人民政府生态环境主管部门可以根据主体功能区划、区域大气环境质量状况和大气污染传输扩散规律，建立联合防治机制。相关人民政府应当根据经济社会发展和大气环境承载能力，协同制定大气污染联合防治方案，开展大气污染联合防治。

第二十一条 在重污染天气集中出现的季节，县级以上人民政府可以要求重点行业企业错峰生产、施工。错峰生产、施工期间，企业应当按照县级以上人民政府安排，对生产经营活动、施工时间进行调整，减少或者暂停排放大气污染物的生产、作业。

错峰生产、施工的重点行业企业由市（州）人民政府确定并公布。

第二十二条　省、市（州）人民政府生态环境主管部门组织建设与管理本行政区域内大气环境质量和大气污染源监测网，组织开展大气环境质量和大气污染监测；评估和研究本地区大气质量状况、污染成因和污染规律；开展大气环境质量预警预报，统一发布本行政区域大气环境质量状况信息。

省人民政府生态环境主管部门对大气污染防治问题突出或者大气环境质量改善低于进度要求的市（州）人民政府，实行大气环境质量预警通报。

第二十三条　排放工业废气或者有毒有害污染物的企业事业单位和其他生产经营者，应当按照国家有关规定和监测规范对其所排放的工业废气和有毒有害污染物进行监测，并保存原始监测记录。不具备监测能力的排污单位应当委托有资质的监测机构监测，监测数据不得隐瞒、伪造和篡改。

重点排污单位应当按照国家和本省有关规定，安装使用大气污染排放自动监测设备，与生态环境主管部门联网，保证监测设备正常运行并依法公开排放信息，对监测数据的真实性、准确性负责。生态环境主管部门发现重点排污单位的大气污染物排放自动监测设备传输数据异常，应当及时进行调查。

生态环境主管部门、市场监督管理部门依法对各类生态环境监测机构实施监管，其他相关部门应当加强对所属生态环境监测机构监测数据的质量管理。

第二十四条　禁止侵占、损毁或者擅自移动、改变大气环境质量监测设施和大气污染物排放自动监测设备。

第二十五条　对严重污染大气环境的工艺、设备和产品实行淘汰制度。被淘汰的设备和产品，不得转让给他人使用。

生产者、进口者、销售者或者使用者应当在规定期限内停止生产、进口、销售或者使用列入国家综合性产业政策目录中的设备和产品。工艺的采用者应当在规定期限内停止采用列入国家综合性产业政策目录中的工艺。

第二十六条　企业事业单位和其他生产经营者违反法律法规规定排放大气污染物，造成或者可能造成严重大气污染，或者有关证据可能灭失或者被隐匿的，生态环境主管部门及其派出机构和其他负有大气环境保护监督管理职责的部门，可以对有关设施、设备、物品采取查封、扣押等行政强制措施。

第二十七条　省人民政府生态环境主管部门应当加强大气环境管理信息化建设，建立健全信息共享的大气环境保护工作大数据管理平台，推动大气环境保护工作动态化、数字化、常态化管理。

第二十八条　市（州）、县（市、区）、乡（镇）人民政府和街道办事处应当建立和优化大气污染防治网格化管理体系，形成排查摸底、联动执法、考核问责的长效工作机制。

网格化管理人员应当及时向有关部门报告其所负责区域内的污染大气环境行为，协助相关部门进行处理。

第二十九条 任何单位和个人有权对污染大气环境的行为进行举报，对行使监督管理职权的部门及其工作人员不依法履行职责的行为进行举报。

省、市（州）人民政府生态环境主管部门及其派出机构和其他负有大气环境保护监督管理职责的部门应当公布举报电话、网络举报平台、电子邮箱等，保证举报渠道畅通，方便公众举报；接到举报的，应当及时处理并对举报人的相关信息予以保密；对实名举报的，应当反馈处理结果，查证属实的，处理结果依法向社会公开，并对举报人给予奖励。

举报人举报所在单位的，该单位不得以解除、变更劳动合同或者其他方式对举报人进行打击报复。

第三十条 省、市（州）人民政府生态环境主管部门及其派出机构和其他负有大气环境保护监督管理职责的部门，可以聘请社会监督员，协助监督大气污染防治工作。

第三章 燃煤和其他能源污染防治

第三十一条 县级以上人民政府应当采取有利于煤炭消费总量削减的经济、技术政策和措施，改进能源结构，鼓励和支持清洁能源的开发利用，引导企业开展清洁能源替代，减少煤炭生产、使用、转化过程中的大气污染物排放。

省人民政府发展和改革部门应当会同相关部门制定实施能源结构调整规划，确定煤炭消费总量控制及削减目标、措施，逐步降低煤炭在一次能源消费中的比重，并将目标向市（州）人民政府分解。

市（州）人民政府应当根据省人民政府发展和改革部门分解的煤炭消费总量控制及削减目标，制定本行政区削减燃煤和清洁能源改造计划并分解落实。

第三十二条 推行煤炭洗选加工，降低煤炭的硫分和灰分，限制高硫分、高灰分煤炭的开采。新建煤矿应当同步配套建设煤炭洗选设施。对已建成的煤矿，除所采煤炭属于低硫分、低灰分或者根据已达标排放的燃煤电厂要求不需要洗选的以外，应当限期建成配套的煤炭洗选设施。

禁止开采含放射性和砷等有毒有害物质超过规定标准的煤炭。

第三十三条 禁止进口、销售和燃用不符合质量标准的煤炭，鼓励燃用优质煤炭。

单位存放煤炭、煤矸石、煤渣、煤灰等物料，应当采取防燃抑尘措施，防止大气污染。

各级人民政府应当加强民用散煤的管理，禁止销售不符合民用散煤质量标准的煤炭，鼓励居民燃用优质煤炭和洁净型煤，推广节能环保型炉灶。

第三十四条 石油炼制企业应当按照燃油质量标准生产燃油。

禁止进口、销售和燃用不符合质量标准的石油焦。

第三十五条 城市人民政府应当划定并公布高污染燃料禁燃区，并根据空气质量改善要求，规定实施步骤，逐步扩大禁燃区范围。

在禁燃区内，禁止销售和使用高污染燃料；禁止新建、扩建燃烧高污染燃料的设施；现有燃烧煤炭、重油、渣油等高污染燃料的设施，应当在城市人民政府规定的期限内改用天然气、页岩气、液化石油气、电或者其他清洁能源。

第三十六条　城市建设应当统筹规划，在燃煤供热地区，推进热电联产和集中供热。在集中供热管网覆盖地区，禁止新建、扩建分散燃煤供热锅炉；已建成的不能达标排放的燃煤供热锅炉，应当在城市人民政府规定的期限内按照要求拆除。

在集中供热管网难以覆盖地区，按照清洁替代、经济适用、居民可承受的原则，推进实施各类分散式清洁供暖。

县级以上人民政府市场监督管理部门应当会同生态环境主管部门对锅炉生产、进口、销售和使用环节执行环境保护标准或者要求的情况进行监督检查；不符合环境保护标准或者要求的，不得生产、进口、销售和使用。

第三十七条　新建燃煤电厂应当同步建设高效的脱硫、脱硝和除尘设施，使大气污染物排放浓度达到超低排放限值要求；现有燃煤电厂应当配套建设除尘、脱硫、脱硝等装置，或者采取技术改造等其他控制大气污染物排放的措施。

省人民政府有关部门应当优先安排超低排放燃煤电厂以及使用清洁能源机组发电上网。

第四章　工业污染防治

第三十八条　县级以上人民政府应当合理确定产业布局和发展规模，严格控制新建、扩建钢铁、石油、化工、有色、建材等行业中的高耗能工业项目，综合运用质量、环保、能耗、安全等标准淘汰落后产能。

在城市建成区已建的前款所列高耗能工业项目，应当在县级以上人民政府规定的期限内搬迁、改造或者关闭退出。

第三十九条　钢铁、建材、有色金属、石油、化工等企业生产过程中排放粉尘、硫化物和氮氧化物的，应当采用清洁生产工艺，配套建设除尘、脱硫、脱硝等装置，或者采取技术改造等其他控制大气污染物排放的措施。

第四十条　实行重点行业企业清洁生产审核制度。有下列情形之一的，应当实施强制性清洁生产审核：

（一）污染物排放超过国家或者地方规定的排放标准，或者虽未超过国家或者地方规定的排放标准，但超过重点污染物排放总量控制指标的；

（二）超过单位产品能源消耗限额标准构成高耗能的；

（三）使用有毒有害原料进行生产或者在生产中排放有毒有害物质的。

鼓励其他企业开展自愿性清洁生产审核。

第四十一条　钢铁、建材、有色金属、石油、化工、制药、矿产开采等企业，应当加强精细化管理，采取集中收集处理等措施，严格控制粉尘和气态污染物的排放。

工业生产企业应当采取密闭、围挡、遮盖、清扫、洒水等措施，减少内部物料的堆存、传输、装卸等环节产生的粉尘和气态污染物的排放。

第四十二条 生产、进口、销售和使用含挥发性有机物的原材料和产品的，其挥发性有机物含量应当符合质量标准或者要求。

第四十三条 产生含挥发性有机物废气的生产和服务活动，应当在密闭空间或者设备中进行，并按照规定安装、使用污染防治设施；无法密闭的，应当采取措施减少废气排放。

第四十四条 工业涂装企业应当使用低挥发性有机物含量的涂料，并建立台账，如实记录生产原料、辅料的使用量、废弃量、去向和挥发性有机物含量。台账保存期限不得少于三年。

第四十五条 石油、化工和其他生产、使用有机溶剂的企业，应当采用先进清洁生产技术，降低挥发性有机物的排放量，并建立泄漏检测与修复体系，对管道、设备进行日常维护、维修，及时收集处理泄漏物料。

储油储气库、加油加气站、油罐车、气罐车等，应当按照国家有关规定安装油气回收装置，并定期检测保持正常使用。任何单位和个人不得擅自拆除、闲置或者更改油气回收装置。

第四十六条 向大气排放持久性有机污染物的企业事业单位和其他生产经营者以及废弃物焚烧设施运营单位，应当按照国家及本省有关规定，采取有利于减少污染物排放的技术方法和工艺，配备有效的净化装置并保持正常运行，实现达标排放。

第四十七条 县级以上人民政府应当严格控制新建、改建、扩建排放恶臭污染物的工业类建设项目。现有向大气排放恶臭污染物的石油、化工、制药、制革、生物发酵、饲料加工等企业以及垃圾处理厂、城区垃圾中转站、污水处理厂，应当按照相关规定，设置合理的防护距离，限期安装净化装置或者采取其他措施，减少恶臭污染物排放，防止恶臭对周边环境产生不良影响。

第四十八条 在居民住宅区等人口密集区域和医院、学校、幼儿园、养老院等其他需要特殊保护的区域及其周边，不得新建、改建和扩建制药、油漆、塑料、橡胶、造纸、饲料等易产生恶臭或者其他有害气体的生产项目。

第五章 机动车（船）污染防治

第四十九条 县级以上人民政府应当优先发展公共交通、新能源交通，合理控制燃油机动车保有量，优化交通设施，加强轨道交通和公共自行车设施的建设，降低非公交类机动车使用强度，提高公共交通出行比例。

第五十条 县级以上人民政府应当采取措施，鼓励发展电动、燃气等新能源汽车，加快充电桩、加气站等配套基础设施建设，推广使用清洁燃料。

国家机关和公共交通、出租车、环境卫生等行业购置、更新车辆应当优先选购新能源汽车，并享受国家税费减免、财政补贴等优惠政策。

第五十一条　机动车（船）、非道路移动机械不得超过标准排放大气污染物。

禁止生产、进口、销售大气污染物排放超过标准的机动车（船）、非道路移动机械。

第五十二条　在用机动车应当符合国家或者本省的机动车排放标准，由机动车排放检验机构定期对其进行排放检验。经检验合格的，方可上道路行驶；未经检验合格的，公安机关交通管理部门不得核发安全技术检验合格标志。

机动车所有人应当及时对未经检验合格的机动车进行维修并复检，确保车辆达到排放标准。

第五十三条　省、市（州）人民政府生态环境主管部门及其派出机构可以在机动车集中停放地、维修地对在用机动车的大气污染物排放状况进行抽样检测；可以在不影响正常通行的情况下，通过遥感监测等技术手段对道路行驶中的机动车大气污染物排放状况实施抽样检测，公安机关交通管理部门和被抽样检测的单位、个人应当予以配合。抽样检测不得收取费用。

第五十四条　机动车排放检验机构应当依法通过资质认定，使用经依法检定合格的机动车排放检验设备，按照国家有关技术规范，对在用机动车进行排放检验，并与生态环境主管部门联网，实现检验数据实时共享。机动车排放检验机构及其负责人对检验数据的真实性和准确性负责。

生态环境主管部门和市场监督管理部门应当对机动车排放检验机构的排放检验情况进行监督检查。

第五十五条　禁止机动车所有人以临时更换机动车污染控制装置等弄虚作假的方式通过机动车排放检验。禁止机动车维修单位提供该类维修服务。禁止破坏机动车车载排放诊断系统。

第五十六条　农业机械、工程机械等非道路移动机械向大气排放污染物应当符合国家规定的排放标准；超过规定排放标准的，应当限期治理，经治理仍不符合规定标准的，由县级以上人民政府农业农村、交通运输、住房和城乡建设、水行政等有关部门按照职责责令停止使用。

第五十七条　在用重型柴油车向大气排放污染物应当符合国家规定的排放标准。

在用重型柴油车、非道路移动机械未安装污染控制装置或者污染控制装置不符合要求，不能达标排放的，应当加装或者更换符合要求的污染控制装置。

城市人民政府可以根据大气环境质量状况，划定并公布禁止使用高排放非道路移动机械的区域。

第五十八条　在用机动车排放大气污染物超过标准的，应当进行维修；经维修或者采用污染控制技术后，大气污染物排放仍不符合国家在用机动车排放标准的，应当强制报废。

引导、鼓励、支持淘汰大气污染物高排放的机动车（船）和非道路移动机械提前报废。

第五十九条 禁止生产、进口、销售不符合国家标准的机动车（船）、非道路移动机械用燃料；禁止向汽车和摩托车销售普通柴油以及其他非机动车用燃料；禁止向非道路移动机械、船舶销售渣油和重油。

第六十条 发动机油、氮氧化物还原剂、燃料和润滑油添加剂以及其他添加剂的有害物质含量和其他大气环境保护指标，应当符合有关标准的要求，不得损害机动车（船）污染控制装置效果和耐久性，不得增加新的大气污染物排放。

第六章 扬尘污染防治

第六十一条 县级以上人民政府住房和城乡建设、生态环境、交通运输、自然资源、水行政、城市管理等有关部门应当加强对建设施工和运输的监督管理，保持道路清洁，控制料堆和渣土堆放，扩大绿地、水面、湿地和地面铺装面积，防治扬尘污染。

从事房屋建筑、道路、市政基础设施建设、矿产资源开发、土地整理、河道整治、建筑物拆除等施工工程、物料运输和堆放以及其他产生扬尘污染活动的单位和个人，应当采取防治措施，减少扬尘污染。

第六十二条 建设单位应当将防治扬尘污染所需费用列入工程造价，并在工程承包合同中明确施工单位防治扬尘污染的责任。施工单位应当在施工前向负责监督管理扬尘污染防治的主管部门提交工地扬尘污染防治方案，将扬尘污染防治纳入工程管理范围。

从事房屋建筑、市政基础设施建设、河道整治以及建筑物拆除等施工单位，应当向负责监督管理扬尘污染防治的主管部门备案。

第六十三条 施工单位应当在施工工地设置硬质围挡，并采取覆盖、分段作业、择时施工、洒水抑尘、冲洗地面和车辆等有效防尘降尘措施。建筑土方、工程渣土、建筑垃圾应当及时清运，在场地内堆存的，应当采用密闭式防尘网遮盖。工程渣土、建筑垃圾应当进行资源化处理。

施工单位应当在施工工地公示扬尘污染防治措施、负责人、扬尘监督管理部门等信息，建立工作台账，记录每日扬尘污染防治措施落实情况、覆盖面积、出入洗车洒水次数和持续时间等信息。

暂时不能开工的建设用地，建设单位应当对裸露地面进行覆盖；超过三个月的，应当进行绿化、铺装或者遮盖。

第六十四条 贮存煤炭、煤矸石、煤渣、煤灰、水泥、石灰、石膏、砂土等易产生扬尘的物料应当密闭；不能密闭的，应当设置不低于堆放物高度的严密围挡，并采取有效覆盖措施防治扬尘污染。

码头、矿山、填埋场和消纳场应当实施分区作业，并采取有效措施防治扬尘污染。

第六十五条 运输煤炭、垃圾、渣土、砂石、土方、灰浆等散装、流体物料的车辆应当采取密闭或者其他措施防止物料遗撒造成扬尘污染，并按照规定路线行驶。装卸物料应当采取密闭或者喷淋等方式防治扬尘污染。

城市道路、广场等公共场所应当推行机械化清扫保洁，增加冲洗频次，降低地面积尘负荷。

第六十六条 露天开采、加工矿产资源，应当设置废石、废渣、泥土等专门存放地，并采取围挡、洒水降尘、设置抑尘网、集中开采、运输道路硬化绿化等措施防止扬尘污染。

第七章 农业和其他污染防治

第六十七条 县级以上人民政府应当推动转变农业生产方式，调整农业产业结构，发展农业循环经济，加大对废弃物综合处理的支持力度，加强对农业生产经营活动排放大气污染物的控制。

第六十八条 农业生产经营者应当改进施肥方式，科学合理施用化肥并按照国家有关规定使用农药，减少氨、挥发性有机物等大气污染物的排放。

禁止在人口集中地区对树木、花草喷洒剧毒、高毒农药。

第六十九条 畜禽养殖场、养殖小区应当及时对污水、畜禽粪便和尸体等进行收集、贮存、清运和无害化处理，防止排放恶臭气体。

第七十条 各级人民政府应当鼓励和支持采用先进适用技术，对秸秆、落叶等进行肥料化、饲料化、能源化、工业原料化、食用菌基料化等综合利用，加大对秸秆还田、收集一体化农业机械的财政补贴力度。

县级人民政府应当组织建立秸秆收集、贮存、运输和综合利用服务体系，采用财政补贴等措施支持农村集体经济组织、农民专业合作经济组织、企业等开展秸秆收集、贮存、运输和综合利用服务。

第七十一条 省人民政府应当划定区域，禁止露天焚烧秸秆、垃圾、枯枝落叶和荒草等产生烟尘污染的物质。县级以上人民政府应当建立健全长效监管机制，利用遥感监测等技术手段进行监督检测。

禁止在人口集中地区和其他依法需要特殊保护的区域内焚烧沥青、油毡、橡胶、塑料、皮革、垃圾以及其他产生有毒有害烟尘和恶臭气体的物质。

第七十二条 排放油烟的餐饮服务业经营者应当安装油烟净化设施并保持正常使用，或者采取其他油烟净化措施，达标排放油烟，并防止对居民生活环境造成污染。

禁止在居民住宅楼、未配套设立专用烟道的商住综合楼以及商住综合楼内与居住层相邻的商业楼层内新建、改建、扩建产生油烟、异味、废气的餐饮服务项目。

任何单位和个人不得在所在地人民政府禁止的区域内露天烧烤食品或者为露天烧烤食品提供场地。

第七十三条 县级以上人民政府应当对祭祀活动加强监督管理，引导公民转变祭祀方式，文明、绿色祭祀。

乡（镇）人民政府、街道办事处在民间祭祀日期间，可以指定固定地点，提供焚烧容器，引导公民集中焚烧祭祀品，并及时组织清扫。

火葬场应当设置除尘等污染防治设施并保持正常使用，防止影响周边环境。

第七十四条 禁止生产、销售和燃放不符合质量标准的烟花爆竹。

城市人民政府根据本行政区域的实际情况和有关规定，确定限制或者禁止燃放烟花爆竹的时段、区域和种类。任何单位和个人不得在城市人民政府禁止的时段和区域内燃放烟花爆竹。

第八章 重污染天气应对

第七十五条 省、市（州）人民政府生态环境主管部门应当会同气象部门建立重污染天气监测预警、会商和信息通报等机制，完善重污染天气预警体系。

第七十六条 县级以上人民政府应当将重污染天气应对纳入突发事件应急管理体系。

省、市（州）人民政府和可能发生重污染天气的县（市、区）人民政府，应当制定重污染天气应急预案，报上一级生态环境主管部门备案，向社会公布并定期组织应急演练。应急预案应当根据实际需要适时修订。

重点排污单位应当根据所在地重污染天气应急预案，编制本单位重污染天气应急响应操作方案。

第七十七条 省、市（州）人民政府依据天气预报信息，进行综合研判，确定预警等级并及时发出重污染天气预警。任何单位和个人不得擅自向社会发布重污染天气预报、预警信息。

预警信息发布后，县级以上人民政府及其有关部门应当通过电视、广播、网络、短信等途径告知公众采取健康防护措施，指导公众出行和调整其他相关社会活动。

第七十八条 县级以上人民政府应当根据重污染天气的预警等级，及时启动重污染天气应急预案，根据应急需要采取下列应急措施，相关单位和个人应当配合：

（一）责令有关企业停产、限产或者错峰生产；

（二）限制部分机动车行驶；

（三）禁止燃放烟花爆竹；

（四）停止施工工地土石方作业和建筑物拆除施工；

（五）停止露天烧烤；

（六）停止幼儿园和学校组织的户外活动；

（七）组织开展人工影响天气作业；

（八）其他应急措施。

应急响应结束后，人民政府应当及时开展应急预案实施情况的评估，适时修改完善应急预案。

第七十九条　发生或者有可能发生大气污染突发环境事件时，有关人民政府及其部门和企业事业单位应当立即采取措施控制污染扩大，及时向可能受到危害的单位和个人通报，并向生态环境主管部门和相关部门报告。

第九章　法律责任

第八十条　各级人民政府，省、市（州）人民政府生态环境主管部门及其派出机构，县级以上人民政府负有大气环境保护监督管理职责的部门及其工作人员，有下列情形之一的，对直接负责的主管人员和其他直接责任人员依法予以处分；构成犯罪的，依法追究刑事责任：

（一）违反法律法规、主体功能区规划、生态环境保护规划等盲目决策，致使大气环境遭受破坏的；

（二）在职责范围内对严重大气污染事件处置不力导致严重后果的；

（三）对不符合行政许可条件准予行政许可的；

（四）应当依法公开大气环境信息而未公开的；

（五）篡改、伪造或者指使篡改、伪造监测数据的；

（六）截留、挪用大气污染防治专项资金的；

（七）发现大气污染违法行为未依法及时纠正和查处的；

（八）包庇大气污染违法行为的；

（九）对举报、投诉不及时查处或者泄露举报人相关信息的；

（十）对应当移送公安机关立案侦查的大气污染案件而不移送的；

（十一）公安机关对移送立案侦查的案件应当接收而不接收的；

（十二）其他滥用职权、玩忽职守、徇私舞弊、弄虚作假的行为。

第八十一条　违反本条例规定，有下列行为之一的，由生态环境主管部门或者其派出机构责令改正或者限制生产、停产整治，并处十万元以上一百万元以下罚款；情节严重的，报经有批准权的人民政府批准，责令停业、关闭：

（一）未依法取得排污许可证排放大气污染物的；

（二）超过大气污染物排放标准或者超过重点大气污染物排放总量控制指标排放大气污染物的；

（三）通过逃避监管的方式排放大气污染物的。

第八十二条　违反本条例规定，有下列行为之一的，由生态环境主管部门或者其派出机构责令改正，处二万元以上二十万元以下罚款；拒不改正的，责令停产整治：

（一）侵占、损毁或者擅自移动、改变大气环境质量监测设施或者大气污染物排放自动监测设备的；

（二）未按照规定对所排放的工业废气和有毒有害大气污染物进行监测并保存原始监测记录的；

（三）未按照规定安装、使用大气污染物排放自动监测设备或者未按照规定与生态环境主管部门的监控设备联网，并保证监测设备正常运行的；

（四）重点排污单位不公开或者不如实公开自动监测数据的；

（五）未按照规定设置大气污染物排放口的。

第八十三条 违反本条例规定，生产、进口、销售或者使用国家综合性产业政策目录中禁止的设备和产品，采用国家综合性产业政策目录中禁止的工艺，或者将淘汰的设备和产品转让给他人使用的，由县级以上人民政府经济综合主管部门、海关按照职责责令改正，没收违法所得，并处货值金额一倍以上三倍以下罚款；拒不改正的，报经有批准权的人民政府批准，责令停业、关闭。进口行为构成走私的，由海关依法予以处罚。

第八十四条 违反本条例规定，煤矿未按照规定建设配套煤炭洗选设施的，由县级以上人民政府能源主管部门责令改正，处十万元以上一百万元以下罚款；拒不改正的，报经有批准权的人民政府批准，责令停业、关闭。

违反本条例规定，开采含放射性和砷等有毒有害物质超过规定标准的煤炭的，由县级以上人民政府按照国家规定的权限责令停业、关闭。

第八十五条 违反本条例规定，有下列行为之一的，由县级以上人民政府市场监督管理部门责令改正，没收原材料、产品和违法所得，并处货值金额一倍以上三倍以下罚款：

（一）销售不符合质量标准的煤炭、石油焦的；

（二）生产、销售挥发性有机物含量不符合质量标准或者要求的原材料和产品的；

（三）生产、销售不符合标准的机动车（船）和非道路移动机械用燃料、发动机油、氮氧化物还原剂、燃料和润滑油添加剂以及其他添加剂的；

（四）在禁燃区内销售高污染燃料的。

第八十六条 违反本条例规定，有下列行为之一的，由海关责令改正，没收原材料、产品和违法所得，并处货值金额一倍以上三倍以下罚款；构成走私的，由海关依法予以处罚：

（一）进口不符合质量标准的煤炭、石油焦的；

（二）进口挥发性有机物含量不符合质量标准或者要求的原材料和产品的；

（三）进口不符合标准的机动车（船）和非道路移动机械用燃料、发动机油、氮氧化物还原剂、燃料和润滑油添加剂以及其他添加剂的。

第八十七条 违反本条例规定，单位燃用不符合质量标准的煤炭、石油焦的，由生态环境主管部门或者其派出机构责令改正，处货值金额一倍以上三倍以下罚款。

第八十八条 违反本条例规定，在禁燃区内新建、扩建燃用高污染燃料的设施，或者未按照规定停止燃用高污染燃料，或者在城市集中供热管网覆盖地区新建、扩建分散燃煤供热锅炉，或者未按照规定拆除已建成的不能达标排放的燃煤供热锅炉的，由生态环境主管部门或者其派出机构没收燃用高污染燃料的设施，组织拆除燃煤供热锅炉，并处二万元以上二十万元以下罚款。

违反本条例规定，生产、进口、销售或者使用不符合规定标准或者要求锅炉的，由生态环境主管部门或者其派出机构、县级以上人民政府市场监督管理部门按照职责责令改正，没收违法所得，并处二万元以上二十万元以下罚款。

第八十九条 违反本条例规定，新建燃煤电厂大气污染物排放浓度未达到超低排放限值要求的，由生态环境主管部门或者其派出机构责令改正或者限制生产、停产整治，并处十万元以上一百万元以下罚款；情节严重的，报经有批准权的人民政府批准，责令停业、关闭。

第九十条 违反本条例规定，排放恶臭污染物的工业类建设项目未按规定配备有效净化装置或者未实现达标排放的，由生态环境主管部门或者其派出机构责令改正，并处一万元以上十万元以下罚款；拒不改正的，责令停工或者停业整治。

第九十一条 违反本条例规定，有下列行为之一的，由县级以上人民政府生态环境主管部门责令改正，处二万元以上二十万元以下的罚款；拒不改正的，责令停产整治：

（一）产生含挥发性有机物废气的生产和服务活动，未在密闭空间或者设备中进行，未按照规定安装、使用污染防治设施，或者未采取减少废气排放措施的；

（二）工业涂装企业未使用低挥发性有机物含量涂料或者未建立、保存台账的；

（三）石油、化工以及其他生产和使用有机溶剂的企业，未采取措施对管道、设备进行日常维护、维修，减少物料泄漏或者对泄漏的物料未及时收集处理的；

（四）储油储气库、加油加气站和油罐车、气罐车等，未按照国家有关规定安装并正常使用油气回收装置的；

（五）钢铁、建材、有色金属、石油、化工、制药、矿产开采等企业，未采取集中收集处理、密闭、围挡、遮盖、清扫、洒水等措施，控制、减少粉尘和气态污染物排放的。

第九十二条 违反本条例规定，进口、销售超过污染物排放标准的机动车、非道路移动机械的，由县级以上人民政府市场监督管理部门、海关按照职责没收违法所得，并处货值金额一倍以上三倍以下罚款，没收销毁无法达到污染物排放标准的机动车、非道路移动机械；进口行为构成走私的，由海关依法予以处罚。

违反本条例规定，销售的机动车、非道路移动机械不符合污染物排放标准的，销售者应当负责修理、更换、退货；给购买者造成损失的，销售者应当赔偿损失。

第九十三条 违反本条例规定，伪造机动车、非道路移动机械排放检验结果或者出具虚假排放检验报告的，由生态环境主管部门或者其派出机构没收违法所得，并处十万元以上五十万元以下罚款；情节严重的，由负责资质认定的部门取消其检验资格。

违反本条例规定，以临时更换机动车污染控制装置等弄虚作假的方式通过机动车排放检验或者破坏机动车车载排放诊断系统的，由生态环境主管部门或者其派出机构责令改正，对机动车所有人处五千元罚款；对机动车维修单位处每辆机动车五千元罚款。

第九十四条 违反本条例规定，机动车驾驶人驾驶排放检验不合格的机动车上道路行驶的，由公安机关交通管理部门依法予以处罚。

第九十五条 违反本条例规定，使用排放不合格的非道路移动机械，或者在用重型柴油车、非道路移动机械未按照规定加装、更换污染控制装置的，由生态环境等主管部门按照职责责令改正，处五千元罚款。

违反本条例规定，在禁止使用高排放非道路移动机械的区域使用高排放非道路移动机械的，由城市人民政府生态环境等主管部门依法予以处罚。

第九十六条 违反本条例规定，施工单位有下列行为之一的，由县级以上人民政府住房和城乡建设等主管部门按照职责责令改正，处一万元以上十万元以下罚款；拒不改正的，责令停工整治：

（一）施工工地未设置硬质密闭围挡，或者未采取覆盖、分段作业、择时施工、洒水抑尘、冲洗地面和车辆等有效防尘降尘措施的；

（二）建筑土方、工程渣土、建筑垃圾未及时清运，或者未采用密闭式防尘网遮盖的。

违反本条例规定，建设单位未对暂时不能开工的建设用地的裸露地面进行覆盖，或者未对超过三个月不能开工的建设用地的裸露地面进行绿化、铺装或者遮盖的，由县级以上人民政府住房和城乡建设等主管部门依照前款规定予以处罚。

第九十七条 违反本条例规定，运输煤炭、垃圾、渣土、砂石、土方、灰浆等散装、流体物料的车辆，未采取密闭或者其他措施防止物料遗撒的，由县级以上人民政府确定的监督管理部门责令改正，处二千元以上二万元以下罚款；拒不改正的，车辆不得上道路行驶。

第九十八条 违反本条例规定，有下列行为之一的，由生态环境等主管部门按照职责责令改正，处一万元以上十万元以下罚款；拒不改正的，责令停工整治或者停业整治：

（一）未密闭煤炭、煤矸石、煤渣、煤灰、水泥、石灰、石膏、砂土等易产生扬尘的物料的；

（二）对不能密闭的易产生扬尘的物料，未设置不低于堆放物高度的严密围挡，或者未采取有效覆盖措施防治扬尘污染的；

（三）装卸物料未采取密闭或者喷淋等方式控制扬尘排放的；

（四）存放煤炭、煤矸石、煤渣、煤灰等物料，未采取防燃措施的；

（五）码头、矿山、填埋场和消纳场未采取有效措施防治扬尘污染的。

第九十九条 违反本条例规定，施工单位未按要求建立工作台账的，由县级以上人民政府住房和城乡建设等有关部门按职责责令改正，并可以处一万元以下罚款。

第一百条 违反本条例规定，在当地人民政府禁止的时段和区域内露天烧烤食品或者为露天烧烤食品提供场地的，由县级以上地方人民政府确定的监督管理部门责令改正，没收烧烤工具和违法所得，并处五百元以上二万元以下的罚款。

违反本条例规定，在人口集中地区对树木、花草喷洒剧毒、高毒农药，或者露天焚烧秸秆、垃圾、枯枝落叶和荒草等产生烟尘污染的物质的，由县级以上地方人民政府确定的监督管理部门责令改正，并可以处五百元以上二千元以下的罚款。

第一百零一条　违反本条例规定，排放油烟的餐饮服务业经营者未安装油烟净化设施、不正常使用油烟净化设施或者未采取其他油烟净化措施，超过排放标准排放油烟的，由县级以上人民政府确定的监督管理部门责令改正，处五千元以上五万元以下罚款；拒不改正的，责令停业整治。

违反本条例规定，在居民住宅楼、未配套设立专用烟道的商住综合楼、商住综合楼内与居住层相邻的商业楼层内新建、改建、扩建产生油烟、异味、废气的餐饮服务项目的，由县级以上人民政府确定的监督管理部门责令改正；拒不改正的，予以关闭，并处一万元以上十万元以下罚款。

第一百零二条　违反本条例规定，在人口集中地区和其他依法需要特殊保护的区域内，焚烧沥青、油毡、橡胶、塑料、皮革、垃圾以及其他产生有毒有害烟尘和恶臭气体的物质的，由县级人民政府确定的监督管理部门责令改正，对单位处一万元以上十万元以下罚款，对个人处五百元以上二千元以下罚款。

违反本条例规定，在城市人民政府禁止的时段和区域内燃放烟花爆竹的，由县级以上人民政府确定的监督管理部门依法予以处罚。

第一百零三条　违反本条例规定，擅自向社会发布重污染天气预报预警信息，构成违反治安管理行为的，由公安机关依法予以处罚。

违反本条例规定，拒不执行停止工地土石方作业或者建筑物拆除施工等重污染天气应急措施的，由县级以上地方人民政府确定的监督管理部门处一万元以上十万元以下罚款。

第一百零四条　违反本条例规定，造成大气污染事故的，由生态环境主管部门或者其派出机构依照本条第二款的规定处以罚款；对直接负责的主管人员和其他直接责任人员可以处上一年度从本企业事业单位取得收入百分之五十以下罚款。

对造成一般或者较大大气污染事故的，按照污染事故造成直接损失的一倍以上三倍以下计算罚款；对造成重大或者特大大气污染事故的，按照污染事故造成的直接损失的三倍以上五倍以下计算罚款。

第一百零五条　违反本条例规定，企业事业单位和其他生产经营者有下列行为之一，受到罚款处罚，被责令改正，拒不改正的，依法作出处罚决定的行政机关可以自责令改正之日的次日起，按照原处罚数额按日连续处罚：

（一）未依法取得排污许可证排放大气污染物的；

（二）超过大气污染物排放标准或者超过重点大气污染物排放总量控制指标排放大气

污染物的；

（三）通过逃避监管的方式排放大气污染物的；

（四）建筑施工或者贮存易产生扬尘的物料未采取有效措施防治扬尘污染的。

第一百零六条 违反本条例规定，向大气排放污染物造成重大环境污染事故，致使公私财产遭受重大损失或者人身伤亡，构成犯罪的，依法追究刑事责任。

第一百零七条 法律、行政法规对大气污染防治活动及其监督管理已有规定的，从其规定。

第十章 附 则

第一百零八条 本条例自 2019 年 1 月 1 日起施行。

兰州市机动车排气污染防治条例

（2018年4月24日兰州市第十六届人民代表大会常务委员会第十三次会议通过　2018年7月28日甘肃省第十三届人民代表大会常务委员会第四次会议批准）

第一章　总　则

第一条　为了防治机动车和非道路移动机械排气污染，保护和改善大气环境，保障公众健康，促进经济社会可持续发展，根据《中华人民共和国环境保护法》《中华人民共和国大气污染防治法》等法律法规，结合本市实际，制定本条例。

第二条　本条例适用于本市行政区域内机动车和非道路移动机械排气污染防治。

本条例所称机动车和非道路移动机械排气污染，以下简称“机动车排气污染”，是指机动车和非道路移动机械排气管、曲轴箱和燃油燃气系统向大气排放、蒸发污染物所造成的污染。

本条例所称非道路移动机械，是指不在道路上行驶的以汽油或者柴油为燃料的工程机械。包括推土机、压路机、挖掘机、打桩机、沥青摊铺机、叉车、发电机等。

第三条　机动车排气污染防治坚持预防为主、防控结合、公众参与、排污担责的原则。

第四条　市、县（区）人民政府应当组织制定、实施机动车排气污染防治规划，保障经费投入，控制污染总量，并将污染防治工作纳入年度目标考核。

市、县（区）人民政府应当建立机动车排气污染防治工作协调机制，协调处理污染防治工作中的重大问题。

第五条　市环境保护行政主管部门对全市机动车排气污染防治实施统一监督管理，其所属的市机动车排气污染监督管理机构具体负责全市机动车排气污染防治的日常监督管理。

县（区）人民政府环境保护行政主管部门对辖区内的机动车排气污染防治实施统一监督管理。

公安、交通运输、市场监督、建设、农业、水利、城管执法等相关行政管理部门，在各自职责范围内对机动车的排气污染防治实施监督管理。

第六条　市、县（区）人民政府应当加强机动车排气污染防治法律、法规宣传教育，倡导文明交通、绿色出行。

鼓励机关、团体、企业事业单位、其他组织，以及机动车、非道路移动机械的所有人、使用人，开展机动车排气污染防治的宣传活动。

新闻媒体应当开展相关公益宣传，倡导有利于改善环境质量的出行方式，提高公众污染防治意识，加强对违法行为的舆论监督。

第二章　预防控制

第七条　市、县（区）人民政府应当加强并改善城市交通管理，优化道路设置，完善道路交通配套设施，保障人行道和非机动车道的连续、畅通，改善机动车道路通行状况，减少交通拥堵，防治机动车怠速和低速行驶造成的污染。

第八条　市、县（区）人民政府应当优先发展公共交通，加快推进公共交通使用清洁能源，优化公共交通设施，完善公共交通线路规划，改善公交车、自行车和行人的道路通行条件，提高公共交通出行比例，减少机动车排气污染。

第九条　在用机动车排放大气污染物超过标准的，应当进行维修，经维修或者采用污染控制技术后，大气污染物排放仍不符合国家在用机动车排放标准的，应当强制报废。

鼓励和支持未达到国家现行排放标准的老旧机动车提前报废。

强制报废、鼓励和支持报废的具体办法由市人民政府制定。

第十条　鼓励机动车排气污染防治先进技术的科学研究和开发应用，鼓励生产、销售、使用节能环保和新能源机动车。

市人民政府应当制定鼓励使用节能环保和新能源机动车的优惠政策，扩大节能环保和新能源机动车使用范围，同步配套建设相应的加气、充电等设备，逐步控制燃油机动车的保有量。

第十一条　市人民政府可以根据本市大气环境质量和机动车污染物排放状况，提请省级人民政府批准，提前执行国家下一阶段更高、更严的机动车大气污染物排放标准，并在执行前六个月向社会公布。

第十二条　机动车和非道路移动机械向大气排放污染物不得超过本市执行的排放标准，不得排放黑烟等明显可视污染物。

第十三条　机动车和非道路移动机械所有人或者使用人以及机动车维修单位应当及时对车辆进行维修保养，不得拆除、破坏排气污染控制装置和车载排放诊断系统，保持排气污染控制装置处于正常工作状态。

第十四条　在本市生产、销售及使用的车用燃料、发动机油、氮氧化物还原剂、燃料和润滑油添加剂以及其他添加剂应当不低于本市执行的比国家标准更高、更严的有关标准，市场监督管理部门应当加强监督管理，定期对车用燃料的质量进行监督抽查，并向社会公布抽查结果。

第十五条　加油加气站、储油储气库和油罐车、气罐车应当按照国家标准配套安装油气回收系统，并按照规定正常使用。任何单位和个人不得擅自拆除、闲置、更改油气回收装置。

第十六条 市人民政府根据大气环境质量防治需要和机动车排气污染程度，可以确定禁止高排放机动车行驶的区域、时段，可以划定并公布禁止使用高排放非道路移动机械的区域；在大气环境受到严重污染时，可以适时启动政府大气污染防治应急预案，并提前向社会公告。

第三章 检验治理

第十七条 机动车应当按照国家有关规定，接受排放检验。排放检验包括定期检验和监督抽测。

定期检验由机动车所有人或者使用人在规定期限内，自主选择有资质认定证书的检验机构进行检验。

监督抽测由市、县（区）环境保护行政主管部门会同公安机关交通管理等部门采用电子监控、摄像拍照、人工或者遥感监测等方式实施。监督抽测不得收取费用，被抽测者应当配合抽测。

第十八条 公安机关交通管理部门对未经定期排放检验或者经检验不符合本市执行排放标准的机动车，不予办理注册或者转入登记。

新购置的列入国家环保达标车型目录的轻型汽油车在注册登记时，免予排放检验。

第十九条 在用机动车应当按照国家或者地方的有关规定，由机动车排放检验机构定期对其进行排放检验。经检验合格的，方可上道路行驶。未经排放检验或者排放检验不合格的，公安机关交通管理部门不得核发安全技术检验合格标志。

在用机动车经定期排放检验不合格的，机动车所有人或者使用人应当进行维修并复检。

第二十条 机动车排放检验机构应当遵守下列规定：

（一）按照国家规定的环保检验方法、技术规范进行检验，出具真实、准确的检验报告，并向市环境保护行政主管部门实时传送检验数据；

（二）接受市环境保护行政主管部门的远程监控，保证监控设备的正常、有效运转，不得遮挡或者擅自调整监控设备位置，不得损坏或者擅自删除视频录像资料；

（三）不得经营或者参与经营机动车排气污染维修业务；

（四）公示检验机构资质认定证书、检验方法、排放限制标准、收费标准、检验流程、检验过程及结果和监督投诉电话，接受社会监督。

第二十一条 机动车排放检验机构在检验过程中不得有以下弄虚作假的行为：

（一）采取替车检验的；

（二）减少或者稀释被测气体的；

（三）改变被检车辆正常运行状态的；

（四）篡改检验限值、被检车辆参数、大气环境参数、检验结果的；

（五）未如实向环境保护行政主管部门传输检验数据的；

（六）故意造成远程监控设备失效的；

（七）其他人为干扰正常检验过程的。

第二十二条 市、县（区）环境保护行政主管部门可以在机动车集中停放地、维修地加强对货运车、公交车、出租车、长途客运车、旅游车等车辆的监督抽测工作；在不影响机动车正常通行的情况下，可以通过遥感监测等技术手段对在道路上行驶的机动车的大气污染物排放状况进行监督抽测，对监督抽测不合格的车辆以及排放黑烟等明显可视污染物的车辆，环境保护行政主管部门应通知机动车所有人进行维修并复检，并及时公开逾期不复检车辆的车牌、车型等信息，公安机关交通管理部门应当予以配合。

第二十三条 环境保护行政主管部门应当会同交通运输、市场监督、建设、农业等部门加强对非道路移动机械的大气污染防治的监督管理，可以在非道路移动机械集中停放地、维修地、施工工地等场地对非道路移动机械开展抽样检测。

第二十四条 从事非道路移动机械租赁经营者，不得出租或者出借超标排放的机械。

第二十五条 非道路移动机械所有人或者使用人应当遵守下列规定：

（一）保证作业机械达到本市执行的排放标准，不得使用超过本市排放标准或者冒黑烟等明显可视污染物的机械；

（二）定期对作业机械进行排放检测和维修养护；

（三）对超标排放且经维修或者采用排放控制技术后仍不达标的机械，应当停止使用；

（四）接受相关行政管理部门的监督检查。

第四章 监督检查

第二十六条 市环境保护行政主管部门应当建立机动车排气污染防治网络监控系统，对检测过程实施全程监控，并会同公安、交通运输、市场监督等行政管理部门建立机动车排气污染防治信息传输系统，实现信息共享。

第二十七条 市环境保护行政主管部门应当建立和完善排气污染监测体系，实现对机动车排气污染状况的科学监测分析及其对环境空气质量影响的准确评价。

市环境保护主管部门应当定期向社会公布全市以及区域性的机动车排气污染监测情况和违法信息，并提供查询服务。

第二十八条 环境保护行政主管部门应当履行下列职责：

（一）按照国家和省、市有关大气污染防治法律、法规的规定和标准，制定、实施机动车排气污染防治方案；

（二）会同公安、交通运输、市场监督、建设、农业、水利、城管执法等相关行政管理部门，对机动车排气污染防治工作实施监督管理；

（三）在职责范围内对机动车排放检验机构进行监督管理；

（四）组织、指导机动车排气污染防治监督管理机构开展行政执法活动；

（五）法律、法规规定的其他相关职责。

第二十九条　公安机关交通管理部门应当履行下列职责：

（一）按照国家和省、市有关大气污染防治法律、法规的规定，查处在道路上行驶的经检验排放不合格的机动车；

（二）按照本市机动车排放准入标准规定，办理新车注册登记；对外籍转入本市的在用机动车注册登记时，应当对机动车污染物排放标准、排放检验报告等情况进行审核，合格后核发机动车安全技术检验合格标志；

（三）配合环境保护行政主管部门开展在机动车集中停放地、维修地的抽测工作；

（四）配合环境保护行政主管部门对通过遥感监测技术认定的，连续六个月内两次及以上同种污染物超标排放机动车的违法行为，依法查处；

（五）配合环境保护行政主管部门对机动车检验机构违法违规检验、弄虚作假、出具虚假报告等严重问题的查处；

（六）合理规划设置城市道路信号、标志标线等资源，提高城市道路机动车通行能力，减少机动车怠速状况下的排气污染；

（七）法律、法规规定的其他相关职责。

第三十条　机动车排气污染防治的相关行政管理部门应当按照下列规定，履行监督管理职责：

（一）交通运输管理部门负责对机动车排气污染治理维修企业进行监督管理；

（二）市场监督管理部门负责对机动车生产企业的产品质量，机动车排放检验机构、机动车车用燃料、润滑油和添加剂的质量和销售等活动进行监督管理；

（三）建设、农业等行政管理部门配合环境保护主管部门，按照各自职责，负责对非道路移动机械排气污染的监督管理。

第三十一条　任何单位和个人都有权对机动车和非道路移动机械排气污染行为进行投诉和举报，环境保护行政主管部门应当自受理举报之日起十个工作日内按照有关规定予以处理和答复。

举报事项经查证属实的，受理举报的部门应当对举报人给予奖励。

第五章　法律责任

第三十二条　违反本条例规定，机动车驾驶人驾驶排放检验不合格的机动车上道路行驶的，由公安机关交通管理部门处警告或者二十元以上二百元以下罚款。

违反本条例规定，机动车驾驶人驾驶排放黑烟等明显可视污染物的机动车上道路行驶的，公安机关交通管理部门的执法人员应当立即拦停，责令限期进行维修并复检，对复检不合格仍上道路行驶的，处二百元罚款。

第三十三条 违反本条例规定，以临时更换机动车污染控制装置等弄虚作假的方式通过机动车排放检验或者擅自破坏车载排放诊断系统的，由县（区）环境保护行政主管部门责令改正，对机动车所有人处五千元的罚款；对机动车维修单位处每辆机动车五千元的罚款。

第三十四条 违反本条例规定，生产、销售不符合标准的车用燃料、发动机油、氮氧化物还原剂、燃料和润滑油添加剂以及其他添加剂的，由市场监督管理部门责令改正，没收原材料、产品和违法所得，并处货值金额一倍以上三倍以下的罚款。

第三十五条 违反本条例规定，机动车排放检验机构有下列行为之一的，由县级以上人民政府环境保护行政主管部门按照下列规定予以处罚：

（一）伪造排放检验结果或者出具虚假排放检验报告的，没收违法所得，并处十万元以上五十万元以下罚款；情节严重的，由负责资质认定的部门取消其检验资格；

（二）未接受环境保护行政主管部门的远程监控，或者未保证监控设备的正常、有效运转，或者遮挡、擅自调整监控设备位置，或者损坏、擅自删除视频录像资料的，责令限期改正，并处两万元以上五万元以下罚款；逾期未改正的，责令停业整顿，并处五万元以上十万元以下罚款；

（三）经营或者参与经营机动车排气污染维修业务的，责令改正，并处二万元罚款；逾期未改正的，责令停业整顿，并处二万元以上五万元以下罚款；

（四）未公示检验检测机构资质认定证书、检验方法、排放限制标准、收费标准、检验流程、检验过程及结果和监督投诉电话信息的，责令改正；逾期未改正的，处一万元罚款。

第三十六条 违反本条例规定，机动车和非道路移动机械所有人或者使用人拒绝抽测的，由县（区）环境保护行政主管部门予以警告，并可以对个人处五百元罚款，对单位处五千元罚款。

第三十七条 违反本条例规定，使用超标排放的非道路移动机械的，或者非道路移动机械未按规定加装、更换污染控制装置的，由县（区）环境保护等主管部门责令改正，处五千元的罚款。

第三十八条 环境保护、公安、交通运输、市场监督、建设、农业、水利、城管执法等部门及其工作人员有下列情形之一的，对直接负责的主管人员和其他直接责任人员依法给予行政处分；构成犯罪的，依法追究刑事责任：

（一）未依照本条例规定核发安全技术检验合格标志的；

（二）未依照本条例规定办理机动车注册或者转入登记的；

（三）对检验机构及其检验活动不履行监督管理职责的；

（四）要求机动车所有人、使用人到指定的检验机构进行检验的；

（五）对机动车维修单位不履行监督管理职责的；

（六）对销售不符合本市执行标准的车用燃料的行为不依法查处的；

（七）推销或者指定使用机动车排气污染治理的产品，参与或者变相参与机动车环保检验经营、机动车维修经营的；

（八）对上道路行驶的排放检验不合格或者冒黑烟等明显可视污染物的机动车不查处的；

（九）对正在使用的超标排放或者冒黑烟等明显可视污染物的非道路移动机械不查处的；

（十）未依照本条例规定履行配合义务的；

（十一）其他滥用职权、玩忽职守、徇私舞弊的情形。

第六章　附　则

第三十九条　违反本条例规定的其他行为，有关法律、法规已有规定的，从其规定。

第四十条　本条例自2018年10月1日起施行。

青海省大气污染防治条例

（2018 年 11 月 28 日青海省第十三届人民代表大会常务委员会第七次会议通过）

第一章　总　则

第一条　为了保护和改善环境，防治大气污染，推进生态文明建设，坚持生态保护优先，推动高质量发展，创造高品质生活，根据《中华人民共和国大气污染防治法》等法律、行政法规，结合本省实际，制定本条例。

第二条　本条例适用于本省行政区域内大气污染防治及其监督管理活动。

第三条　防治大气污染应当遵循规划先行、源头治理、防治结合、公众参与、损害担责的原则。

第四条　县级以上人民政府应当将大气污染防治工作纳入国民经济和社会发展规划，加大对大气污染防治的财政投入。

各级人民政府应当对本行政区域内的大气环境质量负责，制定大气污染防治规划，采取有效防治措施，控制或者逐步削减大气污染物的排放量，使大气环境质量达到规定标准并逐步优化。

第五条　县级以上人民政府生态环境主管部门对本行政区域内大气污染防治实施统一监督管理。

县级以上人民政府其他有关部门在各自职责范围内对大气污染防治实施监督管理。

第六条　省人民政府实行大气环境保护目标责任制度和考核评价制度。县级以上人民政府应当将大气环境质量改善目标、大气污染防治重点任务完成情况，纳入对本级人民政府负有大气污染防治监督管理职责的部门及其负责人、下级人民政府及其负责人的考核内容，作为对其考核评价的重要依据。考核评价结果应当向社会公开。

第七条　县级以上人民政府应当鼓励和支持开展大气污染成因、治理技术、防治对策和大气环境保护科学技术研究，促进科技成果转化，推广先进适用的大气污染防治技术和装备。

鼓励和引导社会资本参与大气污染防治，支持金融机构增加对大气污染防治项目的信贷，推行大气污染第三方治理，提高治理专业化水平和治理效果。

第八条　企业事业单位和其他生产经营者应当遵守大气污染防治法律法规的规定，执行国家和本省规定的大气污染物排放标准和重点大气污染物排放总量控制指标，采取有效措施，防止、减少对大气环境的污染。

公民应当增强大气环境保护意识，自觉履行大气环境保护义务，践行文明、节约、低碳、健康的生活和消费方式，减少大气污染物排放，改善大气环境质量。

第九条　各级人民政府及其相关部门、新闻媒体应当开展大气污染防治法律法规宣传，普及大气污染防治科学知识。

行业协会应当加强行业自律，开展大气污染防治法律法规和相关知识的宣传，督促会员单位采取有效措施防止和减少大气污染。

鼓励基层群众性自治组织、社会组织、环境保护志愿者开展大气环境保护知识的宣传，推动形成保护大气环境的社会氛围。

第二章　监督管理

第十条　省人民政府根据国家大气环境质量标准和污染物排放标准，结合本省大气环境质量目标及经济、技术条件，可以制定严于国家标准的地方大气环境质量标准和大气污染物排放标准；对国家大气环境质量标准和大气污染物排放标准中未作规定的项目，可以制定地方标准。

省人民政府生态环境主管部门应当定期组织有关部门、行业协会、专家对本省制定的大气环境质量标准和大气污染物排放标准执行情况进行评估，并根据评估结果适时修订。评估、修订时，应当征求公众意见并将评估情况和修订后的标准及时向社会公布。

第十一条　省人民政府根据国家大气污染防治规划，划定大气污染防治重点区域，组织建立重点区域大气污染联防联控机制，落实区域联动防治措施，并向社会公布。

大气污染防治重点区域内的有关人民政府应当推进大气污染防治区域合作，定期召开联席会议，研究解决大气污染防治重大事项，推动落后产能淘汰、节能减排、产业准入和重污染天气应对的协调协作，开展大气污染联合防治。

第十二条　未达到国家大气环境质量标准城市的人民政府，应当依法及时编制大气环境质量限期达标规划，并采取措施，按照规定的期限达到大气环境质量标准。

编制大气环境质量限期达标规划，应当对本行政区域环境质量及其影响因素进行分析，确定分阶段大气环境质量改善目标，明确相应责任主体、工作重点和保障措施。

城市大气环境质量限期达标规划应当向社会公开。市（州）的大气环境质量限期达标规划应当经省人民政府生态环境主管部门报国务院生态环境主管部门备案。

第十三条　本省实行重点大气污染物排放总量控制制度。

省人民政府按照国务院下达的总量控制目标，在综合考虑环境容量等因素的基础上，将省重点大气污染物排放总量控制指标分解落实到市（州）人民政府。市（州）人民政府根据本行政区域重点大气污染物排放总量控制指标的要求，将重点大气污染物排放总量控制指标分解落实到县（市、区）人民政府。

除国家确定削减和控制排放总量的重点大气污染物外，省人民政府可以根据大气环境质量状况和大气污染防治工作的需要，确定本省实行总量削减和控制的其他重点大气污染物。

第十四条 对超过国家重点大气污染物排放总量控制指标或者未完成国家下达的大气环境质量改善目标的地区，省人民政府生态环境主管部门应当会同有关部门约谈该地区人民政府主要负责人，并暂停审批该地区新增重点大气污染物排放总量的建设项目环境影响评价文件。约谈情况应当向社会公开。

第十五条 县级以上人民政府生态环境主管部门应当组织建设与管理本行政区域大气环境质量和大气污染源监测网，开展大气环境质量和大气污染源监测，定期通过政府网站、报刊等便于公众知晓的方式发布大气环境质量状况信息。

第十六条 本省实行大气污染物排污许可管理制度。

向大气排放污染物的企业事业单位和其他生产经营者，应当按照国家规定依法取得排污许可证，并按照排污许可证的规定排放污染物。未取得排污许可证的，不得排放污染物。

第十七条 向大气排放污染物的企业事业单位和其他生产经营者，应当按照国家和本省有关规定，设置大气污染物排放口。

禁止通过偷排、篡改或者伪造监测数据、以逃避现场检查为目的的临时停产、非紧急情况下开启应急排放通道、不正常运行大气污染防治设施等逃避监督管理的方式排放大气污染物。

第十八条 向大气排放污染物的企业事业单位和其他生产经营者，应当保持大气污染防治设施的正常使用，大气污染防治设施因维修、故障等原因不能正常使用的，排污单位应当采取限产或者停产等措施，并及时向所在地生态环境主管部门报告。

未经所在地生态环境主管部门批准，不得擅自拆除或者闲置大气污染防治设施。

第十九条 省、市（州）人民政府生态环境主管部门应当按照国务院生态环境主管部门的规定，根据本行政区域的大气环境承载力、重点大气污染物排放总量控制指标的要求以及排污单位排放大气污染物的种类、数量和浓度等因素，商有关部门确定重点排污单位名录，并向社会公布。

重点排污单位应当安装、使用大气污染物排放自动监测设备，与生态环境主管部门的监控设备联网，保证监测设备正常运行并依法通过网站、报刊、电子屏等方式公开排放信息。

重点排污单位按照规定对其自行监测的大气污染物排放情况，应当记录监测数据，并对监测数据的真实性和准确性负责，监测数据应当至少保存三年。生态环境主管部门发现重点排污单位的大气污染物排放自动监测设备传输数据异常，应当及时进行调查。

第二十条　省、市（州）人民政府生态环境主管部门会同气象主管机构等有关部门建立本行政区域重污染天气监测预警机制。

县级以上人民政府应当制定重污染天气应急预案，根据重污染天气预警等级，依法启动应急预案，实施相应的应急措施。

向大气排放污染物的企业事业单位和其他生产经营者应当根据重污染天气应急预案，编制应急响应操作方案，采取停产或者限产等措施应对重污染天气。

第二十一条　向大气排放污染物的企业事业单位和其他生产经营者应当制定大气污染事故防范应急预案，在发生或者可能发生大气污染事故时采取应急措施，并按规定向所在地生态环境主管部门报告。

在大气环境受到严重污染，可能危害人体健康和安全的紧急情况时，当地人民政府应当立即通报本行政区域内单位和居民，进行必要的疏散和防护，并采取责令有关企业停产或者限产、停止工地土石方作业和建筑施工、停止露天烧烤等应急措施。

第二十二条　县级以上人民政府生态环境主管部门和其他负有大气环境保护监督管理职责的部门应当公布举报电话、电子邮箱、微信公众号等，方便公众举报。

接到举报的有关部门，应当及时处理并对举报人的相关信息予以保密；对实名举报的，应当反馈处理结果等情况，查证属实的，处理结果依法向社会公开，并对举报人给予奖励。

举报人举报所在单位的，该单位不得以解除、变更劳动合同或者其他方式对举报人进行打击报复。

第二十三条　省人民政府生态环境主管部门应当按照规定建立大气污染物排放企业环保信用评价体系，将评价结果纳入社会诚信体系，并向社会公开。

第二十四条　对排放大气污染物损害社会公共利益的行为，符合法律规定的社会组织可以向人民法院提起环境公益诉讼。

政府有关部门应当依法为环境公益诉讼提起人查询、复制相关资料等提供便利。

第三章　防治措施

第二十五条　新建、改建、扩建对大气环境有影响的建设项目，应当依法进行环境影响评价，根据建设项目对大气环境的影响程度，编制环境影响报告书、报告表或者填报环境影响登记表，制定防治措施，并实行建设项目大气主要污染物排放总量指标等量或者减量替代。

依法应当编制环境影响报告书、报告表的建设项目，建设单位应当在开工建设前将环境影响报告书、报告表报有审批权的生态环境主管部门审批；未经有审批权的生态环境主管部门审查或者审查后未予批准的，建设单位不得开工建设。

填报环境影响登记表的建设项目，建设单位应当依法将环境影响登记表报建设项目所在地的县级生态环境主管部门备案。

第二十六条 县级以上人民政府应当根据本地实际，统筹规划，制定措施，发展和推广使用煤气、液化石油气、天然气、太阳能、风能、电能和其他清洁能源，逐步替代直接燃用原煤，减少煤炭生产、使用、转化过程中的大气污染物排放。

第二十七条 县级以上人民政府应当组织编制、实施城镇集中供热规划，在集中供热管网覆盖的地区，禁止新建、扩建分散燃煤供热锅炉。

集中供热设施的净化装置或者其他污染防治设备，应当与主体工程同时设计、同时施工、同时投入使用。

第二十八条 各级人民政府应当采取措施，加强民用散煤的使用管理，加大对城中村、城乡接合部等重点区域内民用散煤的使用管理力度，禁止销售不符合民用散煤质量标准的煤炭，鼓励燃用优质煤炭和洁净型煤，推广节能环保型炉灶。

第二十九条 县级以上人民政府应当在本行政区域内划定并公布高污染燃料禁燃区，并根据大气环境质量改善要求，逐步扩大高污染燃料禁燃区范围。高污染燃料目录按照国家确定的目录执行。

第三十条 不得生产、进口、销售、使用不符合规定标准或者要求的锅炉。

窑炉、锅炉等高污染燃料设施排放大气污染物，不得超过国家规定的大气污染物排放标准或者总量控制指标。

第三十一条 工业生产企业排放硫化物和氮氧化物等气态污染物和粉尘的，应当执行国家和省相关排放标准；国家和省规定在重点区域和行业执行大气污染物特别排放限值的，应当符合大气污染物特别排放限值。

向大气排放粉尘、有毒有害气体或者恶臭气体的工业生产企业，应当安装净化装置或者采取其他防止污染大气环境的措施。

工业生产企业应当加强对生产场所的粉尘、气态污染物的精细化管理，采取密闭、围挡、遮盖、清扫、洒水等措施，减少内部物料堆存、传输、装卸等环节产生的粉尘和气态污染物的排放。

第三十二条 禁止在城镇居民生活区内新建向大气排放汞、铅、砷、氟、氯等有毒有害物质和恶臭气体的工业生产企业建设项目；已建成的由生态环境主管部门会同有关部门提出关闭或者搬迁建议，经本级人民政府批准后实施。

第三十三条 建设单位应当将防治扬尘污染的费用列入工程造价，并在施工承包合同中明确施工单位扬尘污染防治责任。施工单位应当制定具体的施工扬尘污染防治实施方案。

从事房屋建筑、市政基础设施建设、河道整治、绿化建设以及建筑物拆除等施工单位，应当向负责监督管理扬尘污染防治的主管部门备案。

第三十四条 施工单位应当采取以下防治扬尘污染的措施：

（一）建设工程开工前应当按照标准在施工现场周边设置围墙或者硬质围挡，并对围挡进行维护。

（二）在开工建设时应当采取分段作业、择时施工、洒水抑尘、冲洗地面等有效防尘降尘措施。

（三）对施工现场内主要道路和物料堆放场地进行硬化，对其他场地进行覆盖或者绿化。

（四）空气污染黄色、橙色、红色预警时，应当停止土石方作业、拆除作业及其他可能产生扬尘污染的施工作业，施工场地应当采取覆盖、洒水等降尘措施。

（五）建设工程施工现场应当按照规定安装在线监控系统，出口处应当设置冲洗车辆设施，施工车辆经除泥、冲洗后方能驶出工地，不得带泥上路行驶；车辆清洗处应当配套设置排水、泥浆沉淀等设施。

（六）建筑土方、工程渣土、建筑垃圾应当及时清运；在场地内堆存的，应当采用密闭式防尘网遮盖。

（七）有关施工现场扬尘污染防治的其他措施。

施工单位应当在施工现场出入口公示施工现场负责人、环保监督员、扬尘污染控制措施、举报电话等信息。

暂时不能开工的建设用地，建设单位应当对裸露地面进行覆盖；超过三个月的，应当进行绿化、铺装或者遮盖。

第三十五条　各级人民政府及其农业农村等有关部门应当鼓励和支持采用先进适用技术，推行秸秆还田、秸秆饲料开发等综合利用。

禁止在人口集中地区、机场周围、交通干线附近以及当地人民政府划定的区域露天焚烧秸秆、落叶等产生烟尘污染的物质。

第三十六条　禁止在人口集中地区和其他依法需要特殊保护的区域内焚烧沥青、油毡、橡胶、塑料、皮革、垃圾和其他产生有毒有害烟尘和恶臭气体的物质。

禁止在人口集中地区和其他依法需要特殊保护的区域内从事经营性的露天喷漆、喷涂、喷砂、制作玻璃钢和机动车摩擦片以及其他排放大气污染物的作业。

第三十七条　市（州）、县（市、区）人民政府可以根据当地实际，规定烟花爆竹的禁放、限放的区域和时段。

任何单位和个人不得在市（州）、县（市、区）人民政府禁止的区域和时段内燃放烟花爆竹。

第三十八条　运输、装卸、贮存散发有毒有害气体或者粉尘物质和散装物料，应当采取密闭、覆盖或者喷淋等有效防护措施，防止有毒有害气体和粉尘散发、泄漏。

运输煤炭、水泥、垃圾、渣土、砂石、泥浆等易撒漏扬散物质的，应当使用符合国家和本省有关技术规定的密闭运输车辆，并按照规定的时间、区域和线路行驶。运输渣土的车辆应当按照规定安装卫星定位系统。

第三十九条 生产、进口、销售、使用含挥发性有机物的原材料和产品，其挥发性有机物含量应当符合质量标准或者要求。

鼓励生产、进口、销售和使用低毒、低挥发性有机溶剂。

第四十条 下列产生含挥发性有机物废气的活动，应当使用低挥发性有机物含量的原料和工艺，按照规定在密闭空间或者设备中进行，并安装、使用污染防治设施；无法密闭的，应当采取措施减少废气排放：

（一）石油化工、煤化工等含挥发性有机物原料的生产。

（二）燃油、溶剂的储存、运输和销售。

（三）涂料、油墨、胶黏剂、农药等以挥发性有机物为原料的生产。

（四）涂装、包装印刷、黏合、工业清洗等含挥发性有机物的产品使用。

（五）其他产生挥发性有机物的生产和服务。

第四十一条 县级以上人民政府应当优先发展公共交通事业，规划、建设和设置有利于公众乘坐公共交通运输工具、步行或者使用非机动车的道路、公共交通枢纽站、充电加气等基础设施。

鼓励推广使用新能源汽车和机动车清洁能源。

倡导和鼓励公众使用公共交通、自行车等方式出行。

第四十二条 在本省申请注册登记的机动车和省外转入登记的机动车应当符合国家机动车大气污染物排放标准。

第四十三条 机动车排放检验机构应当依法通过计量认证，使用经依法检定合格的机动车排放检验设备，按照国家规定对机动车进行排放检验，并应当与省、市（州）人民政府生态环境主管部门联网，实现检验数据的实时共享。

生态环境主管部门会同有关部门定期对机动车排放检验机构的排放检验情况进行监督检查。

第四十四条 县级以上人民政府生态环境主管部门应当会同交通运输、住房和城乡建设、农业农村、水利等有关部门，对工程机械、材料装卸机械、农业机械等非道路移动机械的大气污染物排放进行监督检查，排放不合格的不得使用。

第四十五条 储油库、加油站和油罐车等，应当按照国家标准配套安装油气回收装置，并保持正常使用。任何单位和个人不得擅自拆除、闲置或者更改油气回收装置。

未按照规定安装油气回收装置的储油库、加油站，不得通过环保验收和成品油经营资质审查。

第四十六条 县级以上人民政府农业农村、林业和草原等主管部门应当指导农业生产经营者改进施肥方式，科学合理施用农药、化肥等农业投入品，减少氨、挥发性有机物等大气污染物的排放。

禁止在人口集中地区对树木、花草喷洒剧毒、高毒农药。

第四十七条　各级人民政府应当保护天然植被，加强植树种草、城乡绿化、治沙防尘工作，增加绿地和水域面积，改善大气环境质量。

第四十八条　排放油烟的餐饮服务业经营者应当安装油烟净化设施并保持正常使用，或者采取其他油烟净化措施，使油烟达标排放，并防止对附近居民的正常生活环境造成污染。

禁止在居民住宅楼、未配套设立专用烟道的商住综合楼以及商住综合楼内与居住层相邻的商业楼层内新建、改建、扩建产生油烟、异味、废气的餐饮服务项目。

任何单位和个人不得在当地人民政府禁止的区域内露天烧烤食品或者为露天烧烤食品提供场地。

第四章　法律责任

第四十九条　违反本条例规定的行为，法律法规已规定法律责任的，从其规定。

第五十条　违反本条例规定，销售不符合民用散煤质量标准煤炭的，由县级以上人民政府市场监督主管部门责令改正，没收原材料、产品和违法所得，并处以货值金额一倍以上三倍以下的罚款。

第五十一条　违反本条例规定，在城镇居民生活区内新建向大气排放汞、铅、砷、氟、氯等有毒有害物质和恶臭气体的工业生产企业建设项目的，由县级以上人民政府生态环境等主管部门按照职责责令拆除，处以一万元以上十万元以下的罚款。

第五十二条　违反本条例规定，施工单位有下列行为之一的，由县级以上人民政府住房和城乡建设等主管部门按照职责责令改正，处以一万元以上十万元以下的罚款；拒不改正的，责令停工整治：

（一）建设工程开工前未按照标准在施工现场周边设置围墙或者硬质围挡的。

（二）在开工建设时未采取分段作业、择时施工、洒水抑尘、冲洗地面等有效防尘降尘措施的。

（三）对施工现场内主要道路和物料堆放场地未进行硬化，对其他场地未进行覆盖或者绿化的。

（四）建设工程施工现场未按照规定安装在线监控系统，出口处未设置冲洗车辆设施，施工车辆未经除泥、冲洗后驶出工地，带泥上路行驶的；车辆清洗处未配套设置排水、泥浆沉淀等设施的。

（五）建筑土方、工程渣土、建筑垃圾未及时清运或者在场地内堆存，未采用密闭式防尘网遮盖的。

违反本条例规定，空气污染黄色、橙色、红色预警时，施工单位未停止土石方作业、拆除作业及其他可能产生扬尘污染的施工作业或者未采取覆盖、洒水等降尘措施的，由县级以上人民政府确定的监督管理部门依照前款规定予以处罚。

第五十三条 违反本条例规定，在人口集中地区、机场周围、交通干线附近以及当地人民政府划定的区域露天焚烧秸秆、落叶等产生烟尘污染物质的，由县级以上人民政府确定的监督管理部门责令改正，可以处五百元以上二千元以下的罚款。

第五十四条 违反本条例规定，在人口集中地区和其他依法需要特殊保护的区域内从事经营性的露天喷漆、喷涂、喷砂、制作玻璃钢和机动车摩擦片以及其他对大气散发污染物作业的，由县级人民政府生态环境主管部门责令改正，对单位处以一万元以上十万元以下的罚款；对个人处以五百元以上二千元以下的罚款。

第五十五条 违反本条例规定，在禁止燃放烟花爆竹的区域和时段内燃放烟花爆竹的，由县级以上人民政府确定的监督管理部门责令停止燃放，处以一百元以上五百元以下的罚款。

第五十六条 违反本条例规定，有下列行为之一的，由城市管理、交通运输主管部门按照职责责令改正，处以二千元以上二万元以下的罚款；拒不改正的，车辆不得上路行驶：

（一）运输、装卸、贮存散发有毒有害气体或者粉尘物质和散装物料，未采取密闭、覆盖或者喷淋等有效防护措施，防止有毒有害气体和粉尘散发、泄漏的；

（二）未使用符合国家和本省有关技术规定的密闭运输车辆，运输煤炭、水泥、垃圾、渣土、砂石、泥浆等易撒漏扬散物质的；

（三）运输煤炭、水泥、垃圾、渣土、砂石、泥浆等易撒漏扬散物质的车辆，未按照规定的时间、区域和线路行驶的。

第五十七条 各级人民政府、县级以上人民政府生态环境主管部门和其他负有大气环境保护监督管理职责的部门及其工作人员滥用职权、玩忽职守、徇私舞弊、弄虚作假或者不履行法定职责的，依法给予处分。

第五章 附 则

第五十八条 本条例自2019年2月1日起施行。1999年5月21日青海省第九届人民代表大会常务委员会第八次会议通过，根据2001年3月31日青海省第九届人民代表大会常务委员会第二十三次会议修改决定修改的《青海省实施〈中华人民共和国大气污染防治法〉办法》同时废止。

宁夏回族自治区大气污染防治条例

（2017年9月28日宁夏回族自治区第十一届人民代表大会常务委员会第三十三次会议通过）

第一章　总　则

第一条　为了保护和改善环境，防治大气污染，保障公众健康，推进生态文明建设，促进经济社会可持续发展，根据《中华人民共和国大气污染防治法》等法律、行政法规，结合自治区实际，制定本条例。

第二条　本条例适用于自治区行政区域内大气污染的防治及其监督管理。

第三条　防治大气污染，应当以改善大气环境质量为目标，坚持源头治理，规划先行，转变经济发展方式，优化产业结构和布局，调整能源结构。

各级人民政府应当对本行政区域的大气环境质量负责，采取措施，控制或者逐步削减大气污染物的排放量，改善大气环境质量。

第四条　县级以上人民政府应当将大气污染防治工作纳入国民经济和社会发展规划，加大对大气污染防治的财政投入。

第五条　自治区人民政府对设区的市和县（市、区）大气环境质量改善目标、大气污染防治重点任务完成情况实行考核。考核结果应当向社会公开。

第六条　县级以上人民政府环境保护主管部门对大气污染防治实施统一监督管理。

发展改革、经济和信息化、住房城乡建设、交通运输、公安、农牧、质量监督、工商行政管理等相关主管部门，在各自职责范围内对大气污染防治实施监督管理。

第七条　企业事业单位和其他生产经营者应当采取有效措施，控制和减少大气污染物排放；排放污染物的，应当承担污染物治理的主体责任。

第二章　燃煤和工业污染防治

第八条　自治区实行煤炭消费总量控制，逐步降低煤炭在一次能源消费中的比重。

设区的市人民政府应当根据自治区人民政府制定的煤炭消费总量控制方案和实施步骤，制定本级煤炭消费总量控制计划并组织实施。

第九条　自治区大气污染防治重点区域内新建、改建、扩建用煤项目的，应当实行煤炭等量或者减量替代。

未达到大气环境质量标准的地区，新增排放大气污染物项目大气污染物排放总量实行倍减置换；已达到大气环境质量标准的地区，应当严格控制新增排放大气污染物项目大气污染物排放量。

对可能造成大气环境影响的重大建设项目，人民政府或者有关部门应当通过论证会、听证会等方式，事先听取社会公众的意见。论证、听证结果应当作为审批环境影响评价文件的重要依据。

第十条 自治区人民政府质量监督和环境保护主管部门应当根据国家有关规定制定民用散煤质量地方强制标准。

各级人民政府应当加强民用散煤管理，加大城中村、城乡接合部等重点区域内民用散煤使用管理力度。禁止销售不符合民用散煤质量地方强制标准的煤炭。

第十一条 在集中供热管网覆盖的区域，人民政府应当制定计划，进行集中供热，逐步淘汰分散燃煤供热锅炉。

在集中供热管网未覆盖的区域，应当推广使用高效节能环保型锅炉或者进行锅炉高效除尘、脱硫、脱硝改造，或者使用新能源、清洁能源供热。

第十二条 县级以上人民政府应当根据本行政区域大气环境承载力、重点大气污染物排放总量控制指标的要求，以及排污单位排放大气污染物的种类、数量和浓度等因素，合理规划工业园区布局，确定重点产业和能源结构。

第十三条 县级以上人民政府应当化解过剩产能，减少大气污染。

环境保护主管部门应当适时公布大气污染物排放不达标企业名单，实行挂牌督办，限期整改。

第十四条 钢铁、建材、石油、化工等企业及燃煤电厂和其他燃煤单位应当采用清洁生产工艺，配套建设除尘、脱硫、脱硝等装置，或者采取技术改造等其他控制大气污染物排放的措施，排放污染物应当达到国家或者地方规定的排放标准。

自治区人民政府环境保护主管部门应当会同质量技术监督部门，根据大气环境质量状况制定严于国家标准的恶臭污染物排放地方标准。

第十五条 生产、进口、销售、使用含挥发性有机物的原材料和产品的，其挥发性有机物含量应当符合质量标准或者要求。

下列产生含挥发性有机物废气的活动，应当使用低挥发性有机物含量的原料和工艺，按照规定在密闭空间或者设备中进行并安装、使用污染防治设施；无法密闭的，应当采取措施减少废气排放：

（一）石油化工、煤化工等含挥发性有机物原料的生产；

（二）燃油、溶剂的储存、运输和销售；

（三）涂料、油墨、胶黏剂、农药等以挥发性有机物为原料的生产；

（四）涂装、印刷、黏合、工业清洗等含挥发性有机物的产品使用；

（五）生物发酵等其他产生挥发性有机物的生产和服务活动。

第三章　机动车污染防治

第十六条　自治区人民政府环境保护主管部门应当建立统一的机动车排放管理信息化平台，会同公安机关交通管理部门建立信息数据互联机制，依照有关规定实现信息数据共享。

在用机动车应当符合国家机动车污染物排放标准，未经检验合格的，公安机关交通管理部门不得核发安全技术检验合格标志。

在用机动车排放污染物超过标准的，应当进行维修；经维修或者采用污染控制技术后，污染物排放仍不符合国家机动车排放标准的，应当强制报废。

鼓励和支持高排放机动车提前报废。

第十七条　环境保护主管部门应当会同交通运输、住房城乡建设、农牧行政、水行政等有关部门，加强对工程机械、农业机械、小型通用机械等非道路移动机械污染物排放的监督检查，排放不合格的，不得使用。

第十八条　县级以上人民政府根据大气环境质量状况，可以划定限制或者禁止高排放非道路移动机械通行的时间段和区域。

第十九条　县级以上人民政府应当优化城市功能和布局，优先发展公共交通，推广新能源机动车和共享交通工具，加强城市步行和自行车交通系统建设，鼓励、支持、引导公众环保、低碳出行。

第二十条　禁止生产和销售不符合环境保护标准的燃油和添加剂。

设区的市和县级人民政府环境保护主管部门应当对加油站油气回收装置安装和使用进行监督管理。

具备条件的加油站应当安装油气回收在线监测设备。

第四章　扬尘污染防治

第二十一条　从事房屋建筑、市政基础设施建设、水利工程、道路建设、建（构）筑物拆除等施工单位，应当向负责监督管理扬尘污染防治的主管部门备案。

前款规定的施工单位应当遵守下列规定：

（一）开工前，在施工现场周边设置硬质密闭围挡并进行维护；尚未开工的建设用地，对裸露地面进行覆盖；施工期超过三个月的，应当采取绿化、铺装或者遮盖等防尘措施；

（二）在施工现场出入口公示施工现场负责人、环保监督员、扬尘污染防治措施、举报电话、扬尘监督管理主管部门等信息；

（三）在施工现场出口处设置车辆冲洗设施并配套设置排水、泥浆沉淀设施，施工车辆不得带泥上路行驶，施工现场道路以及出口周边的道路不得存留建筑垃圾和泥土；

（四）施工现场出入口、施工区内道路、加工区等区域采取硬化、洒水、铺装防尘网等处理措施；

（五）在施工工地内堆放水泥、灰土、砂石等易产生扬尘污染的物料，以及工地堆存的建筑垃圾、工程渣土、建筑土方应当采取遮盖、密闭或者其他抑尘措施；

（六）出现重污染天气状况或者五级以上大风时，施工单位应当停止土石方作业、拆除工程以及其他可能产生扬尘污染的施工建设活动。

在城市建成区的土石方施工场地，环境保护主管部门根据大气污染防治的需要，安装在线监测和视频监控设施。

第二十二条 垃圾转运站、中转站、填埋场和建筑垃圾消纳场应当采取围挡、覆盖、喷淋、道路硬化或者其他抑尘措施，设置车辆清洗设施。

第二十三条 运输煤炭、垃圾、渣土、砂石、土方、灰浆等散装、流体物料的车辆，应当采用密闭、遮盖等方式，按照规定的路线、时间段行驶，不得遗撒、泄漏物料。

第二十四条 易产生扬尘污染的煤矿、非煤矿山等露天工业堆场的生产经营者应当设置规范的防风抑尘网、洒水喷淋等抑尘设施，并对进出矿（场）区道路采取措施防治扬尘污染。

城市建成区内的煤炭、石灰石料、灰渣等堆场的生产经营者应当采取遮盖、封闭等扬尘污染防治措施。

第二十五条 市容环境卫生主管部门应当推行机械化清扫保洁和清洗作业方式，合理安排作业时间，适时增加作业频次，减少道路扬尘。

第二十六条 县级以上人民政府市容环境卫生、水利、林业、国土资源等主管部门应当按照规划对城市公共用地、市政河道以及河道沿线、未利用国有土地裸露地面组织实施绿化或者透水铺装。

第二十七条 自治区人民政府环境保护和农牧主管部门应当公布细颗粒土壤分布区域。

各级人民政府应当在农业生产中推广保护性耕作技术，减轻农田扬尘对大气环境的影响。

第二十八条 各级人民政府应当采取退耕还林还草、封沙育林育草、建设防护林、保护湿地、小流域综合治理，以及合理调配生态用水等措施，开展荒漠化治理，恢复和增加植被，减轻沙尘对大气环境的影响。

第五章 农业和其他污染防治

第二十九条 县级以上人民政府应当开展农村厕所无害化改造。

县级人民政府应当划定禁止建设畜禽规模养殖区域，加强分区分类管理，推进废弃物资源化利用，防止畜禽养殖对大气的污染。

第三十条 县级以上人民政府及其农牧行政主管部门应当加强对农业面源污染的监督管理，支持秸秆利用新技术、新工艺，推进农业生产废弃物资源的综合利用。

第三十一条 县级以上人民政府鼓励、支持对产生有毒有害、恶臭或者强烈异味气体物质的综合利用和处置，并公布处置场所。禁止在城乡规划区、人口集中地区和其他依法需要特殊保护的区域内，焚烧油毡、橡胶、塑料、皮革、沥青、垃圾等物质。

禁止在县级以上人民政府划定的区域内，露天焚烧秸秆、落叶、枯草等产生烟尘污染的物质。

第三十二条　市容环境卫生主管部门应当加强城市规划区内焚烧产生有毒有害烟尘和恶臭或者强烈异味气体的物质日常监管。

市容环境卫生和环境保护主管部门应当引导公民减少燃放烟花爆竹，保护大气环境。

第三十三条　在县级人民政府划定禁止露天烧烤的区域内，不得露天烧烤食品或者为露天烧烤食品提供场地。

第三十四条　县级人民政府环境保护、市容环境卫生等主管部门应当加强对公共机构食堂、餐饮服务单位油烟污染监督管理，防止餐饮服务业油烟污染。推进建筑装饰、机动车维修、服装干洗等行业中使用挥发性有机物的治理。

第三十五条　企业事业单位和其他生产经营者应当执行国家有关消耗臭氧层物质的生产、销售、使用和进出口管理规定，建立回收利用和安全处置制度，不得违反规定泄漏、排放、抛撒、遗弃消耗臭氧层物质。

第六章　监督管理

第三十六条　向大气排放工业废气或者有毒有害大气污染物的企业事业单位、集中供热设施的燃煤热源生产运营单位，以及其他依法实行排污许可管理的单位，应当依法取得排污许可证，并按照许可证的规定排放污染物。

第三十七条　自治区实行设区的市和县级人民政府所在地建成区大气环境质量排名发布制度。

对考核未完成国家和自治区大气环境质量改善目标、超过大气污染物排放总量控制指标，或者区域大气环境质量严重下降的地区，自治区人民政府环境保护主管部门会同有关部门约谈该地区人民政府主要负责人，并暂停审批该地区新增重点大气污染物排放总量的建设项目环境影响评价文件。约谈情况应当向社会公开。

第三十八条　环境保护主管部门应当加强大气污染防治信息化建设，完善环境监测、污染源监控、监督管理信息系统，并及时公开下列事项：

（一）大气环境质量信息；

（二）重点大气污染物排放控制和削减情况；

（三）污染源监督性监测情况；

（四）监督检查商品煤、车用成品油、高污染燃料禁燃区内高污染燃料的生产、加工、销售和使用等情况；

（五）与大气环境保护相关的行政许可和行政处罚等信息；

（六）突发大气污染环境事件以及应对情况；

（七）其他依法应当公开的环境信息。

第三十九条 环境保护主管部门应当建立大气污染物排放企业环保信用评价体系，将评价结果纳入社会诚信体系，并向社会公开。

第四十条 自治区人民政府环境保护主管部门应当划定大气污染防治重点区域，报自治区人民政府批准后予以公布。

设区的市人民政府应当定期召开联席会议，开展大气污染联合防治，落实大气污染防治目标责任。

第四十一条 自治区人民政府环境保护主管部门应当会同气象等部门建立重污染天气预警和会商机制，统一重污染天气预警分级标准，提高大气环境质量预报和监测水平。

第四十二条 县级以上人民政府应当制定重污染天气应急预案，根据重污染天气预警等级，依法启动应急预案，实施相应的响应措施。

重点排污单位应当根据重污染天气应急预案的要求，编制应急响应操作方案，并按照规定执行相应的应急响应措施。

自然人、法人和其他组织应当配合人民政府及其有关部门采取的重污染天气应急响应措施。

第四十三条 在大气污染防治重点区域或者重污染天气集中出现的季节，县级以上人民政府可以组织错峰生产。

在错峰生产期间，除承担居民供暖、处置城市垃圾和危险废物等保障民生的生产外，其他排污单位和企业应当按照县级以上人民政府错峰生产的安排，对生产经营活动进行调整，减少或者暂停排放大气污染物的生产、作业。

第四十四条 县级以上人民政府每年在向本级人民代表大会或者人大常务委员会报告环境状况和环境保护目标完成情况时，应当报告大气环境质量限期达标规划执行情况，并向社会公开，接受监督。

第七章　法律责任

第四十五条 违反本条例规定，销售不符合民用散煤质量地方强制标准煤炭的，生产或者销售不符合环境保护标准燃油、添加剂的，由质量监督、工商行政管理部门按照职责责令改正，没收原材料、产品和违法所得，并处货值金额一倍以上三倍以下的罚款。

第四十六条 产生含挥发性有机物废气的活动，未在密闭空间或者设备中进行并安装、使用污染防治设施，或者未采取措施减少废气排放的，由环境保护主管部门责令改正，处二万元以上二十万元以下的罚款；拒不改正的，责令停产整治。

第四十七条 违反本条例规定，施工单位未采取措施防治扬尘污染的，由其行业主管部门按照职责责令改正，处一万元以上十万元以下的罚款；拒不改正的，责令停工整治。

受到罚款处罚，被责令改正，拒不改正的，可以自责令改正之日的次日起，按照原处罚数额按日连续处罚。

第四十八条　违反本条例规定，垃圾转运站、中转站、填埋场和建筑垃圾消纳场未采取围挡、覆盖、喷淋、道路硬化或者其他抑尘措施的，由市容环境卫生等主管部门按照职责责令改正，处一万元以上十万元以下的罚款；拒不改正的，责令停工整治或者停业整治。

第四十九条　违反本条例规定，煤矿、非煤矿山等堆场和进出矿（场）区道路未采取措施防治扬尘污染的，由环境保护主管部门责令改正，处一万元以上十万元以下的罚款；拒不改正的，责令停工整治或者停业整治。

第五十条　违反本条例规定，运输煤炭、垃圾、渣土、砂石、土方、灰浆等散装、流体物料的车辆，未采取遮盖、密闭或者其他措施防止物料遗撒、泄漏的，或者未按照规定的路线、时间段行驶的，由市容环境卫生、交通运输等主管部门按照职责责令改正，处二千元以上二万元以下的罚款；拒不改正的，车辆不得上道路行驶。

第五十一条　违反本条例规定，在城乡规划区、人口集中地区和其他依法需要特殊保护的区域内，焚烧油毡、橡胶、塑料、皮革、沥青、垃圾等产生有毒有害、恶臭或者强烈异味气体的物质的，由市容环境卫生等主管部门按照职责责令改正，对单位处一万元以上十万元以下的罚款，对个人处五百元以上二千元以下的罚款。

违反本条例规定，在县级以上人民政府划定区域内，露天焚烧秸秆、落叶、枯草等产生烟尘污染的物质，由农牧行政主管部门或者市容环境卫生主管部门按照职责责令改正，并可以处五百元以上二千元以下的罚款。

第五十二条　违反本条例规定，泄漏、排放消耗臭氧层物质的，由环境保护主管部门责令改正，处五万元的罚款；拒不改正的，处十万元的罚款。

违反本条例规定，抛撒、遗弃消耗臭氧层物质的，由环境保护主管部门责令改正，处进行无害化处理所需费用三倍的罚款。

第五十三条　违反本条例规定的其他行为，依照相关法律、法规的规定处罚。

第五十四条　环境保护主管部门对有关部门及其工作人员不履行大气污染防治监督管理职责的，可以提出履职建议书；接到履职建议书后仍未采取监督管理措施的，应当向其任免机关或者监察机关提出处分建议。

第五十五条　各级人民政府、县级以上人民政府环境保护主管部门和其他负有大气环境保护监督管理职责的部门及其工作人员滥用职权、玩忽职守、徇私舞弊、弄虚作假的，依法给予处分；构成犯罪的，依法追究刑事责任。

第八章　附　则

第五十六条　本条例自2017年11月1日起施行。

银川市机动车排气污染防治条例

（2011 年 5 月 25 日银川市第十三届人大常委会第二十四次会议通过　2011 年 8 月 5 日宁夏回族自治区第十届人大常委会第二十五次会议批准　2018 年 8 月 29 日银川市第十五届人大常委会第十五次会议修改　2018 年 9 月 14 日宁夏回族自治区第十二届人大常委会第五次会议批准）

第一章　总　则

第一条　为了加强机动车排气污染的防治，保护和改善大气环境，根据《中华人民共和国大气污染防治法》，结合本市实际，制定本条例。

第二条　本条例适用于在本市行政区域内行驶、作业的机动车排气污染防治。

第三条　市、县（市）人民政府应当将机动车排气污染防治纳入环境保护规划和综合交通规划，优化客运线路，发展公共交通，鼓励和推广使用以电力等清洁能源为动力的机动车。

第四条　市环境保护行政主管部门对本市机动车排气污染防治实施统一监督管理。其所属的机动车排气污染监督监测机构具体负责机动车排气污染防治的日常工作。

公安、质量技术监督、工商等有关部门按照各自职责，负责机动车排气污染防治工作。

第五条　环境保护行政主管部门应当加强机动车排气污染防治的科学研究和宣传教育，提高公众的机动车排气污染防治意识。

第二章　预防与控制

第六条　本市机动车污染物排放标准执行国家机动车污染物排放标准。

第七条　禁止生产、组装、改装、销售不符合机动车污染物排放标准的机动车。

第八条　销售车用燃料的企业，应当明示燃料质量标准，保证燃料质量符合规定标准。禁止销售不符合规定标准的车用燃料、清净剂及其他添加剂。

第九条　禁止机动车所有人以临时更换机动车污染控制装置等弄虚作假的方式通过机动车排放检验。禁止机动车维修单位提供该类维修服务。禁止破坏机动车车载排放诊断系统。

第十条　环境保护行政主管部门应当建立机动车排气污染防治网络信息系统，并对机动车排气污染检验机构的检验行为实施在线监控。

环境保护行政主管部门建立的机动车排气污染防治网络信息系统，应当在公安机关交通管理部门设置端口，传输机动车排气污染防治信息，实现信息共享。

第十一条　环境保护行政主管部门可以根据本市大气环境质量状况和机动车排气污染程度，会同公安机关交通管理部门制定机动车交通管制方案，经市人民政府批准后公布实施。

第三章　检验与治理

第十二条　未达到本市机动车注册登记、转移登记执行的机动车污染物排放标准的机动车，公安机关交通管理部门不予办理注册登记、转移登记。

第十三条　本市和外地委托本市公安机关交通管理部门进行安全技术检验的机动车应当进行排气污染定期检验。排气污染定期检验周期应当与机动车安全技术检验周期相同。

机动车所有人可以自行选择有资质的排气污染检验机构进行机动车排气污染检验。

第十四条　对未进行排气污染定期检验或者检验不合格的机动车，公安机关交通管理部门不予通过机动车安全技术检验。

第十五条　从事机动车排气污染检验的机构，应当接受环境保护行政主管部门的监督管理，并遵守下列规定：

（一）按照法律、法规和国家规定的机动车排气污染检验、检测方法、技术规范和排放标准进行检验、检测，并如实出具报告；

（二）检验、检测仪器设备、计量器具应当符合规定的技术规范，并通过法定计量检定机构的检定或者校准；

（三）公开检验、检测资格以及制度、程序、方法、污染物排放限值、收费标准、监督投诉电话；

（四）不得从事任何形式的机动车排气污染治理、调整和维修业务；

（五）建立与环境保护行政主管部门的机动车排气污染网络信息系统对接的机动车排气检验信息和在线监控传输网络，并保证正常运行；

（六）报送机动车排气污染检测信息；

（七）法律、法规规定的其他事项。

环境保护行政主管部门应当向社会公布机动车排气污染检验机构名称、地址等有关信息。

第十六条　环境保护行政主管部门可以采用目测、拍摄影像、遥感检测等方法，对在停放地停放的，或者在道路上行驶的机动车进行排气污染检验。被检机动车所有人或者使用人不得拒绝。

目测和拍摄影像检验法仅适用于排放黑烟等明显可见污染物的机动车。

第十七条 环境保护行政主管部门在对在停放地停放的，或者在道路上行驶的机动车进行排气污染检验时，公安机关交通管理部门应当予以配合。

对在道路上行驶的机动车进行排气污染检验时，应当在现场设置明显标志。

第十八条 机动车经目测、拍摄影像、遥感检测等方法检验，不符合国家机动车污染物排放标准的，环境保护行政主管部门应当告知机动车所有人。机动车所有人对检验结果有异议的，可以申请复检，复检由具有资质的机动车排气污染检验机构承担。检验和复检不得收取费用。

第十九条 环境保护行政主管部门可以对机动车销售企业待销售的机动车进行排气污染检验。质量技术监督行政主管部门、工商行政管理部门应当予以配合。

第二十条 经检验不符合国家机动车污染物排放标准的机动车，应当进行维修；经维修或者采用污染控制技术后，大气污染物排放仍不符合国家在用机动车排放标准的，应当强制报废。其所有人应当将机动车交售给报废机动车回收拆解企业，由报废机动车回收拆解企业按照国家有关规定进行登记、拆解、销毁等处理。

第二十一条 在规定的机动车检验周期内，经治理维护或采用排气污染控制技术后，一个检验期内连续三次检验超过制造时污染物排放标准的机动车，公安机关交通管理部门应当注销登记。

第四章 法律责任

第二十二条 违反本条例规定，生产、组装、改装、销售不符合机动车污染物排放标准的机动车，由相关部门责令停止违法行为，没收违法所得，可以并处违法所得一倍以上三倍以下的罚款；对无法达到规定的污染物排放标准的机动车，没收销毁。

第二十三条 违反本条例规定，以临时更换机动车污染控制装置等弄虚作假的方式通过机动车排放检验或者破坏机动车车载排放诊断系统的，由县级以上人民政府环境保护主管部门责令改正，对机动车所有人处五千元的罚款；对机动车维修单位处每辆机动车五千元的罚款。

第二十四条 违反本条例规定，在停放地停放的或者在道路上行驶的机动车，经检验超过排放标准的，由环境保护行政主管部门责令机动车所有人改正，由公安机关交通管理部门处以二百元的罚款，并扣留机动车行驶证直至其复检合格。

对在道路上行驶的机动车排放黑烟或者其他明显可视污染物的，由公安机关交通管理部门责令机动车所有人限期改正，处以二百元的罚款，并扣留机动车行驶证直至其复检合格。

第二十五条 违反本条例规定，机动车排气污染检验机构有下列行为之一的，由县级以上人民政府环境保护行政主管部门责令改正，处以三万元以上五万元以下的罚款：

（一）未建立与环境保护行政主管部门的机动车排气污染网络信息系统对接的机动车

排气检验信息和在线监控传输网络的，或者不能正常运行的；

（二）不如实报送机动车排气污染检测信息的。

第二十六条 违反本条例规定，伪造机动车排放检验结果或者出具虚假排放检验报告的，由县级以上人民政府环境保护主管部门没收违法所得，并处十万元以上五十万元以下的罚款；情节严重的，由负责资质认定的部门取消其检验资格。

第二十七条 环境保护、公安、质量技术监督、工商等行政主管部门及其工作人员有下列行为之一的，由其上级机关或者监察机关责令改正，对直接负责的主管人员和其他直接责任人员依法给予处分；构成犯罪的，依法追究刑事责任：

（一）对不符合规定排放标准的机动车办理注册登记、转移登记，或者不依法对机动车予以注销登记的；

（二）对生产、销售不符合规定标准车用燃料、清净剂及其他添加剂的行为不依法查处的；

（三）对不符合规定排放标准的机动车通过机动车安全技术检验的；

（四）对在停放地停放的或者在道路上行驶的机动车，收取费用进行排气污染检验、复检的；

（五）对机动车排气污染检验机构不按照规定履行监督管理职责的；

（六）参与机动车排气污染检验、机动车维护和销售车用燃料、清净剂及其他添加剂等经营活动的；

（七）要求机动车所有人购买、使用指定的机动车排气污染治理产品的；

（八）违反本条例规定，推诿、不配合环境保护行政主管部门进行机动车排气污染防治的；

（九）其他滥用职权、玩忽职守、徇私舞弊的行为。

第五章 附 则

第二十八条 本条例自2011年10月1日起施行。

新疆维吾尔自治区大气污染防治条例

（2018年11月30日新疆维吾尔自治区第十三届人民代表大会常务委员会第七次会议通过）

第一章 总 则

第一条 为保护和改善环境，防治大气污染，保障公众健康，推进生态文明建设，根据《中华人民共和国环境保护法》《中华人民共和国大气污染防治法》和有关法律法规，结合自治区实际，制定本条例。

第二条 本条例适用于自治区行政区域内大气污染防治及其监督管理活动。

第三条 大气污染防治应当坚持新发展理念，以改善大气环境质量为目标，坚持全民参与、源头治理、规划先行、标本兼治、协同控制、损害担责的原则。

第四条 各级人民政府对本行政区域内的大气环境质量负责。

县级以上人民政府应当加强对大气污染防治工作的领导，将大气污染防治工作纳入国民经济和社会发展规划，建立政府主导、兵地共治、区域联动、单位施治、社会监督的工作机制。

乡镇人民政府在县（市、区）人民政府领导及有关部门的指导下，组织开展本辖区内的大气污染防治工作。

第五条 大气污染防治实行目标责任制和考核评价制度。

自治区人民政府应当根据国家有关规定和目标责任书对大气污染防治工作进行考核，将大气环境改善目标和大气污染防治重点工作完成情况纳入州、市（地）人民政府（行政公署）和自治区有关部门及其主要负责人绩效考核内容。

州、市（地）人民政府（行政公署）按照国家和自治区有关规定对本辖区内大气污染防治工作进行考核。

考核结果应当向社会公开。

第六条 自治区人民政府应当建立和完善大气污染防治督查和问责制度。

州、市（地）、县（市、区）、乡（镇）人民政府（行政公署）及有关部门未通过考核，或者对重大大气污染突发环境事件处置不力，以及国家和自治区规定的其他情形，对州、市（地）、县（市、区）、乡（镇）人民政府（行政公署）及有关部门的负责人进行问责。

第七条　县级以上人民政府生态环境主管部门对本行政区域内的大气污染防治实施统一监督管理。

发展和改革、工业和信息化、住房和城乡建设、交通运输、公安、海关等有关部门在各自职责范围内，履行相关大气污染防治监督管理职责。

第八条　生产建设兵团（以下简称兵团）在自治区人民政府统一领导下，依照大气污染防治法律法规和本条例规定，负责其管辖区域内的大气污染防治工作。

兵团大气污染防治工作在业务上接受自治区人民政府生态环境主管部门的指导和监督，遵循区域共治和兵地共治的原则，实行统一规划、统一政策、统一标准、统一要求、统一推进。

第九条　各级人民政府应当鼓励和支持大气污染防治科学技术研究，加大资金投入，开展大气污染成因、治理技术和防治对策等研究，促进科技成果转化，推广应用先进实用的大气污染防治技术和装备。鼓励和引导社会资本参与大气污染防治。

第十条　各级人民政府应当加强大气环境保护宣传，普及大气污染防治法律法规和科学知识，提高公众大气环境保护意识，鼓励和引导公众参与大气环境保护。

第二章　监督管理

第十一条　各级人民政府应当转变经济发展方式，调整优化产业结构、能源结构、运输结构和用地结构，推进循环经济和清洁生产，从源头上减少大气污染物的产生和排放。

第十二条　未达到国家大气环境质量标准的城市人民政府应当按照国家和自治区大气污染防治目标要求，及时编制大气环境质量限期达标规划，并制定大气污染防治年度实施计划，采取严格的大气污染控制措施，确保按期达到大气环境质量标准。

大气环境质量限期达标规划和大气污染防治年度实施计划以及实施效果应当向社会公开。

第十三条　自治区对重点大气污染物排放实行总量控制制度。

自治区人民政府按照国家规定，控制或者削减自治区的重点大气污染物排放总量。

自治区人民政府可以根据大气环境质量状况和大气污染防治工作需要，对国家重点大气污染物之外的其他大气污染物排放实行总量控制或者削减。

第十四条　对超过重点大气污染物排放总量控制指标或者未完成国家和自治区下达的大气环境质量改善目标的地区，自治区人民政府生态环境主管部门暂停审批该区域内新增重点大气污染物建设项目的环境影响评价文件。

第十五条　有下列情形之一的，自治区人民政府生态环境主管部门应当会同有关部门约谈该地区人民政府（行政公署）的主要负责人：

（一）未按时完成大气环境质量改善目标的；

（二）超过重点大气污染物排放总量控制指标的；

（三）未按时完成大气污染防治重点任务的；

（四）法律法规规定的其他情形。

约谈情况应当向社会公开。

第十六条 自治区对大气污染物实行排污许可管理制度。

向大气排放工业废气或者排放国家规定的有毒有害大气污染物的企业事业单位、集中供热设施的燃煤热源生产运营单位，以及其他依法实行排污许可管理的单位，应当依法取得排污许可证。

向大气排放污染物的排污单位，应当按照国家和自治区的规定，设置大气污染物排放口，并明确其标志。

第十七条 县级以上人民政府应当加强监测能力建设，并组织生态环境主管部门和负有大气环境保护监督管理职责的部门，逐步建立本行政区域内大气环境质量和大气污染源监测网，开展大气环境质量和大气污染源监测，与国家实现数据直联。

国家级开发区、高新区、重点工业园区应当设置环境空气质量监测站点。

第十八条 向大气排放污染物的企业事业单位和其他生产经营者，应当按照国家有关规定和监测规范，自行或者委托有资质的监测机构监测大气污染物排放情况，并保存原始监测数据记录。

重点排污单位应当安装、使用大气污染物排放自动监测设备，与生态环境主管部门的监控平台联网，保证监测设备正常运行，并依法公开排放信息。

监测的具体办法和重点排污单位的确定方法，按照国务院生态环境主管部门的规定执行。

第十九条 县级以上人民政府生态环境主管部门和其他负有大气环境保护监督管理职责的部门应当加强对环境监测以及从事环境监测设备和防治设施维护、运营单位的监管。

任何单位和个人不得篡改、伪造监测数据。不得侵占、损毁、干扰或者擅自移动、改变、拆除、闲置和停运大气环境质量监测设施和大气污染物排放自动监测设备。

第二十条 任何单位和个人有权对污染大气环境的行为，向县级以上人民政府生态环境主管部门或者其他负有大气环境保护监督管理职责的部门举报、投诉。

县级以上人民政府生态环境主管部门和其他负有大气环境保护监督管理职责的部门，应当公布举报、投诉方式。举报、投诉的违法行为属于本部门职责范围的，应当及时核实、处理，并答复实名举报、投诉人；不属于本部门职责范围的，应当及时移交有权处理的部门，并告知实名举报、投诉人。

第二十一条 对污染大气环境损害社会公共利益的行为，符合法律规定条件的机关或者社会组织可以向人民法院提起诉讼。

生态环境主管部门和其他负有大气环境保护监督管理职责的部门，应当依法为环境公益诉讼提起人查询、复制相关资料提供便利。

第三章　防治措施

第一节　燃煤和其他能源污染防治

第二十二条　各级人民政府应当实行煤炭消费总量控制制度，采取有利于煤炭消费总量削减的经济、技术政策和措施，鼓励和支持清洁能源的开发利用，引导企业开展清洁能源替代，减少煤炭生产、使用、转化过程中的大气污染物排放。

第二十三条　自治区人民政府发展和改革部门应当会同有关部门，根据经济社会发展需求以及区域环境资源承载能力等条件，制定煤炭消费总量控制规划和削减目标。

州、市（地）、县（市、区）人民政府发展和改革部门应当会同有关部门，根据煤炭消费总量控制规划和削减目标，制定本区域煤炭消费总量控制计划并组织实施。

第二十四条　推进城市建成区、工业园区实行集中供热，使用清洁燃料。在集中供热管网覆盖区域内，禁止新建、改建、扩建燃煤供热锅炉，集中供热管网覆盖前，已建成使用的燃煤供热锅炉应当限期停止使用。

在集中供热未覆盖的区域，鼓励使用清洁能源替代，推广使用高效节能环保型锅炉。

城市人民政府应当限期淘汰不符合国家和自治区规定规模的燃煤锅炉。

第二十五条　城市人民政府根据大气环境质量改善要求，划定并公布高污染燃料禁燃区，并逐步扩大高污染燃料禁燃区范围。

在禁燃区内，禁止销售、燃用高污染燃料；禁止新建、扩建燃用高污染燃料的设施。已建成的，应当在规定期限内改用清洁能源。

第二十六条　各级人民政府应当加强民用散煤治理，禁止销售不符合民用散煤质量标准的煤炭，鼓励居民燃用优质煤炭和洁净型煤，推广节能环保型炉灶，推进农村清洁能源的替代和开发利用。鼓励开展农村住房节能改造。

第二节　工业污染防治

第二十七条　禁止在自治区行政区域内引进能（水）耗不符合相关国家标准中准入值要求且污染物排放和环境风险防控不符合国家（地方）标准及有关产业准入条件的高污染（排放）、高能（水）耗、高环境风险的工业项目。

自治区人民政府应当制定或者适时修订高污染（排放）、高能（水）耗、高环境风险项目认定标准，并向社会公布。

第二十八条　自治区人民政府工业和信息化、发展和改革、生态环境等部门制定产业结构调整目录时，应当将严重污染大气的工艺、设备、产品列入淘汰目录。

州、市（地）、县（市、区）人民政府（行政公署）应当组织制定现有高污染工业项目标准改造或者关停计划，并组织实施。

禁止新建、改建、扩建列入淘汰类目录的高污染工业项目。禁止使用列入淘汰类目录的工艺、设备、产品。

第二十九条 县级以上人民政府应当鼓励产业集聚发展，按照主体功能区划合理规划工业园区的布局，引导工业企业入驻工业园区。

第三十条 下列产生含挥发性有机物废气的生产和服务活动，应当按照国家规定在密闭空间或者设备中进行，并安装、使用污染防治设施；无法密闭的，应当采取措施减少废气排放：

（一）石油、化工等含挥发性有机物原料的生产；

（二）燃油、溶剂的储存、运输和销售；

（三）涂料、油墨、胶黏剂、农药等以挥发性有机物为原料的生产；

（四）涂装、印刷、黏合、工业清洗等含挥发性有机物的产品使用；

（五）其他产生挥发性有机物的生产和服务活动。

石油、化工等排放挥发性有机物的企业事业单位和其他生产经营者在维修、检修时，应当按照技术规范，对生产装置系统的停运、倒空、清洗等环节实施挥发性有机物排放控制。

第三十一条 新建储油库、储气库、加油加气站以及新登记油罐车、气罐车，应当按照国家有关规定安装油气回收装置并正常使用；已建储油库、储气库、加油加气站以及在用油罐车、气罐车，不符合国家有关规定的，应当限期完成回收治理。

第三十二条 向大气排放恶臭气体的排污单位、垃圾处置场、污水处理厂，应当设置合理的防护距离，安装净化装置或者采取其他措施，防止恶臭气体排放。

在居民住宅区等人口密集区域和机关、医院、学校、幼儿园、养老院等其他需要特殊保护的区域及其周边，不得新建、改建和扩建石化、焦化、制药、油漆、塑料、橡胶、造纸、饲料等易产生恶臭气体的生产项目，或者从事其他产生恶臭气体的生产经营活动。已建成的，应当逐步搬迁或者升级改造。

第三节 机动车污染防治

第三十三条 县级以上人民政府应当调整运输结构，发展多式联运；加强和改善城市交通管理，优先发展公共交通，优化路网结构，在主次干路规划建设非机动车道和人行道，引导绿色出行。

第三十四条 各级人民政府应当推广符合国家标准的节能与新能源汽车，规划建设相应的充电站（桩）、加气站等基础设施，鼓励和支持公共交通、出租车、电力、邮政、机场通勤等行业用车和公务用车使用节能与新能源汽车。

第三十五条 县级以上人民政府道路运输管理机构、生态环境主管部门应当加强对机动车维修经营者的监督管理。

机动车维修经营者对机动车污染物排放有关的维修和保养应当符合技术规范，达到规定的排放标准。机动车在规定的维修质量保证期内正常使用时，其污染物排放超过规定排放标准的，机动车维修单位应当负责维修，使其达到规定的排放标准。

禁止机动车所有人以临时更换机动车污染控制装置等弄虚作假的方式通过机动车排放检验。禁止机动车维修单位提供该类维修服务。禁止破坏机动车车载排放诊断系统。

第三十六条　城市人民政府可以根据大气环境质量状况，实施限制高污染高排放机动车行驶车型、行驶区域和时段的限制通行措施，并向社会公布。生态环境主管部门可以采用电子标签、电子围栏、排气监控等技术手段对禁止区域进行实时监控。

县级以上人民政府市场监督管理部门会同有关部门应当在职责范围内，加强机动车船燃料产品质量监督抽查工作，并向社会公布抽查结果。

第四节　扬尘污染防治

第三十七条　各级人民政府应当加强对建设施工、矿产资源开采、物料运输的扬尘和沙尘污染的治理，保持道路清洁、控制料堆和渣土堆放，科学合理扩大绿地、水面、湿地、地面铺装和防风固沙绿化面积，防治扬尘污染。

第三十八条　房屋建筑、市政基础设施建设和城市规划区内水利工程等可能产生扬尘污染活动的施工现场，施工单位应当采取下列防尘措施：

（一）建设工程开工前，按照标准在施工现场周边设置围挡，并对围挡进行维护；

（二）在施工现场出入口公示施工现场负责人、环保监督员、扬尘污染主要控制措施、举报电话等信息；

（三）对施工现场内主要道路和物料堆放场地进行硬化，对其他裸露场地进行覆盖或者临时绿化，对土方进行集中堆放，并采取覆盖或者密闭等措施；

（四）施工现场出口处应当设置车辆冲洗设施，施工车辆冲洗干净后方可上路行驶；

（五）道路挖掘施工过程中，及时覆盖破损路面，并采取洒水等措施防治扬尘污染；道路挖掘施工完成后应当及时修复路面；临时便道应当进行硬化处理，并定时洒水；

（六）及时对施工现场进行清理和平整，不得从高处向下倾倒或者抛撒各类物料和建筑垃圾。

拆除建（构）筑物，应当配备防风抑尘设备，进行湿法作业。

第三十九条　运输、处置建筑垃圾，应当经工程所在地的县（市、区）人民政府确定的监督管理部门同意，按照规定的运输时间、路线和要求清运到指定的场所处理；在场地内堆存的，应当有效覆盖。

第四十条　城市建成区内的施工工地，禁止现场搅拌混凝土；施工现场设置砂浆搅拌机的，应当配备降尘防尘装置。

第四十一条　城市道路保洁作业应当符合下列防尘规定：

（一）城市主要道路推广使用清洁动力机械化清扫等低尘作业方式；

（二）采用专人清扫道路的，应当符合市容环境卫生作业规范；

（三）城市生活垃圾、工程余土、下水道清淤污泥应当及时清运，不得在道路上堆积；

（四）城市主要道路的机动车道应当采用洒水降尘等方式抑尘。

机场、车站广场、停车场、公园、广场、街头游园以及专用道路等露天公共场所，应当保持整洁，防止扬尘污染。

第四十二条 县级以上人民政府住房和城乡建设、园林绿化、水利等部门应当按照职责分别对市政河道以及河道沿线、公共用地的裸露地面，进行绿化或者透水铺装。其他裸露地面由使用人或者管理单位负责进行绿化或者透水铺装，减轻扬尘污染。

绿地、绿化带内的裸土应当覆盖，树池、花坛、绿化带等覆土不得高于边沿。

第四十三条 贮存易产生扬尘的煤炭、煤矸石、煤渣、煤灰、水泥、石灰、石膏、砂土等物料的堆场应当密闭；不能密闭的，贮存单位或者个人应当采取下列防尘措施：

（一）堆场的场坪、路面应当进行硬化处理，并保持路面整洁；

（二）堆场周边应当配备高于堆存物料的围挡、防风抑尘网等设施；

（三）按照物料类别采取相应的覆盖、喷淋和围挡等防风抑尘措施。

露天装卸物料应当采取密闭或者喷淋等抑尘措施；输送的物料应当在装料、卸料处配备吸尘、喷淋等防尘设施。

第四十四条 矿山开采产生的废石、废渣、泥土等应当堆放到专门存放地，并采取围挡、设置防尘网或者防尘布等防尘措施；施工便道应当硬化。

在采石、采砂和其他矿产资源开采过程中，或者在停办、关闭矿山前，采矿权人应当整修被损坏的道路和露天采矿场的边坡、断面，恢复原有地貌，并按照规定处置矿山开采废弃物，防止扬尘污染。

第五节　农业和其他污染防治

第四十五条 各级人民政府应当推进转变农业发展方式，调整农业结构，发展农业循环经济，大力发展低碳农业，加强对农业生产经营活动排放大气污染物的控制。

第四十六条 各级人民政府应当制定农药、化肥减量计划和措施，指导农业生产经营者科学合理施用农药、化肥等农业投入品。农业生产经营者应当改进施肥方式，并按照国家有关规定使用农药，降低大气污染物排放量，防止农业面源污染。

城市人民政府园林绿化主管部门应当采用高效、低毒、低残留农药防治园林病虫害，并合理安排施药时间。

第四十七条 畜禽养殖场、养殖小区应当及时对畜禽粪便和尸体等进行收集、贮存、清运和无害化处理，根据养殖规模和污染防治需要，配套相应的净化装置和其他大气污染物防治设施。

县（市、区）人民政府应当加强对畜禽养殖废弃物综合利用和无害化处理的宣传，建设畜禽粪便和尸体无害化集中处理设施，引导规模以下畜禽养殖者集中处置养殖废弃物，防止排放恶臭气体。

乡（镇）人民政府应当协助有关部门做好本行政区域内的畜禽养殖污染防治工作。

第四十八条 任何单位和个人不得在当地人民政府划定的禁止区域内露天烧烤食品、焚烧树枝、落叶和枯草等产生烟尘污染的物质。

在禁止区域外特定场地内设置的露天烧烤饮食摊点，推广使用环保餐饮灶具。

禁止在下列场所新建、改建、扩建排放油烟的餐饮服务项目：

（一）居民住宅楼等非商用建筑；

（二）未配套设立专用烟道的商住综合楼；

（三）商住综合楼内与居住层相邻的楼层。

排放油烟的餐饮服务和经营场所，应当按照要求安装并正常使用油烟净化设施，确保油烟达标排放。

第四十九条 各级人民政府应当鼓励、引导公民以文明低碳方式举办婚庆、庆典、殡葬和祭祀等活动，减少燃放烟花爆竹和祭祀烧纸产生的污染。

城市人民政府根据实际需要规定烟花爆竹禁放或者限放的区域和时段，减少烟花爆竹燃放污染。

任何单位和个人不得在城市人民政府禁止的区域和时段内燃放烟花爆竹。

第五十条 各级人民政府应当加强防护林建设、草原保护和防风固沙工作，采取退化林地修复、退耕还林等措施，提高绿化率和森林覆盖率。鼓励对季节性裸地农田采取保护性耕作、林间覆盖等方式，抑制扬尘污染。

第六节 重污染天气应对

第五十一条 自治区、州、市（地）人民政府生态环境主管部门应当会同气象主管机构等有关部门建立重污染天气监测预警、会商和信息通报等机制，进行大气环境质量预报。

第五十二条 自治区、州、市（地）人民政府（行政公署）和可能发生重污染天气的县（市、区）人民政府，应当制定重污染天气应急预案，报上一级生态环境主管部门备案，并向社会公布。

重污染天气应急预案应当根据实际需要和情势变化适时修订。

重点排污单位应当根据所在地重污染天气应急预案，编制本单位重污染天气应急响应方案。

医疗、教育、交通等重点部门按照部门分预案开展应急管理工作，对发生或者可能发生危害人体健康和安全的重污染天气，应当启动应急方案。

第五十三条 自治区、州、市（地）人民政府（行政公署）应当根据重污染天气的预警等级，及时启动重污染天气应急预案，并采取与预警等级对应的响应措施，相关单位和个人应当配合。应急响应措施包括：

（一）责令有关企业停产、限产或者错峰生产；

（二）限制部分机动车行驶；

（三）禁止燃放烟花爆竹；

（四）停止施工工地土石方作业和建筑物拆除施工；

（五）停止露天烧烤；

（六）停止幼儿园和学校组织的户外活动，必要时可以停课；

（七）其他应急措施。

第四章　重点区域联防联控

第五十四条　自治区建立重点区域大气污染联防联控机制，按照统一规划、统一标准、统一监测、统一防治措施的要求，开展兵地联防联控和区域同防同治，落实大气污染防治目标责任。

自治区人民政府根据主体功能区划、区域大气环境质量状况和大气污染传输扩散规律，划定自治区大气污染防治重点区域（以下简称重点区域）。

第五十五条　自治区人民政府根据重点区域经济社会发展和大气环境承载力，制定重点区域大气污染联防联控防治行动计划，明确控制目标，优化产业结构和布局，强化大气污染物综合治理，推广清洁能源，发展绿色交通，提出重点防治任务和措施，促进重点区域大气环境质量改善。自治区人民政府生态环境主管部门应当加强重点区域大气污染联防联控的指导和督促。

第五十六条　重点区域内的州、市（地）、县（市、区）人民政府（行政公署）、兵团所属师、团应当定期召开联席会议，研究解决大气污染防治重大事项，优化产业结构和布局，推动节能减排、产业准入、落后产能淘汰和重污染天气应对的协调协作，开展大气污染联合防治。

第五十七条　建设项目可能对相邻行政区域的大气环境造成不良影响的，重点区域内的州、市（地）、县（市、区）人民政府（行政公署）与兵团所属师、团应当相互征求意见。

第五十八条　重点区域内的州、市（地）、县（市、区）人民政府生态环境主管部门应当与兵团所属师市生态环境机构建立区域沟通协调机制，共享大气环境质量信息，通报可能造成重大污染信息，建立区域大气污染预警联动应急响应机制，协调跨界大气污染纠纷。

第五十九条　重点区域内的州、市（地）、县（市、区）人民政府生态环境主管部门应当与兵团所属师市生态环境机构开展联合执法、交叉执法，查处大气污染违法行为。

第六十条　重点区域内的州、市（地）、县（市、区）人民政府（行政公署）、兵团所属师、团应当制定采暖季重点行业企业错峰生产计划，纳入错峰生产的企业应当按照要求，制定并实施错峰或者降低生产负荷计划。

第五章　法律责任

第六十一条　违反本条例规定的行为，法律、法规已有处罚规定的，依照其规定执行。

第六十二条　各级人民政府、县级以上人民政府生态环境主管部门和其他负有大气环境保护监督管理职责的部门有下列行为之一的，由其上级主管部门或者监察机关责令改正，对直接负责的主管人员和其他直接责任人员依法给予处分；构成犯罪的，依法追究刑事责任：

（一）接到污染大气环境行为的举报、投诉，不依法查处的；

（二）应当依法公开大气环境信息而未公开的；

（三）篡改、伪造或者指使篡改、伪造监测数据的；

（四）引进高污染（排放）、高能（水）耗、高环境风险项目的；

（五）其他滥用职权、玩忽职守、徇私舞弊、弄虚作假的。

第六十三条　违反本条例规定，新建储油罐、储气库、加油加气站以及新登记油罐车、气罐车未按照国家有关规定安装油气回收装置并正常使用的，或者已建储油罐、储气库、加油加气站以及在用油罐车、气罐车不符合国家规定，限期内未完成回收治理的，由县级以上人民政府生态环境主管部门责令改正，处二万元以上二十万元以下罚款，拒不改正的，责令停产整治。

第六十四条　违反本条例规定，向大气排放恶臭气体的排污单位、垃圾处置场、污水处理厂，未设置防护距离、安装净化装置或者采取其他措施有效防止恶臭气体排放的，由县级以上人民政府生态环境主管部门或者其他负有监督管理职责的部门按照职责责令改正，处一万元以上十万元以下罚款；拒不改正的，责令停业整治。

第六十五条　违反本条例规定，在人口密集区和其他需要特殊保护的区域及其周边新建、改建和扩建易产生恶臭气体的生产项目或者从事产生恶臭气体的生产经营活动的，由生态环境主管部门或者其他负有监督管理职责的部门按照职责责令改正，处一万元以上十万元以下罚款。

第六十六条　违反本条例规定，施工单位未采取扬尘防治措施，建筑垃圾未按照规定的运输时间、路线和要求清运到指定场所处理，或者在场地内堆存未有效覆盖的，由县级以上人民政府住房城乡建设主管部门或者其他负有监督管理职责的部门按照职责责令改正，处一万元以上十万元以下罚款；拒不改正的，责令停工整治。

第六十七条　兵团按照自治区人大及其常委会、自治区人民政府的授权，依照大气污染防治法和本条例的规定，依法对本管辖区域内大气环境违法行为进行查处。

第六十八条 违反本条例规定，造成损害的，依法承担赔偿责任；构成犯罪的，依法追究刑事责任。

第六章 附 则

第六十九条 本条例自2019年1月1日起施行。

乌鲁木齐市机动车和非道路移动机械排气污染防治条例

第一章　总　则

第一条　为了防治机动车和非道路移动机械排气污染，保护和改善大气环境，保障公众健康，根据《中华人民共和国大气污染防治法》等有关法律、法规，结合本市实际，制定本条例。

第二条　本市行政区域内使用的机动车和非道路移动机械排气污染防治适用本条例。

第三条　机动车和非道路移动机械排气污染防治工作坚持预防为主、防治结合、社会共治、排污担责的原则。

第四条　市人民政府应当将机动车和非道路移动机械排气污染防治工作纳入年度环境保护目标责任和考核评价体系，保障经费投入，健全监督管理体系，加强人员、装备、设施的配备，保障机构履职能力。

第五条　市环境保护行政主管部门对本市行政区域内的机动车及非道路移动机械排气污染防治实施统一监督管理，其所属的市机动车排气污染监督管理机构具体负责全市机动车和非道路移动机械排气污染防治的日常监督管理。

公安机关交通管理、交通运输、市场监督管理、商务、农牧、林业、建设、城市管理、发展改革等相关行政主管部门应当按照各自职责，共同做好机动车和非道路移动机械排气污染防治工作。

第六条　各级人民政府应当加强机动车和非道路移动机械排气污染防治法律、法规宣传教育。新闻媒体应当开展相关公益宣传，对违法行为进行舆论监督。

第七条　市环境保护、经济和信息化、发展改革等相关行政主管部门应当将机动车排放检验、维修机构和机动车所有人纳入征信系统，对在机动车使用和排放检验、维修中弄虚作假的，纳入失信名单，并向社会公布。

第二章　机动车排气污染的预防与控制

第八条　各级人民政府应当优化道路建设和管理，改善道路交通状况，减少机动车怠速和低速行驶造成的污染。

第九条　优先发展公共交通，积极推进绿色公交体系建设，完善公交线路，改善公交车和行人的道路通行条件，降低非公交类机动车使用强度，减少机动车排气污染。

第十条 市人民政府可以根据大气环境质量状况，对高污染排放车辆采取限制区域、限制时间行驶的交通管理措施，并向社会公告。

第十一条 鼓励未达到国家现行排放标准的老旧机动车提前报废。

第十二条 鼓励生产、销售、使用节能环保型机动车和新能源机动车。

市人民政府应当将节能环保型机动车和新能源机动车纳入政府采购名录，推进配套设施建设。

第十三条 新购或者外地迁入的机动车需在本市办理注册登记或者转移登记的，应当符合依法经国务院批准执行的机动车污染物排放标准。

第十四条 在本市行驶的机动车污染物排放应当达到规定排放标准。

机动车所有人或者使用人应当定期对机动车进行维修保养，不得拆除、闲置排气污染控制装置和车载排放诊断系统，保持排气污染控制装置处于正常工作状态。

第十五条 从事城市客运、物流、环卫、邮政、金融押运、配送快递等相关单位，应当配备符合机动车排放标准的车辆，定期维护治理或者更新，优先采用新能源机动车。

第十六条 车用燃料的经营者应当销售符合本市执行标准的车用燃料，并明示燃料质量标准，配套供应符合标准的车用氮氧化物还原剂。

第三章 机动车排气污染检验与治理

第十七条 在不影响正常通行的情况下，环境保护行政主管部门可以会同公安机关交通管理部门利用道路遥感监测等手段对道路上行驶的机动车的排放情况进行监管。

环境保护行政主管部门可以在机动车集中停放地、维修地对在用机动车的大气污染物排放状况进行监督抽测。

第十八条 机动车排放定期检验结果不符合排放标准的，机动车所有人或者使用人应当进行维修治理，并按照要求进行复检。

在用机动车定期排放检验不合格的，公安机关交通管理部门不得核发安全技术检验合格标志。

第十九条 禁止机动车所有人以临时更换机动车污染控制装置等弄虚作假的方式通过机动车排放检验。禁止机动车维修单位提供该类服务。禁止破坏机动车车载排放诊断系统。

第二十条 机动车排放检验机构应当遵守下列规定：

（一）依法通过检验检测机构资质认定；

（二）使用经依法检定合格的机动车排放检验设备；

（三）按照规定的检验方法、技术规范和排放标准进行排气污染检验；

（四）与市环境保护行政主管部门联网，并实时上传完整的检验数据、电子检验报告、视频监控数据及其他管理数据、资料；

（五）出具由环境保护行政主管部门统一编码的检验报告，检验报告和检验数据应当真实、准确；

（六）接受环境保护行政主管部门和市场监督管理部门的监督检查；

（七）法律法规规定的其他事项。

第二十一条 从事机动车排气污染治理的维修单位，应当取得法定资质，按照大气污染防治的要求和有关技术规范从事机动车排气污染治理的维修业务，并承担质量保证责任。

第二十二条 环境保护行政主管部门会同市场监督管理部门建立联合检查机制，按照规定对机动车排放检验机构的排放检验情况进行监督管理。

第二十三条 环境保护行政主管部门应当会同公安机关交通管理部门通过信息联网实现数据共享，完善机动车排放检验信息核查机制。

第四章 非道路移动机械排气污染防治

第二十四条 非道路移动机械排放大气污染物应当符合本市执行的排放标准。

第二十五条 非道路移动机械所有人或者使用人应当遵守下列规定：

（一）定期对作业机械进行排放检测和维修养护；

（二）对超标排放且经维修或者采用排放控制技术后仍不达标的机械，应当停止使用；

（三）按照相关规定加装、更换污染控制装置；

（四）接受相关行政主管部门的监督管理；

（五）法律法规规定的其他事项。

第二十六条 市人民政府可以根据大气环境质量状况，划定并公布禁止使用高排放非道路移动机械的区域。

第二十七条 环境保护行政主管部门可以会同相关部门对非道路移动机械排气污染状况等进行现场抽查，非道路移动机械所有人或使用人应予配合。

第五章 法律责任

第二十八条 违反本条例规定，机动车驾驶人驾驶排放检验不合格的机动车上道路行驶的，由公安机关交通管理部门处警告或者二十元以上二百元以下罚款。

第二十九条 违反本条例规定，伪造机动车、非道路移动机械排放检验结果或者出具虚假排放检验报告的，由环境保护行政主管部门没收违法所得，并处十万元以上五十万元以下的罚款，情节严重的，由负责资质认定的部门取消检验资格。

第三十条 违反本条例规定，以临时更换机动车排气污染控制装置、改变机动车正常工作状态等弄虚作假方式进行排放检验的，由环境保护行政主管部门责令改正，对机动车所有人处五千元罚款；对机动车维修企业处每辆机动车五千元罚款。

第三十一条 违反本条例规定，机动车和非道路移动机械所有人或者使用人拒绝监督抽测的，由环境保护行政主管部门予以责令改正，并可以对个人处一千元罚款，对单位处二万元罚款。

第三十二条 非道路移动机械所有人或者使用人违反本条例规定，有下列行为之一的，由环境保护及相关行业行政主管部门责令改正，处五千元罚款：

（一）使用排放不合格的非道路移动机械的；

（二）未按照规定加装、更换污染控制装置的；

（三）在禁止使用高排放非道路移动机械的区域使用高排放非道路移动机械的。

第三十三条 各有关行政主管部门及其工作人员在机动车和非道路移动机械排气污染防治工作中玩忽职守、滥用职权、徇私舞弊的，依法予以处分；构成犯罪的，依法追究刑事责任。

第三十四条 违反本条例规定，应当给予行政处罚的其他行为，由各有关行政主管部门依照法律、法规规定予以处罚。

第六章 附 则

第三十五条 本条例中下列用语的含义：

（一）非道路移动机械，是指装配有发动机的移动机械和可运输工业设备。包括推土机、压路机、挖掘机、打桩机、沥青摊铺机和联合收割机等。

（二）新能源机动车，是指采用新型动力系统，完全或者主要依靠新型能源驱动的汽车，包括插电式混合动力（含增程式）汽车、纯电动汽车和燃料电池汽车等。

第三十六条 本条例自2019年1月1日起施行。

西藏自治区

西藏自治区大气污染防治条例

（2018年12月24日西藏自治区第十一届人民代表大会常务委员会第七次会议通过）

第一章　总　则

第一条　为了保护和改善生态环境，防治大气污染，保障公众健康，推进生态文明建设，促进经济社会可持续发展，根据《中华人民共和国大气污染防治法》等法律法规，结合自治区实际，制定本条例。

第二条　本条例适用于自治区行政区域内的大气污染防治及其监督管理活动。

第三条　防治大气污染，应当以保持自治区空气质量的优良状态为目标，坚持源头治理，规划先行，转变经济发展方式，优化产业结构和布局，调整能源结构。

第四条　各级人民政府应当对本行政区域的大气环境质量负责，制定规划，采取措施，控制大气污染物的排放量，使大气环境质量达到规定标准并逐步改善。

县级以上人民政府应当将大气污染防治工作纳入国民经济和社会发展规划，保障对大气污染防治的财政投入，加强对大气污染的综合防治。

乡（镇）人民政府和街道办事处在县级人民政府生态环境主管部门的指导下，根据本辖区实际，组织开展大气污染防治日常监督管理工作。

第五条　自治区实行大气污染防治目标责任制和考核评价制度。

自治区人民政府应当制定考核办法，对大气环境质量改善目标、大气污染防治重点任务完成情况实施考核，并将考核结果向社会公开。

第六条　县级以上人民政府生态环境主管部门对本行政区域的大气污染防治实施统一监督管理。其他有关部门在各自职责范围内对大气污染防治实施监督管理。

第七条　自治区鼓励和支持大气污染防治科学技术研究，发挥科学技术在大气污染防治中的支撑作用。

第八条　企业事业单位和其他生产经营者应当采取有效措施，防止、减少大气污染，对所造成的损害依法承担责任。

公民应当增强大气环境保护意识，采取低碳、节俭的生活方式，自觉履行大气环境保护义务。

第二章 限期达标规划和监督管理

第九条 自治区人民政府生态环境主管部门应当在其网站上公布大气环境质量标准、大气污染物排放标准，供公众免费查阅、下载。

自治区没有地方标准的，执行国家制定的大气环境质量标准、大气污染物排放标准。

第十条 达到国家大气环境质量标准的地（市）行署（人民政府）、县级人民政府应当按照国家和自治区要求，采取措施，持续保持和改善大气环境质量。

未达到国家大气环境质量标准的地（市）行署（人民政府）、县级人民政府应当及时编制大气环境质量限期达标规划，采取措施，按期达到大气环境质量标准。

编制大气环境质量限期达标规划，应当征求有关企业事业单位、行业协会、专家和公众等方面的意见，并根据大气污染防治的要求和经济、技术条件适时进行评估、修订。

大气环境质量限期达标规划应当向社会公开。设区的市的大气环境质量限期达标规划应当报国务院生态环境主管部门备案。

第十一条 建设对大气环境有影响的项目，应当依法进行环境影响评价、公开环境影响评价文件；向大气排放污染物的，应当符合排放标准，遵守重点大气污染物排放总量控制要求。

第十二条 依法实行排污许可管理的企业事业单位，应当取得排污许可证，并按照排污许可证的规定排放污染物。

第十三条 自治区人民政府应当按照国务院下达的重点大气污染物排放总量控制目标，控制或者逐步削减本行政区域的重点大气污染物排放总量。

对未完成国家和自治区大气环境质量改善目标、超过重点大气污染物排放总量控制指标，或者区域大气环境质量严重下降的地区，自治区人民政府生态环境主管部门会同有关部门约谈该地区人民政府的主要负责人，并暂停审批该地区新增重点大气污染物排放总量的建设项目环境影响评价文件。约谈情况应当向社会公开。

第十四条 县级以上人民政府生态环境主管部门负责本行政区域大气环境质量和大气污染源监测网的建设与管理，开展大气环境质量和大气污染源监测，统一发布本行政区域大气环境质量状况信息，并实现与审计机关、气象等部门的数据共享。

自治区人民政府生态环境主管部门应当会同本级气象主管机构开展大气污染气象研究，共同做好大气环境质量预报预警工作和生活服务指导。

第十五条 向大气排放污染物的企业事业单位和其他生产经营者，应当按照国家有关规定设置大气污染物排放口，并接受生态环境主管部门或者其他负有生态环境保护监督管理职责部门的监督管理。

禁止通过偷排、篡改或者伪造监测数据、以逃避现场检查为目的的临时停产、非紧急情况下开启应急排放通道、不正常运行大气污染防治设施等逃避监管的方式排放大气污染物。

第十六条　地（市）级以上人民政府生态环境主管部门应当按照规定确定重点排污单位名录，并向社会公布。

向大气排放污染物的重点排污单位，应当安装、使用大气污染物排放自动监测设备，保证其正常运行并与地（市）行署（人民政府）生态环境主管部门的监控设备联网。

重点排污单位应当开展自行监测或者委托有资质的第三方监测机构监测，并保存原始监测记录，通过网站或者其他便于公众知晓的方式定期向社会公开。

禁止侵占、损毁或者擅自移动、改变大气环境质量监测设施和大气污染物排放自动监测设备。

第十七条　自治区人民政府生态环境主管部门应当建立大气污染物排放企业环保信用评价体系，将评价结果纳入社会诚信体系，并向社会公开。

第十八条　县级以上人民政府应当制定重污染天气、区域大气环境质量严重下降应急预案，根据重污染天气预警等级或者区域大气环境质量严重下降时，依法启动应急预案，实施相应的响应措施。

重点排污单位应当根据重污染天气应急预案的要求，编制应急响应操作方案，并按照规定执行相应的应急响应措施。

公民、法人和其他组织应当配合人民政府及其有关部门采取的重污染天气应急响应措施。

第十九条　自治区人民政府建立重点区域重污染天气监测预警机制。当出现涉及多个地市的区域性重污染天气时，自治区人民政府生态环境主管部门应当会同有关部门、地（市）行署（人民政府），联合开展监测预警和信息发布，可以采取责令有关企业停产或者限产、限制部分机动车行驶、禁止燃放烟花爆竹、停止工地土石方作业和建筑物拆除施工、停止煨桑、停止露天烧烤、停止幼儿园和学校组织的户外活动、组织开展人工影响天气作业等应急措施。

第二十条　县级以上人民政府每年在向本级人民代表大会或者常务委员会报告生态环境状况和生态环境保护目标完成情况时，应当报告大气环境质量限期达标规划执行情况，并向社会公开。

第二十一条　公民、法人和其他组织可以通过公开举报电话、电子邮箱等方式，向生态环境主管部门和其他负有大气环境保护监督管理职责的部门举报大气污染违法行为。

生态环境主管部门和其他负有大气环境保护监督管理职责的部门接到举报的，应当按照规定进行登记、核实并及时处理。对实名举报的，应当在规定时限内办理，并将办理结果在三个工作日内反馈举报人。对不属于本部门职责权限范围的举报，应当及时转有关单位办理。

生态环境主管部门和其他负有大气环境保护监督管理职责的部门应当对查证属实的

实名举报人给予奖励，并对举报人的相关信息予以保密。

第三章　沙（扬）尘污染防治

第二十二条　县级以上人民政府住房和城乡建设、市容环境卫生、交通运输、自然资源、农业农村、林业和草原、水利等部门，应当根据本级人民政府确定的职责对沙（扬）尘污染防治实施监督管理，建立完善沙（扬）尘污染信息共享机制，共同做好沙（扬）尘污染防治工作。

第二十三条　各级人民政府应当采取植树造林、人工种草、退耕还林还草、退牧还草还湿、冰川保护、水土流失治理等措施，开展山水林田湖草综合治理。

第二十四条　各级人民政府应当按照防沙治沙规划，采取封禁保护、封沙育林育草等措施，开展土地沙化和荒漠化防治工作，提高植被覆盖率和地表稳定度。

第二十五条　各级人民政府应当建设沿江、沿河、铁路公路沿线绿色生态廊道。选择立地条件适宜的种植地，依法依规开展国土绿化。

县级以上人民政府应当采取措施，加大道路、居民区、庭院绿化和绿道绿廊、公园绿地建设，对裸露的城镇用地应当及时进行绿化覆盖或者透水铺装。

第二十六条　适宜植树种草的地区，农牧民在房前屋后植树种草，有条件的地方逐步消除无树户、无树村。宜林宜草地可以采取先造后补、以奖代补、赎买租赁、以地换绿等方式开展植树种草。

第二十七条　施工单位应当采取以下措施，防治沙（扬）尘污染：

（一）按照规范要求设置硬质围挡，实行封闭施工；

（二）在施工现场出入口公示扬尘污染控制措施、负责人、环保监督员、扬尘监督管理主管部门、举报电话等信息；

（三）对施工现场内主要道路与物料堆放场地进行硬化，对其他场地进行覆盖或者临时绿化，对土方集中堆放并采取覆盖或者固化措施；

（四）气象预报风速达到四级以上时，停止土石方作业、拆除作业以及其他可能产生扬尘污染的施工作业；

（五）在施工现场出入口设置车辆冲洗设施，施工车辆经除泥、冲洗后方能驶出工地，不得带泥上路行驶；在车辆清洗处配套设置排水、泥浆沉淀设施；

（六）建设工程施工现场道路及出入口周边一百米以内的道路不得有泥土和建筑垃圾；

（七）房屋建筑工程施工应当随建筑物墙体上升，同步搭建外脚手架，并设置高于作业面且符合安全要求的密目式安全网；

（八）市政工程建设及维护施工需要开挖的，在施工过程中应当分片或者分段开挖，及时覆盖破损路面，并采取洒水等措施防止扬尘污染；开挖施工完成后，及时修复路面；

（九）按照规定及时清运建筑土方、工程渣土、建筑垃圾等。

第二十八条　贮存砂石、渣土、河沙、煤炭、石灰石料场等易产生扬尘的物料，应当密闭；不能密闭的，应当设置不低于堆放物高度的严密围挡，并采取有效覆盖措施防治沙（扬）尘污染。

矿山、填埋场和消纳场应当实施分区作业，并采取有效措施防治沙（扬）尘污染。

第二十九条　运输水泥、砂石、垃圾、渣土、煤炭、泥浆等散装、流体物料易撒漏扬散物质的，应当采取密闭或者其他措施防止物料遗撒造成沙（扬）尘污染，并按照规定路线、时间行驶。

第三十条　县级以上人民政府应当推行清洁动力机械化清扫等低尘作业方式，防治沙（扬）尘污染。

县级以上人民政府市容环境卫生主管部门应当按照作业规范和环境卫生标准要求，合理安排作业时间，适时增加作业频次。在城市道路、广场和其他公共场所的清扫保洁责任单位，应当做到定时清扫，及时保洁。

第三十一条　矿产资源开采过程中，应当在矿山开采现场、堆场以及尾矿库等易产生扬尘的场所配套建设、使用控制扬尘和粉尘等污染治理设施，确保达标排放。

第四章　机动车船等污染防治

第三十二条　自治区人民政府生态环境主管部门应当建立统一的机动车排放管理信息化平台，会同公安机关交通管理部门建立信息数据互联机制，依照有关规定实现信息数据共享。

第三十三条　禁止生产、销售或者进口大气污染物排放超过国家标准的机动车船、非道路移动机械。

自治区人民政府生态环境主管部门可以通过现场检查、抽样检测等方式，加强对销售的机动车和非道路移动机械大气污染物排放状况的监督检查，其他有关部门予以配合。

第三十四条　在用机动车应当由机动车排放检验机构按照规定定期进行排放检验。经检验合格的，方可上道路行驶。未经检验合格的，公安机关交通管理部门不得核发安全技术检验合格标志。

县级以上人民政府生态环境主管部门可以在不影响正常通行的情况下，通过遥感监测等技术手段对在道路上行驶的机动车的大气污染物排放状况进行监督抽测，公安机关交通管理部门应当予以配合。

第三十五条　机动车排放检验机构应当通过计量认证，使用经依法检定合格的机动车排放检验设备，按照规定和要求，对机动车进行排放检验，并与生态环境主管部门联网，将排放检验数据和电子检验报告上传生态环境主管部门，出具由生态环境主管部门统一编码的排放检验报告，同时将合格的电子检验报告上传公安机关交通管理部门，实现检验数据实时共享。

第三十六条 机动车所有人不得拆除、停用、擅自改装机动车污染控制装置。

第三十七条 机动车维修单位应当按照大气污染防治的要求和国家有关技术规范对在用机动车进行维修，使其达到规定的排放标准。交通运输、生态环境主管部门应当依法加强监督管理。

禁止机动车维修单位提供临时更换机动车污染控制装置等维修服务。禁止破坏机动车车载排放诊断系统。

第三十八条 在用重型柴油车、非道路移动机械排放大气污染物不得超过国家规定的标准。

在用重型柴油车、非道路移动机械未安装污染控制装置或者污染控制装置不符合要求，不能达标排放的，应当加装或者更换符合要求的污染控制装置。

第三十九条 禁止生产、进口、销售不符合标准的机动车船、非道路移动机械用燃料；禁止向汽车和摩托车销售普通柴油以及其他非机动车用燃料；禁止向非道路移动机械销售渣油和重油。

第四十条 自治区鼓励使用节能环保型和新能源机动车船，加快充电设施等相关配套设施建设。鼓励公务用车和公共交通、出租车、环境卫生、邮政、景区摆渡等行业用车使用新能源机动车。

第五章 工业及能源污染防治

第四十一条 县级以上人民政府应当采取措施，调整能源结构，推广太阳能、风能、天然气、液化石油气等清洁能源的生产使用和资源循环利用，逐步减少煤炭等化石燃料使用量，控制大气污染物排放。

鼓励工业企业采用先进的生产工艺和治理技术，确保大气污染物达标排放。

第四十二条 火电、水泥、烧结砖、危险废物和生活垃圾焚烧等重点行业，应当依法开展强制性清洁生产审核，减少污染物的产生。

第四十三条 编制工业园区、开发区、区域产业和发展等规划时，应当考虑可能对大气环境造成的污染，依法开展环境影响评价。

第四十四条 地（市）行署（人民政府）可以在城市建成区和其他需要保护的区域划定高污染燃料禁燃区。

在划定的高污染燃料禁燃区内，禁止销售、燃用高污染燃料。现有使用高污染燃料的设施应当限期改用太阳能、天然气、液化石油气、电或者其他清洁能源，无法改造或者经改造后大气污染物排放仍不达标的，限期拆除。

第四十五条 自治区实施燃煤消耗总量控制。自治区人民政府发展改革主管部门应当会同有关部门确定自治区燃煤消耗总量控制目标，报自治区人民政府批准实施，逐步削减煤炭消耗量。地（市）行署（人民政府）应当按照燃煤消耗总量控制目标，制定本行政区域削减计划并组织实施。

各级人民政府应当加强煤炭质量管理，鼓励使用优质煤炭。禁止销售和使用不符合质量标准和民用散煤质量标准的煤炭。

第四十六条 生产、进口、销售和使用含挥发性有机物的原材料和产品，其挥发性有机物含量应当符合质量标准或者要求。

第四十七条 排放大气污染物的企业事业单位和其他生产经营者，应当遵守下列规定，采取措施防止污染周边环境：

（一）排放粉尘、硫化物和氮氧化物的，应当配套建设除尘、脱硫、脱硝等装置，或者采取技术改造等其他控制大气污染物排放的措施；

（二）产生含挥发性有机物废气的生产和服务活动，应当在密闭空间或者设备中进行，并按照规定安装、使用污染防治设施，保持正常运行；无法密闭的，应当采取措施减少废气排放；

（三）储油储气库、加油加气站和油罐车、气罐车等，应当按照国家有关规定安装油气回收装置并保持正常使用；

（四）其他排放有毒有害等大气污染物的工业企业，应当按照规定配套安装净化装置或者采取其他措施减少污染物排放。

第六章 农业和其他污染防治

第四十八条 各级人民政府及其农业农村等有关部门应当指导农牧业生产经营者科学处置秸秆、落叶等产生烟尘污染的物质。鼓励和支持农牧业生产经营者和有关企业采用先进适用技术，对秸秆、落叶等进行综合利用，加强对农牧业生产废弃物的综合处理。

第四十九条 县级人民政府应当实施规模化畜禽养殖场、养殖小区分类管理，加强督促检查，防止畜禽养殖对大气环境的污染。

畜禽养殖场、养殖小区应当及时对污水、畜禽粪便和尸体等进行收集、贮存、清运和无害化处理，防止排放恶臭气体。

第五十条 任何单位和个人不得在城镇建成区、人口集中区域和医院、学校、幼儿园、养老院等其他需要特殊保护的区域及其周边露天焚烧落叶、枯草、垃圾、电子废物、油毡、废油渣、沥青、橡胶、塑料、皮革以及其他可能产生有毒有害烟尘和恶臭气体的物质。

企业事业单位和其他生产经营者在生产经营中产生恶臭气体的，应当科学选址，设置合理的防护距离，并安装净化装置或者采取其他措施，防止排放恶臭气体。

第五十一条 排放油烟的餐饮服务业经营者应当安装油烟净化设施并保持正常使用，或者采取其他油烟净化措施，使油烟达标排放，防止对附近居民的正常生活环境造成污染。

任何单位和个人不得在当地人民政府禁止的区域内露天烧烤食品或者为露天烧烤食品提供场地。

第五十二条 禁止生产、销售和燃放不符合质量标准的烟花爆竹。任何单位和个人不得在城市人民政府禁止的时段和区域内燃放烟花爆竹。

第七章 法律责任

第五十三条 违反本条例的行为，法律法规已有处罚规定的，从其规定。

第五十四条 违反本条例第三十六条规定，由县级以上人民政府生态环境主管部门责令改正，对机动车所有人处五千元的罚款。

第五十五条 各级人民政府、生态环境主管部门或者其他负有生态环境保护监督管理职责的部门及其工作人员玩忽职守、滥用职权、徇私舞弊、弄虚作假的，依法给予处分；构成犯罪的，依法追究刑事责任。

第五十六条 企业事业单位和其他生产经营者，因排放大气污染物造成严重生态环境污染或者危害后果的，除依法进行处罚外，还应当依法承担相应的侵权责任；构成犯罪的，依法追究刑事责任。

第八章 附 则

第五十七条 本条例自 2019 年 3 月 1 日起施行。

第五部分

政府规章

北京市

北京市生态环境局关于发布《北京市非道路移动机械登记管理办法（试行）》的通告

京环发〔2020〕10 号

为加强对非道路移动机械监管，进一步做好非道路移动机械规范化和精细化管理，持续改善本市环境空气质量，依据《中华人民共和国大气污染防治法》《北京市大气污染防治条例》和《北京市机动车和非道路移动机械排放污染防治条例》等法律法规，结合本市实际，市生态环境局制定了《北京市非道路移动机械登记管理办法（试行）》。现予以发布，自 2020 年 5 月 1 日起施行。

特此通告。

北京市生态环境局

2020 年 4 月 24 日

北京市非道路移动机械登记管理办法（试行）

第一条　为加强对本市非道路移动机械监管，根据《中华人民共和国大气污染防治法》《北京市大气污染防治条例》和《北京市机动车和非道路移动机械排放污染防治条例》等法律法规，结合本市实际，制定本办法。

第二条　本办法适用于在本市行政区域内从事各类工程施工、企业厂区（场站）内作业、农业生产、园林作业、机场地勤服务等作业的，且无公安机关交通管理部门核发牌照的移动机械和可运输工业设备信息编码登记和进出施工现场记录。

第三条　在本市使用的非道路移动机械，机械登记人应当按照本办法的规定，办理信息编码登记。

第四条 机械登记人应当如实提交规定的材料，并对填报的非道路移动机械相关信息的真实性负责。

第五条 非道路移动机械信息编码登记采用网络登记方式，区生态环境部门负责本行政区域内非道路移动机械信息编码登记的具体工作。市生态环境部门负责发布网络登记系统登录地址和各区生态环境部门办理窗口地址。

第六条 机械登记人应当在非道路移动机械使用前办理信息编码登记，登录网络登记系统，在线提交非道路移动机械信息、凭证，上传的照片应当清晰可辨。具体材料如下：

（一）以个人名义登记的，提交登记人身份证件；以单位名义登记的，提交登记单位营业执照或组织机构代码证；

（二）申报机械照片：3 张机身照片，分别为机械前面、尾部、45 度（左前或右前）；

（三）如果有机械铭牌、发动机铭牌、环保信息标签的，应上传机械铭牌、发动机铭牌、环保信息标签的照片。

第七条 机械登记人在线提交非道路移动机械相关信息后，区生态环境部门应当在 5 个工作日内进行审查，对符合要求的，准予登记；对不符合要求的，不予登记。

准予登记的，区生态环境部门告知机械登记人到登记地所属区生态环境部门办理窗口领取环保登记号码标识贴、信息采集卡、信息采集表（样式见附件 1）。其中对由市场监管、民航、农业农村等部门核发牌照的非道路移动机械，只领取信息采集表。

第八条 已办理信息编码登记的非道路移动机械更换发动机的，机械登记人应当在网络登记系统上重新办理登记，区生态环境部门注销作废原有环保登记号码，重新发放环保登记号码标识贴、信息采集卡、信息采集表，其中对由市场监管、民航、农业农村等部门核发牌照的非道路移动机械，只发放信息采集表。

第九条 已在外省市办理信息编码登记的在用非道路移动机械转入本市使用的，机械登记人应当在网络登记系统上办理变更登记，由区生态环境部门发放新的信息采集表，原有的环保登记号码标识贴、信息采集卡仍有效。

第十条 已在本市办理信息编码登记的非道路移动机械转出本市且长期不转回本市使用的，机械登记人应当在网络登记系统上办理变更登记。

第十一条 自本办法实施之日起，非道路移动机械在进入工程施工现场前，施工单位现场负责人应查看非道路移动机械的环保登记号码标识贴、信息采集卡、信息采集表。其中对由市场监管、民航、农业农村等部门核发牌照的非道路移动机械，只查看信息采集表。施工单位现场负责人应当同时填写非道路移动机械进出施工现场登记表（模板见附件 2），准确记录非道路移动机械进出工程施工现场的相关情况，以备查验。

施工作业承包人或非道路移动机械使用人应主动配合出示相关证件材料。

第十二条 机械登记人应当将环保登记号码标识贴张贴在驾驶室挡风玻璃或机械尾

端等不易磨损脱落位置，如无挡风玻璃或尾端没有空间，也可以张贴在机械操作手臂等明显位置，并妥善保管和随机械携带信息采集卡和信息采集表，以备查验。

第十三条　环保登记号码标识贴、信息采集卡或信息采集表遗失、损毁或无法辨识的，机械登记人应当向登记地的区生态环境部门申请补办。

第十四条　本市非道路移动机械登记工作不收取费用。

第十五条　本办法自 2020 年 5 月 1 日起施行。

附件：1. 信息采集卡、环保登记号码标识贴样式（略）

2. 非道路移动机械进出施工现场登记表（略）

北京市生态环境局关于发布《北京市重型汽车和非道路移动机械排放远程监测管理车载终端安装管理办法（试行)》的通告

为减少重型汽车和非道路移动机械排放污染，进一步做好排放远程监测管理车载终端安装工作，持续改善本市环境空气质量，依据《中华人民共和国大气污染防治法》《北京市大气污染防治条例》《北京市机动车和非道路移动机械排放污染防治条例》等法律法规，结合本市实际，我局制定了《北京市重型汽车和非道路移动机械排放远程监测管理车载终端安装管理办法（试行)》。现予以发布，自 2020 年 5 月 1 日起施行。

特此通告。

北京市生态环境局

2020 年 4 月 24 日

北京市重型汽车和非道路移动机械排放远程监测管理车载终端安装管理办法（试行）

第一条 为加强对本市重型汽车和非道路移动机械监管，根据《中华人民共和国大气污染防治法》《北京市大气污染防治条例》和《北京市机动车和非道路移动机械排放污染防治条例》等法律法规，结合本市实际，制定本办法。

第二条 本办法适用于在本市注册登记的重型柴油车、重型燃气车和在用非道路移动机械，以及长期在本市行政区域内行驶的外埠重型柴油车、重型燃气车。

本办法中的在本市注册登记的重型柴油车、重型燃气车是指已在本市登记注册，且未安装排放远程监测管理车载终端的国五及以上排放标准的在用重型柴油车和重型燃气车。

本办法中的本市在用非道路移动机械是指本市国四及以上排放标准的非道路移动机械。

本办法中的长期在本市行政区域内行驶的外埠重型柴油车、重型燃气车是指自 2021 年 1 月 1 日起，连续两个自然年分别办理进京通行证次数达到 12 次及以上的，且符合国五及以上排放标准的外埠重型柴油车和重型燃气车。

第三条　重型汽车或者非道路移动机械的排放远程监测管理车载终端安装和运行维护费用由重型汽车或者非道路移动机械所有者或者使用者承担。

第四条　本市在用重型柴油车、重型燃气车的所有者或者使用者，应于 2020 年 5 月 1 日起，向重型汽车生产企业申请安装排放远程监测管理车载终端，并在 2021 年 12 月 31 日前完成安装工作。

在本条规定的完成安装时间期限前，如果重型汽车已经达到强制报废年限，或者重型汽车强制报废年限距离规定完成安装时间期限在一年（含）以内的，可不安装排放远程监测管理车载终端。

第五条　重型汽车所有者或者使用者按照附件的要求安装排放远程监测管理车载终端时，重型汽车生产企业应当予以配合。车载终端要与市生态环境局排放远程监测管理平台联网。

国家正式出台排放远程监测标准后，重型汽车生产企业尚未完成安装工作的，应按照国家标准规定的技术要求安装排放远程监测管理车载终端，并与市生态环境局排放远程监测管理平台联网。

第六条　重型汽车生产企业应在其官方网站上公布安装车载终端的联系方式，做好申请登记工作，并定期向市生态环境局反馈登记情况。

第七条　非道路移动机械生产企业应当按照国家标准《非道路移动机械用柴油机排气污染物排放限值及测量方法（中国第三、四阶段）》（GB 20891）规定的具体时间节点和要求，安装排放远程监测管理车载终端，并与市生态环境局排放远程监测管理平台联网。

第八条　重型汽车或者非道路移动机械所有者或者使用者维护保养时，重型汽车或者非道路移动机械生产企业应当予以配合并遵守以下规定：

（一）向重型汽车或者非道路移动机械所有者或者使用者提供运维手册，提示所有者或者使用者将排放远程监测管理车载终端维护工作纳入重型汽车或者非道路移动机械日常维护保养中。

（二）结合环保一致性和在用符合性自查，可以按照相关标准规范的要求，对排放远程监测管理车载终端进行检测、检验或者校准等自查工作，确保数据真实、完整和有效，并保存自查文件。

第九条　重型汽车或者非道路移动机械的所有者或者使用者可以通过排放远程监测管理车载终端的报警灯等相关指示器，实时了解车载终端联网或者正常运行等情况。

第十条　重型汽车或者非道路移动机械的所有者或者使用者应按照重型汽车或者非道路移动机械生产企业的要求，定期对排放远程监测管理车载终端进行维护。

第十一条　长期在本市行政区域内行驶的外埠重型柴油车、重型燃气车，其所有者或者使用者应按照国家和注册地所在省（市）生态环境部门的要求安装排放远程监测管理车载终端，并与本市生态环境局排放远程监测管理平台联网。

第十二条 本办法所称“重型柴油车”和“重型燃气车”是指最大总质量在 3.5 吨（含）以上的柴油车和燃气车，包括混合动力柴油车、混合动力燃气车。

本办法所称“自然年”是指 1 月 1 日至 12 月 31 日。

第十三条 本办法自 2020 年 5 月 1 日起施行。

附件：

在用重型汽车安装排放远程监测管理车载终端的技术要求

一、功能要求

（一）车载终端的自检、时间、日期和 OBD 信息采集

应符合 GB 17691—2018 中 Q.5.1、Q.5.2 和 Q.5.3 的要求。

（二）发动机数据采集

1. 安装在符合 GB 17691—2005 国五阶段的重型车上的车载终端应至少采集表 1 中规定的数据。

表 1 车载终端采集数据

数据项	安装在符合 GB 17691—2005 第五阶段重型车上车载终端
车速	√
大气压力（直接测量或估计值）	√
发动机最大基准扭矩	√
发动机净输出扭矩（作为发动机最大基准扭矩的百分比），或发动机实际扭矩/指示扭矩（作为发动机最大基准扭矩的百分比，例如依据喷射的燃料量计算获得）	√
摩擦扭矩（作为发动机最大基准扭矩的百分比）	√
发动机转速	√
发动机燃料流量	√
NO_x 传感器输出[注]	√（SCR 系统必须传）
SCR 入口温度[注]	√（SCR 系统必须传）
SCR 出口温度[注]	√（SCR 系统必须传）
DPF 压差[注]	√（DPF 系统必须传）
进气量	√
反应剂余量[注]	√（SCR 系统必须传）
发动机冷却液温度	√
经纬度	√

注：若该重型汽车未采用 SCR 技术则涉及 SCR 及尿素相关参数可不上传；若该重型汽车未采用 DPF 技术则涉及 DPF 相关参数可不上传。

2．重型汽车生产企业应确保车载终端采集和上传的数据与重型汽车实际数据一致。按照国家标准开展排放远程监测管理车载终端数据一致性等相关试验，并按车型提供一致性检测报告（满足整车视同条件的，也可提供视同报告）。相关试验可委托第三方检测机构或者由重型汽车生产企业自行开展。

（三）数据上传功能

1．车载终端按规定的通信协议进行上传。OBD 信息应至少 24 小时内上传一次，发动机数据流信息至少 30 秒内上传一次。

2．发动机启动后 60 秒内必须开始传输数据，发动机停机后可以不传输数据。

（四）数据补发

当数据通信链路异常时，车载终端应将上报数据进行本地存储。在数据通信链路恢复正常后，在发送上报数据的同时补发存储的上报数据。补发的上报数据应为恢复通信时刻前 5×24 小时内，通信链路异常期间存储的数据，数据格式与上报数据相同，并标识为补发信息上报（0x03）。

（五）数据存储

数据存储应符合 GB 17691—2018 第 Q.5.5 的要求。

（六）定位功能

车载终端应能提供 GB/T 32960.3 中规定的定位信息。精度要求应满足：

1．水平定位精度不应大于 5 米；

2．最小位置更新率为 1 赫兹；

3．定位时间：

（1）冷启动：从系统加电运行到实现捕获时间不应超过 120 秒；

（2）热启动：实现捕获时间应小于 10 秒。

二、性能要求

（一）在用车安装排放远程监测管理车载终端，原则上不得占用原有 OBD 插口，如需占用的，应再预留出 OBD 插口，供管理部门日常监管使用。

（二）重型汽车生产企业的车载终端应连接牢固，防止行驶中震动、颠簸等导致零部件脱落。当车载终端拆除或者脱落等各种原因，造成车载终端无法联网或者不正常运行的，重型汽车生产企业应通过车载终端的报警灯等相关指示器提示重型汽车驾驶员。若无车载终端的报警灯等相关指示器的，重型汽车生产企业应采用其他方式及时通知重型汽车所有者或者使用者。

（三）按 GB 17691—2018 附录 Q.7 规定，车载终端的电气适应性能、环境适应性能和电磁兼容性能应符合 GB/T 32960.2 第 4.3.1～4.3.3 的要求。

（四）盐雾防护性能，车载终端在参照 GB/T 2423.18—2012 规定的严酷等级（5）进行四个试验循环后，应没有降低正常功能的变化（例如，密封功能，标志和标签应清晰可见），功能状态应达到 GB/T 28046.1—2011 定义的 C 级。

（五）定位性能，包括仿真定位精度和整车导航定位精度。

1．仿真定位精度

首次定位时间：冷启动：TTFF≤120 秒；热启动：TTFF≤10 秒。

位置更新频率：待测件应能自动、连续更新位置信息，频率至少为 1 赫兹。

2．整车导航定位精度

整车导航定位精度测试采用高精度（误差在 2 厘米以内）的 RTK 差分定位接收机作为基准，整车行驶时间超过 15 分钟后，对车载终端的定位轨迹误差求平均值，在 HDOP≤3 或 PDOP≤4 的情况下，要求误差在 5 米以内。

三、联网要求

重型汽车生产企业需要填写重型汽车联网申请表（申请表模板见附表），提交至市生态环境局。

附表

联网申请表

生产企业名称：　　　　　　　　　　　　　　　　　　　填写日期：

<table>
<tr><th>类 别</th><th>项 目</th><th colspan="2">信 息</th></tr>
<tr><td rowspan="2">生产企业联系人信息</td><td>联系人</td><td colspan="2"></td></tr>
<tr><td>联系电话</td><td colspan="2"></td></tr>
<tr><td rowspan="2">检测报告信息</td><td>该车型号是否提交过一致性检测报告</td><td colspan="2">是
否，首次提交写明报告编号：________</td></tr>
<tr><td>该车型号上传有效数据最小比例</td><td colspan="2"></td></tr>
<tr><td rowspan="4">在线监控的数据信息（勾选）</td><td>车载终端信息流
（在上传项前画“√”）</td><td>□1 车速
□3 发动机最大基准扭矩
□5 摩擦扭矩
□7 发动机燃料流量
□9 SCR 入口温度
□11 DPF 压差
□13 反应剂余量
□15 经纬度</td><td>□2 大气压力
□4 发动机净输出扭矩（实际扭矩或指示扭矩）
□6 发动机转速
□8 NO_x 传感器输出
□10 SCR 出口温度
□12 进气量
□14 发动机冷却液温度</td></tr>
<tr><td colspan="3">上述车载终端信息流未选择项的情况说明：</td></tr>
<tr><td>OBD 信息流
（在上传项前画“√”）</td><td>□1 OBD 诊断协议
□3 诊断支持状态
□5 车辆识别码
□7 标定验证码
□8 故障码总数</td><td>□2 MIL 灯状态
□4 诊断就绪状态
□6 校准标识符（即软件标定识别号）
□9 故障码信息列表</td></tr>
<tr><td colspan="3">上述 OBD 信息流未选择项的情况说明：</td></tr>
</table>

我公司郑重承诺，以上填表内容真实准确，我公司对其真实性负全部责任。 （生产企业公章）

注：具体车辆信息见下表。

车辆信息汇总表

序号	车牌号码	车辆识别代码（VIN）	车辆型号	发动机型号	所属单位/个人名称	联系电话

上海市

上海市非道路移动机械申报登记和标志管理办法（试行）

第一条 目的和依据

为加强本市非道路移动机械环保管理，根据《中华人民共和国大气污染防治法》《上海市大气污染防治条例》等相关要求，结合本市实际，制定本办法。

第二条 范围和要求

本办法适用于装配有柴油机从事建筑和市政施工、港口作业、企业厂（场）内作业、农业生产和园林作业、机场地勤服务等作业的移动机械和可运输工业设备，及其他适用于《非道路柴油移动机械排气烟度限值及测试方法》（GB 36886—2018）要求的非道路移动机械。

在本市使用的非道路移动机械，应由其所有者向区生态环境部门申报机械的种类、数量、使用场所等信息，并申领识别标志，将其固定于显著位置。

第三条 首次申报

本市所有在用非道路移动机械应于2019年9月30日前完成申报登记。自2019年10月1日起，新购置的非道路移动机械应在30日内完成申报登记。

第四条 申报途径

非道路移动机械所有者（以下简称“机械所有者”）可通过在线申报登记或在各区办理窗口现场申报登记。

第五条 申报材料

机械所有者应提交申报登记表、单位或个人证明材料、机械证明材料，具体包括：

（一）非道路移动机械申报登记表，详见附件。

（二）申报机械照片，包括机械全照（机身不同角度照片三张）、机械铭牌、发动机铭牌、机械环保代码、环保信息标签。上传的照片可清晰辨认出厂编号、生产日期、发动机型式核准号、环保信息公开码等信息。

（三）申报单位提供统一社会信用代码证（或营业执照、组织机构代码证两证）的复印件，机械所有者为个人的，提供身份证复印件。

第六条 排放阶段判定

（一）有机械环保信息标签的，从环保信息标签上读取机械环保信息公开编号，环保信息公开编号为 24 位，第 6 位是机械对应的排放阶段。

（二）有发动机铭牌的，从铭牌读取发动机型式核准号/发动机信息公开编号，型式核准号为 16 位，第 6 位是发动机对应的排放阶段；发动机的环保信息公开编号/信息入库号均为 24 位，第 6 位是对应的排放阶段。

（三）如果不满足上述条件的，则依据发动机铭牌上载明的生产日期，按以下原则判定并确定相应的排放阶段：

（1）生产日期在 2009 年 9 月 30 日及以前，且没有环保信息公开编号的，适用于国Ⅰ及以前排放阶段；

（2）生产日期在 2009 年 10 月 1 日至 2016 年 3 月 31 日之间，且没有环保信息公开编号的，适用于国Ⅱ排放阶段；

（3）生产日期在 2016 年 4 月 1 日及以后，且没有环保信息公开编号的，适用于国Ⅲ排放阶段；

（4）其他情形，按照国家和本市的相关规定处理。

第七条　领取和固定

机械所有者提交申报信息后，由生态环境部门在 15 日内完成信息核对，并分批制作识别标志（记录机械类型、编号、排放阶段等信息）和信息采集卡，通过短信发送识别标志领取码。

机械所有者凭领取码到相应的办理窗口领取识别标志和信息采集卡。

识别标志应固定于机械的显著位置（原则上固定于机身外侧靠近驾驶室位置），信息采集卡应随机械携带。

第八条　变更和补办

已完成申报登记的机械如发生转让、改装等变更或报废的，机械所有者应在 10 日内向区生态环境部门申请信息变更或注销。

识别标志遗失、损毁或无法辨识的，机械所有者应在 10 日内向区生态环境部门申请补办。

第九条　职责分工

市生态环境部门负责组织非道路移动机械申报登记工作的实施，各区生态环境部门负责申报材料的受理、信息核对、识别标志核发及日常监管。

建设、交通、农业、绿化市容、市场监管、民航等部门负责建立相应的行业管理制度，检查非道路移动机械使用的守法守规情况，并将其纳入行业准入、文明施工和信用管理，配合生态环境部门做好申报登记、标志核发及监管工作。

第十条　监督管理

机械所有者应对申报信息的真实性负责，发现存在虚假申报的，由所在地生态环境部门责令整改，补办变更手续，并依法追究机械所有者的责任。

第十一条 社会监督

本市鼓励企事业单位、社会组织和公众个人对非道路移动机械的合法使用进行监督。任何单位和个人发现有违反本办法的行为，可通过信函、12345 市民服务热线或“上海环境”网站等渠道向生态环境部门举报。

第十二条 实施日期

本办法自 2019 年 5 月 1 日起实施至 2021 年 4 月 30 日止。

荆州市机动车排气污染防治管理办法

第一章　总　则

第一条　为防治机动车排气污染，保护和改善大气环境，保障公众身体健康，推动绿色发展，根据《中华人民共和国大气污染防治法》和《湖北省大气污染防治条例》等法律、法规及其他相关规定，结合本市实际，制定本办法。

第二条　本市行政区域内机动车排气污染防治和监督管理，适用本办法。

第三条　机动车排气污染防治工作坚持预防为主、防治结合、排污担责、公众参与的原则。

第四条　各县级人民政府（含荆州开发区、纪南文旅区、荆州高新区管委会）应当将机动车排气污染防治工作纳入本辖区环境保护规划和综合交通规划，加强机动车排放污染监督管理能力建设，建立机动车排气污染防治工作协调机制，组织有关部门建立机动车排气污染防治综合信息管理平台，并保障机动车排气污染防治工作的经费投入。

第五条　各级人民政府环境保护行政主管部门（以下简称环保部门）负责本行政区域内的机动车排气污染防治监督管理工作。各级公安、交通、质监、商务、工商、农业、价格等部门根据各自职责，做好机动车排气污染防治相关工作。

第二章　预防与控制

第六条　机动车不得超过标准排放大气污染物。

禁止生产、销售或者进口排气超过大气污染物排放标准的机动车。

第七条　鼓励清洁能源机动车的开发、生产、销售和使用。

鼓励机动车排气污染防治先进技术的开发和应用。

鼓励和支持城市公共客运优先选用清洁能源机动车型，对排气污染物超过规定排放标准的城市公共客运车辆实行维修、更新淘汰。

第八条　提倡环保驾驶，鼓励燃油机动车驾驶人在不影响道路通行且停车三分钟以上的情况下熄灭发动机，减少大气污染物的排放。

第九条　机动车燃料质量应当与国家规定的机动车排气污染物排放标准相匹配。

禁止生产、进口、销售不符合标准的机动车用燃料。禁止向汽车和摩托车销售普通柴油及其他非机动车用燃料。

第十条 发动机油、氮氧化物还原剂、燃料和润滑油添加剂以及其他添加剂的有害物质含量和其他大气环境保护指标，应当符合有关标准要求，不得损害机动车污染控制装置效果和耐久性，不得增加新的大气污染物排放。

第十一条 机动车所有人和使用人应当保持机动车排气污染控制装置的正常运行，不得擅自拆除或者擅自改装机动车排气污染控制装置。

行驶的机动车不得排放黑烟等明显可视排气污染物。

第三章 检验与治理

第十二条 机动车生产企业和机动车所有人应当依法进行机动车排放检验。

纯电动汽车免于尾气排放检验，免于安全检测上线检测的车辆不进行排放检验。

第十三条 机动车排放检验机构应当遵守下列规定：

（一）依法通过计量认证，使用经依法检定合格的机动车排放检验设备；

（二）按照环保部制定的规范对机动车进行排放检验；

（三）严格落实机动车排放检验标准要求，并将排放检验数据和电子检验报告上传环保部门，出具环保部门统一编码的排放检验报告；

（四）建立机动车排气污染物检测档案，并按照国家规定保存环保检验信息和有关技术资料，接受环保部门的监督管理；

（五）公开检验资格、制度、程序、方法、污染物排放限值、收费标准、监督投诉电话，接受社会监督；

（六）严格按照价格部门规定的收费标准收取检验费用，在业务大厅明显位置公示收费依据和标准，并在收费凭据证上注明排放检验收费金额；

（七）不得从事机动车排气污染维修治理业务；

（八）法律法规规定的其他要求。

第十四条 环保部门应当按照方便群众和社会化运作的原则，定期向社会公布机动车排放检验机构的名称、地址、咨询电话等相关信息。

第十五条 机动车所有人和使用人可以自行选择本市范围内的机动车排放检验机构进行检验。

禁止以城区、县市等划分检验区域或者指定检验机构。

第十六条 对未经定期排放检验合格的机动车，机动车安全技术检验机构不予出具安全技术检验合格证明。公安交管部门对无定期排放检验合格报告的机动车，不予核发安全技术检验合格标志。

第十七条 鼓励机动车排放检验机构和安全技术检验机构设在同一地点。

第十八条 机动车维修单位应当按照防治大气污染的要求和国家有关技术规范对在用机动车进行维修，使其达到规定的排放标准。

第十九条　在用机动车排放大气污染物超过标准的，应当进行维修；经维修或者采用污染控制技术后，大气污染物排放仍不能符合国家在用机动车排放标准的，应当强制报废。

应当强制报废的机动车，其所有人应当将机动车交售给报废机动车回收拆解企业，由报废机动车回收拆解企业按照国家有关规定进行登记、拆解、销毁等处理。

鼓励和支持高排放机动车提前报废。

第二十条　禁止机动车所有人以临时更换机动车污染控制装置等弄虚作假的方式通过机动车排放检验。

第四章　监督管理

第二十一条　环保部门应当会同公安、交通、质监、工商等部门，建立机动车排气污染防治工作协调机制，定期通报机动车排气污染防治工作情况，研究制定机动车排气污染防治具体措施。

环保部门应当加快推进与机动车排放检验机构、公安交管部门信息联网，建立机动车排放检验信息核查机制。

第二十二条　环保部门应当在车辆集中停放点、维修地重点加强对货运车、公交车、出租车、长途客运车、旅游车等车辆的监督抽测工作。

对监督抽测不合格的车辆，环保部门应当通知车主予以改正并复检，及时公开逾期不复检车辆的车牌、车型等信息。

第二十三条　公安交管部门在不影响正常通行的情况下，应当支持配合环保部门采用遥感监测等技术手段对在道路上行驶的机动车进行监督抽测，并依法查处无安全技术检测合格标志机动车上道路行驶的违法行为。

第二十四条　环境保护行政主管部门和认证认可监督部门应当对机动车排放检验机构的排放检验情况及检验资质认定等方面进行监督检查，依法查处违法的排放检验机构。

第二十五条　交通部门应当将机动车排气污染防治纳入对车辆营运、机动车维修的监督管理内容，加强对机动车维修企业排气污染维修活动的监督管理，加强维修人员业务培训。

第二十六条　质监部门应当加强对机动车排放检验机构和维修治理机构在用计量器具的定期检测。

第二十七条　商务部门应当加强车用燃料销售活动的监督检查，并在销售场所公示检查结果。

第二十八条　工商部门应当依法查处流通领域无照经营车用燃料、销售不符合质量标准或者要求车用燃料的行为，并加强对本市行政区域内各加油站燃油质量的监督检查。

第二十九条　农机管理部门应当加强对农用机动车所有人或者使用人大气污染防治相关法律、法规知识的教育，督促农用机动车所有人或者使用人在年检前将交通违法行为处理完毕，对达到报废标准的拖拉机和联合收割机加大报废更新力度，推动机动车污染物排放限值（中国III阶段）执行力度。

第三十条 价格部门应当加强对检验机构收费项目和收费标准执行情况的监督检查，依法查处违法收费行为。

第三十一条 任何单位和个人有权向有关行政管理部门举报机动车排气污染违法行为。具有监督管理权的行政管理部门应当受理并及时依法查处。

第五章 附 则

第三十二条 本办法所称机动车，是指以动力装置驱动或牵引，上道路行驶的供人员乘用或者用于运送物品以及进行工程专项作业的轮式车辆，但铁路机车除外。

本办法所称机动车排气污染，是指机动车排气管、曲轴箱及燃油系统等蒸发和排放的各种污染物对大气造成的污染。

第三十三条 本办法有效期 5 年，自 2017 年 10 月 15 日起施行。原《荆州市机动车排气污染防治管理办法》（市政府令第 93 令）同时废止。

山东省非道路移动机械排气污染防治规定

第一条　为了防治非道路移动机械排气污染，保护和改善大气环境，保障公众健康，根据《中华人民共和国大气污染防治法》等法律、法规，结合本省实际，制定本规定。

第二条　本规定适用于本省行政区域内非道路移动机械排气污染防治及其监督管理等活动。

本规定所称非道路移动机械，是指以压燃式、点燃式发动机和新能源为动力的移动机械和可运输工业设备。

第三条　非道路移动机械排气污染防治应当坚持源头控制、防治结合、公众参与、排污担责的原则。

第四条　县级以上人民政府应当将非道路移动机械排气污染防治工作纳入生态环境保护规划和生态环境保护目标责任制，建立健全非道路移动机械排气污染防治监督管理体系和工作协调机制，制定有利于非道路移动机械排气污染防治的经济、技术政策，保护和改善大气环境质量。

第五条　省人民政府、设区的市人民政府生态环境主管部门对非道路移动机械排气污染防治实施统一监督管理。

县级以上人民政府自然资源、住房城乡建设、交通运输、水利、市场监管等部门在各自职责范围内，对非道路移动机械排气污染防治实施监督管理。

第六条　各级人民政府及有关部门应当加强非道路移动机械排气污染防治的宣传教育，普及相关科学知识，提高全社会的污染防治水平。

新闻媒体应当积极开展非道路移动机械排气污染防治公益宣传，并对违法行为进行舆论监督。

第七条　鼓励、支持非道路移动机械新技术、新工艺、新设备的研究、开发和应用，提高污染防治的产业化、专业化、市场化水平。

第八条　非道路移动机械污染物排放标准和燃油、发动机油、氮氧化物还原剂及其他添加剂的质量标准，按照国家规定执行。

国家对前款标准未作规定的，省人民政府可以根据大气环境质量状况和经济、技术条件制定本省的污染物排放标准，并可以提前执行国家规定的阶段性排放标准和燃油质量标准。

第九条　省人民政府生态环境主管部门应当会同有关部门建立非道路移动机械排气

污染防治监督管理系统，明确非道路移动机械管理政策、污染物排放标准、燃油质量标准、登记信息、监督抽测及达标排放等内容，并实现资源整合和信息共享。

第十条 非道路移动机械实行信息登记管理制度。

新增的非道路移动机械所有人应当自获得所有权之日起 30 日内，通过互联网或者现场等方式向就近的设区的市人民政府生态环境主管部门或者其派出机构提供登记信息。

现有的非道路移动机械所有人应当自本规定实施之日起 3 个月内，按照前款规定提供登记信息。

第十一条 非道路移动机械所有人应当向生态环境主管部门提供下列信息：

（一）生产厂家名称、出厂日期等基本信息；

（二）所有人名称、联系方式等登记人信息；

（三）排放阶段、机械类型、燃料类型、污染控制装置等技术信息；

（四）机械铭牌、发动机铭牌、环保信息公开标签等其他信息。

非道路移动机械所有人提供的信息应当真实、准确、完整。

第十二条 设区的市人民政府生态环境主管部门应当自收到非道路移动机械所有人提供的登记信息之日起 15 日内完成信息核对，并发放登记号码。

非道路移动机械登记号码的编制方法和使用方式，由省人民政府生态环境主管部门制定。

第十三条 非道路移动机械登记信息发生变动的，其所有人应当在 30 日内对登记信息予以变更。

非道路移动机械报废的，其所有人应当在 30 日内对登记信息予以注销。

第十四条 非道路移动机械应当达标排放。禁止使用超过污染物排放标准和有明显可见烟的非道路移动机械。

建设单位、施工单位和其他生产经营单位应当使用符合前款规定要求的非道路移动机械。

第十五条 生态环境主管部门应当会同自然资源、住房城乡建设、交通运输、水利等部门，加强对非道路移动机械使用情况的监督检查。

自然资源、住房城乡建设、交通运输、水利等部门应当落实日常监管责任，并将非道路移动机械违规使用情况及时告知生态环境主管部门。

政府投资的建设项目应当优先使用符合最严格排放标准的非道路移动机械。

第十六条 设区的市、县（市、区）人民政府可以根据本行政区域内经济社会发展、城市建设和人口密度等情况，依法划定禁止使用高排放非道路移动机械的区域，明确非道路移动机械的禁止使用类型及排放限值，并向社会公布。

对高排放非道路移动机械可以安装实时定位装置，并与排气污染防治监督管理系统联网。

第十七条 生态环境主管部门应当会同自然资源、住房城乡建设、交通运输、水利等部门对非道路移动机械的污染物排放状况进行监督抽测，抽测不合格的，不得使用。监督抽测结果应当告知非道路移动机械所有人或者使用人并传至排气污染防治监督管理系统。

被抽测的非道路移动机械所有人或者使用人应当予以配合。

新能源非道路移动机械免于监督抽测。

第十八条 生态环境主管部门可以委托第三方机构进行非道路移动机械排放检测。

从事排放检测的第三方机构应当具备相应的检测能力和条件，使用经依法检定合格的检测设备。国家规定第三方机构需经依法计量认证的，依照其规定执行。

第三方检测机构应当对出具的检测报告的真实性、准确性、完整性负责。

第十九条 在用非道路移动机械不能达标排放的，应当进行维修或者加装、更换符合要求的污染控制装置。

禁止非道路移动机械所有人、使用人擅自拆除、破坏或者非法改装污染控制装置。

第二十条 县级以上人民政府应当采取财政、政府采购等措施推广应用节能环保型和新能源非道路移动机械，鼓励淘汰更新老旧非道路移动机械。

使用财政资金购置非道路移动机械的，应当优先选购新能源非道路移动机械。

第二十一条 县级以上人民政府根据重污染天气预警等级，可以采取限制非道路移动机械的使用等应急措施。

非道路移动机械使用人应当按照规定执行应急措施。

第二十二条 县级以上人民政府应当建立健全违法行为举报制度。接到举报的人民政府和有关部门应当及时处理，并将处理结果向举报人反馈。

第二十三条 县级以上人民政府、生态环境主管部门和其他负有非道路移动机械排气污染防治监督管理职责的部门违反本规定，有下列行为之一的，对直接负责的主管人员和其他直接责任人员依法给予处分；构成犯罪的，依法追究刑事责任：

（一）未按照规定建立非道路移动机械排气污染防治监督管理系统的；

（二）未按照规定落实非道路移动机械使用情况监管责任的；

（三）未按照规定对非道路移动机械的污染物排放状况进行监督抽测的；

（四）其他滥用职权、玩忽职守、徇私舞弊的行为。

第二十四条 违反本规定，非道路移动机械所有人未按照规定提供登记信息或者及时进行变更、注销登记信息，或者提供虚假登记信息的，由所在地生态环境主管部门责令限期改正；拒不改正的，处500元以上3000元以下的罚款。

第二十五条 违反本规定，有下列情形之一的，由设区的市人民政府生态环境主管部门责令改正，处5000元的罚款：

（一）使用超过污染物排放标准和有明显可见烟的非道路移动机械的；

（二）擅自拆除、破坏或者非法改装非道路移动机械污染控制装置的；

（三）在禁止使用高排放非道路移动机械的区域内使用高排放非道路移动机械的。

第二十六条 违反本规定，非道路移动机械所有人或者使用人拒不接受监督抽测的，由省人民政府、设区的市人民政府生态环境主管部门或者其他负有非道路移动机械排气污染防治监督管理职责的部门责令改正；拒不改正的，处1000元以上5000元以下的罚款。

第二十七条 本规定自2020年2月1日起施行。

山西省

晋城市机动车排气污染防治管理办法

第一条　为防治机动车排气污染，保护和改善大气环境质量，保障人民群众身体健康，促进经济社会全面协调可持续发展，根据《中华人民共和国大气污染防治法》《中华人民共和国道路交通安全法》和《山西省减少污染物排放条例》等有关法律、法规，结合本市实际，制定本办法。

第二条　本办法所称机动车，是指以动力装置驱动或者牵引，上道路行驶的供人员乘用或者用于运送物品以及进行工程专项作业的轮式车辆。本办法所称机动车排气污染，是指由机动车排气管、曲轴箱和燃烧系统蒸发排放的污染物所造成的污染。

第三条　本市行政区域内机动车排气污染防治，适用本办法。

第四条　市环境保护行政主管部门对本市机动车排气污染防治实施监督管理。公安、交通、质量技术监督、工商、商务、物价等行政管理部门应当按照各自职责和本办法的规定，做好机动车排气污染防治的相关监督管理工作。

第五条　机动车排气污染防治工作纳入全市环境保护规划，城市综合交通规划与城市建设总体规划应当体现机动车排气污染防治要求。

第六条　机动车应当按照国家规定，定期接受依法受委托具有相应资质的机动车环保检测机构的排气污染检测。检测合格的，由环境保护行政主管部门发放机动车环保检测合格标志；未取得合格标志的，不得上路行驶，公安机关交通管理部门不予办理机动车安全技术检验和所有权变更等手续。

第七条　根据大气环境质量状况和不同类别机动车排气污染程度，环境保护行政主管部门可以会同公安机关交通管理部门根据相关法律法规提出黄色环保标志机动车限制行驶的方案，报同级人民政府批准后公布、实施。

第八条　新购置机动车注册登记前，机动车所有者应当在拟注册登记地申请核发环保检验合格标志。环保检验合格标志核发人员应当依据环保达标车型查询系统的查询结果，凭机动车整车出厂合格证明或者进口机动车进口凭证以及机动车购置发票，核发环保检验合格标志。

第九条　在用机动车经机动车排气污染检测机构检测合格后核发环保标志。环境保护行政主管部门应当将机动车取得环保标志的信息实时告知公安机关交通管理部门。任何单位或者个人不得涂改、伪造、转让、出借机动车环保检验合格标志，不得使用超过期限的机动车环保检验合格标志。

第十条 符合国家在用机动车排放和安全标准，在环保定期检验有效期和年检有效期内的二手车均可办理迁入手续。

第十一条 鼓励使用低污染低排放车型，加快淘汰高污染高排放的机动车。鼓励、支持和推广使用优质车用燃油和清洁车用能源。

第十二条 车用燃油及其燃油清洁剂销售时应当明示质量标准。任何单位和个人不得销售不符合规定质量标准的车用燃油及其清洁剂。

第十三条 按照《机动车环保检验机构管理规定》，从事机动车排气污染检测的机构，应当按照国家、省有关规定，取得省质量技术监督管理部门的计量认证和省环境保护行政主管部门的委托，并遵守下列规定：

（一）按照国家和省规定的技术规范、排放标准、检测方法进行排气污染检测，不得在检测中弄虚作假；

（二）按照物价部门依法核准的收费项目和标准收取检测费用；

（三）不得从事机动车排气污染治理业务，不得以向车主指定排气污染治理单位和治理产品等变相方式从事机动车排气污染治理业务；

（四）在经营场所的醒目位置悬挂计量认证证书、委托证明文件，公示检测方法、标准和收费项目、标准；

（五）定期对监测仪器进行校准，并将校准结果报送环保部门；

（六）接受环保部门不定期对仪器设备的密码标准样校对。

第十四条 机动车排污检测机构对机动车排放污染物的检测应当接受省、市和县（市、区）环境保护行政主管部门的监督管理，检测信息应实现联网上报。

第十五条 市环境保护行政主管部门可以在机动车停放地对在用机动车的污染物排放状况进行监督抽测，也可以对被举报的车辆或冒黑烟的车辆进行监督抽测。公安机关交通管理部门和环境保护行政主管部门共同对机动车污染物排放进行道路监督抽测。机动车排气污染监督抽测不得收取费用，上路抽检或在停放地监督抽测时不得妨碍道路交通的畅通。对上路抽检或在停放地监督抽测的，应当将检测结果记录在案，并出示书面检测结果，定期公布抽测结果报告。

第十六条 定期检测不合格的机动车应当限期进行维修治理。

第十七条 从事机动车排气污染维修治理业务的企业应当依法取得交通运输部门相应的经营许可，按照机动车排气污染防治的有关要求和技术规范对机动车进行维修治理。

第十八条 违反国家、省机动车排气污染防治管理有关规定的，由环保、工商、质监等部门依据各自职责依法处理。

第十九条 依法履行监督管理职责的国家公职人员滥用职权，玩忽职守的，由有关机关依法追究其行政责任；涉嫌构成犯罪的，依法追究刑事责任。阻碍执法人员依法执行公务的，由公安部门给予治安处罚，情节严重构成犯罪的，由司法机关依法追究刑事责任。

第二十条 任何单位和个人，均有权对机动车排气污染行为和排气污染检测机构的违法违规行为进行投诉和举报。

第二十一条 市政府法制办负责对机动车排气污染防治政策、措施制定的指导工作。

第二十二条 市环保局负责对全市机动车尾气污染防治工作实施统一的监督管理，牵头落实机动车排气污染防治措施，负责机动车尾气污染检测通告工作；负责对机动车尾气检测站的考核和监督管理工作。

第二十三条 市公安交警部门负责对符合环保达标要求的新车和外地转入车辆的注册工作；依法淘汰达到报废标准的机动车辆；协同环境保护行政主管部门做好机动车排气污染防治工作，为机动车排气污染监督管理部门提供必需的车辆基本信息和相关报表业务；协助环保部门对在用机动车辆开展路检工作；按市政府批准的黄标车限行方案划定限行区域，设立限行区域标志。

第二十四条 市物价局按规定权限负责对机动车排气污染检测、治理收费标准进行核定和审批，并做好对企业收费标准执行情况的监督检查。

第二十五条 市质监局依据计量认证等相关法律、法规的规定对机动车排气污染检测机构实施监督管理；协助环境保护行政主管部门对在本市生产销售的车辆，进行排放标准执行情况的执法检查。

第二十六条 市交通运输局按规定权限负责对从事道路运输的客货营运车辆、城市公交汽车、出租汽车的机动车排气污染实施监督管理。大力推进公交优先发展战略，鼓励使用清洁车用能源，推广使用节能环保车型，逐步淘汰高污染、高耗能的营运机动车。负责对机动车维修企业的监督管理，督促维修企业建立完整的维修档案，实行维修服务承诺和竣工出厂质量保证期制度，提高维修质量。为机动车排气污染监督管理部门提供必要的维修企业和维修车辆情况的基本信息。

第二十七条 市工商局负责对本市销售机动车销售市场和成品油销售市场的监督管理，依法查处销售无合格证或未达到国家强制标准的机动车辆和劣质燃油；负责对汽车零部件销售企业的销售行为进行监督检查，规范销售市场；协同环境保护行政主管部门对机动车辆销售企业和油品销售单位进行执法检查。

第二十八条 市商务局负责老旧汽车报废拆解和油品升级及油气回收综合治理工作，组织实施老旧车报废工作，促进运营车辆更新，鼓励提前报废和淘汰。对污染物超标且无法修复的在用机动车，依法注销拆解；负责成品油市场运行和经营活动的监督管理，根据国家车用汽（柴）油标准实施进程，确保全市成品油经营企业销售符合国家标准的成品油。

第二十九条 本办法自公布之日起施行，有效期五年，期满自行失效。

安徽省机动车排气污染防治办法

（2014 年 10 月 30 日安徽省人民政府令第 254 号公布　根据 2019 年 1 月 2 日安徽省人民政府令第 288 号公布的《安徽省人民政府关于修改部分规章的决定》修订）

第一章　总　则

第一条　为了防治机动车排气污染，保护和改善大气环境，保障公众健康，根据《中华人民共和国大气污染防治法》等有关法律、法规，结合本省实际，制定本办法。

第二条　本办法适用于本省行政区域内机动车排气污染的防治。

本办法所称机动车，是指由内燃机驱动的上道路行驶的车辆，拖拉机除外。

第三条　县级以上人民政府应当将机动车排气污染防治工作纳入本行政区域环境保护规划和环境保护目标责任制，建立和完善机动车排气污染防治工作协调机制，采取严格执行标准、限期治理和更新淘汰等防治措施，保护和改善大气环境。

第四条　县级以上人民政府生态环境行政主管部门负责对本行政区域内的机动车排气污染防治工作实施统一监督管理。

县级以上人民政府有关部门应当根据各自职责，做好机动车排气污染防治的有关工作。

第二章　预防与控制

第五条　省人民政府根据机动车排气污染防治的需要，可以在条件具备的地区，提前执行国家机动车大气污染物排放标准中相应阶段排放限值，并报国务院生态环境行政主管部门备案。

提前执行国家机动车大气污染物排放标准中相应阶段排放限值的，省人民政府和设区的市人民政府应当提前向社会公告。

第六条　公安机关交通管理部门对未达到本行政区域执行的国家阶段性机动车排放标准的新购置机动车，不予办理注册登记。

机动车由省外迁入本省，或者在本省跨设区的市迁移的，按照国家有关规定办理。

第七条　县级以上人民政府应当根据机动车排气污染防治需要，制定相关政策，推广新能源机动车，支持公交、环卫等行业用车和公务用车率先使用新能源机动车。

第八条　机动车燃油经营者生产、销售的燃油，应当与本行政区域执行的国家阶段性机动车排放标准相匹配，并明示质量标准。

第九条　市、县人民政府应当根据本行政区域大气环境质量状况，对老旧柴油车采取限制区域、限制时间行驶的措施，并由公安机关交通管理部门设置限制行驶标志。

采取前款规定的交通限制措施的，市、县人民政府应当于实施之日前30日向社会公告。

市、县人民政府可以采取经济补贴等方式，鼓励高排放机动车提前淘汰、更新。

第十条　机动车所有人或者使用人应当保持机动车排气污染控制装置的正常运行。禁止以临时更换机动车排气污染控制装置等弄虚作假的方式通过机动车排放检验；禁止破坏机动车车载排放诊断系统。

第三章　检验与治理

第十一条　列入国家环保达标车型公告的新购置轻型汽油车，注册登记时免予排放检验。

在用机动车应当按照国家和地方有关规定，由机动车排放检验机构定期对其进行排放检验。机动车排放检验周期应当与机动车安全技术检验周期一致。

第十二条　县级以上人民政府及其有关部门应当采取措施，引导和鼓励建设能够同时承担机动车安全技术检验、排放检验和营运车辆综合性能检验的机动车检验机构。

第十三条　机动车排放检验机构应当遵守下列规定：

（一）依法通过计量认证，使用经依法检定合格的机动车排放检验设备；

（二）按照国务院生态环境行政主管部门制定的规范进行排放检验，出具真实、准确的检验报告；

（三）参加生态环境行政主管部门组织的比对实验；

（四）与生态环境行政主管部门联网，实现检验数据实时共享；

（五）建立机动车排放检验档案，保存检验信息；

（六）不得从事机动车维修业务或者指定维修地点；

（七）法律、法规、规章和技术规范规定的其他事项。

机动车排放检验机构应当在检验场所显著位置公示计量认证证书、收费标准以及机动车排放检验的方法、程序等，接受社会监督。

第十四条　机动车所有人或者使用人有权选择机动车排放检验机构进行排放检验，任何单位和个人不得指定机动车排放检验机构。

第十五条　机动车安全技术检验机构对未经排放检验合格的机动车，不予出具安全技术检验合格证明。公安机关交通管理部门对未经排放检验合格的机动车，不予核发安全技术检验合格标志。

第十六条 机动车经排放检验不合格，需要维修的，机动车维修企业应当按照机动车排气污染防治要求和技术规范进行维修，并保存维修档案。

第四章 管理与监督

第十七条 县级以上人民政府生态环境行政主管部门应当会同公安、交通运输等部门，建立机动车排气污染防治监督管理信息系统，实现信息共享。

第十八条 县级以上人民政府生态环境行政主管部门对有关机动车排气污染的投诉、举报，应当依法及时处理。

第十九条 县级以上人民政府生态环境行政主管部门应当建立健全监督管理制度，对机动车排放检验机构开展日常监督检查，并将监督检查情况向社会公布。

第二十条 县级以上人民政府生态环境行政主管部门可以在机动车集中停放地、维修地对在用机动车的大气污染物排放状况进行监督抽测；在不影响正常通行的情况下，可以通过遥感监测等技术手段对在道路上行驶的机动车的大气污染物排放状况进行监督抽测，公安机关交通管理部门予以配合。遥感监测取得的数据，可以作为环境执法的依据。

对监督抽测或者遥感监测显示污染物排放超标的车辆，县级以上人民政府生态环境行政主管部门应当责令车辆所有人或者使用人进行维修；车辆经维修或者采用污染控制技术后，大气污染物排放仍不符合国家在用机动车排放标准的，应当强制报废。

第二十一条 县级以上人民政府交通运输行政主管部门应当将机动车排气污染防治纳入对机动车维修的监督管理内容，加强对维修企业的监督管理，并定期向社会公布具备资格的企业名单。

第二十二条 县级以上人民政府市场监督管理行政主管部门应当加强对车用燃油生产、销售的监督管理，及时查处生产、销售不符合质量标准的车用燃油等违法行为，并将查处结果向社会公布。

第二十三条 县级以上人民政府负责价格监督检查的行政主管部门应当加强对机动车排放检验机构价格行为的监督管理，依法查处不正当价格行为。

第五章 法律责任

第二十四条 违反本办法第八条规定，机动车燃油经营者生产、销售的燃油不符合国家规定的质量标准的，由县级以上人民政府市场监督管理行政主管部门责令改正，没收原材料、产品和违法所得，并处货值金额 1 倍以上 3 倍以下的罚款。

第二十五条 违反本办法第十条规定，以临时更换机动车污染控制装置等弄虚作假的方式通过机动车排放检验或者破坏机动车车载排放诊断系统的，由县级以上人民政府生态环境行政主管部门责令改正，对机动车所有人处 5000 元的罚款；对机动车维修单位处每辆机动车 5000 元的罚款。

第二十六条　违反本办法第十三条第一款规定，机动车排放检验机构有下列行为之一的，由县级以上人民政府生态环境行政主管部门责令停止违法行为，限期改正，并按照下列规定予以处罚：

（一）未按照国务院生态环境行政主管部门制定的规范进行检验，伪造机动车排放检验结果或者出具虚假排放检验报告的，没收违法所得，并处10万元以上50万元以下的罚款；情节严重的，由负责资质认定的部门取消其检验资格；

（二）经营或者参与经营机动车维修业务的，处1万元以上3万元以下的罚款；

（三）拒绝参加生态环境行政主管部门组织的比对实验的，处2000元以上1万元以下的罚款；

（四）未建立机动车排放检验档案并按规定保存检验信息的，处2000元以上1万元以下的罚款。

第二十七条　违反本办法规定，老旧柴油车违反有关禁止行驶的区域、时段规定的，由公安机关交通管理部门按照违反禁令标志依法予以处罚。

第二十八条　生态环境、公安、交通运输、市场监督管理等行政主管部门及其工作人员，在机动车排气污染防治工作中，有下列行为之一的，责令改正，对直接负责的主管人员和其他直接责任人员依法给予处分：

（一）不按照规定办理机动车注册登记、转移登记的；

（二）对机动车排放检验机构不履行监督管理职责的；

（三）违反规定要求机动车所有人和使用人到指定的检验机构进行排放检验的；

（四）对机动车维修企业不履行监督管理职责的；

（五）对生产、销售不符合规定质量标准的车用燃油行为不依法查处的；

（六）参与或者变相参与机动车排放检验、机动车维修和车用燃油销售等经营活动的；

（七）其他滥用职权、玩忽职守、徇私舞弊的行为。

第六章　附　则

第二十九条　本办法自2014年12月1日起施行。

四川省

成都市机动车和非道路移动机械排气污染防治办法

第一章 总 则

第一条 立法目的

为了防治机动车及非道路移动机械排气污染，保护和改善大气环境，保障公众健康，根据《中华人民共和国大气污染防治法》等法律法规，结合成都市实际制定本办法。

第二条 适用范围

本市行政区域内机动车和非道路移动机械排气污染防治，适用本办法。

第三条 政府职责

市人民政府组织制定、实施机动车和非道路移动机械排气污染防治规划，保障经费投入，健全监督管理体系，并将污染防治工作纳入年度目标考核。

区（市）县人民政府应当建立健全机动车排气污染监督管理机制，落实属地化管理原则；应加强人员、装备、设施的配备，保障机构履职能力。

镇（乡）人民政府、街道办事处协助做好本区域的机动车和非道路移动机械排气污染防治工作。

第四条 政策引导

市和区（市）县人民政府应当优先发展公共交通，改善公交车、自行车和行人的道路通行条件，引导公众降低非公交类机动车使用强度。采取财政补贴、财政奖励、政府采购等措施，推动机动车、非道路移动机械的清洁节能和新能源使用。

第五条 部门职责

市和区（市）县环境保护主管部门对本行政区域机动车和非道路移动机械排气污染防治实施统一监督管理，市环境保护主管部门所属的市机动车排气污染监督管理机构具体负责全市机动车和非道路移动机械排气污染防治的日常监督管理和业务指导。

市和区（市）县环境保护主管部门会同公安、交通运输、质监等行政主管部门建立机动车和非道路移动机械排气污染防治综合信息管理系统，实现资源整合、信息共享。

市和区（市）县发展改革、经济和信息化、公安、建设、城管、交通运输、水务、农业、林业、商务、工商等行政主管部门，应当按照各自职责和本办法规定做好机动车和非道路移动机械排气污染防治工作。

第六条 信息公开

市和区（市）县环境保护主管部门应当依法向社会公开机动车、非道路移动机械排气污染及防治信息。

第七条 宣传教育

市和区（市）县人民政府宣传部门应当将机动车和非道路移动机械排气污染防治纳入日常环保宣传教育，倡导公众低碳、环保出行。

市和区（市）县教育、科技行政主管部门应当开展机动车和非道路移动机械排气污染防治的相关教育、培训和科研活动。

第八条 有奖举报

市和区（市）县人民政府对经调查核实的机动车和非道路移动机械排气污染违法行为的举报人依法予以奖励。

第九条 征信制度

市发展改革、经济和信息化、公安、环境保护、交通运输等行政主管部门应当将机动车所有人和机动车检验、维修机构纳入征信系统，对在机动车使用和排放检验、维修中弄虚作假的，纳入失信名单。

第十条 行业自律

机动车检验机构和维修机构的行业协会应加强自我管理、自我约束，对弄虚作假的会员单位及其工作人员实施行业禁入。

第二章 机动车排气污染预防与控制

第十一条 保有量控制

市人民政府可以根据城市规划和大气污染防治需要，采取财政补贴和奖励等多种方式，合理控制机动车保有量。

第十二条 产业规划

经济和信息化主管部门组织编制新能源汽车产业发展规划，推进新能源汽车产业发展。

市和区（市）县人民政府应当将新能源机动车纳入政府公务用车优先采购名录，并加强配套设施建设，逐步扩大新能源机动车使用范围。

第十三条 油品达标

机动车油品销售不得低于本市执行的机动车阶段排放标准；非道路移动机械使用燃料参照本市车用燃料标准执行。

第十四条 达标销售

机动车销售企业应向购买人主动提供机动车环保信息。禁止销售未达到本市执行的污染物排放标准的机动车。

第十五条 车辆限行

市人民政府可以根据大气环境质量状况，划定机动车限行区域和限行时段；对不同排放阶段的高污染排放车辆采取限制区域、限制时间行驶的交通限制措施。

第十六条 环保驾驶

倡导环保驾驶，在不影响道路通行且需停车 3 分钟以上的情况下，倡导机动车驾驶人熄灭发动机。公安机关交通管理部门设置交通配时信号时，对放行信号超过 3 分钟以上的路口应设立提示标牌。

第十七条 达标行驶

机动车不得超过本市执行标准排放大气污染物。

在用重型柴油车未安装污染控制装置或者污染控制装置不符合要求，不能达标排放的，应当加装或者更换符合要求的污染控制装置。

第十八条 排污控制

机动车所有人或驾驶人应做好机动车的维修和保养，使机动车排气持续稳定达到排放标准。

禁止擅自拆除、更改、闲置、租借机动车排气污染控制装置。禁止更改、破坏车载排放诊断系统。

第十九条 定期检验

在用机动车所有人或驾驶人应当按规定对机动车进行排气污染定期检验。定期检验不合格的或者定期检验时装置查验不合格的，机动车所有人或驾驶人应按要求维修。未取得《机动车维修竣工出厂合格证》的机动车，检验机构不得复检。

排气污染定期检验不合格的在用机动车，机动车检验机构不得出具机动车安全技术检验合格证明，公安机关交通管理部门不予核发安全检验合格标志，交通运输主管部门不予办理营运机动车定期审验合格手续。

外地籍机动车所有人或驾驶人需在本市进行机动车定期检验的，按本市有关规定进行。

禁止任何单位和个人以临时更换机动车污染控制装置等弄虚作假方式通过机动车排放检验。

第二十条 机动车维修

从事机动车排气污染维修治理的维修机构应当按照规定，对检验不合格的在用机动车进行维修，维修情况及时联网上传市交通运输主管部门和市环境保护主管部门，维修竣工合格的机动车应达到本市规定的污染物排放标准，并在质量保证期内承担维修质量责任。

第二十一条 强制报废

在用机动车经维修或者采用控制技术后，向大气排放污染物仍不能达到本市执行的机动车污染物排放标准的，应按《机动车强制报废标准规定》要求，办理机动车注销登记手续。

第二十二条 设备查验

本市机动车环保检验设备应当符合国家标准。设备供应商不得提供作假功能，提供作假功能的，纳入征信系统，并在全市范围内实施市场禁入。

第二十三条 检验机构资质

在本市从事机动车排气污染检验的机构，应当具备下列条件：

（一）检验机构依法通过计量认证，检验人员经过专业培训，对出具的检验报告的真实性、准确性负责；

（二）建立质量和技术管理制度；

（三）与市机动车排气污染监督管理机构联网，并向其实时传输检验数据、视频监控数据及其他管理数据、资料；

（四）按照规定的排气污染检验方法、技术规范和排放标准进行检验，出具客观真实的检验报告；

（五）建立机动车排气污染检验档案；

（六）法律、法规、技术规范规定的其他事项。

检验机构和人员不得以任何方式从事机动车排气污染治理维修业务。

第三章 机动车排气污染监管

第二十四条 检验频次

市公安机关交通管理部门、环境保护和质监等行政主管部门应当加强对检验机构的监督管理。机动车定期检验，应当符合国家对机动车检验频次的规定。

第二十五条 监督抽测

市和区（市）县环境保护主管部门在不影响正常通行前提下，可以使用遥感监测等技术手段对道路上行驶的机动车的大气污染物排放状况进行监督抽测；对机动车集中停放地、维修地的在用机动车进行监督抽测。被抽测机动车的所有人或驾驶人、被抽测单位应予配合。

监督抽测人员应当向机动车所有人或驾驶人明示检测结果，监督抽测不合格的，监督抽测部门应当当场向机动车所有人或驾驶人出具维修复检催告单，机动车所有人或驾驶人在收到复检催告单后，应当在 15 个工作日内自行选择有资质的维修机构维修，直至复检合格。

监督抽测不合格，逾期不维修、不复检或者复检不合格的，应抄送公安机关交通管理部门；仍上道路行驶的，由公安机关交通管理部门依法处罚。

第二十六条 安检标志核发

公安机关交通管理部门核发在用机动车安全检验合格标志时，应当查验机动车环保检验报告。

第二十七条 维修监管

交通运输主管部门应当将机动车排气污染防治纳入对车辆营运、维修的监督管理内容，与环境保护主管部门建立机动车排气污染维修治理、环保检测数据联网共享机制。

市交通运输主管部门应向社会公布本市具有机动车排气污染维修治理能力且实现联网监管的维修机构名录，方便机动车所有人或驾驶人进行选择。

第二十八条 营运审验

交通运输主管部门对未定期检验或定期检验不合格的机动车，不予办理《道路运输证》或者不予通过营运定期审验。

第二十九条 检验设备监管

质量技术监督管理部门应当依法对机动车排放检验机构的计量检验设备使用情况进行监督管理，并依法查处未经计量检验或使用检验不合格的计量器具等违法行为。

第三十条 出入境检验

出入境检验检疫部门应当查验进口机动车、发动机、非道路移动机械等的排放标准，不符合本市排放标准的不得进入本市销售。

第四章 非道路移动机械排气污染防治

第三十一条 备案登记

本市新增的非道路移动机械，其所有人应当在购买之日起 30 日内向所在区（市）县的对应行业主管部门报送非道路移动机械的排气污染相关信息；现有非道路移动机械的所有人应按照本市新增非道路移动机械的报送程序进行申报。

第三十二条 标志管理

本市对非道路移动机械实行排放标志管理制度。对非道路移动机械装用的发动机，根据其所能达到的排放阶段标准进行标志。

市环境保护主管部门根据大气污染防治需要，会同有关部门制定本市的非道路移动机械标志管理规定。

市环境保护主管部门可以委托非道路移动机械行业主管部门核发非道路移动机械排放标志，标志应粘贴于显著位置。

第三十三条 高排放禁止区

城市人民政府可以根据大气环境质量状况，划定并公布禁止使用高排放非道路移动机械的区域。环境保护主管部门可以采用电子标签、电子围栏、排气监控等技术手段对禁止区域进行实时监控。

第三十四条 达标排放

在本市作业的非道路移动机械不得超过本市执行标准排放大气污染物。

非道路移动机械所有人和使用人应配合相关行政管理部门的监督检查，定期对非道路移动机械进行维护保养，使非道路移动机械排气符合规定排放标准。

第三十五条　现场抽查

市和区（市）县环境保护主管部门可以会同相关部门对非道路移动机械排气污染状况等进行现场抽查，非道路移动机械所有人或使用人应予配合。

第五章　法律责任

第三十六条　环保处罚

违反本办法规定，有下列情形之一的，由县级以上人民政府环境保护主管部门责令改正，并按照以下规定予以处罚：

（一）以临时更换机动车污染控制装置等弄虚作假的方式通过机动车排放检验，或者更改、闲置、破坏车载排放诊断系统的，对机动车所有人处5000元的罚款；

（二）在用重型柴油车未按照规定加装、使用、更换污染控制装置的，对机动车所有人处5000元的罚款。

第三十七条　公安处罚

违反本办法规定，有下列情形之一的，由公安机关交通管理部门责令改正，并按照以下规定予以处罚：

（一）机动车驾驶人驾驶排放检验不合格的机动车上道路行驶的，依法予以处罚；

（二）监督抽测不合格，逾期不维修、不复检或者复检不合格仍上道路行驶的，对机动车所有人处200元的罚款。

第三十八条　检验、维修机构责任

违反本办法规定，有下列情形之一的，由环境保护主管部门对机动车排放检验机构或维修机构依法予以处罚：

机动车排放检验机构伪造排放检验结果、出具虚假排放检验报告的，暂停网络连接和检验报告打印功能，没收违法所得，并处10万元以上50万元以下的罚款。情节严重的，由负责资质认定的部门撤销其资质认定证书；

机动车排放检验机构拒绝监督检查的，处10万元以上20万元以下的罚款；

机动车维修机构以临时更换机动车污染控制装置等弄虚作假的方式使机动车通过排放检验，或者破坏车载排放诊断系统的，处每辆机动车5000元的罚款。

第三十九条　非道路移动机械责任

违反本办法规定，有下列情形之一的，由县级以上人民政府环境保护等主管部门对非道路移动机械的所有人或使用人（单位）依法责令改正违法行为并予以处罚：

（一）拒绝排气污染监督检查的，对使用人（单位）处2000元以上5000元以下的罚款；

（二）未备案登记或使用与备案不符的，对使用人（单位）处每台次2万元以下的罚款；

（三）不按排放标志管理规定作业或在禁止区内作业的，对其使用人（单位）处每台次 2 万元以下的罚款；

（四）擅自拆除、闲置、更改、租借、破坏非道路移动机械电子标签、电子围栏、排气监控等监管设备的，对其所有人或使用人（单位）处每台次 2 万元以下的罚款；

（五）使用排放不合格的非道路移动机械，或者擅自拆除、闲置、更改、租借、毁坏破坏排气污染控制装置，处 5000 元的罚款。

第四十条 燃料不合格责任

生产、运输、销售车用燃料不符合国家标准及制造、销售假冒、伪劣机动车排气污染控制产品的，由质量监督、工商行政等管理部门依照有关法律、法规的规定予以处罚。

销售车用燃料不明示燃料质量标准的，由工商行政管理部门责令改正，并依法处罚。

第四十一条 失职渎职责任

有关行政主管部门及其工作人员滥用职权、徇私舞弊、玩忽职守，执行本办法不力、履职不到位的，由同级人民政府或者上级主管部门依法给予行政处分，构成犯罪的，依法追究刑事责任。

第六章 附 则

第四十二条 术语解释

本办法所称机动车，是指以动力装置驱动或者牵引，上道路行驶的供人员乘用或者用于运送物品以及进行工程专项作业的轮式车辆。

本办法所称非道路移动机械，是指装配有发动机的移动机械和可运输工业设备。

本办法所称机动车排气污染控制装置，是指为防治机动车排气污染而安装的曲轴箱强制通风、机动车排气净化、燃油和燃气蒸发控制等装置。

本办法所称新能源机动车，是指纯电动机动车、插电式（含增程式）混合动力汽车和燃料电池汽车。

第四十三条 解释机关

本办法具体适用中的问题由市环境保护主管部门负责解释。

第四十四条 施行日期

本办法自 2017 年 11 月 1 日起施行。

成都市施工现场非道路移动机械排气污染防治实施办法

第一条　制定目的

为规范施工现场非道路移动机械排气污染防治工作，保护和改善大气环境，根据《中华人民共和国大气污染防治法》《成都市机动车和非道路移动机械排气污染防治办法》等相关规定，结合成都市实际，制定本办法。

第二条　适用范围

本市行政区域内施工现场非道路移动机械排气污染防治，适用本办法。

本办法所称施工现场非道路移动机械，是指施工现场作业的装配有发动机的移动机械和可运输工业设备。主要包括：工程机械（挖掘机、推土机、装载机、履带吊车、压路机、平地机、沥青摊铺机、旋挖机、内燃桩工机械等）、材料装卸机械等。

第三条　防治原则

本市行政区域内施工现场非道路移动机械排气污染防治坚持源头治理原则和防控结合、分类管理、社会共治、排污担责的原则。

第四条　环境准入制度

本市施工现场非道路移动机械应符合本市执行的国家阶段性排放标准，不得超过标准排放大气污染物。

第五条　标志和登记管理制度

本市实行非道路移动机械排放标志管理制度。市环境保护主管部门制定本市非道路移动机械标志管理规定，对非道路移动机械装用的发动机，根据其所能达到的排放阶段标准进行标志、核发，标志应粘贴于显著位置。

本市新增的非道路移动机械，其所有人应当在申办非道路移动机械排放标志的同时，向所在地县级以上地方人民政府环境保护主管部门登记报送非道路移动机械的排气污染相关信息；现有非道路移动机械的所有人应按照本市新增非道路移动机械的报送程序进行登记报送。

第六条　机械用油管理

非道路移动机械使用油品参照本市执行的机动车油品标准执行，不得低于本市执行的国家阶段性排放标准。非道路移动机械所有人或使用人应从正规渠道购买非道路移动机械用油，并留存进货凭证和建立台账。经济和信息化、安全生产监督、质量技术监督、环境保护、工商行政、交通运输、城市管理、公安、建设、水务、房管、林园等相关行政管理部门要分工合作，按照各自职责建立长效机制，落实责任，坚持源头治理，做好施工现场非道路移动机械排气污染防治工作，遏制施工现场伪劣油品使用对大气环境的不利影响。

第七条 主体责任

施工单位、监理单位、业主单位应当按相关规定落实施工现场非道路移动机械排气污染防治主体责任。

施工单位应当履行下列职责：

（一）制定施工现场非道路移动机械管理制度，建立进入施工现场非道路移动机械台账，确定管理部门和人员；

（二）对施工现场非道路移动机械进行检查核实，确保进入施工现场的非道路移动机械取得排放标志；

（三）督促非道路移动机械产权单位（个人）定期进行维护保养，确保非道路移动机械使用过程中尾气排放符合排放标准；

（四）督促非道路移动机械产权单位（个人）从正规渠道购买非道路移动机械用油，并留存进货凭证和建立台账；

（五）接受相关行政管理部门的监督检查。

监理单位应对所有进入施工现场的非道路移动机械进行严格把关，并有相关进场验收记录，未取得排放标志的不得进入施工现场。加强对非道路移动机械用油进货凭证和台账的检查。

业主单位（含代理业主）应在施工承包合同和监理合同中明确施工单位、监理单位非道路移动机械排气污染防治责任，加强对施工单位、监理单位履职情况的监督管理。

第八条 部门职责

县级以上人民政府环境保护主管部门对本行政区域非道路移动机械排气污染防治实施统一监督管理。其他各行政管理部门应根据相关法律、法规和规定要求，按照各自职责，积极做好非道路移动机械排气污染防治工作，禁止未取得排放标志的非道路移动机械进入施工现场。

环境保护主管部门负责对非道路移动机械装用的发动机进行检测，印制、核发全市统一的非道路移动机械排放标志；向社会公开非道路移动机械排气污染及防治信息；所属的市机动车排气污染监督管理机构具体负责全市非道路移动机械排气污染防治的日常监督管理和业务指导。

经济和信息化主管部门负责加强对全市加油站油品来源的检查力度，定期对企业油品购买合同、购买发票进行抽查，发现成品油采购渠道不正当等违反《成品油市场管理办法》的行为，视情节依法给予警告、责令停业整顿、罚款的处罚。对经整改仍不合格或拒不整改的企业，由区（市）县成品油行业主管部门上报市经信委，由发证机关撤销其成品油经营资质。

工商行政主管部门负责我市流通领域成品油质量的监督管理，依法查处销售不合格油品的违法行为。

质量技术监督管理部门负责配合相关部门对查处的非法销售油品协调有资质的检验机构按国家油品质量有关标准鉴定。

安全生产监督管理部门负责加强行政许可审查，从事成品油经营企业必须取得成品油批发（零售）许可证后，方可核发《危险化学品经营许可证》。

公安部门负责严厉打击成品油市场的各类违法犯罪行为，对经营假冒伪劣油品或无成品油经营资质的企业，其违法经营行为达到刑事追究标准的要坚决依法查处。

交通运输、城市管理、房管、建设、水务、林园等行政管理部门按职责负责配合相关部门加强对本部门主管工作范围内非道路移动机械排放标志和用油来源的检查，定期检查施工现场非道路移动机械用油购置凭证和购置使用台账，督促企业从正规渠道购买油品，确保油品来源渠道正当。

第九条　征信制度

各行政管理部门应将非道路移动机械排气污染防治工作纳入征信管理，对责任主体单位非道路移动机械排气污染防治工作不力，非道路移动机械油品来源不当等违法违规行为进行企业信用评价管理。

第十条　禁用管理责任

违反本办法规定，在禁止使用高排放非道路移动机械的区域使用高排放非道路移动机械的，按照《中华人民共和国大气污染防治法》《成都市机动车和非道路移动机械排气污染防治办法》等相关规定，由环境保护等部门依法予以处罚。

第十一条　非道路移动机械违法责任

违反本办法规定，拒绝排气污染监督检查；未登记或使用机械与登记信息不符；不按排放标志管理规定作业；擅自拆除、闲置、更改、租借、破坏非道路移动机械电子标签、电子围栏、排气监控等监管设备；使用排放不合格的非道路移动机械，或者擅自拆除、闲置、更改、租借、毁坏破坏排气污染控制装置的，由县级以上人民政府环境保护等主管部门对非道路移动机械的所有人或使用人（单位）责令改正，并依法予以处罚。

第十二条　办法解释

本办法由成都市环境保护局和成都市城乡建设委员会负责解释。

第十三条　办法实施

本办法自 2018 年 6 月 1 日起施行，有效期 2 年。

绵阳市机动车和非道路移动机械排气污染防治管理办法（试行）

第一章 总 则

第一条 为防治机动车和非道路移动机械排气污染，保护和改善大气环境，保障公众健康，根据《中华人民共和国环境保护法》《中华人民共和国大气污染防治法》《四川省环境保护条例》《四川省机动车排气污染防治办法》等法律法规和规章，结合绵阳实际，制定本办法。

第二条 绵阳市行政区域内的机动车和非道路移动机械的排气污染防治适用本办法。

第三条 县级以上地方人民政府（园区管委会）应当将机动车和非道路移动机械排气污染防治纳入城市发展总体规划和污染防治规划，加强人员、装备和设施配备，建设“天地车人”一体化的机动车排放监控系统，完善机动车遥感监测网络，健全监督管理体系，将保障经费纳入财政预算，增强机构履职能力，并将污染防治工作纳入年度目标考核。

乡镇人民政府（街道办事处）按照属地管理原则，做好本区域的机动车和非道路移动机械排气污染防治工作。

第四条 县级以上地方人民政府（园区管委会）应当优化道路建设和管理，改善道路通行条件，优先发展公共交通，引导公众降低非公交类机动车使用强度。采取财政补贴、财政奖励、政府采购等措施，推动机动车、非道路移动机械的清洁节能和新能源使用。鼓励淘汰老旧机动车和非道路移动机械，鼓励机动车和非道路移动机械排气污染防治相关理论技术研究和创新，促进科技成果转化与利用。

第五条 县级以上地方人民政府（园区管委会）环境保护主管部门负责对本行政区域机动车和非道路移动机械排气污染防治实施统一监督管理，会同公安、住建、交通运输、工商、质监、农业、水务等行政主管部门建立机动车和非道路移动机械排气污染防治数据信息综合管理系统，加强部门间和区域间的信息互通及资源共享。

县级以上地方人民政府（园区管委会）发改、经信、公安、安监、住建、交通运输、水务、城管、农业、林业、国土资源、工商、商务、质监、教育等行政部门应当按照各自职责和本办法规定，做好机动车和非道路移动机械排气污染防治工作。

第六条 县级以上地方人民政府（园区管委会）环境保护主管部门应当依法向社会公开机动车、非道路移动机械排气污染及防治信息。

第七条　县级以上地方人民政府（园区管委会）应当将机动车和非道路移动机械排气污染防治作为环保宣传教育的重要内容，引导公众遵循低碳、环保、绿色的行动准则。

第二章　机动车排气污染预防与控制

第八条　县级以上地方人民政府（园区管委会）应当扶持节能环保产业发展，将新能源机动车纳入政府公务用车采购名录，并加强配套设施建设，逐步扩大新能源机动车使用范围。

第九条　本市生产、销售、使用的车用燃油应符合国家油品阶段标准要求，非道路移动机械使用燃油参照本市车用燃油标准执行。

第十条　机动车销售人应当在机动车销售时提供完整的环保信息，并承担相应的法律责任。

第十一条　市人民政府可以根据重污染天气应急预案，划定机动车限行区域和限行时段；对执行不同排放标准的高污染排放车辆采取限制区域、限制时间行驶的交通限制措施。

第十二条　机动车不得超过标准排放大气污染物，不得排放黑烟等可视污染物。机动车所有人或使用人不得擅自拆除、闲置、更改、租借机动车排气污染控制装置和车载排放诊断系统。

在用重型柴油车未安装污染控制装置或者污染控制装置不符合要求、不能达标排放的，应当加装或者更换符合要求的污染控制装置。

机动车所有人或使用人应做好机动车的维修和保养，使机动车排气持续稳定达到国家规定的排放限值要求。

第十三条　在用机动车所有人或驾驶人应当按规定对机动车进行排气污染定期检验。定期检验不合格的或者定期检验时装置查验不合格的，机动车所有人或驾驶人应按要求维修后方可复检。

第十四条　县级以上地方人民政府（园区管委会）交通运输部门应当会同环境保护主管部门，建立实施机动车检测与维护制度。

机动车维修单位应当按照防治大气污染的要求和国家有关技术规范，对超过国家标准排放大气污染物的在用机动车进行维修，并在质量保证期内承担维修质量责任。

第十五条　在用机动车排放大气污染物超过标准的，应当进行维修；经维修或者采用污染控制技术后，大气污染物排放仍不符合国家在用机动车排放标准的，应当强制报废。其所有人应当将机动车交售给报废机动车回收拆解企业，由报废机动车回收拆解企业按照国家有关规定进行登记、拆解、销毁等处理。

第十六条　本市使用的机动车排放检验设备应当符合国家标准。

第十七条　在本市从事机动车排气污染检验检测的机构，应当遵循下列规定：

（一）具有能够承担完全民事行为能力的法人机构；

（二）检验检测机构依法取得资质认定，对其出具的检验检测数据、结果负责，并承担相应法律责任；

（三）建立质量和技术管理制度；

（四）与市机动车排气污染监督管理机构联网，并向其实时传输检验数据、视频监控数据及其他管理数据、资料；

（五）按照规定的排气污染检验方法、技术规范和排放标准进行检验，出具客观真实的检验报告；

（六）建立机动车排气污染检验档案；

（七）法律、法规、技术规范规定的其他事项。

检验检测机构和人员不得以任何方式从事或参与机动车排气污染治理维修业务。

第三章 机动车排气污染监管

第十八条 未经环保定期检验或者经检验不符合国家规定排放限值要求的机动车，公安部门不予办理注册或者转入登记手续。

新购置的列入环保达标车型目录的轻型汽油车在注册登记时，免予排气检测。

第十九条 县级以上地方人民政府（园区管委会）环境保护主管部门可以在机动车集中停放地、维修地对在用机动车的大气污染物排放状况进行监督抽测；在不影响正常通行前提下，可以使用遥感监测等技术手段对道路上行驶的机动车的大气污染物排放状况进行监督抽测，公安机关交通管理部门予以配合；被抽测机动车的所有人或驾驶人、被抽测单位应予配合。

监督抽测人员应当向机动车所有人或驾驶人明示检测结果，监督抽测不合格的，监督抽测部门应当当场向机动车所有人或驾驶人出具机动车超标排放维修复检告知书，机动车所有人或驾驶人在收到机动车超标排放维修复检告知书后，应当在 15 个工作日内自行选择有资质的维修机构维修，并按要求进行复检。

市环境保护主管部门定期公开监督抽测不合格且逾期不复检的车辆号牌及车型等信息。

第二十条 县级以上地方人民政府（园区管委会）交通运输部门应加强对机动车维修单位和道路运输从业人员的监督管理，按照有关规定实施道路运输营运车辆准入制度。

第四章 非道路移动机械排气污染防治

第二十一条 市人民政府可以根据大气环境质量状况，划定并公布禁止使用高排放非道路移动机械的区域。环境保护主管部门会同行业行政主管部门可以采用电子标签、电子围栏、排气监控等技术手段对禁止区域进行实时监控。

第二十二条 在本市作业的非道路移动机械不得超过标准排放大气污染物，不得排放黑烟等可视污染物。

非道路移动机械所有人和使用人应定期对非道路移动机械进行维护保养，使非道路移动机械排气达到国家规定的排放限值要求。

第二十三条 县级以上地方人民政府（园区管委会）环境保护主管部门可以会同交通运输、住建、农业、水务、城管等行政主管部门对非道路移动机械的大气污染物排放状况进行监督检查，非道路移动机械所有人或使用人应予配合。

第五章 法律责任

第二十四条 违反本办法规定的公民、法人和其他组织，纳入环境征信系统管理。

第二十五条 违反本办法第十九条之规定，驾驶排放检验不合格的机动车上道路行驶的，由公安机关交通管理部门依法处理。

第二十六条 违反本办法规定，非道路移动机械的所有人或使用人（单位）拒绝排气污染监督检查的，由县级以上地方人民政府（园区管委会）环境保护主管部门或者其他负有大气环境保护监督管理职责的部门责令改正并依法处理；构成违反治安管理行为的，由公安机关依法处理。

违反本办法规定，擅自拆除、闲置、更改、租借、破坏非道路移动机械电子标签、电子围栏、排气监控等监管设备的；使用排放不合格的非道路移动机械，或者未按照规定加装、更换污染控制装置的，由县级以上地方人民政府（园区管委会）环境保护主管部门依法处理。

第二十七条 生产、销售、使用不符合国家标准的车用燃油，由质量监督、工商行政管理部门依照有关法律、法规的规定予以查处。

销售车用燃油不明示燃料标准的，由工商行政管理部门责令改正或依法处罚。

第二十八条 国家机关工作人员滥用职权、徇私舞弊、玩忽职守，执行本办法不力、履职不到位的，由同级人民政府依法给予行政处分，构成犯罪的，依法追究刑事责任。

第六章 附 则

第二十九条 本办法所称机动车，是指以动力装置驱动或者牵引，上道路行驶的供人员乘用或者用于运送物品以及进行工程专项作业的轮式车辆。

本办法所称非道路移动机械，是指装配有发动机的移动机械和可运输工业设备。主要包括挖掘机械、铲土运输机械、工程起重机械、综合机械、压实机械、路面机械、桩工机械、凿岩机械、铁路线路机械、农业机械等。

本办法所称机动车和非道路移动机械排气污染，是指由排气管、曲轴箱和燃油燃气系统向大气排放、蒸发污染物所造成的污染。

本办法所称机动车排气污染控制装置，是指为防治机动车排气污染而安装的曲轴箱强制通风、机动车排气净化、燃油和燃气蒸发控制等装置。

本办法所称新能源机动车，是指纯电动机动车、插电式（含增程式）混合动力汽车和燃料电池汽车。

第三十条 因国防需要、应急救援等公共利益需要使用的机动车和非道路移动机械，不适用本办法。

第三十一条 本办法自发布之日起施行，有效期1年。

攀枝花市施工现场非道路移动机械排放监督管理规定

第一条　制定目的

为规范施工现场非道路移动机械排气污染防治工作，加强对我市高排放非道路移动机械禁止使用区精细化管控，保护和改善大气环境，根据《中华人民共和国大气污染防治法》《四川省〈中华人民共和国大气污染防治法〉实施办法（修订）》、攀枝花市人民政府《关于划定高排放非道路移动机械禁止使用区的通告》等相关规定，结合《非道路移动柴油机械排气烟度限值及测量方法》（GB 36886—2018）、《生态环境部办公厅关于加快推进非道路移动机械摸底调查和编码登记工作的通知》（环办大气函〔2019〕655 号）、《关于印发〈柴油货车污染治理攻坚战行动计划〉的通知》（环大气〔2018〕179 号）和攀枝花市实际，制定本规定。

第二条　适用范围

本市行政区域内施工现场非道路移动机械排气污染防治，适用本规定。

本规定所称施工现场非道路移动机械，是以城市建成区内施工工地、物流园区、大型工矿企业以及港口、码头、机场、铁路货场使用的非道路移动机械（包括重型柴油货车）为重点，主要包括挖掘机、起重机、推土机、装载机、压路机、摊铺机、平地机、叉车、桩工机械、堆高机、牵引车、摆渡车、场内车辆、应急救援、农用机械等机械类型。

第三条　防治原则

本市行政区域内施工现场非道路移动机械排气污染防治坚持源头治理、防控结合、分类管理、社会共治、排污担责的原则。

第四条　部门职责

生态环境主管部门负责探索建立非道路移动机械排放编码登记及定位跟踪监控系统，实现与各有关单位及部门之间的信息共享；负责组织开展非道路移动机械排放编码登记工作；负责组织进入高排放禁止区使用的非道路移动机械试点印制识别编码和安装定位监控终端；会同各有关单位及部门组织开展非道路移动机械排放监督检查，对涉嫌环境违法的行为依法处理。市级生态环境部门所属的机动车排气污染监督管理机构具体负责全市非道路移动机械排气污染防治的业务指导。

经济和信息化主管部门负责加强对全市加油站油品来源的检查力度，定期对加油站油品购买合同、购买发票进行抽查，并上报相关主管部门备案，发现成品油采购渠道不正当等违反《成品油市场管理办法》的行为，视情节依法给予警告、责令停业整顿、罚款的处罚。对经整改仍不合格或拒不整改的企业，由县（区）成品油行业主管部门上报市级经信部门，由发证机关撤销其成品油经营资质。

市场监督管理部门负责依法对我市流通领域成品油经营者销售的成品油进行抽样检验，对认定为销售不合格成品油的违法行为，应当依据相关法律、法规和规章进行查处。

公安部门负责依法打击扰乱成品油市场的各类违法犯罪行为，对经营假冒伪劣油品或无成品油经营资质的企业，其违法经营行为达到刑事案件追究标准的要坚决依法追究刑事责任。

各施工行为所属行业主管部门，按职责负责配合相关部门加强对本部门主管工作范围内非道路移动机械排放和用油来源的检查，汇总建立非道路移动使用台账，定期检查施工现场非道路移动机械用油购置凭证和购置使用台账，杜绝使用人从非法渠道购买劣质油，督促使用人从正规渠道购买油品，确保油品来源渠道正当。

第五条 环境准入制度

本市使用的非道路移动机械不得超过标准排放大气污染物，实施使用中监督抽测、超标后处罚撤场的制度。

第六条 编码登记管理

本市实行非道路移动机械排放编码登记管理制度。非道路移动机械使用人或所有人应当向所属生态环境部门报送非道路移动机械的排放相关信息，通过备案 APP 实施非道路移动机械在线备案，抄送生态环境部门备案并统一编码登记。禁止未进行编码登记的非道路移动机械进入施工现场、物流园区、大型工矿企业以及港口、码头、机场、铁路货场使用。

第七条 机械用油管理

非道路移动机械使用油品不得低于国家阶段性标准。非道路移动机械所有人或使用人应从正规渠道购买非道路移动机械用油，并留存进货凭证和建立台账备查。

第八条 禁止区管理

本市实行高排放禁止使用区非道路移动机械定位跟踪管理制度。在高排放禁止使用区使用的非道路移动机械应满足攀枝花市人民政府《关于划定高排放非道路移动机械禁止使用区的通告》的要求（2009 年 10 月 1 日以后生产），其使用人或所有人在报送非道路移动机械的排放相关信息，由生态环境部门进行统一编码登记的基础上，试点喷绘识别编码，免费安装非道路移动机械定位监控终端，并与生态环境部门联网，纳入排放监控系统管理。高排放非道路移动机械禁止区范围内的施工现场禁止使用未安装定位监控终端并与生态环境部门联网的非道路移动机械。

第九条 主体责任

施工单位、监理单位、业主单位应当按相关规定落实施工现场非道路移动机械排气污染防治主体责任。

施工单位应当履行下列职责：

（一）制定施工现场非道路移动机械管理制度，建立进入施工现场非道路移动机械台账，确定管理部门和人员。

（二）对施工现场非道路移动机械进行检查核实。施工现场不得使用未经备案并统一编码登记的非道路移动机械，在高排放非道路移动机械禁止区范围内的施工现场不得使用未安装定位监控终端并与生态环境部门联网的非道路移动机械。

（三）督促非道路移动机械产权单位（个人）定期进行维护保养，确保非道路移动机械使用过程中尾气排放符合排放限值要求。

（四）督促非道路移动机械产权单位（个人）从正规渠道购买非道路移动机械用油，并留存进货凭证和建立台账。

（五）接受相关行政管理部门的监督检查。

监理单位应对所有进入施工现场的非道路移动机械进行严格把关，并有相关进场验收记录，加强对非道路移动机械用油进货凭证和台账的检查。

业主单位（含代理业主）应在施工承包合同和监理合同中明确施工单位、监理单位非道路移动机械排气污染防治责任，加强对施工单位、监理单位履职情况的监督管理。

第十条 征信制度

各行政管理部门应将非道路移动机械排气污染防治工作纳入征信管理系统，对非道路移动机械排气污染防治工作不力的和油品来源不当的责任主体单位进行企业信用评价管理。

第十一条 非道路移动机械违法责任

违反本办法规定，拒绝排气污染监督检查；擅自拆除、闲置、更改、租借、破坏非道路移动机械电子标签、电子围栏、定位终端、排气监控等监管设备；使用排放不合格的非道路移动机械的，由生态环境等主管部门对非道路移动机械的所有人或使用人（单位）责令改正，并依法予以处罚。

违反本办法规定，在禁止使用高排放非道路移动机械的区域使用高排放非道路移动机械的，由生态环境等部门依法予以处罚。

第十二条 工作时限

2019 年 12 月 31 日前，完成全市现有非道路移动机械的登记备案工作，新购置或转入的非道路移动机械，应在购置或转入之日起 30 日内完成编码登记。

第十三条 解释

其他非道路移动机械作业参照执行，本规定由攀枝花市生态环境局负责解释。

第十四条 实施

本规定自 2019 年 10 月 18 日起施行。

宜宾市非道路移动机械排气污染防治实施办法（试行）

第一条 为加强宜宾市非道路移动机械排气污染防治，改善环境空气质量，保障人民健康，根据《中华人民共和国大气污染防治法》《四川省〈中华人民共和国大气污染防治法〉实施办法》、《非道路移动机械排气烟度限值及测量方法》（GB 36886—2018）、生态环境部《非道路移动机械污染防治技术政策》等相关规定，结合我市实际，制定本办法。

第二条 在本市行政区域内使用或计划使用的非道路移动机械排气污染防治适用于本办法。

第三条 本办法所指非道路移动机械，分为工程机械（包括但不限于装载机、挖掘机、推土机、压路机、沥青摊铺机、叉车、非公路用卡车、起重机、强夯机、履带吊车、内燃桩工机械、柴油发电机、铣刨机、柴油打桩锤、凿岩台车等）、农业机械、林业机械、材料装卸机械、工业钻探设备、雪犁装备、机场地勤设备、空气压缩机、发电机组、渔业机械、水泵等。对于本办法的规定，不同种类的非道路移动机械分批次实施，具体实施时间以通告为准。

第四条 本市非道路移动机械排气污染防治实施备案登记、排放标志、使用登记、燃油台账、高排放禁用区管控、监督抽测六项管理制度，该六项管理制度均通过《宜宾市非道路移动机械信息化管理平台》以信息化方式实现。

第五条 备案登记制度。非道路移动机械所有人（自然人或法人）应根据通告规定的时间和机械类别，通过网络平台，按平台设定的流程，以提供电子资料的形式向宜宾市生态环境局直属事业单位宜宾市机动车排污监控中心提交备案申请，并按照受理机构的要求如实提供材料。

申请材料符合要求的，予以备案；不符合要求的，不予备案，退回修正后提交。

非道路移动机械所有人或联系方式发生变动的，应及时申请变更备案登记信息。

通过提供虚假材料取得备案登记、排放标志的，由受理机构予以撤销，并依法追究申领人责任。

备案登记不具有所有权登记的性质。

第六条 排放标志制度。根据非道路移动机械所有人备案登记所提供的材料、国家排放标准实施时间或机械出厂时标明的排放阶段，认定排放阶段，核发相应的排放标志和环保识别号。

排放标志为印有排放阶段和环保识别号的二维码，通过扫描二维码，可获取该机械的所有备案登记信息和排放阶段信息。环保识别号为备案人通过《宜宾市非道路移动机械信息化管理平台》选取的对应该机械的编号，编号规则为：F•川Q•×•×××××。“F”代表非道路移动机械；“川 Q”代表宜宾市；第一个数字代表排放阶段；后五位数字为该机械在系统内的编号。

备案人对核发的排放标志有异议的，可持备案人身份证原件、机械相关信息资料原件到宜宾市机动车排污监控中心申请复核。

核发的排放标志二维码应规范张贴于机械驾驶室挡风玻璃右上角内侧；选取的环保识别号应自行喷涂于机械车身显著位置，字体大小和颜色不作统一规定，以便于第三人在较远处能清晰观察和美观为宜。

排放标志二维码损坏或遗失的，备案人应及时重新申领并规范张贴。

机械备案和排放标志二维码免费，如需采取邮寄方式申领，自行交纳快递费到第三方快递机构。

第七条　使用登记制度。使用过程中应当进行出入场登记。未备案登记和规范张贴排放标志的非道路移动机械禁止投入使用。

非道路移动机械投入使用前，使用人应按《宜宾市非道路移动机械信息化管理平台》设定的程序，逐项核实机械实际信息和平台备案信息的一致性，进行入场登记。凡实际信息与备案信息不一致的，禁止入场使用。若强行使用，由使用人承担相应责任。

非道路移动机械停止使用出场时，使用人应按《宜宾市非道路移动机械信息化管理平台》设定的程序，进行出场登记。

工业企业、矿山、机场等机构在固定场所使用非道路移动机械作业亦应当进行进出场登记。

完成进出场登记后，平台系统会自动生成特定使用人的机械使用台账及特定机械的历史使用记录。

禁止使用根据《非道路移动机械排气烟度限值及测量方法》（GB 36886—2018）检测排放不达标的机械。禁止使用排放黑烟或其他明显可视污染物的非道路移动机械。

在高排放非道路移动机械禁用区内，禁止高排放非道路移动机械进行进场操作。

第八条　燃油台账制度。非道路移动机械使用的燃油质量应当达到本市执行的国家阶段性燃油质量标准。鼓励非道路移动机械使用达到相应阶段质量标准的车用燃油。

所有人或使用人应当从合法渠道购买燃油并留存相关凭证，按照《宜宾市非道路移动机械信息化管理平台》设定的流程和信息要求，进行燃油出入库操作，系统自动生成燃油台账。

使用人应当与供应商签订燃油采购合同，合同应当注明燃油质量标准，禁止采购未达到本市执行的国家阶段性质量标准的燃油。鼓励具备条件的非道路移动机械使用人，建立批次燃油留样制度。

燃油采购人应当采购符合质量标准的燃油。燃油供应商对燃油质量负责，凡供应不符合质量标准燃油的，由相关职能部门依法查处。

第九条 高排放非道路移动机械禁用区制度。根据《大气污染防治法》，本市部分行政区域划定为高排放非道路移动机械禁用区。禁用区范围和实施时间按有关通告规定执行。

禁止在高排放非道路移动机械禁用区内使用高排放非道路移动机械。使用高排放非道路移动机械是指高排放非道路移动机械进入作业区。高排放非道路移动机械的定义按有关通告规定执行。

作业区是否在高排放非道路移动机械禁用区范围内，由使用者通过《宜宾市非道路移动机械信息化管理平台》提供的确认功能自行确认。作业区任何位置处于高排放非道路移动机械禁用区范围内，视同整个作业区在禁用区内。道路工程按标段进行区分。

第十条 监督抽测制度。市、县（区）生态环境部门应当开展非道路移动机械的监督性抽测，具体抽测任务按年度下达。监督抽测对象为停放于作业区内的非道路移动机械。凡排放不达标的非道路移动机械，由生态环境部门责令立即停止使用并限期整改，对使用人按法律规定处罚。

所有机械抽检次日起 15 日内免于抽检。抽检合格或 15 日内复检合格的机械，自抽检次日起，三个月内免于抽检。抽检不合格机械 15 日内，经维修保养后，机械使用人可向原抽检机构或其委托的机构申请进行复检。收到使用人的复检申请后，生态环境部门应及时派人进行复检。

监督抽测不合格机械，整改期间不得投入使用，凡投入使用被抽测到不合格的，视同使用排放不合格机械处罚。15 日后未申请复检或复检不合格投入使用被抽测的，视同使用排放不合格机械处罚。

监督性抽测不得向任何机构和个人收取任何费用。鼓励机械使用人聘请有资质的检测机构对使用的机械进行排放检测。当检测烟度值合格但临近排放限值时，鼓励该机械责任人进行维护保养。

第十一条 使用单位、监理单位、业主单位应当按相关规定落实作业现场非道路移动机械排气污染防治主体责任。

使用单位应当履行下列职责：

（一）严格落实非道路移动机械六项管理制度，确定管理部门和人员，按规定进行出入场登记，燃油出入库登记。

（二）对作业现场非道路移动机械进行信息核查，确保进入作业现场的机械取得排放标志且备案信息与机械实际信息一致，未取得排放标志或备案信息与机械实际信息不一致的禁止入场使用。

（三）自行通过《宜宾市非道路移动机械信息化管理平台》对作业区是否处于高排放非道路移动机械禁用区进行确认并严格执行禁用区管理规定。

（四）督促责任人定期对机械进行维护保养，确保机械尾气排放符合《非道路移动机械排气烟度限值及测量方法》（GB 36886—2018）规定的限值。维护保养内容应当通过《宜宾市非道路移动机械信息化管理平台》记录。

（五）督促责任人从合法渠道购买符合质量标准的燃油，签订燃油采购合同并在合同中明确标明油品种类及质量标准，留存进货相关凭证，按《宜宾市非道路移动机械信息化管理平台》设定程序进行出入库操作，自动生成燃油台账。

（六）主动接受相关部门的监督检查并如实提供相关资料。

（七）其他应由使用单位承担的非道路移动机械排气污染防治责任。

监理单位应对所有进入施工现场的非道路移动机械进行严格把关，并有相关进场验收记录。加强对非道路移动机械用油进货凭证和台账的检查。全面检查作业现场是否有排放黑烟或其他明显可视污染物的机械并提出撤场处理意见，施工方拒不接受的，及时向相关主管部门汇报处理。

业主方（含代理业主）应在承包合同和监理合同中明确施工单位、监理单位非道路移动机械排气污染防治责任，明确燃油质量标准，非道路移动机械排放阶段要求，加强对施工单位、监理单位履职情况的监督管理并作好记录备查。

第十二条　县级以上人民政府生态环境主管部门对本行政区域非道路移动机械污染防治实施统一监督管理。其他各行政管理部门应根据相关法律、法规和本办法规定，按照各自职责，积极做好非道路移动机械污染防治工作。

生态环境主管部门负责建设、维护《宜宾市非道路移动机械信息化管理平台》，进行业务指导，保证其正常运行；负责向使用本平台的职能部门、企业、个人分发账号；负责审核备案注册账号、使用注册账号，审核备案机械信息，认定排放阶段，印制核发环保标识二维码；负责监督性抽测并依法处罚；负责受理和分发处理公众对排放黑烟机械的投诉和处理情况反馈；负责向社会公众宣传非道路移动机械排气污染防治政策和管理制度；负责将使用人违法使用非道路移动机械处罚情况及时反馈给行业主管部门；

住房和城乡建设、交通运输、自然资源和规划、应急管理、林业和竹业、农业农村、水利等涉及非道路移动机械使用的行业主管部门负责督促检查本行业非道路移动机械所有人、使用人严格落实备案登记、排放标志、使用登记、燃油台账、高排放非道路移动机械禁用区管控、监督抽测各项制度并将相关督促检查情况及结果在《宜宾市非道路移动机械信息化管理平台》及时记录；负责对本行业从业人员宣传非道路移动机械排气污染防治政策和管理制度；负责将本行业可能的非道路移动机械作业点位及时通报给生态环境主管部门；负责配合生态环境部门对本行业排放黑烟机械投诉的核实、调查、处理；负责将行业非道路移动机械排气污染防治纳入征信管理；负责配合生态环境主管部门实施监督性抽测；负责建立本行业相应的非道路移动机械排气污染防治行业管理制度。

工业和军民融合主管部门加强对全市加油站油品来源渠道的检查力度，保证油品采购渠道正规合法，发现违反《成品油市场管理办法》的行为，依法严肃处理。

市场监督管理主管部门负责流通领域成品油质量监督管理，油品质量鉴定，依法查处销售不合格油品的违法行为；负责牵头全面核查有关违法销售和销售不合格油品的举报线索；负责查处非道路移动机械销售企业销售不合格产品的行为。

公安部门负责严厉打击成品油市场各类违法犯罪行为，对经营假冒伪劣油品或无成品油经营资质的企业，其违法经营行为达到刑事追究标准的要坚决依法查处。

非道路移动机械销售企业、成品油经营企业及用户、非道路移动机械的所有者及使用者、社会公众应当积极向有关行政管理部门举报销售排放不达标非道路移动机械、未达到相应质量阶段成品油，使用排放黑烟非道路移动机械的企业和个人，为相关主管部门查处违法行为提供协助，应当积极学习、宣传、贯彻有关非道路移动机械的防治政策和管理制度。

第十三条 违反本办法规定，拒绝排气污染监督检查；使用未备案登记或备案登记信息与机械实际信息不符的机械；使用排放超标机械；违反禁用区管理规定；未按要求落实非道路移动机械六项管理制度的，由县级以上人民政府生态环境主管部门对非道路移动机械的使用人责令限期改正，并依据《中华人民共和国大气污染防治法》《四川省〈中华人民共和国大气污染防治法〉实施办法》规定予以处罚。

第十四条 本办法所称的非道路移动机械指装配有发动机的移动机械和可运输工业设备。

第十五条 本办法适用中的具体问题由生态环境主管部门会同相关部门负责解释。

第十六条 本办法自 2019 年 7 月 1 日起施行。

福建省

福州市机动车排气污染防治管理办法

第一条　为防治机动车排气污染，保护和改善大气环境，保障人体健康，根据《中华人民共和国大气污染防治法》《福州市大气污染防治办法》等有关法律、法规，结合本市实际，制定本办法。

第二条　本办法适用于本市行政区域内的机动车排气污染防治及相关管理活动。

第三条　本办法所称机动车，是指以动力装置驱动或者牵引，上道路行驶的供人员乘用或者用于运送物品以及进行工程专项作业的轮式车辆。

本办法所称机动车排气污染，是指机动车排放的各种污染物对大气环境所造成的污染。

第四条　市、县（市）区人民政府应当将机动车排气污染防治工作纳入环境保护规划，建立机动车排气污染防治协调机制，协调解决机动车排气污染防治工作中的重大问题。

环境保护、公安交通、交通运输等行政主管部门按照下列职责分工共同做好机动车排气污染防治监督管理工作：

（一）环境保护行政主管部门是机动车排气污染防治的主管部门，负责对机动车排气污染防治实施统一监督管理；

（二）公安机关交通管理部门负责机动车安全技术检验合格标志核发业务，配合环境保护行政主管部门对上道路行驶的机动车排放状况进行监督检查；

（三）交通运输行政主管部门负责对道路客、货运企业机动车排气污染的管理，督促机动车维修企业按照有关技术规范开展机动车排气污染控制系统维修业务；

（四）市场监督管理部门负责对机动车排放检验机构的监督管理，对车用燃料的生产质量及销售环节进行监督检查；

（五）商务行政主管部门负责做好报废机动车回收拆解的监督管理工作；

（六）建设行政主管部门负责对机动车天然气加气站的监督管理；

（七）其他行政主管部门按照各自职责配合做好机动车排气污染防治管理工作。

第五条　市、县（市）区人民政府应当采取措施，鼓励推广使用清洁能源和新能源汽车，合理规划布局机动车天然气加气站、充电站等配套设施。

合理控制机动车保有量，逐步淘汰高耗能高污染车型。大力发展公共交通，鼓励居民选择绿色出行方式。

第六条　机动车排放污染物不得超过国家规定的标准。

禁止生产、进口、销售大气污染物排放超过国家规定标准的机动车。

第七条 在用机动车应当按照国家规定的机动车安全技术检验周期，同步进行排气污染物定期检测。

对符合排放标准的机动车，机动车排放检验机构出具排放检验合格报告后，由机动车安全技术检验机构上传至公安机关交通管理部门。

公安机关交通管理部门对无定期排放检验合格报告的机动车不予核发机动车安全技术检验合格标志，但免于排放检验的除外。

第八条 从事机动车排放检验的机构，应当依法通过资质认定，并遵守下列规定：

（一）检测使用的仪器设备、计量器具应当经国家法定计量检定机构周期检定合格；

（二）按照国家规定的排气污染检测方法、技术规范和排放标准进行检验，出具客观真实的检测报告，并建立机动车排气污染检测档案；

（三）与环境保护行政主管部门联网，实时传输机动车污染物排放检测信息，打印排放检验报告，实现检验数据实时共享；

（四）公开检测资格、持证上岗人员以及污染物排放限值、收费标准、监督投诉电话等相关管理制度；

（五）不得以任何形式经营或参与经营机动车维修业务；

（六）法律、法规、规章规定的其他事项。

第九条 机动车所有人或者使用人有权选择有资质的排放检验机构进行机动车排放污染检测，有关行政主管部门不得指定排放检验机构。

第十条 环境保护行政主管部门可以在机动车停放地、维修地对在用机动车的污染物排放状况进行监督抽测；在不影响正常通行的情况下，可以通过拍摄影像、遥感检测等技术方式对上道路行驶的机动车污染物排放状况进行监督检查，公安机关交通管理部门应当予以配合。

对上路行驶的排放黑烟或者浓烟的机动车，公安机关交通管理部门检查发现持有安全技术检验合格标志的，通知环境保护行政主管部门进行现场检测。

在用机动车所有人或者使用人不得拒绝、阻挠相关主管部门的监督抽测。环境保护行政主管部门应当将监督检测结果当场出示。

第十一条 公安机关交通管理部门应当会同环境保护行政主管部门根据机动车排气污染状况和道路交通流量具体情况，对国家鼓励淘汰的机动车，在报经同级人民政府批准后采取限制、禁止通行措施，并向社会公告。

公安机关交通管理部门应当在限制、禁止通行的路段、区域设置相关限制、禁止通行标志。

第十二条 机动车所有人或者使用人应当定期维护和保养机动车，不得拆除、闲置或者更改机动车排气污染控制装置。

第十三条 从事机动车维修的企业应当具备相应资质，按照有关技术规范维修机动车排气污染控制系统，并建立车辆维修档案。

第十四条　禁止生产、销售和使用不符合国家、省有关标准的车用燃料、车用燃料清洁剂和添加剂。

第十五条　道路客、货运企业应当配备符合排放标准的机动车，并采取防治措施减少排气污染。在用车辆不符合排放标准的，应当按照要求进行维修治理或者更新。

第十六条　市环境保护行政主管部门应当会同市公安交通、交通运输、市场监督管理等行政主管部门建立机动车污染防治信息监管平台，及时汇总在用机动车排放检验、注册登记、维修、排放检验机构等信息，实现资源整合、信息共享。

第十七条　违反本办法规定，有下列情形之一的，由环境保护行政主管部门按以下规定予以处罚：

（一）擅自拆除、闲置、更改机动车排气污染控制装置的，责令限期改正，并对机动车所有人处以五千元的罚款，对机动车维修单位处以每辆车五千元的罚款；

（二）拒绝、阻挠环境保护行政主管部门进行机动车排气污染监督抽测的，处以二百元以上二千元以下的罚款。

第十八条　违反本办法规定，机动车排放检验机构有下列行为之一的，由环境保护行政主管部门责令限期改正，可以并处罚款：

（一）未按照规定的检测标准、技术规范和方法进行机动车排气检测的；

（二）未与环境保护行政主管部门联网，或未实时传输机动车污染物检测信息的；

（三）未公开检测资格、持证上岗人员以及污染物排放限值、收费标准、监督投诉电话等相关管理制度的；

（四）从事经营或参与经营机动车维修业务的。

有前款第一项、第二项、第四项行为之一的，处以一万元以上三万元以下的罚款；有前款第三项行为的，处以五千元以上一万元以下的罚款。

第十九条　上路行驶的排放黑烟或者浓烟的机动车，未取得机动车安全技术检验合格标志的，由公安机关交通管理部门依法进行处罚；取得机动车安全技术检验合格标志，但经环境保护行政主管部门现场检测不合格的，由公安机关交通管理部门处以二百元以下的罚款。

对检测不合格的机动车，环境保护行政主管部门应当责令其限期治理，并于规定时间内到机动车排放检验机构进行复检。逾期未进行复检或限期治理后仍不能达标排放的，可以在媒体上公布相关车辆的车牌、车型等信息；对达到国家强制报废标准的，按照有关规定强制报废。

第二十条　有关行政主管部门及其工作人员不履行本办法规定的职责或者有其他滥用职权、玩忽职守、徇私舞弊行为的，由监察机关或者所在单位责令改正，依法给予行政处分；构成犯罪的，依法追究刑事责任。

第二十一条　本办法自2016年10月8日起施行。

吉林省

长春市机动车和非道路移动机械排气污染防治管理办法

第一条 为了防治机动车和非道路移动机械排气污染，改善大气环境质量，保障公众健康，根据《中华人民共和国大气污染防治法》等法律、法规的有关规定，结合本市实际，制定本办法。

第二条 本市行政区域内的机动车和非道路移动机械排气污染防治管理，适用本办法。

第三条 本办法所称机动车，是指以汽油、柴油、天然气、液化石油气等作为燃料的机动车辆，包括使用双燃料的机动车辆以及混合动力的机动车辆。

本办法所称非道路移动机械是指装配有发动机的移动机械和可运输工业设备。

本办法所称机动车和非道路移动机械排气污染，是指由排气管、曲轴箱、油箱和燃油（气）系统向大气排放和蒸发的各种污染物所造成的污染。

第四条 市环境保护主管部门负责本市机动车和非道路移动机械排气污染防治的统一监督管理工作。

县（市）环境保护主管部门负责本辖区内机动车和非道路移动机械排气污染防治的监督管理工作。

公安、交通运输、质量技术监督、工商行政管理、商务、农业、林业、水利、建设、市容和环境卫生等有关部门应当按照各自职责，依法做好机动车和非道路移动机械排气污染防治的相关管理工作。

第五条 机动车、非道路移动机械不得超过标准排放大气污染物。

禁止生产、进口或者销售大气污染物排放超过标准的机动车、非道路移动机械。

污染物排放超过标准的机动车不得上路行驶。

第六条 初次注册登记的机动车，应当符合国家现行环保车型目录。

从外埠转入本市的机动车，大气污染物排放应当符合国家规定标准，并经过本市机动车排放检验检测机构检验合格。

对不符合前两款规定的，公安机关交通管理部门不予办理机动车注册登记手续。

第七条 市、县（市）环境保护主管部门应当会同公安机关交通管理部门，完善机动车排气污染防控体系建设，提高综合治理能力。

第八条　市、县（市）环境保护主管部门可以通过定期检验、停放地检验、路上检验和遥感监测等方式，对机动车排气污染情况进行综合统计分析，提高我市机动车排气污染综合治理水平。

第九条　在用机动车应当按照国家规定，由机动车排放检验检测机构定期对其进行排放检验。经检验合格的，方可上路行驶。未经检验合格的，公安机关交通管理部门不得核发安全技术检验合格标志。

在用机动车定期排放检验应当与安全性能定期检验同步进行。

第十条　对在用机动车进行排放检验时，禁止机动车所有人以临时更换机动车污染控制装置等弄虚作假的方式通过机动车排放检验。禁止机动车维修单位提供该类维修服务。禁止破坏机动车车载排放诊断系统。

第十一条　机动车排放检验检测机构应当遵守下列规定：

（一）依法通过资质认定，使用经依法检定合格的机动车排放检验设备；

（二）按照国家规定的排气污染检验方法、技术规范和排放标准进行检验，并出具检验报告；

（三）建立检验数据信息传输网络，与市、县（市）环境保护主管部门联网，按照规定报送机动车排气污染检验数据信息，并接受监督管理；

（四）不得从事机动车排气污染维修治理业务；

（五）法律、法规、规章的其他相关规定。

机动车排放检验检测机构及其负责人应当对检验数据的真实性和准确性负责，不得伪造排放检验结果或者出具虚假排放检验报告。

第十二条　市、县（市）环境保护主管部门可以在机动车集中停放地、维修地对在用机动车的大气污染物排放状况进行监督抽测。

在不影响正常通行的情况下，可以通过目测比对、拍摄影像记录、仪器设备检测（包括遥感检测）等方法对在道路上行驶的机动车的大气污染物排放状况进行监督抽测，公安机关交通管理部门予以配合。

目测比对和拍摄影像记录适用于在道路上行驶的排放黑烟等明显可见污染物的机动车。

机动车排气污染抽测不符合国家在用机动车排放标准的，其所有人或者使用人应当在规定的检验期限内进行维修治理，并按照要求进行复检。

第十三条　从事机动车维修的单位，应当按照防治大气污染的要求和国家有关技术规范，对在用机动车进行维修，使其达到规定的排放标准。交通运输、环境保护主管部门应当依法加强监督管理。

第十四条　在用机动车排放大气污染物超过国家排放标准，经维修或者采用污染控制技术后，仍不符合国家在用车排放标准的，应当强制报废。其所有人应当将机动车交售给报废机动车回收拆解企业，由报废机动车回收拆解企业按照国家有关规定进行登记、拆解、销毁等处理。

第十五条 市人民政府依据重污染天气的预警等级，启动应急预案，并根据应急需要，采取限制部分机动车行驶应急措施。

市公安机关交通管理部门可以会同市环境保护主管部门，根据国家有关规定，制定高污染机动车限制行驶方案，经市人民政府批准后公布、实施。

限制行驶方案公布后，公安机关交通管理部门应当及时在限制行驶区域设置限制行驶的相关标志。

第十六条 本市实行非道路移动机械使用申报制度。

非道路移动机械的所有人应当在新增非道路移动机械的三十日内向所在地环境保护主管部门报送非道路移动机械的名称、类别、数量、污染物排放等数据和资料。

农用非道路移动机械的名称、类别、数量、污染物排放等数据和资料由所有人所在地的农机监理站向环境保护主管部门集中申报。

第十七条 在本市作业的非道路移动机械，不得超过本市执行的标准排放大气污染物。

非道路移动机械的所有人或者使用人，应当对在用的超过大气污染物排放标准的机械进行维修，并达到排放标准。

第十八条 在用重型柴油车、非道路移动机械未安装污染控制装置或者污染控制装置不符合要求，不能达标排放的，应当加装或者更换符合要求的污染控制装置，并达到排放标准。

第十九条 市、县（市）环境保护主管部门应当会同交通运输、建设、农业、水利、林业等有关主管部门定期对非道路移动机械的大气污染物排放状况进行监督检查，排放不合格的，不得使用。非道路移动机械所有人或者使用人应当予以配合。

第二十条 市人民政府根据大气环境质量状况，划定并公布禁止使用高排放非道路移动机械的区域，各相关部门应当履行职责，共同做好监督管理工作。

第二十一条 禁止生产、进口、销售不符合标准的机动车、非道路移动机械用燃料；禁止向汽车和摩托车销售普通柴油以及其他非机动车用燃料；禁止向非道路移动机械销售渣油和重油。

第二十二条 违反本办法规定，有下列情形之一的，由公安机关交通管理部门依法予以处罚：

（一）机动车驾驶人驾驶排放检验不合格的车辆上道路行驶的；

（二）机动车排气污染抽测不合格，其所有人或者使用人未在规定的检验期限内进行维修治理或者未按照要求进行复检，仍上道路行驶的。

第二十三条　违反本办法规定，以临时更换机动车污染控制装置等弄虚作假的方式通过机动车排放检验或者破坏机动车车载排放诊断系统的，由市、县（市）环境保护主管部门责令改正，对机动车所有人处五千元的罚款；对机动车维修单位处每辆机动车五千元的罚款。

第二十四条　违反本办法规定，伪造机动车、非道路移动机械排放检验结果或者出具虚假排放检验报告的，由市、县（市）环境保护主管部门，没收违法所得，并处十万元以上五十万元以下的罚款；情节严重的，由负责资质认定的部门取消其检验资格。

第二十五条　违反本办法规定，拒绝环境保护主管部门在集中停放地、维修地对在用机动车的大气污染物排放状况进行监督抽测的，由市、县（市）环境保护主管部门责令停止违法行为；情节严重的，按每辆车处二百元以上一千元以下的罚款。

第二十六条　违反本办法规定，使用排放不合格的非道路移动机械的，由市、县（市）环境保护主管部门责令改正，处五千元的罚款。

第二十七条　违反本办法规定，在用重型柴油车、非道路移动机械未按照规定加装、使用、更换污染控制装置的，由市、县（市）环境保护主管部门责令改正，处五千元的罚款。

第二十八条　违反本办法规定，非道路移动机械所有人或者使用人拒绝排气污染监督检查的，由市、县（市）环境保护主管部门责令改正，处二万元以上二十万元以下的罚款；构成违反治安管理行为的，由公安机关依法予以处罚。

第二十九条　违反本办法规定，在禁止使用高排放非道路移动机械的区域使用高排放非道路移动机械的，由市、县（市）环境保护主管部门对其所有人或者使用人处每台次一万元以上三万元以下的罚款。

第三十条　违反本办法规定，生产、进口、销售不符合标准的机动车、非道路移动机械用燃料的，向汽车、摩托车销售普通柴油以及其他非机动车用燃料的，向非道路移动机械销售渣油和重油的，由市、县（市）质量技术监督、工商行政管理部门按照职责责令改正，没收原材料、产品和违法所得，并处货值金额一倍以上三倍以下的罚款。

第三十一条　环境保护监督管理人员或者其他有关部门的工作人员，滥用职权，玩忽职守，徇私舞弊的，由其所在单位或者有关部门给予处分；构成犯罪的，依法追究刑事责任。

第三十二条　本办法自 2019 年 2 月 1 日起施行。2010 年 12 月 1 日起施行的《长春市机动车排气污染防治管理办法》同时废止。